URKUNDEN UND ACTENSTÜCKE

ZUR GESCHICHTE

DES

KURFÜRSTEN FRIEDRICH WILHELM

VON BRANDENBURG.

AUF VERANLASSUNG SEINER HOCHSELIGEN MAJESTÄT DES KAISERS FRIEDRICH ALS KRONPRINZEN VON PREUSSEN.

SIEBZEHNTER BAND.

BERLIN.
DRUCK UND VERLAG VON GEORG REIMER.
1901.

URKUNDEN UND ACTENSTÜCKE

ZUR GESCHICHTE DES

KURFÜRSTEN FRIEDRICH WILHELM

VON BRANDENBURG.

SIEBZEHNTER BAND.

POLITISCHE VERHANDLUNGEN.

ZEHNTER BAND.

HERAUSGEGEBEN

VON

REINHOLD BRODE.

BERLIN.

DRUCK UND VERLAG VON GEORG REIMER.

1901.

Vorwort.

Mit dem vorliegenden 17. Bande dieser Publication finden die politischen Verhandlungen des grossen Kurfürsten in der Epoche, die mit dem Ausbruch des schwedischen Feldzuges im Sommer 1675 abschliesst, ihre Erledigung. Der Band ergänzt den von dem Herausgeber bearbeiteten 13. insofern, als hier — in dem I. und II. Abschnitt — die Beziehungen Kurbrandenburgs zu England und Dänemark actenmässig erläutert werden. Der III. und bei weitem umfänglichste Teil, der, zugleich unter Berücksichtigung der reichischen Politik, dem Verhältnis zu Schweden gewidmet ist, bringt eine Fülle neuer Mitteilungen für die Geschichte der Zuspitzung des Conflicts, die Vorgeschichte des grossen schwedischen Krieges. Die Gruppirung dieses reichhaltigen Materials und die Art seiner Bearbeitung ist die nämliche wie in den voraufgegangenen Bänden. — Die Bearbeitung des Feldzuges selbst muss einem weiteren Bande vorbehalten bleiben.

Die Acten dieses Bandes gehören ausnahmlos dem Berliner Geheimen Staatsarchive an. Den Herren Beamten fühle ich mich für ihre bereitwillige Beihilfe auch jetzt wieder zu aufrichtigem Danke verpflichtet.

Halle, September 1901.

Reinhold Brode.

Inhalt.

I.

Brandenburg und England.

1670—1674.

Einleitung.

An keinem Potentaten der europäischen Fürstengesellschaft hat Kurfürst Friedrich Wilhelm eine schlimmere Enttäuschung erfahren als an dem Könige Karl II. von England.

Ein persönliches Band hielt ihn an diesen Anverwandten aus der Stuartischen Familie gefesselt: Karl war — abgesehen von der beiden Fürsten gemeinsamen Verbindung mit dem pfälzischen Hause — ja durch seine Schwester Mary der Oheim des Prinzen Wilhelm III. von Oranien, des Neffen und Mündels des Kurfürsten. Religiöse und politische Interessengemeinschaft, vor allem die Gemeinschaftlichkeit des oranischen Interesses, schien nach der Restauration der Stuarts dem kurbrandenburgischen Hofe eine engere Verbindung mit diesem Hause nahe legen zu sollen. Allein, um es kurz zusammenzufassen, die inneren Wirren, die sich in England unter dem Scepter Karls II. vorbereiteten und unaufhaltsam seinen Thron untergruben, einerseits, andererseits der englisch-holländische Krieg in den Jahren 1664—67, der dem Brandenburger zufolge seiner singulären Stellung zu den niederländischen Bundesbehörden damals eine ganz besondere Haltung aufnötigte, hinderten die Verwirklichung der gehegten Hoffnungen. Der Kurfürst erhielt ebenso wenig das Zugeständnis der Mediation zwischen den kriegführenden Mächten, wie er sich durch die englische Krone zum Eintritt in die Tripleallianz (zwischen England, Holland, Schweden) bestimmen liess [1]).

Besiegelt wurde die Entfremdung, seitdem unter den Wirkungen des Devolutionskrieges und des Aachener Friedens der französische Dominat einen neuen, unerhörten Einfluss zu äussern begonnen, seitdem schliesslich der englische König sich in Rücksicht auf die im geheimen angestrebte Rekatholisirung seines Hauses und auf den geplanten Angriff gegen die Niederlande, deren Weltverkehr die englische Seemacht in Schatten stellte, in dem längst heimlich vorbe-

---

[1]) Das Verhältnis der beiden Herrscher während des Jahrzehnts der sechziger Jahre ist in Einleitung II des IX. Bds. und in Einleitung V des XII. Bds. der UA. lichtvoll entwickelt.

reitcten Allianzvertrag von Dover (vom 1. Juni 1670) mit Frankreich verbündet hatte. Je offenkundiger dann die Absichten Karls II. durch Ludwig XIV. Unterstützung fanden, um so deutlicher musste sich zeigen, dass von einem Zusammengehen Brandenburgs mit England nicht mehr die Rede sein konnte.

Es ist hier nicht die Stelle, die inneren Zustände Grossbritanniens zu erörtern und aufzudecken, wie die pecuniären Bedürfnisse der Krone diese unter Leitung der als Cabalministerium verrufenen Commission in steigende Abhängigkeit von Frankreich brachten. Resultat ist, dass aus dem nur den katholischen Räten des Königs bekannten Vertrage von Dover der Londoner Vertrag hervorging, den auch die protestantischen Minister am 31. Dezember 1670 unterzeichneten. Für die Kriegsunternehmungen Karls II. wurde französischerseits ein Subsidienbetrag von 3 Millionen Tourser Pfund[1]) zugestanden; die für ein erstes Kriegsjahr noch obenein verheissene Summe von 2 Millionen Pfund musste der englische König ausdrücklich in einer besonderen Declaration als nur für die Zwecke seiner Katholicitätserklärung und seine Aussöhnung mit dem heiligen Stuhle bewilligt anerkennen. Zugleich setzte man unter Specification der von beiden Seiten beizubringenden Streitkräfte und unter Zugeständnis gewisser holländischer Versicherungsplätze an die englische Krone, als Beute aus dem zu erobernden Lande, den Beginn des Angriffskrieges auf das Frühjahr 1672 fest[2]).

Damit war die Tripleallianz gesprengt und der englische Hof dem Zauberbann der Bourbonenkrone verfallen. Es war Ludwig XIV. gelungen, indem er durch seine Sendlinge mit gewohnter Geschicklichkeit an alle trüben Leidenschaften, die den englischen Hof spalteten, appellirte, an die gewissenlose Leichtfertigkeit und Unredlichkeit der Minister, die Frivolität und das Geldbedürfnis des Hofes, die katholisirenden Neigungen des Königs und den confessionellen Fanatismus des Herzogs von York — es war ihm geglückt, das gekrönte Haupt jenseit des Kanals in das französische System zu ziehen und Karl II. zu einem Bündnis zu vermögen, das, schreiend unpopulär wie es war, für das Regiment der Stuarts den Anfang vom Ende bedeutete.

Karl II. erscheint als ein Monarch, dem jedes Mittel recht war, das seinen Zwecken diente. Er beliebte dabei durchaus die krummen Wege. Was den beiden Tractaten des Jahres 1670 an Publicität gebrach, musste somit nachgeholt, ihr Inhalt in einem für ganz England bündigen Instrument ans Licht gebracht werden. Der Vertrag von Whitehall vom 22. Februar 1672[3]) fasste denn auch, ausgenommen dass er Karl II. von der Sendung eines englischen Hilfscorps auf das Festland entband, die Bestimmungen jener beiden Vorverträge noch einmal endgiltig zusammen. —

Zum Verständnis der Haltung Brandenburgs England gegenüber sowie der folgenden Berichte aus London war die Klarlegung dieser Vorgänge unerlässlich.

---

[1]) gleich 300000 Pfund Sterling.

[2]) Der Wortlaut beider Verträge bei Mignet, Négociations relatives à la succession d'Espagne sous Louis XIV. T. III (1842), p. 187 sqq. 256 sqq.

[3]) Mignet, Négociations III, 700.

In dieser Zeit des Abwartens ist dem Kurfürsten bekanntlich der Entschluss gereift, für die Vereinigte Republik der Niederlande einzutreten. Aber wie man den Allianztractat vom 6. Mai 1672 auch wenden[1]), von welcher Seite man ihn auch beleuchten mag, immer aufs neue und jedesmal mehr wird man in dem Eindruck bestärkt werden, dass es ein Schritt war, der in dem Regierungswerke des Kurfürsten nicht seinesgleichen hat. Dem Gewalthaber an der Seine, der vereinigten Macht Englands und Frankreichs zum Trotz schloss der Kurfürst, noch allein und ohne Bundesgenossen, mit Holland ab. Karl II. wusste sehr wol, wohin die Sympathieen Friedrich Wilhelms giengen. Dass er dem Kurfürsten von seinen Schritten Rechenschaft geben zu müssen glaubte, beweist das. Zwar der diplomatische Austausch mit ihm hatte seit Sommer 1669 geruht — am 2. Juli 1669 hatte Gabriel Sylvius den Königsberger Hof verlassen[2]). Allein die Beziehungen blieben damit nicht abgebrochen; im wesentlichen hatten sie durch des Königs Oheim, des Kurfürsten Vetter, den pfälzischen Prinzen Ruprecht, der am englischen Hofe eine hohe militärische Würde bekleidete, ihre Nahrung empfangen. Jetzt, da die Ausführung lang vorbereiteter Pläne, „so grosser und wol concertirter Desseins“, unmittelbar bevorstand, hielt es der König selbst für angezeigt, den Kurfürsten gewissermaassen motivierend von seinem Vorhaben in Kenntnis zu setzen. Die Uebergriffe der Holländer, die unwürdigen und unrechtmässigen Handlungen, die sich die verhasste Republik habe zu Schulden kommen lassen, ohne sich je zu einer Entschädigung verstehen zu wollen, diese „torts et indignités“ mussten — ein beliebtes, von französischer wie von englischer Seite oft angezogenes Argument — aufs neue herhalten, und ihnen gegenüber sollte nun von der Verbindung mit dem Allerchristlichsten Könige die Entschädigung erwartet werden, die allein auf diesem Wege gefunden werden könnte.

Mit solchen Eröffnungen sandte Karl II. den Ritter John Lockhart an die braunschweigischen Höfe[3]) und nach Berlin. Sein Creditif ist am 24. März ausgefertigt worden[4]). Tags zuvor hatte der König die Smyrnaflotte der Hol-

---

[1]) Vgl. UA. XIII, S. 11.

[2]) UA. XII, 673.

[3]) Dies meldet Prinz Ruprecht an seine Schwester, die Äbtissin Elisabeth von Herford, d. d. Whitehall 18. März 1672, mit dem Ansuchen, diese Gesandtschaft beim Kf. zu unterstützen. Vgl. auch UA. III, 255.

[4]) d. d. Whitehall 14. März 1672 (st. v.) Creditif König Karls II. für den Chevalier Lockhart, „de mon conseil privé d'Escosse, en qualité de mon Envoyé Extraordinaire, pour Vous représenter les torts et indignités que les Estats Généraux des Provinces Unies ont continué de me faire, sans vouloir jamais se disposer à me donner la réparation que je leur ay demandée, et qu'ainsy ayant pris la résolution de me la faire Moy mesme par mes armes en conjonction de Roy Tres Chrestien Monsieur mon frère. Je n'ay pas voulu tarder à Vous participer, Vous priant de Vous y joindre aussi à la mortification de l'orgueil de cette Régence devenue si incompatible avec leurs voisins .....“

länder überfallen [1]), um dann am 28. die officielle Kriegserklärung folgen zu lassen [2]). Anfang Mai war Lockhart beim Kurfürsten. Den französischen Unterhändler traf er nicht mehr an; schon im März hatte Ludwig XIV. den Grafen St. Géran zu seinem Regiment zurückbeordert [3]). Wol aber kam er gerade recht, um sich von dem Abschluss des Tractates mit dem holländischen Gesandten von Amerongen [4]) zu überzeugen, und es war bei Lage der Dinge ausgeschlossen, dass sein Antrag auf Conjunction mit England in Berlin irgend welchen Eindruck machen würde. Der Kurfürst gab unverhohlen seiner Entrüstung über den Excess bei der Insel Wight Worte [5]). Man conferirte zwar, aber ohne jedes Ergebnis. Von positiven Aeusserungen des Unterhändlers kennen wir nur diese: dass der Kurfürst vor der, von England und Frankreich beabsichtigten Campagne „den Frieden vergeblich urgiren werde" [6]). Bereits am 12. Mai erhielt Lockhart seine Entlassung [7]).

Es leuchtet ein, dass auf Grund seiner Kundgebungen eine Absendung nach England, über deren Ausbleiben man sich später am londoner Hofe beschwerte, dem Kurfürsten gänzlich fern liegen musste. Diese Wochen ernstester Prüfung, die durch den rührigen Schriftwechsel mit zahlreichen deutschen Reichsständen, durch die wiener Mission, durch holländische und dänische Gesandtschaften und die Kriegsvorbereitungen selbst ausgefüllt waren, konnten einer Negociation nach England wenig günstig sein. Dagegen als alles zum Feldzuge bereit war und der Kurfürst in Person sich mit der Armee in Marsch gesetzt hatte, wurde eine Gegengesandtschaft abgefertigt und mit ihr der verdiente Diplomat, der Anfang Sommer seine Wirksamkeit auf dem pariser Posten beendet hatte [8]), Lorenz Georg von Crockow, betraut. Es lag dem Kurfürsten daran, noch einmal, indem er die Beweggründe seiner Allianz mit dem Kaiser auseinanderlegte, seine Vermittelung in dem holländisch-englischen Conflikte anzutragen.

Charakteristisch ercheint, dass bei dieser Negociation das confessionelle Moment kurfürstlicherseits besonders hervorgehoben und stark betont wurde.

---

[1]) durch Sir Robert Holmes bei der Insel Wight.

[2]) Du Mont, Corps diplomatique VII, 1, 163. Publiciert wurde sie am 29.

[3]) Vgl. UA. XIII, 10.

[4]) ebd. S. 11 und UA. III, 254 fgg.

[5]) UA. III, 253.

[6]) Aus dem Schreiben der Geheimen Räte d. d. Coelln a. Sp. 11./21. Dec. 1672, UA. XIII, 375. 376. — Pufendorf XI, 30 (ed. 1733 p. 606) thut der Gesandtschaft Lockharts nur mit ganz kurzen Worten Erwähnung.

[7]) d. d. Coelln a. Sp. 2./12. Mai 1672 Recreditif des Kf. für Chevalier Lockhart. „Comme je prends beaucoup de part en tout ce qui regarde V. M., je n'ay pas laissé d'estre sensiblement affligé de ce qu'Elle a cru estre obligé à en venir à ces extrémités, et souhaitterois de tout mon coeur me pouvoir employer utilement par des négociations et offices possibles pour le rétablissement de la paix afin d'empescher les suites de la guerre qui pourroient estre funestes à toute la chrétienté."

[8]) UA. XIII, 12. 85.

Wie dieses in der durch die Verhältnisse zeitweise wol unterbrochenen, aber stets aufs neue und immer enger geknüpften Verbindung mit den Niederlanden eine wesentliche Rolle behauptet hat, so wurde hier auch England gegenüber auf das „Protestirende Interesse“ hingewiesen; es wurde direkt ausgesprochen, wie tief es zu beklagen wäre, wenn dieser evangelische Staat (Holland) durch Hilfe einer evangelischen Macht zu Grunde gerichtet und einer römisch-katholischen Herrschaft unter den Fuss gegeben würde. Indes bei Karl II. verfiengen diese Argumente nicht, und es hat von seinem Standpunkte nichts Ueberraschendes, dass er den Einwand erhob, der Kurfürst sei ja auch mit einer katholischen Macht (dem Kaiser Leopold) verbündet. Die Gesandtschaft Crockows endete mit einem vollständigen Fiasco: die brandenburgische Mediation wurde zurückgewiesen, und der englische König entblödete sich, seiner Auffassung von den Massregeln des Kurfürsten in einer Sprache Ausdruck zu geben, die in dem Verkehr der Cabinete als ein unerhörtes Beispiel dasteht. Damit waren die diplomatischen Beziehungen abgebrochen. Von den Anschauungen der englischen Minister wie des Königs selber, überhaupt von dem Leichtfertigen, Schwankenden, Dissoluten an dem Hofe Karls II. liefern Crockows Depeschen ein überzeugendes und lehrreiches Bild. Wir lassen sie daher in der Hauptsache im Wortlaut folgen.

Indes mit dem Fortgang des niederländischen Krieges, mit der Haltung, zu der sich der Kurfürst nach dem Vossemer Vertrage Frankreich, nach der Bündniserneuerung vom 11. December 1673 Schweden gegenüber gezwungen sah, trat auch das Verhältnis zwischen Brundenburg und England bald wieder in ein anderes Stadium. Karl II. machte am 19. Februar 1674 seinen Separatfrieden mit den Generalstaaten. In Deutschland wuchs die antifranzösische kaiserliche Partei, die rheinischen Kurfürsten schlossen sich Kaiser Leopold an, und während so im Reiche die Kundgebungen gegen Ludwig XIV. Schlag auf Schlag einander folgten, konnte der Kurfürst dem englischen Könige die Glückwünsche zu seiner Sinnesänderung übermitteln.

Im Mai 1674 wurde der Kammergerichtsrat Freiherr Otto von Schwerin der Jüngere als Bevollmächtigter in dieser Angelegenheit nach London gesendet. Er hatte bis dahin als brandenburgischer Deputirter dem Cölner Congress angehört, jener Diplomatenversammlung, die sich nach der Aufhebung des Landgrafen von Fürstenberg im Februar des Jahres aufgelöst hatte. Was dieser Congress unerledigt gelassen, die Friedensberatung, spann sich nun während der nächsten Jahre, ehe man zu Nymwegen aufs neue zusammentrat, in Sonderörterungen an den beteiligten Höfen hin, und Schwerin fiel die Aufgabe zu, bei dem londoner Cabinet die Interessen Brandenburgs zu vertreten. Er entledigte sich seiner Pflichten zu der Zufriedenheit seines Herrn in solchem Grade, dass er auch noch zu weiteren Missionen nach England verwendet wurde.

Wir geben im Auszuge die Acten seiner ersten Gesandtschaft, da die nachfolgenden über die Zeitgrenze dieses Bandes hinausfallen.

I. Brandenburg und England. 1670—1674.

1. Die Sendung Lorenz Georg von Crockows nach dem Haag und London.

Der Kurfürst an die Geheimen Räthe zu Coelln a. Sp. Dat. Halberstadt 30. August 1672.

[Beabsichtigte Sendung des Kanzlers von Brandt nach England. Reisekosten.]

1672. 9. Sept. „Wir haben aus Eurer gehors. Relation vom 28. Augusti ersehen, was Ihr wegen Unsers des von Brandt Schwachheit, wodurch er die ihm anbefohlene Reise nacher England[1]) zu verschieben genöthiget wird, wie auch wegen der dazu benöthigten Geldmittel unterth. erinnern wollen. Wann Wir aber bei itzigen Läuften höchst nöthig befinden, dass solche Reise je eher je lieber fortgesetzt werde, so habet Ihr dem von Brandt Unsertwegen anzudeuten, dass er dieselbe, sobald es seine Leibeskräfte immer zulassen wollen, antreten solle.“ Die Reisekosten betreffend, so haben ihm die Räte die beigehenden zwei Assignationen zuzustellen. Auf die eine empfängt er 200 Rhtlr. von Michael Matthias; die übrigen 1000 Rhtlr. sollen ihm laut der anderen Assignation in Holland entrichtet werden.

Der Kurfürst an den Geheimen Rath Christoph von Brandt. Dat. Witzenhausen 28. September 1672.

[Crockow nach England. Reisegelder.]

28. Sept. „Euch wird zweifelsfrei wissend sein, wasmassen Wir, indem Ihr Unpässlichkeit halber noch nicht fortkönnet, Unseren den von Crockow nach Eng-

[1]) v. Brandts Instruction d. d. Coelln a. Sp. 20. August 1672.

land abgefertiget. Weil er nun gerade von hier abgangen und 200 Rhtlr. zu seiner Reise aufnehmen müssen, so befehlen Wir Euch hiermit in Gn., die 200 Rhtlr., so Ihr zu solchem Behuf von Unserem Michael Matthias empfangen, demjenigen, so Euch von seinetwegen dieses überliefern wird, auszuzahlen. Auch habet Ihr Unserem Heydekampf die Assignation auf 1000 Rhtlr.[1]), so er Euch unter seiner Hand ertheilet, förderlichst wieder zuzusenden."

Sign. Witzenhausen 18./28. September 1672 Assignation des Kf. auf 1000 Rhtlr. aus den Subsidiengeldern[2]) an den Geh. Kämmerer Christian Sigismund Heydekampf zur Gesandtschaft v. Crockows nach England. 28. Sept.

Sign. Witzenhausen 18./28. September 1672 Verordnung auf 300 Rhtlr. monatlich, vom 1. September an, für die Gesandtschaft nach England. Falls C. länger als vier Monate dort verweilen sollte, wird verfügt, dass ihm das übrige von Michael Matthias aus den Legationsgeldern gezahlt werde. 28. Sept.

Instruction für den Hof- und Legationsrat Lorenz Georg von Crockow bei seiner Gesandtschaft nach England. Dat. Hauptquartier Friedland 17. September 1672. Conc. Chr. v. Brandt. Mit Aenderungen und Zusätzen Crockows.

[Dank für die Abschickung Lockbarts. Kf. gegen die Neutralität. Beweggründe der Allianz des Kf. mit dem Kaiser. Sein Marsch geschieht zum besten des Reichs und zur Rettung der clevischen Lande. Anträge zur Vermittelung eines Friedens zwischen England und den Generalstaaten. Brandenburgische Mediation. Gefahren der französischen Übermacht. Des Prinzen von Oranien Retablirung. Wie des Kf. Interesse zu beobachten, falls die Krone England auf Generalfrieden nicht ohne Frankreich bestünde. — Dauer des englischen Aufenthaltes.]

Der Gesandte soll sich so bald als möglich in London einfinden und nach Ueberreichung seines Creditifs sich um Audienz beim Könige bemühen. Er hat dabei vorzutragen, dass Kf. die ihm durch die Abschickung des Chevalier Lockhart[3]) erwiesene Ehre zu schätzen wisse und die Versicherung der königlichen Freundschaft mit Dank erkenne. 27. Sept.

---

[1]) Assignation des Kf. d. d. Liebenburg 8. Septemb. 1672 st. v.

[2]) d. d. Halberstadt 3. September 1672 st. v. hatte Kf. die Gesandten Blaspeil und Romswinckel im Haag angewiesen, dahin zu sehen, dass gegen Auslieferung der Assignation und Quittung des (vorher zum Gesandten bestimmten) Christoph von Brandt ihm von den Subsidien 1000 Rthlr. förderlichst gezahlt werden.

[3]) Oben Einleitung S. 5.

Dass Wir die Neutralität begehrtermassen nicht eingehen können, dazu hätten Wir diese erhebliche Ursache gehabt, dass Wir Uns desfalls vorher mit der Röm. Kais. M. und einigen Unserer Mitstände des Reichs vernehmen müssen. Inmittelst hätten Wir dennoch Uns in dieses Werk keineswegs mischen, noch Ihrer K. Maj: Interesse zuwider handeln wollen, sondern blos allein Unsere Consilia auf des Reichs Sicherheit und Frieden gerichtet, lebten auch der ungezweifelten Hoffnung, I. K. M. würden Dero hochlöbl. Vorfahren Exempel zufolge, wie Sie bisher zu Dero unsterblichen Nachruhm gethan, also auch ferner Dero Consilia dahin richten, damit das Evangelische Wesen nebst der allgemeinen Ruhe und Sicherheit in Europa erhalten und festgestellet werde, wie Wir dann erbötig wären, nebst Ihr. Kön. M. zu obbesagtem Zweck alles Fleisses zu cooperiren, daneben auch alles dasjenige zu beobachten, welches I. K. M. und Dero Königl. Hause zum Besten gereichen könnte. Alldieweil nun solches eine vertrauliche Correspondenz erforderte, als hätten Wir der Nothdurft ermessen, ihn an Ihr. Kön. M. abzuschicken und wäre er parat, mit den Commissarien, welche I. K. M. dazu verordnen würden, in nähere Conferenz zu treten und Unsere Gemütsmeinung weiter zu eröffnen. Wann ihm nun dieselbe benennet, hat er denselben anzuzeigen, welcher Gestalt die unumgängliche Noth und augenscheinliche Gefahr des Römischen Reichs gezwungen, dass Wir mit dem Kaiser und einigen Churfürsten und Fürsten, auch Ständen des Römischen Reichs, wie in demselben Ruhe, Friede und Sicherheit zu erhalten, und wie man sich in Teutschland gegen das angrenzende Unwesen, und wenn Frankreich irgend zu weit greifen wollte, in Verfassung zu setzen, gerathschlaget. Nun wäre nichts, das Uns verhindert hätte, die Hand wirklich mit an das Werk zu schlagen und die Vereinigte Niederlande mit Unsern Waffen zu assistiren, als die beständige Affection, so Wir zu Ihr. Königl. M. und Dero Interesse trügen, und die feste Hoffnung, dass Sie das ganze Werk also moderiren würden, dass zwar Holland in gewissen Dingen zur Billigkeit und Satisfaction, aber nicht ganz unter die Füsse eines mächtigen Königs, von dessen weit aussehenden Desseinen ganz Europa nicht unbillige Jalousie nähme, möchte gebracht werden. Nachdem aber die französische Progressen bald im ersten Angriff sonder Zweifel auch zu I. Königl. M. nicht geringen Bestürzung so gross gewesen, dass es geschienen, als wenn der Staat der Vereinigten Niederlanden in einer Zeit von vier Wochen umgekehret werden sollte, wie es denn auch noch jetzt mit demselben auf der höchsten Spitze der gänzlichen Unterdrückung stünde, so hätten Wir in dem festen Vertrauen, dass auch I. K. M. es gerne sehen würden, mit der Röm. Kais. M. in höchster Eil Uns verbunden, mit einer considerablen Armee an einem gewissen Orte im Röm. Reiche Posto zu fassen und dadurch selbiges nächst Göttlicher Hülfe nicht allein gegen künftige Gefahr in Sicherheit zu stellen, sondern auch von der gegenwärtigen Gewalt, Oppression und feindlichen Proceduren, so insonderheit der Westphälische Kreis und Wir in Unserm Herzogthum Cleve (indem der König in Frankreich selbiges mit seiner Armee überzogen und verheeret, nicht nur die Staatische Garnisonen, sondern auch Unsere eigene aus den Clevischen Städten geschaffet, Unsere Thoren, Thüren, Häuser und Schlösser gesprenget, Unsere Unterthanen gebrandschätzet, in Religionssachen Aenderung gemachet, der Jurisdiction sich angemasset und auf viel andere Wege in Unsere Landesfürstliche Hoheit gegriffen) bereits etliche Monate hero hätten leiden müssen, zu befreien, wie Wir denn schon zu solchem Behuf mit den Kaiserl. Truppen conjungiret und im Marsch begriffen wären.

Ob nun zwar des Königs von Frankreich weit aussehende und sonder Zweifel auch auf das Dominium des Rheinstroms und die völlige Eroberung der Spanischen Niederlande mit gerichtete Desseinen, Uns entgegen zu gehen, ihn antreiben, und die Generalstaaten durch solche Diversionen per indirectum einige Erleichterung empfinden möchten, so wäre doch obberegtes I. Kais. M. und Unser nur fürnehmlich auf die Teutsche Ruhe und Sicherheit gerichtetes Vorhaben, wenngleich noch einige andere Evangelische Churfürsten und Fürsten des Reichs mit zutreten sollten, bei Weitem nicht zureichend gegen die französische überaus grosse Conquesten, die Vereinigte Niederlande von der gänzlichen Subjugation zu erretten, viel weniger dieselbe wieder in solchen Stand zu setzen, dass man künftig zur Erhaltung des Protestirenden Wesens und der zwischen den europäischen Potentaten und Herrschaften so nöthigen Balance einiges Absehen auf dieselben richten könnte.

Wofern I. Kön. M. dem allgemeinen Interesse und Securität zum Besten nicht allein von Frankreich sich zu trennen, sondern auch, da es sonst zu keinem raisonnablen und sichern Frieden zu lenken wäre, den Generalstaaten, wann dieselbe gegen I. K. M. zu billigen Conditionen sich erklärten, zur Seite zu treten, Belieben trügen, Ihrer K. M. aus beständigster Affection gegen Sie und dero Interesse und aus treuer Vorsorge für das gemeine Beste, diese Nothwendigkeit vorzustellen und

Ihr Unsere Mediation zu einem so advantageusen als raisonnablen Frieden mit den Staaten anzutragen, hätten Wir ihn zu Deroselben abzusenden nöthig erachtet, und wäre er von Uns befehliget, wenn I. K. M. gut fünden, ihn mit einigen Friedens-Vorschlägen an die Staaten abzufertigen, Ihr darunter zu gehorsamen und keine Zeit zu versäumen; und wie Wir Uns versichert hielten, dass I. K. M. Unsere hierunter habende gute Intention erkennen und billigen würden, also zweifelten Wir auch nicht, diese Abschickung würde Deroselben bei gegenwärtigen desperaten Zustande, da keine Zeit zu verlieren, desto angenehmer sein, weil Sie Uns durch den Chevalier Lockhart nicht allein versichern lassen, dass Unsere Interposition Ihr so lieb als einiges andern Potentaten sein würde, sondern auch dass Ihre Intention im Geringsten nicht wäre, den Staat zu evertiren noch die französische Macht noch grösser zu machen, sondern nur von demselben eine raisonnable Satisfaction zu erlangen. Und weil diese Ihrer K. M. Resolution sehr rühmlich wäre und mit dem gemeinen Besten allerdings überein käme, so setzten Wir desto mehr ausser Zweifel, Sie würden die erheblichen Ursachen, so Sie bewegen könnten, von Frankreich abzustehen und mit Holland zu schliessen, Ihr vorstellen und wol beherzigen; denn ohne dass es zum höchsten zu beklagen wäre, wenn dieser Evangelische Staat durch Hülfe einer Evangelischen Macht zu Grunde gerichtet, einer Römischen-Catholischen Herrschaft unter den Fuss gegeben und also das Protestirende Interesse ganz geschwächet werden sollte, so wäre nichts gewissers, als dass in Kurzem ganz Teutschland und alle benachbarte Reiche und Länder der Krone Frankreich sich würden unterwerfen müssen, wenn selbiger König den Fuss, so er jetzt auf dem Rhein und auf der Maas gefasset, behalten, zu geschweigen wann er die Vereinigte Niederlande vollends überwältigen sollte. Aufs Wenigste würde ganz Europa in steter Unruhe und Unsicherheit stehen, wenn er nur die Oerter, so er den Vereinigten Niederlanden abgenommen, behielte, weil er dann allezeit nach Belieben, an der einen Seite Teutschland und an der anderen die Spanischen Niederlande angreifen könnte, und würde denn auch, wann er mit den Spanischen Niederlanden fertig, die Begierde, auf der See zu herrschen, bald wachsen. Wir wollten Uns zwar nicht unternehmen, Ihrer K. M. Dero eigenes und der Krone England Interesse vorzustellen, weil Ihr selbiges am besten bekannt wäre. Wir befünden uns aber durch die Freundschaft und das gute Vernehmen, worinnen Wir mit I. K. M. stünden, verpflichtet, Deroselben vertraulich zu entdecken, dass nicht allein unterschiedene Französische Ministri hin und wieder sich ausdrücklich verlauten lassen, dass wann ihr König mit Holland und dann darauf mit den Spanischen Niederlanden richtig, er dann auch bald mit England an dem Dominio Maris participiren würde; sondern auch (wie vielleicht I. K. M. schon wissend wäre), dass es jüngsthin in Holland darauf gestanden, dass wann der Prinz von Orange nicht emporgekommen wäre, der König von Frankreich der übel intentionirten Partei Vorhaben und Erbieten, ihm ganz Holland zu übergeben, die Flotte zu liefern, und damit ihre Nachbarn ihnen gleich und Frankreich mit unterthänig werden möchten, Gut und Blut bei ihm aufzusetzen, hätte passiren und darunter die mit I. K. M. gemachte Tractaten nicht attendiren werden.

Im Anschluss daran hat der Gesandte dem Könige zu Gemüte zu führen, wie die Partei, die sowol Ihrer K. M. als dem Prinzen von Orange jederzeit zuwider gewesen und auf deren Erniedrigung Ihrer K. M. Dessein vornehmlich gerichtet gewesen (wie solches der König zu verschiedenen Malen öffentlich declarirt habe), wo nicht ganz und gar gedämpft, doch in einen Zustand versetzt sei, dass sie des Prinzen völlige Retablirung in seiner Vorfahren Chargen nicht mehr hindern könnte, auch nicht mehr fähig wäre, wie es bisher geschehen, die Consilia nach ihrem Willen zu dirigiren. Kf. hielte dafür, dass des Prinzen Wiederherstellung, „welches ein neues Werk und noch nicht allerdings festgesetzet“, durch kein anderes Mittel besser gefestigt werden könnte, als wenn sein Gouvernement gleich im Anfang durch einige glückliche Erfolge signalisirt würde, und der gemeine Mann in Holland sähe, dass der Staat seine Erhaltung aufs neue nächst dem Könige dem Prinzen zu danken hätte; dem gegenüber müssten, falls der König mit dem Kriege gegen Holland fortführe, die Uebelintentionirten Argwohn schöpfen und die Wohlgesinnten von selbst auf den Gedanken gerathen, als wenn der König darnach trachtete, den Prinzen schliesslich zum Souverain zu machen und den Staat über den Haufen zu werfen, „welches alles dem Prinzen alle Affection in Holland benehmen und seinen äussersten Ruin verursachen würde“. Bei der grossen Zuneigung, die der König zum Prinzen trüge, gäbe sich Kf. der Hoffnung hin, der König werde dadurch, dass er von Frankreich abträte, den Prinzen in dem Stande befestigen, in dem ihn der König selbst schon längst gewünscht hätte.

Der Gesandte hat demnach seine Negotiation hauptsächlich darauf zu richten, dass der König sich von Frankreich detachire und des Kf. Mediation zu einem Particulier-Friedenstractat annehme. Sollte wider alles Erwarten der englische Hof unbeweglich darauf bestehen, ohne Frankreich nicht zu tractiren, so hat er im Falle eines Universalfriedens darauf hinzuarbeiten, dass Kf. als pars principalis zugelassen und eine völlige Restitution der Clevischen Lande und Städte mit in den Frieden eingeschlossen werde.

Des Kf. Conjunction mit den Kaiserlichen Völkern ist nur zur Sicherheit des Römischen Reichs und der deutschen Grenzen, zur Erhaltung des Westfälischen Friedens wie des Niederländischen Vereinigten Staats angesehen. Weswegen der Gesandte denn auch „so lange Wir mit Frankreich in keine öffentliche Ruptur gerathen, so wenig des Französischen Ambassadeurs sich zu entäussern hat, als es nöthig ist, dass er mit den Kaiserlichen, Spanischen und Staatischen Ministris vertraulich correspondire und nach der Information, so er von ihnen einziehen wird, sich richte“. Im Uebrigen soll er so lange zu London verbleiben, bis entweder England von Frankreich abgetreten und der Friede geschlossen ist, oder bis keine Hoffnung mehr dazu vorhanden. — Der Amtsrat und Hofrentmeister Michael Matthias wird ihn monatlich, so lange er in dieser Verschickung abwesend sein wird, mit dreihundert Rthl. aus den Legationsgeldern versorgen.

Nach abgelegter Commission ist diese Instruction in Originali in die Geheime Kammer-Kanzlei wieder einzuliefern.

Lorenz Georg v. Crockow. Relation. Dat. 's Gravenhaag 8./18. October 1672.

[Nach langer Reise Ankunft im Haag; Besuche bei der Prinzessin von Oranien, Beuningen und Fagel.]

18. Oct. Am 19./29. v. M. aus Witzenhausen abgereist. In Minden wegen Empfangs des Reisegeldes einen Tag, zu Staveren wegen Sturmes zwei Tage, auf dem Zuyder See wegen „annoch währenden Ungewitters“ zwei Tage, zu Amsterdam „wegen Umsetzung des Geldes, Anschaffung einiger Notdurft, wie auch, um den Herrn van Beuningen[1]) zu sprechen“, wieder zwei Tage aufgehalten, sodass er erst den 16., vorgestern hier angekommen ist. Gestern bei der alten Prinzessin von Oranien[2]) das Compliment abgelegt. Auf Blaspeils Vorschlag hat er, ehe er zum Prinzen ins Lager reist, zunächst mit dem Ratspensionarius Fagel[3]) Rücksprache genommen, „weil I. H. doch sein Anbringen erstlich mit ihm (Fagel) communiciren würden“; jedoch hoffe er noch heute, nach eben getaner Visite bei Fagel, zum Prinzen hinauszukönnen. — Was seine Gesandtschaft betrifft, so haben ihm Fagel wie Beuningen alle Hoffnung benommen, in England zu reüssiren.

---

[1]) Coenraad van Beuningen, Bürgermeister von Amsterdam und Deputirter der Generalität, bekannt besonders durch seine pariser Gesandtschaft nach Abschluss der Tripleallianz.

[2]) Die Prinzessin Amalie, Schwiegermutter des Kf.

[3]) Dem Ratspensionarius hatte der staatische Gesandte Amerongen d. d. Witzenhausen 27. Septbr. 1672 Crockows Abschickung angezeigt: hem is bevolen aen Sijn H[t] en passant communicatie van sijnen last te geven. UA. III, 293.

v. Crockow. Relation. Dat. 's Gravenhaag 20. October st. n. 1672. In Chiffern.

[Audienz beim Prinzen von Oranien. Unterredung mit dem Prinzen und dem Ratspensionarius über die Stimmung in England. Aeusserungen von dort her. Detaillirte Schilderung der holländischen Zustände. Erbitterung gegen Frankreich. Kräfte des holländischen Gemeinwesens. Miliz.]

Am 19. st. n. Audienz beim Prinzen im Lager von Swammerdam. Er stellt vor, „dass Kf. ihn an den König von England geschickt habe, um einen Frieden zu vermitteln und des Kf. Mediation anzubieten, mit der Weisung zugleich, des Prinzen Befehl mitzunehmen und diesem gebürend nachzukommen. Der Prinz sowol wie Fagel machen bemerkbar, „sie wollten mir nicht flattiren: es wäre im geringsten keine Apparenz, England zu gewinnen, die Allianz mit Frankreich wäre renoviret, Frankreich hätte abermals drei Millionen gegeben mit dem Bedinge, dass das Parlament prorogiret würde, welches auch geschehen. Die Französische Partei, welche bei dem König alles vermöchte, wäre sehr opiniastre und wollte keine Kaiser addmittiren. Der Gesandte von Ihrer Hoheit wäre überaus übel von ihnen empfangen und ihm gesagt, wenn der König den Prinzen nicht sonderlich lieb hätte, würde man ihn, den Gesandten, in den Thurm setzen, blos allein weil er von Frieden geredet, welches allein sehr übel aufgenommen und ausgedeutet wird. Der H. Graf v. Waldeck hat mir gesagt, der Arlington hätte diese abscheuliche Wort gegen gr. Gesandten gebrauchet: er sollte wissen, dass es bei dem König von England stünde, es dahin zu bringen, dass das gemeine Volk den Prinzen von Oranien in Stücken zerrissen, eben als dem de Witt geschehen; worin ich gleichwol halte, dass er sehr irret. Fagel sagte mir, die von der Französ. Partei hätten sich dergestalt mit Frankreich verknüpfet, dass sie selbst davor hielten, sie könnten nicht daraus kommen, dannenhero sie alles dabei aufsetzen würden. Dieses verursacht, dass sie alle Friedensvorschläge, so avantageux als sie auch wären, nicht anderes considerirten als sichere Mittel und Wege zu ihrem gänzlichen Untergang, weil sie einmal dieselbe nicht acceptiren könnten, unterdessen aber dadurch in das Tort gesetzet und dem Volk noch mehr denigriret, dadurch auch zu einem Parlament Anlass gegeben würde, vor welchem sie sich nicht justificiren könnten, sondern certissimum exitium zu gewarten hätten." 20. Oct.

Im weiteren Verfolg der Unterredung widerraten der Prinz wie der Ratspensionarius dem Gesandten, wegen Friedenstractaten mit Frankreich am englischen Hofe etwas in Vorschlag zu bringen; bei einem Frieden, der jetzt geschlossen würde, könnten weder die Gen. Staaten noch das Röm. Reich ihre Sicherheit finden. Der französische Ambassadeur[1]) in England habe die „feste Impression" gegeben, dass Kaiser und Kf. es nicht ernstlich mit diesem Staat meinten, die Armee der Alliirten sei auch nicht bastant Turenne das Haupt zu bieten; „es wäre nur ein Spiegelfechten, und hätte der Spanische

[1]) Marquis de Colbert-Croissi.

Mittel in Händen . . . . die Consilien im Reich zu brouilliren" . . . . . . Wie würde Cr. befugt sein, am englischen Hofe wirklich ernsthaft von der Ruptur mit Frankreich zu sprechen? er möge jedenfalls jene Impression berechnen. — Ob ein Kaiserlicher Gesandter in England zu erwarten sei?

Cr. kommt nun auf die Zustände in Holland . . . . Es ist wol ein gross Glück vor das gemeine Wesen, dass unter allen Einwohnern eine so grosse Einigkeit ist, insonderheit dass sie dem Prinz von Oranien, ausser etwan etzliche wenige, welche sich nicht regen dürfen, so trefflich affectioniret, dass es Niemand, als der es siehet und höret, begreifen kann. Ein jeder ist mehr erfreuet über die Ehre, welche I. H. bei der letzten Remonte eingeleget durch Dero tapferes Contentement, als betrübt über den Missschlag der Entreprise; wann etwas Unglückliches passirt, wird solches nicht dem Prinz sondern entweder den Verrätern oder denen, die sonst verhasset sein, beigemessen, worunter der H. Beverningk[1]), leiden muss, welchem der gemeine Mann noch nicht pardonniren kann, dass er vor diesem wider den Prinz gewesen, ungeachtet Seine Hoheit Sich itzo seiner sehr gebrauchen.

Ich habe ebenmässig überall grosse Affection gegen Ew. Ch. D. verspüret und sagen alle Leute, dass wenn dem Prinzen etwas zustossen sollte, sie einen von Ew. Ch. D. Prinzen zum Statthalter nehmen wollten. Zwar haben ihrer viele Argwohn, als wann Ew. Ch. D. es mit der Assistenz nicht ernstlich meineten; die Regenten selbst, wie obgedacht, doliren über den Verzug der Kriegsoperationen, sie meinen, wenn etwa ein harter Winter käme, einen Einfall ins Land zu haben. Nun ist zwar solches nicht allein von mir sondern von Ew. Ch. D. hiesigen Ministris genugsam beantwortet worden: ich muss aber bekennen, dass man alhier dennoch grosse Impatience und nicht wenig Argwohn hat; wenn sie aber durch den Effect desabusiret, und Ew. Ch. D. einigen glücklichen Success haben sollten und nächst göttlicher Hülfe ihnen aus der Gefahr helfen könnten, ist es gewiss, dass Ew. Ch. D. Sich und Ihrem Hause eine unsterbliche Affection bei diesen Leuten establiren würden. Die Verbitterung gegen Frankreich ist so gross, dass der Kaiser, Spanien und das Römische Reich wol das rechte Tempo haben, sich mit dem Staat dergestalt zu vereinbaren, dass Schweden und Frankreich ganz daraus gesetzet und die gemeine Sicherheit dergestalt stabiliret werden kann, dass man nicht mehr in stetiger Gefahr stehen muss von dergleichen Irruptionen, als Frankreich in so kurzer Zeit in die Niederlande, Loth-

---

[1]) Mit Beuningen der bedeutendste Diplomat der Republik in jener Zeit.

ringen, die Vereinigte Provinzen und Ew. Ch. D. Clevische Lande gethan. . . . Für Kf. sei es hohe Zeit, dasjenige, „was er mit dem Staat zu demesliren", abzuthun.

Was die Kräfte des Staats belangt, so sind sie „annoch sehr considerabel". Es ist ausser allem Zweifel, dass in Amsterdam und anderen grossen Städten noch ein überaus grosser Reichtum ist. Und ob zwar anitzo die Kaufleute ein jeder das seinige verbergen, weil sie bis dato befürchtet, der Staat möchte nicht bestehen bleiben, so ist doch kein Zweifel, wann der Prinz einigen glücklichen Success hätte, dadurch die Leute wieder Mut und Hoffnung bekämen, es würde das Geld bald wieder hervorkommen, wie dann die Kaufleute in Amsterdam einmütig sagen: wann sie nur sehen, dass dem Vaterlande könne geholfen werden, es solle an Geld nicht fehlen. Wann nun der Estat des Kriegs mit England los werden und die Navigation frei bekommen könnte, werde derselbe bald in dem Stande sein, sich und anderen zu helfen. — Die Miliz betreffend, wird dieselbe itzt auch auf einen anderen Fuss gesetzt werden, wie dann bei der letzten Occasion die Truppen überaus wohlgethan, und wann nicht der H. von Zuilenstein[1]), wie mir der Graf v. Waldeck gesaget, die Faute begangen, dass er die eine Avenue nicht unter Wasser gesetzet, aus Furcht das Land zu verderben, wäre alles sonder Zweifel wol abgelaufen. Sie (die Truppen) werden auch anitzo anders als vorher angeführet werden, wie dann abermal ein Dessein obhanden. Unter den Seeleuten ist so trefflicher Mut und so grosse Affection gegen den Prinz, dass Ihre Hoh., wann Sie Sich derselben zu Lande gebrauchen wollen, ihrer eine grosse Anzahl bekommen und mit ihnen viel werden ausrichten können. Es ist nicht gut, dass nicht eine bessere Confidenz zwischen dem Prinz und dem General Würtz ist.

Cr. wird mit dem ersten Packetboot nach England gehen, in zwei oder drei Tagen.

---

v. Crockow. Relation. Dat. London 29. October st. v. 1672. In Chiffren.

[Anmeldung bei Coventry. Unterredung mit dem spanischen Gesandten. Gespräche mit den Cermonienmeistern. Ausführlicher Bericht über die Audienz beim Könige.]

Am 24. October st. v. hier angekommen. Hat sich Livree bestellt und sich bei Lord Coventry, „welcher vor diesem Envoye und nochmalen Ambassadeur 8. Nov.

[1]) Frederik von Zuylestein, nat. Sohn Friedrich Heinrichs von Oranien, staatischer General.

in Schweden und mein Particulier-Freund gewesen, itzo aber Secretarius status wegen der Auswärtigen und in specie der Teutschen Affairen ist", kund gegeben und innerhalb drei, vier Tagen Audienz begehrt.

Er kam auch alsobald wieder zu mir und suchte zu sondiren, ob ich zu einem Particulier-Frieden Vorschläge brächte, zu welchem Ende er ganz moderat sprach. Ich liess mich aber ganz nicht heraus, daran ich, wie ich hernach verspüret, sehr wol gethan, aber ich habe mittlerweile den Spanischen[1]) und die Schwedischen Ambassadeurs incognito besuchet. An Jenen habe ich zu dem Ende ein Schreiben von dem Gesandten aus dem Haag[2]) mitgenommen, damit ich durch diese Gelegenheit und Prätext vor der Audienz zu ihm kommen und von ihm erfahren könnte, wie es itzt alhier stehet; ich habe auch, wie ich schon vorher gewusst, einen sehr judicieusen und aparten Mann an ihm gefunden; wie er mir denn alsobald gesaget, ich sollte mir keine Gedanken machen, dass ein Particulierfriede zwischen Engel- und Holland zu hoffen wäre, der König in Engelland würde von Frankreich nicht abstehen, wenn er nicht durch neue Emergentia dazu gezwungen würde. Die französische Cabale führete den König, wohin sie wollte, und wäre dergestalt an Frankreich ergeben, dass sie es zu den grössten Extremitäten würden kommen lassen, jedoch dürften sie allerhand Gefahr ausstehen müssen, wie ich hernach berichten werde.

Den 27 dieses kam der Unterceremonienmeister zu mir und sagte, es hätten I. K. M. bereits erfahren, dass ich hier wäre, und offerirte mir seine Dienste; ich merkte wol, dass er wissen wollte, wann ich Audienz begehren würde, welches ich ihm meiner obangeführten Intention nach zu erkennen gab. Selbigen Tages, wie mir der Ambassadeur von Spanien sagen liess, hielten I. K. M. Rath, wie Sie mich bescheiden wollten. Der maitre des ceremonies Mr. Cotterell kam selbigen Abend um 9 Uhr zu mir und deutete mir an, auf I. K. M. Befehl, I. K. M. hätten erfahren, dass ich ankommen. Nun wäre es zwar nicht die Manier, dass den fremden Ministris, ehe und bevor sie sich angemeldet, die Audienz angesagt würde, aldieweil aber I. K. M. begierig wären, mich zu sprechen, also liessen Sie mir ansagen, dass ich folgenden Tages um 10 Uhren zur Audienz kommen sollte. Wiewol ich nun wol merkte, dass diese Präcipitation nichts Gutes bedeutete, wegen dessen, welches ich aus dem Haag und in dieser unterth. Relation be-

[1]) Marques de Fresno.

[2]) Marques de Salinas.

richtet, so stellete ich mich doch an, als wenn mir sehr lieb dazu wäre, dass I. K. M. en ma faveur die gewöhnliche Manieren beiseite setzeten. Ich wurde folgenden Tages, ohngeachtet meine Leute noch nicht gekleidet waren, von dem Ceremonienmeister Mr. Cotterell in des Oberkammerherrn Kutsche zur Audienz geholt, wobei mir ged. Ceremonienmeister auf geschehene Nachfrage sagte, dass es alhier der Gebrauch so wäre.

Der Gesandte lässt es geschehen, in der Meinung, dass es unzweckmässig wäre, jetzt wegen der Ceremonien (in Bezug auf die Parität mit den königlichen Gesandten) etwas anzubringen.

Als ich zur Audienz admittiret, habe ich I. K. M., wie die Beilage[1]) weiset, angeredet, darauf Ihr. K. M. mir weitläuftig dergestalt geantwortet: Sie haben mit Ew. Ch. D. allezeit Freundschaft gepflogen, itzt aber hätten Sie mehrfach Sich über Dieselbe zu beklagen. Es wäre schon eine geraume Zeit, dass Ew. Ch. D. an den Pfalzgraf Ruprecht geschrieben: es wäre Deroselben vorgekommen, dass eine Allianz zwischen England und Frankreich obhanden wäre, und Ew. Ch. D. gern einen Grund davon wissen wollten, um ihre Mesures danach zu nehmen; nun wäre zwar die Allianz damals noch nicht zur Richtigkeit gewesen und also I. K. M. wol Ursach gehabt hätten, solches zu secretiren, aber aus sonderbarer Confidenz zu Ew. Ch. D. hätten I. K. M. dem Pfalzgrafen befohlen, Ew. Ch. D. zu schreiben, dass, wann Sie eine vertraute Person schickten, I. K. M. deroselben vollkommen Apertur thun wollten, welches, dass es weder damalen noch seit der Zeit geschehen, I. K. M. nicht wol hätten aufnehmen können. Inmittelst hätten I. K. M. continuiret, mit Frankreich zu tractiren, und nachdem Sie erfahren, dass Holland Frankreich offerirte ein Foedus offensivum gegen England (welches zweifelsohne Frankreich also vorgegeben und die Ministri alhier gerne glauben wollen, wiewol man beiderseits wol anders gewusst), hätten I. K. M. nicht länger gesäumet, mit Frankreich zu schliessen. Als Sie nun darauf den Downing nach dem Haag geschicket[2]), hätten Sie demselben befohlen, Ew. Ch. D. Gesandten daselbst zu declariren, dass I. K. M. nebst Frankreich resolvirt wären, Holland zu bekriegen, dabei Sie Ew. Ch. D. alle selbst begehrte Satisfaction procuriren wollten. Als nun Ew. Ch. D. dadurch noch nicht Gelegenheit genommen, Sich gegen Engelland zu expliciren, hätten endlich I. K. M. den Lockhart geschicket, die vorige

---

[1]) Beiliegend seine Proposition (in franz. Sprache) nach Massgabe seiner Instruction.

[2]) Vgl. UA. XIII, 64. 135.

Apertur und Offerten reïteriren und daneben dero Garantie, dass Frankreich alles, was es verspreche, halten würde, offeriret, welches Ew. Ch. D. ausgeschlagen und Sich dem ohngeachtet mit Holland verbunden. Nun müsste solches beiden Königen fremd vorkommen, es wäre aber noch zu redressiren, und offerirten Ihr. K. M. noch, dass wann Ew. Ch. D. noch wollten Sich erklären, dass alles, was Sie gethan, allein vor das Römische Reich und nicht vor Holland geschehen, dass Sie auch Holland nicht assistiren und deshalben genugsame Versicherung ausgeben wollten, es dahin zu bringen, dass der König in Frankreich Ewrer Ch. D. nicht allein Dero Plätze, sondern noch ein mehreres geben würde. Der König in Frankreich hätte sich ja genugsam erkläret, dass er weder das Reich noch die Spanischen Niederlande attaquiren wollte und I. K. M. wollte Garant davor sein. Man müsse auch die Religion hierin nicht mengen, es wäre solches ein schwacher Prätext, Ew. Ch. D. wären ja auch mit Catholischen alliirt. Im übrigen wären I. K. M. zum Frieden geneigt und der König in Frankreich desgleichen. I. K. M. aber wollten mir ein Mal vor alle dieses gesagt haben: es glaubten die Holländer und vielleicht andre mehr, sie hätten Finesse genug, um I. K. M. von Frankreich zu separiren und einen Frieden à part mit England zu treffen; Ihr. K. M. wollten gern alle Welt desabusiren, damit Niemand sich bemühete, einige vergebliche Vorschläge zu thun, welche I. K. M. nicht hören würden. Der König in Frankreich hätte sich garzu genereux und aufrichtig erwiesen, welches alles I. K. M. zu unterschiedenen Malen mit vielen nachdrücklichen Expressionen und Gebärden bekräftigten (massen auch die Ambassadeurs von Spanien und Schweden mir gesagt, dass I. K. M. und dero Ministri ihnen solches ebenmässig contestiret). Es stünde nur bei Holland, Frieden zu haben, der Fürst von Oranien hätte plat et nett, wie die Worte waren, abgeschlagen, zu tractiren. Und als ich darauf antwortete, es würde vielleicht des ged. Fürsten Intention allein gewesen sein, seine Postulate zu moderiren oder doch, dass er auf ungewisse Conditiones nicht tractiren könnte, antwortete I. K. M., es wäre die Meinung nicht gewesen, er hätte rund abgeschlagen zu tractiren. Es hat aber diese Beschaffenheit damit: I. K. M. haben teils durch den Sylvium[1]), teils durch Schreiben dem Prinzen diese vornehmste Conditiones vorschlagen lassen, dass Holland nebst noch andrer Satisfaction mehr den Briel und Vliessingen, wo nicht noch mehr Plätze,

---

[1]) Englischer Gesandter (zu Schoonhoven am 17. Juli).

an England zur Versicherung[1]), an Frankreich aber, was die Staaten General in Brabant und Flandern Spanien vor diesem genommen und noch haben, abtreten, und alsdann die 7 Provincien die Libertät der Commercien behalten sollten; dabei man dem Prinzen eine Souveränetät aufgetragen, welcher aber solches alles genereusement refüsiret und sich darauf nicht einlassen wollen. I. K. M. fuhren weiter fort und sagten, ged. Fürst comportirte sich nicht wol und stünde sich und dem Staate übel vor. I. K. M. hättens wol mit ihm gemeint und wünschten, dass es ihm wol ginge, fürchteten aber, es möchte nicht mehr lange mit ihm währen, wegen der Unbeständigkeit des Volkes, welches alles daher kommt, wie ich von Sylvius und Coventry vernehmen können, dass der König in England ihn poussiret, die Souveränetät anzunehmen, nicht aus Liebe gegen ihn, sondern nur damit man Frankreich zu Gefallen den Estat brouillire.

Dieses ist die Substanz desjenigen, welches I. K. M. mir gesaget, welches ich teils continua oratione teils durch Repliquen dergestalt beantwortete: Ew. Ch. D. hätten wol dafür gehalten, I. K. M. würden Sich verwundern, dass Ew. Ch. D. denen durch Lockhart geschehenen Begehren nicht gänzlich deferiren können; es hätte Ew. Ch. D. selbst leid gethan, dass Sie es nicht thun können wegen der Obligation, welche Ew. Ch. D. an das Römische Reich hätten, welches Ew. Ch. D. auf solchen Fall hin wieder abandonniret und hilflos würden gelassen haben, was auch Derselben zugestossen wäre. Ew. Ch. D. hätten doch I. K. M. zu Gefallen Ihre Consilia dergestalt dirigiret, dass obschon sie Sich nicht also erklären können, dennoch diese Actiones I. K. M. Begehren und Interesse conform gewesen wären, massen denn Ew. Ch. D. in Consideration I. K. M. den Holländern keine Assistenz leisten wollen. Darauf I. K. M. mich interrumpiret, sagend, es hätte an gutem Willen nicht ermangelt, man hätte nichts mehr zu thun vermocht, ich sollte sagen, was man hätte thun können; darauf ich geantwortet, Ew. Ch. D. hätten eine stattliche Armee, welche capabel wäre, viel zu thun. I. K. M. antworteten darauf: Wir, Frankreich und England, haben auch eine Armee und man wird es wol sehen. Auf die angeführte Contestationes von Frankreich sowol gegen das Röm. Reich als Ew. Ch. D. antwortete ich, es wäre aber zu beklagen, dass die in dem Clevischen verübten Actiones damit nicht

[1]) Der Londoner Tractat enthielt als Versicherungsplätze für Holland (vgl. oben in der Einleitung S. 4): Sluys und Cadzand, die Insel Walcheren (mit Vliessingen), die Inseln Goree und Voorne (mit Brielle).

übereinstimmten, welche ich in etwas specificirt, und dabei anführte, dass es in Holland nicht ärger gemacht wäre. Darauf I. K. M. antwortete, der König in Frankreich hätte guten Fug gehabt, solches zu thun, weil Ew. Ch. D. mit Holland in Alliance stünden; justificirten im übrigen die Französ. Actiones mit eben den Raisons, welche die Französische Ministri zu gebrauchen pflegen.

Was I. K. M. wegen der Religion sagten, darauf antwortete ich: man wisse wol, dass es kein Religionskrieg sei, und solches erhelle genugsam daraus, dass I. K. M. mit darin begriffen wären. Jedoch litte die Religion viel dabei, massen der König in Frankreich in den conquestirten Plätzen, sowol den Holländischen als Clevischen, den Evangelischen Gottesdienst abgeschaffet und catholische Priester eingesetzet. Ew. Ch. D. wären zwar mit catholischen Potentaten alliiret, Sie hätten aber nicht die Intention, Jemands so wenig in Religions- als anderen Sachen Eingriff zu thun, es würden auch solches eben die Alliirten nicht zugeben. Daher es dann käme, dass die Religion von einer Seite nicht gewänne, von der anderen aber viel verlöre. Darauf I. K. M. antworteten, der König in Frankreich hätte nicht anderes thun können, es würde ihm sonst von seinen Religionsverwandten verdacht werden. Es könnte solches bei dem Frieden redressiret werden.

Weil I. K. M. den particularen Frieden, ehe ich ein Wort dabei gedacht, so weit von sich geworfen, als habe ich mit keinem Fug oder Manier darauf insistiren noch diejenige Conditiones, welche mir im Haag an die Hand gegeben, vor den Tag bringen können, sondern dergestalt hierauf geantwortet, dass ich nicht wisse, was Holland deshalben vor Gedanken habe. Ew. Ch. D. Zweck wäre, einen Generalfrieden zu befördern, danach Sie höchlich verlangten, wenn nur das Römische Reich seine Sicherheit dabei fünde und Ew. Ch. D. dasjenige dabei erlangten, dazu Sie befugt wären. Ich hoffte, es würde solches desto leichter geschehen, weil der König in Frankreich an sovielen Oertern contestiret, er suche bei diesem Kriege keine Conquesten, sondern allein Holland zu züchtigen. Darauf I. K. M. sagten, der König in Frankreich würde keinen Frieden machen, wo er nicht considerable Plätze bekäme. Ob das recht wäre, dass der König in Frankreich alles wieder gäbe? ich sollte selbst sagen, obs billig wäre? deshalben I. K. M. in mich drungen. Ich antwortete aber stets, dass ich mich solches nicht unterstünde. Als ich nun zum Beschluss sagte, weil bei den Friedenstractaten sowol I. K. M. als Ew. Ch. D. Interesse in Consideration kommen würde, so offerirten Ew. Ch. D., I. K. M. Bestes entweder per mediationem, interpositionem, oder wie es Ihr. K. M. selbst begehren und an die Hand geben würden, zu secundiren, wann nur I. K. M. einige Vorschläge thun würden, antworteten I. K. M.: Ew. Ch. D. wären parteiisch, könnten also nicht Mediator sein, auch nichts mehr dabei thun, als Holland zu disponiren, die vorgeschlagene Conditiones zu acceptiren, welche I. K. M. zwar nicht specificirten (es sein aber dieselben, davon obgedacht). Sie und der König hätten ihnen solche zweimal offeriret, würdens aber zum dritten Mal nicht thun.

Endlich begehrten I. K. M., ich sollte mein Anbringen schriftlich aufsetzen, da Sie Willens wären, mich bald zu expediren; deshalben hätten Sie mich auch holen lassen, obschon solches nicht gebräuchlich. Ich habe solches versprochen, weil es mit Fug nicht auszuschlagen, werde es aber in generalen Terminis auf eine unvorgreifliche Manier abfassen, nur pro forma. Weil man mir nun dergestalt zu verstehen giebt, dass man meiner gern los sein wolle, also weiss ich nicht, wie ich mit Manier alhier werde bleiben können, denn ich aus allen Umständen sehe, dass man mir wird Anlass geben, wegzugehen. Dass I. K. M. so hart gegen mich geredet, ist nicht sowol Dero eigenem Mouvement zuzuschreiben, dann ich von aller Zeit her gehöret, dass I. K. M. sehr gütig und glimpflich im Reden sein, sondern der Französischen Faction, welche I. K. M. dergestalt innehaben, dass es nicht zu schreiben, und sagen dieses Hofs Kundige, dass der König, wann er mit ihnen Rath gehalten, wider seine Natur emportiret ist; all ihr Thun und Consilien sein violent. Ich halte aber solches Sinnen mehr aus einer Desperation als aus einer grossen Zuversicht zu ihrer Sache, daran sie gewiss Mühe haben werden, ihr Werk auszuführen, wie ich mit nächstem ausführlich berichten will.

Mit den schwedischen Ambassadeurs[1]) hat C. weitläufig geredet; sie befördern zwar die Versammlung zu den Tractaten eifrig und ernstlich, haben aber das Absehen dabei, Frankreich eine grosse Satisfaction an Plätzen und Geld (wobei Schweden zweifelsohne zu participiren meint) zu verschaffen. Das kann nicht anders als schädlich sein, und sobald Schweden „die Mediation cum auctoritate“ hat, werde gewiss England nicht wol dabei fahren. Zu wünschen wäre es, dass Kf., Kaiser, Holland und Spanien sich verbänden auf gewisse Bedingungen, ohne die nicht Frieden zu machen wäre; dass also Schweden nur den Namen der Mediation hätte . . . Wünsche.

[1]) Peter Sparre und Ehrensteen.

v. Crockow. Relation. Dat. London 1. November 1671.

[Lord Arlingtons Beschwerde über den Kf. Üble Lage des Ministeriums. Crockows Antwort. Aussprengungen des französischen Ambassadeurs.]

1671. 11. Nov. Nur auf des Königs Begehren hat Cr. ein Memorial aufgesetzt, nicht in dem Glauben, darauf etwas zu erhalten; er ist dabei nur darauf bedacht gewesen, alles zu vermeiden, was praejudicirlich sein möchte.

Ich habe solches dem Comte d'Arlington[1]) nebst Ew. Ch. D. Schreiben übergeben, welcher sich vor die erzeigte Gnade bedanket, sonst aber grosse Beschwerde geführet, dass Ew. Ch. D. Ursach sein an Continuation des Krieges, weil seiner Meinung nach Holland längst zur Raison, ja ganz ruiniret wäre, wann Ew. Ch. D. ihnen nicht den Turenne von dem Halse gezogen. Was sie am meisten verdriesset, ist dieses, dass sie sich gewiss eingebildet, Holland dahin zu zwingen, dass Holland ihnen den Briel und Vliessingen eingeben müsse, welches sie meinen, dass es itzt fehlen wird. Es kränket sie solches um desto mehr, weil sie dergleichen Avantage und Success nöthig haben, um sich bei dem Parlament zu iustificiren, um desto mehr, weil durch Gottes wunderbare Schickung alle die grosse und so wol formirte Desseins dergestalt misslungen, dass sie weder Ehre noch Vortheil davon gehabt, wie denn noch die Kaper aus Holland grosse Prisen ein, aus England aber fast nichts bekommen, dannenhero die dazu gerathen, nicht wenig bekümmert sein. Ohne Parlament können sie kein Geld bekommen, und dasselbe dürfen sie nicht versammeln. Sie haben auch keine Bank mehr anzugreifen, und muss also alles von Frankreich kommen. Bishero haben sie noch Geld und bezahlen richtig, aber die Flotte auszurüsten wird Mühe geben. Nichts könnte sie mehr ruiniren, als wenn Spanien bräche, weil die Kaufleute aus England mehr als 10 Millionen Reichsthaler in Spanien an Gütern haben, ausser dem Theil, den sie an den Silberflotten haben. Und ist wol zu verwundern, dass der Kaiser und Holland Spanien nicht dahin constringiren mit Bedräuung, dass sie auf widrigen Fall andere Mesures nehmen wollen. Als ich obangeregte Klage dergestalt beantwortet, dass Niemand sich mehr bearbeitet, den Krieg zu hindern, als Ew. Ch. D. und diejenigen, die Schuld daran wären, es vor Gott würden zu verantworten haben, und dass er Ewrer Ch. D. mit dergleichen Imputationen Tort thäte, beschwerte er sich

---

[1]) Henry Bennet, Lord Arlington, Mitglied des Cabalministeriums.

weiter darüber, dass Ew. Ch. D. weder vor dem Kriege auf des Pfalzgrafen Schreiben, noch auch hernach, um die Mediation zu offeriren, sondern itzo erst geschicket, da Ew. Ch. D. armiret wären und Partei genommen, dahero er nicht wisse, wie Ew. Ch. D. Mediator sein können. Ich antwortete darauf, dass Ew. Ch. D. nicht vor dem Kriege geschicket, wäre deshalben geschehen, weil damals I. Kön. M. zweifelsohne dasjenige würden begehret haben, welches Ew. Ch. D. hätten abschlagen müssen. Dannenhero es besser gewesen, solches zu evitiren. Dass aber Ew. Ch. D. Ihrer K. M. nicht vorher einige Friedensvorschläge gethan, käme daher, weil Ew. Ch. D. Ursach hätten davor zu halten, dass solches itzo à propos wäre, nachdem I. Kön. M. Ihr Intent, welches Sie zu haben declariret, erreichet, als es vorher sich würde übel geschicket haben, und möchte er selber judiciren, weil ich noch nicht wüsste, ob solches anitzo angenehm, ob Ew. Ch. D. glauben könnten, dass er damals mehr würde operiret haben. Dass Ew. Ch. D. armiret, ginge dieses Wesen nicht an, und hätten Ew. Ch. D. noch nicht Partei genommen. Ew. Ch. D. hätten diesen Krieg bei Frankreich treulich widerrathen, welches der guten Correspondenz nach zweifelsohne wol wäre anhero berichtet worden, und könnte man Ewrer Ch. D. nicht beimessen, dass Sie darin etwas versäumet. Im übrigen versprach er mir schleunige Antwort zu verschaffen, fragte, ob ich nicht noch etwas mehr anzubringen. Ich antwortete, ich wüsste nicht, wozu Ihrer K. M. Resolution Anlass geben würde, wäre aber ohne das Willens, noch eine zeitlang und bis auf weitere Ordre alhier zu verbleiben. Darauf er nichts sagte.

„Der Französische Ambassadeur sprenget überall aus, dass I. K. M. mir meine Depesche ins Haus geschicket und dadurch mir gleichsam eine Thür gewiesen. Es ist aber solches nicht geschehen. Zwar, wie ich vorher berichtet, haben I. K. M. mir wol so viel zu versteheu gegeben, und würde es Ihnen wol lieb sein, wenn ich darauf wegreisen wollte, damit sie dadurch Frankreich einen Gefallen erweisen und hernach mir etwas Schuld aufbürden könnten; aber wie mir deucht, es sei am besten, dass ichs dergestalt mache, dass, wo sie bei Frankreich den Dank verdienen wollen, sie hingegen bei der Welt die Blame auf sich laden müssen. Werde also alhier bleiben, bis sie mirs deutlicher sagen oder Ew. Ch. D. mir desfalls Ordre geben.“ Bitte um diese [1]).

---

[1]) Die Relation v. Crockows vom 8. November ist nicht vorhanden.

v. Crockow. Relation. Dat. London 15. November 1672. In Chiffren.

[Hat absichtlich nicht auf Antwort auf sein Memorial gedrungen. Arlington gegen des Kf. Mediation. Absicht, ihm sein Recreditif zuzuschicken. Remonstrationen des Gesandten. Schriftliche Antwort des Königs. Memorial. Hochmut der Minister.]

1672.
25. Nov. Nachdem ich das übersandte Memorial übergeben, habe ich auf die Antwort nicht gedrungen, aldieweil ich eins Theils wol gesehen, dass solches keinen Effect haben würde, andern Theils aber mit Fleiss gesuchet, Zeit zu gewinnen, bis ich auf meine erste unterth. Resolution gn. Befehl wegen meines Verhaltens und Alhierbleibens bekommen möchte. Endlich habe ich den 13. dieses Gelegenheit gesuchet, mit Mylord Arlington zu reden, welcher mit mehr Emportement als jemalen mir antwortete: er könnte sich nicht darein finden, dass Ew. Ch. D. Mediator sein wollten, weil Sie Partei wären. Er hätte es von Anfang vor eine Raillerie gehalten. Es hilft auch nicht, dass man sagt, Ew. Ch. D. wären noch allein vor das Römische Reich, und nicht vor Holland, welches entweder garnicht oder dergestalt, wie leicht zu ermessen, beantwortet wird. Im übrigen sagte er mir, der Herr Coventry würde mir die Antwort und zugleich das Recreditiv zuschicken. Darauf ich antwortete, ich wisse mich nicht zu erinnern, dass ich solches begehret, hielte auch nicht davor, dass es gebräuchlich wäre, dasselbe ohnbegehret zu schicken, es möchte denn sein, dass man Willens, Jemand weggehen zu heissen. Wenn er nun die Meinung hätte, könnte ich zwar solches nicht ändern, würde aber gerne sehen, dass es hautement und dergestalt geschähe, dass es jedermann erführe, mir auch nicht imputiret werden könnte, dass ichs nicht recht verstanden und mich praecipitiret hätte. Ich könnte mich dieses dabei getrösten, dass ich nicht Anlass dazu gegeben. Er antwortete nur allein dieses, dass Coventry mir solches zuschicken würde, und könnte ich mit ihm davon reden, weil meine Affairen in seinem Departement wären. Solches hat gleichwol verursachet, dass mir die Antwort, nicht aber das Recreditiv zugesandt worden; ob es noch geschehen wird, lehret die Zeit.

Als Arlington mich fragte, ob ich noch etwas anzubringen hätte, sagte ich, man hätte mich ja nicht wollen hören, noch sich dahin erklären, dass man Ewrer Ch. D. Officia admittiren wollte. Ich würde freilich nähere Apertur thun von der Holländer Vorschlägen, wenn ich nur sähe, dass man solches von mir annehmen würde. Darauf er geantwortet, es gehörete solches auf die Versammlung nach Dünkirchen und wäre aber nicht Zeit davon zu reden. Ich glaube, es komme daher, dass man Frankreich versprochen, keine Friedensvorschläge als conjunctim anzunehmen.

Die Antwort ist in Englischer Sprache, weswegen ich dieselbe durch Ew. Ch. D. hiesigen Agenten, den von Wulffen[1]) werde übersetzen lassen, und sie mit nächster Post, weil es heute nicht kann fertig werden, überschicken. Soviel ich davon verstehen kann, sein sonderlich nebst den Generalversicherungen von Begierde zum Frieden diese zwei Punkte darin zu beobachten: 1. dass Ewrer Ch. D. die Schuld gegeben wird, sowol, dass I. K. M. keine Satisfaction von Holland bekommen, als auch dass der Krieg continuiret; 2. dass I. K. M. Ewrer Ch. D. Mediation platt abgeschlagen. Es wäre solches leicht zu beantworten, aber ich sehe nicht, warum ich länger alhier bleiben oder mich weiter einlassen solle. Beides wird nur dazu dienen, dass man sich noch immer mehr ungerechte und unbescheidene Reprochen und endlich noch grösseren Verdruss um Ew. Ch. D. hohen Respect auf den Hals ziehet. — Es ist einmal gewiss, dass England in dem Frieden ohne Frankreich und Schweden nichts thun wird. Frankreich will Ew. Ch. D. Mediation nicht, wie ich letztmals aus des Pfalzgrafen Munde berichtet, es auch ohne das leicht zu ermessen. Was Schweden betrifft, erinnere ich mich, dass Ew. Ch. D., als ich zu Stockholm war[2]), mir gn. anbefohlen, zu suchen, dass Schweden es bei England dahin bringen möchte, dass Ew. Ch. D. als Mediator bei der damaligen Bredaïschen Friedensnegotiation admittirt würden[3]). Es wurde aber solches damalen, ohngeachtet kurz vorher eine neue Allianz gemachet, man auch damalen im Werk begriffen war, ein Bündnis wegen Polen zu treffen, ganz abgeschlagen, dergestalt dass man itzt nichts besseres zu hoffen.

Verlangt höchlich auf seine erste Relation Antwort und erhofft zugleich Permission, seinen Abschied zu nehmen. Sobald solches geschehen ist, wird er obged. beide Puncte „in ein Memorial aufs glimpflichste" beantworten und seinen Abschied nehmen, „welches gewiss das beste ist, das man thun kann", im Fall er nicht noch vorher dazu genöthigt wird. „Wenn ich meiner Meinung hätte folgen dürfen, würde es schon geschehen sein. Es ist wol zu verwundern, dass die Ministri alhier so hochmüthig, denn kein Mensch begreifen kann, wie sie

---

[1]) Amadis von Wulffen, brandenburgischer Agent in Schweden. Berichte von ihm haben wir nur aus den JJ. 1664—69.

[2]) UA. XII, 167 fgg.

[3]) UA. XII, 647.

ihr Werk ausführen wollen, wegen der Ursachen, welche ich vorher unterth. gemeldet. Dazu noch dieses kommt, dass der König sich obligiret, im Anfang künftigen Jahres die daraus genommenen 2 à 3 Millionen Pfund Sterlings in ein Banco zu liefern, dazu kein Mensch Rath weiss, und ist nicht zu beschreiben, wie malcontent jedermann ist, nicht von dem Könige, sondern von dem Duc d'York, welchen jedermann vor katholisch hält, und von den Ministris[1])."

---

v. Crockow. Relation. Dat. London 19. November 1672. In Chiffren.

[Anbei die königliche Antwort mit des Gesandten Marginalien. Man will ihn weg haben. Wie dem vorzubeugen. Auslassungen der schwedischen Gesandten über das bei den Friedenstractaten zu Verhandelnde. Bestürzung und Verlegenheit der englischen Minister. Mylord Ashley. Personalveränderungen. Rückreise.]

29. Nov. „Ewrer Ch. D. überschicke ich beigehend die Antwort auf mein Memorial, beides in Originali[2]) als auch in die Teutsche Sprache übersetzet[3]), dergestalt als der Agent Wulffen und ich damit zurecht kommen können. Ich verhoffe doch, dass der Sensus ziemlich wird assequiret sein. Ew. Ch. D. werden daraus gn. ersehen, welchergestalt dieselbe mit lauter Sophistereien und Rodomontaden angefüllet, wie ich solches ad marginem remarquiret, und wäre es ganz leicht, dieselbe dergestalt wieder zu beantworten, wenn solches anders wozu dienete als Feindschaft zu stiften."

Ewrer Ch. D. muss ich daneben in Unterth. berichten, dass über dasjenige, welches ich letztmalen unterth. referiret, der Coventry mir abermals gesaget, I. K. M. hätten ihm anbefohlen, mein Recreditiv verfertigen zu lassen. Ew. Ch. D. werden aus meinem vorigen gn. ersehen haben, welchergestalt ich dergleichen schon zum öftern anhören müssen, und würde ich gewiss solches nicht mehr erwartet haben, wenn ich nicht davor gehalten, es würde bei einer so grossen Crisi der Affairen eins und das andere vorfallen können, welches Ew. Ch. D. mir alhier zu negotiiren anbefehlen möchten (wiewol bei dem vorherberichteten Zustand der Sachen Ew. Ch. D. nichts von England zu hoffen haben). Aus diesen Ursachen habe ich alles abgelehnet und, solange es immer mög-

---

[1]) Dies ist seine vierte Relation aus London. [Mit Einschluss der einen verlorenen.] Da er keine Nachricht hat, ob die vorigen im Haag angekommen sind, schickt er diese über Antwerpen und Cöln a. Rh.

[2]) Engl. Original: Given at Whitehall the 14th day of November 1672 subscr. Henry Coventry.

[3]) Die Uebersetzung in der Anlage.

lich, alhier zu bleiben gesuchet. Ich sehe aber itzo wol, dass solches dennoch nicht zu erhalten, und es dahin angesehen, dass, wann das Recreditiv mir zugesandt, man nichts mehr von mir annehmen wird. Weil ich nun sehe, dass meine Gegenwart Ewrer Ch. D. nicht mehr zu Dienst gereichet, sondern dass Ew. Ch. D. alhier an meiner geringen Person wol gar einiger Despect widerfahren könnte, als habe ich nunmehr resolviret, ihnen vorzukommen und meinen Abschied zu nehmen, ehe man mir denselben giebt, welches ich dergestalt thun werde, als ich letztmalen unterth. referiret. Wünsche von Herzen, dass Ew. Ch. D. solches dergestalt gn. approbiren mögen, als meines wenigen Erachtens es hochnöthig und unvermeidlich ist.

Der Pfalzgraf und noch eine vornehme Person haben ihm gesagt, dass solches blos von Frankreich herrührt. Von den schwedischen Gesandten hat er auch verstanden, dass sie alles, was mit ihm vorgeht, von Arlington und Coventry erfahren. Die schwedischen Gesandten werden morgen von hier abreisen. Sie sagen, beide Könige haben sich declarirt: 1. dass sie tractiren wollen; 2. dass es zu Dünkirchen sein solle; 3. ein Armistitium einzugehen.

Sonst aber scheinet es, dass weder England noch Frankreich sich wegen der Condition anders als in genere, dass sie sich raisonnabel beweisen wollen, gegen sich erklären wollen. Sie lassen sich sonst vernehmen, dass sie gute Hoffnung zum Frieden haben und dieses allein befürchten, dass das Haus Oestreich sich dieser Gelegenheit bediene, wider den König in Frankreich eine sehr starke Partei zu formiren, sich considerabel zu machen und dem König in Frankreich einen schweren Krieg; wie mir denn Ehrenstoen sagte, dieses wäre die grösste Difficultät, die er bei dem Werke sähe. — Es ist leicht zu sehen, dass den Ministris alhier überaus bang ist, dass Spanien bräche, und dass Ew. Ch. D. einige glückliche Progresse haben mögen, wiewol sonst jedermann solches von Herzen wünschet, welches leicht daraus zu sehen, dass die ganze Stadt stets voll ist von Gerüchten, dass Ew. Ch. D. den Turenne geschlagen, und geschehen grosse Wetten auf die künftige Successe pro et contra. Zwar thut solches anitzo nichts zur Sache, denn die Französische Cabale doch Meister ist. Aber wenn es zum Parlament kommen sollte, ehe es Friede wird, würden die Ministri Gefahr haben. Diejenige, die des Hofs am meisten kundig, halten alle davor, dass aus obangeführten Ursachen die Ministri sehr nach dem Frieden verlangen, weil sie ohne Geld et per consequens ohne das Parlament (ohne welches der König nicht die geringste Auflage thun kann) den Krieg nicht continuiren können, denn es unmöglich, dass Frankreich alles geben kann. Weshalben ich denn ihre Opiniastreté gegen Ew. Ch. D. viel mehr einer Desperation und der schrecklichen Dependenz von Frankreich als einer Confidenz zu ihrer Force zuschreiben muss. — Die Affaire von der Banque, davon ich neulich unterth. gemeldet, wird eine grosse Difficultät geben. Man hat alhier gehoffet, gegen die benannte Zeit Holland dahin zu bringen, dass dasselbe sothanes Geld zur Satisfaction hätte geben müssen. Weil aber durch Gottes wunderbare Schickung so grosse und wol concertirte Desseins manquiret und England anstatt der so gewiss gehoffeten Vortheile nichts als Schaden und Schimpf gelitten und dannenhero obenged. Zweck nicht erreichet, als wären die Rathgeber übel daran, und dahero kommt die Animosität gegen Ew. Ch. D.

I. K. M. haben das grosse Siegel von dem Orlando Bridgeman, welcher seit dem Exile des Kanzlers Hyde Lord Keeper oder Custos sigilli gewesen, abgefordert und solches dem Mylord Ashley[1]) gegeben, ihn auch zum Grosskanzler gemacht. Selbiger gehört mit zur französischen Cabale; man judicirt daraus, dass I. K. M. einige Neuerungen im Reiche vorhaben.

P. S. Weil der Gesandte seine Rückreise ohne das über Holland nehmen muss, wird er des Kf. Befehl bezüglich seines weiteren Verhaltens im Haag abwarten; und da inzwischen hier noch einige Zeit vergehen dürfte, ehe er wegkommt, so wird er im Haag auf eine Antwort vermutlich nicht lange zu warten brauchen.

Anlage.

Memorial des englischen Königs. Dat. Whitehall 14. November 1672. Die Marginalnoten Crockows chiffrirt.

24. Nov. Demnach Sr. K. M. von Grossbritannien ein Memorial praesentiret ist von dem Envoyé extraordinaire von Sr. Ch. D. zu Brandenburg dem von Crockow, datiret den letzten Octobris Ao. 1672, als haben S. Kön. M. gut gefunden zu befehlen, dass ihm folgende Antwort gegeben würde. Was anlanget das durch den jetzigen Krieg

---

[1]) Anthony Ashley Cooper, Lord Ashley.

verursachtes Blutvergiessen und Landverderben, welches S. Ch. D. scheinen so tendrement zu empfinden, so ist beides unumgänglich verursachet durch die unvergleichliche *Insolenzen und Affronten*, welche S. K. M. empfangen haben von den Staaten General, und wann einmal ihr Unglück oder Reu sie zu solchem Respect sollte bringen, welchen ihnen gegen solche Könige ihre Nachbaren, als der König von Gross-Brittannien und der Aller-Christlichste König, zu tragen gebühret, durch Bekenntniss ihrer vorigen Injurien uud *Versicherung auf das Zukünftige*, werden beiderseits Könige S. Ch. D. und der ganzen Welt genugsam erweisen, dass sie mehr Belieben tragen an einem raisonnablen Frieden als an einem *glückseligen Kriege*. Was aber anlanget, dass dieses Memorial scheinet an die Hand zu geben, als wann S. K. M. *vor die empfangene Affronten Satisfaction bekommen durch die viele und grosse Calamitäten, welche dero Feinden seit diesem Krieg widerfahren*, so ist es gar gewiss, dass ihr Verlust und Schaden viel grösser gewesen, als es S. K. M. vielleicht begehret haben, dero Intention war, *sie zu demütigen, nicht zu ruiniren*; und ob sie schon in ihren Ruin gestürzet sein, mehr und eher als man sich hätte einbilden können, so haben sie doch nicht einen

Man weiss noch nicht, welche diejenige sein, die müssen dem Bredaischen Frieden geschehen. [?]

Die Versicherung des Friedens hätte Holland wol mehr Ursache zu begehren als England.

Der Krieg ist wol vor England nicht glückselig gewesen.

Das Memorial nimmt die Satisfaction nicht eben auf das Unglück, welches Holland im Kriege gehabt, sondern darauf, dass der König in England alle die Satisfaction erhalten, welche er in einem an den Prinz von Oranien abgelassenen Briefe einig und allein zu intentioniren tesmoigniret, wie solches in Discursen genugsam angeführet, auch aus der That selbst erscheinet; weil aber solches alles nur ein Prätext gewesen, und man nun wol wünschet, dass die Briefe nicht abgegangen, nachdem durch Gottes wunderliche Schickung solches gehoben und England in das Tort gesetzet, stellet man sich an, als verstünde man solches nicht.
Warum beschwert man sich denn, dass Ew. Churf. D. solches gehindert?

Fusstapfen davon zu ihrer Demütigung. Es hätte ein wunderlich und mysterieux Ansehen, dass dieselben Leute, welche ihre Festungen so liederlich quittirten, dennoch so obstinat wären, ihre vorige Affronten und Injurien zu mainteniren, welche sie Sr. K. M. und dero gutem Bruder dem Allerchristlichsten Könige angethan, bis aufs letzte die Armee unter dem Commando von S. Ch. D. erschienen, welche das Rätsel auflösete, dadurch man augenscheinlich sähe, dass, da sie an ihrer eigenen Stärke verzweifelten, sie sich auf die seine verliessen, also dass viel von dem Blut, welches schon vergossen, am allermeisten beizumessen ist den Tractaten, welche S. Ch. D. mit den General-Staaten gemachet, und der Armee, welche sie vor dieselbe aufgerichtet, ohne welche sie zweifelsohne schon längst einen Frieden begehret und S. K. M. denselben gar favorabel erhalten hätten. Weil sie aber aufgeblasen wären durch die Hoffnung der Assistenz von S. Ch. D., haben sie nicht die geringste Proposition dazu gethan, und gewiss der Envoyé extraordinaire kann sich nicht verwundern, dass S. K. M. etlichermassen bestürzt sein, zu sehen, dass S. Ch. D. als dero alter Alliirter diejenigen sein, welche dero Feinde am meisten sustiniren und per consequens diejenigen Injurien mainteniren, welche S. Ch. D. wol wissen, dass sie Sr. K. M. widerfahren sein, und dieses sein böse Früchte einer Allianz, welche so lange unverrücket geblieben, dass Ihr. Ch. D. sich conjungiren in Friedenszeiten mit I. K. M. in den Klagen gegen Holland, in Kriegszeiten aber

Was für Demütigung? dass sie sich und andere nicht wollen zu Esclaven von Frankreich machen?

Solches ist sehr glorieux vor Chur-Br. Wie hoch Chur Brandenb. gewünschet, solches zu verhüten, weiss Niemand besser als Frankreich, welcher, wann er Ihrer K. M. sincer offenbaret hätte, was Chur-Br. ihm hat sagen lassen, würde I. K. M. von Churbrandenburg andere Sentimente haben; nachdem aber Ch. Br. selbst beleidiget, ist es eine andere Sache, und wird Ch.-Br. gewiss noch mehr Blut vergiessen lassen.

Ch.-Br. kann seine Freundschaft nicht besser tesmoigniren, als dass er, ohngeachtet er allirt ist mit Holland, I. K. M. Satisfaction schaffen will.

Wann ist solches geschehen?

mit den Holländern ihre Waffen gegen S. K. M. zusammensetzen.

Was anlanget den eigentlichen Zweck des Memorials, nämlich die Wiederbringung des Friedens, wollen S. K. M. (wie im Anfang gesaget ist) aller Welt declariren, wie ernstlich und sincer Sie es damit meinen, und damit Ihre Actiones mit den Worten übereinstimmen, haben Sie bereits die von dem König in Schweden offerirte Mediation angenommen. Was aber betrifft die am Ende des Memorials offerirte Mediation Ihr. Ch. D., können S. K. M. gar nicht dazu condescendiren, denn obwol der Envoyé extraordinaire den sanften Namen der Mediation gebrauchet, so wird doch kein unparteiischer Mensch, wenn er dieselbe consideriret, dass sie begleitet ist mit einem Tractat mit Holland und eine demselben zu Folge geworbenen Armee, nicht anders davon judiciren können, als dass es nicht eine Mediation, sondern eine Arbitrage sei, und, wann I. K. M. darin condescendiren sollten, würde es von Niemand anders ausgedeutet werden, als wann sie nicht dergleichen Tractaten acceptiret, darin Sie etwas zu sagen hätten, sondern als wann Sie Sich S. Chr. D. Decision submittiret. I. K. M. haben des Königs in Schweden Mediation acceptiret, weil er nicht armiret noch engagiret ist, Sie können I. Ch. D. Mediation nicht acceptiren, weil Sie davor halten, dass S. Ch. D. armiret und engagiret sein vor und mit ihren Feinden; für dem ersten bezeugen sie, dass sie den Frieden lieben, in dem andern, dass sie den Krieg nicht fürchten.

Das Memorial gedenket keiner Mediation, sondern giebt es noch viel glimpflicher, man refüsiret eine Sache, die nicht begehret wird.

Die Bravoure ist alhier nicht nöthig, denn der Krieg, welchen Churbrandenb. England anthun kann, nicht zu befürchten, eben sowenig als vice versa.

Dieses ist, was Ihr. Kön. M. Ihr. Ch. D. Envoyé extraordinaire zur Antwort zu geben befohlen haben.

Auf dasjenige, welches von dem Interesse von Churbrandenburg gebeten, ist nicht einmal geantwortet.

---

v. Crockow. Relation. Dat. London 22. November 1672. In Chiffren.

[Ist dem Cermonienmeister bezüglich der Abschiedsaudienz zuvorgekommen. Zurückgegebenes Recreditif. Abschiedsaudienz. Auslassungen des Königs. Beabsichtigte Abreise. Vom französischen Gesandten besonders kräftig betrieben.]

2. Dec. Hat den Staatssecretär Coventry zweimal, jedoch vergeblich, besucht, damit er ihm die Abschiedsaudienz erwirke. Gestern kam der Maître de Ceremonies Mr. Cotterell zu ihm.

Weil ich nun alsobald muthmassete, es würde wegen des Abschieds sein, gedachte ich, es wäre besser, ihm zuvor zu kommen, liess ihn deshalben nicht zur Rede kommen, sondern sagte ihm alsbald, es wäre mir sehr lieb, ihn zu sprechen, denn ich ihn hätte besuchen wollen, ihn zu bitten, mir die Abschiedsaudienz zu procuriren. Ich habe mich auch nicht betrogen, denn er alsobald mir das Recreditif überreichte, und sagete, er wollte wegen der Audienz I. K. M. fragen, wobei er dann gedachte gleichsam mit halben Worten: I. K. M. würden gern mit Ew. Ch. D. Correspondenz pflegen, itzt aber möchte es ihren Alliirten Ombrage geben. Und wenn ich ihm nicht zuvor gekommen wäre, hätte er ohne Zweifel hinzugethan: I. K. M. begehrten, dass ich mich von hier begeben sollte. Und ist Zweifelsohne solches die Intention gewesen, wie denn in der ganzen Stadt spargiret wird, dass es geschehen. Ich habe es aber lieber so machen wollen, damit Ew. Ch. D. es auslegen können, wie Sie wollen, denn ohne das Ew. Ch. D. genugsam Ursache haben, es dergestalt zu nehmen, dass man mich alhier nicht leiden wollen. Anlangend das Recreditif habe ich solches heute dem Coventry wieder gebracht und ihm solches auf den Tisch geleget, ihm auch dabei gesaget, dass ich dergleichen Briefe Ewrer Ch. D. nicht bringen wollte.

Heute um 12 Uhr habe ich bei I. K. M. Audienz gehabt, dabei ich sagte, ich wäre kommen zu vernehmen, was I. K. M. mir an Ew. Ch. D. befehlen wollten. I. K. M. sagten, es wäre ein Unglück, dass I. K. M. und Ew. Ch. D. allezeit in den Kriegen gegen Holland wider einander wären. Ich antwortete, es wäre Ewrer Ch. D. selbst leid, es würde auch nicht geschehen, wenn nicht das Römische Reich und Ewrer Ch. D. selbsteigenes Interesse es erforderten. I. K. M. sagten, wegen des Reichs wäre nichts zu besorgen, der König in Frankreich hätte sich deshalben declariret und Ew. Ch. D. wollten Garant davon sein und Sich wider Diejenige setzen, welche das Römische Reich attaquiren wollten. Ich antwortete, Ew. Ch. D. zweifelten nicht an der Intention Ihrer K. M., (wiewol es ganz gewiss, dass England nach dem festen Lande ausser den Küsten wenig fraget, auch wenigs dabei thun kann, also dass die Garantieen von England dem Römischen Reich wenig importiren und nur in Worten bestehen). I. K. M. sagten auch, Sie hätten gehöret, dass ich den Brief nicht mitnehmen wollte, darauf ich antwortete, I. K. M. würden mir solches nicht zumuthen. I. K. M. sagten, Sie wollten denselben [1]) durch einen andern Weg schicken, ich hoffe aber, dieses werde eher kommen, damit Ew. Ch. D. gn. ermessen können, ob Sie solchen eröffnen wollen oder nicht. Endlich sagte ich, dass ich Ew. Ch. D. erfreuen würde, wenn ich Deroselben berichtete, dass I. K. M. beständig Begierde zum Frieden haben. Darauf I. K. M. antworteten, ich könnte Ew. Ch. D. dessen versichern. Ich fügte noch hinzu, Ew. Ch. D. würden auch froh sein, wenn Sie erführen, dass I. K. M. bei guter Gesundheit wären. Ich wünschte, dass der Höchste I. K. M. stets dabei erhalten wollte. Darauf ich meinen Abscheid nahm und I. K. M. mir Glück auf die Reise wünschten.

Sobald er von der Königin und dem Duc d'York Abschied genommen hat, wird er seine Reise über Holland fortsetzen und hofft im Haag Antwort auf seine erste oder andere von hier abgelassene Relation, wie die vom 29. October st. v. (No. 3) und 1. Novemb. (No. 4), Antwort zu finden, um daraus zu sehen, ob Ch. D., nachdem Sie aus derselben vernommen, dass er vermuthlich alhier nicht lange bleiben würde, ihm vielleicht eine andere Commission in der Nähe gn. aufgetragen haben. . . . „Es hat mir heute Jemand zu wissen gethan, dass der Französische Ambassadeur stark bei Hofe gearbeitet, mich von hier zu schaffen, und ihm auch solches endlich versprochen worden."

[1]) (Lateinischer) Brief Karls II. d. d. Whitehall 15. November 1672, der wegen seiner unerhörten Sprache damals berechtigtes Aufsehen machte. Er ist gedruckt auch in die Flugblätter übergegangen. Die im Abdruck bei Pufendorf (XI, 76) fett gedruckten Zeilen sind die in Crockows Copie von diesem unterstrichenen, die die hauptsächlichsten Kraftstellen enthalten.

König Karl II. an den Kurfürsten. Dat. Whitehall 22. November 1672.

[Recreditif für Crockow. Resümirt zugleich das königliche Schreiben vom 15.]

2. Dec. ...... Responsionem nostram tam ad Literas Celsnis Vrae Electoralis 30. die Augusti scriptas quam ad alteras 17. die Septembris per ipsum allatas Celsni Vestrae Electli per eundem reddere volueramus. Ille autem prae se ferens capita in praedictis Augusti litteris eiusmodi fuisse, circa quae mandata nulla acceperat, excusari cupiit, quominus responsionem nostram ad illas secum perferret: adeo nobis visum est easdem alia via mittere, per quam speramus eas Celsnis Vrae Electlis manus iam attigisse. Quod ad secundas attinet 17. die Septembris scriptas, sicut quae mens nostra sit, tum ex responso quod dicti Ablegati Memoriali reddi iussimus tum ex literis nostris 15. mensis labentis exaratis [1]) iam satis apparet, ita per hasce etiam Celsnem Vram Electlem ad ea referemus, quae viva voce eidem Dno de Crockow a nobis discessuro dixeramus, cum illi sincera nostra studia ad bonam in Europa pacem conciliandam professi sumus. Si autem in ceteris ea quae Celsdo Vra Electlis voluit non sit assecutus, hoc quidem in causa fuit, quod res nostra et Regnorum nostrorum illud hoc tempore nullatenus promiserit. Personam vero dicti Ablegati extraordinarii quod spectat, meruit sane, ut illum cum hoc laudis testimonio dimittamus, se versus nos officiose et pro Celsne Vra Electli prudenter gessisse. Quem quidem tempore magis opportuno huc accessisse optamus, ut illius negotiatio feliciori successu potiretur, neque diuturnior apud nos mora iustam nimis occasionem Confoederatis nostris daret credendi nos consiliis vel rei communi vel nostrae obligationi contrariis aurem adhibuisse.

(autogr.) Celsis Vrae

Bonus frater consanguineus et affinis

Carolus R.

---

v. Crockow. Relation. Dat. London 27. November 1672.

[Abschiedsaudienzen. Neues Recreditif. Despectirliche Ausdeutung von seiten des Hofes. Stimmung am Hofe und Verlegenheit der Minister. Bedrängnis der Bankiers. Montagu nach Frankreich. Wie die Dinge liegen, Friede zwischen Frankreich und Holland unmöglich. Beschwerden über die schottischen Kaper. Nachrichten.]

7. Dec. Am 22. bei der Königin und dem Duc d'York, am 24. bei dem Pfalzgrafen Ruprecht Abschiedsaudienz gehabt. Der König hat ihm ein anderes Recreditif zugesandt (Copie anbei) und ihm einen Diamantring im Werte von etwa tausend Thalern geschenkt, worauf C. dann der Gewohnheit nach die Maîtres des cérémonies hat beschenken müssen.

---

[1]) S. S. 35 Anm. 1.

„Sonsten hätte ich wol gemeinet, weil ich der Intention des Hofes zuvor gekommen und meinen Abschied dergestalt (als ich unterth. berichtet) begehret, man würde es bei Hofe auch also ausgedeutet und zum wenigsten, wie man saget, die Apparenzen salviret haben. Ich vernehme aber mit Verwunderung, dass man von Hofe selbst aussprengt und sich berühmet, dass man mir die Depesche ins Haus geschicket und mir also meinen Abschied gegeben, welches blos allein geschiehet, um Frankreich zu flattiren. Ich erachte meiner unterth. Schuldigkeit, solches Ew. Ch. D. unterth. zu referiren, damit Ew. Ch. D. resolviren können, wie weit Sie solches zu ressentiren."

Anlangend den [jenigen] Zustand des hiesigen Hofes, ist derselbe wol wunderbarlich und also beschaffen, dass aller Apparenz nach es also nicht bestehen kann. Es ist augenscheinlich, dass die Ministri überaus embarrassiret sein: 1. weil wie bekannt, alle Desseine missglücket. 2. weil sie sehen, dass Frankreich Profit alleine und sie nichts bekommen werden. 3. dass dannenhero die Verantwortung desto schwerer sein wird eines Krieges, welcher ohne das Parlament wider die Inclination des Volkes angefangen. 4. Weil die Zeit da ist, der König drei Millionen Pf. Sterling in die Banque wieder liefern soll, dazu weder Rath noch Mittel vorhanden. — Solches verursacht bereits nicht geringe Mühe. Die Leute, welche dadurch um das Ihre kommen, belangen diejenigen Banquiers (welches alhie die Goldschmiede sein), denen sie ihr Geld gegeben. Dieselben suchen Schutz bei dem Könige, welcher das Geld zu sich genommen, dadurch die Justiz gehemmet und nicht geringe Confusion verursachet wird. Und dieses ist die Ursache, warum der vorige Kanzler abgesetzet, welcher blos die Justiz respiciiret, und ein anderer creiret worden, welcher ganz vom Hofe dependiret. — 5. Weil sie nun beginnen zu sehen, dass der Kaiser und Ew. Ch. D. Sich mit Ernst annehmen wollen, zumal da die Sachen in Polen und Ungarn so wol laufen, und dergleichen von Frankreich und Spanien befürchten, und hat man merklich sehen können, dass sie dadurch sehr alterirt. 6. Weil das Geld zu Ausrüstung der Flotte gegen den Sommer schwer wird zu finden sein.

Dies alles verursacht, wie leicht zu ermessen, grosses Nachdenken, und es ist kein Zweifel, dass die französische Cabale selbst gern aus der Sache wäre. Der Pfalzgraf hat das selber gestanden und dabei gesagt, es müsse notwendig eine Veränderung kommen. Zweifellos arbeitet man hier bei Frankreich dahin, den König zu einem raisonnablen Frieden zu disponiren.

Es ist vor wenig Tagen Lord Montagu, „welcher zu meiner Zeit auch in Frankreich gewesen[1]) und um diese Sache am besten weiss", per Post da-

[1]) Ralph Montagu, mit Crockow Gesandter in Paris UA. XIII, 42.

hin geschicket; man hält dafür, es geschehe, um gegen künftige Campagne überaus grosse Subsidien zu begehren oder solche Vorschläge, die practicabel sind, zu einem Frieden zu thun. Der Pfalzgraf aber meint, Frankreich würde nicht zur Raison zu bringen sein, wenn es nicht, mit Macht angegriffen, eine Niederlage erlitten hätte, welches er von Herzen zu wünschen scheint.

Diesem allen ungeachtet kann ich Ew. Ch. D. keine Hoffnung geben, dass England von Frankreich abstehe, wo nicht einig Evenements solches verursachen, als nämlich wann Frankreich geschlagen würde, oder dass Spanien bräche. Die Ministri sehen genugsam, dass sie unrecht haben, dass sie den Krieg allein vor Frankreich und wider das Interesse von England selbst führen. Sie schämen sich oder sie werden zornig, wenn man ihnen von Frankreich und dessen Desseinen spricht, sein aber dennoch so opiniastre, dass man daraus nichts anderes judiciren kann, als dass der König in Frankreich sie dergestalt gefesselt, dass er ihr Leben und Ehre in der Hand hat und sie ihrer selbst nicht mehr mächtig sein. Sie wenden vor, wann sie sich im geringsten merken liessen, dass sie mit Holland tractiren wollten, dass Frankreich alsdann mit Holland wider sie schliessen würde. Es ist aber solches ein zu lauter Praetext, denn sie selbst, wie auch sonst alle Leute wol wissen, dass der Friede zwischen Holland und Frankreich bei so gestalten Sachen so leicht nicht ist, wo er nicht gar unmöglich. So begehrt auch Holland von England nichts.

Er stellt vor, dass es Hollands Bestreben sei, mit England in Freundschaft zu leben; aber das alles thut nicht den Effect, den es billig thun sollte, „sondern allein diesen, dass sie dadurch desto mehr erbittert werden, indem sie desto mehr daraus sehen, dass sie Unrecht haben und gleichwol nicht abstehen können“.

Widersprechende Nachrichten über die Heirat des Duc d'York. — Memorial des dänischen Gesandten; Beschwerde über die englischen und die schottischen Kaper. Aehnlich klagen die schwedischen und die hamburgischen Deputirten. Kf. könnte sich dieses Moments bedienen, und solches in einem etwaigen Antwortschreiben „dem Könige mit grösserem Fug reprochiret werden“. Wird morgen abreisen, und zwar nach dem Haag.

P. S. Clifford[1]) zum Reichsschatzmeister declarirt, der „ebenmässig ganz französisch ist“.

---

[1]) Sir Thomas Clifford, der katholische Unterzeichner des Vertrags von Dover.

Der Kurfürst an v. Crockow. Dat. Rüsselsheim 27. November/7. December 1872[1]). Conc. v. Schwerin.

[Soll sich noch in London aufhalten, solange es ohne Verletzung des Respects geschehen kann.]

Relationen vom 29. October und 1. November erhalten und daraus 7. Dec.
mit nicht geringer Bestürzung ersehen, wasmassen der König dasjenige nicht begreifen will, was Wir ihm durch Euch wolmeinend vorstellen lassen, sondern vielmehr Unsre gute und aufrichtige Vorschläge so weit von sich geworfen. Weil sich aber die Conjuncturen und mit denselben die Gemüter ändern möchten, so habet Ihr Euch noch nicht von dannen zu begeben, sondern Unsere Dienste daselbst bestmöglichst zu respiciiren, Euch auch nicht daran zu kehren, ob man Euch gleich Eure Depesche zuschickte und zu verstehen gäbe, dass man Euer gerne los wäre: sondern Ihr habet vielmehr allerhand Excusen und Praetexten zu Verzögerung Eurer Rückreise aufzusuchen und dieselbe bis auf weitere gn. Ordre zu verschieben, es sei denn, dass Ihr ohne Verletzung Unseres Respects alda nicht weiter subsistiren könntet[2]).

---

2. Die (erste) Gesandtschaft des Freiherrn Otto von Schwerin des Jüngeren nach London. 1674.

---

d. d. Coelln a. Sp. 27. Februar 1674 Befehlschreiben des Kf. an den 1674.
Kanzler Chr. v. Brandt, nach Berlin zu kommen und des Kf. Willensmeinung bezüglich einer Gesandtschaft nach England entgegenzunehmen. — Derselbe Befehl wiederholt d. d. Coelln a. Sp. 27. März 1674[3]).

---

[1]) Vgl. UA. XIII, 372.

[2]) Die Antwort des Kf. auf das Schreiben Karls II. vom 15. November 1672 d. d. Sparenberg 3./13. Januar 1673 gedruckt bei Pufendorf XI, 77. Die Gutachten der Geheimen Räte, bezw. ihre Bedenken über Crockows Relationen und die königliche Resolution s. in ihren Schreiben vom 21. und 24. December 1672. UA. XIII, 375. 377.

[3]) Brandt wurde vielmehr nach Schweden beschieden. Schwerin erhielt den Reisebefehl in Cöln, wo er KBdbg. auf dem Congress vertreten hatte. Vgl. UA. XIII, 480.

Instruction, wonach sich der Geheime Rath, Kämmerer, Hauptmann der Grafschaft Ruppin und des Landes Prettin, Erbkämmerer der Chur-Brandenburg und Ritter des Johanniterordens, Otto der Jüngere Freiherr von Schwerin bei seiner Abschickung nach England zu achten. Dat. Coelln a. Sp. 15./25. April 1674.

[Gratulation zum Abschluss des Friedens mit Holland. Wunsch vertraulicher Correspondenz. Wie die Sachen zwischen König und Parlament stehen? Creditif an den Prinzen Ruprecht und den Herzog von York. Verhalten gegenüber den auswärtigen Gesandten. Prinz von Oranien und Ratspensionarius.]

1674.
25. April. Hat in der Audienz dem Könige zu dem mit den Niederlanden getroffenen „avantageusen Frieden" zu gratulieren; Kf. habe darüber um so mehr Freude empfunden, als zu hoffen sei, dass der König damit den Weg zu einem Universalfrieden gebahnt habe. Weiterer Dank an den König, dass er auf dem Cölner Congress durch seine Gesandten das brandenburgische Interesse bei der Friedenshandlung gewahrt habe, worum er jetzt bei Uebernahme der Mediation auch weiter gebeten wird. Die vertrauliche Correspondenz zwischen beiden Häusern möge sorgfältig unterhalten werden.

Der Gesandte hat sich zu erkundigen, wie die Sachen zwischen König und Parlament eigentlich stehen, „ob daraus wol eine Weiterung einer inneren Unruhe entspriessen könnte", ob der Hof bei dem Frieden bleiben oder davon öffentlich oder heimlich abgehen möchte. — Creditif[1]) an den Pfalzgrafen Ruprecht. Dessen Ansichten über die jetzigen Conjuncturen, vornehmlich über den getroffenen Frieden zu erforschen. — Ebenso Compliment an den Herzog von York.

Ueber des Kf. augenblickliche Absichten und Ziele befragt, soll er nur antworten: er wäre lange nicht zu Hofe gewesen, könnte also nicht wissen, was da in einem und anderen vorgegangen; dessen wäre er aber versichert, dass Kf. einen allgemeinen beständigen Frieden verlangte. — Vertrauliche Communication mit den holländischen und spanischen Gesandten[2]). Den französischen und schwedischen Gesandten[3]) hat er „nichts sonders zu sagen", als dass Kf. sich verpflichtet gehalten, dem Könige von England die Ehre zu erweisen und zu dem abgeschlossenen Frieden zu gratulieren. Wenn die Schwedischen es dahin bringen könnten, dass von sämmtlichen kriegenden Teilen eine andere Zusammenkunft beliebt würde, so würde das Kf. sehr lieb sein. Was der Französische und der Schwedische negociiren, darnach hat er sich fleissig zu erkundigen, sonst aber zu berichten, dass Kf. mit ihren Herren in gutem Vernehmen stehe.

---

[1]) Creditif d. d. Coelln a. Sp. 20./30. April 1674.

[2]) Marques de Fresno.

[3]) Marquis de Ruvigny, Peter Sparre.

Dem Prinzen von Oranien wie dem Ratspensionarius[1]) hat er seine Commission anzugeben, mit der Frage, ob sie ihm „zu des Estats Besten“ etwas zu committiren hätten. — Chiffren. Ablieferung der Instruction.

Nebeninstruction.

[Hosenbandorden für den Kurprinzen.]

Der Gesandte möge gelegentlich dem Könige vorstellen, dass des Churprinzen Ld. „in den Orden des güldenen Hosenbandes aufgenommen“ und „dadurch desto mehr von Jugend auf zu allem Respect und Observanz gegen I. K. M. veranlasset werden möchten“[2]).

---

v. Schwerin. Relation d. d. London 2./12. Juni 1674.

Zufolge seiner Relation aus Dover hat er sich ungesäumt hierher begeben 12. Juni. und ist vorgestern Abend glücklich angelangt. Er würde dem König bereits nach Windsor gefolgt sein, wenn er nicht teils durch den Kaufmann, welcher ihm erst übermorgen sein Geld auszahlen will, teils auch „wegen Erwartung seiner zurückgebliebenen Sachen“ daran verhindert worden wäre. Da er aber seiner morgen gewärtig ist, so wird er alsdann sofort dem Hofe folgen und um Audienz beim Könige Ansuchung thun. Von den übrigen Gesandten ist nicht Einer in dieser Stadt. Sie sind alle dem Hof gefolgt, ausser dem Spanischen, „welcher ein paar Tagereisen von hier in ein Warmbad gereiset und so bald nicht wiederum erwartet wird“. Herr von Odyk ist noch nicht angelangt; inzwischen haben seine Herrn Collegen[3]) bereits Audienz gehabt. — Man meint, der König oder wenigstens die Königin werde am nächsten Sonntag, Pfingsten, herkommen, um das Fest hier zu verleben.

v. Schwerin. Relation d. d. 5./15. Juni 1674.

Er hat sich täglich nach Windsor zum Könige begeben wollen. Weil aber 15. Juni. S. M. einige Tage her von einem und andern in der Nähe tractiret worden, über-

---

[1]) Fagel.

[2]) Die Instruction wurde ihm durch Rescript des Kf. d. d. Coelln a. Sp. 21. April 1674 (st. v.) übersendet. Präsentationsvermerk von Schwerins Hand: ‚Coelln am Rhein den 7. Mai/27. April 1674‘. Am 11. Mai verliess der Gesandte Cöln und trat über Wesel, Emmerich, Nymwegen, Bommel, Dordrecht, Rotterdam, Amsterdam die Reise nach dem Haag an. Dort Unterredung mit dem Ratspensionarius. Von da nach Antwerpen, vor Düffel Audienz beim Prinzen von Oranien am 1. Juni. Daher erfolgte, nicht wie beabsichtigt von Briel, sondern von Vliessingen aus die Ueberfahrt „mit dem wöchentlichen Paketboot“ nach England. Am 8. Juni betrat der Gesandte in Dover den englischen Boden.

[3]) Die beiden anderen holländischen Gesandten van Haren und Isbrandts.

dem auch die Maistres de Ceremonie „ein und andere Entschuldigung eingewandt haben“, warum sie sich nicht nach Hof begeben könnten, hat er die Reise bis jetzt anstehen lassen müssen; morgen wird er mit dem Unterceremonienmeister Mr. Shamborn in einer von ihm gemieteten Kutsche hinausfahren, und weil er vernommen, dass alle Gesandten sich daselbst etablirt haben, so denkt er ebenfalls mit des Kf. Gutfinden, solange der König daselbst verbleiben wird, sich zu Windsor aufzuhalten. Inzwischen hat er Arlington und Coventry besucht. Sie haben ihn beide überaus höflich empfangen und nach Bezeugung, wie lieb dem Könige sein würde, dass Kf. „ungeacht einiger dazwischen gekommenen Froideur, so vielmehr der scharfen Feder des Concipienten, als der hohen Principalen Gemüther zuzuschreiben, die alte hergebrachte vertrauliche Correspondenz mit dieser Krone zu unterhalten suchte, sich erboten, ihres Ortes alles beizutragen, was zur Bestätigung einer solchen Freundschaft würde erfordert werden können, welches sie dann bei meiner Anwesenheit in der That zu bezeugen verhoffeten“. Sir Williamson[1]), der als Ambassadeur zu Cöln gewesen und hier ehester Tage in Coventrys Stelle als Secretaire d'Estat vorgestellt werden soll, hat er auch besucht, weil er ihn gleich nach seiner Ankunft in seinem (Schwerins) Hause beneventiret und ein Compliment gemacht, dass Ew. Ch. D. Zollbedienten zu Ruhrort ihm alle Willfährigkeit bezeuget, „ungeacht sie vergessen gewesen, von Ew. Ch. Durchl. einen Pass zu begehren“. Die Minister haben gute Hoffuung zum Frieden, weil sie meinen, dass der Prinz von Oranien bereits vermerke, dass Spanien nicht in der Positur sei, den Krieg zu führen, wie es dem Staat vorgestellet worden; und weil es so auf die Holländer allein ankommen würde, alle Armeen zu unterhalten, so würden sie des Werkes wol überdrüssig werden und die Krone Spanien dahin zu vermitteln suchen, dass sie einen billigen Frieden annähme; „denn dass man die Krone Frankreich zum Pyrenäischen Frieden bringen wollte, zu der Zeit, da sich der König der ganzen Franchecomté bemächtiget, und seine Feinde hingegen noch nichts vorgenommen, solches wäre absurd“; vielmehr wäre zu besorgen, dass da man sich die Inclination, die die Krone Frankreich zur Zeit noch zum Frieden bezeigte, nicht zu nutze machte, „es durch Fortgang solches Sieges je länger, je schwerer fallen würde“, einige billige Bedingungen zu erhalten.

v. Schwerin. Relation. Dat. Windsor 9./19. Juni 1674.

19. Juli. Verwichenen Sonnabend gegen Abend angekommen. Hat sich bei Chevalier Cotterell erkundigen lassen, wann er seine Audienz bei dem Könige haben könnte. Der hat ihn durch Mr. Shamborn wissen lassen, dass der König solche wegen des Pfingstfestes bis auf den folgenden Montag verschoben, ihm dann aber selbst gemeldet, dass er Montag gegen 11 Uhr abgeholt und zur Audienz geführt werden sollte; Chevalier Cotterell hat ihn denn auch gestern „mit des Mylord Chambellans Kutsche, mit 6 Pferden bespannen“, nach Hofe

[1]) Sir James Williamson.

gebracht, wo er in des Mylord Chambellans Zimmer abgetreten und so lange geblieben, „bis der König aus der Kapelle gekommen, da ich dann hinauf durch einen grossen Saal, in welchem des Königs Trabanten auf beiden Seiten stunden, und deren Officier mir bis an die Thüre entgegen gekommen und folgends durch etliche Antichambres, in welchen mich der Mylord Chambellan empfangen, zum König gebracht worden, welchem ich in Beisein des ganzen Hofes nach überreichtem Creditif und abgelegten gewöhnlichen Curialien (Inhalts Ew. Ch. D. mir ertheilten gn. Instruction) zu dem mit den Staaten der Vereinigten Niederlanden getroffenen Frieden gratuliret, die Hoffnung, so Ew. Churf. D. Ihr machten, dass die übrige kriegende Theile durch solch glorieux Exemple zum Frieden animiret werden würden, bezeuget und endlich vor die Geneigentheit, so Ihr. K. M. Ambassadeurs zu Cöln am Rhein zur Beforderung Ew. Ch. D. Interesse spüren lassen, gedanket und um Continuation solcher Gewogenheit gebeten, sonderlich da I. K. M. die Mediation, wie Ew. Ch. D. hofften und wünschten, mit über sich nehmen sollten. Worauf Ihr. Kön. M. mir gar kurz aber mit grosser Freundlichkeit selbst geantwortet, dass Sie alles, was Deroselben von Ew. Ch. D. zukäme, zum höchsten considerirten, sich für den gethanen Glückwunsch zum Frieden bedankten, und wie Sie keinen Fleiss ermangeln lassen wollten, den allgemeinen Frieden zu befördern, also würden Sie auch Ew. Churf. D. dabei versirendes Interesse nicht ausser Augen setzen und bei allen Begebenheiten in der That bezeugen, wie lieb Deroselben die Continuation Ew. Ch. D. Freundschaft sei.“ Hierauf zur Königin[1]), die auf das Compliment, das der Gesandte namens des Kf. gemacht, durch ihren Secretär antworten lässt, dass sie Ew. Ch. D. sehr obligiret sei „vor die Bezeugung so guter Affection, dass ihr lieb zu vernehmen sein würde, dass es Ew. Ch. D. und Dero ganzem Hause wohl erginge“.

Der Herzog von York hat ihm mit grosser Höflichkeit seine Geneigtheit dem Kf. zu dienen bezeugt. Von der Duchesse d'York[2]) war ihm die Mittagsstunde zur Audienz benannt, weil sie sich aber etwas übel befunden, ist dieselbe bis an den Abend verschoben worden, da er denn auch bei derselben Namens Ew. Churf. Durchl. ein Compliment abgelegt, auf welches sie selbst geantwortet, in ganz ähnlicher Weise wie die Königin. Um Mittag wurde er von dem Chevalier Cotterell zu dem Mylord Arlington zum Essen gebracht, weil der Mylord Chamberlain, bei dem er sonst hätte essen müssen, den Duc und einige andere geladen hatte. — Den Prinzen Ruprecht hofft er noch heute zu sprechen. Er hat nun allen Ambassadeurs und Gesandten seine Ankunft notificiren lassen.

Inzwischen hat er gestern, wie der König im Thiergarten spazieren gegangen, den schwedischen Ambassadeur Sparre und Mr. de Ruvigny, französischen Envoyé extraordinaire, angetroffen und sonderlich mit jenem zu discurriren Gelegenheit gefunden. Er hat sich gleich bei Schwerin erkundigt, ob Ew. Ch. D. etwa einige Vorschläge zum Frieden thun lassen wollten, mit

---

[1]) Katharina, T. König Johanns IV. von Portugal.

[2]) Maria Beatrix, T. Herzog Alfons II. von Modena.

Bezeugung, dass solches über alle Massen lieb sein würde, weil sie niemals weniger Hoffnung als jetzt zum Frieden gehabt; denn die Krone Spanien wollte von keinem Frieden hören und Frankreich spannte den Bogen nunmehr auch höher"; worauf Schw. geantwortet, dass Kf. vielleicht vor allen Andern den Frieden wünschte, auch alles dazu beitragen würde, was in seiner Macht stände. Weil sie aber nicht eigentlich informiret wären, worauf das Werk bestünde, so würden sie erwarten, was Schwerin davon zu berichten finde.

Worauf sich gedachter schwedischer Ambassadeur sehr bemüht zu zeigen, in welch grosse Gefahr das röm. Reich geraten würde, wenn man dem Werke nicht vorbauen wollte, so viel zu verstehen gebend, dass es gleichsam bei Ew. Churf. Durchl. am allermeisten stehen würde das Feuer zu dämpfen, „wobei er auch im Vertrauen berichtete, dass der Prinz von Oranien unlängst ein Schreiben an den König von England abgehen lassen, in demselben sich so gar über dem Comte de Monterey[1]) beschweret, dass er sich nicht gescheuet, des Wortes betriegen in französischer Sprache zu gebrauchen, indem man ihm weiss gemacht hätte, dass man von Seiten der Krone Spanien $\frac{m}{20}$ Mann zu Felde bringen wollte, jetzt aber kaum $\frac{m}{6}$ Mann liefern könnte, und also den König gebeten, auf alle Mittel und Wege bedacht zu sein, einen billigen Frieden zu befördern. Die Intention möchte wol die gewesen sein, durch Bezeugung, wie wenig man dem Könige in Frankreich beistimmt, diesen zu bereden, dass er sich der Holländer annähme und die Waffen für sie ergriffe". „Allein wie ich vernehme, ist das Schreiben noch nicht beantwortet, und sehe ich wenig Apparenz, diese Krone gegen Frankreich zu disponiren, wiewol sich die Holländer damit noch sehr flattiren. — Ew. Ch. D. wollte ich noch gern unterthänigst berichten, was ich diesen Mittag mit dem Prinz Robert und sogleich mit Mr. de Ruvigny, welcher mich beneventiret, vor Discursen gepflogen, weil ich aber besorge, es möchte die Post fortgehen, und Ew. Churf. D. also gar keine Nachricht von mir bekommen, so muss ich es bis auf die nächste Post ausgestellet sein lassen."

---

v. Schwerin. Relation d. d. Windsor 12./22. Juni 1674.

22. Juni. „Weil mir bei Abgang der verwichenen Post so viel Zeit nicht übrig geblieben, dass ich die mit dem |: Prinz Robert und Mr. de Ruvigny gehabte Discurse hätte überschreiben können, so berichte ich jetzt gehorsamst, dass ich nach abgelegten gewöhnlichen Curialien bei dem Prinzen Robert Ew. Churf. D. Schreiben gehorsamst überreichet, welcher es dann mit Bezeugung einer sonderbaren Affection empfangen und sich erboten, Ew. Churf. D., worin Sie es nur begehren würden, zu dienen. Wie es darauf Gelegenheit gegeben, von dem jetzigen Zustand des Krieges zu reden, hat er mir so viel zu ver-

[1]) Gouverneur der Spanischen Niederlande.

stehen gegeben, dass an der Beständigkeit des jüngst mit dem Staat getroffenen Friedens nicht zu zweifeln, die von den Holländischen Gesandten aber mit grossem Eifer gesuchte Declaration und Ergreifung der Waffen gegen Frankreich es zu hoffen. Dass es aber in Schottland nicht einige Unruhe setzen sollte, davor wollte obged. Fürst nicht gut sagen, weil der König ungeachtet der Schotten vielfältigen und heftigen Beschwerden über den Duc de Lauderdale[1]) denselben nicht allein maintenirte, sondern auch zugäbe, dass derselbe das ganze Consilium daselbst verändert und allein mit seinen Freunden bestellet hätte. Ob aber sonsten das Parlament gegen die bestimmte Zeit wiederum zusammen kommen werde, daran zweifelt sowol der Fürst Robert als der meiste Theil des Hofes, und vermeinet man insgemein, dass weil der König den Frieden mit Holland zu halten gesonnen und also keines Geldes benöthiget, er das Parlament um so viel mehr nicht wiederum bescheiden werde, damit ein und andere verdriessliche Materien unerforschet bleiben mögen."

„Nachdem ich von des Fürsten Roberts Fürstl. Durchl. wiederum zu Hause gekommen, bin ich von dem Französischen Envoyé besuchet worden, welcher mich im Vertrauen warnen wollte, dass er bereits vernommen, dass ich den hiesigen Hof gegen seines Königs Interesse zu disponiren suchte, und weil er vermeinete, dass sein König ein anderes um Ew. Ch. D. verdient hätte, so könnte er ihm solches nicht wol einbilden, wollte mich gleichwol versichert haben, dass er soviel gute Freunde am Hofe hätte, durch welche er alles erfahren wollte, was ich suchen würde. Ich war sehr verwundert über den Discours und zwar um so viel mehr, weil ich zu der Zeit noch Niemand gesprochen hatte, ausgenommen den König und die Königin, sahe also, dass er nur angestellet, um mich auszuforschen und zu intimidiren, weshalb ich ihm alle diejenigen benennet, mit welchen ich gesprochen, und wiederum von ihm wissen wollen, wer dergleichen spargiret, mit Versicherung, dass Ew. Churf. D. Ihr alle Zeit angelegen sein lassen würden, des Königs in Frankreich Freundschaft zu conserviren. Allein er hat mir Niemand nennen können, sondern allezeit gesagt, er sehe wol, dass man nur gesuchet, ihm meine Commission suspect zu machen, und wollte er ein Besseres hoffen. Gleichwol habe ich nachgehends von dem Herrn Sparre vernommen, dass er noch immer in den Gedanken stehe, welche ich ihm bei einer folgenden Tages gegebenen Visite, so viel möglich gewesen, zu benehmen gesuchet; allein nach der von Wien alhier eingelaufenen Zeitung, dass von Ew. Churf. Durchl. Völkern zu der Kais. Armee $\frac{m}{14}$ Mann stossen sollen, will alle mein Sinceriren, dass meine Commission allein in einem über dem getroffenen Frieden gemachten Compliment bestehe, nichts mehr helfen. Die Holländische Ambassadeurs, denen ich gestern die Visite gegeben, und welche noch keine eigentliche Nachricht erhalten, wie es mit dem Tractat zwischen Ew. Churf. D. und dem Staat stehen möge, haben anfänglich auch zweifeln wollen, ob meine Anwesenheit ihnen nicht schädlich sein würde; nachdem ich ihnen

[1]) John Maitland, Earl of Lauderdale, Präsident des Secret Council of Scotland.

aber nicht allein meine hiesige, sondern auch die an des Prinzen von Oranien H. gehabte Commission bekannt gemachet und mich auch anerboten, ihnen nach Möglichkeit zu dienen, sind sie etwas vertraulicher worden und habe auch von ihnen vernommen, dass sie zwar nichts Beständigers als den Frieden mit England glaubten, allein sehr zweifeln müssten, ob dieser Hof zur Ergreifung der Waffen wider Frankreich zu disponiren sein würde. Aufs Wenigste würde solches nicht ehr geschehen, als wenn der König von England sehen würde, dass es mit Flandern gethan sein möchte, und soll der König öfters sagen, es wären die deutsche Chur- und Fürsten mehr interessiret, dass Frankreich nicht alzu mächtig werde, als er. :|." — Herr Temple wird ehester Tage von hier nach dem Haag gehen, vermutlich um die Mediation dieser Krone anzubieten. Die holländischen Gesandten wollen von keinem Frieden hören, es sei denn, dass derselbe auf den Pyrenäischen gerichtet werde, worüber der franz. Envoyé sehr lacht, vermeinend, es wären die Sachen in dem Stande nicht. Von einer anderweitigen Zusammenkunft wird gar wenig gesprochen. Alle Teile halten dafür, dass das Ende der Campagne zuvörderst abzuwarten sei. Inzwischen arbeitet dieser Hof gar sehr an der Restitution des Landgrafen von Fürstenberg[1]) und zeigt sich in dieser Sache sehr passionirt. Der König geht nächstkünftigen Montag von hier weiter ins Land und wird gegen das Ende derselben Woche wieder herkommen. Die Königin geht inzwischen nach London. Wie Schwerin hört, wird der meiste Teil der Gesandten sich dieser Gelegenheit bedienen, einige schöne Häuser auf dem Lande zu besehen.

„Der Prinz Robert hat mir einen überaus grossen und schönen irländischen Hund sehen lassen, welchen er Ew. Churf. D. destiniret und mir bei meiner Abreise überliefern will, ich werde mir denselben zum höchsten recommandiret sein lassen und nach empfangenem Befehl zur Rückreise denselben mitnehmen."

v. Schwerin. Relation d. d. Windsor 23. Juni s. v. 1674.

3. Juli. Nachdem der König am verwichenen Sonnabend von der Reise nach Portsmouth wiederum zurückgekommen, ist alhier die Zeitung des in der Pfalz zwischen dem Marschall de Turenne und dem Herzog von Lothringen gehaltenen Treffens[2]) eingelaufen, über welches so vielerlei Relationen divulgirt worden, dass man schier nicht weiss, welcher man Glauben beimessen soll. Gleichwol wird alhier von den Meisten dafür gehalten, dass das Gefecht sehr scharf, an beiden Teilen ziemlicher Verlust, an keinem aber sonderliche Avantage gewesen sei; wie es aber weiter werde ablaufen, erwartet man mit grossem Verlangen. Inzwischen haben die holländischen Ambassadeurs bei einer geheimen Audienz den König angesprochen, auf einige Mittel zur Beförderung des Friedens bedacht zu sein, welcher dann geantwortet haben soll, „dass weil es grosse Difficultäten geben würde, sich über einen Ort einer neuen Versammlung

---

[1]) Der im Februar aufgehoben und in kaiserlichen Gewahrsam gebracht worden war.

[2]) Bei Sinzheim am 16. Juni.

zu vergleichen, das Sicherste und Ratsamste sein würde, dass man unter der Hand sich der principalsten Punkte zu vereinigen suchte, und wann man über dem Hauptwerk eins wäre, so würde leichtlich ein Ort zur Vollenziehung gefunden werden.“ Allein es hat dieser Vorschlag den holländischen Gesandten nicht anstehen wollen; sie haben dagegen remonstrirt, dass vor allen Dingen die Präliminaria abgethan sein müssten, so viel zu verstehen gebend, dass wenn man gleich mit der Zusammenkunft allererst gegen den Herbst richtig werden sollte, dabei nichts verloren sein würde.

Sobald der Herr Sparre hiervon Kundschaft bekommen, hat er sich äusserst bemüht, die holländischen Ambassadeurs zu Acceptirung des vom Könige gethanen Vorschlages zu disponiren, mit Vorstellung aller Difficultäten, die man hier bevor zu überwinden gehabt, und welche jetzt viel grösser sein würden; allein nach Sparres Bericht, sind sie allein dazu nicht zu disponiren gewesen, sondern es sollen die holländischen Gesandten überdem bei dem Hauptwerke des Friedens so viel Difficultäten gemacht haben und absonderlich fest darauf bestanden sein, dass man die Sachen wieder in den Stand des Pyrenäischen Friedens bringen müsste, so dass der schwedische Ambassadeur gänzlich dafür hält, dass sie den Frieden mit keinem Ernst suchen. „Ebenmässiges will man alhier auch von den Spanischen und absonderlich von dem Kaiser halten, fürnehmlich seitdem dessen Antwort auf des Königs in England offerirte Mediation eingekommen, welche Ew. Ch. D. hierbei gehorsamst übersende[1]), und werden Ew. Churf. D. aus derselben selbst am Besten urtheilen, ob dieselbe so froide, als man sie alhier ausleget.“ Es hat der Herr Sparr nur auf diese Antwort gewartet, um bei dem Könige wegen Beförderung des Friedens fernere Instanz zu thun, weil der König sich allemal damit entschuldigt, dass er nicht wüsste, ob seine Mediation würde angenommen werden; so viel Schw. aber verstanden, will Herr Sparre heute Audienz begehren und des Königs Assistenz zur Beschleunigung des Friedens von Neuem suchen. Davon später. — Aus demjenigen, was der Graf Tott an hiesigen schwedischen Ambassadeur geschrieben, steht zu besorgen, dass der König von Frankreich sich der Franche-Comté bei den Friedens-Tractaten nicht werde begeben wollen.

Der Kurfürst an v. Schwerin. Dat. Coelln a. Sp. 28. Juni 1674.

[Befehl zur Abreise und Aufenthalt auf seinen Gütern. Was er dem Könige wegen des Kf. Assistenz an die Reichsstände vorzustellen. Protocoll der Conferenz mit Wangelin.]

„Nachdem Wir vernehmen, dass das Parlament allererst im Octobri zuzammenkommen wird und alda nichts vorgehen möchte, und Ihr also nur vergebliche Zehrung aldort thun würdet, so habet Ihr, im Fall Ihr solches also 8. Juli.

---

1) Anlage. Kaiser Leopold an König Karl II. von England. Dat. Laxenburg 12. Mai 1674.

befindet, und dass indessen keine Tractaten oder sonst etwas zu Beforderung des Friedenswerkes vorgehen, Euch von dannen nur wieder weg zu begeben und Euch solange auf Euren Gütern der Orten aufzuhalten, damit wann es die Noth erfordern möchte, Ihr Euch alsdann auf Unseren gn. Befehl wieder dahin verfügen könnet."

Vor Eurem Abzug aber habet Ihr dem Könige und dessen Ministris bekannt zu machen, wie dass eine ohnumgängliche Noth, die schuldige Pflicht, womit Wir dem Reich, die absonderliche Obligation, womit Wir Unseren Mitchurfürsten vermittelst einer beschworenen Union verbunden, und das gesamte Reichsconclusum veranlasseten, denen Bedrängten im Reich zu assistiren und dasselbe von gegenwärtiger gewaltsamer Invasion befreien zu helfen. Trotzdem sucht Kf. bei diesem ganzen Unternehmen keinen anderen Zweck als einen allgemeinen Frieden, den, wie er hofft, auch der König befordern und dazu Mittel an die Hand geben möge.

Zur besseren Kenntnis von des Kf. Absichten wird dem Gesandten das Protocoll der letzten Conferenz mit Wangelin übersendet. Es ist fast auf dieselbe Art auch dem französischen Gesandten angedeutet worden. — Von seinem Vetter, dem Pfalzgrafen Ruprecht, versieht sich Kf., er werde, „weil es die Rettung Dero Herren Brudern und des Churfürstenthums Pfalz sonderlich betrifft", den König dahin disponiren, dass er den Kurfürsten als seinen nahen Bluts- und Religionsverwandten in gegenwärtiger Not assistire.

---

d. d. 3. Juli 1674, neues Conferenzprotocoll vom 2. Juli[2]) übersendet.

---

v. Schwerin. Relation d. d. Windsor 30. Juni/10. Juli 1674.

10. Juli. Von diesem Hofe scheint keine weitere Resolution zu gewärtigen, bis man vernommen, was Temple, den der König zu Offerirung der Mediation an die Generalstaaten geschickt, ausrichten werde; imgleichen erwartet man mit Verlangen, ob die schwedische Mediation, welche der Graf Ochsenstirn[1]) Ihrer Kais. M. offeriren soll, werde acceptirt werden, nicht zweifelnd, dass wann die Mediation richtig, folgends mit gutem Success an einer anderwärtigen Zusammenkunft gearbeitet werden könne. Inzwischen lassen die anwesenden holländischen Ambassadeurs es sich äusserst angelegen sein zu remonstriren, wie dieser Krone Interesse erfordere, dass der König von Frankreich nicht zu mächtig werde; soviel Schw. indes verspüren kann, wird ihren Argumenten gar wenig, dem französischen Envoyé aber viel mehr Gehör gegeben. — Den Kurfürsten von der Pfalz will Niemand hier beklagen. Man giebt vor, er habe sich dieses Unheil selbst auf den Hals gezogen; überdem scheint es, als ver-

---

[1]) Graf Bengt Oxenstierna.

[2]) S. unten Abschnitt III.

driesse es den König, dass dieser Kurfürst die von den englischen Ambassadeurs mit den schwedischen zu Cöln conjunctim offerirte Mediation nicht allein nicht angenommen, sondern auch nicht einmal einer Antwort gewürdigt habe. Von der Action, die unlängst bei Heidelberg vorgegangen ist[1]), hat man jetzt noch weniger Nachricht als zuvor, weil die holländischen Ambassadeurs hier ein Schreiben des Herzogs von Lothringen an den Prinzen von Oranien divulgirt haben, aus welchem gegen alle bis dato eingelaufene Nachricht erhellt, dass die Franzosen 16 Standarten und sehr viel Mannschaft, die Kaiserlichen aber gar wenig verloren. — Das Parlament in Schottland hat der König aufgelöst.

v. Schwerin. Relation d. d. Windsor 7./17. Juli 1674.

Kf. werde vermutlich aus Holland bereits Nachricht erhalten haben, dass die Holländer, welche zu Belleisle ausgestiegen, nachdem sich die daselbst gelegene Festung auf vorhergegangene Aufforderung nicht ergeben wollen, die Insel verlassen haben und mit ihrer Flotte wiederum in See gegangen sind. Der französische Gesandte hier debitirt, dass solcher Abzug mit Verlust einiger tausend Mann geschehen; weil aber alle andern desfalls einlaufenden Briefe von keinem Verlust Meldung thun, so will solches hier auch nicht geglaubt werden. Ob aber die Flotte weiter etwas unternehmen werde, erwartet man mit Verlangen. 17. Juli.

„Wie ich vor einigen Tagen bei den Holländischen Ambassadeuren gewesen, bekommen sie eben die Nachricht, dass Ew. Churf. D. Tractat mit dem Staat geschlossen, worüber sie grosse Vergnügung bezeugten, und wie wir folgends zusammen nach Hofe gingen, machten obged. Ambassadeurs dem Könige bekannt, dass im Haag eine Conferenz mit den Kaiserlichen und Spanischen Ministris gehalten worden, dabei zu verstehen gebend, dass wenn es nach der Herren Staaten Willen gehen möchte, der Friede zu London wol würde tractiret werden, weil man sonst keinen unparteiischen Ort wol finden könnte. Soviel ich verspüren konnte, war solches dem Könige nicht unangenehm, sagte dazu, dass er aufs wenigste davor stehen wollte, dass Keiner entführt werden sollte; ob aber die übrigen Theile auch hiermit zufrieden sein werden, stehet zu erwarten. Die Holländer besorgen selbst, es werde der Kaiser wegen der Abgelegenheit nicht sonderlich dazuincliniren, und so viel ich von den Schwedischen und andern Ministris vernommen, dürfte sonderlich der Ungewissheit der Posten halber, welche im Winter sehr unrichtig ankommen, wol Difficultät gemacht werden, zu geschweigen, dass der überaus grossen Theuerung, so seit dem letzten Krieg alhier entstanden, und anderer Unbequemlichkeiten halber mehr, Niemand sonderliche Geneigenheit zu diesem Orte bezeuget. Wenn aber der König in Frankreich bei demjenigen, so der Herr Graf Tott[2]) jüngsthin an den Herrn Sparre berichtet, sollte bestehen und, bevor wegen der Ent-

[1]) S. 46 Anm. 2.

[2]) Schwedischer Gesandter in Paris.

führung des Landgrafen von Fürstenberg einige Satisfaction geschehen, auch die zu Cöln arrestirte Gelder restituiret worden, von keinem Frieden hören wollen, so würde auch der Vorschlag einer neuen Zusammenkunft zu zeitig sein."

Vor einigen Tagen hat der Marquis de Covago, Envoyé extraord. de la Republique de Gênes, bei dem Könige Audienz gehabt, wegen des mit dem Staat getroffenen Friedens gratulirt und für die Restitution einiger obgedachter Republik zukommenden Schiffe gedankt, worauf er ehester Tage wiederum nach Paris zu reisen gedenkt. Gestern hat er seine Ankunft notificiren lassen, und Schw. wird ihm gleich nach abgefertigter Post die Visite geben. Wie er sich bei dem schwedischen Ambassadeur angeben lassen, hat er sich zugleich erkundigen wollen, welchergestalt er von demselben würde recipiret werden, und wie er verstanden, dass der Herr Sparre die Oberhand in seinem eigenen Hause halten wollte, hat er dagegen remonstriren lassen, dass ihm die Oberhand von andern Ambassadeuren nicht geweigert worden, Sparre hingegen hat versichert, dass er auch königlichen Envoyés die Oberhand nicht gebe, womit er sich aber nicht contentiren wollen, sondern Entschuldigung thun lassen, dass er die Visite nicht ablegen würde.

---

v. Schwerin. Relation d. d. Windsor 14./24. Juli 1674.

[London als Verhandlungsort vorgeschlagen. Gespräche mit Pr. Ruprecht und Arlington über des Kf. Kriegsunternehmung. Audienz beim Könige. Dessen Auslassungen. Abschiedsaudienzen und Abschiedsbesuche. Kälte des französischen Gesandten. Affection des Prinzen Ruprecht. Abreise des Gesandten auf seine Güter.]

24. Juli. „Ew. Ch. D. gn. Befehl unterm dato Cölln an der Spree 28. Juni[1]), habe ich mit unterth. Respect wol erhalten und, nachdem ich gänzlich vergewissert, dass das Parlament nicht eher als im Oktober wiederum zusammen kommen wird, auch wol abnehmen können, dass ob zwar, wie ich jüngsthin unterth. berichtet, die Holländischen Ambassadeurs die Stadt London zu Continuirung der Friedens-Tractaten vorgeschlagen, es gleichwol grosse Schwierigkeiten geben würde, die übrigen Theile dazu zu disponiren, sonderlich da man alhier für gewiss glaubet, dass der Kaiser und die Krone Spanien nicht allein die päpstliche Mediation angenommen, sondern auch die Republik von Venetien mit darin zu ziehen gesuchet: so habe zufolge Ew. Ch. D. gnädigsten Vergünstigung, mich von hier auf meine Güter zu begeben resolviret, zuvor aber nicht allein bei dem Prinz Robert und Mylord Arlington, welche von den Königl. Ministris allein alhier zu Windsor gewesen, bekannt gemachet, aus was Ursachen Ew. Ch. D. zu einiger Armatur genöthiget worden, mit Versicherung, dass solche vielmehr zur Beförderung des Friedens als zur Vermehrung der Schwierigkeiten und Hinderung desselben gereichen sollte. Welches der

---

[1]) Oben S. 47.

Prinz Robert zwar sehr wol aufgenommen und dabei gewünschet, dass der König seinem Herrn Bruder auch beistehen möchte, aber beklaget, dass I. K. M. sich von Andern dergestalt einnehmen lassen, dass desfalls gar nichts zu hoffen. Der Mylord Arlington aber hat mir ebenmässige Ration, so Ewrer Ch. D. ich unlängst unterth. angezogen, als ein Obstacle, warum der König dem Churfürsten von der Pfalz nicht zu Hülfe käme, allegiret, nämlich, dass ged. Churfürst die von dieser Krone offerirte Mediation nicht acceptiren wollen, auch bis dato keine Hülfe gesuchet hätte, zu geschweigen, dass man das gegenwärtige Unheil der Pfalz alhier nicht dem Könige in Frankreich, sondern allein den üblen Mesuren, so der Churfürst genommen, zuschreiben wolle. Ew. Churf. D. Armatur aber hat er weder approbiren, noch improbiren wollen, allein gewünschet, dass Ew. Ch. D. den vorgesetzten höchst rühmlichen Zweck erreichen und einen so höchst nöthigen Frieden befördern möchten."

„Hierauf habe ich bei einer geheimen Audienz auch I. K. M. die Intention Ew. Ch. D. Armatur vorzustellen und was Ew. Ch. D. mir sonst gnädigst anbefohlen, gehorsamst vorzutragen gesuchet; welche dann zuforderst contestiret, dass Sie Ihr die Beförderung eines allgemeinen Friedens zum höchsten angelegen sein lassen wollten, dabei aber beklaget, dass Sie nicht überall gleiche Disposition und Inclination dazu verspüreten, so viel zu verstehen gebend, dass Sie versichert wären, dass die Krone Frankreich sich nicht entziehen würde, einen redlichen Frieden einzugehen, hingegen aber in Zweifel stellend, ob der Kaiser, sonderlich aber Spanien, nicht mit Fleiss die Sachen zu traisniren suchten, wie denn solches leichtlich aus der acceptirten päpstlichen Mediation zu ersehen, da man hingegen Dero offerirte Mediation so lange unbeantwortet gelassen und endlich auch fernere Ueberlegung mit den Alliirten ausgestellet; ja es hätten S. H. der Prinz von Oranien dasjenige Schreiben, so I. K. M. an Dieselbe vor 2 Monaten abgehen lassen, darinnen Sie nämlich Dieselbe consuliret, ob Ihre Mediation wol angenehm sein würde, noch nicht beantwortet. Wie ich darauf regeriret, dass gleichwol die anwesende Holländische Ambassadeurs eine grosse Geneigenheit zum Frieden bezeugten, wollte der König in Zweifel ziehen, ob nicht solche Bezeugung zum Frieden vom Prinzen von Oranien desavouiret werden möchte. Die Ungelegenheit, so in der Pfalz entstanden, beklagten I. K. M. sehr, wollten Sich aber zu keiner Assistenz, ja fast zu keinem Mitleiden mit dem Churfürsten verstehen, hielten vielmehr davor, dass der König in Frankreich wol befugt gewesen, geschehenermassen zu verfahren, und dass die von ged. Kron Churpfalz unlängst gethane Offerte [corrig. Offre] zum Accommodement (davon die Copia hierbei gehet), sehr raisonnable wäre, wie Sie dann auch hoffen wollten, dass ged. Churfürst, weil ihn die kaiserliche Hülfe bereits verlassen, sich mit der Krone Frankreich schon würde verglichen haben. Anlangend den Frieden insgemein, so stünde der König unbeweglich in dem Gedanken, dass die Krone Frankreich noch zur Zeit auf sehr raisonnablen Conditionen bestanden; sollte aber Frankreich sich im Geringsten irraisonnable bezeugen, so wollten I. K. M. der erste sein, der sich gegen selbige Krone erklären würde, so lange aber solches nicht wäre, würde man sich nicht verwundern müssen, dass Sie

Sich für einen König interessirten, dem Sie so sehr obligiret wären. Ich stellete darauf vor, dass gleichwol der König in Frankreich, ungeachtet aller seiner Sinceration keine neue Versammlung, bevor der Landgraf von Fürstenberg restituiret, eingehen wollte, und dass dadurch die Friedenshandlung sehr verzögert würde. Es antwortete mir der König aber, dass die Entführung des obged. Landgrafen billig ressentiret würde, Sie vor Ihre Person wären dabei ebenso wol interessiret, gedächten Sich auch der Sachen anzunehmen; weil aber Ihr einziger Zweck wäre, den Frieden so viel möglich zu beschleunigen, so wären Sie bedacht gewesen, wie dieses Obstaculum aus dem Wege zu räumen, und hielten Sie, dass Ihrer K. M. nicht nachtheilig, dem König in Frankreich aber Satisfaction genug sein würde, wenn der Landgraf in eines unpartheiischen Fürsten Hände bis zum Frieden und folgends gar auf freien Fuss gestellet würde, welches Sie, sobald Ihre Mediation würde angenommen worden sein, vorschlagen wollten. Dafern aber die kriegenden Theile mehr Lust hätten, den Krieg zu continuiren, so könnten Sie es wol geschehen lassen, weil Sie nichts dabei zu verlieren hätten und den Frieden allein aus Begierde zur Einträchtigkeit und aus keinem eigenen Interesse suchten. Was Ew. Ch. D. Armatur anlangen thäte, so stünde Ew. Ch. D. frei zu thun, was Deroselben beliebete, Sie wollten hoffen, dass solche zu keinem andern Zweck als zur Beförderung des Friedens angesehen, wünschten auch viel Glück dazu; wenn Sie aber Ihre Meinung frei sagen dürften, so wollten Sie dafür halten, dass es nur Oel in das Feuer gegossen sein würde, denn so lange man demjenigen Theile beispringe, so den Krieg zu traisniren suchte, könnte man sich schlechte Hoffnung zum Frieden machen. Wenn Ew. Ch. D. sich aber gleich der Krone Schweden, Chur-Mainz und Andern neutral halten wollten, so würde das Werk leichter zu heben sein." — Hierauf hat Schw. vorgestern seine öffentliche Abschiedsaudienz beim Könige, bei der Königin, dem Duc und Durchesse d'York gehabt, welche allein in Curialien bestanden.

„Ebenmässig habe ich auch von allen anwesenden fremden Ministris Abschied genommen, als von den Schwedischen, Portugiesischen und Holländischen Ambassadeuren, welche letztere von mir zu wissen begehret, was ich beim Könige in der Privataudienz ausgerichtet; und wie ich von Ew. Ch. D. dahin gn. instruiret, dass ich gar vertrauliche Correspondenz mit ihnen pflegen sollte, so habe ich ihnen solches nicht vorenthalten. Monsieur de Ruvigny bezeugte bei meiner Abschiedsvisite grosse Froideur und beklagte, dass die zwischen seinem Könige und Ew. Ch. D. aufgerichtete Freundschaft nicht beständig bleiben wollte. Ich habe ihm darauf geantwortet, dass Ew. Ch. D. solches leid sein würde, weil sie solche Freundschaft sehr werth hielten, und wie ich sahe, dass er solches auf Ew. Ch. D. jetzige Armatur richtete, habe ich ihm zu verstehen gegeben, dass Ew. Ch. D. sich vom Reiche nicht separiren könnten und dass Sie aus den Ursachen wol gern gesehen, dass der König das Reich unangefochten hätte lassen wollen. Er aber deducirte gar weitläuftig die Rechtfertigkeit der Französischen Waffen im Röm. Reiche und seines Königs genereuse Erbieten zur Ruhe des Reichs, mir dabei zu verstehen gebend, dass er alles wüsste, was ich dem Könige vorgetragen, und was derselbe mir darauf geantwortet. Ich bezeugte, dass mir solches lieb wäre, weil er also erfahren haben würde, wieviel lieber Ew. Ch. D. den Frieden befördert, als den Krieg fortgesetzt sehen wollten, weil nicht allein Ew. Ch. D. Actiones sowol der resolvirten Hülfeleistung, als auch der Sollicitation bei diesem Könige halber simpliciter den Frieden respirirten. Der Chur-Mainzische Envoyé, Herr Gloxin, hat eben denselben Tag auch vom Könige Abschied genommen, mir auch vor seiner Abreise die Visite gegeben, welche allein in Curialien bestanden. Der Spanische Ambassadeur wird ehester Tage auch seinen Abschied nehmen, weil er ganz contract und also unbequem zu solcher Employ bleibet."

„Der Prinz Robert hat bei meinem Abschiede sonderliche Begierde, Ew. Ch. D. Affection zu conserviren, bezeuget, Ew. Ch. D. ihm übersandtes Schreiben zu beantworten versprochen und mir zugesagten Hund überliefert, welchen ich wol überzubringen hoffe. So bald ich nun das Recreditiv vom Könige werde bekommen haben, will ich mich so fort von hier nach meinen Gütern begeben und daselbst Ew. Ch. D. gnädigsten Befehls mit unterth. Respect ferner erwarten. Und weil die anwesenden Holländischen Gesandten versprochen, mit mir zu correspondiren und fleissig zu berichten, wie die Sachen alhier laufen möchten, so hoffe ich nicht, dass durch meine Abreise etwas würde versäumet werden, zumal ich auf erhaltenen gn. Befehl allemal in 8 Tagen mit Gottes Hülfe wieder hier sein kann." Uebersendet das von Mylord Arlington an Kf. ihm überreichte Schreiben [1]).

v. Schwerin. Relation d. d. Wickrath 10. August/31. Juli 1674.

Uebersendet sein Recreditif. Da Kf. ihm vergönnen will, dass er in Erwartung ferneren gn. Befehls sich in diesem Lande auf seinen Gütern aufhalten möchte, so wird er mit unterth. Respect erwarten, „was Ew. Ch. D. mir ferner gnädigst anzuvertrauen belieben werden, Dieselbe unterth. versichernd, dass gleich wie ich für das grösste Glück und Gnade schätze, in Ew. Ch. D. Diensten gebrauchet zu werden, ich mir auch nichts höher angelegen sein lassen werde, als Deroselben dergestalt treu und fleissig zu dienen, dass ich mich Ew. Ch. D. hohen Huld und Gnade ferner zu getrösten haben möge; welche ich im Uebrigen, sonderlich bei der obhandenen grossen und beschwerlichen Reise [2]), nebst Dero ganzen hohen Churf. Hause, in des Allerhöchsten gnädigsten und väterlichen Schutz empfehle" [3]). 31. Juli.

---

[1]) d. d. Windsor ce 18. juillet 1672.

[2]) Gemeint ist der Marsch nach Oberdeutschland.

[3]) Anbei Recreditif Karls II. d. d. Windsor ce 16. juillet 1674 (st. v.).

II.

Brandenburg und Dänemark.

1670—1675.

Einleitung.

Am 9. Februar 1670 starb König Friedrich III., der dänische Monarch, unter dessen Regiment die absolute Gewalt dieser nordischen Krone durch die Gewährung der Souverainetatsacte ihre Vollendung empfangen hatte. Sein und der Sophie Amalie von Braunschweig-Lüneburg[1]) ältester Sohn Christian V. (geb. 1646) folgte als erblicher König.

Seit diesem Thronwechsel unterhielt Kurfürst Friedrich Wilhelm einen ständigen Vertreter zu Kopenhagen: Ausgang Februar wurde der Kammerjunker Friedrich von Brandt[2]) dorthin gesendet, um in des Kurfürsten Namen Condolenz und Glückwunsch bei dem jungen Könige abzulegen. Brandt blieb als Resident, mit einem Gehalt von monatlich 150, seit dem 1. Februar 1672 von monatlich 200 Thalern dotirt. Seine Relationen, die in ununterbrochener Folge vorliegen, gewähren einen vollkommenen Einblick in die Verhältnisse des Landes, die Frictionen des Adels, die Parteiungen und Intriguen am Hofe, und lassen zugleich den Entwickelungsgang des jungen Fürsten, seine Neigungen und Passionen, die Prachtliebe und Verschwendung, die er begünstigte, sowie das allmähliche Erstarken eines auf bestimmtere Ziele gerichteten Herrscherwillens erkennen.

Christian V. war unter der Obhut seiner stolzen, energievollen und um ihrer Herrschsucht willen gefürchteten Mutter zu blindem Gehorsam erzogen worden, durch seine Erzieher nach der Mutter Willen gegängelt, geistiger Bemühung abhold, den Staatsgeschäften fern, nur für die Fragen des Ceremoniells und der Etiquette und die unerschöpflichen Freuden des Hoflebens abgerichtet. Im Juni 1667 hatte ihn die Königin mit der Prinzessin Charlotte Amalie von Hessen-Cassel, der Nichte des Kurfürsten Friedrich Wilhelm, vermält. Die absolute Gewalt in den Händen des vierundzwanzigjährigen Herrschers machte

[1]) T. Herzog Georgs von Hannover und Schwester der bekannten vier hannöverschen Brüder.

[2]) Creditif d. d. Coelln a. Sp. 22. Februar 1670 nebst Antwort auf das königliche Notificationsschreiben v. dems. D.

ihn zum Spielball seiner Leidenschaften, während Günstlingswirtschaft und Coterienwesen, die Hoheit des Adels auf der einen, die Macht der Collegien auf der anderen Seite, den Unselbständigen in ihre Garne zogen. Mitten in dem Wirbel der Zerstreuungen, die König Christian mit seinem Freunde und Halbbruder Güldenleu[1]) teilte, stieg der kenntnisreiche, geschäftskundige Peter Griffenfeld[2]) im Bunde mit der Königin-Witwe zum allvermögenden Minister empor.

Indes begann die Vorliebe des Königs für Reiten und Jagen, für die körperlichen Uebungen und militärischen Belustigungen, wie er sie als Prinz von Kindheit an mit Leidenschaft gepflegt hatte, mit den Jahren ein ernsthafteres kriegerisches Interesse zu zeitigen, und es ist keine Frage, dass wenn der junge Fürst, nunmehr zur Regierung berufen, sich beschieden und in richtiger Schätzung der Kräfte des Landes sich auf die Hebung der dänischen Seemacht beschränkt haben würde, er gewiss schöne Erfolge erzielt hätte. Aber die unselige Neigung, es Frankreich gleich thun und einen kriegerischen Staat erschaffen zu wollen, legte Opfer auf, die mit dem, was das Land leistete, nicht im Einklang standen. Am Ende waren es die an Frankreich verkauften dänischen und schwedischen Minister, die in der Krise der beginnenden 70er Jahre das Königreich Dänemark aus seiner Ruhe weckten und es in den Kampf hineinzogen, der jetzt angesichts des französischen Dominats Mittel- und Nordeuropa erfasste.

Die Bundesgenossenschaft des dänischen Königs musste sich für den Kurfürsten aus mehr als Einem Grunde empfehlen. War der schriftliche Verkehr der beiden Höfe seit der Quadrupelallianz stets rege geblieben, so galt es jetzt, den König zunächst auf die bedrohlichen Conjuncturen aufmerksam zu machen, zu erfahren, ob er in dem französisch-holländischen Conflikte, den man gewärtigen musste, noch freie Hand hätte, beziehungsweise welcher Partei er sich zuzuwenden gedächte. Dieser Aufgabe unterzog sich im Herbst 1671 der Geheime Rat Christoph Caspar von Blumenthal, ein junger Diplomat, der schon höchst gewichtige Missionen hinter sich hatte. Im folgenden Jahre wiederholte sich seine Negociation, und zwar zweimal, im April und im Juni 1672.

Das Verhältnis zu Dänemark gestaltet sich nun sehr einfach. Wir bemerken, wie der König nach längerem Zögern und unter Ueberwindung höfischer und ministerieller Gegenströmungen sich mehr und mehr von der Dringlichkeit der brandenburgischen Requisitionen überzeugt, um sich in dem braunschweiger Bündnis vom 22. September 1672, durch seinen Unterhändler Christian Habbaeus[3]), wenigstens formell dem Kurfürsten und den Häusern Hessen-Cassel und Braunschweig anzuschliessen. Die Furcht vor Frankreich freilich verstattete

---

[1]) Ulrich Friedrich Güldenleu (Güldenlöve), in der Folge Statthalter von Norwegen, ein natürlicher Sohn K. Friedrichs III.

[2]) Geh. Staatssecretär unter dem früheren Statthalter Gabel. Vgl. jetzt über ihn die Monographie von A. D. Joergensen, Peter Schumacher Griffenfeld. I. D. Koebenhavn 1893.

[3]) Vgl. UA. XIII, 246 ff.

noch keine „vigoureuse“ Resolution. Hatte der König in dem Instrument die zahme Erklärung abgegeben, dass er durch dies Bündnis nicht mit in die Händel zwischen Frankreich und den Generalstaaten verstrickt werden wollte, so trieben ihn doch erst die Ereignisse der kommenden Jahre auf die antifranzösische Seite. Und diese antifranzösische Haltung verwandelte sich alsbald, der Veränderung der politischen Verhältnisse entsprechend, zugleich in eine antischwedische. Das Ergebnis der Gesandtschaft, die der Kurfürst Anfang 1675 unter dem Eindruck der schwedischen Invasion nach Kopenhagen schickte, war die Entscheidung Christians V.: dass er sich, wofern die Schweden nicht die Einquartierung in den brandenburgischen Landen von selbst aufgeben würden, zur Assistenz des Kurfürsten bereit erklärte. In dem Haager Protocoll vom 15. Mai 1675 [1]) schlossen sich die Alliirten zu gemeinsamer Abwehr gegen Schweden zusammen. Der erste Paragraph dieser denkwürdigen Acte spricht die Bestimmung aus, dass die Alliirten alles anwenden sollten, den König von Dänemark dahin zu disponiren, dass er seine Armee von 16000 M. „effective agiren“ lasse [2]).

Mit dieser dargestellten Entwickelung der diplomatischen Beziehungen zwischen Brandenburg und Dänemark ist die Disposition dieses Abschnittes gegeben. Er enthält die Acten der Blumenthal'schen Gesandtschaft und in einer Auswahl die ungemein umfangreichen Relationen des Residenten Friedrich von Brandt und des Geheimen Raths Christoph von Brandt, der, beim Ausbruch der schwedischen Krise aus Stockholm abgerufen, seinen Bruder zu Kopenhagen wirksam unterstützte. Christoph [3]) war dem jüngeren Bruder geistig überlegen. In beiden aber treten uns Geschäftsträger von grosser Umsicht und treuer Beharrlichkeit entgegen. In Friedrichs Relationen nehmen die Rangfragen und Praecedenzstreitigkeiten einen breiten Raum ein. Es ist das kein Wunder; denn an keinem Hofe des damaligen Europa, den französischen vielleicht ausgenommen, spielen diese Etiquettefragen eine solche Rolle wie an dem kopenhagener. Hatte ihn doch der junge König, der auf das Ceremoniell den grössten Wert legte, eben erst mit einer neuen Rangordnung beschenkt (vom 25. Mai 1671). Aber doch auch die edleren Eigenschaften des Königs sehen wir sich ausbilden, wir sehen, wie er sich zu einem ergebenen Freunde und Bewunderer des Kurfürsten entwickelt.

Die Brandt'schen Relationen begleiten die kriegerischen Ereignisse bis zum Herbst 1675.

Das Schlussstück ist die Gesandtschaft des Herzogs von Holstein und Knesebecks, die ein Ganzes für sich ausmacht und darum als Ganzes belassen ist.

---

[1]) UA. XIII, 808.

[2]) Am 24. März 1675 hatte der König durch die dänischen Gesandten im Haag diese Erklärung abgegeben. UA. XIII, 798.

[3]) Näheres über ihn in der Einleitung III des nächsten Abschnittes.

II. Brandenburg und Dänemark.

1670—1675.

1. Sendung v. Blumenthals nach Dänemark.

Instruction nach welcher sich Unser Geheimer Rath Christoph Caspar von Blumenthal bei seiner Abschickung an den Königlich Dänischen Hof zu halten. Dat. Potsdam 7. September 1671. Conc. v. Schwerin.

[Audienz und Curialien. Der allgemeine Friede durch Missverständnisse zwischen Frankreich und den Niederlanden beunruhigt. Dependenzörter in Flandern. Streit zwischen KCöln und der Stadt Cöln. Des Königs Ansicht von diesen Dingen zu erfahren, und ob er noch freie Hände hätte, respect. welcher Partei er sich zuwenden würde. Landgräfin von Hessen. Wie das Einverständnis mit Schweden sei? Communication mit den fremden Diplomaten. Gratulation zur Niederkunft der Königin, sobald diese erfolgt ist.]

1671. 17. Sept. Soll sobald als möglich den nächsten Weg auf Kopenhagen nehmen, um dort nicht lange nach der Frau Landgräfin von Hessen-Cassel[1]) einzutreffen, beim Könige Audienz suchen, nach Verrichtung der Curialien „aufs zierlichste" den König der Freundschaft des Kf. versichern, zum Abschluss der Oldenburgischen Successionsache sowie zur Beilegung der Gottorpischen Streitigkeiten gratulieren und (etwa gewünschte) Interposition anbieten.

„Hiernächst hat er I. K. M. ferner vorzutragen, dass Wir aus Unsers Residenten[2]) an Dero Hofe Relationen wie auch sonsten überall mit sonderlicher Freude verspüret, dass Sie bisher alle Dero Consilia zur Erhaltung des allge-

---

[1]) Des Kf. Schwester Hedwig Sophie, Schwiegermutter des dänischen Königs.

[2]) Friedrich von Brandt.

meinen Friedens und ruhigen Zustandes dirigiret hätten. Weil Wir nun an Unserem Orte gleichmässige Consilia führeten und nichts mehr wünscheten, denn dass der Friede überall unverbrüchlich unterhalten werden möge, so hätten Wir aus sonderbarer Zuversicht zu I. K. M. diese Abschickung thun und Uns mit Deroselben näher vernehmen und überlegen wollen, wie solches heilsame Werk erhalten und alle besorgende Motus gestillet werden möchten. Ihrer K. M. wäre bekannt, was vor Missverstände zwischen der Krone Frankreich und den Vereinigten Niederlanden sich entspunnen, wie desfalls von beiden Theilen stark armiret würde; gleichergestalt wäre der Streit wegen der Dependentien von den conquerirten Oertern in Flandern mit Spanien noch nicht beigeleget, und weil solches hiebevor Anlass zu der also genannten Triplen Alliance gegeben, so wäre zu besorgen, dass auch hieraus endlich wieder ein schädliches Feuer entstehen möchte. Ferner so würde zu Hinlegung der Differentien zwischen Chur-Cölns Ld. und der Stadt Cöln stark gearbeitet, allein man könnte sich eines glücklichen Successus so eben nicht versichert halten, sonderlich weil in Ansehung dieser Streitigkeit von Unterschiedenen, ja von I. Kais. M. selbst starke Werbungen geschähen.“ Kf. würde es dem Könige Dank wissen, wenn er darüber seine Gedanken eröffnen möchte, wie man sich bei diesen Streitigkeiten zu verhalten habe, damit, wenn diese nicht zu begleichen, doch wenigstens das Reich in Frieden bleiben möge.

Wir hätten bisher Uns ganz unparteilich erwiesen und Uns mit keinem Theil engagiren wollen, würden auch ferner solchen Weg halten und nichts mehr wünschen, denn dass Wir mit I. K. M. unitis et communicatis consiliis den Frieden überall erhalten helfen könnten; gestalt dann Unser Abges. den König versichern mag, dass Wir überall, ausgenommen die Foedera defensiva, ganz freie Hände hätten. Wie nun unzweiflich der König ihn zur Conferenz verweisen wird, so hat er dabei obiges alles vorzustellen und . . . dahin zu beachten, dass er penetriren möge:

1. ob der König anjetzo noch freie Hände habe,
2. zu welcher Partei man am meisten inclinire,
3. ob der König, wann der Krieg entstehen sollte, sich allzeit neutral erhalten, oder
4. was sie daselbst vor eine Partei ergreifen möchten[1]).

Wenn Gesandter sieht, dass sie vertraulich gegen ihn herausgehen und ihn wissen lassen: ob und von wem sie zur Assistenz recherchiret werden, und auf welche Conditionen — so hat er solches schleunig zu hinterbringen, damit Kf. seine Mesüres danach nehmen und ihn ferner instruiren möge. Im Fall sie

---

[1]) 5. Wie Sie itzo mit Schweden stünden. Eigenhändiger Randvermerk des Kf., jedoch von Schwerin getilgt.

aber nur in generalibus terminis verbleiben, so hat er mit Versicherung, dass Kf. aus diesen publicis negotiis ferner mit dem Könige vertraulich communiciren würde, seinen Abschied zu nehmen, nicht eher jedoch, als die Frau Landgräfin von Hessen-Cassel solches gut findet und seiner Assistenz nicht mehr bedarf. Es wird dem Gesandten eingeschärft, dass er die Landgräfin in all ihren Angelegenheiten am Hofe wirksam unterstütze. — Er soll sich weiter erkundigen, was für ein Einverständnis dort mit Schweden herrsche, und ob mit Schweden Ruptur zu befürchten sei. Mit den fremden Gesandten wird er, „nachdem ihm bekannt, dass Wir mit derselben Principalen in guter Confidenz stehen, zu reden wissen, jedoch gegen alle gute Freundschaft und Vertraulichkeit bezeugen".

Nach erfolgter Niederkunft der Königin hat er die Gratulation abzulegen[1]).

Christoph Caspar von Blumenthal. Relation. Dat. Kopenhagen 22. September 1671.

[Ankunft in Kopenhagen. Der junge Landgraf von Hessen krank. Ankunft der Königin-Mutter. Prinz Georg. Beschäftigung nnd Neigungen des Königs. Differenz mit Schweden wegen des Wappens. Haltung Dänemarks. Rangfragen.]

2. Oct. Durch Conträrwind zu Rostock und Warnemünde zwei Tage aufgehalten, ist er erst gestern Abend, drei Tage nach der Frau Landgräfin von Hessen-Cassel, hier angelangt. Hat noch am selben Abend seine Creditife durch Marschall Speckhahn[2]) überreichen lassen. Heute ist der König auf der Jagd. Die Audienz wird daher wol bis morgen verschoben werden. Specialisirt noch einmal seine Proposition.

Die Frau Landgräfin ist gesund. Der junge Landgraf[3]) ist in Hadersleben krank zurückgeblieben, man hofft aber, er werde binnen acht Tagen folgen können. „Weil die Königin die Kinderblattern scheuet, hat man, den Schreck und andere Inconvenienzien zu vermeiden, fürgegeben: ihr Herr Bruder liege am Fieber danieder und habe bis zu völliger Convalescenz sich nicht aufs Wasser begeben dürfen." — Gestern Abend kam die Königin-Wittwe; Prinz Jürgen hat sie von Niköping abgeholt und bis Warenburg begleitet. Das ist eines der besten Aemter auf Seeland — in 1800 Unterthanen bestehend — und ist dem Prinzen „zu seinem besseren Auskommen zugelegt

---

1) In seinem Reisediarium bemerkt Blumenthal: er sei am 1. September 1671 mit einem Secretär und drei Dienern von Berlin aufgebrochen, am selben Tage durch Kotzen nach Fehrbellin, am 2. durch Kyritz nach Kletzke, am 3. nach Stavenow gegangen. Dort blieb er bis zum 14., bis ihm Instruction und Creditif durch den kflichen Kanzellisten Bartholdi überbracht worden waren.

2) Ceremonienmeister.

3) Karl von Hessen-Cassel.

worden". Bl. ist gespannt, wie man den Rang des Prinzen Georg bestimmen wird.

„Ihrer Majestät [des Königs] meiste Occupation bestehet darin, einem Jeden unparteiische Justiz administriren zu lassen, gestalt Sie dann auf dem Herrentage, woselbst dergleichen Materie fürgenommen wird, zu fünf bis sechs Stunden unermüdet zubringen und denen Versamlungen stets beiwohnen[1]). Ihre grösste Ergötzlichkeit oder passion dominante bestehet in gefährlichen und violenten Parforce-Jagden", die wöchentlich dreimal gehalten werden; es sind dabei bereits verschiedene Personen ums Leben gekommen etc. . . . Man hofft, der König werde seine Leidenschaft aufgeben.

Ueber die Haltung Dänemarks gegen die Mächte hat Bl. bisher noch nichts erfahren |: „Mit Schweden ist man nicht zufrieden, und mangelt es Dänemark mehr an Kräften als an gutem Willen, es zu erweisen. Der Sund und Abgang an den Zöllen, so Holland und andere durch Schwedische Connivenz verursachet, gehet Dänemark sehr zu Herzen :|, Schweden hingegen nimmt sehr übel, dass Dänemark drei Kronen als ein unstreitiges Schwedisches Wappen führet, gestalt noch heute der Schwedische Resident dafür gehalten, es würde Unheil daraus entstehen; ja er hat ungescheuet sagen dürfen: Schweden und Dänemark stünden so wol nicht als man meinete, wie wol er das Vertrauen zu stabiliren bemühet sei." — Mr. de Coventry[2]) ist neulich „mast- und segellos" in Norwegen angekommen und von da über Gothenburg nach Stockholm gegangen. Der Statthalter Güldenleu soll gesagt haben, :, Gott und die Natur wiesen ja den Engländern, dass sie für Dänemark streichen sollten.' — Mit Pomponnes Negociation lässt es sich bisher schlecht an, denn die Commissarien „traisniren" und der König „lässt sich sehr recherchiren" . . . . . England kommt hier in grosse Consideration.

P. S. 1 betrifft die Rentenforderung der verwittw. Gräfin Dona.

P. S. 2 betrifft Rangfragen. Der König will Bl. in einer Carosse mit nur zwei Pferden, wie dem spanischen Envoyé und dem englischen Envoyé extraordinaire geschehen, nach Hofe holen lassen. Bl. denkt sich in dieser Sache dem „Sentiment" der Landgräfin zu accommodiren.

Relation d. d. Kopenhagen 26. September 1671.

Eröffnungen des Marschalls Speckhahn in der Rangfrage. Allerlei Einwände. „Der König würde le pas passiret haben, wann kein Englischer Envoyé hier gewesen." Deren Widerlegung durch Bl., worin ihn Güldenleu unterstützt. Es befremde ihn (Bl.), „dass nur die Anwesenheit des Englischen 6. Oct.

---

[1]) In dem ersten Jahre seiner Regierung war der König z. B. im Monat täglich von 6 bis 12 Uhr in Person vor dem höchsten Gerichtshofe (dessen Beisitzer meist Adelige waren), wo die Sachen mit scheinbarem Ernst geführt wurden.

[2]) Englischer Gesandter nach Schweden.

Ministri[1]) I. M. abhielte, ihn dessen geniessen zu lassen, was Sie sonsten an ihm selbst für billig hielten". Auch sein Creditif wird bemängelt. Schliesslich, nachdem Bl. sich die Versicherung erbeten, dass man durch „Aenderung der Reception Ew. Ch. D. Autorität zu derogiren nicht gemeinet sei", siegt die Bestimmung des vom Könige eigens eingeführten Reglements: dass die Envoyés extraordinaires der gekrönten Häupter nur mit zwei Pferden aufgeholt werden sollen.

Gestern Nachmittag ist er von Untermarschall Speckhahn zum Schloss geholt worden. „I. M. stunden mitten im Gemach und, wie Ihre Gewohnheit es mit sich bringen soll, sonder Hut. Zu Ihrer Linken stund der Marschall Güldenleu, die geheimen Räthe Ewald Parsberg und Christian Scheel, der Admiral General Adeler und letzlich der Geheime Rath Griffenfeld, alias Schumacherus genannt." Curialien. Vortrag seiner Proposition. Der König bedankt sich mit kurzen Worten und verspricht Abordnung von Commissarien. — Es folgten Audienzen bei der Königin — die Königin-Witwe wohnt nicht auf dem Schloss — welche von des Kf. „freundvetterlicher Affection ein grosses Capitel macht", und bei der Landgräfin. Letztere berichtet, „dass sie alhier viel Höflichkeit empfangen und über die Gutheit des Königs im geringsten nicht zu klagen habe; das Schlimmste aber sei, dass man bisher von anderen Affairen nicht den Mund aufthun dürfen, denn sie [Ldgrfn.] bereits an Ihrer K. M. vermerketen, dass Sie Dero einmal genommener Resolution fest und pertinaciter inhaeriren". Die Landgräfin ist auch gespannt, wie man dem Prinzen Georg den Rang reguliren wird. Die Prinzessin Ulrike ist dieser Tage in ihrer Begleitung mit zur Königin-Witwe gekommen, hat sich aber sogleich nach der Begrüssung, um jeden Streit zu vermeiden, zur Prinzessin von Curland begeben. Discurse über die Erbfolge des Prinzen Georg. Leeres Gerede.

|: „Von Dänemarks Inclination gegen Schweden kann ich dieses Ew. Ch. D. mit Bestande schreiben, dass Dänemark kein Anlass zur Ruptur geben, aber auch von Schweden nichts leiden, sondern auch den geringsten Affront zum Praetext der Ruptur nehmen werde, dann der König noch neulich gesagt, er müsste Schonen wiederhaben, es gehe auch wie Gott wolle." :|

Auf Frankreich reflectirt man wenig, weil es sehr entlegen ist und Dänemark in Zeiten der Not nicht füglich assistiren kann. — England liebt man nicht, fürchtet es aber sehr, „gestalt dann noch neulicher Zeit dem Baron Holcken, Gouverneure zu Kronenburg, sein Gouvernement verändert worden, unter dem Fürwand, sonst könne seine Humeur mit den Englischen nicht übereinkommen. Die rechte Ursach aber ist diese: weil er auf ein Englisches Schiff Feuer gegeben, so im Sunde nicht streichen wollen, und selbige Kron auf seiner Bestrafung hart bestanden ist." Man hat ihn aber dennoch zum Gouverneur in Fünen gemachet „und sein Appointement verbessert". — Der holländischen Assistenz bei vorigem Kriege erinnert man sich noch immerhin und sucht mit den Generalstaaten um so viel mehr in gutem Vernehmen zu stehen, als sie sich zur Zahlung der restirenden Subsidien sollen erboten haben. —

[1]) Graf Essex.

Bl. hofft noch heute zur Audienz bei der verwitweten Königin und beim Prinzen Georg geholt zu werden, dann die Visiten bei den Gesandten und den hiesigen Ministern abzulegen. Den Reichsadmiral Bielke[1]) wird er aber übergehen, „damit ich nicht, wie vorhin, gewärtig sein müsste, dass ich nicht für ihn gelassen werde, zudem zur Genüge bekannt ist, wie er gegen Ew. Ch. D. intentioniret sei[2])“.

---

v. Blumenthal. Relation. Dat. Kopenhagen 30. September 1671.

[Unterredung mit Güldenleu und Griffenfeld wegen einer Allianz. Präcedenz zwischen dem Landgrafen und der Prinzessin Wilhelmine. Courier aus Schweden. Pomponne Staatssecretär. Amerongen. Holländische Resident. Englische Fregatte. Landgraf von Hessen. Alefeld.]

Commissarien noch nicht ernannt. Hat aber Güldenleu und Griffen- 10. Oct.
feld einen „Fürschmack seiner Commission gegeben“ und diesen Hof begierig gefunden, mit Ew. Ch. D. sich zu verbinden; über Art und Bedingungen jedoch verlange man des Kf. Vorschläge zu hören. Auf des letzteren Anfrage, ob Bl. Vollmacht habe, eine Allianz zu schliessen, antwortete er, dass er zunächst nur des Königs Gedanken vernehmen und weitere Ordre erwarten solle. Nach des ersteren Vorgeben „hat der König noch freie Hände und ist von Frankreich um kein Engagement recherchirt worden“.

Aeusserungen über die Haltung der Mächte. Ohne Belang. — Praecedenzfrage zwischen der Frau Landgräfin und der Königlichen Prinzessin zu gunsten letzterer entschieden.

Bl. traf gestern bei Mr. Terlon wieder einen Courier, der nach Schweden gieng. „Denjenigen, so Mr. de Pomponne die Commission vom sécrétaire d'estat überbracht hat, habe ich gleichfalls gesprochen, er heisset Mr. de la Gilbertie und ist ein gentil-homme ordinaire vom Könige. Seinem Fürgeben nach soll Mr. de Pomponne über die unvermuthete Gnade so bestürzet sein worden, dass er fast nicht gewusst, was er antworten solle. Sehr lieb aber sei ihm gewesen, dass Mr. de Lionne Sohn so wol recompensirt worden.“ Nach Mitteilung des holländischen Residenten[3]) ist H. van Amerongen zum Kf. geschickt. Dieser [der Resident] ist wol gewiss des de Witt Freund nicht, „weil er bei der bei mir abgelegten Visite von nichts anders zu sagen wusste als von des Pensionarii Vater bei seinen Ambassaden hier und in Polen begangenen Bevues“.

P. S. Eine Fregatte, die den englischen Residenten[4]) überbracht, ist vor dem Sunde angelangt; sie hat nicht einlaufen wollen, um das Streichen vor

---

[1]) Heinrich Bielke, Reichsadmiral und Präsident der Admiralität.

[2]) Ueber die Motive, warum die Audienz nicht mit sechs Pferden geschehen könne, berichtet Brandt noch apart d. d. Kopenhagen 26. September 1671.

[3]) Le Maire.

[4]) Barty.

dem königlichen Pavillon zu vermeiden. — Der Landgraf von Hessen wird ehester Tage erwartet; der König schickt ihm den Vicekanzler in Norwegen Ove Juel bis Roeskilde entgegen. — Der hiesige Gouverneur Friedrich von Ahlefeld empfiehlt sich. Bl. ist um seine [A.'s.] Gesundheit besorgt.

---

v. Blumenthal. Relation. Dat. Kopenhagen 3. October 1671.

[Commissarien. Erwartete Niederkunft der Königin. Ihre Behandlung.]

13. Oct. Gestern haben die königl. Commissarien seine Proposition ad referendum genommen. Es sind der Vice-Roy von Norwegen[1]), Reichsadmiral Bielke, Griffenfeld.

Der Niederkunft der Königin versieht man sich täglich. Die Königin hat erklärt: sie wünschte nur so lange zu leben, bis sie einen Prinzen zur Welt gebracht und ihn dem Könige als ein Pfand ihrer Liebe und Affection überantwortet hätte; danach bäte sie Gott, sie aus dieser Welt zu nehmen. |: „Man tractiret die Königin hart, indem sie gewärtig sein muss, dass wann sie zum König will, der Kammerpage die Thür für ihr zuschliesset.“ :| Der König ist gut, aber ein Teil seiner Diener will ihn dabei nicht lassen. Genug, dass Bl. sie kennt, und er einmal erwachen wird.

---

v. Blumenthal. Relation. Dat. Kopenhagen 7. October 1671.

[Güldenleu über eine geheime Instruction Blumenthals. Habbaeus Anbringen. Religionsübung der Katholiken. Verzögerte Audienz bei der Königin-Witwe. Engel Wust. Bestätigte Jahresrente der Königin. Porträt der Prinzessin. Feldherr Schack.]

17. Oct. „Ungeachtet die Königlichen Commissarii um Beförderung der Resolution auf seinen Vortrag ersuchet worden, ist dieselbe bis dato nicht erfolget. Güldenleu nahm dieser Tage Gelegenheit, ihm zu sagen, I. M. glaubten nicht, dass Kf. um so geringer Ursachen, wie ich proponiret, mich hieher geschicket hätten, sondern wären vielmehr versichert, dass ich aus erheblichen Ursachen mit den wichtigsten Punkten zurückhielte (denn alhier hat man sich auf eine Heirat mit der Königlichen Prinzessin und S. Hochf. D. dem Churprinzen gestützet gehabt). Der König begehrte demnach, ich möchte nur offenherzig heraussagen, was ich in Commission hätte, weil er nichts mehr verlangete, als sich mit Kf. genau zu verbinden; es habe auch Herr Habbaeus[2]) bereits zu Berlin eine Antwort gethan, aber keine kategorische Erklärung erhalten können. Worauf ich antwortete, Ew. Ch. D. hätten anitzo nichts gefunden, dass einer reifen und sorgfältigen Ueberlegung bedürfe, als eben wie der Streit zwischen zweien so mächtigen

---

[1]) Güldenleu.

[2]) Christian Habbaeus, dän. Resident im ober- und niedersächsischen Kreise.

Königen als Spanien und Frankreich ratione der Dependenzien [von] der conquestirten Plätze abgethan, die zwischen selbiger Krone und den Vereinigten Niederlanden, item Chur-Cöln und der Stadt Cöln schwebende Differentien beigeleget werden möchten, ja Ew. Ch. D. hielten dieses und dergleichen Dinge für so wichtig, dass sie wol meritireten überleget zu werden. Es sei zwar nicht ohne, dass wegen Entlegenheit ein und andern Orts diese Krone nicht so leicht etwas zu befahren habe als andere Lande; wann aber das annoch in der Asche glimmende Feuer einmal recht ausbricht, könnten auch wol solche Oerter, welche in stolzer Ruhe bisher gesessen und gehoffet hätten, von der Gefahr gänzlich befreiet zu sein, impliciret werden. Ew. Ch. D. hätten Ihrer M. bei oberwähnten Punkten eine und andere vertrauliche Vorstellung thun lassen, und dadurch erweisen wollen, wie hoch Sie des Königs Sentimenten über denen sich ereignenden Conjuncturen consideriren, und wie gern Sie zu hiesigen Consiliis die Ihrige zu Erhalt- und Beförderung des Friedens herbeisetzen."

Soviel Herrn Habbaei Anbringen beträfe, wüsste ich gewiss, dass, wann er von einer nähern Zusammensetzung mit seinem Könige geredet habe, solches als eine von ihm selbst angenehme Proposition von Ew. Ch. D. nicht rejiciiret sein worden, weil ich aber den eigentlichen Scopum derselben nicht wisse, stellete ich zu des Herrn Statthalters Belieben, ob er Ihrer M. Meinung etwas deutlicher zu erkennen geben wollte, damit ich solches Ewrer Ch. D. hinterbringen und Dero fernere gn. Befehle einholen könnte, welches er auch zu thun versprochen. |: Weil meine Instruction nicht will, dass ich zu neuen Allianzen Anlass geben, sondern nur hiesigen Zustand genau erforschen soll, bin ich in diesen Terminis blieben, damit, wenn es Dänemark um eine Allianz zu thun ist, die Ministri des Hofes Intention entdecken müssen. Es bildet ihm derselbe ein, Ew. Ch. D. lassen die wichtigste Negotiation ruhen, bis Sie sehen, ob Pomponne in Schweden reussire, woran viele zweifeln, wiewol Björenclous Tod seiner Negotiation dem Ansehen nach zustatten kommt. :| Güldenleu saget: Schweden und Dänemark müssen nolens volens mit einander Freunde werden, pour se rendre nécessaire, und damit nicht Frankreich von ihrer Jalousie profitire. Es soll auch selbige Kron der Freundschaft mit Schweden im Effect sich nicht zu erfreuen haben, wann Sie Dänemark nicht zu Freunde behalte, weil man Frankreich allemal den Compass verstellen könne. Dänemark suchet mit Holland wol zu stehen und hat für voriger Zeit versichern lassen, man werde ihnen zum Praejudiz sich mit Frankreich nicht engagiren. Schweden führet dergleichen Intention und wird |: Liliencrons Bericht nach, wann Frankreich mit Holland brechen sollte, nicht neutral bleiben :|, damit es diesen Landen durch seine Connivenz nicht Anlass gebe, die Commercien zu hemmen. Schweden befahre, England werde von der Triple-Allianz abstehen, suchet dannenhero mit Oesterreich sich noch fester zu setzen, gestalt man denn neulich gegen den Kaiserlichen Hof einige Ouverturen zur nähern Allianz soll gegeben haben, damit man, wenn Pomponne re infecta von dannen zöge, dennoch eine solche Partei habe, auf die man sich verlassen könne.

Pomponnes Negotiation. Dass Dänemark „einige Kaltsinnigkeit gegen selbige Krone [Frankreich] spüren lässet", rührt meistens daher, dass man sie [Dänemark] nicht so wichtiger Negotiationen würdigt als Schweden.

Mr. Terlon, wie Bl. vernimmt, soll nunmehr für die Papisten das Exercitium Religionis in dieser Stadt erhalten haben. Es wird daher auch den Evangelisch-Reformirten um so viel eher zugestanden werden müssen.

Gestern ward der englische Envoyé extraordinaire[1]) mit dem Generalmajor Holk verglichen. Ihr Streit soll daher rühren, dass man dem Engländer gewisse Promenaden unter Kronenburg untersagt, und als er sich daran nicht kehren wollen, den Hut nehmen lassen.

Die Tractaten zwischen Dänemark und Holstein-Gottorp sollen ja, wiewol mit schlechter Hoffnung eines gewünschten Anschlages reassumirt sein. Die Königin-Witwe ist auf den Herzog sehr ungehalten, dass er den auf ihre Veranlassung gemachten Vergleich wider gegebene fürstliche Parole umstossen will; es sagte gestern ein königlicher Bedienter, die alten „Missverstände seien annoch so wol nicht beigeleget, dass sie nicht mit dem neuen herfürgesuchet und desfalls Revanche genommen werden könnte".

Des Herrn Landgrafen zu Hessen F. D. sind zu Friedrichsburg angelangt. Weil Sie von den Blattern nur wenige Narben behalten, vermutet man, Sie werden ehestes herein kommen. Bei der verwitweten Königin noch keine Audienz. I. M. lassen sich damit entschuldigen, dass Ihr Haus noch nicht meubliret sei, obwol Sie doch die Königin und der Frau Landgräfin zu Hessen Hochf. D. fast jede Woche ein paar Mal darin empfangen. Bl. mutmasst aber, der Aufschub rühre daher, weil er bei der jungen Königin zuerst Audienz gehabt. „I. M. aber möchten doch nur bedenken, dass der Königliche Ceremonienmeister mich dahin geführet habe, und dass mir nicht gebühren wollen, ihm, als dem des Hofes Sitten und Gebräuche bekannt sein, hierunter Ziel oder Masse zu setzen."

Empfang des Rescriptes vom 27. September/7. October. „Die Enge der Zeit hat nicht zugeben wollen, dass ich bei dieser Post mich nach dem Kaufmann Engel Wust und dem Handel, so er zum Praejudiz Ew. Ch. D. Unterthanen der Grafschaft Mark bisher getrieben, erkundigen können, es soll aber mit ehesten geschehen und Ew. Ch. D. davon unterth. Bericht abgestattet werden."

Des Herrn Landgrafen F. D. werden noch heute herein geholt und

---

[1]) Graf Essex.

aufs Schloss logiret, wiewol man Sie sonst auf die Rosenburg, „so ein Lusthaus und in des Königs Garten lieget", bringen wollen. Weil Sie aber im Gesichte noch etwas bunt seien, werden Sie die Königin sofort nicht ansprechen. „Ich habe vor ungefähr 14 Tagen unterth. berichtet, dass man der Königin jährlich 20 000 Thaler für ihre menus plaisirs geben, die eine Hälfte aufm Kieler Umschlag und die andere Hälfte ausm Amte Pinneberg bezahlen will. Weil ich aber von guter Hand erfahren, dass die Ordonnances, so der König machet, confirmiret werden müssen, habe ich solches der Frau Landgräfin F. D. unterth. an Hand gegeben, und wollen Dieselbe solche Confirmation an gehörigem Orte urgiren."

Man hat dieser Tage der Königin-Mutter zu verstehen gegeben, wie man hiesiger Königlichen Prinzessin[1]) Portrait in England zu sehen verlangte, und dass vielleicht mit dem Herzog von York eine Allianz gestiftet werden könnte, worauf die verwitwete Königin geantwortet, „dass Ihro solches gar angenehm sein und solche Partei nicht ausschlagen würden; das Portrait aber zu schicken sei bedenklich, weil es das Ansehen gewinnen würde, samt wollte man die Königlichen Kinder gleichsam anbieten". Hat eben den Feldherrn Schack, der gestern spät aus Holstein anlangte, gesprochen und von ihm vernommen, dass die königlichen Commissarien Ordre hätten, aus ein und andern wichtigen Dingen mit ihm zu conferiren. Doch kann er erst bei nächster Post darüber berichten.

P. S. Güldenleu lässt wissen, dass man künftigen Montag mit Bl. in Conferenz treten werde.

---

v. Blumenthal. Relation. Dat. Kopenhagen 10. October 1671.

Es vertröstete gestern sowol Güldenleu als Griffenfeld auf eine Con- 20. Oct.
ferenz. Weil sie aber der englische Envoyé lange aufgehalten hat, wird man heute erst zusammenkommen. Bl. nahm gestern in der Anticamera Gelegenheit, I. M., da Sie eben gutes Humeurs waren, anzusprechen und seine bereits gethane Proposition in Kürze zu wiederholen, contestirte dabei, „wie hoch Ew. Ch. D. Dero Freundschaft aestimirete, auch zu conserviren bemühet sei, flattirete daneben I. M. mit der guten Verfassung, darin Sie stünden, sagend, dass selbige jedem Potentaten Ursach gebe, eines so mächtigen Königs Affection zu recherchiren".

„Sie antworteten hierauf, dass Sie nichts mehr wünscheten, dann mit Ew. Ch. D. in genauere Bündniss zu treten, gestalt solches Habbaeus sattsam zu erkennen gegeben und die Königliche Commissarii nochmals wiederholen sollten. I. M. stünden zwar annoch nicht in solcher Verfassung, wie es die Notwendigkeit und des Reichs Wolfahrt erforderte, hoffeten aber in Kurzem sich in solcher Postur zu stellen, dass Ihre Freunde und Alliirten allemal ihre Securität und Avantage in Dero Freundschaft finden sollten."

Auslassungen des Königs über die cölnische und gottorpische Sache. — Zur Landgräfin hat der König gesagt, er wünsche von Herzen, dass Schweden etwas anfange. Wie nun remonstrirt worden, dass alle Misshelligkeiten mit

---

[1]) Des Königs jüngste Schwester Ulrike Eleonore.

selbiger Krone höchst gefährlich, der Ausgang des Krieges an sich höchst zweifelhaft, „die ehemals empfangene Wunden noch nicht geheilet, die Historien es auch bezeugeten, dass Dänemark, wann es mal à propos etwas angefangen, allemal unglücklich gewesen, hingegen dessen Waffen von Gott gesegnet worden, wann es sich contentiret hätte, Gewalt mit Gewalt zu steuern, und dass I. M. viel besser und löblicher thäten, wann Sie alle Poinctilles nicht attendireten, besondern der Welt zu erkennen gäben, dass Sie Dero Ressentiment und Vengeance der Ruhe und Wolfahrt Ihrer Unterthanen aufopferten", da hat der König zu verstehen gegeben, „man machte es Ihme zu grob".

Der französische Ambassadeur formalisirte sich dieser Tage, dass ihm des Herrn Landgrafen F. D. Ankunft nicht notificirt worden, worauf Bl. remonstrirte, dass solches zwar unter Ministern gebräuchlich sei, zweifelte aber, dass sich ein Fürst dazu würde verbinden lassen. Der Ambassadeur hat bis dato nur ein blosses Compliment machen lassen. Die englischen und holländischen Minister überredet er, dass er bei I. D. schon gewesen sei, wodurch Sie auch bewogen worden, die Visite abzulegen. — An verwichenem Sonntag teilte der König, wiewol ohne grosse Ceremonie, ihrer Neunzehn den neuen Orden aus. „Es ist ein weiss Kreuz im rothen Felde mit Diamanten versetzet, wird an einem weissen Bande getragen, dessen Rand auf beiden Seiten roth ist, mit diesen Worten: Danne brog, heisset soviel als Dänische Fahne. Man giebet für, der Orden sei gestiftet zur Gedächtniss einer Schlacht, die Woldemarus II^dus wider die Ungläubigen erhalten, worinnen er und die Seinigen anfänglich succumbiret; als dann aber eine rothe Fahne mit einem weissen Kreuze, so vom Himmel gefallen, wider die Feinde geführet, seien dieselbe geschlagen worden. Es sollen der Ritter vierundzwanzig an der Zahl sein, und dafern einer vom weissen Elephanten abgehet, die Stelle durch die ersten Ritter dieses neuen Ordens ersetzet werden." Den General-Major Friedrich von Ahlefeld hat man bei dieser Ceremonie sehr choquiret, indem, ohngeachtet des gemachten Reglements, dass der jüngere Baron unter dem älteren General-Major gehen solle, man ihn unter Baron Rusium[1]) und Holcken gestellet, da doch Alefeld sieben Jahr älterer General-Major ist. Ja man hat gar Herrn Holcken dem Rusio vorgezogen, da doch dieser älterer General-Major ist, daher auch besorgt wird, es werde halsbrechende Arbeit daraus entstehen. So ist auch dieser Tage erm. von Alefeld mit dem General-Commissario Borisch daher in eine heftige Dispute gerathen, dass dieser dem Könige geraten, zu Besetzung der zwei nach Indien destinirten Schiffe durchgehends von jeder Compagnie zwei Mann zu detachiren, auch den General-Major Ahlefeld in Abwesenheit des Feldherrn desfalls Ordre zugeschicket, da er doch vom General-Commissario nicht, sondern blos vom Könige und Feldherrn dependirete.

Wegen des Sensenhandels hat Bl. bis dato wenig erfahren können, weil der Kaufmann Engel Wust nebst seinem Commis nach Schonen verreist ist und erst innerhalb acht Tagen zurückkommt.

---

[1]) Henrik Ruse.

Gleich jetzt kommt er von der Conferenz, bei welcher der Statthalter Güldenleu das Wort führte. Er recapitulirte Bl.'s Proposition und sagte, es sei solche Ihrer M. vorgetragen und ihm befohlen worden, mir folgenden Bescheid zu ertheilen: „I. M. wünscheten, dass die Weitläufigkeiten, wozu der Streit zwischen Spanien und Frankreich, Frankreich und Holland, Chur-Cöln und der Stadt Cöln Anlass geben könnte, vermieden blieben, würden auch an Ihrem Orte Sich dahin bearbeiten, und gehe Ihr Sentiment dahin, dass allen Inconvenienzien besser nicht denn durch eine nähere Defensiv-Allianz vorgebauet werden könne. Man müsse sich bei Zeiten in solche Postur setzen, dass man keinen Ueberfall befahren, viel weniger hiernächst unangenehme Dinge einzugehen bedürfe. Wie solches aber täglich geschehen könne, verlange man von Ew. Ch. D. zu vernehmen, werde sich gegen dieselbe auch dergestalt erklären, dass Sie vollkommen satisfait sein würden. Habbaeus sei vor diesem abgeschicket worden, die alte Allianz zu erneuern und womöglich zu verbessern. Bei so gestalten Sachen nun habe der König die erste Demarche gethan und werde gewärtig sein, was Ew. Ch. D., als Die ratione situs die sich ereignende Zufälle am ersten wissen könnten, zu thun gemeinet sei." Weil Frankreich mit Schweden stark negotiiret, würde es Dänemark lieb gewesen sein, wenn es mit Ew. Ch. D. dergleichen thun können, Frankreich dadurch Anlass zu geben, „diese Kron mehr als bis dato geschehen, zu recherchiren".

Erwartet weiter des Kf. Befehle. Denn weil die Königin nicht entbunden, die Frau Landgräfin aber noch zu sollicitiren hat, kann Bl. noch nicht kommen; indes wird dem Könige etwas gesagt werden müssen.

Es geht hier seltsam zu. Güldenleu und Griffenfeld thun alles und spannen den Bogen sehr hoch, halten den König auch sehr eingesperrt. Die alten Reichsräte und Minister, wie auch der Adel, werden unterdrückt, hingegen Griffenfelds Creaturen und Verwandte erhoben. |: „Die sich aber der Unbeständigkeit des Hofes und verschiedenen Veränderungen im Ministerio erinnern, halten sich stille und sehen denen Fauten, so itzige Ministri begehen, freudig zu, in Hoffnung, man werde dennoch endlich zu ihnen recurriren und sie zu denen Affairen ziehen müssen :|".

---

v. Blumenthal. Relation. Dat. Kopenhagen 17. October 1671.

[Aufholung und Audienz. Ceremoniell. Leibgedinge der Königin. Von der Salbung ausgeschlossen. Die Desideria der Landgräfin von Hessen werden nach ihren Wünschen abgethan. Religionspunkt. Pufendorf in der Oldenburgischen Successionssache. Gräfin Ulfeldt.]

Obwol I. M. endlich dieses Expediens gefunden, dass ich nach der 17. Oct.
Rosenburg, woselbst dem Herr Canzler von Brandt vor diesem Audienz ertheilet worden, mit sechs Pferden geholet werden sollte, habe ich dennoch remonstriret, dass ich solches anzunehmen nicht vermöchte, weil ich für diesem die Könige nie in erm. Lusthause, sondern allemal

auf hiesigem Schlosse gesprochen, auch Ordre hätte, an den Ort, wo ich für diesem abgetreten, auch nun abzusteigen. Wie es nun das Ansehen gewonnen, samt werde nicht zu erhalten stehen, habe ich mich zu meiner Rückreise angeschicket und bereits die Wagen fürm Hause gehabt, als der König durch den von Speckhahn mich gestern um vier Uhr durch königliche Carossen, eine mit sechs, die andere mit zwei Pferden, wobei vier valets de pied waren, zur Audienz holen lassen. Ich bin im innersten Schlossplatze, da die Königliche Personen hineinfahren, abgestiegen, unten an der Treppen von sechs Cavalieren empfangen und zum Könige geführet worden.

„Weil mich für diesem der Hofmarschall Sehestedt (dessen Charge anitzo der von Speckhahn verwaltet) unten an der Stiegen recipirete, praetendirete ich dergleichen auch anitzo, weil aber derselbe nicht zweierlei Chargen, als die von Ceremonienmeister und Hofmarschall zugleich thun konnte, würde man, dieses zu ersetzen, mich durch den Oberhofmarschall Baron von Winterfeldt oben an der Stiegen haben empfangen lassen, wann er nicht krank danieder gelegen. Bei so gestaltenen Sachen nun, gn. Herr, will ich hoffen, es werde alles geheriger Massen redressiret sein worden, denn überdem, dass hiesiger Hof nach vielen Difficultiren endlich in die begehrte Reception gehelen müssen, hat der Englische Minister, der seinem Könige gerne die Glorie der gemachten Aenderung gegönnet hätte, zurückstehen und nicht auf einen Tag mit mir Audienz nehmen müssen. Der Französische Ambassadeur hat hierzu ein merkliches contribuiret und seine Parole darin rühmlich gehalten, dass er eher nicht Audienz nehmen wolle, bis ich vergnüget werde. Wollten Ew. Ch. D. gn. geruhen, demselben zu danken, dass er Dero Intention so genereusement befördern helfen, würde es ihm zweifelsohne Anlass geben, in solcher unterth. Devotion zu continuiren. Es ist auch endlich resolviret worden, dass die Königin Oldenburg und Delmenhorst zum Leibgedinge haben soll. Würde aber die verwittwete Königin versterben, will man der Königin die Wahl lassen, ob Sie anstatt Oldenburg und Delmenhorst Nyköping mit alle deme, so dazu gehöret, optiren wollen. Lex regia[1]) wird nicht gedrucket, sondern ein Ceremoniale, wie es bei den Krönungen soll gehalten werden, gestalt denn Herr Griffenfeld der Frau Landgräfin Hochf. D. davon einen Bogen gebracht, so ich gesehen, und wie der Einschluss besaget, verdeutschet worden."

„Man ersiehet daraus, dass die Salbung, nicht die Königin zu chocquiren, sondern weil es an anderen Orten nicht gebräuchlich sei, unterlassen worden. Die Frau Landgräfin ist mit diesem wie auch allen anderen Bezeugungen des Königs sehr vergnüget und machet staat, von gestern an über vierzehn Tagen

[1]) Das Konge Lov, das von Friedrich III. am 14. Novbr. 1665 unterzeichnet, bis nach seinem Tode geheim gehalten, zumerstenmale bei Christians V. Salbung öffentlich verlesen wurde.

zu verreisen. Es bleibet also nichts unabgethan, als der einige Religionspunkt. Denselben aber zu negiren, ehe man eines glücklichen Ausganges versichert sein könne, halte ich an meinen unterth. Orte nicht für rathsam. Sollte aber Mr. Terlon für die Päpstler etwas erhalten, wird sichs mit den übrigen auch wol schicken."

Man ist hier sehr bestürzt, dass Herr Pufendorf[1]) zu Wien ungescheut sagen dürfen, wann vom kaiserlichen Reichshofrat die Sentenz über die Investituram feudi der in der Grafschaft Oldenburg liegenden Herrschaft sollte publicirt und gedachtes Feudum dem Herzog von Holstein-Ploen zugesprochen werden, alsdann könnte Schweden mit Dänemark schwerlich in Ruhe leben, indem es propter rationem status nicht gestatten könnte, dass das Herzogtum Bremen von Dänemark umgeben und eingeschlossen werde.

Noch immer will man versichern, der Tractat mit Frankreich sei so gut als geschlossen, daher sich denn auch jedermann verwundert, dass Mr. Terlon sich vielmehr Bl.s als des englischen Ministers hier angenommen habe. „Ich hatte schier vergessen zu berichten, dass der König bei gehabter Audienz contestirete, wie lieb ihm sei, dass er durch die Verbesserung meiner Reception Ew. Ch. D. sein aufrichtiges Gemüthe und die Begierde, mit demselben in beständiger Freundschaft zu leben, contestiren könne. Der König ist gut, Güldenleu aber, als ein hoffärtiger Mann, rathet ihm seltsame Dinge. Man beginnet bereits zu sagen, die von Ulfeld[2]) solle mit der Zeit aus dem blauen Thurm nach Bornholm gebracht werden. Ich fürchte, man hege eine Schlange am Busen. Weil der Frau Landgräfin Desideria meist abgethan, stelle ich zu Ew. Ch. D. gn. Gefallen, wann etwa nichts solides, wie ich denn vermuthe, geschlossen werden soll, ob ich dem Könige ein solch höfliches Compliment machen soll, woraus er abnehmen könne, dass Ew. Ch. D. gleichwol so gar übel mit demselben nicht zufrieden sein."

Die Landgräfin Hedwig Sophie von Hessen-Cassel an den Kurfürsten. Dat. Kopenhagen 13./23. October 1671. Eigenhändig.

[Dem Kf. ist in der Etiquettenfrage in Bezug auf seinen Gesandten nachgegeben. Entbindung der Königin. Taufe des Kronprinzen.]

Durchlauchtigster Churfürst.

Gnädiger hochgeehrter herzallerliebster Herr Bruder.

Ob ich zwar gemeinet, ich würde Ew. Ch. D. gn. Befehl wegen Ab- 23. Oct.
forderung des Herrn v. Blumenthal aveuglement nachleben können, der nicht allein positif an ihn sondern auch in Ew. Ch. D. gn. Hand-

[1]) Esaias Pufendorff, schwedischer Gesandter in Wien.

[2]) Eleonore Christine, die Witwe des unglücklichen, vom dän. Hofe als Landesverräter verurteilten Grafen Corfitz Ulfeld.

schreiben an mich war, jedoch habe ich funden, dass die schuldige schwesterliche Liebe, auch Veneration und Sorge vor Ew. Ch. D. hohen Respect bei mir diesmal praedominiret haben, und ich mich unterstanden zu suchen, nicht allein die Sache so zu redressiren, dass es nicht nur zu Ew. Ch. D. Reputation ausschlagen möchte, sondern auch auf mich genommen und den Herrn von Blumenthal dazu bewogen (doch nicht mit geringer Mühe) hierzubleiben, bis ich gnädige Antwort auf diese Zeilen von Ew. Ch. D. bekommen möchte, darin ich hoffe nicht zu sündigen. Nachdem der Herr v. Blumenthal seine Ordre den Königl. Ministris bekannt gemachet, und ich sehe die Affection, so I. M. der König vor Ew. Ch. D. hat und lieber sich selbst zu kurz thun will als die Freundschaft zu schwächen, die sie bisher mit einander gehabt, also haben I. M. Sich resolviret, den Herrn v. Blumenthal heute diesen Morgen auf die Art empfangen zu lassen, wie ihm vor diesem widerfahren, davon er selber Ew. Ch. D. mit mehren unterth. berichten wird. Weil ich dann sehe, dass Ew. Ch. D. nicht alleine in allem Satisfaction gegeben wird, Ew. Ch. D. auch einen Freund behalten, der es gewisslich sincerement mit Ew. Ch. D. meinet: so glaube ich, das sei Ew. Ch. D. zuträglicher, als wann Sie um ein Bagatell solchen verlieren sollten, denn mir deutlich genug solches ist zu verstehen gegeben worden, weil man hier darvor hielte, dass Ew. Ch. D. dieses suchten, indem Sie die Reglen ändern wollten, die doch ein jeder Herr Macht hätte, in seinem Hause zu machen wie es ihm gefiele, und sich solches 2 Königliche Envoyés schon hätten gefallen lassen als der Spanische und Englische. Ew. Ch. D. bitte ich dieses zu consideriren und an Sich selbst abzunehmen, wie Deroselben gefallen sollte, wann ein Königlicher Envoyé zu Ew. Ch. D. käme und die Regel die Ew. Ch. D. in Dero Hause gemachet nicht nachleben wollte, deren Ew. Ch. D. etliche gemachet, die ich mich erinnere, nicht bei meines Herrn Vaters Zeit noch bei Ew. Ch. D. Regierung zuvor nicht gewesen und ein jeder sich doch der unterworfen. Weil ich dann sehe, dass Ew. Ch. D. die gloire nun hier erlangen, dass Sie mehr als die gekrönten Häupter consideriret werden, dann Keinem noch ein solches widerfahren ist, also hoffe ich, Ew. Ch. D. werden meine Mühe, so ich dazu angewendet, also aufnehmen, wie es aus einem rechten treuen schwesterlichen Herzen entsprungen, so sich Ew. Ch. D. Dienste ganz conhaeriret.

Die Königin ist Mittwoch Morgen zwischen 2 und 3 glücklich entbunden, und hat Gott diesem Hause und ganzen Lande grosse Freude durch die Geburt des Prinzen [1]) verursachet, welcher gleich den Nachmittag ist getaufet worden und den Namen Friedrich bekommen. Die Königin hat keine Gevattern gewählet als Ew. Ch. D. und mich, sagte, ihr Kind müsste nach ihrem Papa heissen. Das Kind wurde in der Königin Kammer getaufet und stund die Reyne mère und ich nur alleine, es war auch niemand in der Kammer als nur I. M. der König, Prinz Georg, mein Sohn, der Statthalter Güldenleu. Ich habe gleichwol bei dem König zu Wege gebracht, dass der Exorcismus ist ausgelassen woorden, da es doch erst ganz Wille war und der Erzbischof [2]) es behauptet hatte, dass es sein müsste, welcher aber den Prinzen nicht getaufet, sondern der Hofprediger, der sehr moderat sein soll, auch sehr vor der Königin ist, er ist auch in sehr grossen Gnaden bei I. M. dem Könige. . . .

Nochmalige Bitte um Entschuldigung für die genommene Kühnheit.

---

v. Blumenthal. Relation d. d. Kopenhagen 21./31. October 1671.

„Fürgestern ist Mr. de Vaubrun hierdurch nacher Schweden passiret, er 31. Oct. hat ausser dem Französischen Ambassadeur, so ihn bis Helsingoer begleitet, Niemand gesprochen. Man glaubet, er werde abgeschicket, Mr. de Pomponne zu advertiren, man bedürfe nach gemachter Liaison mit England der Schweden Allianz nicht und werde dieselbe ferner zu gewinnen unbemühet sein. Dem Herrn Vaubrun ist seine Instruction nach Lothringen gesandt worden, von dannen er auch, sonder seinen König zu sprechen, hierher gereiset ist, wird nach Mr. de Pomponne Abreise nicht über drei Wochen zu Stockholm verharren. Diesem hat der König abermal 200 000 Gulden zu Bezahlung der Charge des Secretaires d'Estat verwehret."

England soll von Frankreich grosse Summen Geldes empfangen und darum auch die Convocation des Parlaments bis künftigen October verschoben haben. Von der engländischen und französischen Ruptur mit Holland reden beider Könige Minister ungescheuet, der englische sagte noch gestern, es sei Mr. de Coventry ein Courier mit solcher Instruction nachgeschickt worden, die seiner vorher gehabten Commission eine ganz andere Gestalt geben würde. Terlons Vorgeben nach will sein König sich hors de pays halten und zeigen, dass Monarchen sich von Holländern nicht tyrannisiren oder leges vorschreiben lassen. Der König in England will Herrn Boreel, als er des Downing Abschickung darum widerraten, weil er in Holland verhasst sei und leicht von der Populace geschimpfet werden könne, geantwortet haben: er Boreel sollte auf den Fall es mit seinem Kopfe bezahlen.

---

[1]) Geburt des Kronprinzen Friedrich am 11./21. October.

[2]) Hans Swane.

Weil man die Liaison zwischen Frankreich und England glaubt und erfährt, dass Mr. de Pomponne unverrichteter Sache aus Schweden zurückkommt, so beginnt dieser Hof Herrn Terlon gewaltig zu caressiren, weil er unter anderm Vertröstung giebt, Dänemark solle durch seines Königs und der Engländer Assistenz wieder zu Schonen gelangen. In Schweden soll der dänische Minister Pettkum nichts wichtiges negotiiren, sondern nur sich zu divertiren suchen.

Was dem Statthalter Güldenleu wegen des Sensenhandels für ein Memorial übergeben worden, zeigt der Einschluss; die andere Beilage, was Bl. auf Befehl der Landgräfin, die den 30ten dieses von hier abreist, an Griffenfeld gelangen lassen; der Antwort ist er stündlich gewärtig.

„|: Man giebet vor, es bemühe sich die verwittwete Königin heftig, Gabeln empor zu bringen, die mit der Frau Landgräfin de concert gehe; darum auch Griffenfeld und Güldenleu sich bemühen, den Feldherrn Schack, als Gabels geschworenen Feind, in ihre Partei zu ziehen. Gewiss ists, dass diese Dame die Hand im Regiment hätte, allein die Ministri lassen sie nicht aufkommen. Dieser Tage entstand bei Hofe abermal ein beschwerlicher Handel, indem die verwitwete Königin gewisser Ursachen halber nicht sofort in der Königin Gemach gelassen werden konnte, welches sie dermassen verdross, dass Sie, sonder jemand ein Wort zu sagen, vom Schlosse nach ihrer Wohnung fuhren. Die junge Königin hat sich darüber sehr bestürzet angestellet, ist aber vom Könige damit getröstet worden, |: dass ja seiner Frau Mutter wunderlicher Humeur Jedermann bekannt sei :|."

---

3. Nov. v. Blumenthal. Relation d. d. Kopenhagen 24. October 1671. Petition der Reformirten zu Lübeck. — Hzg. Ernst Günther wird nach Berlin reisen. Ihm sieben Bauern, „so auf Sonderburg in dem also genannten Dorfe Boock wohnen, zu Wege zu bringen". Privileg an den Kaufmann Engel Wust betreffend den Sensenhandel. Auf Betreiben des Königs wird die Frau Landgräfin erst am 7. Nvbr. abreisen. Bl. wird seine Abreise gleichfalls bis dahin ausstellen. Betreffend die von Kurpfalz begehrte Extradirung aller Gevatterpraesente. Die Landgräfin bittet, Kf. möge geruhen es dahin zu richten, „dass gleichwol in hoc passu die Billigkeit observiret werde".

7. Nov. Relation d. d. Kopenhagen 28. October 1671. Bl. macht sich zur Abreise am 7. Novemb. fertig. Dem französischen Ambassadeur ist nunmehr erlaubt worden, ein Haus und darin eine Capelle zu erbauen, weshalb Bl. Griffenfeld zu erkennen gegeben, dass man ja den Evangelisch-Reformirten hoffentlich diese Freiheit auch vergönnen würde. Das werde geschehen, es sei schon allen Reformirten verstattet, in der Königin Gemach die Predigt zu hören. — Die Landgräfin wünscht, dass er sie bis Hamburg begleite; da der Weg über Gottorp geht, so stellt er dem Kf. anheim, ob er etwa ein Schreiben an den Herzog abgehen lassen wolle und ihm zur Geburt eines Prinzen gratuliren.

Rescript des Kurfürsten d. d. Coelln a. Sp. 24. October/3. November 1671.

Auf die Relationen vom 24. October. Ist mit der wegen der Reception getroffenen Anstalt zufrieden. Es wäre ihm lieb gewesen, „wann Ihr darauf nur die Audience genommen: denn es Uns gar nicht praejudicirlich sein können, dass der Englische Envoyé vor Euch Audience gehabt hätte, weil Euch bekannt, dass Wir den Kronen gerne darinnen cediren“. Bl. hat den Dank des Kf. für die gemachten Verordnungen zu bezeugen. Er soll noch bleiben, der Frau Landgräfin in allem an Hand gehen und der Königin Interesse befördern. Was ihm wegen der Alliance bekannt wird, ist ad referendum zu nehmen. 3. Nov.

---

d. d. Kopenhagen 31. October 1671 meldet er auf des Kf. Rescript d. d. 24. October, dass er bestimmt am 7. November abreisen werde. 10. Nov.

d. d. 4. November 1671. Nimmt übermorgen seinen Abschied. 14. Nov.

Wird vom Oberstallmeister Baron Winterfeldt in der Salle des gardes empfangen und so zum Könige geführt werden. Gratulirt heute der Königin zur Geburt des Prinzen, die in den letzten sechs Wochen noch keiner der auswärtigen Minister gesehen hat. „Herrn Güldenleu und Griffenfeld hab' ich Anlass gegeben, ihres Königs Sentiment über itzige Conjuncturen zu entdecken und dahingegen gesagt, Ew. Ch. D. würden auch wegen Verneuerung der Alliance sich weiter herauslassen. Ob das erste erfolgen werde, kann ich allererst bei meiner Ankunft zu Berlin unterth. berichten. Weil ich nicht zweifle, es werde der von Crockow bereits referiret haben, dass in der Streitsache zwischen dieser Kron und Holland, da Frankreich zum Arbitro erwählt worden, die Sentenz pronunciirt und für Dänemark gesprochen worden, so melde ich hiervon weiter nichts. Der Königin Versicherung auf Oldenburg hat der König bereits etliche Tage bei sich und wird sie zweifelsohne für der Frau Landgräfin Abreise extradiren.“ Man erwartet morgen den nach Schweden gehenden Mr. Courtin[1]).

d. d. 7. November 1671. Gestern Abschiedsaudienz in der Salle des gardes unter den gewöhnlichen Ceremonien. Heute geht die Reise bis Roeskilde. Die Landgräfin würde noch diesen Tag hier geblieben sein, wenn nicht der starke Frost zu Beschleunigung der Reise Anlass gegeben hätte. „Der Auszug geschieht mit eben den Ceremonien wie der Einzug. Die Bürger und Soldaten stehen in Waffen und um die Stadt wird das Canon gelöset.“ 17. Nov.

Der Kanzler von Brandt langte vorgestern Nachmittag hier an und reist übermorgen nach Schonen, wohin ihm Bl. Schreiben an den Landeshauptmann

---

[1]) als Nachfolger Pomponnes.

Baron Löwenskiold mitgiebt, die Brandts Reise merklich befördern kann. Auf Veranlassung Güldenleus ist Brandt hier durch den v. Winterfeld beim Könige introducirt worden. — Der Landgräfin ist das Leibgedinge an die Königin zugesichert. Letzten Sonntag particuliere Audienz bei der Königin, „wiewol ein und ander, so vielleicht kein gutes Gewissen gehabt und besorget ist, ich möchte etwas sagen, so in seinen Kram nicht dienete, solches zu hindern sich eifrig bemühet hat“. Die Königin ist mit Recht dankerfüllt, denn ohne des Kf. Bemühung wäre sicher manches unerörtert geblieben.

Der König verehrt dem Kf. zwei lichtbraune Pferde, beide von sechs Jahren; das eine ein Hengst, das andere ein Wallach. „Dieses, hoffe ich, wird bequem für Ew. Ch. D. sein, denn wenn ihn der König nicht verehrt, wäre ich mit dem Obermarschall von Winterfeldt, dem er gehört, bereits um hundert Ducaten einig worden, und würde solches Ew. Ch. D. unterth. praesentiret haben.“

Beifolgend die neue Rangordnung vom 25. Mai 1671.

---

23. Nov. Relation d. d. Hadersleben 13. November 1671. Bericht über die Reise der Landgräfin vom 7. Mit gutem Wetter über die beiden Belte. Sie reisen jetzt bis Flensburg, logiren morgen zu Gottorp, Mittwoch zu Rendsburg, Donnerstag zu Itzehoe, Freitag zu Uetersen, Sonnabend zu Altona. „Bis dahin defrayiren die Königl. Cabinete I. D., welche begehren, ich möge bis zu Dero Abreise von Hamburg bei Ihr verharren.“

Recreditife vom 11. November n. St.

13. Nov. entschuldigt sich die Königin, dass sie Bl. nicht habe vorlassen können.

---

2. Aus den Relationen Friedrichs und Christophs von Brandt[1]). 1670—1675.

1670.

1670.
28. Febr. Relation d. d. Hamburg 28. Februar 1670. Brandt wird mit v. Dalwigk, Abgesandten der Landgräfin von Hessen, nach Kopenhagen eilen und daselbst „die gebürende Condolenz und darauf die Gratulation wegen angetre-

---

[1]) Die zunächst folgenden Relationen Friedrich von Brandts sind im Auszuge in dänischer Sprache mitgeteilt von J. A. Fridericia, Uddrag af Relationer fra brandenburgske Afsendinge in Danemark i Aarene 1670—71 (Soertryk af Danske Magazin 4 R. 6 Bd. Köbenhavn 1884. 4).

tener Regierung abstatten". — Herzog Johann Friedrich von Hannover ist auf Ansuchen der verwittweten Königin hierdurch nach Kopenhagen gereist; es hat aber der dänische Gesandte Ahlefeld Nachricht, dass er noch zu Nienburg liege und „wegen falschen Eises" nicht übergehen könne. Die Reise wird wol wegen der Heirat der Prinzessin Wilhelmine[1]) mit dem Kurprinzen in der Pfalz, „darüber bishero durch den Herrn Hammerstein[2]) tractiret worden", geschehen sein, nicht nur „damit durch Ihrer D. Cooperation selbige zu besserer Advantage der Prinzessin abgehandelt werden möge, sondern damit auch Ihro K. M. [die Königin Witwe] bei gegenwärtiger traurigen Conjunctur in einem und anderen Sich Ihr Herrn Brüdern Rath und Hülfe bedienen und, weil Sie ihn jederzeit unter allen Dero Herrn Brüdern zum werthesten gehalten, desto mehr Trost fassen könne."

Ehe noch „die Trauer ganz verfertiget sei", werde der König keinem fremden Minister Audienz verstatten, worüber noch wol vier Wochen hingehen würden. Betreffend statum Regni und formam Regimins, hätte der jetzige König nichts geändert, sondern auf seines hochsel. Vaters Rat die alten Diener behalten, sie sofort im Eid und Pflicht genommen, sonderlich den Statthalter Gabel[3]) seiner Gnade versichert. „Es scheinet aber doch wol, dass er nunmehro die Consilia nicht so wie vor diesem alleine führen werde, indem I. K. M. täglich durch den Reichskanzler Reetz, Reichsadmiral Bielke, Reichsmarschall Koerbitz und den Vicekanzler Parsberg Rath halten lassen, und der Herr Schenkel (welcher seit etlichen Jahren I. M. Mignon gewesen und nach des gottseligen Königes Tode sofort zum Geheimen Rath und Oberkammerherren bestellet worden) dazwischen gehet und I. K. M. von allem, so ged. Räthe und er als ein Membrum hujus collegii vor gut und rathsam achten, referiret und seinen Colleguen I. M. Willensmeinung andeutet, wobei der Herr Statthalter Gabel bis dato noch nicht erschienen, weil er sonder Zweifel wegen grosser Betrübnis, dass ihm sein so gnädigster König abgestorben, bis hieher sich noch ingehalten."

Relation d. d. Kopenhagen 20. März 1670. Entschuldigt die verspätete Relation. Hat zwischen hier und Hamburg acht Tage gebraucht in Folge des ungewöhnlichen Eises, „welches durch den starken Nordenwind fast alle Hafen zugestopfet hatte und drei Elen dicke war". — Durch des Königs Ableben hat sich der hiesige Hof sehr geändert. Denn obwol der König diejenigen Minister, die seinem hochsel. Herrn Vater gedient haben, beibehalten hat, so stehen doch die, welche beim vorigen Könige viel vermochten, nicht mehr im alten Credit. 30. März.

Verhältnis der Königin-Witwe zum bisherigen Statthalter Gabel, „der eine harte Parti gegen sich findet". Die Hilfe des Oberkammerherrn Schenkel,

---

[1]) Schwester des Königs.

[2]) Georg Christoph von Hammerstein, cellischer Geheimer Rat und Grossvoigt.

[3]) Christopher Gabel.

„welcher zwar allezeit Ihrer M. Mignon gewesen“, kann ihm nichts nützen, weil er (Gabel) den Reichskanzler Reetz, den Feldherren Schack, Güldenleu und den Grafen Ahlefeld[1]) gegen sich hat. Der geforderte Abschied ist ihm vom Könige nicht bewilligt worden. Sein schlimmster Feind ist Graf Ahlefeld, der schon einmal den Degen auf ihn gezückt hat. Sie sind namentlich über die Oldenburgische Sache uneins geworden, da dann etliche Herrn Gabel, wiewol ohne Grund, beschuldigen, dass er die beste Gelegenheit versäumt habe, „Ihro D. den Herzog von Ploen mit 50000 Th. zu contentiren“. — Die Königin-Wittwe wird hier bleiben, geht nicht auf ihr Leibgedinge nach Nykoeping.

Vorgestern haben die Gottorpischen Abgesandten Amtmann Kielmann und Hofmeister Buchwald beim Könige Audienz gehabt. Praecedenzstreitigkeiten mit den königlichen Gesandten. — Prinz Jürgen wird täglich erwartet. Ob „Königliche“ oder „Prinzliche“ Hoheit? — Der Herzog von Norburg, der zu Jerusalem gewesen ist, hält sich jetzt hier auf; wie es heisst, will ihm der König ein Regiment zu Pf. geben.

Die wichtigsten Sachen werden jetzt durch den Kanzler Reetz, Güldenleu, den Feldherren und Ahlefeld geführt, und es scheint, dass der Kanzler die affaires étrangères bekommen werden, „weil I. M. wollen, dass ein Jeder seine Function verrichte und Keiner dem Anderen ingreife; doch weiss man bis dato noch nicht, an wen man sich eigentlich zu halten, es sei denn an I. M. selbsten, die sich der Affairen trefflich annehmen und nicht das geringste ohne Ihr Wissen geschehen lassen.“

16. April. Relation d. d. Kopenhagen 6. April 1670. Obwol er sein Creditif schon vor vier Tagen dem Ceremonienmeister übergeben hat, hat er doch noch nicht zur Audienz gelangen können, da sich der König „auf der Parforcejagd, welche Sie auf die Englische Art angestellet, ergetzet.“ — Empfangenes Rescript vom 29ten. — Am letzten Osterfeiertag kam Prinz Georg von seiner Reise aus Frankreich und Italien wieder zurück, vom Könige mit besonderer Affection empfangen. Mit der Titulatur „Prinzliche Hoheit“, soll die Königin-Mutter nicht content sein, „weil sie den Prinzen Jürgen unter allen Dero Königlichen Kindern zum meisten geliebet und für sein Accommodement sehr sorgfältig gewesen, wovon aber bis dato noch nicht geredet worden. Es haben aber I. M. resolviret, dass er keinem souverainen Fürsten weichen solle“. — Der Kammerpräsident Hammerstein ist wieder abgereist; man meint, dass er wieder nach Heidelberg geht, die Heirat zwischen der königlichen Prinzessin und dem Kurprinzen von der Pfalz soll schon beschlossen sein. Der Kurprinz wird wol nicht herkommen. — Der ksächsische Envoyé Rumohr hatte vor drei Tagen Audienz.

26. April. Relation d. d. Kopenhagen 16. April 1670. Vor vier Tagen nach Uebergebung der Creditife durch den Ceremonienmeister in Ihrer Majestät Kutsche,

[1]) Friedrich von Ahlefeld, schleswig-holsteinischer Kanzler.

wobei vier von des Königs Laquaien waren, vor das Schloss gefahren und so weiter unter Begleitung des Hofmarschalls und etlicher Hofjunker zum Könige und der Königin zur Audienz geführt. Die Königin-Witwe hat „wegen grosser Betrübnis und tiefen Traurens noch bis dato keinem fremden Ministro Audienz geben" können; dagegen werde sie eine Audienz en particulier nicht abschlagen. Der Kammerherr giebt dagegen zu verstehen, die rechte Ursache sei diese, weil sie mit der regierenden Königin wegen des Rangs competire. Die regierende Königin beansprucht auf des Königs Resolution die Präcedenz. Die Königin-Witwe erhebt darauf Anspruch als Gattin des Stifters der Souverainetät, und in Frankreich, „da auch ein souverainer König, werde es so gehalten, dass die Königliche Witwe die Praecedenz habe".

Die Bestattung der königlichen Leiche wird zu Anfang Mai, und zwar auf Wunsch der Herzoge von Braunschweig und der Königin-Witwe, ohne Kosten und Gepränge vor sich gehen. Die Königin wünscht nur „ein ansehnliches Epitaphium". Die Leiche steht jetzt in der Schlosskapelle, in einem schönen castro doloris. —

Einzelheiten aus dem Streit zwischen dem Grafen Ahlefeld und dem Statthalter Gabel. . . . „Es ist gewiss, dass der Graf, der vehement und vindicatif ist, weil er anitzo des Königs Ohr mehr als einer von den Ministris possediret, allerhand Mittel suchen wird, dem Herrn Gabel, der ohnedas die dänische Ministros zu Feinden hat, zu schaden." . . . . . Den Verfolgungen Ahlefelds bieten die dänischen Minister die Hand, weil sie bei gegenwärtiger Veränderung vornehmlich mit den Gedanken umgehen, „wie sie, wenn Gabel heruntergebracht und Gr. Ahlefeld verreiset ist, alsdann durch allerhand Menées sich in vorigen Stand setzen und zu ihrer Freiheit gelangen möchten". Sie haben damit schon einen bedeutenden Anfang gemacht, dass sie erhalten haben, dass in dem Hohen Gerichte Niemand, als was alte dänische Edelleute sind, sitzen darf; alle Fremde von Adel und Bürgerstandspersonen sind daraus removirt worden. Es werden auch viele Compagnien an dänische Edelleute gegeben.

Heute ist der hessische Envoyé von Dalwigk hier angekommen. Der französische Ambassadeur de Terlon wird ehestens erwartet. — Die Ursache, warum der Statthalter Güldenleu und Gabel uneins geworden sind, ist die, „dass da H. Güldenleu mit Verwunderung der Franzosen und Spanier zu London sehr herrlich und splendide gelebet und darinnen I. M. Respect in Acht genommen, er, da er schon auf der Rückreise anhero begriffen gewesen, aus Holland mit zwei Lakaien und einem Secretario in einer Sachen wiederum zurück nach London gemusst, die der Secretarius allein zur genüge hätte verrichten können, welches ihm so nahe gegangen, dass er Thränen darüber vergossen, weil er es ihm nicht allein wie auch Ihrer M. schimpflich zu sein erachtet, sondern weil er des Herrn Gabels Dessein daraus schliessen wollen, ihn vom Hofe zu esloigniren".

Relation d. d. Kopenhagen 23. April 1670. Gabel hat, auf dreimaliges Andringen, nun den Abschied von Güldenleu überbracht erhalten, mit 3. Mai.

dem Beding jedoch, ohne des Königs Specialmission nicht aus Kopenhagen zu weichen. Nach Gabels Ansicht wolle man ihn bei den gegenwärtigen Beratungen, darin es sich um wichtige Veränderungen im Militär- und Civiletat (z. B. Reduction der Miliz) handelt, nicht dabei haben.

I. M. wollen alles dergestalt ändern, dass Sie das Land zum dritten Theil von der Contribution erleichtern, welches sehr schwer fallen wird, wenn Sie ihren Plan fortsetzen, allezeit 4000 M. zur Flotte parat zu halten. In Holstein stehen die geworbenen Reiter zwar auch noch; aber es soll doch ein Landregiment dahin kommen, unter Obrist Sehestedt. Der Herzog von Norburg erhält ebenfalls ein dänisches Regiment.

Des Königs Leiche wird doch in Roeskilde bestattet werden. — Der Königin-Witwe Kammerdiener Jacob Petersen sind alle seine Güter in Dänemark wiedergegeben worden; wie es heisst, wird er zurückkehren, auf Graf Ahlefelds Antrieb, und das wird auf die Stimmung der Königin gegen Gabel übel zurückwirken. Ueberhaupt vermag sie nicht wenig, solange Graf Ahlefeld hier ist. — Dem Prinzen Georg ist die Insel Möen und das Amt Warenburg auf Seeland zur Subsistenz gegeben worden. Beides nahe bei Nykoeping.

10. Mai. Relation d. d. 30. April 1670. Project für die Beisetzung der königlichen Leiche. — Nach Ahlefelds Abreise nach Holstein hat Güldenleu Herrn Gabel zum Könige geführt, der ihm gute Miene gemacht hat. Gabel hat seinen Abschied nur auf Betreiben der Königin-Witwe, „die mit dem grössten Emportement auf ihn schelten und schmähen soll“, bekommen. Gabels alte Freunde lassen sich auch wieder blicken. So der Oberkammerherr Schenkel. Dessen Interesse, die Königin-Witwe nach Nykoeping zu entfernen, um sich dann mit Gabel in die Affairen zu teilen. Die Hilfe der jungen Königin und des Herrn von Dalwigk soll dazu benutzt werden. Dagegen werde, so nehmen die Meisten an, die alte Königin den Hof schwerlich vor einem Jahre verlassen; auch werde Ahlefeld hier sein und dem Herrn Gabel in allem hinderlich fallen.

Die nächsten Relationen berichten von dem Affront, den der englische Extraordinair-Ambassadeur Graf Essex erlitten hat[1]). Da er im Sunde nicht gestrichen, ist er von dem Gouverneur von Kronenburg, Generalmajor Holck feindlich tractirt worden. Die Angelegenheit ist dann beigelegt worden, weil das Vorgehen des Gouverneurs angeblich ohne des Königs Ordre geschehen sei. Das hat den Engländer besänftigt.

23. Mai. Relation d. d. 13. Mai 1670. Die Königin-Wittwe vorläufig in Hirschholm. Vielleicht wird sie dann nach Nykoeping gehen. Bis ihr eigenes Haus in ihrem Garten zu Kopenhagen fertig ist, wird ihr aber der König die Rosenburg einräumen, was die Hoffnung Derer, die ihre Entfernung wünschen, zu

[1]) Vgl. oben S. 64.

Wasser macht. — Schenkels und Gabels Einverständnis. Auch Güldenleu nähert sich Gabel. Eifersucht und Intriguen zwischen den Ministern. Dem Feldherrn Schack stellen die dänischen Minister nach. Die Würde des Oberstatthalters in beiden Königreichen ist Güldenleu zugedacht. Ove Juel, der jetzige Vicestatthalter in Norwegen, wird dort quittiren und herkommen; an dessen Stelle ist des Reichsadmirals Bruder Generallieutenant Bielke zugleich als Generalfeldmarschall in Norwegen vorgeschlagen. — Die Misshelligkeiten zwischen den Häusern Braunschweig und dem Kf.[1]) hat der König ungern vernommen; offenbar sind geheime Schreiben in dieser Sache eingekommen. — Tod des Obristen Walter.

Relation d. d. 17. Mai 1670. Gestern feierliche Aufholung des englischen Gesandten Grafen Essex mit 20 Kutschen, eine jede mit sechs Pf. bespannt; durch den Hofmarschall unten an der Stiege, oben bei den Ecken der ersten Antichambre durch den Reichsmarschall empfangen und sowol von diesem wie von dem Geheimen Rath Parsberg und dem Ceremonienmeister durch beide Antichambres mit entblösstem Haupt bis zum Könige geführt. Er redete den König in englischer Sprache an, worauf ihm dieser dänisch antwortete, weil der König seine Proposition vorher schriftlich begehrt und sie hatte übersetzen lassen. Hier sprach er bedeckten Hauptes. Bei der Königin vollführte er seine Rede mit entblösstem Haupte. — Der König bietet in der Regensteinischen Sache seine Interposition an. 27. Mai.

Relation d. d. 28. Mai 1670. Der König hat dem Statthalter Gabel, obwol ihm sämtliche Chargen abgenommen sind, seinen bisherigen Titel und Rang belassen und ihm überdies Zeit seines Lebens 3000 Rthlr., dem ältesten Sohne jährlich 2000 Rthlr., dem jüngeren 1000 Rthlr. verordnet. Das ist in Graf Ahlefelds Abwesenheit geschehen. Die Königin-Witwe wünscht diesen zurück. Es ist kein einziger da, der die deutschen Angelegenheiten aus dem Grunde verstände, und falls Ahlefeld länger wegbliebe, müsste man sich in wichtigen Dingen des Statthalters Gabel bedienen. — In der Heirat der Prinzessin Wilhelmine mit dem kurpfälzischen Prinzen mache der Kurfürst noch einige Schwierigkeiten. Wie der vor vierzehn Tagen eingetroffene pfälzische Secretär verlauten lässt, betrifft solches „unter andern die Degenfelderin[2]), weil man von hiesiger Seiten keine Zusammenkunft, noch die allergeringste Comparaison zwischen einer Königlichen Prinzessin und ihr concediren will“. Resolution erwartet. — Der englische Ambassadeur noch mit Visiten beschäftigt. 7. Juni.

Relation d. d. 4. Juni 1670. Visite an den englischen Ambassadeur, nachdem dieser seine Ankunft notificiren lassen. Versicherungen. Der englische König erinnerte sich „noch alle Zeit der getreuen Freundschaft, welche Ihro von Ew. Ch. D. Zeit währenden Exilii wäre erwiesen worden“. Seine Nego- 14. Juni.

[1]) Bezieht sich auf die Differenzen um Regenstein.

[2]) des Kurfürsten angetraute zweite Gemalin.

ciation betreffend, sei er hergekommen, den von Güldenleu in England angefangenen Tractat, der mehrentheils die Commercien und Entrichtung der Zölle in Norwegen betreffe, zur Perfection zu bringen und bis zu dessen Ratification am Hofe zu bleiben. — Seit des Königs Tode haben I. M. die Wappen von Schoonen, Halland und Blekingen[1]) wieder in das grosse Siegel genommen, „da sie der vorige gottselige König nur in seinem Handpitschaft und Cabinetsiegel gehabt". Das ist in Schweden übel vermerkt worden. Der schwedische Resident habe Ordre, dagegen zu protestiren, und der dänische Extraordinar-Envoyé sei aus Stockholm gestern hergekommen, wahrscheinlich mit einem Auftrage von der schwedischen Regierung. Das Werk dürfte „neue semina discordiae erregen". Der holländische Extraordinar-Ambassadeur Jan de Witt hat gestern seine Entree geahlten, mit „nicht weniger Magnificenz als bei des Englischen"; geht in gleicher Qualität nach Polen.

17. Juni. Relation d. d. Kopenhagen 7. Juni 1670. Der holländische Extraordinar-Ambassadeur ist nach seiner Entree, wie gewöhnlich, drei Tage tractirt worden. Streit bei diesem Mahle zwischen dem dänischen Marschall, den der König dazu hergesandt, und einem reichen holländischen Kaufmann. Der holländische Ambassadeur wird mit in die Prügelei verstrickt und erhält einen Schlag über den Arm. Auf seine Beschwerde beim Könige werden die beiden in Arrest genommen.

8. Juli. Relation d. d. Gottorp 29. Juni 1670. Der Herzog hat von ihm begehrt, dem Könige für die erlassene Hälfte der currenten Contribution zu danken und ihm auch von Zeit zu Zeit zu berichten, was zwischen Ew. Ch. D. und I. K. M. künftig vorgehen möchte, damit der Herzog (in der bewussten Sache) seinen „fürgesetzten Zweck erlangen und die gänzliche Erleichterung erhalten möchte". — Die Ehepacten, betreffend die Heirat zwischen der Prinzessin Wilhelmine und dem Kurprinzen von der Pfalz, sind ratificirt. Der Kurprinz, heisst es, wäre schon unterwegs. — Gottorpische Streitigkeiten.

23. Juli. Relation d. d. 13. Juli 1670. Abgelegter Dank für den Herzog von Glücksburg wegen erlassener Contribution. — Vor etlichen Tagen ist der Bischof von Strassburg angekommen, wie einige wahrnehmen, um eine Heirat zwischen dem Duc d'Orléans und der hiesigen jüngsten Prinzessin zu stiften; denn er hat weder mit dem Könige noch mit einigen Ministern conferirt, dagegen wol mit der Königin-Witwe, die in Eile von Nykoeping gekommen ist und nur in Gegenwart des Reichsmarschalls („den die Königliche Witwe zu allen ihren Affairen ziehet") und ihres Marschalls eine volle Stunde mit ihm verhandelt hat, doch soll diese Partie wegen der katholischen Confession der Königin-Witwe nicht anstehen.

---

[1]) Die Landschaften waren bekanntlich seit 1658 der Krone Schweden cedirt worden.

Vor acht Tagen haben S. M. angefangen, das Hohe Gericht zu halten, „worinnen Sie selber täglich sitzen und grosse Assiduität bezeugen". Gegen den Willen des Adels sind dem Gericht nach diesem sieben Bürger adjungirt worden, also dass es jetzt rund 17 Edelleute und 17 Bürger, worunter der Präsident und die drei Bürgermeister von Kopenhagen sind, darin sitzen. Dies hat der Secretar Schumacher verursacht, der nun „fast die meisten Affairen verrichtet und hoch herankommt".

Relation d. d. Kopenhagen 19. Juli 1670. Der holländische Am- 29. Juli.
bassadeur geht nach Polen. Sein Anbringen bestand darin, dass er den König nochmals eingeladen hat, in die Triplealliance einzutreten; sicher in dem Vorschlage, die fünf Tonnen Goldes, die der König der Stadt Amsterdam schuldet, aus den Zöllen in Norwegen zu bezahlen „sonder I. M. grosse Incommodität"; sodann hat er für den Herzog von Sonderburg, der sich im Haag aufhält, intercedirt. Er hat für seine Verhandlung um Commissarien gebeten. Da ihm aber sein Ansinnen, die Conferenzen in seinem Hause halten zu dürfen, vom Könige abgeschlagen worden ist, so hat er dem Residenten hier die Affairen überlassen.

Der Herzog von Braunschweig wird hier täglich erwartet. — „Des Herzogen von Gotha anderer Herr Sohn [1]) conferirte kürzlich mit dem hiesigen Bischofe Wandelino und anderen Theologis, so ihm von I. M. zugeordnet worden, um einen Syncretismum zu stiften, zu dem Ende er einen Prediger und einen Consistorialrath von Gotha mitgebracht." Er wird von hier weiter nach Schweden gehen.

Relation d. d. Kopenhagen 27. Juli 1670. Der Contract mit dem 6. Aug.
Grafen Essex ist nun, da der Gesandte wegen einer Erbschaft („von $\frac{M}{100}$ Rthlrn., so ihm neulich angestorben") sehr geeilt hat, abgeschlossen worden, und zwar durch vier Commissarien, den Statthalter Güldenleu, den RKanzler Reetz, der Vicekanzler Parsberg, den Geheimen Secretär Schumacher. Mit einem „Jubel [2]) von 9000 Rthlr. und seine Liebste mit einem Ringe, der auf 2000 Thlr. kommt", ist der Gesandte vom Könige beschenkt worden.

Der englisch-dänische Vertrag betrifft wesentlich Zollsachen. „Hierinnen ist man nur davon abgegangen, dass England itzo die Freiheit hat, auf der Insel Island, Groeningen, Verroe [3]) und anderen dänischen Inseln zu handeln, welches reciproce der Kron Dänemark von England in ihren Inseln auch concediret worden; gleichfalls ist Dänemark auch das jus reluitionis der Inseln Orcades [4]) genannt, welche vor alten Zeiten „vor $\frac{M}{50}$ Goldgulden verpfändet worden" concediret worden; wie es weiter heisst, habe sich die Krone Dänemark obligirt,

---

[1]) Albert, d. zweite Sohn Hgs. Ernst des Frommen.

[2]) Juwel.

[3]) Groenland, Far-Oeer.

[4]) Orkneyinseln.

„der Kron Frankreich nicht das geringste Monopolium in Norwegen wegen Abholung Holzes, Waffen, Pech, und Einführung der französischen Weine und Salzes einzuräumen oder deshalb einigen Tractat zum Präjudiz von England mit selbigem Könige zu schliessen.“

Der pfälzische Heiratsvertrag ist auch diesmal zur Ratification gediehen. Man stösst sich nur daran, das KPfalz „nicht mehr als 15000 Thlr. Douaire und 3000 Thlr. menus plaisirs“ bietet, hiergegen KSachsen 24000 Thlr. und Gottorp 20000 Thlr. Douaire, „wie denn auch KSachsen 60000[1]) Thlr. menus plaisirs und Gottorp 5000 giebet“. — Die Kurprinzessin von Sachsen[2]) ist jetzt bei der Königin-Witwe zu Nykoeping angekommen; man sagt, dass sich der Herzog von Gottorp auch daselbst befinde und dass der König auch dorthin reisen werde. Unwahrscheinlich jedoch in Rücksicht auf den Prinzen Georg, dessen Rang noch nicht verglichen ist. — Am Tage vor seinem Abschied ist der englische Ambassadeur von Güldenleu in dessen Hause glänzend tractirt worden. Nachts um elf ist sogar der König in Person in Güldenleus Behausung gefahren, „da sie sehr lustig gewesen sind, dem H. Güldenleu nebenst der anderen Compagnie die Fenster eingeschlagen, welches der H. Güldenleu selbst angefangen“.

12. Aug. Relation d. d. 2. August 1670. Der Landrath Detloff von Ahlefeld ist nach gethaner Berichterstattung über seine Verrichtung in Holstein vorgestern wieder abgereist. Die Gottorpische Resolution stimmte (nach seiner Aussage) mit der hiesigen gänzlich überein. Gottorp hätte lange marchandirt und lieber gesehen, dass man sich mit dem Herzoge von Plön in einen formellen Process eingelassen. . . . . „Es war ged. Ahlefeld bei dieser seiner letzten Anwesenheit nicht mit dem besten Auge angesehen, weil er die $\frac{m}{10}$ Thlr., so er dem gottsel. Könige vor anderthalb Jahren Strafe geben müssen, mit etwas Ungeduld wieder begehret, ausser dem, dass es eine odieuse Materie ist und dass diese Gelder, weil sie der gottsel. König dem Statthalter Gabel geschenket, nicht in des Königs Coffres kommen.“ — Der Herzog von Gottorp und die Kurprinzessin von Sachsen werden erwartet. — Resolution in der Oldenburgischen Sache.

19. Aug. Relation d. d. 9. August 1670. Vor einigen Tagen kam die Kurprinzessin von Sachsen nebst der dänischen Prinzessin Wilhelmine, nachdem die Kurprinzessin acht Tage lang bei der Königin-Witwe zu Nykoeping gewesen. Der regierende Herzog von Gottorp wäre mit her gekommen, wenn der mit dem Prinzen Georg schwebende Rangstreit nicht solches gehindert hätte. Die Königin-W. sucht die Kurprinzessin auf alle Weise zu unterhalten „durch Collationen auf den Lusthäusern, auf dem Lande und durch Cavalcaden“, wobei alle Hofdamen und viele von den adeligen

---

1) So das Origin. Sicher verschrieben für 6000.

2) des Königs älteste Schwester Anna Sophie.

Damen aus der Stadt mitgeritten sind. — „Es gehet nun schon am hiesigen Hofe ziemlich lustig daher, dann der H. Güldenleu, welcher aller Ergetzlichkeit ein Urheber, ist zum öfteren mit I. M. und Prinz Jürgen die Nacht durch bis um Glock vier oder fünf des Morgens auf der Strasse, da sich die Herrschaft aufs beste divertiret. Unter anderm nehmen sie Plaisir, einigen Bedienten vom Hofe (weil Herr Güldenleu es an seinem Hause erst angefangen) die Fenster auszuschlagen und ihnen ins Haus zu steigen, wozu sich Herr Güldenleu und etliche von den Kammerherrn selbst employiren, wie dann noch vor wenig Tagen geschah, dass sie dem Obersecretarius Schulze nicht allein auf solche Weise und par galanterie ins Haus stiegen, sondern ihn auch im Schlafrocke mit blossen Füssen auf ein Pferd setzeten und ihn obligireten, dem Könige bis aufs Schloss zu folgen, über dem dass man noch Willens gewesen, sich oben auf die Carosse nebenst Secretario Schulzen zu setzen und des Morgens um Glocke fünf der ganzen Stadt eine Maskerade zu bringen, welches doch verhindert worden. Auf diese Weise wird täglich continuiret, und ist H. Güldenleu gestern und vorgestern in der Mitternacht von Ihr. M. im Schlafrock und blossen Füssen aufs Schloss geholet werden, |: über welcher bösen Conduite die verwittibte Königin sich sehr grämet und sehr auf Güldenleu schmälet, wiewol sie im Anfange, um den Herrn Gabel Tort zu thun, ihn zum höchsten caressiret hat :|.“

„Vor ungefähr vier Tagen, da der Statthalter Güldenleu einige Gäste, unter anderen den Kammerherrn Ranzau und den Kammerjunker Gersdorff gebeten, wobei auch drei Engländer gewesen, ist ged. Ranzau, da er ziemlich getrunken, mit den Engländern in Streit gerathen, wegen des Vorzugs, so der Noblesse in Dänemark gebürete; da er nicht allein hautement souteniren wollen, dass die dänische Noblesse die beste sei, sondern noch hinzugesetzet, dass sein Geschlecht ebenso alt und dem Wesen nach so gut als des Königs sei, aus welchem Discours er in einen anderen gefallen und dem Herrn Güldenleu reprochiret, dass er ein Freund der Deutschen sei und selbige den Dänen vorzöge, welches Unrecht sei, und hätte der dänische Adel zwar gehoffet, wieder emporzukommen, man spürete aber wol, dass er dagegen stichele und dem Könige andere Consilia gäbe; er möchte nichts mehr wünschen als einen Königssohn den Degen in der Hand zu sehen; worauf ihm H. Güldenleu mit grosser Patienz geantwortet, dass er Gott vor zwei Dinge dankte: erstlich dass der König an ihm einen getreuen Diener hätte, welches ihn obligirete, nicht nach faveur gegen die dänische Nation zu handeln, sondern Ihro M. capable Leute zu recommandiren, sie seien was Nation sie wollten; zum anderen dass er gewiss versichert wäre, dass er en bravour Niemanden auf der Welt cedirete, wobei als es Ranzau nicht bewenden lassen, sondern geantwortet, dass er auf das erste zwar nichts sonderliches zu sagen hätte, was aber die Bravour betreffe, sehr daran zweifelte, hat ihm Güldenleu drei gute Maulschellen gelanget, darauf sie zu den Degen kommen, da Güldenleu Ranzauen einen Stoss gegeben und folgends desarmiret und den Degen zerbrochen, auch den Gersdorff, der ihm den Degen aus der Hand nehmen wollen, mit dem Fusse zurückgestossen." Sobald solches geschehen, ist Güldenleu zum Könige gegangen und hat ihm den Handel erzählt, worauf (weil die Engländer es bezeugt haben) Ranzau und Gersdorff in Arrest genommen worden, „worinnen sie noch bleiben." „Es giebt dieser Handel dem Adel einen grossen Stoss und viel Nachdenken zu Hof."

Ein ähnliches Rencontre ist auch dem hier anwesenden Herzoge von Norburg, dessen Bruder zu Jerusalem gewesen, begegnet, „welcher als er sich munterer Weise auf dem Schlosse hat lustig erzeiget und endlich auch der Hofmeisterin Dieskauen einen Kuss geben wollen, von derselben eine so harte Ohrfeige bekommen, dass ihm die Nase davon geblutet, worüber I. M. der König und Königin gegen die Hofmeisterin sehr ungnädig worden, und soll sie den Herzog um Verzeihung bitten".

30. Aug. Relation d. d. Copenhagen 20. August 1670. Der Herzog von Gottorp[1]) ist vor fünf Tagen hier angekommen und gestern von hier wieder zurück nach Nykoeping gereist. Versichert dem Kf. seine Dienste, hofft, dass er seine guten Officia in der Ploenischen Sache soweit erstrecke, dass I. D. Herzog Jochim Ernst die angebotene raisonnable Summe acceptiren möge. Discurs über die neuliche Querelle zwischen Güldenleu und Ranzau. Der Herzog hat bereits zweimal darüber mit dem Könige geredet und ihm geraten, dass er grosse Ursache hätte, weil Ranzau als einer der vornehmsten unter dem dänischen Adel solche verfängliche Reden gebraucht habe, die auf „nichts als auf das Restablissement der dänischen Edelleute und ihres vorigen grossen Pouvoirs zieleten", „einen Fiscalen hinter ihn zu schicken und die Sache examiniren zu lassen". Der König wollte aber wol im Anfange seiner Regierung den gelinderen Weg gehen und sich zufrieden geben, wenn Ranzau Abbitte thäte; „worüber ihm der Hof auf ein Jahr lang verboten wäre".

„Diese Händel haben soviel verursachet, gn. Churfürst und Herr, dass I. K. M. nunmehr recht anfangen, in den Fussstapfen Dero höchstsel. Herren Vatern zu gehen, denn so sehr die Dänische von Adel im Anfang der gegenwärtigen Regierung auf die Inclination des Königs zu dem Adel pocheten, so sehr sind sie durch gegenwärtige Insolenz des Ranzau gedemütiget, und ist es gar so weit kommen, dass H. Güldenleu, welcher bei dieser Action eine sonderbare Treue gegen I. M. und Dero souveraine Hoheit bezeuget, wol ehestes zum Reichsadmiral dürfte erkläret werden." Gegenschlag gegen den RAdmiral Bielke und seinen Bruder den Gen.-Lieutenant, Verwandte Ranzaus und Gersdorffs. Ohnehin sind sie „von der Ulefeldtischen Partei und Ihrer M. niemalen mit rechtschaffener unterth. Affection zugethan gewesen". Es ist dies auch ein Grund, warum „das grassatum Gehen bei der Nacht und das Fenstereinschlagen nicht mehr so erschrecklich getrieben wird, wozu gem. Ranzau und Gersdorff (wie ich anitzo vernehme) die grösste Ursache gewesen, weil sie sozusagen des Königs Mignons waren". Dieser dem Adel so nachteilige Handel hebt auch den Feldherren Schack wieder empor und macht Herrn

[1]) Christian Albrecht, Schwiegersohn K. Friedrichs III.

Gabel ebenfalls Luft, weil Güldenleu jetzt alle Affection für den dänischen Adel fallen lässt und dem Könige Niemanden als dänische Bürger recommandirt, „so dass der Adel nunmehr fast niedriger als zu des verstorb. Königs Zeiten, da wenigstens Gabel noch suchte mit den vornehmsten Gesellschaften sich zu alliiren“. Es ist auch so weit, dass Gabel morgen wieder nach Hofe gefordert werden wird, woraus man sich allerhand Erfolg verspricht, „und heisst es recht, puncto saepe temporis maximarum rerum momenta vertuntur“.

Vor drei Tagen Gesellschaft bei Güldenleu. „I. K. M. machten sich zwar sehr lustig, selbiges geschah aber mit grosser Modestie, und fuhren I. M. um Mitternacht wieder nach Hofe in einer Kalesche, da I. M. der König, die Königin, Prinz Jürgen und der Herzog von Gottorp alle Cartele in der Hand hatten, und verhindern diese Ergötzlichkeiten I. M. ganz nicht, den Affairen aufs fleissigste obzuliegen.“

Zurückgewiesene Ranganspräche des Herzogs von Gottorp. Der Herzog Ferdinand Albrecht von Wolfenbüttel kam hier an und geht weiter nach Schweden.

|: Der König hat jetzt eine Maitresse, Jungfer Moth[1]), des vorigen Leibmedicus Tochter. „Wovon I. M. die Königin nichts wissen, dürfte aber wol böse Consequentien verursachen.“ :|

P. S. Der Herzog von Gottorp ist mit grosser Befriedigung vom Könige geschieden. Dem ungeachtet ist auch dem Bischof von Strassburg, „obschon er incognito hier gewesen, mit nicht minderer Ehre und Bezeugung Königl. Gewogenheit begegnet worden, indem er vielfältig bei I. M. Tafel gewesen und mit I. M. getrunken, welches der König sonst nicht zu thun pfleget, ausser dass H. Güldenleu ihm stets aufgewartet und ihm allerhand Divertissement gemacht.“

Relation d. d. Kopenhagen 30. August 1670. Der Bischof von 9. Sept.
Osnabrück vorgestern wieder zurück nach Nykoeping, wo sich die verwitwete Königin noch befindet, die Ursache seines Kommens war keine, als (gleich seinen Brüdern) dem Könige bei angetretener Regierung die Visite abzustatten.

Herzog Ernst Günther[2]) hält sich ebenfalls in Nykoeping auf, will aber nicht eher kommen als der Statthalter Graf von Ahlefeld hier angelangt ist. Der ist aber seit seiner Abwesenheit ziemlich aus dem Credit kommen. Animosität gegen Ahlefeld. Seinem ärgsten Feinde, dem Hofrath Reventlow, ist jetzt die Direction über die deutsche Kanzlei übertragen. Ebenderselbe, der eben wie zuvor bei Lebzeiten des seligen Königs in Holstein alles ohne sein Wissen und Rat disponirte. — Dem Statthalter Gabel ist der König sehr gnädig. Die Königin-Witwe hat ihren Hass gegen ihn auch ziemlich gemässigt; sie soll sogar bedauern, ihn von der Charge gebracht zu haben, weil sie sieht, dass man ihrer gar nicht achtet und sich ihres Rats nicht in der geringsten Sache bedient. Güldenleu ist ihr vielmehr zuwider, in allem entgegen.

Die Heirat mit dem Kurprinzen von der Pfalz ist ganz richtig; der

[1]) Sophie Amalie Moth, die spätere Gräfin von Samsöe.

[2]) Stifter der Linie Schleswig-Holstein-Sonderburg-Augustenburg.

kpfälzische Kammersecretär ist vor etlichen Tagen mit der Ratification der Ehepacten von hier nach Heidelberg zurückgegangen. Das Witthum ist so accordirt, dass die Prinzessin jährlich 18000 Thlr. Einkommen haben soll, das Spielgeld ist 4000 Thlr. Den Religionspunct betreffend, so haben Sich I. Ch. D. vorbehalten, die kfl. Kinder in der Reformirten Religion zu erziehen. — Der Herzog von Norburg hat aus freier Liebe die Hofmeisterin von Dieskau um Verzeihung gebeten und „sich wegen des Trunks excusiret".

„Sonsten lässet man an hiesigem Hofe wegen des Französischen Marches nacher den Niederlanden nicht die geringste Apprehension spüren, au contraire, Herr Statthalter Güldenleu sagte mir noch gestern, dass I. M. keine angenehmere Zeitung bringen könnten et qu'Elle espéroit au gasteau."

P. S. Ankunft des Feldzeugmeisters Uffeln. Güldenleu ist nicht sein bester Freund. — Vorgestern kam das Schiff Verröe, das vor zwei Jahren nach der Küste Koromandel in Ostindien geschickt worden ist, wieder glücklich hier an, und zwar so reich beladen, „dass ein jedweder Rheder Cento pro cento bekommet, da doch nur die Hälfte ausgeliefert wird, um diese Compagnie desto besser zu stärken". Dies auf Ihrer M. besonderes Begehren, die den Wunsch hat, dass „diese angefangene Compagnie desto besser stabiliret werde".

16. Sept. Relation d. d. 6. September 1670. Ankunft (vor drei Tagen) des spanischen Extraordinär-Envoyés[1]). Die Audienz hat nur in Condolenz und Gratulation bestanden; man vermeint aber, dass er hier etwas Sonderliches anzubringen habe.

Der Statthalter Graf Ahlefeld ist auch vor wenig Tagen hier angekommen. Er hat aber längst nicht mehr die Force wie zu Anfang der gegenwärtigen Regierung, weil der Statthalter Güldenleu den Secretär Schumacher „sich ihm gänzlich emancipiret". Und diesem ist die Verbindung mit Güldenleu natürlich wertvoll, während ihm „die Freundschaft des Herrn Ahlefeld als eines hitzigen und boutadeusen Mannes nicht halb so zuträglich ist". — Briefe aus Frankreich. Beratung des Königs darüber mit den geheimen Räten. Betrifft unter anderm die Anwerbung von 3000 norwegischen Bootsknechten für den französischen Dienst. In drei Tagen geht der König zu seiner Mutter nach Nykoeping.

23. Sept. Relation d. d. 13. September 1670. Nach der Rückkehr des Statthalters Grafen Ahlefeld hat sich die Königin-Witwe heute auch hier eingefunden, während der König und die Königin schon entschlossen gewesen, sie auf deren Leibgedinge zu Nykoeping zu besuchen. Die Ursache ihrer schleunigen Herkunft ist jedenfalls die, dass sie ihre Creatur den Grafen Ahlefeld, „welcher seit seiner Abwesenheit in etwas aus dem Credit gefallen, desto besser secundiren und dem Herrn Güldenleu und Secretario Schumacher (die dem Herrn Gabel ziemlich zu favorisiren angefangen) desto besser contrecarriren möchte". Schwerlich dürfte sie ihren Zweck erreichen. Denn Güldenleu ist jetzt des Königs Mignon, Schumacher verrichtet alle dänischen Affairen ganz allein, und Gabel ist vom Könige überaus gnädig tractirt worden.

[1]) Marques de Belmonte.

Graf Ahlefeld wird vom Könige in denjenigen Affairen, die Deutschland und Holstein betreffen, immer noch gern gehört; auf seinen Vorschlag haben S. M. denn auch den Herrn Habbaeus[1]), der vor diesem in schwedischen Diensten gewesen, zum dänischen Rat und Residenten im Ober- und Niedersächsischen Kreise bestellt und werden ihn voraussichtlich bald nach Berlin und Wien abfertigen. — Der Hzl. Ploenische Rat Jentzsch ist hier, vermutlich wegen der oldenburgischen Successionssache. Es sei des Herzogs von Ploen Vorhaben, mit I. M. aus Hass gegen Gottorp à part zu tractiren.

Visite bei dem spanischen Envoyé Marques de Belmonte. Man empfinde in Spanien nicht geringe Jalousie über die Anwesenheit des Bischofs von Strassburg („als der von Frankreich jährlich eine considerable Pension bekäme") am dänischen Hofe. Man glaube an ein ziemlich enges Einverständnis zwischen Dänemark und Frankreich, worüber man noch befahren müsste, dass England sich von ihnen abwendig machen möchte. Einerseits würde der Graf von Buckingham vom Könige von Frankreich ja so gar höflich tractirt, andererseits stände England mit Dänemark so gut, dass es so weit gekommen sei, die Garantie von Oldenburg und Delmenhorst an diese Krone zu versprechen. Der spanische Ambassadeur, obwol er vorgiebt, dass er nichts als Complimente abzulegen habe, erkundigt sich nach allem aufs sorgfältigste.

Herr Habbaeus wird als dänischer Resident zu Hamburg verbleiben und von da aus „hin und wieder in Deutschland verschickt" werden. Er hätte hiesige Dienste nicht angenommen, wenn er nicht von der Krone Schweden „so sehr wär degoustiret worden", und hier hat man ihn darum angenommen, weil er nicht allein der deutschen, sondern vornehmlich der schwedischen Affairen sehr kundig ist.

P. S. Der Generalfeldzeugmeister Uffeln, der die Prinzessin von Zweibrücken herbegleitet hat, ist wieder abgereist. Graf Anton[2]) brachte 16 der besten Coureurs de chasse, von denen er Ihrer M. 6 verehrt hat. Beim Könige in grosser Gnade. Wird den Winter über hier verbleiben.

d. d. 24. September 1670. Gestern ist Chevalier de Terlon angekommen. Er ist am hiesigen Hofe bekannt. Hat die Minister besucht, „denen er zum höchsten contestiret, dass der König in Frankreich nicht den allergeringsten Vorsatz habe, von der Depouille des Herzogs von Lothringen etwas für sich zu behalten, sondern sich nur blos und allein an des Herzogen Person, der wider alle Tractaten gehandelt und zu seinem Praejudiz immerdar viel Truppen entretenirete und das Herzogtum einem anderen Fürsten des Hauses Lothringen, nämlich dem Herzog Charles, der zu Wien ist, zu übergeben. Es sind sonst I. K. M. nicht allerdings wol zufrieden, dass der Ambassadeur so langsam anhero kommen: Sie hätten sich von des Königs in Frankreich Freundschaft wol eines schleunigen Compliments vermutet." 4. Oct.

---

[1]) Christian Habbaeus.

[2]) von Oldenburg.

1671.

Im Winter 1670 auf 71 berichtet Brandt von den Versuchen der lutherischen Theologen, die Königin von der reform. Kirche abzuziehen.

1671.
16. Mai. Relat. d. d. Kopenhagen 6. Mai 1671: es gebe sogar einige Minister, welche den König zu persuadiren suchten, „dass man die Königin, wofern sie nicht lutherisch würde, nicht krönen könnte". . . Ein ‚Tractat über den Punct der Erwählung und der Verwerfung' macht Aufsehen, soll sehr auf den Arianismus hinauslaufen. — Berichte über Standeserhöhungen. Rangverhältnisse. — Krönung des Königs auf den 7. Juni angesetzt.

Der Kurprinz von der Pfalz ist hier gewesen und hat alle Welt „wegen seiner grossen Tugenden und Qualitäten halber wol contentiret". Prinzessin Wilhelmine wird am 14. August abreisen. Das Beilager soll in Heidelberg sein. Die Prinzessin wird zu Hamburg von den drei braunschweigischen Herzogen empfangen und von der Herzogin von Osnabrück nach Heidelberg geleitet werden.

31. Juli. Relation d. d. Hamburg 21. Juli 1671. Mr. de Pomponne sei in London angelangt, von da nach Stockholm gereist, „wohin auch Herr Coventry aus England bald folgen werde".

12. Aug. Relation d. d. Travemünde 2. August 1671. Nobilitirung des Geheimen Raths und Oberkammersecretärs Schumacher. Ihm ist ein Gut in Norwegen Namens Griffenfeld vom Könige erblich geschenkt worden, wird sich Peter von Griffenfeld nennen. Sein Wappen. „Den Freiherrnstand hat er refüsiret." — Orden der Ritter vom Roten Kreuz betreffend. Der Orden vom Elephanten soll in Zukunft nicht so gemein gemacht, nur an fürstliche Personen vergeben werden.

„Herrn Barty Instrument ist nun mit gelinderen Saiten bezogen."

31. Aug. Relation d. d. Kopenhagen 21. August 1671. Streitigkeiten zwischen Barty und Holk, dem Commandanten v. Kronenburg. Haugwitz, kursächsischer Euvoyé in Schweden, kommt über Kopenhagen zurück und meldet, „dass Pomponne schwerlich daselbst etwas erhalten werde, dafern der Kaiser nur der Kron Schweden nicht ganz und gar aus Händen gehen und die Ratificirung der Tractaten nicht länger aufschieben wollte, weil die Kron Schweden zu dieser Zeit des Römischen Reichs Interesse Ihr vor allen Dingen angelegen sein liesse; über dem dass der Feldherr Wrangel wieder nach Stockholm gefordert wäre, welcher der französischen Party gar nicht zugethan".

8. Sept. d. d. 8. September 1671. Militärisches. Wahr ist, dass Pomponne [nach Lionnes Tode] „zum Secretario Status erwählet". Man fürchtet hier, seine Negociation in Schweden werde nun, „da er zu einer so hohen Charge erhoben ist, mehr Kraft und Nachdruck haben". Um so mehr als Rath Björenclou jetzt gestorben.

Immer noch Streit über das Streichen der Flagge.

d. d. 21. Oktober 1671. Liste der Miliz. 31. Oct.

d. d. 11. Novbr. 1671. Freiherr von Blumenthal abgereist. Terlon 21. Nov.
möchte gern erfahren, „ob Ew. Ch. D. wegen gegenwärtiger Armaturen am Rheinstrom alhier einige Propositionen thun lassen und wohin selbige angesehen sein möchten. Zwischen Kaiser., Kf., Lüneburg und Kursachsen — das wisse er — sei eine Defensivallianz geschlossen: Blumenthal sei hier gewesen, um Dänemark hineinzuziehen. Worauf Brandt stets erwidert: er wisse nichts davon, Kf. werde sich gewiss „in das Rheinische Wesen nicht mischen, es sei denn, dass sie zu Conservation Dero daherum gelegenen Landen dazu genötiget würden“.

d. d. 19. November 1671. Interessantes Urteil der Königin-Wittwe über 29. Nov.
die Ulfelds, Wittwe und Töchter des Corfiz Ulfeld. Zwei Herzoge von Württemberg sind incognito hier ankommen.

d. d. 30. November 1671. Sächsischer Abgesandter v. Haugwitz gra- 30. Nov.
tulirt zur Geburt des Erbprinzen.

d. d. 30. Novbr. 1671. „Hundert Schippundt Kupfer“ bekommt Pomponne 30. Nov.
in Schweden zum Praesent, das man auf 8000 Rthlr. aestimiret. Hier wird ein Becher für ihn gearbeitet, 2000 Ducaten wert. — Tod des Grafen Parsberg [des ersten dänischen Grafen]. Solennes Begräbnis. „I. M. sind willens gewesen, vor der Leiche herzugehen, in Betrachtung, dass er Ihr Hofmeister in fremden Landen gewesen“; man hat aber gefunden, dass eine solche Ceremonie „der Souverainetät entgegen stehe“.

„Unterdessen siehet man hier die gegenwärtige gefährliche Conjuncturen noch immer von ferne an, und kann ich nicht wahrnehmen, dass man noch zur Zeit einige serieuse Reflexion darüber mache. Die rechte Intention dieses Hofes wird aber bei Ankunft des Holländischen Ambassadeurs sich herfür thun müssen, denn der Französische Ambassadeur Terlon saget mir, dass er alsdann hoffe zu erhalten, was I. M. seinem Könige durch ihn bisher versprechen lassen. Ich halte aber, dass dieses nur des Ambassadeurs Gasconnaden sind, dass man hier vielmehr auf Holland als auf Frankreich reflectire und zu ihrer Parti inclinire, auf den Fall man die Neutralität endlich müsste fahren lassen, weil man durch Hülfe der Holländer in der Baltischen See auch anderswo mehr Avantage durch die Seefahrt zu erhalten verhoffet.“

Sensenhandel. — Streit zwischen Güldenleu und Griffenfeld.

d. d. 9. Dzbr. 1671. Pomponne, der vier Tage hier gewesen, ist vor- 19. Dec.
gestern abgereist. Geschenk, entgegen der Menage und jetzigen Kargheit des Hofes.

Project, dass die englischen Orloghschiffe nicht im Sunde streichen dürfen.

d. d. 29. Dzmbr. 1671. Wie Petkum, der dänische Gesandte in Stockholm 29. Dec.
berichtet, ist Pomponnes Mission in Schweden nicht fruchtlos gewesen. Er hat

hier kein gut Schwedisch Gesicht mit gebracht; er hat aber „mit Fleiss keine gute Miene gemacht, um dadurch die Jalousie zu verhüten und ein desto ansehnlicher Praesent zu bekommen, worin er auch seinen Zweck erreicht hat".

Generalmajor von Ahlefeld totkrank. Aus Chagrin. Fürsprache durch die beiden Königinnen. Wird zum Generallieutenant ernannt.

27. Dec. d. d. 27. Dzmbr. 1671. Geschichte einer Rangstreitigkeit zwischen Brandt und dem holländischen Gesandten.

Nachdem die Flaggenaffaire beigelegt, ist zwischen England und Dänemark jetzt gross Vertrauen. Aus England soll der Herzog v. Richmond kommen. Dann wird die Auswechselung der Ratificationen des Tractats zwischen England und hiesiger Krone geschehen.

1672.

1672. 16. Jan. d. d. Kphg. 6. Januar 1672. Kf. hat für Herzog Ernst Günther intercedirt („Statthalterschaft über die Insel Alsen" a. Rand). Kg. bedauert, dass die Intercession nicht einen Monat eher gekommen, da bereits der Amtmann von Sonderburg, von Reventlow, in seiner Charge confirmirt worden, und die Oberinspection über die Insel dem Grafen Alefeld übertragen ist. Hoffentlich wird Kf. noch einige Satisfaction erhalten.

Mit dem Statthalter Güldenleu wegen des Märkischen Sensenhandels.

Schwedischer Gesandter Graf Oxenstierna wird erwartet. Betrifft dic Gratulation zur Geburt des Erbprinzen hierort.

„Welche Parti bei den Conjuncturen zu wählen." Wappen der drei Kronen. — Generallieutenant Friedrich von Ahlefeld starb am 5. An seiner Statt Obrist Neels Rosencranz Gouverneur der königlichen Residenz und Commandeur des Leibregiments.

Der hiesige Hof sehr gut engliseh. Der bisherige Gesandte nimmt seinen Abschied. Duke of Richmond in weniger Zeit erwartet. [Brandt wünscht 50 Rthlr. Zulage monatlich.]

P. S. Rangstreitigkeiten zwischen der Frau des Obermarschalls Winterfeldt und der des holländischen Residenten.

23. Jan. d. d. Kphgn. 13. Januar 1672. Abschiedsaudienz des englischen Residenten Barty. Ceremoniell. Oberkammerherr Güldenleu. Obermarschall Winterfeldt.

26. Jan. d. d. Kphgn. 16. Januar 1672. Gespräch mit Griffenfeld. Spricht schon von dem Wunsche des Königs, eine Allianz zwischen Dänemark, Kurbrandenburg und den Lüneburgischen Häusern im Gange zu sehen, „sonderlich da man sehr zu befürchten hätte, dass die zwischen den Senatoren Französisch gesinnte Party überhand nehmen und wol ehestens selbige Kron sich auf die Französische Seite schlagen dürfte". „Künftigen Sommer Uebergang einiger Völker nach Pommern" sei Greiffenfeld berichtet — — „welche Zeitung diesen Hof

sehr allarmiret und Anlass giebt, von der Kron Frankreich nicht geringe Ombrage zu nehmen, weil man festiglich in der Meinung ist, Schweden sei nicht capabel ohne auswärtige Hilfe 4000 M. auf dem deutschen Boden zu halten". Reichskanzler Retz sagte gestern: „er hoffete, es würde zwischen Ew. Ch. D., dem Könige von Dänemark und den Herren Staaten General eine so feste Ligue werden, dass man sich für die Französische Negociationen in Schweden und anderen Höfen nicht weiter würde zu fürchten haben".

Der holländische Resident kündigt die Ankunft des van Werkendam an. Hat dabei dem König gesagt: „dass der Prince de Condé mit einer mächtigen Armee in Westphalen gehen würde, dem aber I. M. keinen Glauben beimessen wollen".

Schreibereien, den Rang zwischen dem brandenburgischen und dem holländischen Gesandten betreffend. Brandt macht plausibel, dass Attestate sich in dieser Sache nicht beibringen liessen; sie ist bereits an allen Höfen bekannt, und zwar eben in der Thatsache, dass der holländische Resident „cedirt" hat. In Schweden sagt man bereits (Ausschnitt aus dem Briefe von Chr. von Brandt an Friedrich v. Brandt): „ich [Brandt] hätte ihm vor dem Altar, weil sie nicht eigentlich den Ort gewusst, wo es geschehen, eine Ohrfeige gegeben".

d. d. 3. Februar 1672. Oxenstierna hier. Die schwedische Mediation 13. Febr.
betreffend die Angelegenheit Oldenburg und Delmenhorst, kommt zu spät, da ja der König und der Herzog von Gottorp bereits verglichen. Diese Mediation lässt aber darauf schliessen, dass sich der Herzog vorher an andere Potentaten gewandt hat, und das erweckt hier wiederum Jalousie gegen den Herzog.

„Es wird auch der Schwedische Abgesandte sonst gar kaltsinnig tractiret, wozu der Herzog von Ploen Johann Adolf nicht wenig Ursache gegeben, durch den man hiesiger Seiten an dem Kaiserlichen Hofe in der Oldenburgischen Sache sehr viel erhalten hat, und hat gedachter Herzog sich dergestalt alhier insinuiret, dass man für gewiss saget, I. M. werden ihn zu Dero Generalfeldmarschall machen."

Hier grosse Neigung zu einem Anschluss an Kurbrandenburg und Lüneburg, „damit man aller fremden Macht widerstehen oder zum wenigsten die Neutralität mainteniren könne", „und weil man sehr auf Stabilirung der Ceremonien siehet, wird man wol solche Conditiones mit England eingehen, damit man sich zur See nicht zu fürchten habe. Sonsten hält man dafür, dass Schweden sich so leicht nicht erklären werde, sondern dass sie bei gegenwärtigen Tractaten ebenfalls suchen werden, in den Commercien zu profitiren". Allgemeine Verwunderung, dass Werkendam noch nicht angekommen.

Prinz Georg wird mit zwei Obersten nach dem französischen Kriegsschauplatz gehen. Vielleicht auch nach Holland.

d. d. 10. Februar 1672. In Sachen Oldenburg — sagt Griffenfeld — 20. Febr.
verliesse sich S. M. auf des Herzogs Parole.

„Weiln der hier gewesene Englische Envoyé Barty vor seiner Abreise Ihre Majestät ersuchet, Sie möchten dem Generalmajor Holken Befehl erteilen, sich von Kronenburg weg auf sein neues Gouvernement zu Nienburg in Fünen vor Ankunft des Grafen Richmond begeben, als ist selbiger nach erhaltener solcher Ordre vor einigen Tagen hierher kommen und wird ehestes nacher Fünen gehen. Man suchet England auf alle Weise zu caressiren, damit man bei bevorstehendem Kriege zur See sub Clypeo Anglico die Commercien desto sicherer und besser treiben könne, dahero gar zu befürchten stehet, man werde von denen vorigen Maximen abgehen und den Herrn Staaten nicht mehr so sehr als bei des gottsel. Königs Lebezeiten geschehen faovorisiren, wiewol man billig auf Holland diese grosse Reflexion zu machen, weil die holländische Kaufleute die meiste Waaren als Korn, Ochsen, Wolle und dergleichen von hier abholen und das meiste Geld ins Königreich bringen, welches bei Niederliegung ihrer Commercien cessiren uud grossenteils in Abnehmen kommen würde.“

27. Febr. d. d. 17. Februar 1672. Wegen Treibeises im Belt sind schon drei Posten ausgeblieben. Man ist ohne Nachricht vom Rheinstrom. Vor allem möchte man wissen, wie sich Kf. gegenüber Holland zu verhalten gedenke. Die holländische Ambassade bleibt noch immer aus. Der Französische hat das Prae gleichsam hier alleine und erfüllt den Hof mit „den Generalstaaten nachtheiligen Impressionen“. — — „Es ist zwar wahr, dass Ew. Ch. D. an dem Könige in Dänemark einen aufrichtigen Freund haben, dass auch der König nach Ew. Ch. D. Conduite gerne seine Mesures nehmen wird. Da aber Ew. Ch. D. die Holländische Partei nehmen und den König mit darin zu engagiren suchen wollten, würde den Holländern ihre izige Conduite gegen I. M. und die gute Intelligenz zwischen England und hiesigem Hofe, ja auch die Furcht, so man hier für England haben muss, sehr schaden und den König merklich hindern, den Herrn Staaten eine considerable Assistenz zu thun, wiewol ich doch nicht zweifle, es werden I. M. die Mesures, so Sie vigore der Quadruplen Allianz zu leisten verobligiret sind, ihnen nicht refüsiren. Denn ob man schon gerne sehe, dass die Holländer ein wenig demütiger gemachet würden, so ist es doch Dänemarks Interesse nicht, dass selbiger Staat gar zu sehr niedergedrücket werde, weil der dänische Landmann seine meiste Waaren an holländische Kaufleute verkaufet und von ihnen lebet.“

5. März. d. d. 24. Februar 1672. Ein Spanischer Envoyé Conde Horn (Bassigny) ist sehr ceremoniell, mit 3 Kutschen empfangen worden. — Wieder Rangfrage zwischen dem Brandenburger und dem Holländer bezüglich des Gottesdienstes. „Auf der Königin Befehl giebt mir der Laquay ehe als dem Holländer das Almosenbecken.“

„Der König gehet täglich masquiret in die Comoedie. Vor acht Tagen war er in der Tragoedie von dem enthaupteten König in England Carl Stuart, da er sich mitten im Acte demasquirete, welches vorher nicht geschehen, und bis zu Ende derselben bliebe; darüber der Resident aus England nicht wol judiciret.“

Geschenk an den Spanischen Envoye. ‚Contrefait mit Diamanten besetzet, auf 2000 Rthlr. Wert.‘

Von der Reise des Prinzen Georg ists wieder ganz still, welches daher kommt, „weil man hier in der Opinion ist, Frankreich werde sobald noch nicht losbrechen, indem ihnen ihre Negociationen hin und wieder nicht nach Wunsch gehen, vornehmlich aber weil die Heirat des Herzogs von York mit der Erzherzogin von Innsbruck dazwischen kommen, welche ihnen ihre Concepten in England noch mehr verrücken dürfte, wie denn der hiesige Französische Ambassadeur desfalls nicht in guter Hümeur war, ob er schon bisher mit der Französischen Macht dergestalt geprahlet, als ganz Europa seinem Könige nicht Widerstand thun könnte, indem er expresse saget, dass derjenige, so Holland assistiret, Frankreich zum ewigen Feinde haben und sich ruiniren werde. Bis dato hat er hier nichts hauptsächliches sondern nur Bagatellen tractiret, er präpariret sich aber gegen die Ankunft des Herren Werkendam.“

d. d. 5. März 1672. Audienz des Spaniers Graf Horn. Der Engländer Paul Mandelsloh, gewesener hannoverischer Envoyé in Schweden, hier durchreisend. Sicher hat die verwittwete Königin (auf Bitten des Königs) mit ihm geredet. „Man sehe hier nicht gerne, dass der Herzog sich französisch erklärete.“ Nach M.'s Bericht habe Pomponne nur ein blosses Project, (aus Schweden) mitgebracht, mitgenommen, und müsste Mr. Courtin nicht weniger als H. van Haren sich bequemen „Conferenzen mit seinen ihm zugeordneten Commissariis zu halten und die Reichsräthe, worunter viele gut holländisch, zu caressiren“. So hat auch Haugwitz geschrieben, der gewiss gute Nachrichten hat, „da er mit dem Feldherren Wrangel gar nahe beschwägert ist“. 15. März.

„Es haben I. M. allen Dero jungen von Adel, so bei Ihro in Kriegsdiensten sind, vergönnet hinauszureisen, damit sie bei herannahendem Kriege etwas lernen und sich zu Dero Diensten desto capabler machen mögen, und haben sie noch diese Gnade dabei, dass ob sie schon abwesend, sie dennoch ihre Gage unverschmälert bekommen. Dieses aber gehet nur auf diejenige, welche noch rohe und vor diesem in keinen Kriegsexpeditionen von Importanz, und dabei was zu lernen, gewesen; und haben I. M. Sich expresse verlauten lassen, dass Sie hin füro keinen Dero Edelleuten avanciren würden, es sei denn, dass sie sich entweder durch Studia oder durch Kriegserfahrung capabel gemacht hätten. Es finden sich schon sehr viele, welche ehestens fortgehen werden.“ Güldenleu räth ihnen, die holländische Dienste zu suchen, mit dem Praetext, als wann bei selbigen mehr zu erlernen, welches zwar in der That also ist; Güldenleu aber hat sich wol verlauten lassen, dass es I. M. Wille sei.

Oxenstierna. Ob es sich um die schwedische Heirat handelt, von der man hier sehr viel spricht? ‚quaecumque volumus libenter quaeque sentimus, ipsi alios sentire speramus.‘ Bei der Königin Wittwe hat er gar keine Audienz gehabt.

Der Tractat von 1669 zwischen England und Dänemark ist ausgewechselt. Geht vornehmlich auf die Commercien.

P. S. Insolentien des von Lindenau, Schwagers des v. Wedell. Die Wedell haben einen Hass auf Brandt.

22. März. d. d. 12. März. Man ist sehr erfreut über Blumenthals zu erwartendes Kommen. Spricht schon von einer Defensiv- und Offensivallianz des Kf. mit den Generalstaaten. Gilt für gewiss mit allen Circumstantien. Der König wird sich dem Kurfürsten in allem conformiren. In Wahrheit ist man hier gar nicht so gut französisch. Zum wenigsten wird man Holland ratione et vigore der Quadrupelallianz Assistenz leisten, ungeachtet dessen, dass der König in Frankreich es von demjenigen für die höchste Offense aufnehmen will, der Holland gegen ihn assistiren wird.

Militärische Nachrichten.

26. März. d. d. 16. März 1672. Gespräch mit dem Ceremonienmeister Speckhahn. Der König will ein Reglement, betreffend den Empfang der fremden Gesandten, erlassen, jedoch soll es nicht vor des Freiherrn von Blumenthal Ankunft vollzogen werden. Dem soll noch, „da er so hohe Chargen bedienet", die gleiche Reception widerfahren wie damals, als er mit der Landgräfin von Hessen hier gewesen. Br. spricht die Auffassung aus, „dass man Kf. billig ebenso als die Könige tractire".

Generalkriegscommissarius Powisch und der hiesige Commandant Obrist Rosencranz nach Cronenburg, um daselbst die Festung vom Generalmajor Holk an den Obristlieutenant Osten zu überliefern. Dass dies Employ ein Deutscher bekommen, giebt nicht geringe Jalousie, „sonderlich weil auch sonsten die Deutsche den Dänen in denen Kriegschargen vielfältig vorgezogen werden".

29. März. d. d. 19. März 1672. Der König wird nach Holstein gehen. Absichten des Königs auf Hamburg. Vielleicht handelt es sich um die Huldigung Hamburgs, „dass sie mit in die Holsteinische Landcasse contribuire und auch auf den Landtagen per deputatos allemal erschiene". Das wollen aber viele der in Holstein und Jütland Begüterten gar nicht, „indem sie ihre in Holstein und Jütland gelegenen Güter nicht die Hälfte so hoch nutzen würden, wenn in Hamburg der Credit gefallen, als anitzo, da es durch die Freiheit floriret und die Kaufleute Geld haben". — In Wien ist die Entscheidung der streitigen Grafschaften (Oldenburg und Delmenhorst), wie es heisst, für Ploen ausgeschlagen. „I. M. wollen mit dem Herzog von Plön ferner accordiren und mit Gottorf ratione ged. Grafschaften nicht mehr in communione leben, in dem I. M. das Ihrige liquido iure, der Herzog aber das seinige nur illiquido iure besitzet. Dieses ist eine grosse Ursach mit, warum I. M. einige Völker daherum zusammenziehen lasse, und saget man auch, Generalmajor Rüss werde Ordre bekommen, Delmenhorst in bessere Fortification zu bringen, bis man die Stadt Oldenburg auch in behörige Defension setzen könne, um eine desto nähere Communication mit Holland zu haben."

Oxenstiern hatte vor vier Tagen Abschiedsaudienz. „Portrait mit Diamanten versetzet auf 3000 Thlr. Werth.“

Die Generalstaaten schulden an Dänemark noch 100 000 Thlr. Subsidien. In Folge dessen hat der dänische Minister im Haag zwei „scharfe Memorialien eingegeben“. (Arbitrage-Sache, betreffend eine Million Goldes, und Rest der Subsidien.) — — —

Die Erlaubnis des Königs ist dahin geändert, dass von den Edelleuten („den holländischen und französischen Krieg zu sehen“) nur diejenigen hinausgehen, welche nicht in wirklichen Diensten stehen.

d. d. 26. März 1672. Die Reise beider Majestäten ist auf den 10. April 5. April.
angesetzt. Mit dem Könige nur Güldenleu, Griffenfeld, zwei Kammerherren, ein Kammerjunker; mit der Königin die Hofmeisterin und zwei Jungfern. — In Holstein wird es sich nur um Generalrevue handeln.

Der König wird in Holstein viel herumreisen — deswegen wäre Blumenthals Anwesenheit vorher hier gut — die meiste Zeit wol in Rendsburg sein und dort dem Landtage assistiren. „Man meinet, I. M. werden suchen, den Holsteinischen Adel besser anzustrengen als bisher geschehen, indem die Onera Regiminis noch einmal so viel erfordern, als Ihre Maj. in die Handcasse bekommen; dahero alle Umschläge zum Kiel jährlich viel tausend Thaler von hieraus erfordern.“

Die vertrauliche Vereinigung der beiden Kurfürsten in Potsdam[1]) hat hier sehr erfreut.

P. S. Die jütischen Völker werden sich (ebenfalls zur Revue) bei Kolding versammeln. Der Statthalter Graf Alefeld wird vorangehen, um für I. M. Kommen alles in Bereitschaft zu halten. — Der französische Gesandte möchte gar zu gern wissen, was Blumenthal hier zu negotiiren habe. Er meint dabei: „es wäre nicht nöthig, dass die Chur- und Fürsten des Reichs ihre Sicherheit so sehr suchten, weil sein König blos und allein Holland attaquiren würde“.

Lindenau auf ein Jahr von Hof und Residenz verbannt. „Dem Könige ist es lieb, solche Gelegenheit zu haben, dem Adel seine Macht zu weisen.“

d. d. 2. April 1672. Der König wird vom 10. April bis zum 8. oder 12. April.
9. Mai fort sein. Der Feldherr, Graf Schack, wird nicht folgen. Er hat vielmehr Ordre bekommen, bei Abwesenheit Ihrer Maj. hier in der Residenz als Lieutenant du Roy zu verbleiben und unterdessen im Namen I. M. alles zu administriren; auch sollen sich die fremden Minister, welche hier sind und unterdessen kommen dürften, an ihn adressiren, das, wie man dafür hält, meistentheils darum geschehe, damit man unterdessen der verwittweten Königin das Regiment nicht lassen dürfte, welche sehr danach soll gestrebet haben; der König aber und die Minister, die ihre Begierde zu regieren kennen, „haben es für besser erachtet, Ihr in Regimentssachen nichts zu verstatten als Ihr

---

[1]) Vgl. UA. XIII, 175 fgg.

selbige hernachmals mit Widerwillen aus Handen zu reissen; nam turpius eicitur quam non admittitur hospes". — Dem französischen Ambassadeur ist, wie den übrigen, abgeschlagen mitzureisen. I. M. wollten gern ohne Embarras reisen.

Wenn ein kurbrandenburgischer Gesandter nicht bald kommt, wird das Reglement vollzogen werden. Speckhahn bleibt hier, der fremden Gesandten wegen.

„Sonsten scheinet es fast, als wenn man nun an diesem Hofe gleichsam zwischen Thür und Angel wäre, denn die schleunige Declaration des Kriegs der Engländer gegen Holland hat ihnen die Karte ziemlich verrücket; denn ich merke wol so viel, dass man Holland gern assistiren, England aber auch nicht desobligiren wollte. Jedennoch aber ist kein Zweifel, dass der König vor Ew. Ch. D. und die Herzoge von Lüneburg alles was möglich ist thun werde." Wenn der Englische und Holländische Ambassadeur hier sein werden, wird man sich doch endlich auf eine Party schlagen müssen." Der englische Resident (Paul) soll bereits begehrt haben, den holländischen Schiffen nicht die Nordischen Häfen zu verstatten.

19. April. d. d. 9. April 1672.

Der König hat die hiesige Garnison gemustert, ist „in einem langen ledernen Collet, eine Stutzfeder auf dem Hut habend vor die Stadt zu dieser Revue geritten". Morgen Revue des Seeländischen Regiments zu Pferde, welches bei Roeskilde steht.

Zusammenkunft mit dem Hzg. von Gottorp geplant. — Terlon will von den Abmachungen zwischen Kf. und den Generalstaaten das Genaueste wissen.

Rangeifersucht zwischen den dänischen Freiherrn, den ernannten, und den holsteinischen Landräthen. — Auf des Königs Begehren hat der König in Frankreich versprochen, alle dänische Kriegs- und Kauffahrteischiffe frei und ungehindert überall passiren zu lassen. Man hofft von England und Frankreich dergleichen zu erhalten.

6. Mai. d. d. 26. April 1672. Auf den 3. Mai wird der König zurückerwartet.

Werkendam seit einigen Tagen hier. Duc do Richmond ist am 9. aus der Themse abgesegelt, ohne angekommen zu sein. Der Feldherr meint, er sei verunglückt. — Gelder. Schiffe.

17. Mai. d. d. 7. Mai 1672. Werkendam in Privataudienz beim Könige. Bringt den Wechselbrief auf 100000 Thlr. mit. Arbitragesache. (Bezieht sich auf ein früheres Arbitrium des Königs.) Die holländischen Subsidien, meint Brandt, reichen für den König hin, „Sich in der See in solche Postüre zu setzen, dass Sie nichts zu fürchten haben". — Der Englische ist mit seiner Resolution nicht zufrieden. Das von ihm eingereichte Memorial (Forderung des Verbots für die holländischen Schiffe) ist „auf englische Manier an ihm selber sehr bizarr und in hautainen terminis eingerichtet gewesen."

1673.

d. d. Kopenhagen 2. Januar 1673. Der Staatische Gesandte van Werkendam, der zwar alle Tage zu Hofe geht und die Minister fleissig besucht, ist mit des Königs „positiver Resolution" „bis nach den Feiertagen vertröstet. Güldenleus Rückkunft werde erst abgewartet. Daraus scheint hervorzugehen, dass man den Eintritt in das holländische Bündnis von der Beilegung der Gottorpischen Sache abhängig macht. 1673. 12. Jan.

Energische Erklärung des Herzogs von Lüneburg-Celle zu gunsten Hollands, laut Aussage des Cellischen Gesandten; worauf Griffenfeld baldigst Resolution verheisst. „Sonsten verspüre ich wol, dass man hier das grösseste Absehen auf den Success der holländischen und ihrer Alliirten Waffen mache. Die vergebliche und übel ausgeschlagene Entreprise auf Charleroi hatte sie ganz kleinmüthig gemachet. Die Eroberung der Vestung Coevorden hat ihnen wieder Muth gemacht; weil aber die Franzosen bei Bodegrave eingefallen und man noch nicht weiss, wie es da abgelaufen, dürfte man den holländischen Ambassadeur wol warten lassen, bis die Gewissheit davon angelanget." „Unterdessen drauet ged. Ambassadeur immer mit einem Separatfrieden mit Frankreich, den man hier doch suchen wird zu verhüten."

d. d. 20. Januar 1673. Obrist von Krosigk ist nach gethaner Verrichtung vor vier Tagen bei favorablem Wetter nach Stockholm abgereist[1]). — Inzwischen fand mit Werkendam eine, jedoch ergebnislose Conferenz über das „Foedus offensivum und defensivum zu Wasser und zu Lande" statt, zu welcher auch drei Admiräle hinzugezogen wurden: Reichsadmiral Bielcke, Generaladmiral Adler und Admiral Juel. Der Gesandte brachte eine Proposition ein, welche der Resolution der Generalstaaten vom 16. Dezember 1672 entsprach. 30. Jan.

Bedenken gegen die Gesinnung der Generalstaaten; man scheine dort nicht gern „den Tractat zu Lande à part von dem Tractat zur See machen zu wollen"; die Subsidien zur Flotte werde man baar zahlen, wenn sich nur die dänische Landarmee wirklich in Bewegung setze; „waraus man hiesiger Seiten schliessen will, dass Holland nur suche, diese Kron zu engagiren und hernachmals den Tractat zu Wasser stecken zu lassen. . . . . . In Holland hingegen scheinet es, dass sie in der Opinion sind, die dänische Flotte könne ihnen keinen grossen Nutzen schaffen, und dass man hier auch nur taliter qualiter equipiren und das Geld in den Beutel stecken würde".

Der schwedische Reichskanzler soll sich, wie GRath. Müller sagt, sehr beim Könige insinuiren. Wrangel sehr krank. — Wegen des verstorbenen jüngsten Prinzen „Cammertrauer auf 6 Wochen".

d. d. 29. Januar 1673. Den holländischen Tractat betreffend, so will man hier doch trotz königlicher Parole, „dass die Arbitrage-Sache auf eine bestimmte Zeit ausgesetzt sei", dieser halben einen besonderen Artikel machen, des Inhalts, „dass der Staat bereits $\frac{m}{300}$ Gulden holländisch darauf geboten 8. Febr.

---

[1]) Unten Abschnitt: Brandenburg und Schweden.

habe, wogegen sich aber der Herr von Werkendam hautement gesperret und gesaget, dass er seine früheren Briefe nicht wieder desavouiren oder revociren könne". Jedenfalls macht man neue Difficultäten und passt nur auf das Geld, „damit man zugleich mit Schliessung des Tractats die Hände im Gelde haben möge". Der Feldherr Schack trägt hierzu durch seine Vorstellung, „dass es unmöglich sei, ohne Geld von Holland die Armee nach Westfalen zu führen", sehr viel bei. — Meinungsverschiedenheiten über den Beitrag der zu leistenden Streitkräfte.

van Haren, der bisherige Gesandte der Generalstaaten in Schweden, hat aus Stockholm beruhigende Nachrichten über die Haltung Schwedens gebracht. Er wird auch zum Könige gehen und „alle Persuasiones anwenden, um dem hiesigen Hofe die überaus grosse Furcht für Schweden zu benehmen oder ihnen aufs wenigste zu verstehen zu geben, dass man sich hier keines plötzlichen Ueberfalls von den Schweden zu befahren habe".

Die folgenden Relationen drehen sich im wesentlichen um den dänisch-holländischen Tractat. Ohne Belang. Man denkt aber nur daran, „viel Geld zu kriegen und mit dem Staat aufs genaueste zu marchandiren". In ihren Forderungen berufen sie sich auf Kf.: „die Staaten hätten Ew. Ch. D. 40 000 Rthlr. zu der Artillerie gegeben, welche ihnen gleichfalls werden müssten". Holland kommt jedoch vors erste „mit baarem Gelde nicht hervor".

7. März. d. d. 25. Februar 1673. Der dänische Obristlieutenant zu Pferde Herr Peter Juel ist von der kurfürstlichen Armee zurückgekehrt und hat dem Könige versichert, „dass die Kaiserliche Völker nebst Ew. Ch. D. Armee nicht allein in Bataille gestanden sondern auch grossen Eifer, gegen die Franzosen zn fechten, bezeuget hätten". Juel hat, namentlich über den Kfn., glänzend berichtet, sodass der König selbst Lust bekommt, „den französischen Truppen gleichwie Ew. Ch. D. entgegenzugehen und ihre unersättliche Ambition brechen zu helfen".

17. März. d. d. 7./17. März 1673. Gute Hoffnung Werkendams auf Schluss des Tractats. Freilich stimmt sie schlecht zu dem Briefe des Rathspensionarius Fagel, „worinnen er par advance meldet, dass es dem Staat unmöglich wäre, mit dem baaren Gelde herfürzukommen, und dass diese Kron sich würde mit Obligationen gegen 15 pro cento contentiren lassen. Davon man hier im geringsten nicht hören will. Insonderheit ist der Feldherr, als der die Armee führen soll, sehr dagegen und saget, dass allezeit baar Geld bei der Armee sein müsste, um den Proviant von weitem zuzuführen, weil die Länder der Gegend schon sehr ruinirt seien. Zum anderen so hat man auch den Argwohn, als wenn der Prinz von Oranien mit Frankreich und England in Verständnis sei." Dies hat namentlich auf den Kaiser grossen Eindruck gemacht, und möchte den Vertrag wieder auf die lange Bank schieben . . . „insonderheit aber dieses, wenn die Kaiserlichen Truppen wieder nach den Erblanden gehen sollten".

27. März. d. d. 17. März 1673. Beaumont, Secretarius von Holland und Friesland, hier. Bringt die dänischen Postulata mit. Die Staatische Resolution abzuwarten. Durch Werkendam und Beaumont, meint Brandt, wird man sie schwer-

lich erfahren, „weil sie ziemlich kaltsinnnig gemachet worden durch einen Brief, so ihnen der H. von Amerongen zugeschrieben, worinnen er, wie ich abnehmen kann, meldet, als wenn Ew. Ch. D. zu einem separaten Frieden mit Frankreich inclinireten".

d. d. 24. März 1673. In seiner Audienz hat Beaumont „die gegenwärtige Einigkeit des Staats hoch herausgestrichen". Er hat jedoch „nichts von baarem Gelde gesprochen, sondern verbleibt auf dem alten Ton der Obligationen". Worin man auf dänischer Seite die Verzögerung zu entdecken glaubt . . . „Was die grösste Remora des Tractats ist, hält man hier festiglich dafür, dass die Kaufleute in Holland ihre meiste Baarschaften und beste Sachen schon anderswohin salviret haben und, da noch was übrig, dass die itzige Regenten es nicht so wol herauszubringen wissen als der Rathpensionarius de Witt, welcher allemal Mittel gefunden, grosse Summen Geldes herbeizuschaffen." 3. April.

Der Moskowitische Abgesandte „machet sich hier lustig und dringet auf seine Abfertigung mit geringem Eifer".

d. d. 1./11. April 1673. Staatische Resolution auf die dänischen Postulata. Jedoch ist der Schluss der Tractaten noch keineswegs nahe. Heute ist der Obrist Arensdorf, dessen Bruder in schwedischen Diensten ist, zum Generalmajor zu Pferde von Ihrer Maj. gemacht worden. Sonsten giebt ihm [Brandt] Güldenleu zu verstehen, dass man hier nicht gar wol mit Holland zufrieden ist. 11. April.

d. d. 7. April 1673. Gerücht von der Heirat des Königs von Schweden mit der Schwester des Königs Christian V. 17. April.

d. d. 15. April 1673. Resolution an den Moscowitischen Gesandten. 25. April.

Des Herrn Statthalter Gabel ältester Sohn, der vor diesem zu Paris königlicher Envoyé gewesen, ist mit dem Moscowitischen Abgesandten nach Holland gereiset, unter dem Vorwand, dass er allda in seinen Particuliersachen zu thun habe. Es ist aber die Ursache seiner Reise diese, dass er vor angehenden Friedenstractaten sich in Holland aufhalten und, nachdem er eins und anders sondiret, sich als Plenipotentiarius nach Aix-la-Chapelle begeben solle. „Denn man hat nunmehr hier die Resolution gefasset, dafern selbige keine raisonnable Conditiones sollten acceptiren wollen, eben so wol als Schweden mit Vigueur und Nachdruck dazu zu bewegen." Zu diesem Zweck will man mit Holland ähnlich abschliessen, „wie es Schweden mit Frankreich gethan." Baron Juel wird diese Resolution eilend nach Stockholm bringen. Von dieser Sendung verspricht man sich in Holland eine gute Wirkung: Schweden werde diese Notification „sehr wol nehmen, und Dänemark auf solche Weise sich von ihrer [Schwedens] Seiten nichts zu befürchten haben. Auch stehen die Holländische und hiesige Ministri in der Opinion, dass Spanien viel ehr zur Ruptur kommen werde, wenn sie die Zeitung dort haben möchten, dass beide Nordische Kronen einen Vorsatz und Intention hätten, dem Französischen Agrandissemet das Ziel zu setzen" . . . . .

Arensdorf ist heute von Stockholm angekommen. Es wird ihm die Generallieutenantscharge conferirt werden.

22. April. d. d. 22. April 1673. Der französische Ambassadeur hat heute I. M. versichert, dass der Tractat zwischen seinem Könige und Ew. Ch. D. schon geschlossen, „welches den hiesigen Hof sehr entstellet, weil man sich seit vierzehn Tagen her eingebildet, dass Ew. Ch. D. von Holland die restirende Subsidien bekommen und vor selbige Republique den Krieg continuiren würden. . . . . .

Obrist Lehndorf hat die freie Passage von Travemüde nach Blankenese für sein Regiment, das er nach Holland führt, vom Könige erhalten.

20. Mai. d. d. 10. Mai 1673. Auf das Rescript vom 1. Mai betreffend die Correspondenz mit Geheimrath Meinders[1]).

Der Tractat mit den Generalstaaten ist, wie wenigstens die holländischen Abgesandten und der cellische Resident versichern, geschlossen, wogegen die dänischen Minister es secret halten. Güldenleu ist beordert, schleunigst nach Norwegen zu gehen, „um aldort die behörige Anstalt zu Defension selbigen Reichs und Ausschiffung einiger Völker nacher Jütland anzustellen.“ Heute werden die Commissarien wol unterzeichnen, wenn nicht die Nachricht von Meinders Abschickung nach Frankreich diesen Vorsatz etwa geändert hätte. Den beabsichtigten Vergleich mit Frankreich „doliret man hier gar sehr, weil der König sich auf Niemand mehr als zu Ew. Ch. D. verlassen“. Man sähe hier nichts lieber, als dass Ew. Ch. D. nicht zu geschwinde zu dem Tractat mit Frankreich schreiten möchte, da man sich auch in diesem Punkte zu Schweden alles Guten versiehet —, „sonderlich weil die hiesige Englische und Französische Ministri sehr allarmiret sein, dass Schweden von den Staaten-General so vollkommen Satisfaction auf ihre Petita bekommen und noch viel mehr, dass selbige Kron eine so mächtige Armee auf den deutschen Boden führet, welches ihnen den Argwohn giebt, als wenn Schweden sich zum arbitro pacis machen und die limites mediatoris überschreiten wolle“.

17. Mai. d. d. 17. Mai 1673. Beaumont ist vor drei Tagen in aller Eile um Mitternacht abgereist und wird im Haag bei den Generalstaaten die Ratification eifrigst zu befördern suchen. Zweifelhafter bleibt, ob der König ratificiren werde, weil man diesen Tractat grösstentheils aus Reflexion auf Ew. Ch. D gemacht. Griffenfeld teilt mit, „dass in Consideration Ewrer Ch. D. I. M. Sich gefallen liessen, die Kron Schweden in die Braunschweigische Allianz zu invitiren, ob Sie schon bis dato Bedenken dabei getragen, in Erwägung, dass durch die Vielheit der Alliirten und Diversität der Interessen solches nur inutil werden dürfte.“

27. Mai. d. d. 27. Mai 1673. Perplexität über des Kfn. Vergleich mit Frankreich. Dem Könige sind des Kfn. Motive zwar nicht unbekannt. „Es hätten I. M. aber wol wünschen mögen, dass dieses Werk hätte können bis zum Ende der Generalfriedenstractaten verschoben werden, weil die Parti von Ew. Ch. D. den Staaten bei solchen Traetaten sehr avantageux und zu guten und raisonnablen Conditionen sehr beforderlich würde gewesen sein, da hingegen rebus sic stantibus Frankreich den Bogen höher spannen dürfte und, da schon solches nicht geschehe, und Holland gute Conditionen erhielte, dass alsdann die Schweden

[1]) UA. XIII, 498 fgg.

die Ehre allein davon tragen würden, dem Staat einen guten Frieden zu Wege gebracht zu haben, wie dann ohnedem zu befürchten, dass Schweden nunmehro, sonderlich da Ew. Ch. D. Sich aus den Waffen begeben sollten, sehr hoch sprechen und die Stadt Bremen zu emportiren suchen würde, welches um so viel desto mehr zu glauben, weil man wol wüsste, was vor grosse Praeparatoria man in Schweden zu einer importanten Belagerung mache, in dem man so viel grob Geschütz, Feuermörser und andere dazu erforderte Materialien und Instrumenten aus Schweden herausschiffen liesse."

Besuch des Pfalzgrafen von Sulzbach, der bei Griffenfeld logirt. — 11. Juni Rendezvous der Miliz vor Kopenhagen.

d. d. 30. Juni 1673. „Es hatte die holländische Flotte zur See hier solchen Mut gemacht und die gewisse Hoffnung, dass die Stadt Maestricht der Französischen Armee zum wenigsten auf zwei Monat lang genug zu schaffen machen würde, hatte sie hier soweit gebracht, dass I. K. M. bereits alle Ordres an die Officiere wegen des Marsches nacher dem Rendezvous in Holstein hatten verfertigen lassen, und dass man mit dem Fürstlich Cellischen Abgesandten auch schon eine Conferenz wegen Conjungirung der Waffen gehalten, welche wegen anderer Nebenpuncten in die sechs Stunden lang gewähret. Da aber die gestrige Post die eingelaufene Zeitungen und Relationes mitbrachten, dass der König in Frankreich Maestricht in dreizehn Tagen weggenommen und recta auf Breda zu gehen wollte, und man darüber, weil man wol siehet, dass Holland nicht capabel ist, den Krieg in die Länge dergestalt auszuführen, sehr perplex gemacht worden: als spüre ich wol, ob man schon die Ratification des holländischen Tractats von dieser Seiten schon nacher dem Haag geschicket, dass man doch so bald das Werk hier nicht angreifen werde, als solches wol geschehen wäre, wenn Maestricht die Belagerung länger hätte ausstehen können; denn man zweifelte nun nicht allein mehr als jemalen, dass Spanien brechen werde, sondern man befürchtet sich auch, dass dieses den Marsch der Kaiserlichen Armee nach dem Rhein stutzig machen werde." 10. Juli.

Man befände gut, dass die Generalstaaten auch bei Spanien auf eine schleunige Ruptur drängten. Während auch andererseits Viele hier glauben, Spanien meine es nicht aufrichtig. Man wünscht alles in allem, dass Kf. „bald wieder herbeikommen möchte". — Dem französischen Ambassadeur thut man unterdessen, sonderlich nach erhaltener Zeitung, dass Maestricht über sei, alle Caressen an; er empfing nicht allein gestern von dem Herrn Griffenfeld die Visite, darinnen er bezeugete, „wie sehr angenehm I. M. die Zeitung von dieser Eroberung gewesen, besondern I. K. M. sagten ihm heute selbsten, dass er seinem Könige berichten möchte, wie sehr freudig es Ihro zu vernehmen gewesen, dass der König sich eine so grosse Gloire zu Wege gebracht und dass Sie ihm ferner zu allen vorhabenden Desseinen guten und glücklichen Success wünscheten, nicht zweifelnd, es würde I. M. in Frankreich Sich gleichfalls erfreuen, wenn Sie hören sollten, dass der König in Dänemark als Ihr bester Freund eine gleichmässige glorieuse Action verrichtet hätte, mit nochmaliger Versicherung, dass in dem Tractat, so Sie mit Holland geschlossen, nicht das

Geringste enthalten sei, welches seinem Könige entgegenstehen könne. Der Herr Terlon antwortete hierauf: er zweifelte nicht: I. M. würden Dero Interesse so wol verstehen, dass Sie Sich nicht würden induciren lassen das Geringste gegen seinen König feindlich hinzunehmen.“ Versicherungen .... „Er war aber nicht so bald von Hofe nach seinem Hause gefahren, dass man auch mit dem Holländischen Ambassadeur, den man eine halbe Stunde vorhero kaum angesehen, eine gar secrete und lange Conferenz hielt und den Hamburgisch-Cellischen Abgesandten dazu zog.“

Die Ritterpferde im Reich wie in Holstein sind vor etlichen Tagen aufgeboten worden.

28. Juli. d. d. 18. Juli 1673. Die holländische Ratification lässt auf sich warten. In diesem Sinne hat der König gegen den Cellischen Gesandten geäussert: „dass Sie in der Execution des Tractats ebenso säumig als der Staat im Ratificiren sein wollten — wozu wol mehr als gar zu viel Apparence ist, indem weder die Equipage der Flotte noch die Ausrüstung der Armee zu Lande für sich gehet.“

Seit Güldenleus Abgang nach Norwegen ist allerdings in diesem Hafen nicht mehr als ein Orloghschiff segelfertig gemacht worden. Den Ritterpferden gebricht es noch an Mundirung, und was die Artillerie belangt, so fehlt es an Pferden und sonstiger Anstalt. Auch ein Generalfeldzeugmeister ist noch nicht ernannt. In diesen Verlegenheiten wird das Friedensverlangen wieder stärker, und man ist im Herzen froh, „dass das Römische Reich durch Chur-Mainz, Chur-Baiern und den Herzog von Celle seine Mediation will antragen lassen“. Deswegen sei auch der Geheimrat Müller abgerufen worden. Vermutung darüber.

In Stockholm hat der dänische Gesandte nichts ausgerichtet. Ueberdies wird der König von Schweden nach Schonen reisen und von den fremden Ministern Niemanden als den Obrist von Krosigk mit sich nehmen. Man wird sich also vorläufig hier in Dänemark wol noch hüten, durch Ausführung einer Armee das Land zu entblössen. In Holstein nimmt der Herzog von Gottorp „ohne Communication dieses Hofes viel Dinge de haut en bas vor, wahrscheinlich auf Instigation der Schweden“.

16. Aug. d. d. 6. August 1673.
Dänische Miliz nach Holstein.

22. Aug. d. d. 22. August 1673. Uebertragung der Grafschaften Oldenburg und Delmenhorst an das Haus Ploen. Unwille des Herzogs von Gottorp.

Man ist befremdet, dass, da der König in Schweden so nahe und in Schoonen ist, nicht ein einziger Cavalier herüber kommt, des Königs Ankunft zu melden vice versa. — Güldenleu soll noch sechs Wochen in Norwegen bleiben, weil man jetzt den Schweden sehr wenig traut und ihren Marsch aus Pommern nach dem Stift Bremen sehr in Apprehension nimmt. Der Statthalter wird ehestens 4000 M. hinüber nach Aleborg in Jütland übersetzen lassen.

Ferneres Ausbleiben der Ratification der Staatischen Allianz.

Graf Windischgrätz, Kaiserlicher Abgesandter in Kopenhagen, wird erwartet.

Rescript des Kfn. an Fr. v. Brandt d. d. Potsdam 23. August/ 2. Sept.
2. September 1673: mit dem Grafen von Windischgrätz fleissig zu correspondiren, jedoch dabei behutsam und bescheidentlich zu verfahren, „damit man nicht ohne Noth den Auswärtigen, absonderlich Frankreich, einige Ombrage geben möge“.

---

d. d. 30. August 1673. Betreffend Delmenhorst. 9. Sept.
Der König von Schweden hat nun doch zwei Abgesandte geschickt: den Sohn des Reichskanzlers Magnus de la Gardie und der Königin Kammerherrn Bielcke; worauf dann von hiesiger Seiten des Feldherrn Graf Schack Sohn und der Königin Kammerherr de Heide das Compliment abgelegt haben.

Der schwedische Resident hat vor seiner Abreise nach Schonen in Sachen Habbaeus von diesem Hofe keine Resolution erhalten. Jedoch hat der Churpfälzische Secretarius Seiger, der gestern vom schwedischen Hofe hierhergekommen ist, erzählt, dass „die Krone Schweden eine affaire d'honneur daraus machen und alles daran setzen wolle, damit Habbaeus entweder nach Meriten gestrafet oder ihnen extradiret werde. Es ist H. Habbaeus heute anhero kommen, um sich hier zu exculpiren; ob es aber werde angehen, stehet dahin. Denn man ist hier sehr ungehalten, dass er ein picquantes Schreiben nacher Schweden ohne einziges Vorwissen dieses Hofes geschicket“.

Graf Windischgrätz ist heute angekommen.

d. d. 13. September 1673. Gespräch mit Windischgrätz. Hat den Auf- 23. Sept.
trag, zwischen dem Kaiser und dem Könige von Dänemark eine Allianz zu stiften. Wollte nur den Charakter als Envoyé Extraordinaire nehmen, der König deutet jedoch sein Creditif auf den Charakter als Ambassadeur extraordinaire. — Güldenleu wird leider noch in Norwegen fern bleiben. Das ist schade, „weil bei ihm die meiste Resolution, dahingegen die Andern, sonderlich Herr Griffenfeld, sehr timide sind und die Sachen gefährlicher machen als sie sind“. Auch Windischgrätz hat das längst gemerkt und wünscht Güldenleus Gegenwart. Gründe für sein Bleiben in Norwegen.

1674.

1674.

d. d. 3. Januar 1674. Der König äussert gegen den französischen Ge- 13. Jan.
sandten, dass er sich in kein Engagement gegen die Krone Frankreich werde bringen lassen. Terlon dankt. Ereifert sich über die Holländer und ihre Beharrlichkeit im Festhalten am Kriege. Daran seien diejenigen schuld, „welche sie durch eine so considerable Assistenz halsstarrig macheten“. Der König möge „sich denjenigen bei Zeiten opponiren, welche durch Continuation des Krieges sich nur gross zu machen gedächten“.

Eine Allianz zwischen Dänemark und dem Kaiser ist bisher „durch nichts anderes als die noch nicht erfolgte Ratification des Tractats zwischen dieser

Kron und Holland verhindert worden, wozu der Herr Graf von Windischgrätz alle gute Officia, wiewol annoch ohne Effect, beiträget .... wie er sich dann sehr grosse Hoffnung machet, es würde der nach Schweden von Holland definirte extraordinar Deputirte Herr Schaap deshalb etwas Gutes mit anhero bringen, worinnen er sich aber wird betrogen finden, weil ich aus ged. Herren Schaapen Discoursen und seiner hiesigen Contenance wol spüren kann, dass der Staat noch nicht urtheilet, ihm zuträglich zu sein, die dänische Assistenz so theuer zu erkaufen.“ Der beständige Argwohn in Holland, dass Dänemark nur suche, bei der Allianz zu profitiren und das Geld in den Beutel zu stecken.....

Maskerade bei Hof. — Neujahrswünsche. — Bittet um Zuschuss, da er „von seinen Creditoren schimpflich gemahnet wird“.

28. Jan. d. d. 18. Januar 1674. Graf Windischgrätz hat den Tractat mit dem Könige geschlossen und gestern seinen Abschied genommen. Geschenk durch den Ceremonienmeister (Portrait im Werthe von 5000 Reichsthalern). Man sagt, der Vertrag sei „eine blosse Explication und Extension des Braunschweigischen Foederis“ für den Fall eines Angriffs auf die kaiserlichen Erblande. Eine direkte Assistenz Hollands, die etwa im Vertrage vermittelt sei, nimmt Niemand an.

Baron Juel hat das Project eines Tractats der Krone Schweden mit Dänemark nach Stockholm gebracht.

14. Febr. d. d. 4. Februar 1674. Griffenfeld versagt vorderhand noch die Communication des kaiserlichen Tractats, giebt jedoch auf Brandts Gegenvorstellung (Mitteilung des brandenburgisch-schwedischen Bündnisses) die beruhigende Versicherung, dass nichts Präjudicirliches darin enthalten sei. — Habbaeus, der seiner Dienste enthoben, ist mit dem Grafen Windischgrätz abgereist. — Generalmajor Graf Schulz in Arrest.

26. Febr. d. d. 16. Februar 1674. Vertrag mit dem Kaiser. Wortlaut. Commentariirendes zum Schwedischen Project. — Graf Schulz seiner Haft entlassen. An der Küste von Schonen wachen nachts wegen des Eises 800 Mann zu Fuss und 100 Reiter. — Erneuerte Bitte um Geld.

13. März. d. d. 3. März 1674. Der Separatfrieden zwischen England und Holland hat die Stellung Dänemarks zu Schweden geändert. Zunächst soll Lindenau nach Stockholm vorangesendet werden. Was von einer Verbindung der beidischen Nordischen Kronen zu halten.

Prinz Georg hat seinen Oberkammerherren von Osten, in wichtigen Affairen entsandt. Wahrscheinlich nach Osnabrück, um mit dem Bischof wegen der polnischen Sache zu berathschlagen. Prinz Georg wünscht die eigene Berücksichtigung, falls Herzog Karl von Lothringen ausgeschlossen werde.

Secretartikel zwischen dem Kaiser und Dänemark.

24. März. d. d. 14. März 1674. Hoffnungen von dem kaiserlichen Bündnis.

Erörterungen des schwedischen Projects.

Herr von Sehestedt ist in der Stille nach Polen gereist, um den

Prinzen Georg als Candidaten Regni vorzuschlagen. v. Osten ist ihm, ebenfalls in der Stille, nachgesandt. Die Königin Wittwe unterstützt das Werk.

Dass der Obrist Wangelin gesagt hat, zwischen Schweden und Dänemark sei eine Allianz geschlossen, kommt daher, dass der Baron Juel, als er in Schweden gewesen, so eifrig darauf gedrungen und nur wegen einiger Puncten von geringer Importanz, die sie in Schweden dazu gesetzet, und worauf er nicht express instruiret gewesen, hieher gereiset mit der gewissen Zusage, dass er mit dem allerehesten wieder zurückkommen wollte.

Die See ist noch immer ganz mit Eis bedeckt. Die Wachen dauern fort; um allen feindlichen Sürprisen zuvorzukommen ..... stehen zu dem Ende alle Nächte 800 Mousquetiers in Reserve, ohne die ordinar verdoppelte Macht und die Reuterei, welche rings um die Stadt herum patrouilliret. Der schwedische Resident hat sich zwar gegen einen und anderen verlauten lassen, „dass man solcher Behutsamkeit nicht nöthig hätte und dass man in Schweden in die Gedanken gerathen möchte, als wenn man hier einige Diffidenz in sie setzete; dem aber ungeachtet ist allen hiesigen Officieren, so von der Garnison sind, bei Verlust ihrer Chargen verboten worden, mit den fremden Ministris zu conversiren, welches aber nur auf den Englischen und Schwedischen und en partie auf den Französischen Ministrum zielet. .... Man ist gewahr worden, dass selbige mit einigen Officieren dieser Garnison, sonderlich mit denjenigen, welche die Schlüssel der Thoren der Stadt und der Citadelle haben, gar familiairement umgegangen, welches nicht geringes Nachdenken verursachet hätte."

d. d. 28. März 1674. Polnische Angelegenheit. v. Osten nur bis Hannover. 7. April.
Prinzensteuer.

Dank für die empfangenen 600 Rthlr.

d. d. 14. April 1674. Der König und die Königin werden mit dem Feld- 24. April.
herren, dem Grafen Griffenfeld und dem Feldmarschall Körbitz am 8. Mai nach Glückstadt aufbrechen, von da über Rendsburg und Flensburg — ohne in Gottorp einzusprechen — nach Kolding, wo das Rendezvous der Armee den 24. Mai angesetzt ist.

Von der hiesigen Garnison gehen achthundert Mann, nämlich 400 von des Feldherren und 400 von des Generalmajor Rosenkranz Regiment nach Holstein. Letzterer selbst mit. An seiner Statt wird der Gen.-Lieutenant Bielke, des Reichsadmirals Bruder, das Gouvernement versehen. Man sagt, es werde bei Kolding eine Armee von 16000 M. zusammenkommen, mit welcher I. M. zwischen Kolding und Hadersleben in die dritte Woche im freien Felde in eigener Person nebenst I. M. der Königin campiren wollen. Durch die militärischen Manoever bildet man sich ein, „dass Holland so desto ehe und lieber zur Zahlung der Subsidien schreiten werde, und dass man auch im Haag desto ehe ratificiren werde, wie ich dann unter der Hand vernehme, dass I. M. durch Ihren Ministrum im Haag Herrn Höe gar eifrig tractiren lassen und, damit die Herren Staaten nicht Ursache zu klagen haben möchten, sich anerboten, einige Articul des Tractats zu ändern und von dem, so der Herr van Werkendam vor diesem ohne Erfolg der Ratification hier geschlossen, einigermassen abzugehen und ist wol zu glauben, dass man etwas Reelles vor Holland thun wolle, weil man alle Anstalt in hiesigen Hafen machet, 20 Orlogschiffe zu equipiren, welches alles sich ehestes ausweisen wird, ob man es schon über alle Massen geheim hält".

Glückwünsche des Königs und beider Königinnen zur Geburt der jungen kurfürstlichen Prinzessin.

24. April. d. d. 24. April 1674. Die Revue von Kolding dient nur dazu die Truppen „in haleine und exercitio zu behalten". — In Glückstadt werde sich der Herzog von Celle mit dem Könige abbouchiren.

Der Königin ist das Exercitium religionis von neuem beschränkt.

21. Mai. d. d. 11. Mai 1674. Abreise des Königs, wie es bestimmt war, am 8ten. Trotzdem der König allein zu bleiben wünscht, gehen der französische Ambassadeur und der holländische Resident dennoch mit. Man will sich hier mehr, gegenüber den Forderungen Hollands, zu Land und Wasser in guter Verfassung halten. 12 Kriegsschiffe sollen aus dem Hafen in den Sund gehen und nach der Elbe ihren Curs nehmen. Der König hat, wie es heisst, die Absicht, die Stadt Hamburg zu intimidiren, um von ihr eine Summe Geldes herauszukriegen. Die Armee soll, nach des Feldherrn Schack Aussage, demjenigen dienen, der das Meiste geben werde.

9. Juni. d. d. 30. Mai 1674. Regimentsnachrichten. Marinenachrichten.

Der holländische Resident hat sich vor einigen Tagen auf Ordre der Generalstaaten nach dem Rendezvous begeben. Der französische Ambassadeur macht schon Miene abzureisen, aber trifft keine Anstalt. Er negociirt hier mit dem Kammerrath Schroeder (Graf Griffenfelds Schwestersohn, dem alle geheimen Sachen mit anvertraut werden); sein Bestreben geht dahin, dass die bei Kolding vereinigten Truppen nicht an die Grenzen und näher an Deutschland geführt werden. — Truppenliste.

25. Juni. d. d. Middelfahrt 25. Juni 1674. Griffenfeld hat den französischen Ambassadeur in Kopenhagen wissen lassen, dass es dem Könige nicht unangenehm sei, wenn die bei Hofe accreditirten Minister in das Lager kommen und die Armee sehen möchten. Brandt hat sich daher — ein Freund streckt ihm zu dieser Reise 100 Rthlr. vor — auch aufgemacht, auch mit aus dem Grunde, Knesebeck bei seiner Gesandtschaft an Hand zu gehen. Kn. ist „honorablement empfangen und tractirt worden, indem ihm ebensoviel Ehre ohne Annehmung des Characteris widerfahren, als vor diesem bei des gottseligen Königs Lebezeiten von Kf. hierher abgeschickten Extraordinar-Envoyés geschehen". Linckers Sorgfalt und Fleiss ist dabei zu rühmen. Anstatt des Ceremonienmeisters ist dem v. Knesebeck der Stallmeister Haxthausen zugegeben worden.

Lob der Armee. General Weiher und Generalmajor Arensdorff beim Könige hauptsächlich in Achtung. Den Feldherrn hingegen hat der König „kaltsinniger Weise gehen lassen".

Rescript des Kurfürsten d. d. Coelln a. Sp. 11. Juli 1674: Dem Könige des Kfn. Vorhaben zur Rettung der Bedrängten im Reich, die bevorstehende Allianz mit dem Kaiser, Spanien und den Staaten zu notificiren, wie auch von den Sentiments aldorten wegen der schwedischen Armatur zu berichten. 21. Juli.

Relation d. d. Kopenhagen 13. Juli 1674. Auf die Rescripte vom 30. Juni und 3. Juli, die er bei der Rückkehr aus Middelfahrt hier vorgefunden, mit dem Reichskanzler gesprochen. 23. Juli.

d. d. 30. Juli 1674. Ausgezeichnete Armatur zur See; Schweden dagegen hat nicht über sechs Kriegsschiffe fertig liegen, nur an Mannschaft führen sie nicht mehr nach Deutschland als viertausend achthundert Mann, worunter zwölf Compagnien Cavallerie sind. 9. Aug.

Friedrich von Brandt. Relation. Dat. Kopenhagen 29. December 1674. Conc. v. Somnitz.

[Erinnert an die Hilfesendung. Eröffnungen und Verheissungen des Kanzlers.]

1675.

Auf des Statthalters Ordre hat Brandt dem Reichskanzler die dringende Gefahr geschildert, in welcher des Kfn. Lande stehen, und gebeten, „dass der so vielfältig versprochene Succours schleunigst erfolgen möchte“. Antwort durch eine Unpässlichkeit des Kanzlers und durch die Feiertage verspätet. Des Festes wegen habe der König auch noch keinen Geheimen Rath abhalten können. Jedoch Verheissungen des Kanzlers. 8. Jan.

„Es wäre aber höchst zu beklagen, dass Holland und Spanien durch unzeitige Ersparung dreier oder vier Tonnen Goldes es soweit hätten kommen lassen und dass sie nun vielleicht mit dreidoppeltem Gelde solches mit grosser Gefahr nicht würden repariren können, was sie mit der Hälfte ohne Gefahr hätten thun können. Das Verdriesslichste hierunter sei dieses, dass man in Holland noch höhnisch darüber wäre, als wann Dänemark sich selber zu ihnen gedrungen hätte, um mit ihnen zu tractiren und sich in das Werk mit einzumischen, und wäre zu besorgen, dass wenn ihnen itzo die Gefahr von hieraus remonstriren sollte, wieder dergleichen geschehen möchte. Derowegen I. M. nothwendig das Werk so lange mit ansehen müssten, bis Sie wüssten, was Holland thun wollte, wie auch was für Sentimenten Ew. Ch. D. selbsten für Dero hohe Person von dem Schwedischen Vorwand, als wann es keine Ruptur sein sollte, führeten, welches I. M. nicht thäten, um zu traisniren oder Dero Königliche Parole nicht völligst zu accompliren, sondern um zweierlei Ursachen halber: erstlich, damit Sie, wenn sie das Werk allein angriffen, von Holland und Spanien nicht verlassen würden, mit welchen Leuten man allemal vorher marchandiren müsste, überdem dass I. M. Armee, so noch nicht stark genug, einen Choc leiden möchte, welches gefährliche Consequenzen nach sich ziehen würde; zum anderen, weil I. M. judicirten, es möchten Ew. Ch. D. vielleicht selber höchstvernünftig urtheilen, dass man in dieser Sache sich nicht übereilen müsste, ehe man wüsste, wie die schwedische Proceduren im Reich, Holland und Spanien aufgenommen und qualificiret würden, welches I. M. daraus abnehmen müssten, weil Ew. Ch. D. vor kurzer Zeit, da I. Maj. von Ihro verlanget zu wissen, ob Sie den Schwedischen Truppen, so im Stift Bremen gestanden, den Pass durch ihre Lande verstatten sollten, zur Antwort bekommen, dass I. M. selbige möchten passiren lassen, woraus Sie nichts anderes schliessen müssten, als dass Ew. Ch. D. gerne in dergleichen Dingen behutsam gehen, da I. M. sonsten den Pass nicht hätten verstatten, sondern mit Gewalt hindern werden."

„Im übrigen weil die Holländische und Spanische hiesige Ministri versicherten, dass die Requisition wegen der Assistenz nebenst den Geldern ehestens hier sein würde, und ihm gar wol bewusst, dass I. Maj. nach nichts mehr, als für Ew. Ch. D. Aufnehmen zu Pferde zu sitzen verlangeten, als zweifelte er nicht, dieses würde ein glückliches Jahr für Ew. Ch. D. sein und zu Ihrer höchsten Gloire sich endigen. . . . ."

In höchster Eile.

Der Kurfürst an Friedrich von Brandt. Dat. Willstetten 3. Januar 1675. Conc. v. Somnitz.

[Schwedische Irruption. Ansuchen um Hilfe und Diversion an den König.

13. Jan. Der Gesandte wird angewiesen, den König von „der Schwedischen Irruption, die Wir nicht anders als für eine muthwillige und wider alle rechte und ohne einige dazu Unsers Theils gegebene Ursach fürgenommene Gewalt und Ruptur achten können", Nachricht zu geben und dabei um Hülfe und Diversion anzuhalten. — Beigehend ein Schreiben an den Reichskanzler.

Dsgl. Dat. Elmendingen 9. Januar 1675.

[Satisfaction an den König von Dänemark. Hilfegesuch.]

19. Jan. Kf. lässt keine Post nach Wien, Brüssel oder dem Haag abgehen ohne gemessenen Befehl an die dortigen Gesandten, allen Fleiss anzuwenden, dass der Krone Dänemark in allem Satisfaction geschehe. Dass dieses alles zur Richtigkeit gebracht sei, bestätigt ein eigenhändiges Schreiben des Prinzen von Oranien vom 10. dieses M. st. n. — Nochmaliges dringendes Hülfegesuch. „Die Unterthanen aus den Landen werden alle verzaget, massen ihnen all das Ihrige genommen wird; und cessiren dahero die Contributiones, wovon Unsere Armee und die Guarnison im Lande ihre Subsistenz haben soll. Ist also das Uebel also beschaffen, dass es einer schleunigen Hülfe bedarf."

Dsgl. Dat. Illingen 12. Januar 1675.

[Mit der Hilfe ist nicht zu warten, bis Dänemark von allen Alliirten Satisfaction empfangen. Anzeige betreffend den Tod des Kurprinzen.]

Antwort auf die Relation vom 29. Dzbr. 1674. Hätte sich einer solchen 22. Jan. Erklärung aus Kopenhagen nie versehen. Wenn man nicht eher helfen will, „ehe eine solche Einwilligung zu Wien, zu Madrid und im Haag erfolget, kommt alle Hülfe zu spät". Ob Dänemark Hülfe senden will oder nicht? Es kommt die Sache auf die Realität an und dass dieselbe geschwinde erfolge; „davon müssen Wir Nachricht haben, damit Wir Unsere Mesures danach nehmen können." Zu diesem Ende die Gesandtschaft Ploens und Knesebecks. Soll mit ihnen gemeinsam negotiiren.

Formalitäten betreffend den Tod des Kurprinzen[1]). Der Prinz Georg darf sich über nicht empfangene Anzeige nicht beschweren. Des französischen Königs Bruder hat auch keine erhalten, es ist bei jetziger Expedition dergleichen „nicht in alle Wege in Acht genommen".

v. Brandt. Relation d. d. Kopenhagen 8. Januar 1675.

Uebersendet ein Schreiben des Königs an den Fürsten von Anhalt (d. d. 8. Jan. Kopenhagen 2. Januar 1675), die Rettung der Kurmark betreffend. Des Königs Versicherungen hat er selbst in einem Schreiben an den Fürsten verstärkt. Auch an Praeparatorien habe es der König nicht fehlen lassen: „S. M. hätten nicht allein Dero Feldherrn Schacken Ordre ertheilet, sich fertig zu halten zu der Armee zu gehen, und Dero Generalen in Holstein befehligt, auf alles ein wachendes Auge zu haben, sondern sie liessen auch in die Stadt Lübeck soviel Vorrath an Getreide und allerhand Victualien auf die in selbiger Stadt dazu geheurete Boden und Speicher bringen, damit die Armee auf eine geraume Zeit ihre Substanz daraus haben könne." Dass der Succurs nicht sofort erfolge, entschuldigt der König mit dem Mangel der spanischen und holländischen Resolution.

Man hat am hiesigen Hofe nichts weniger vermuthet als Wrangels so schleunigen Einmarsch in die Kurlande und die Ausführung solcher Schritte, „ehe und bevor Herr Niels Brahe von dieses Hofes Sentimenten versichert gewesen, also dass man hier Zeit hätte haben werden, mit der Kron Spanien und den Herren Staaten die Sache recht zu überlegen und die Nothwendigkeit zu verabreden". — Auf Anrathen von Celle sendet der König, um den Hannoverschen Hof von der französischen Partei abzuziehen, den Rath Schroeder dorthin, dem auch „ein bewegliches Schreiben von I. M. der verwitweten Königin mitgegeben worden". Schroeder ist des Reichskanzlers naher Anverwandter. Es ist nicht zu zweifeln, dass es dem dänischen Hofe mit der Sache des Kfn. Ernst sei.

Von einigen bedenklichen Punkten will er in der nächsten Relation berichten.

---

[1]) † zu Strassburg 7. December 1674.

Gespräche von der Heirat des Königs von Schweden, die man schwedischerseits an verschiedenen Höfen vorgiebt, um eigensüchtige Ziele zu erreichen. Brandt führt dem Reichskanzler gegenüber an, dass „der Schwedischen Manier nach die Proposition dieser Heirat die rechte illecebrae seien, diesen Hof in den Schlaf zu wiegen, um mit der Zeit zum höchsten Praejudiz dieser Kron in Deutschland ungehindert zu agiren und sich gross und mächtig zu machen", was denn alles mit der Zeit auf Dänemark redundiren müsste.

Die folgenden Relationen berichten über angebliche Menées des Kanzlers, den König vom Kriege abzuhalten und alle möglichen Hindernisse zu intriguiren. Der schwedische Gesandte tituliere die Irruption „anders nicht als ein eslargissement des troupes". Klingenberg nach dem Haag. Niels Brahe hat Brandt seine Ankunft notificiren lassen. — Am 19. Vorstellung an den König über die schwedische Ruptur und Hilfegesuch durch Brandt. Der König erklärt, dass des „Kf. Interesse das seinige, des Kf. Glück und Unglück das seinige" wäre, und verweist an den Kanzler. Dieser teilt mit, es sei bereits mit dem Feldherren und den Generalen wegen einer Diversion geredet. — Des Königs Gesinnungen sind aufrichtig. Er wünscht dringend, dass Kf. beständig bleibe. Wiederholte Versicherungen seinerseits. Hass gegen Schweden. Die Artillerie ist in der Stille fertig gemacht worden. Ordres nach Norwegen, woselbst eine ansehnliche Armee innerhalb wenig Tagen kann zusammengeführt werden. — Des schwedischen Gesandten Memorial sei — nach Baron Juels Urteil — „mit Fleiss sehr confuse aufgesetzet"; soviel sehe er aber wol daraus, „dass sie die Französische Offerten diesem Hof gar süsse zu machen trachteten und dass sie auf dem deutschen Boden ungehindert agiren wollten, ob sie schon Gott so vielfältig darinnen zum Zeugen ihres guten und gerechten Vorhabens anriefen". Wie es heisst, offeriret der schwed. Gesandte grosse Avantagen wegen des Zolls im Oeresund, auch etwaige Abtretungen an Norwegen, wofern die Krone Dänemark stillsitzen und zusehen möge.

Bittet um Anweisung an den Amtskammerrath Michael Matthias, ihm die zweihundert Rthaler wegen der Trauer, die er des hochsel. Churprinzen halber habe anlegen müssen, aus den Rentengefällen zu zahlen.

Friedrich v. Brandt. Relation d. d. Kopenhagen 30. Januar 1675.

30. Jan. Der König urgirt von neuem die Ruptur mit Schweden. Seine Versicherungen sind unzweifelhaft aufrichtig. — In 3 Tagen werden Holstein und Knesebeck ihre Resolution erhalten.

Relation d. d. Kopenhagen 20. Februar 1675[1]).

20. Febr. Verweist auf Knesebecks Conferenz-Bericht. — Ploen und Knesebeck haben „die Resolution mit allen Umständen nicht schliesslich erhalten können".

---

[1]) In einem Billet an den Kanzler [v. Somnitz] meldet Ch. v. Brandt d. d.

Brandt hat den Herzog von Ploen bis zum Belt begleitet; nach seiner Rückkehr hat der Reichskanzler „mit ihm und seinem Bruder aus der Sache geredet und nicht allein ferner die hiesige gute Intention sinceriret, besondern auch nochmalen repetiret, welchergestalt der Herr Etatsrath Klingenberg nicht nacher dem Haag geschicket worden, um daselbst neue Postulate zu thun oder einige Difficultät zu machen, sondern die Staaten-Generel ihres Versprechens und Schuldigkeit zu erinnern. . . . .“

Christoph v. Brandt. Relation. Dat. Kopenhagen 20. Februar 1675[1]).

[Gründe gegen eine Gesamtabsendung nach Stockholm. Versicherung dass Kf. beständig bei der Allianz bleiben werde. Sicherung gegen den Angriff Schwedens. Guter Zustand der dänischen Miliz und Kriegslust des Königs. Sympathieen für Kf. Gefahren Schwedens vor Russland. Absichten der Schweden auf Dömitz. Auf Preussen.]

Da der König sich so wol erklärt, die Generalstaaten eine so vigoureuse 2. März.
Resolution genommen, der Prinz von Oranien sich so eifrig erweiset, Moskau die Kron Schweden anzugreifen verspricht, und kein Zweifel ist, der Kaiser werde Ew. Ch. D. starke Assistenz leisten, „so sehe ich keine Ursache, warum man auf den Reichstag in Schweden und auf Steno Bielken und Johann Güldensterns Vorschläge wegen einer gesandten Absendung nach Stockholm sehr zu reflectiren habe. Meines Ermessens ist Schweden verblendet undt die Partei wider selbige Kron so wol gemachet, dass Ew. Ch. D. und Dero Alliirte keine bessere Gelegenheit erlangen können, einmals vor allemals gegen die Schweden sich in Sicherheit zu setzen und von ihm Raison zu erlangen, wozu der Höchste wegen der gerechten Sache sonder Zweifel Glück geben wird. Bringet der Schwedische Reichstag wider den Reichskanzler von sich selbst etwas Veränderliches, so wird es der guten Partei doch wol zu statten kommen und Steno Bielke, Johann Gyllenstierna und die ihnen anhangen, werden eben so froh sein, wann der Reichskanzler durch unglücklichen Success der Schwedischen Waffen in Teutschland ruiniret, als wann er durch einen glücklichen Ausgang des Schwedischen Reichstages bei dem König in Schweden in Ungnade und aus der

20. Februar: „was ich wegen Preussen melde, ist nicht de nihilo. Ich habe es von des Herzogs v. Croy Secretario zu Stockholm. Liljehöcks Secretarius hat ihm Copie von der Supplication geben wollen; als er aber angefangen zu copiren, ist sein Herr dazu kommen und hat das Original zu sich genommen. Mir hat sein Verharren zu Danzig nimmer angestanden, und es wäre gut, wenn S. Ch. D. zu Königsberg einen vertrauten Menschen hätten, durch den Sie die Briefe auf der Post bisweilen könnten visitiren lassen.“

[1]) verschrieben 1674. Kanzleivermerk: Hiermit ist ein Extract für des Prinzen von Oranien Hoheit gemachet ad mandatum Serenissimi.

Affairen gesetzet würde. Ich kann auch nach Ew. Ch. D. gn. Gefallen an Steno Bielke und Johann Gyllenstierna schreiben und ihnen Ursachen vormalen, warum die Abschickung nicht geschehen können. Solchem nach habe ich mich hier nicht allzu lange aufzuhalten, sondern ich werde nur ein wenig hier verbleiben, von Ew. Ch. D. auf einige meiner unterth. Berichte, so ich von Stockholm ungefähr drei Wochen oder vierzehn Tage vor meiner Abreise an Sie abgehen lassen, gn. Ordre zu erlangen und mich dann mit bequemerem Reisewetter zu Wasser nach Ew. Ch. D. Lande zu verfügen. Indessen desideriret der Herr Reichskanzler, dass ich mich allhier etwas aufhalten wolle, und will er fast täglich mit mir überlegen, wie das gute Werk à l'égard der Contenance in Schweden und selbiger Consiliorum am füglichsten fortzusetzen."

Verweist auf seines Bruders Bericht über die Verhandlungen. Im Zusammenhange damit:

Ich richte meine Discours und Vorstellungen vornehmlich dahin, dass I. K. M. versichert sein mögen, dass Ew. Ch. D. bei den Alliirten und in sonderheit bei dieser Kron beständig verbleiben werden und dass der König in Dänemark und Ew. Ch. D. nach dem itzigen Zustande des Königreichs Schweden eine sehr bequeme und sichere Gelegenheit haben zu allem Demjenigen, so ihnen von Gott und Rechtswegen zukommt, wieder zu gelangen. Ich finde und sehe auch alhier eine sehr gute Anstalt zu der bevorstehenden Attaque der Schweden. Ihre Kön. Maj. haben, sider Sie zur Regiernng kommen, sehr wohl menagiret und einen ziemlichen Schatz gesammelt, dass Sie also, wann nur Spanien und Holland itzt zum Anfang etwas Geld zahlen, das Werk doch wol von statten gehen wird, wenngleich hernach die Subsidien nicht so gar richtig erfolgen sollten. Daneben ist die Miliz in weit besserer Ordre als zu des vergangenen Königs Zeiten, die Kriegsflotte ist auch überaus wol versehen, und gehen I. K. M. fast täglich selber nach dem Schiffsholm, damit nichts verabsäumet werde. In Norwegen stehen zwölftausend auserlesene Leute, woneben noch eins so viel enrolliret sein, so angesichts bewehret gemacht werden können. I. K. M. haben auch schon überall in dem Königreich Dänemark viel Leute aufzeichnen lassen, die sie in Eile unter die Waffen stellen können. Sie haben auch bereits ein ernstliches Verbot ergehen lassen, aus diesem Königreich und Holstein keine Pferde an andere Orter zu bringen, damit Sie, sobald die Requisition von Spanien und Holland geschehen und die restirende Subsidien und die Anrittsgelder erfolget, ihre Cavallerie schleunig verstärkeu und die Norwegische Armee, so mehrentheils in guter Infanterie bestehet, complet zu machen, und ist der Dessein, ein Teil derselben in Schonen anzusetzen, damit sie dem Statthalter Güldenleu nach den Norwegischen Grenzen entgegen gehen können. Ueber dieses alles ist der König ein Herr, der sich zum Krieg überaus wol schicket und der grosse Begierde dazu hat und der in allem seinem Thun und Vorhaben sehr beständig und aktiv und dabei von starker und gesunder Constitution ist, und, was vornehmlich zu consideriren, der zu Ew. Ch. D. eine sonderbare Affection träget. Es ist auch kaum zu beschreiben, wie sehr I. M. die Königin vor Ew. Ch. D. sich interessiren, und können Ew. Ch. D. Sich woll versichern, dass I. K. M., ob Sie sich sonst in die Affairen nicht mischen, Sie dennoch vor Ew. Ch. D. allhier viel Gutes stiften.

Entschuldigt sich wegen seiner letzten Stockholmer Relationen, die vielleicht nicht so genau und umständlich ausgefallen, als nötig gewesen wäre. Kommt noch einmal auf das Verhältnis Schwedens zu Moskau zurück.

„Ew. Ch. D. ist sonder Zweifel bekannt, dass in Ihren Pactis enthalten, dass der König von Schweden und der Zar, wer von ihnen erst die Regierung antritt, solches dem Anderen durch eine solennelle Ambassade notificiren und dann der andere eine Gegenambassade abgehen lassen müsste. Diesen Pactis zufolge haben I. K. M. zu Schweden ungefähr vor anderthalb Jahren den Grafen Oxenstierna en qualité d'Ambassadeur nacher Moscovien geschicket und ihme den Livländischen Landrath Hoberg adjungiret; ihnen war neben der Ankündigung der angetretenen Regierung anbefohlen, dem Zar vorzuschlagen, ob Ihrer Maj. nicht beliebig sein möchte, den Archangelischen Handel nacher Reval und Narva zu verlegen. Nun werden Ew. Ch. D. auf des Kammerrath Sculteti damaligen Rapporten aus der Moscau sich vielleicht noch wol erinnern, wie schlecht der obbemelte Graf alldar empfangen und abgefertigt worden. Wegen der Transferirung des Archangelischen Handels hat man ihm glatt in die Nase gelachet und die Ambassade hat man mit gar kaltsinnigen Worten versprochen, und wie ich zu Stockholm penetriren können, hat der Landrath Hoberg (denn der Graf ist in Lifland verblieben und saget man, er habe wegen seiner schlechten Verrichtung sich entsehen, selbst Relation abzustatten) Ihrer Königl. Maj. solchen Rapport gethan, woraus Sie genugsam schliessen können, dass der Zar entweder die Ambassade gar nicht oder zu solcher Zeit schicken würde, da er pochen und hoch sprechen könnte, und kann Ew. Ch. D. ich versichern, dass die schimpfliche Reception und Abfertigung, so obber. Ambassadeur widerfahren, dem Schwedischen Hofe nicht allein sehr wehe gethan, sondern an demselben auch desto mehr Ombrage verursachet, weil man vor gewiss hält, dass solches von dem Dänischen Envoyé hergekommen sei. Da nun der Reichskanzler in Schweden die Resolution gefasset, seinen König in die französische Partei zu stürzen, hat er sich nothwendig, was in der Moscau vorgelaufen, zu Gemüt führen müssen, und ist danenhero einer namens Everschild en qualité d'Envoyé, wie Ew. Ch. D. ich schon vorhin unterthänigst berichtet, nacher Moscau abgefertiget worden, bei dem Zar auf die Gegenambassade zu dringen, unter der Hand auf des Dänischen Ministri Actiones, wovon man in Schweden grosse Jalousie nimmt, Achtung zu geben. Die Furcht vor einem Moscowitischen Einfall ist in Schweden sehr gross, insonderheit in Lifland, und haben die lifländische Stände I. K. M. ersuchet, keine Mannschaft aus selbiger Provinz wegzuführen, wie sie dann unter anderem gegen Lieferung einer ansehnlichen Quantität Korns in Dero Lifländische Magazine erhalten, dass des Grafen Volmar Wrangel Regiment zu Pferde und die Escadron Dragoner, so der Reichskanzler dem Könige aus seinem Beutel zu richten versprochen, nun nicht in Lif- sondern in Welschland geworben werden sollen; wenn aber der Zar von Ew. Ch. D., Ihrer Kön. Maj. von Dänemark und denen Herrn Staaten angeleitet werden könnte, die Kron Schweden in Ingermann- und Finnland anzugreifen und womöglich um den Sinum Bothnium hinzugehen, und, wie schon vor Alters geschehen, alles bis nach Stockholm hin zu verheeren und in Brand zu setzen, würde er ihr ans Herz greifen und solch Bouleversement in Schweden anrichten, dass man mit selbiger Kron verfahren könnte, wie man wollte. Es scheint, dass des Zaren Sinn nur immer nach einem Fuss an der See stehet. Er richtet aber gegen die drei starke Oerter Riga, Reval und Narwa nichts aus und das platte Land hat er schon vorhin ruiniret, und sollte er wider Vermuten eine von obigen dreien Vestungen emportiren, so möchte er zu mächtig werden und allen denen, so an die Ostsee grenzen, ein gefährlicher Nachbar sein.

Kurz vor meiner Abreise von Stockholm habe ich auch penetriret, dass die Schweden auf Dömitz ein Absehen haben und dass Schweden trachten werde, es zu überrumpeln, sobald der Kaiser, Ew. Ch. D. und das Reich sich wider Sie erkläret. Ich habe zwar nicht recht ergründen können, ob es etwa mit Connivenz Herzog Christians oder in Consideration dass er in Frankreich ein Gefangener ist und nach des Königs in Frankreich Willen leben muss, geschehen solle. Gewiss aber ists, dass man darauf zielet, um der Communication zwischen Pommern und Bremen indess mehr versichert zu sein. Mit dem Herzog würde es wol nicht sicher sein, deswegen zu tractiren, welches sonst durch den Dänischen Ministrum zu Paris wol geschehen könnte, wenn aber die Alliirte den Schweden hierin zuvorkämen, würde es bei dem Reiche leicht zu entschuldigen sein.

Ob es zwar scheinet, dass Feldherr Wrangel nicht nach Preussen gehen möchte, so habe ich doch wegen selbiger daher noch grössere Furcht als vorhin, weil ich kurz vor meiner Abreise von Stockholm erfahren, dass aus Preussen eine Supplication an den König in Schweden zu der Zeit gekommen, da die Execution zu Königsberg geschah, worinnen enthalten gewesen, I. Kön. Maj. möchten sich der Preussen bei dem König in Polen annehmen. Diese Supplication hat Liljehöck mitgenommen und ist dabei instruiret worden, denen Supplicanten in ihrem Desiderio zu assistiren.

Friedrich von Brandt. Relation d. d. Kopenhagen 27. Februar 1675.

Des Kf. Schreiben aus Schweinfurt d. d. 6. Febr. erhalten. Hat die Schreiben 27. Febr.
an Holstein und Knesebeck, da die bereits abgereist gewesen, erbrochen. Versicherungen an den König. Prinz von Oranien werde gegen Bremen agiren. Beruft sich auf dessen Schreiben an den Kfn. Grosse Freude des Königs von Dänemark darüber. Er wird eine Diversion nach Lifland, Schoonen und Schweden machen, sobald nur der Kf. gegen Schweden wird die Waffe gezogen haben, „sobald die andere hohe Alliirte den Krieg gegen Schweden werden declariret und die Partie formiret haben". — Als Satisfaction wünscht Dänemark einen Eventualanteil am Stift Bremen und das Regal des Sundes, wie es die Krone vor diesem in Regard der Schweden gehabt.

Christoph von Brandt. Relation. Dat. Kopenhagen 2. März 1675.

[Rücksichten auf den schwedischen Ambassadeur. Der brandenburgische Resident communicirt die Mitteilung, dass die Regimenter in Magdeburg erwartet werden. Spanische Requisitionen. Hannover neutral. Reichstag in Schweden. Lübeck.]

Entschuldigt seinen ferneren Aufenthalt in Kopenhagen.

Man verlangt, dass zu der Gegenruptur mit Schweden vom Kfn., vom 12. März.
Kaiser und Holland ein Anfang gemacht werde; sogar dass man dabei sagt, dass wenngleich von Spanien und Holland die Requisition und die Auszahlung der 160000 Thlr. Anrittsgelder geschähe, I. K. M. doch nicht, ehe die Gegenruption erfolgt sei, den schwedischen Ambassadeur würden vor den Kopf stossen können, „aus der Furcht, dass der Feldherr aus der Mark zurückgehen, der Kron Dänemark auf den Hals fallen, und denn dieselbe von den Alliirten nicht eilig genug secundiret werden, Holland auch wol gar der Hümeur sein möchten, ihr das Bad allein ausbaden zu lassen und auch an Ew. Ch. D. Satisfaction weiter nicht zu gedenken". Dieser Ursachen wegen macht man dem schwedischen Ambassadeur immer gute Mine, als wenn man mit ihm schliessen wollte.

Der H. Reichskanzler sagte aber gestern bei Hofe zu mir, nachdem ihn der Schwedische Ambassadeur in des Königs Antichambre lange aufgehalten hatte: je suis quasi au bout de toute mon éloquence, et si la réquisition et la rupture ne se fait pas bientost, nous aurons de la peine à amuser l'ambassadeur, car il presse fort et menace de vouloir partir. Dieses sagte er mir en passant ins Ohr; weil nun etliche Stunden hernach die teutsche Post anlangete und meinem Bruder ein Schreiben von I. D. dem Herzog zu Ploen, datiret zu Magdeburg den 19. Februar brachte, in welchem enthalten war, dass er etlicher Regimenter von Ew. Ch. D. Hauptarmee alda gewärtig wäre, rieth ich meinem Bruder, dem Herrn Reichskanzler das Schreiben zu zeigen und ihm dabei zu erkennen zu geben, dass Ew. Ch. D. nun den Schweden bald auf die Haut gehen und dass solches schon geschehen sein, wenn es die Saison bisher hätte zulassen wollen, und wenn Ew. Ch. D. zu Ihrer Sicherheit nicht höchst nötig erachtet hätten, aller Ihrer Alliirten und getreuen Nachbarn, insonderheit aber I. Königl. Maj. von Dänemark gewisser Assistenz sich vorher zu versichern. Als dieses mein Bruder gethan, hat er sich sehr satisfait erwiesen und gesaget, es wäre dem Könige mehr um eine rechte Ruptur als um die Requisition und das Spanische und Holländische Geld zu thun, damit nur die stattliche Conjunctur und Gelegenheit, so der Höchste zu der Schweden Ruin Ew. Ch. D. und Dänemark verliehen hätte, Ihnen nicht aus Handen gehen möchte.

Der spanische Envoyé hier hat von der Königin Ordre bekommen (d. d. 12. Februar st. n.) dem hiesigen Hofe zu requiriren die 80000 Rthlr. Anrittsgelder spanischerseits, „als die Hälfte der 160000 Rthlr., so Spanien und Holland zusammen entrichten müssen"; er wird die Requisition im Memorial oder coram commissariis thun, „weil man allhier, damit dem Schwedischen Ambassadeur die Augen nicht zu frühe geöffnet werden mögen, praecaviret, dass die Requisition nicht in einer publiquen Audienz geschehe".

Hannover hat sich zur Neutralitätserklärung herbeigelassen für den Fall, dass das Bremische Land nicht berührt werde. Dies die Aussage des Cellischen Envoyé Wittorf, der zu dieser Meldung den Befehl von seinem Hofe erhalten hatte. „Mein Bruder fähret jetzt in der Stadt herum, zu sondiren, was deshalb eigentlich vorgehe und was der Hof in beiden Passibus, nämlich wegen der Spanischen Requisition und der Hannoverischen Erklärung, sondire."

In Stockholm wahrscheinlich nur ein Deputationstag, weil der Reichskanzler „mit Wenigen besser als mit Vielen zu rechte zu kommen hoffet".

Friedrich v. Brandt. Relation d. d. Kopenhagen 9. März 1675.

9. März. Vorschlag, K Baiern durch den Pfalzgrafen von Sulzbach, der vor zwei Jahren in Schweden durch seine Händel mit dem RKanzler „eine grosse unversöhnliche Feindschaft wider diesen geschöpfet", zur Partei des Kaisers zu bewegen. — Für Colberg ist von Dänemark nichts zu hoffen. Man will noch nicht losschlagen, aus Furcht, Wrangel könne Pommern und Mark verlassen

und nach Holstein gehen. — Man verlangt einige holländische Schiffe in der Ostsee. Der Lübeckische Secretarius „ist mit gutem Vergnügen abgefertigt". Man sucht diese Stadt zu gewinnen. Mit Danzig und Bremen wäre es auch hohe Zeit.

Die nächsten Relationen melden von Kriegspraeparatorien.

Christoph von Brandt. Relation. d. d. Kopenhagen 28. März 1675.

Sendet ein königliches Antwortschreiben. Er ist vier Tage auf See gewesen, hat aber wegen Contrawindes wieder in Kopenhagen ankern müssen. 28. März.

Der König will sich mit der Stadt Hamburg vergleichen. Ob Kf. seine Interposition dem Werke zuwenden möchte? ob demgemäss Brandt mit den Hamburgischen Deputirten wieder zurückreisen solle? „Bei heute angelangter Post hat der hiesige Spanische Extraordinar Envoyé ein scharfes Schreiben von der Königin von Spanien an den Magistrat zu Hamburg erhalten, worinnen I. M. dreuen, der Stadt alle Commercien in den Spanischen Königreichen, Inseln und Provincien zu verbieten, wofern sie den Kaiserlichen Avocatoriis nicht parirete und mit des Reichs und der Alliirten Feinden länger unter einer Decke läge. Dieses Schreiben sendet der Envoyé durch seinen Secretarium nacher Hamburg, der morgen zu Lande, weil ich auf guten Wind länger nicht warten kann, mit mir dahin reiset, und werde ich mich des Inhalts dieses Spanischen Schreibens aufs beste bedienen, denen Hamburgern eine Furcht einzujagen."

Friedrich von Brandt. Relation d. d. 3./13. April 1675.

Er hätte gern mit dem letzten kurfürstlichen Schreiben zugleich „die bewusste Commissiones" empfangen, weil er fürchtet, „dass die schwedischen Schiffe, so nach Lübeck gegangen Korn und Salz zu holen, wie auch andere Kaufleute, die anitzo Schweden zu proviantiren suchen, frei durchgehen und selbige Kron mit aller Nothdurft versehen werden. Die Leute, so sich bei mir angegeben, auf die Schweden zu fahren, verlangen demnach sehr, dass diese Commissiones bald kommen möchten, und sind mit ihrer Ausrüstung dazu fast fertig. Insonderheit aber haben sich einige von der Westindischen und von der Salz-Compagnie bei mir angegeben und mir gesagt, dass weil sie ohnedem wol bewehrete Schiffe hätten, sie en passant Schwedische und Französische Schiffe wegnehmen und in die Spanische Hafen aufbringen wollten, wenn sie nur von Ew. Ch. D. desfalls Commission haben möchten." B. bittet also um etliche Exemplaria der Commissionen, wie sie von ihm aufgesetzt sind; „wie denn Ew. Ch. D. den Schweden auch darinnen werde Abbruch thun können, weil einige unter diesen Kapers für diesem in Kriegsdiensten gewesen, und sich anerbieten, in Schweden und Frankreich an Land zu gehen und von den Einwohnern alles zu nehmen, was sie kriegen können". 13. April.

Hier grosse Zufriedenheit über die von Holland und Spanien nunmehr gezahlten Subsidien und Anrittsgelder. Der König wird sie sogleich in rem militarem nur zu Werbungen verwenden. „Nachdenken und Alteration verursacht jedoch: erstlich dass man in Holland die vier schwedische Schiffe, welche auf Ew. Ch. D. Commission durch die seeländische Capers weggenommen worden, wieder losgegeben und eine Ordre an die Admiralität ergehen lassen, dafern dergleichen ferner geschehen sollte, es ernstlich zu strafen; zum andern dass Herr Fagel expresse zum Herrn Klingenberg gesaget, es würde der Staat die Commercien mit Schweden nicht brechen, woraus sie hier genugsam sehen könnten, dass Holland nicht gemeinet sei, tout de bon gegen Schweden zu agiren, weil selbige Kron durch Sperrung der Commercien könnte am meisten incommodiret werden; zum dritten dass auch Herr Fagel gegen den von Klingenberg erwähnet, dass der Staat gerne sehen möchte, dass Dänemark in Pommern gegen die Schweden agirete, woraus zu schliessen, dass Holland weder zu Wasser noch zu Lande gegen selbige Kron zu agiren gedächte, wie man dann aus des Herrn Klingenbergs eingekommenen Relationen noch keine Anstalt oder Begierde dazu sehen könnte. Der H. Reichskanzler sagte mir heute dieses mit sonderbarem Mescontement und erwähnete dabei: I. Kön. M. hätte dem Herrn Klingenberg bei dieser Post Ordre ertheilet, den Staaten General ausdrücklich zu hinterbringen, dass Sie Sich anitzo an Ew. Ch. D. Exempel spiegeln und sehen wollten, wie der Staat, der soviel Gutthaten von Ihr empfangen und nur durch Sie aus der französischen Dienstbarkeit erlöset worden, Sich gegen Ew. Ch. D. anschicken würde.“ Weitere ernsthafte Remonstrationen.

---

3. Die Gesandtschaft Th. v. d. Knesebecks und des Herzogs von Holstein-Ploen nach Dänemark.

Instruction für den Generalfeldzeugmeister Gouverneur zu Magdeburg Herzog August zu Schleswig-Holstein-Plön und den Geheimen Rath und Oberhofmeister Thomas von dem Knesebeck bei ihrer Sendung nach Kopenhagen. Dat. Kuppenheim [getilgt Obern-Achern] 5. Januar 1675. Conc. v. Somnitz.

[Die schwedische Ruptur und wie alle Einwände dagegen zurückzuweisen.]

1675. 15. Jan. Die Gesandten haben zu hinterbringen was ja der König aus dem Schreiben vom 3. d. und aus dem Vortrage v. Brandts bereits wird vernommen haben — welchergestalt der Königl. Schwedische Feldherr Graf Wrangel unserer Churbrandenburg Lande überfallen, und dabei ausdrücklich fürgeben dürfen, dass es darum geschehe, damit die Armee den Kgl. Schwedischen Landen im Reiche nicht mehr beschwerlich wäre, sondern in den Unsrigen verpfleget, wie auch dadurch von den Alliirten abgezogen würde. Wie nun dieses ein frevelhaftes und gewaltsames Fürnehmen, so wider alles Völkerrecht und die heilsame Reichsverfassungen anläuft, auch die Alliance selbst, so mit der Krone Schweden vor etlichen Jahren gemachet und neulich renoviret: so setzeten wir zuvörderst zu dem allerhöchsten gerechten Gott die feste Zuversicht, er werde Uns, da Wir dergestalt ohne einige rechtmässige Ursache überfallen werden, in Unserer gerechten Sache kräftig beistehen, und denen, so diese Ungerechtigkeit und Gewalt verübt, steuern und ihnen ihren verdienten Lohn geben. Wir hätten danächst auch zu Unseren Mitständen im Reich, wie auch zu Unseren hohen Alliirten das gute Vertrauen, sie würden Uns die aus dem Instrumento Pacis schuldige Garantie und dann die in dem Bündnis versprochene Hülfe leisten. Nachdem aber zwischen Ihrer Königl. Maj. und Uns, auch Unseren hochgeehrten Herrn Vorfahren allwege ein sonderbares gutes Verständnis gewesen, also dass man einander treulich . . . . und in dergleichen widerwärtigen Fällen Beistand geleistet, Wie dann Ihre Königl. Maj. Dero angeborener Gütigkeit nach sich öfters erinnert und erwähnet, wie Wir bei dergleichen Begebenheit gegen Dero hohes Königl. und Dero Herrn Vettern glorwürdigsten Andenkens Uns in der That bezeiget und für derselben Wolfahrt Unsere Person und alles gewaget, so hätten Wir in dieser gewaltsamen Ueberziehung Unserer Lande zu Deroselben zuvörderst Unseren Recurs nehmen und dieselbe durch S. Ld. und Ihn ersuchen wollen, Sie geruheten, die auf solchen Fall, wie itzo entstanden, die öfters versprochene Hülfe und Assistenz Uns zu leisten, die Waffen ohne Aufschub würklich wider Schweden ergreifen zu helfen.

Wir hofften, Ihre Königl. Maj. würde sich hierauf Unserem Verlangen und der gethanen Zusage nach erklären. Würde man diese Proposition schriftlich begehren, auch eine Conferenz anstellen wollen, haben Se. Ld. und Er zu beiden sich zu verstehen, und kann bei der Conferenz Unser dort sich befindender Rath, der von Brandt, auch adhibiret werden.

Sollte man nun dabei oder sonst einwenden: 1. Es hätten Ihre Königl. Maj. von den Alliirten und zuvörderst von Spanien annoch keine völlige Satisfaction erlanget, und wann Sie itzo losbrechen würde, es damit härter halten und dieselbe wol gar nicht erfolgen würde, so ist dabei anzuführen, dass, nachdem Unsere Räthe, so im Haag und am Kaiserl. Hofe, auf Unseren Befehl sich höchst bemühet, dass sie solche Satisfaction befördern möchten, sie Uns berichtet, es damit nunmehr in gar guten Terminis stünde, die vereinigten Niederlande dabei gar keine Difficultät machten, und wegen Spaniens auch dergleichen Expedientien unter der Hand wären, dass also die Sache so gut als für gethan erachtet; da auch nunmehro der casus Foederis entstände, da Schweden Uns als einen Alliirten mit Gewalt dahin bringen will, dass Wir von den übrigen Alliirten Uns separiren sollen, so ist um soviel desto weniger zu zweifeln, es werde Ihrer Königl. Maj. alle gute Satisfaction, dafern es nicht allerdings geschehen, doch ungesäumt gegeben werden, und möchte es sich durch Gottes Gnade also fügen, dass Ihre Königl. Maj. bei dieser Gelegenheit zu ihren Landen wieder kommen möchten, welches dann ohnzweiflich alle andere Satisfaction übertreffen würde, wozu Wir dann auch mit allen Kräften vermittelst göttlichen Beistandes zu helfen und zu cooperiren, Uns verbindlich machen wollen.

2. Würde man anziehen, dass dieses Werk einen schweren Krieg nach sich ziehen würde, so ist fürzustellen, dass, nachdem die Herren General-Staaten ins Bremische zu gehen und eine Flotte gegen das Vorjahr nach Osten gehen zu lassen, allbereit sich declariret, Wir auch in Vorpommern nebst einigen andern Alliirten vermittelst göttl. Beistandes, zu agiren gemüssiget worden, der Krieg eben schwer nicht fallen dürfte, allermassen man sich in einer so gerechten Sache zuvorderst des göttlichen Beistandes zu versichern. Wobei man dann Ihrer Königl. Maj. höchstvernünftige Gedanken wegen der Kriegsoperationen, und welchergestalt dieselbe anzustellen, zuvörderst verlangen und erwarten wird.

3. Sollte man diese Irruption der Schweden nicht für eine Ruptur annehmen wollen, so haben Sie fürzustellen, wie der Feldherr Wrangel sich gegen den von Hagen vernehmen lassen: er wäre befehligt, die Königl. Schwedische Armee in alle Unsere Lande zu führen. Woraus dann anders nichts erfolgen kann, als dass, wo dem Uebel nicht gesteuert wird, Unsere Lande verderbet, die Contributiones cessiren und die Garnisonen verschmachten und zerschmelzen und Wir also gar um Land und Leute, da Gott für sei! kommen möchten, Und können Wir nicht absehen, wo man es ärger machen oder uns feindlicher tractiren könnte. So berichtet auch der von Hagen, dass alle die Oerter, wo

die Schwed. Truppen in Unsern Landen gestanden, gar in den Grund ruiniret worden, und den Leuten alles, was sie hätten, genommen, auch das Vieh, so man zum Unterhalte nicht bedurft, doch gewürgt würde. Weil auch der Feldherr die Artillerie gleichfalls in Unsere Lande gehen lassen, so sehen Wir nichts, was an der gänzlichen Ruptur und Feindseligkeit ermangeln, zu geschweigen des unbedenklichen Schimpfes, so Uns hierunter zugefüget wird, nachdem man so ungescheut in Unsere Lande gehet und öffentlich fürgeben darf, es geschehe darum, dass die Schwedische Lande in Deutschland verschonet und Unsere Lande beleget würden, gleichsam wären Wir den Schweden dergleichen Praestationes und Unpflichten schuldig.

4. Sollte man einige Dinge anführen, so Uns von Schwedischer Seite fürgeworfen werden, als dass Wir mit ihnen über Unser Fürhaben nicht communiciret, so zeitig als die Alliance es erfordert: so ist zu berichten, dass das Fürgeben so falsch als ungerecht ihr Fürnehmen, allermassen die Communication, so bald es möglich gewesen, geschehen, wie aus beigelegter lateinischer Schrift eigentlich zu ersehen. Und wann Wir gleich bei der Communication einige Retenue gebrauchet hätten, so hätte Uns doch kein Mensch solches verdenken können, weil die grosse Vertraulichkeit und Correspondence, so Schweden mit Frankreich gepflogen, und da Schweden das französ. Interesse allenthalben, auch so gar, dass man bei der Mediation die Partialität allezeit verspüret, aller Welt kundig und offenbar gewesen. Gesetzt aber, jedoch nimmermehr gestanden, dass Schweden etwas Erhebliches gegen Uns hätte, so wäre es doch nicht befugt gewesen, Unsere Lande zu überziehen, allermassen den unter Uns aufgerichteten pactis gemäss, dass, wann einige Irrungen unter Uns entstünden, dieselben in Güte erörtert und beigeleget werden sollten.

5. Haben S. Ld. wie auch der von dem Knesebeck Unser Desiderium dem Reichskanzler daselbst aufs beste fürzustellen und ihn zu ersuchen, dass er seinem guten oft gethanen Erbieten nach sich bemühen möge, dass demjenigen, so Uns Ihre Königl. Maj. durch ihn öfters versprechen lassen, nunmehro ohne Verzug ein Genüge geschehe. Wie Sie dann auch bei Ihrer Königl. Maj. selbst dieses zuvörderst fürzustellen haben, dass eine späte Hülfe, und wann Unsere Lande ruiniret, so gut als keine Hülfe sein würde.

6. Weil auch itzo zwischen Dänemark und Schweden eine Alliance durch Französ. Vermittelung tractiret werden soll, als haben sie sich fleissig zu erkundigen, in was für Terminis es damit stehe.

7. Sollte man gegen Uns einige Kaltsinnigkeit und, dass man das Werk so eifrig nicht angreifen wollte [bezeigen], als man uns wol öfter versichert, so haben sie was deutlicher und umständlicher anzuzeigen, was Wir bei dem Königl. Hause gethan, und wie hoch Wir Uns dessen Conservation und Wolfahrt angelegen sein lassen, und wie Wir es mit allen treu gemeint, dahero Uns auch nimmer mehr versehen, dass man Uns dergestalt begegnen würde. Wir müssten es Gott heimstellen und zusehen, wie Wir Unsere Mesures sonsten nehmen müssten.

8. Wollte man nötig erachten, wegen dieses gemeinen Werkes einen Spezialvergleich zu machen, soll Uns solches nicht zuwider sein, es müsste aber der Tractat dergestalt angestellet werden, dass damit die Zeit, darin zur Rettung Unserer Lande etwas fürzunehmen, nicht consumiret würde. — Wohin sonst Unsere Intention gehet, und wozu Wir gegen Ihre Königl. Maj. Uns anheischig machen wollen, solches ist aus obigem zu ersehen. Wann etwas darüber sollte desideriret werden, könnte der von Knesebeck daselbst subsistiren, das Werk nebst dem von Brandt weiter treiben und davon referiren; jedoch wie gesagt, dass der Tractat nicht inutil sei, und weil er währet, alles zu Grunde gehet, das Gott verhüte.

9. So haben Sie auch Ihre Kgl. Maj. zu ersuchen, Jemanden an des Herzogs zu Braunschweig und Hannover Ld. zu senden, dass er sie abmahnen möchte, wider das Reich und die darin Bedrängten nichts Thätliches fürzunehmen, und dergleichen Blame bei der Nachwelt nicht über sich zu laden.

10. Auch sind Ihre Königl. Maj. zu bitten, an Moscau zu senden, selbiges wider Schweden aufzubringen.

11. Würde aber Ihre Königl. Maj. nach Unserem Wunsch sich resolviren, haben Sie uns davon, wie auch von allem, so passiret, schleunigst zu berichten.

12. Auch können Sie den Reichskanzler versichern, dass Wir seine gute officia und Bemühungen der Gebühr erkennen werden.

Nach verrichteter Expedition ist diese Insitution wieder in unser Archiv zu liefern und wünschen zu allem guten Succes.

Herzog August zu Holstein-Ploen an den Kurfürsten. Dat. Magdeburg 16. Januar 1675.

[Fortification von Magdeburg. Gesandtschaftsgelder.]

Ist gestern Abend hier angekommen, wird sich morgen nach Hamburg begeben, 26. Jan.
von wo er in sechs Tagen in Kopenhagen zu sein hofft. Die Besichtigung der Fortificationen hier hat ein günstiges Resultat ergeben.

Geld. Die ihm assignirten 1000 Thlr. sind ihm von dem Commissarius hier gezahlt worden. Da jedoch von Strassburg bis hierher auf der Reise gegen vierhundert Thlr. dazugegeben worden, „sintemalen wir zehn Personen stark, als sieben von meiner und drei von Mr. Knesebecks Seite, gewesen", so hat er hier noch weitere fünfhundert Thlr. aufnehmen müssen. Kf. möge an Heydekampf die Verordnung ergehen lassen, „damit solche 500 Thlr. in Hamburg mögen wieder bezahlet werden, denn in hiesiger Casse nicht viel mehr zum besten, und was noch vorhanden, zu hiesiger Nothdurft muss behalten werden. Wenn, wie ich hoffe, mit guter Verrichtung wiederkomme und ich solche nicht ausgegeben, will ich alles wiedererlegen. Vernehme sonsten allhier, dass die Schweden in der Mark nicht allein alles auszehren und den Leuten das Ihrige nehmen, sondern noch viele andere Feindseligkeiten verüben sollen."

Herzog zu Holstein. Relation d. d. Hamburg 22. Januar 1675.

Beschleunigt seine Reise schon so viel wie möglich. Es ist wegen un- 1. Febr.
günstiger Witterung und böser Wege nicht eher möglich gewesen geschwinder fort zu kommen, „auch in Anbetrachtung des weiten Weges, da von dorten, da ich meine Abfertigung erhalten, bis Kopenhagen 180 Meilen sein über Magdeburg".

„Sonsten hat mich der katholische Landgraf ersuchet Ew. Ch. Gn. ganz gehorsamst im Namen seiner zu bitten, Ew. Ch. Gn. so gnädig sein wollen ihm bei S. Röm. K. Maj. zu Dero Kriegsdiensten . . . . . . zu recommandiren. I. Ld. erweisen sich trefflich gut kaiserlich. Ew. Ch. Gn. werden sich höchst obligiret machen, und weiss ich gewiss, dass S. Ld. in allen Begebenheiten Dero gehorsame Dankbarkeit Ew. Ch. Gn. werden sehen lassen."

Thomas von dem Knesebeck. Relation. Dat. Kopenhagen 30. Januar 1675.

[Abgabe der Creditife. Unterredung mit Griffenfeld. Einstreuungen Terlons. Audienz bei Hofe. Eingehende Eröffnungen des Reichskanzlers.]

Verweist auf die Reiseberichte des Herzogs von Holstein. Da sie 9. Febr.
überdies noch durch Conträrwind auf dem Belt aufgehalten worden, sind

sie erst vorgestern den 28. st. v. angelangt — da dann sofort unsere Credentialen dem Ceremonienmeister zugeschicket und von demselben die Audientien auf den andern Tag um 11 Uhr uns angesaget worden, worauf ich des Morgens frühe mich bei dem Herren Reichskanzler dem H. Grafen von Griffenfeld eingefunden, und demselben von unserer Commission Ouverture geben wollen. Par adventure aber ist auch eben der Französ. Ambassadeur Mr. Terlon bei ihm gewesen und hatte eine Zeitung vor ganz veritabel ausgesprengt, dass Ew. Ch. D. mit der Krone Frankreich in Tractaten begriffen, und dieselbe mehrenteils als geschlossen zu achten, auch die Invasion von den Schweden in Dero Lande eben für keine Feindseligkeit aufnähmen. Wie nun der Herr Reichskanzler mir solches in seiner Gegenwart gesaget, und er ohnedem in Discours sich mit mir einzulassen beliebet, habe ich ziemlicher Massen mit ihm concertiren und den Argwohn, dass man anjetzo mit Frankreich und Schweden Frieden tractiret, welches auch sonst wol allerhand Impressiones allhier am dänischen Hof hätte machen können, benehmen müssen. Als nun endlich ged. Französischer Ambassadeur Abtritt genommen und ich dem Herrn Reichskanzler von dem, was uns in commissis gegeben, in antecessum Eröffnung gethan, hat derselbe zuvörderst mit sehr grosser Civilität für das gnädige Handschreiben von Ew. Ch. D. gedanket, und nachgehends Ihrer K. Maj. aufrichte Intention und wie Sie ihre grösste gloire sucheten, Ew. Ch. D. in dieser Occasion ihre Freundschaft wirklich zu temoigniren, auch nicht zu ruhen, bis wegen desjenigen Torts, so derselben durch den Einfall der Schweden in Dero Landen, völlige und gänzliche Satisfaction geschehen, weitläuftig sinceriret, auch seine möglichste Cooperation hierunter bestermassen versprochen; worauf gegen 11 Uhr des Herzogs von Holstein Fürstl. D., nachdem sie den vorigen Tag selbsten, dass sie keine Ceremonien haben wollten, protestiret, nebenst mir durch den Ceremonienmeister mit 2 Karossen, jede mit 2 Pferden bespannet, zu Audienz abgeholet und in den innersten Schlossplatz, bis an die Stiege, wo man nach des Königs Gemach hinaufgehet, geführet worden, da denn ged. S. Fürstl. D. gegen Sr. Königl. Maj. so wol, als nachgehends der Königin und Sr. H. Prinz Georgen die Rede gethan, und überall mit grossen Contestationen der Freundschaft und guter Affection gegen Ew. Ch. D. beantwortet worden. Den Nachmittag darauf sind wir zu dem Reichskanzler gefahren, und ist derselbe sehr aufrichtig gegen uns, auch ausdrücklich gegen uns so weit herausgegangen, dass Se. Königl. Maj. diese Gelegenheit so wol aus eigenem Interesse als zuvörderst die Gloire zu haben, Ew. Ch. D. reelle Freundschaft zu erzeigen, nicht aus Händen gehen lassen würden; hätten auch zu dem Ende bereits sowol an Holland, um die Herrn Staaten zu poussiren (die, wie es scheinen wollte, etlichermassen .... eingeschlafen wären, und doch vermöge des Vergleichs billig sie zuerst requiriren sollen) als auch nach Hannover, um Se. F. D. daselbst, wo nicht gar auf ihre Seite zu bringen, jedoch nur mit ihren Truppen stille zu sitzen, als wozu er noch einige Hoffnung zu haben vermeinet zu disponiren, einige Expresse abgeschicket. Und würde es gewiss an Sr. Königl. Maj. nicht fehlen, nur möchten sie man erst die Holländer auch gerne im Harnisch sehen, und dass es ihnen ein Ernst wäre, Ew. Ch. D. mit Macht beizustehen; sie müssten gestehen, dass mit Diversionen diesem Werke am besten zu helfen, zuvörderst aber nötig sein würde, dass Ew. Ch. D., als dero Lande anjetzo infestiret würden, mit ihren Truppen sich movirten, und dergestalt alles zugleich angefangen würde. Selbiges hat nun ged. Herr Reichskanzler, da er heute Nachmittag die Revisite gethan, nochmals wiederholet, und ausdrücklich so viel zu verstehen gegeben, dass Se. Königl. Maj. nichts mehr verlangete, als reelle Hülfe zu thun, und die Resolution, mit Schweden zu brechen, gefasst wäre, so bald nur Ew. Ch. D. sich auch moviren möchten. So viel ist es, gnädigster Churfürst und Herr, dass wir allhier bei der Königl. Maj. die grösste Inclination und Begierde, Ew. Ch. D. nachdrückliche Assistenz zu leisten, finden, und dass sie diese Gelegenheit, auch Ihr Interesse dabei zu beobachten, mit beiden Händen embrassiren und solche nicht leicht echappiren lassen dürften; und muss dem H. Reichskanzler das Zeugnis gegeben werden, dass er solche Intention von Sr. Königl. Maj. aufs Aeusserste poussiret, auch dergestalt, dass sie nicht auf Spaniens oder Hollands Resolution warten, sondern sofort losbrechen, wenn sie nur versichert, dass Ew. Ch. D. auch wirklich wider die Schweden die Waffen ergreifen, und durch keine andere Beredung sich davon abwendig machen lassen wollen, denn sowol an Seiten des Schwedischen als Französischen Ambassadeurs heftig gearbeitet wird, der Königl. Maj. und deren Ministris zu imprimiren, dass zwischen den Königl. Majestäten in Frankreich, Schweden und Ew. Ch. D. eben keine sondere Feindseligkeiten wären, sondern dieselben in solchen guten terminis der Composition stünden, dass man desfalls bald auseinanderkommen möchte, und haben wir allhier genug zu thun, solche Impressiones einem und anderem zu benehmen und dadurch den Zweck

Ew. Ch. D. Intention, deswegen wir anhero geschicket, zu befördern. Es ist auch der Herr Reichskanzler heute in so weit herausgegangen, dass ihre Gedanken wol abzielen möchten, sofort in Schweden zu gehen, wenn an Seiten Hollands Bremen, von Ew. Ch. D. aber das Schwedische Pommern attaquiret werden könnte, damit also Schweden an unterschiedenen Orten angegriffen und desto mehr mit Effectu supprimiret werden möchte. Ew. Ch. D. habe ich dies nur aufs Eiligste und, da die Post anjetzo gleich abgehen soll, in autecessum berichten sollen, und weil unsere Proposition in einem schriftlichen Memoriali überreichet worden, der Herr Reichskanzler uns auf heute vertröstet, dass übermorgen dieses Negotium recht debattiret und eine categorische Resolution befördert werden solle, als werden des Herzogs von Holstein Hochfürstl. D. als den einen Expressen an Ew. Ch. D. damit spediren, die inzwischen nicht ungnädig aufzunehmen bitten, dass sie selbsten nicht geschrieben, weil sie anjetzo zu der Königl. Maj. hinaufgefahren.

Thomas von dem Knesebeck. Relation. Dat. Copenhagen den 6. Februar 1675.

[Zustimmende Schlussresolution des Königs von Dänemark.]

16. Febr. .... Haben Se. K. Maj. zu Dänemark uns vorgestern, als den 4. dieses Monats durch dero Reichskanzler und Reichsmarschall die Final-Resolution dahin eröffnen lassen, dass wie Se. Königl. Maj. der Schweden Procedur mit Ew. Ch. D. Landen nicht wenig zu Herzen nähmen, auch nie unvergessen stellen würden die erspriessliche Assistenz, so Ew. Ch. D. hiebevor diesem Reiche erwiesen, also Sie hingegen resolviret wären, alles bei Ew. Ch. D. aufzusetzen und Ihr Intresse als dero eignes zu achten; nur würde requiriret werden, dass Ew. Ch. D. nur ein wenig en effect témoigniren möchten, dass des Feldherrn Wrangels Einfall in dero Lande Sie für eine Feindseligkeit schätzeten und die Schweden nicht pro novo hospite, sondern pro hoste erkenneten; denn sowol an Seiten des Französ. als Schwedischen Ambassadeurs allhier kräftig ausgegeben würde, dass Ew. Ch. D. diese Einquartierung in dero Lande im geringsten für keine Ruptur achteten, auch desfalls keinen Unmut verspüren lassen würden; zudem stünden Sie mit Frankreich allbereit in Tractaten und wäre gute Hoffnung zum Accommodement sowol mit demselben als mit der Krone Schweden, die auch aus keiner feindlichen Intention, sondern

nur bloss ihre Quartiere ein wenig zu eslargiren und Ew. Ch. D. von den Alliirten abzuziehen, Ew. Ch. D. Lande bezogen. Solchen Argwohn nun überall zu benehmen, würde zum höchsten nötig sein, dass Ew. Ch. D. zuvörderst Ihr Ressentiment wider die Schweden sehen zu lassen den Anfang machen möchten, damit man auch an Seiten Sr. Königl. Maj. allhier mit desto besserer Manier dazu kommen könnte, als da es keines Antreibens weiter vonnöten wäre, sondern sie diese Gelegenheit auch ihres eigenen Interesses halber nicht gerne aus Händen gehen lassen und sich selbste poussiren würden. 2. würden Ew. Ch. D. auch fernerweit nicht unterlassen, die Alliirten als die Kaiserl. Maj., Spanien und Holland aufzufrischen, welches dann an dieser Seiten auch mit Fleiss geschehen solle.

3. wäre auch höchstnötig, dass Ew. Ch. D. auch in England vorbauen und daselbst der Schweden Proceduren der Notdurft nach vorstellen lassen möchten.

4. wollte man vor allen Dingen des Vertrauens zu Ew. Ch. D. sein, dass, da man anjetzo sich dergestalt zusammensetzet, Ew. Ch. D. fermement und beständig bei dieser Partei bleiben, sich davon durch keine Persuasiones oder einige Bewegungen abwendig machen und dann in allem communicato consilio verfahren, auch alles mit der grössten Secretesse negotiiren lassen würden; quoad modum belli gerendi conformirete man sich mit Ew. Ch. D. Gedanken, dass das Zuträglichste sein würde, wenn an Seiten Dänemarks man in Schonen, von Holland aber in den Bremischen Landen und von Ew. Ch. D. in Vorpommern, oder wo es derselben sonst gefällig, agiren, und solches womöglich zugleich angefangen werden könnte. Der Anfang aber von der Ruptur müsste unumgänglich von Ew. Ch. D. geschehen und gemachet werden. — Weil nun dieses die endliche Erklärung gewesen, Ihre Königl. Maj. auch demselben allen, so bald nur von Ewrer Ch. D. der Anfang zur Feindseligkeit gemachet sein würde, sofort nachzukommen, bei dero Königl. Parole sowol des Herrn Herzogs von Holstein Fürstliche D. als auch mich bei der Abschiedsaudienz nochmal versichert, und dann der von Ew. Ch. D. intendirte Zweck, nämlich, dass man sich erklären möchte, mit Schweden zu brechen und die Waffen wider dieselben zu ergreifen, dadurch erhalten worden: als haben wir unsern Abschied damit genommen und brechen heute von hier wieder auf. Von Hamburg aber werden höchstgedachte des Herrn Herzogs Fürstl. D. mit der völligen Relation einen expressen Courier an Ew. Ch. D. abschicken. Inzwischen und um keine Zeit dar-

unter zu versäumen, habe Ewrer Ch. D. ich hiervon zu referiren nicht unterlassen sollen, der ich im übrigen auf Dero heute eingefallenen Geburtstag aus tiefster Devotion unterthänigst gratulire.

Thomas v. d. Knesebeck. Dat. Hamburg 12. Februar 1675.

[Griffenfeld recapitulirt in allen Einzelpunkten die dänische Resolution. Auslassungen des spanischen Gesandten. Schwedisches Memorial mit Erläuterungen Juels. Abschiedsaudienz und Abreise der beiden Gesandten.]

22. Febr. . . . . Ihre Königl. Maj. blieben einmal beständigst bei dem, dessen sie vor kurzer Zeit den Residenten Brandt versichert hätten, nämlich dass Ewrer Ch. D. Interesse ihr eignes sei und Sie es gleich dem ihrigen achteten, und weil Ihre Königl. Maj. gleich im Anfange dieses jetzigen Krieges vorhersehen können, dass dergleichen sich mit der Zeit hervorthun möchte, hätten Sie, um allem Unheil vorzubeugen, sich auf ihre eigene Unkosten bei Zeiten etlichermassen in Verfassung gestellt, auch, wie mir selbst wissend, vor einem halben Jahre etwas Volk in Holstein zusammengeführet, den Schweden ziemlichen Alarm damit gemachet und ihre Desseinen nicht wenig dadurch gehindert. Da aber die Krone Schweden von Frankreich so ansehnliche Subsidien gezogen und sich auf dem deutschen Boden dergestalt verstärket, dass die Schwedische Macht der ihrigen zu gross worden, hätten Ihre Maj. zwar nicht ermangelt, solches sowol in Spanien als Holland aufs fleissigste und eifrigste vorstellen zu lassen, mit Bitte, dass man sich bei Zeiten in solche Armatur setzen möchte, damit Schweden von aller Feindseligkeit abgehalten und ihr Vorhaben gebrochen würde. Es hätte aber solches, weil man ja an beiden Orten so sicher gewesen, und so gewiss vorhersehen können, dass Schweden immerhin stille sitzen und nichts tentiren würde, ja ihre Envoyés und Residenten zu Copenhagen gemeinet, genugsam vergewissert zu sein, dass Schweden mit Brandenburg nicht brechen würde, nichts verfangen wollen, also dass man das Unglück, welches mit vielen Tonnen Goldes nicht zu remediren ist, nun mit Schmerzen für Augen sehen müsse, welches Ihre Maj. ohne Blutvergiessen hätten praecaviren und ihre Armee in guten Stand setzen, die Schwedischen Truppen hingegen durch Werbungen zum grössten Teil ruiniren können. Der grösste Verdruss, so der König hierbei hätte, bestünde darin, dass, wann man allhier avancirete, man sofort in Holland

und Spanien reculirete und wol gar vorgeben dürfte, den Dänen jucke die Haut, und dass diese Krone proprio motu absque ulla necessitate sich zum Kriege dringen, ja wol gar durch Hülfe der holländ. Subsidien in die Haare zu kommen trachte, wie denn der 15. Artikel des Tractats solches mehr als zu klar an den Tag legete, überdem dass man auch sonsten von Spanien und Holland nicht wenig negligiret worden. Hierbei könnte er, der Reichskanzler, uns nicht bergen, welchergestalt S. Königl. Maj. Ewrer Ch. D. mehr Zeichen ihrer aufrichtigen Freundschaft hätten sehen lassen, als Sie eine Zeit hero von Ewrer Ch. D. verspüret hätten. Gleich im Anfang ihrer Regierung hätten sie den Herrn Habbaeus nach Berlin abgeschicket, um daselbst mit Ew. Ch. D. eines und anderes zur Befestigung des hergebrachten Vertrauens und Beförderung des gemeinen Interesse zu tractiren, es wäre aber selbiger unverrichteter Sache wieder zurückgekommen. Seitdem hätten Ew. Ch. D. Ihrer Maj. von Ihren mit Frankreich aufgerichteten Tractaten niemals das Geringste vorher wissen lassen, zu geschweigen dass Sie sich im vergangenen Jahre gegen alle Ihro Maj. so wolgemeinte Erinnerungen mit Schweden engagiret hätten. Da nun Ihre Maj. Froideur mit Froideur zu vergelten gesinnet wären, dürften Sie bei jetziger Begebenheit nur so lange die Hände in den Schoss schlagen, bis sie von Holland requiriret und der stipulirten Subsidien halber contentiret wären. Ihro Maj. aber wäre Ewrer Ch. D. hohe Generosität bekannt, und wüssten wol, dass dergleichen von Ihr selbst nicht herrühreten. Derohalben könnte Sie dieselbe auch in Ihrer gerechten Sache nicht dergestalt hülflos lassen, sondern hätten, anstatt dass sie von Holland sollten poussiret werden, vielmehr dieselbe mit anfrischen wollen und zu dem Ende, sobald sie nur den Einfall in Ew. Ch. D. Lande gehöret, den Herrn von Klingenberg in aller Eil dahin abgefertiget, um sie daselbst aufs Beste zu treiben; wie dann gedachter Herr von Klingenberg nicht etwa zu dem Ende dahin gesandt worden, dass er den Staaten General schwere Conditiones vorschlagen, sondern dass er sie mit Ernst anmahnen und erinnern solle, dasjenige ohne Säumnis ins Werk zu richten, womit der Prinz von Oranien dem Schwed. Obristen von der Not, und Herr Fagel dem Ambassadeur Ehrenstein so hart gedräuet haben, nämlich die Truppen ins Bremische und die Flotte in den Sund gehen zu lassen. Solches alles thaten Ihre Maj. bloss aus aufrichtiger Affection gegen Ew. Ch. D. und verlangeten nichts mehr, als bei dieser Conjunctur die Consilia vertraulich zu communiciren, erklärten Sich auch hiermit und wären beständigst resolviret, alles bei

Ew. Ch. D. aufzusetzen und dero Interesse als ihr eignes zu achten, auch Sie nicht zu verlassen sondern im Unglück nicht weniger als im Glück fest und unverrücket bei ihr zu halten. Vor allen Dingen aber wäre vonnöten, dass, gleichwie ein jeder sein Haus, wenn es in Brand geraten, selbst zum ersten anfange zu löschen, also auch Ew. Ch. D., als die es am meisten anginge und in dero Lande der Einfall geschehn, mit der Ruptur gegen Schweden ehstes selber den Anfang macheten und damit wirklich erweisen möchten, dass Sie dieselben nicht pro novis hospitibus sondern pro hostibus erkenneten und hielten, damit auf solche Weise die schwedisch und französisch Gesinnten von den bisher ausgesprengten widrigen Gerüchten, als wenn Ew. Ch. D. schon in Friedenstractaten mit Frankreich stünden, abgehindert werden möchten, und man auch hier von dem schwedischen Ambassadeur Niels Brahe nicht mehr hören dürfe, dass es dem Könige in Schweden fremd fürkomme, dass man die schwedische Einquartirung in die Mark Brandenburg von dänischer Seite sinistre ausdeuten wollte, da doch Ew. Ch. D. selbst es für keine Ruptur hielten, indem Sie nichts dagegen tentireten und in Frankenland eben dergleichen thäten und von da weiter in Thüringen und anderen Provinzen Deutschlands Quartiere für Ihre Armee suchen würden. Und wie 2. wol Niemand zweifeln würde, dass man an Seiten Dänemarks den Schweden gerne eins anhenken und versetzen möchte, dazu es auch anjetzo die beste Gelegenheit geben dürfte, als wäre es bei Ihrer Maj. keiner sondern Anmahnung vonnöten, als welche aus eigener Generosität genügend angetrieben würden, sondern das Werk müsste bei den Holländern und Spaniern als den Schläfrigen getrieben werden, zu dem Ende dann Ihre M., da der Kaiserliche Courier auf den folgenden Tag wieder depeschiret werden sollte, Gelegenheit nehmen würden, bei Ihrer Kaiserl. Maj., als welche einen höchst rühmlichen Eifer für die gemeine Sache und Ew. Ch. D. Rettung spüren liessen, desfalls vertrauliche Erinnerung zu thun. Ew. Ch. D. aber würden ebenmässig nicht unterlassen, Holland und Spanien nochmals aufs Aeusserste zu poussiren, keine weitere Zeit zu verlieren, sondern ebenmässig aufs Schleunigste zur Sache zu thun, auch bei der Kaiserl. Maj. gleichfalls das Werk zu urgiren.

3. wäre höchstnötig, dass Ew. Ch. D. ehstes Jemanden der Ihrigen Ihrer Königl. Maj. in England der Schweden unrechtmässige Proceduren vorstellen und daselbst notdürftige Vorbeugung thun liessen, weil ihm, dem Kanzler bewusst, dass der König in England Ewrer Ch. D. mit

sonderbarer Affection zugethan sei; auch gäbe der englische Resident zu Kopenhagen gute Hoffnung von seines Königs guter Intention für das gemeine Wesen.

4. Vor allen Dingen aber würde erfordert werden, dass, dafern Ew. Ch. D. sattsame Revanche von den Schweden wegen dieses unverdienten, freventlichen Ueberfalls haben und wieder zu dem Ihrigen gelangen wollten, Sie ferme und fest bei der Partei, dabei Sie anjetzo wirklich stehen, bleiben, beständigst sich dabei halten und sich weder durch Bedrohungen noch Affecten oder einige Persuasionen von den Alliirten und dem Reiche ableiten lassen, zumalen Frankreich und Schweden Ewrer Ch. D. doch nichts würden geben können, so zu Ihrer Sicherheit zulänglich sein würde.

5. Erheischet die Notdurft, dass alles in höchster Geheim und mit der grössten Secretesse negotiiret würde. Hierbei berichtete und versicherte der Herr Reichskanzler in Vertrauen, dass Ihre Königl. Maj. Moskau gegen Schweden ziemlich animiret und durch ihren daselbst habenden Ministrum es seit dreien Jahren her so weit gebracht, dass es verhoffentlich von der Seiten an der Diversion nicht ermangeln, auch die holländische Ambassade an den Zar nicht vergebens sein würde; Ihre Maj. wollten auch noch ferner nicht unterlassen, die Sache an selbigem Orte zu treiben.

Endlich und 6. hielten Ihre Königl. Maj. vor gut, dass Ew. Ch. D. mit den Alliirten modum belli gerendi überlegen und vorher abreden möchten. Ihre Königl. Maj. conformireten sich mit Ew. Ch. D. Gedanken, die der Reichskanzler von uns verstanden, und fünden selbsten für ratsam, dass man die Holländische Armee ins Stift Bremen gehen liesse, dass Ihre Kaiserl. Maj. und Ew. Ch. D. sie in der Mark und Pommern und dem Strich dahinwärts sucheten zu incommodiren, und dass Ihre Königl. Maj. in Dänemark ihnen eine Diversion in Schonen und in Schweden machete und sie so an das Herz griffen, dass sie an Deutschland nicht gedenken könnten, wobei auch Herr Güldenleu von Norwegen aus das Seinige würde thun können. Gottorp betreffend, so approbireten zwar Ihre Königl. Maj. des Herrn Herzogs von Holstein Fürstl. D. ohngefähr auf die Bahn gebrachten Vorschlag, ihm mit der Armee sofort auf den Hals zu gehen, Ihre Maj. aber könnten der Frau Schwester der Herzogin halber, als vor welche sie immer sehr naturelle Tendresse hätten, Sich nicht wol dazu resolviren, es sei denn, dass selbiger Herzog proprio motu etwas Feindliches beginnen wollte. Wann nun

Ihre Maj. die Diversion in Schonen vornehmen würden, so wären sie doch gesinnet, zwischen Hamburg und Lübeck mit einem starken Corpo verschanzet stehen zu bleiben und den Schweden den Eingang in Holstein und Jütland zu verwehren und auf den Herzog von Gottorp, der jetzt alles pro lubitu in den Grafschaften und absque ulla communicatione mit dem Könige disponirete, ein wachendes Auge zu haben. Nur wäre das Schwerste hierbei, dass Ihrer Maj. Generale und hohe Officiere mit Beschwerde würden nach Schonen zu bringen sein, weil ihnen allen nach Deutschland verlangete, es würde sich aber die Sache wol geben und anschicken müssen.

Wegen der Stadt Hamburg müsste er notwendig erwähnen und dienete Ew. Ch. D. zu wissen, dass selbige durch ihre Deputirte zu Stockholm auf Anstiften des Herrn Kielmann einen sehr gefährlichen und dem Reiche und den Alliirten präjudicirlichen Tractat gemachet, und den Schweden wol gar Garnison einzunehmen versprochen habe. Er hoffete, den Tractat ehstes aus Schweden zu bekommen, als denn selbiger in höchster Secretesse Ew. Ch. D. sollte communiciret werden.

Zuletzt wiederholete der Herr Reichskanzler nochmalen, dass die Königl. Erklärung festgesetzet wäre, bei Ew. Ch. D. alles aufzusetzen, und Ihr Interesse als ihr eigenes zu achten, sollte auch gleich über Verhoffen Spanien sich ändern; wenn nur Holland sich mit umträte, würde man vielleicht doch den Schweden noch gewachsen sein, aber es würde, wie oben gesagt, requiriret, dass man beständig bliebe, die anderen Alliirten anfrische und absonderlich bei England vorbauete. Zum Zeichen und noch mehrer Versicherung Ihrer Königl. Maj. sinceren Intention liessen Sie noch das hinzuthun, wenn etwa Ew. Ch. D. wider alles Vermuten, und welches Ihrer Königl. Maj. bei dem jetzigen Zustande (und da Sie wol wissen, dass dero genereux Gemüte nicht zulassen könnte, den Tort, der Ihr jetzt geschehen, dergestalt hingehen zu lassen) sich nimmer einbilden können, sollten bewogen werden, Ihre Gedanken zu ändern und mitiora consilia zu ergreifen, so bäten sie Ew. Ch. D., Ihr dennoch vorhero davon part zu geben, und mit derselben communiciren möchten, damit sie auch alsdann an ihrem Orte jedennoch mit vorsinnen könnten, wie mit Gloire und Avantage aus dem Handel zu kommen.

Wie nun der Herr Reichskanzler hiermit geschlossen, und man dafür gehalten, dass die mündlich abgegebene und so hoch versicherte Resolution Ew. Ch. D. Intention gemäss, haben des Herzogs von Holstein

Fürstl. D. sofort nur auf die Realia kurz geantwortet, für Ihrer Maj. erteilete höchst generöse Erklärung gedanket und dabei angeführet, dass, ob man zwar gewünschet, dass dieselbe schriftlich wäre verfasset worden, jedennoch weil Ihre Königl. Maj. solches aus obenangeführten Ursachen in Bedenken zogen, könnte man sich mit Ihrer Königl. Maj. Parole nicht anders als vergnügt halten, versicherten im übrigen, dass, da Ew. Ch. D. nunmehro durch diese Resolutiion dessen assuriret und vergewissert würden, dass Ihre Königl. Maj. mit derselben umtreten und die Waffen wider Schweden ebenmässig ergreifen wollten, Ew. Ch. D. bald den Anfang machen und die Ruptur nicht lange verschieben würden. Im übrigen recommendireten sie auch dem Herrn Reichskanzler ferner Ewrer Ch. D. hohes Interesse mit Versicherung, dass dieselbe seine gute Officia und Bemühung, so er Ihrethalben anwendete, jeder Zeit der Gebühr nach erkennen und ihm vor wie nach allstets mit geneigter Affection verbleiben werden.

Nachdem man nun hiermit geendigt, hat der Herr Reichskanzler den Spanischen Envoyé, den er ebenmässig zum ersten Male zu sich verbeten, hinaufkommen lassen und ihm in unserer Gegenwart in faciem gesagt, dass sie ihnen in Spanien nicht einbilden möchten, als wenn Ew. Ch. D. necessitiret wären bei Ihrer partie zu bleiben, und dass Sie den Ruin Ihrer Lande ihnen zu Gefallen nolens volens anschauen müssten; auch möchten sie ihnen keineswegs die Concepten machen, als wollten sie Ewrer Ch. D. die Subsidien entziehen, daferne sie in Entstehung des schleunigen Succurses mit der Armee zur Rettung ihrer Unterthanen sich herunterziehen müssten. Er, der Kanzler, hätte von Ihrer Königl. Maj. Befehl, es ihnen hiermit vorauszusagen, denn woferne sie nicht zur Sachen thun würden, würden sie sich betrogen befinden, und wären Ihre Maj. in Dänemark mit ihnen noch so feste nicht, dass sie nicht allemal zurückziehen könnten, Ihre Maj. würden einmal von Ew. Ch. D. nicht abstehen, sondern nebenst deroselben allemal einen avantageusen Frieden mit Schweden finden, alsdann möchten sie zusehen, wie sie allein zurechte kämen. Welchem allem vorzukommen und alle widrigen Gedanken zu benehmen, sie Ihre Truppen gegen Schweden müssten anmarschiren lassen, um dadurch zu bezeugen, dass es ihnen ein Ernst sei, Schweden pro novo hoste zu halten, und Ew. Ch. D. schleunigst die hülfliche Hand zu bieten. Der Spanische Envoyé hat hierauf mit vielen Sincerationen geantwortet und vermeinet, einen solchen Verweis nicht verdienet zu haben, dabei versichert, dass man ihrer Seiten Ew. Ch. D. ebenmässig nicht lassen würde, wollte an seinem Orte an fleissigem Antreiben nichts ersparen.

Als auch der Schwedische Gesandte ein weitläuftiges Memorial eingegeben, und wir ein solches uns zu communiciren gebeten, hat der Reichskanzler geantwortet, dass, weil solches sehr lang und in schwedischer Sprache concipiret wäre, er den Baron Juel beordert, solches uns zu expliciren und alle Contenta daraus zu sagen, es bestünde mehrenteils in lauter Protestationen ihrer friedliebenden Gedanken. Das rechte Anbringen aber wäre dieses, dass man sie zur Neutralität bereden wollte, dabei man denn auch die Offerte thäte, dass sie kein Geld von Frankreich kriegen würden, welches sie nicht mit Dänemark aufrichtig teilen wollten, daferne selbiges neutral bleiben und sie zur Erlangung des Friedens ungehindert agiren lassen wollten. E. Ch. D. aber dürften desfalls nichts befürchten, weil man an Seiten Dänemarks nicht gesinnt wäre, das Geld zu nehmen und sich hernachmals mit dem Gelde wegnehmen zu lassen. Es hat uns auch gedachter Baron Juel des Morgens, wie wir von Kopenhagen wieder aufbrechen wollen, erwähntes Memorial vorgezeiget und ist solches ganz durchgegangen; da wir dann befunden, dass es mit lauter Protestationen und Sincerationen, wie man es so gut meine und alle Gedanken und Actiones zur Reparirung eines allgemeinen Friedens und absonderlich des guten Vernehmens mit der Krone Dänemark richte, angefüllet gewesen. Weil wir in der Eil die Contenta nicht haben können, inzwischen aber dem Spanischen Gesandten hiebevor einige Puncta daraus communiciret, welche wir auch, dass sie darinnen enthalten gewesen, befunden, so senden Ew. Ch. D. wir solche hiebeigefüget. Der Baron de Juel hat uns dabei auch eröffnet, wie man aus seinem Memorial ein und andere Puncta hinwieder ausgezogen, darüber man an seiten Dänemarks noch etwas nähere Nachricht und mehrere Dilucidation begehre, und thäte man das, wie er im Vertrauen sagete, um gedachten Ambassadeur desto länger zu divertiren und aufzuhalten. Inzwischen giebt man ihm wol zu verstehen, dass man eben nicht gar zu sehr auf schwedischer Seite inclinire, es scheint auch, als wenn er allmälich sehr überdrüssig daselbst sei, gestalt er auf seine Final-Resolution täglich dringet. Nach Hannover haben Ihre K. Maj. kurz vor unserer Ankunft Jemanden abgeschicket, um den Herzog daselbst von der französischen und schwedischen Partei zu divertiren, oder doch aufs Wenigste dahin zu permoviren, dass er nicht agiren möge. Es wäre aber von dessen Verrichtung noch zur Zeit keine Nachricht eingelaufen.

Nachdem nun, gn. Churfürst und Herr, wir nicht gesehen, wie ein mehres anjetzo von uns ausgerichtet werden könnte, und jedennoch vermeinet, durch die erhaltene Königliche Resolution (dass man nämlich bei Ew. Ch. D. alles aufzusetzen bereit wäre) der uns mitgegebenen Instruction ein Genüge gethan zu haben, ist die Abschiedsaudienz von Ihrer Königl. Maj. mir à part auf mein unterthänigstes Ersuchen, weil des Herzogs Fürstl. Durchl. mit derselben gespeiset und nach der Tafel ihr Adieu von derselben sans ceremonie nehmen wollen, vor der Tafel erteilet worden, da Sie nochmals selbsten allem demjenigen, was der Reichskanzler uns eröffnen müssen, wahrhaftig nachzukommen, Sich königlich verpflichtet, Ihre Maj. die Königin sehr grosse Tendresse vor Ew. Ch. D. und dero ganzes Haus témoigniret und der Königl. Bruder Prinz George Ew. Ch. D. die freundvetterlichen Dienste zu hinterbringen gleichmässig gebeten. Wir sind darauf des folgenden Tages als den 6. dieses in Gottes Namen von Kopenhagen hin wieder abgereiset, und haben Ihre Königl. Maj. uns bis auf Rotschild, so vier Meilen von da, fahren lassen; da denn nachgehends zu Flensburg des Herrn Gouverneurs zu Magdeburg hochfürstl. Durchl. von mir ab auf Ploen abgegangen, ich aber den geradesten Weg anhero auf Hamburg genommen, und wie ich allhier angelanget, sofort den .... General-Adjutanten Einbecken mit diesem unterthänigsten Bericht abgefertiget, dabei Ew. Ch. D. zugleich in des Herzogs Briefe die Recreditife und Antwortschreiben von Ihrer Maj. dem König und der Königin, wie auch eins von dem H. Reichskanzler erhalten werden.

Herzog August von Holstein-Ploen an den Churfürsten. Dat. Flensburg 10. Februar 1675.

[Kriegerischer Entschluss des Königs. Flotte. Abreise.]

Ew. Ch. D. werden aus beikommender Relation ersehen, was unsere 20. Febr.
Verrichtung zu Coppenhagen gewesen. Ich kann Ew. Ch. D. gehorsamst versichern, dass Ihrer Königl. Maj. zu Dänemark Intention löblich und rechtschaffen, und wollen sie alles mit Ew. Ch. D. aufsetzen; also beruhet es nur dabei, dass Ew. Ch. D. den Anfang der Ruptur machen und wirklich wider Schweden agiren lassen, so wollen alsdann Ihre Königl. Maj. in Schonen und Norwegen auch den Anfang machen. Ihre Königl. Maj. meineten vor gewiss und haben mir solches zu unterschie-

denen Malen wiederholet, dass der Schweden Intent nach Preussen wäre, sucheten die Mark und Hinterpommern nur zu ruiniren, dass Ew. Ch. D. hernach schwer fallen würde, ihnen mit der Armee zu folgen. In Dänemark ist alles in guter Positur, und fehlet nichts, was zum Kriege vonnöten. Ihre Königl. Maj. haben mich selbst auf die Flotte geführt und alles gewiesen, welche überaus schön und in perfectem Stande: 36 Capitalschiffe, und wenn sie die Landesdefensionsschiffe mitrechnen, können sie 60 gute Orloghschiffe in See bringen. Ich gehe gerade wieder auf Magdeburg und bitte Ew. Ch. D. gehorsamst, mir ein Wochen vier dar zu bleiben zu verlauben. Wo es dero Dienste aber anders erfordern, werde ich dero Befehl in allem gehorsamst nachleben. Aus beikommende Rechnung werden Ew. Ch. D. sehen, dass ich ein Mehres ausgeben, als von Ew. Ch. D. zu dieser Reise empfangen. Bittet um dies Geld.

III.

Brandenburg und Schweden.

1671—1675.

Einleitung.

Die Zeit der Regentschaft vom Tode Karls X. bis zur Majorennitätserklärung Karls XI., 1660—73, ist die Epoche des beginnenden französichen Einflusses in Schweden. Der Reichskanzler Magnus de la Gardie, der mit der Königin-Wittwe[1]) und dem Ausschuss der sogenannten „Regenten" die Vormundschaft führte, vertrat die Partei Frankreichs, während diejenigen Reichsräte, die dem entgegen an den alten Traditionen der schwedischen Selbständigkeit festhielten, sich um den Reichsrat Björnclou, einen Vertrauten aus der Umgebung der Königin Christine, scharten. Allein seine Faction hatte im Reichsrate die Minderheit. Sie unterlag, gegenüber den Einwirkungen der Diplomatie Ludwigs XIV.; sie musste das Bündnis geschehen lassen, das, am 14. April 1672 geschlossen[2]), für Schweden — wie die Verträge des Jahres 1670 für England — die Sprengung der Tripleallianz bedeutete. Damit war die sinkende nordische Grossmacht ihrer politischen Initiative beraubt, die schwedische Staatskunst, die sich schon lange im Kielwasser der französischen Eroberungspolitik bewegt hatte, aus einer Phase schwebender Entschliessungen zwar herausgehoben, aber den Machtgeboten des versailler Cabinets anheim gegeben.

Die Frage: wie Schweden sich stellen werde, hatte seit langem die brandenburgische Politik auf das lebhafteste bewegt. Mit stiller Besorgnis hatte Kurfürst Friedrich Wilhelm den Lauf der Dinge beobachtet und diesen Ausgang kommen sehen. Formell zwar fesselte ihn das Defensivbündnis vom 27. März 1666[3]) noch an Schweden; der junge König, ein Coaetan des Kurprinzen, war ihm ein Gegenstand tieferen Interesses und persönlicher Zuneigung. Allein hier erwies sich die Wirkung in die Ferne machtlos. Zu schwer waren in der langen Epoche der Kriege Schwedens Finanzen geschädigt worden, in zu hohem Masse hatte es an seiner politischen Actionsfähigkeit Einbusse erlitten, als dass es sich jetzt nicht hätte an die französische Freundschaft klammern und an den französischen Subsidien ein Rettungsmittel aus schlimmer innerer Lage finden sollen. Im Sommer und Herbst 1671 war der Stockholmer Hof der Schauplatz eines rührigen diplomatischen Treibens. Pomponne, zu höheren Würden in seinem Vaterlande berufen, gieng; Courtin löste ihn ab sein Werk zu vollenden.

[1]) Hedwig Eleonore, Tochter Herzog Friedrichs III. von Holstein-Gottorp.

[2]) Mignet, Négociations, III, 363—374.

[3]) v. Moerner, Staatsverträge S. 277.

Aus England erschien Coventry, aus den Niederlanden Petkum, aus Spanien Don Fernando Nuñez. Die Braunschweigischen und Meklenburgischen Häuser, die an den baltischen Fragen beteiligt waren, sandten ihre Vertreter.

Von Kurbrandenburg wurde um diese Zeit zu der Mission nach Schweden Christoph von Brandt ersehen, die Gesinnung in Stockholm zu sondiren.

Christoph von Brandt — es mag hier der Ort sein, etwas Näheres über diesen verdienten Staatsmann beizubringen — gehört dem preussischen Zweige dieser Familie an. Er war als Sohn eines neumärkischen Beamten 1630 geboren. Auf der Universität Frankfurt vorgebildet, trat er zunächst in die Umgebung der Kurfürstin Wittwe Elisabeth Charlotte, die in Crossen ihr Hoflager zu halten pflegte. Ihrem Einfluss wahrscheinlich (sie war eine pfälzische Prinzessin) und ihrer Vermittelung ist es zuzuschreiben, dass Brandt am Hofe ihres Neffen Karl Ludwig Aufnahme fand und dort bei dem Kurprinzen, dem nachmaligen Kurfürsten Karl, dem letzten Kurfürsten aus dem Hause Simmern, als Mentor fungierte. Zugleich bekleidete er hier in Heidelberg das Amt eines Rates beim pfälzischen Hofgericht. — Aber nach nicht allzu langer Unterbrechung kehrte er in die Mark zurück, um bald im Staatsdienste zu diplomatischen Missionen verwendet zu werden. Schon 1657 nach Paris verschickt, benahm er sich hier äusserst klug in jenen Verhandlungen, welche für den Kurfürsten den Zweck hatten, die nachteiligen Wirkungen der Parteinahme Frankreichs für Schweden in den nordischen Angelegenheiten abzuschwächen. In den 60er Jahren war er dreimal Gesandter in England, nachdem er ein Gesuch, wieder in kurpfälzische Dienste zu treten, abgelehnt hatte [1]). — Auf dem Friedenscongress zu Breda, aus dem die Tripleallianz hervorgieng, war er mit grossem Nutzen gebraucht worden.

Iuzwischen hatte ihn der Kurfürst zum Geheimen Rath und (1665) zum Kanzler der Neumark ernannt. Er war der zehnte in der Reihe der Kanzler seit den Zeiten des Markgrafen Hans. War er durch keine Sendungen in Anspruch genommen, so amtierte er natürlich an seinem Wohnsitze Cüstrin. So auch im Sommer 1671, als ihn Friedrich Wilhelm zu seiner neuen Verrichtung bestimmte. Es war dies des Kurfürsten eigenste Entschliessung. Die Geheimen Räte hatten „unterschiedliche Subjecte“ vorgeschlagen, so den Schlosshauptmann von Berlepsch, den Residenten Friedrich von Brandt, den jungen Freiherrn von Heiden, den Kammerjunker von Buch. Brandt allein wurde nach Potsdam beschieden. Obwol krank, trat er die Reise an.

Diese schwedische Gesandtschaft, so inhaltschwer sie auch war, und so bedeutungsvoll sie für Brandt selbst ist, weil sie seine mit einigen Unterbrechungen zwei Jahrzehnte dauernde diplomatische Wirksamkeit an den nordischen Höfen einleitet, erzielte nicht das gewünschte Resultat: der Zweck, die Allianz zwischen Frankreich und Schweden nicht zur Perfection kommen zu lassen, blieb unerreicht. Obschon der Gesandte seinem Souverain mit unumwundener Offenheit

---

[1]) Kurfürst Karl Ludwig hatte selbst in einem Memorial an den Freiherrn v. Schwerin dies Ansuchen ausgesprochen.

erklärte, dass die „Brandenburgische Negociation keinen Groschen mehr wert sei", musste er dennoch das Bittere der gegnerischen Verhandlungen bis auf die Neige auskosten. Erst im Mai 1672 wurde er abberufen.

Aehnlich zog sich die Gesandtschaft des Obristen Ludolf Lorenz von Krosigk in die Länge, und ebensowenig glückte es diesem, den König von Schweden, unter Vorstellung der französischen Proceduren im Clevischen, in das kaiserliche Bündnis zu ziehen. Dass dann das Verhältnis zwischen Schweden und Brandenburg für eine kurze Zeit sich änderte, war eine Folge des Vossemer Separatfriedens. Zu bewaffneter Neutralität genötigt, gelang es dem Kurfürsten durch das Bündnis mit Schweden vom 11. December 1673[1]) wenigstens ein diplomatisches Gegengewicht gegen Frankreich sich zu verschaffen. Der Abschluss dieses Tractats war wesentlich das Werk der schwedischen Unterhändler, des Pommerischen Regierungsrats Wolfradt und des Oberstlieutenants Wangelin, und nochmals Wangelins und des Generals Mardefeldt, die bis in den December 1673 am kurfürstlichen Hofe conferierten.

Mittlerweile, am 24. November 1673, an seinem achtzehnten Geburtstage, war Karl XI. grossjährig erklärt worden und hatte die Zügel der Regierung in die Hand genommen. In der inneren Politik änderte sich nichts. Im Gegenteil. Die Abhängigkeit von Frankreich wurde unter der Staatsleitung de la Gardies, der bei der Spaltung im Reichsrate noch immer den bestimmenden Einfluss übte, immer stärker sanctioniert und immer bewusster empfunden.

In den Monaten, die jetzt folgen, hat sich der Einbruch der Schweden in die brandenburgischen Lande vorbereitet.

Diese „Schwedische Irruption" ist ein wunderbares Begebnis, das in der neueren Geschichte seit dem dreissigjährigen Kriege völlig vereinzelt dasteht. Seine Hauptursachen sind in zwei Dingen zu suchen: einmal in den französischen Sympathien des Reichskanzlers und des schwedischen Reichsrats in seiner Mehrheit, die den Aufreizungen der französischen Krone nachgab; sodann in dem Drängen des schwedischen Kronfeldherren, des Grafen Karl Gustav Wrangel, der seine überschüssigen Truppen in Pommern und Livland beschäftigen wollte. Gardie und Wrangel machten gemeinsame Sache im Sinne der französischen Einflüsterungen. Was man vorhatte, sollte eine „Einquartierung" in grossem Stile sein, eine Einquartierung, die als keine „Ruptur" aufgenommen werden könnte[2]). Der dreissigjährige Krieg wirkt hier sicher noch nach, und es ist eine natürliche Consequenz dieser Anschauungen, dass man die Frage der Einquartierung alles Ernstes erörtern konnte. Dass im Grunde der alte, tief eingewurzelte Antagonismus Schwedens gegen das in der baltischen Frage rivalisierende Kurbrandenburg sich dabei Luft machte — ein Antagonismus, der seit der im Westfälischen Frieden dem Kurfürsten widerfahrenen Enttäuschung immer neue Steigerung empfangen hatte — das ist selbstverständlich

[1]) v. Moerner S. 377.

[2]) So vom RKanzler in dem officiellen Schreiben an die deutschen Reichsstände selbst motiviert, d. d. 16. December 1674.

und bedarf hier keiner Darlegung. Damit aber dem feindlichen Vorstoss die Berechtigung nach aussen nicht fehle, so wurde schwedischerseits als diplomatischer Grund herangezogen: der Kurfürst habe, obgleich Alliirter Schwedens, den Marsch an den Oberrhein im August 1674 „absque consultatione der Krone Schweden“ unternommen. An diese Deductionen schloss sich weiter ein publicistischer Wettstreit. Auf das officielle lateinische Schreiben vom 16. December 1674 erfolgte die „Churbrandenburgische Antwort“ [1]); Schweden replicierte mit einer „Gründlichen Widerlegung der von Chur-Br. publicirten Antwort“ [2]); von brandenburgischer Seite kamen sodann als Duplik „Brandenburgische Anmerkungen“ ans Licht. Indes mit rhetorischen Spiegelfechtereien liess sich jetzt nichts mehr abwenden. Graf Wrangel wählte einen überaus günstigen Moment zum Einbruch: die ersten Tage des neuen Jahres, jene Tage, da das Gefecht bei Türkheim das Schicksal der alliirten Truppen entschied [3]), da man sich anschicken musste, das Elsass zu räumen und auf rechtsrheinischem Gebiete die Winterquartiere zu suchen. Und doch werden die Nachlebenden hierin eine wunderbare Fügung erblicken dürfen. Schwerlich hätte ohne diese letzte Demütigung der Kurfürst sich so schnell zu seinem Zuge entschlossen und den Feldzug zum Schutz der Marken ins Werk gesetzt, der ihn neben seinen staatsmännischen Erfolgen auch als Kriegsmann unsterblich gemacht hat.

Während der erste Teil dieses Abschnittes die Acten des diplomatischen Verkehrs umfasst, wie er hier in Kürze charakterisiert worden, ist der zweite Teil dem Feldzuge von 1675 gewidmet. Eröffnet werden die Acten des Feldzuges durch „Vorberatungen und Massregeln“, einen Schriftwechsel mit dem Statthalter und den Geheimen Räten in der Mark, der als Geschichtsquelle ersten Ranges über die Anordnungen des Herrschers die erwünschteste Auskunft giebt. Dass hierbei nicht alle militärischen Details, namentlich nicht alle Details der Landesverteidigung Aufnahme finden konnten, ist selbstverständlich; es würde das weder dem Charakter dieser Publication noch dem zu Gebote stehenden Raume entsprochen haben. Daran reihen sich die Relationen der verschiedenen Persönlichkeiten, die der Statthalter Fürst Johann Georg von Anhalt an den Kronfeldherren schickte: der Militärs Micrander, v. Hagen, v. Krummensee und Weissenfeld und des Kammergerichtsrats v. Wedell. Desgleichen Berichte der pommerischen und märkischen Regierung und die Resolutionen, die ihnen zu teil wurden. — Die Nachrichten vom Kriegsschauplatze selbst während der zweiten Hälfte des Jahres sind enthalten in den Rescripten des Kurfürsten an Anhalt und an die Generalität sowie in den Schreiben an den Kaiser Leopold, an die sich zugleich die Berichte des Gesandten L. G. von Crockow aus Wien anschliessen.

---

[1]) Gedruckt i. J. 1675. 18 SS. 4°. Der Vf. ist der Geh. Rath v. Somnitz.

[2]) Gedruckt Danzig bei Friedrich Raethen.

[3]) Vgl. UA. XIII, 612.

III. Brandenburg und Schweden.

1671—1675.

I. Der diplomatische Verkehr mit Schweden.

1. Brandenburgische Missionen nach Schweden. 1671. 1672.

a. Christoph von Brandt in Stockholm.

Lorenz Christoph von Somnitz an den Kurfürsten.
Dat. Berlin 1. September 1671.

[Hierbei die Instruction an den Abgesandten nach Schweden. Warum sie etwas generell gehalten ist. Schreiben an die Reichsräte wegen des von ihnen beanspruchten Praedicats Excellence.]

„Es hat mir der H. Ober-Praesident angezeiget, wie Ew. Ch. D. gn. entschlossen, jemanden mit dem ehesten in Schweden zu senden, und dass für selbigen eine Instruction sollte entworfen werden. Habe demnach beigehendes gehorsamst aufgesetzt, zu Ew. Ch. D. gn. Verordnung stellend, was davon ab- oder hinzugethan werden solle.“ 1671. 11. Sept.

Der Königlichen Schwedischen Regierung und Vormundschaft möchte vielleicht die Proposition was general fürkommen. Weil man aber noch nicht weiss, wohin die Consilien des Orts gehen, und ob man daraus vertraulich mit Ew. Ch. D. communiciren wolle, so weiss ich nicht, ob man von Seiten Ew. Ch. D., zumalen anfangs, anders als das Project im Munde hat, sich herauslassen könne. Anderstheils möchte der französische Minister Pomponne, der in Schweden ist und vermuthlich von allem Nachricht erlanget[1]), fremd nehmen, dass Frankreich bei diesem Puncte benannt werde. Es ist ja aber, was davon gesagt wird, weltkundig und wird ja auch nicht auf eine solche Art proponiret, dass es offendiren könnte. So haben auch Ew. Ch. D. dem Verjus[2]) selbst zu verstehen gegeben, dass Sie von den Conjuncturen mit Schweden communiciren wollten, auch wird diese Schickung deswegen angestellet; und machet eine gar zu grosse Behutsamkeit bei Denen, mit welchen man correspondiren will, Nachdenken und verursachet noch bei selbigen eine grössere oder gleichmässige Retenue. Es stehet aber zu Ew. Ch. D. gn. Befehl, ob man Frankreich wie auch sonsten Niemanden benennen solle, sondern allein der Kriegsrüstung[en], so am Rheinstrom und in der Nachbarschaft fürgenommen wird, zu gedenken habe. — Wegen des Polnischen, wiewol weit aussehenden Wesens habe ich ein Mehres nicht setzen mögen, weil bekannt, wie der Hof daselbst Ew. Ch. D. wolgemeinte Intentiones insgemein übel aufnimmet.

„An die Senatores in Schweden möchten auch wol Briefe mitzugeben sein, ich habe aber aus einer des von Crockow Relation erfahren, dass dieselben und zumalen diejenige, die des Königs Vormünder sein, das Praedicat *Excellence* von Ew. Ch. D. praetendiren, welches Ew. Ch. D. doch bishero abgeschlagen.“

Eigenhändiger Entwurf des Kurfürsten[3]).

1. Ob der abgeschickte erstlich sich nicht kundt gebe undt suchte nur zu penetriren, wo die Chron Schweden ahm meisten fast wäre, bei dem Kayser oder bei Frankreich.
2. Die gefahr fürzustellen, darin itzo die evangelische, sowoll in als ausser dem Reiche gesetzet würden, und wie das die zahll der evangelischen täglich ab, hergegen die Catholischen zunehmen, das zu besorgen, Sie endlich die Majora in allen Dingen machen, undt damitt Uns andere evangelische nicht allein uberstimmen und endlich gar uber haufen werfen mochten. Wie solchem unheill bei zeitten zu begegnen sein mochte.

---

[1]) Arnould de Pomponne. Er war gerade jetzt, nach dem Tode Lionnes, zum französischen Premierminister ernannt. Vgl. UA. XIII, 16 fgg.

[2]) Französischer Gesandter in Berlin.

[3]) Orthographie des Originals.

3. Wegen der communion des Capittels zu Cammin, das Sich dabei funde, wie es im Reiche so gefährlich ausssehe, dieser punct kuntte an anderen ohrt gesetzet werden, dann er Sich hiebey nicht schickte.

---

d. d. Cüstrin 29. September 1671 meldet v. Brandt[1]), dass er „alle seine Sachen und Equipage" nach Stettin fortgeschafft habe, und dass er sich in ein paar Tagen „aller Cur entschlagen" werde und sich bei Kf. werde einfinden können. Er hat Nachricht, „dass zu Wolgast eine königliche Schwedische Galliotte liege, so noch vor Winters nacher Stockholm gehen soll, worauf ich an den H. Hofrath Wolfrathen geschrieben und ihn ersuchet, mir zu berichten, wann dieselbe abzulaufen beordert seie. Sollte nun dieselbe bald fortgehen, so wird zu Ew. Ch. D. gn. Gefallen stehen, ob Sie wollen, dass mit dieser Gelegenheit ich über die Ostsee fahre oder dass ich den Weg zu Lande über Hamburg nehme". — Ob ihm Kf. nicht ein Recommandationsschreiben an den Grafen Wrangel mitgeben lassen möchte, damit er einen desto freieren Zutritt zu ihm hätte, „weil er, soviel mir bewusst, Ew. Ch. D. hohes Interesse gern befordert". 9. Oct.

Instruction für den Geheimen Rat und Neumärkischen Kanzler Christoph von Brandt bei seiner Sendung nach Schweden. Signatum Coelln a. Sp. 10. October 1671. Conc. v. Somnitz.

[Creditif. Proposition. Zweck seiner Gesandtschaft und deren entsprechendes Memorial. Kammerschulden der Herzoge von Pommern. Doelitz und Poetzenick. Der Stadt Stettin beanspruchte Niederlagsgerechtigkeit wider Stargard. Beabsichtigte Aufhebung des Gemeinbesitzes am Camminer Domcapitel. Unruhe an der Westgrenze des Reichs. Massregeln dagegen. Benachteiligung der Evangelischen Reichsstände. Polnisches Wesen. Gesandtschaften der übrigen Diplomaten zu Stockholm zu erkunden. Abschickung nach Moskau. Puncte aus dem Stettiner Grenzrecess. Nochmals Stettiner Grenzrecess und Camminer Capitel. Creditif an die Königin nebst Schreiben an einige Reichsräte. Qualität und Tractament des Gesandten. Gesonderte Relationen über die verschiedenen Materien.]

Creditif abzugeben und um Audienz anzuhalten. Wenn ihm diese verstattet ist, hat er dabei post curialia vorzutragen — „wie nunmehr leider mehr denn gar zu wol bekannt, welchergestalt an verschiedenen Orten, absonderlich aber 20. Oct.

---

[1]) d. d. Cüstrin 19. Septemb. und 23. Septemb. 1671 bittet Christoph von Brandt auf des Kf. Befehl, sich bei Hofe zu stellen, noch um Zeit zu seiner Kur, da er den Aerzten, die ihm „den Rücken unverrücklich eingespannet und die Bewegung widerrathen", noch still halten muss.

am Rheinstrom ein gar gefährlicher Zustand sich eräugete und zu befahren, dass das in der Aschen glimmende Feuer endlich ausbrechen und nicht allein die nächst angelegene, sondern auch andere Länder ergreifen und mehr und mehr Unheil nach sich führen möchte".

Als Uns nun bekannt, wie sorgfältig I. K. M. für die allgemeine Ruhe wären, solches auch zu Unserem höchsten Vergnügen aus I. K. M. Schreiben vom 18. Martii dieses Jahres und des Wolfrath bei Ueberlieferung desselben gethanen Fürtrag klärlich und daneben verstanden, wie I. K. M. mit Uns vertraulich darüber zu correspondiren nicht abgeneigt, so hätten Wir nicht unterlassen können, diese Schickung an dieselbe zu thun, um der wolhergebrachten vertraulichen und in solchen Fällen höchstnötigen Communication zu Erhaltung gemeiner Ruhe im geringsten nicht zu entsein. Gestalt Wir dann I. K. M. wollten ersuchet haben, Sie wollten fernerhin sothane zu dem gemeinen Besten angesehene Correspondenz Ihr nicht missfallen, sondern belieben lassen, Uns Dero höchsterleuchtete Gedanken, wie die gemeine Ruhe zu erhalten, eröffnen und versichert sein, dass wie Wir hierunter zuforderst mit I. K. M. Uns zu vernehmen nöthig erachtet, Wir also auch bei solcher Begebenheit alles herbeitragen werden, was die Nachbarschaft, mehr Bluts- und Bundesverwandtschaft und die allgemeine Ruhe und daran hangende gemeine Wohlfahrt jemalen erheischen möchte: wobei dann Ihrer K. M. zu Gemüte zu führen, wie zu dieser Zeit sowol im Römischen Reich als auch ausserhalb demselben die Zahl der Evangelischen täglich ab- und die Catholischen zunehmen, diese Partei auch sich mehr und mehr stärkete und in Postur setzte, wannenhero auch um so viel desto nötiger, dass man auch Evangelischen theils zusammenhielte und mit einmütigem Rath für die gemeine Wohlfahrt und Sicherheit sorgete. Schliesslich hat er bei solcher Audienz auch mündlich anzuzeigen, wie er sonsten auch befehliget, einiger Angelegenheit halber, so Unsere Pommerische Lande angienge, eins und anderes zu suchen, billig aber Bedenken hätte, mit einem mündlichen Vortrag I. K. M. länger aufzuhalten. Als hat er demnach der übrigen Punkte wegen auf das Mal weiter nichts fürzutragen sondern ein Memorial aufzusetzen und Ihrer K. M. zu übergeben, auch um förderlichste Resolution bei Derselben anzuhalten.

In besagtes Memorial sind folgende Puncta zu bringen:

„1. Wäre aus dem Grenzrecess art. 35 bekannt, dass wegen der Herrn Herzogen zu Pommern Cammer-Schulden 4 Monat nach Abtretung des Landes Richtigkeit gemachet werden sollte. Nun wären mehr denn 28 Jahre verflossen, und hätte man mit einer einigen Partei der Fürstlichen Creditoren, als nämlich denjenigen Leuten aus Alten-Stettin, so in Unseren Landen die Vorwerke Doelitz und Poetzenicke innehaben und zü Unserem grossen Schaden dieselbe genössen, nicht zur Richtigkeit gelangen können, wiewol verschiedene kostbare Commissiones zu Cammin deswegen angestellet. Die Ursachen der Verzögerung wären aus den Relationibus offenbar, massen daraus erhellet, wie besagte Leute grosse Weitläuftigkeit gesuchet, und dass man die Sache nicht an einem anderen Orte als zu Cammin fürnehmen wollen, da doch der Bedienten von beiden Seiten andere Verrichtungen solche Reisen und langwieriges Abwesen nicht zulassen wollten. Solchem nach wären I. K. M. zu ersuchen,

1. Dero Vorpommerischen Regierung alles Ernstes einzubinden, dass die Sachen ehistes zur Hand genommen und bestes Fleisses zur Endschaft befordert würden;

2. dass besagten Creditoren keine Debita möchten zugestanden werden, als wozu dergleichen Successores singulares als I. K. M. und Wir wären rechtswegen verbunden;

3. dass den Liquidanten keine Weitläuftigkeit verstattet;

4. mit den Congressibus es also gehalten würde, dass wann von Hypotheken, so in Unseren Landen belegen, zu handeln wäre, beiderseits Bedienten und die Parteien in Stargard, wann aber die Schuld das Königl. Antheil angienge, dieselbe in Wolgast, Stettin, oder wo es Ihrer K. M. beliebig, zusammen kämen und expedienda expedirten;

5. dass die von Ihrer Königl. M. Seiten verordnete Commissarii in Dingen, so aus den Rechten zu decidiren, die Sachen nicht auf Relationes in die Crone (worüber insgemein nicht allein die Sachen aufgehalten und wol gar ins stocken gerathen) nähmen, sondern darüber eines den Rechten zustimmenden Schlusses mit Unseren Commissariis sich zu vereinigen hätten.

2. Wäre Ihrer K. M. bekannt, wie die Stadt Stettin viele unnachbarliche Händel wider Unsere Stadt Stargard auf die Bahn brächte und noch neulich eine gar unbegründete Niederlage wider selbige praetendiren wollen, allermassen I. K. M. nicht allein aus Unseren verschiedenen Schreiben sondern auch aus der abgestatteten Relation Ihrer Commissarien würden vernommen haben, wie solches Fürnehmen wider das Herkommen, das Instrumentum Pacis, den Grenzrecess und die Reichs-Satzungen anliefe. Solchem nach würden I. K. M. ersuchet, solche Neuerungen den Stettinern zu verbieten und ihnen ernstlich einzubinden, dass sie die Unserigen in ihren Rechten nicht turbiren sollten.

3. Wäre aus dem 25. Articul besagten Grenz-Recessus zu ersehen, wie das Capitel zu Cammin sowol Ihrer K. M. als Uns gemein geblieben. Als aber nicht allein die allgemeine Erfahrung sondern auch die hierüber bishero entstandene Irrungen ausgewiesen, wie wahr es sei, dass communio mater discordiarum, auch die vielfältige intricate Dispositiones in itztangef. artic. enthalten, genugsam an Tag geben, was für Verdruss und Beschwer bei solcher Communion zu besorgen, dagegen aber keinem Theil aus solcher Communion einiger Vortheil erwachsen kann: so sähen Wir demnach gerne, dass dieselbe Communio und zugleich ein so grosser Stein des Anstosses gehoben würde, und würde Uns lieb sein, wann I. K. M. dahin resolviren wollten."

Würde man mit Unseren Abgesandten wegen der befahreten Unruhe und was wegen der gemeineten Sicherheit angeführet, in Conferenz treten und von ihm wissen wollen, was für Unruhe und Motus, so in der Proposition angereget, Wir eigentlich meineten und 2. was für Gedanken Wir dabei führeten, hat er anzuzeigen, wie es bekannt wäre, dass in Frankreich, in den Spanischen wie auch Vereinigten Niederlanden grosse Werbungen und Kriegspraeparatoria angestellet, auch theils Truppen an den Grenzen des Römischen Reichs stünden, auch darüber giengen, wie auch imgleichen, wie der Handel mit der Stadt Coeln noch nicht beigeleget worden.

Das zweite belangend und wie Wir vermeinen, dass man sich hierunter zu betragen, hätten Wir allewege, wann von einer anderen Parthei etwas an Uns gebracht, zum Frieden und gütlicher Hinlegung der entstandenen Misshelligkeiten gerathen, auch allerorten gute Officia und Interposition offeriret, im übrigen aber überall annoch die freie Hand und [wären] bei keiner Partei engagiret. Wie dann solches das sicherste Mittel, die gemeinen Ruhe zu erhalten, wäre, zweifelten auch nicht, I. K. M. darin nicht allein mit Uns einig, sondern dabei Ihre hohe Autorität und Consilia dahin zu richten entschlossen wären. Dann würde 2. nötig sein, dass nicht allein die Creise im Reiche, so der Gefahr am nächsten wären, auf ihrer Hut stünden, sondern auch die gesamte Stände und die einig Interesse an der gemeinen Ruhe hätten, absonderlich aber die Evangelische, sich also anschickten und gefasst hielten, dass Friede und Ruhe erhalten und keinen Anstoss leiden möchte.

Was Ihrer K. M. hierunter für Gedanken beiwohneten, würden Wir gerne vernehmen und alles, was zu Erhaltung der gemeinen Ruhe dienete, aller Möglichkeit nach befördern helfen und secundiren. Gestalt er denn befehliget, was ihm deswegen von seiten I. K. M. eröffnet, Uns schleunig zu berichten und ferneren Befehls zu gewarten. Und hat er sich hiebei weiter nichts auszulassen, sondern allen Fleiss anzuwenden, dass er penetriren möge, wohin der Hof des Orts inclinire und welcher Partei er am meisten geneigt sei.

„Der Evangelischen Zustand im Reich belangend, hat er in specie auch zu erwähnen, wie am Kaiserlichen Hofe verschiedene Catholische in den Fürstenstand erhoben, hergegen von I. Kaiserl. M. selbiger Stand einigen Evangelischen alten gräflichen Häusern abgeschlagen; und dannachero hat er an die Hand zu geben, obnicht I. K. M. die Ihrigen zu Regensburg dahin instruiren wollen, dass Sie nebst I. Ch. D. Gesandten mit den anderen Evangelischen aus der Sache reden möchten, damit durch die Evangelische Stände ingesamt am Kaiserl. Hofe gesuchet würde, dass weil auf solche Weise die majora den Catholischen nimmer entstehen könnten, die also creirte Catholische ad votum et sessionem nicht gelassen würden, es sei denn, dass sie sich mit fürstmässigen Landen im Römischen Reich qualificiret und solcher Stellen fähig gemacht hätten. — Dann kann er auch wol erwähnen, wie das Wesen in Polen fast gefährlich aussähe, allermassen nicht allein die Evangelische fast sehr daselbst gedrücket würden, sondern auch die Benachbarte in nicht wenig Gefahr stehen würden, wann bei dem itzigen Zustande in Polen die Tartern und Türken überhand nehmen sollten, wannenhero man auch billig sich wol zu vernehmen Ursach hätte.

Im übrigen hat er sich auch unter der Hand zu erkundigen, was der Französische und andere Ministri als der Kaiserliche, Englische, Holländische, Chur-Sächsische, Braunschweigische und andere daselbst ins Mittel bringen und wohin ihre Negociationes gehen, und wohin man des Orts ihres Suchens wegen inclinire, auch von allem und jeden, daran Uns gelegen, bei allen Posten, und zwar von secreten Dingen in Ziffern, unterth. Relation thuen.

Weil auch der Muscowitische Zar von Uns längst begehrt, dass Wir Jemands der Unsrigen dahin abschicken möchten, solches auch wol in kurzem zu Werke gerichtet werden könnte, so hat Unser Abgesandter, sobald er vernehmen wird, dass Jemand nach Muscow gesandt, den hohen Ministris davon Part zu geben und sie daneben zu versichern, dass Wir nicht unterlassen würden, ihnen weiter communiciren zu lassen, was das gemeine Interesse erfordert.

Wegen der übrigen Puncten empfängt Unser Abgesandter hiebei die angezogene Articulos des Grenzrecessus wie auch die Abschrift dessen, so Wir an den König wegen der von der Stadt Alten-Stettin praetendirten Niederlage haben abgehen lassen. So soll ihm auch die Abschrift der Instruction, so Wir Unseren Commissarien in selbiger Sache ertheilet wie auch ein Extract des Protocolli, so bei der Commission gehalten, aus dem Archiv mitgegeben werden.

Bei dem Punct, belangend die Bezahlung der Pommerischen Cammerschulden, hat er anzuführen, dass Ihrer K. M. Interesse darunter so gross als das Unsrige, massen I. K. M. pro rata dieselbe mitbezahlen, und obgleich die Creditores Uns zu Schaden und Nachtheil die Hypothecen anitzo besitzen, so redundiret doch der Schade mit auf Ihr. K. M., allermassen deswegen Uns pro rata von seiten Ihrer K. M. Erstattung zu thun.

Wegen Division des Capituli zu Cammin ist auch alschon Erwähnung gethan, und wiewol nach und nach viel Irrungen entstanden, und dahero man sich in Schweden zur Division desto eher verstehen sollen, besonders da die Communio zuforderst die Jurisdictionalia, wobei kein Vortheil ist, angehet, allermassen die Praebenden alschon getheilet, also dass I. K. M. wie auch Wir gewisse Praebenden und Canonicatus zu vergeben haben, so hat man doch bishero sich gründlich nicht erklären wollen. Unser Abgesandter hat hierunter fleissige Instanz zu thun und soll ihm auf seinen ersten Bericht fernere Information zugesandt werden."

Bei der Königin-Wittwe hat er sich mittels beigehenden Creditifs anzugeben. Gleichfalls hat er den Senatoren, was er dort zu suchen hat, aufs beste zu recommandiren, dabei die beifolgenden Schreiben an den Reichs-Drost, Reichs-Kanzler, und Reichs-Feldherren zu überreichen.

Seiner Qualität nach hat er sich als Extraordinar-Envoyé zu geriren und kein ander Tractament und Ceremonieen anzunehmen, „[als der Schwedische Abgesandte Wolfrath alhier tractiret und empfangen worden, wie er denn bei dem Ceremonienmeister vorzubauen, damit er mit sechs Pferden zur Audienz geholet und bis in den Schlossplatz geführet, auch sonst kein Unterschied zwischen ihm und einem Königl. Extraordinar-Abgesandten gehalten werde, und auf den Fall da solches abgeschlagen und ihm geringere Ehre als dem Königlichen widerfähret und Wolfrathen alhier geschehen, angeboten werden sollte, er vorzugeben hat, dass Uns er zuvor, ehe er dieselbe annehme, unterth. Nachricht abstatten müsste. Sollte ihm gar zur Aufholung zur Audienz nur eine Carosse mit zwei Pferden offeriret, dabei aber zu erkennen gegeben werden, dass es ein neu Reglement sei, auch die Königliche nicht anders zu tractiren: so hat Unser Abgesandter sich eigentlich zu erkundigen, ob es vor seiner Ankunft mit einem Königlichen Extraordinar-Envoyé also sei gehalten worden, widrigenfalls sich entschuldigen soll, dass ohne Sr. Ch. D. gn. Befehl er sich nicht unterstehen dürfe, einzugehen, dass bei ihm der Anfang gemachet werde. Unser Abgesandter müsste desfalls fernere gn. Ordre von Uns erwarten. Soll er doch indessen über die in seiner Instruction enthaltenen Puncte mit keinen Königlichen Ministris in Conferenz treten und keine Zeit versäumen, auch interim bei denen anderen anwesenden auswärtigen Ministris particuliere Visiten ablegen."][1])

Wenn er von verschiedenen Puncten referiert, hat er von einem jeglichen absonderliche Relation zu machen, damit eine jede hier im Archiv an ihren Ort gebracht werden könne. Nach verrichteter Commission hat der Abgesandte diese Instruction in originali wieder ins Archiv zu liefern.

Nebeninstruction für Christoph von Brandt. Dat. Coelln a. Sp. 10. October 1671.

[Gegenminen gegen den König von Polen. Dessen eventuelle Absetzung.]

20. Oct. „Nachdem Wir auch benachrichtiget worden, dass einige Senatoren und Stände in Polen damit umgehen, wie selbiger König der Krone wieder ent-

[1]) Das Eingeklammerte eigenhändige Einschaltung des Gesandten v. Brandt in das Concept.

setzet werden möge, und dass Diejenige, so diesen Dessein führen, desfalls auf Schwedische Hülfe und Assistenz sich verlassen sollen", so hat Br. sich zu erkundigen, wohin die Absichten Schwedens in dieser Richtung (auch hinsichtlich der Wahl etwa eines französichen Prinzen) gehen, indes ohne merken zu lassen, dass deswegen aus Polen bestimmte Nachricht nach Berlin gekommen wäre[1]).

Christoph von Brandt. Relation. Dat. Copenhagen 8. November 1671.

[Gestörte Seefahrt. Ankunft in Kopenhagen. Aufwartung beim Könige.]

Ist in Rostock zu Segel gegangen, aber durch Conträrwinde in den Warnemünder Hafen zurückgetrieben worden, wo er zwei ganze Tage hat auf ander Wetter warten müssen. Erst am 4. zu K. glücklich angelangt. Er hatte in Schonen, dem Befehle des Kf. gemäss, nach dem Reichsfeldherrn fragen wollen; der ist aber, wie ihm H. Güldenleu und der schwedische Resident berichtet haben, bereits in Stockholm. Wird die Reise dorthin beschleunigen. — Gleichwol hat er nicht unterlassen dem Könige aufzuwarten, aber in Gegenwart des Frhrn. v. Blumenthal[2]) nichts angebracht. Pomponne wird er wol nicht mehr treffen. Es soll nichts bisher geschlossen worden sein. 18. Nov.

Christoph von Brandt. Relation d. d. Norcöpping achtzehn Meilen von Stockholm 24. November 1671.

Hat erst am 19., leider krank, diesen Ort erreicht und hier etliche Tage 4. Dec.
mediciniren müssen. Und jetzt ist „ein so tiefer ungewöhnlicher Schnee gefallen, dass man in den Klippen und Thälern weder Weg noch Steg finden kann". Hoffentlich wird in ein paar Tagen Bahn sein. Der schwedische Gouverneur in Ostrogothen Liljehoeck, „so für diesen in Polen geschicket gewesen und mit H. Hoverbeck den Praecedenzstreit gehabt", erteilte Auskunft über Pomponnes Absichten. Er [Pomponne], so sie ihm von Stockholm geschrieben, „wartete auf gute glatte Schlittenbahn, weil er sonst mit seiner chaise

[1]) Creditife für v. Brandt an den König (lateinisch), die Königin (deutsch), den RDrosten, RFeldherren und RKanzler (deutsch), sämtlich d. d. Coelln a. Sp. 10. Oct. 1671. — Pass für Brandt von dems. Dat. — Sign. Coelln a. Sp. 6. October 1671. Assignation auf 300 Thlr. monatlich, die Rechnung vom halben September an. Brandt also auch für diesen halben Monat 150 Rthlr. auszuzahlen. — Sign. Coelln a. Sp. 6. October 1671. Anweisung an den Amtskammerrat, Hofrentmeister Michael Mathias, vom halben September 150 Thlr., vom October, November, December 900 Thlr., „voraus baar mit hartem guten Gelde zu entrichten oder in Mangelung sothanen harten Geldes das Wechselgeld zu zahlen".

[2]) S. oben Abschnitt II.

roulante nicht fortkommen könnte“. Wahrscheinlich, meint Brandt, wird er Courtins Ankunft in Stockholm noch abwarten wollen.

Officieller Empfang, nach der Ueberfahrt von Cronborg, durch den Commandanten in Helsingborg, Obristlieutenant Hesterschro, durch Lösen der Stücke. In Halmstadt auf Halland besucht ihn der Gouverneur, führt ihn in die Zeughäuser und auf die Wälle und entlässt ihn unter Geschützsalven. — Schliesslich trifft in Norköping Courtin ein, ziemlich ungeduldig, dass er wegen des Schnees nicht fortkomme; er gedenkt Pomponne noch in Stockholm anzutreffen.

Chr. v. Brandt. Relation d. d. Nyköping zehn Meilen von Stockholm 26. November 1671.

6. Dec. Hat die Reise in Courtins Gesellschaft zurückgelegt. Unvermuthet trafen sie Pomponne[1]) „gestern zu Mittage in einem Kruge an“. Jedoch hat Brandt ausser blossen Complimenten wenig mit ihm reden können, weil er beständig, solange sie unter Mittag zusammen waren, im geheim mit Courtin deliberirt hat. „|: Sie hatten sich ungefähr eine Stunde lang in einer Kammer verschlossen; ich war unterdessen in einer anderen Kammer daneben; und weil die schwedische Häuser nur von Holz geschürzet sein, konnte ich hören, dass sie unter einander etwas lasen, so meines Ermessens Courtins Instruction sein musste. Sonst konnte ich wenig verstehen, ausser dass ich Mr. Pomponne hörte laut sagen: nous aurons donc désormais de la peine à vivre avec les Suédois, und als sie sonder Zweifel von des Königs Armatur in Frankreich geredet hatten, Pomponne fragte: d'où prendra le Roy de France tous les chevaux d'artillerie? Sie redeten zwar viel von den Schwedischen Ministris und nenneten ein und andere, insonderheit den RKanzler, gar oft. Ich konnte aber, weil Courtin schwach redete, aus den übrigen Discursen nichts zusammenbringen :|“. Courtin leugnet des Königs Pläne gegen Holland nicht, „blasmiret sehr die Holländische hautaines procedures, insonderheit dass sie ihre Völker in Cöln geleget“. In Frankreich hofft man, Spanien werde sich nicht mit ins Spiel mischen, am wenigsten der Kaiser.

Der Kurfürst an v. Brandt. Dat. Coelln a. Sp. 28. November 1671. Conc. v. Schwerin.

[Was es mit Pomponnes Negociation auf sich habe? Kalcksteinische Sache in Polen.]

8. Dec. Kf. erwartet mit Verlangen Relation aus Stockholm, und zwar um so viel desto mehr, weil von unterschiedenen Orten will berichtet werden, dass der Französische Gesandte Pomponne alda in seiner Nego-

[1]) Pomponne hatte bereits die Rückreise nach Frankreich angetreten.

tiation ziemlich avanciret und gute Resolution erhalten haben solle, daher Wir bei diesen Conjuncturen nothwendig hiervon eigentliche Gewissheit haben müssen, damit auch Wir Unsere Mesures danach nehmen können.

„Im übrigen fügen Wir Euch hiemit gn. zu wissen, dass die Kalcksteinische Sache anitzo in Polen abermal eifrig getrieben, und darauf gedrungen wird, wider die Autores der Entführung zu procediren. Wann dann zu besorgen, es werde nicht verborgen bleiben, dass Euer Bruder[1]) sich bei Euch zu Stockholm aufhalte, und dass Uns deswegen noch mehr Unfug zugezogen werden möchte, als befehlen Wir Euch gn. die Anstalt zu machen, dass Euer Bruder sich sofort von dannen weg und anderswohin begebe[2]).“

---

v. Brandt. Relation d. d. Stockholm 5. Decmber 1671.

In Norköping hat er acht Tage krank gelegen. Vor vier Tagen angelangt, 15. Dec.
hat er auch hierher „so scharfes Podagra und reissende Schmerzen“ mitgebracht, dass er nicht aus dem Bett gekommen. Schlaflos obenein. Er könnte nach erfolgter Besserung sogleich um Audienz anhalten, wenn er „ein Losament hätte, darin er Jemand mit Manier empfangen könnte“, obgleich er die grösste Mühe aufgewendet, „und ist zu verwundern, dass in einer so grossen Stadt, da der ganze Teutsche Reichtum schimmert und glänzet, die Häuser so beynötig sein, dass viele von denen anwesenden auswärtigen Ministris, wenn sie alhier angelanget sein, bisweilen drei Wochen latitiren müssen, ehe sie eine raisonnable Wohnung bekommen können“. Er wird daher wol, um den König, noch ehe er aufs Land geht, zu sprechen, sich in Eile ein Haus meubliren lassen müssen. Auch Courtin liegt mit Vaubrun „annoch in einem Hause über einander“. Letzterer hat inzwischen um seine Abschiedsaudienz angehalten und denkt in wenig Tagen die Rückreise anzutreten. — In Folge seiner Unpässlickeit hat Br. von den hiesigen Affairen bisher nichts vernehmen können. Der Lüneburgische[3]) und der Dänische Resident[4]) haben ihn in seiner Krankheit

---

[1]) Kammerjunker Eusebius von Brandt, vom Juli 1669 bis December 1670 kf.licher Resident in Polen. S. über ihn UA. XII, S. 225. 422 fgg. Er hatte sich, weil er in der Kalcksteinischen Affaire mit Recht drohende Verhaftung durch den polnischen Hof besorgen musste, Anfang December 1670 eigenmächtig, zunächst zu des Kf. höchstem Missfallen, aus Warschan entfernt und sich dann, mit des Kf. zustimmender Genehmigung, von Königsberg in das Ausland begeben. Ebda. S. 492 fgg.

[2]) Weiteres Rescript des Kf. (Conc. Meinders) d. d. Coelln a. Sp. 20. December 1671, sich zu bemühen, dass vor der Ankunft des staatischen Gesandten van Haren nichts Gewisses resolvirt werde.

[3]) Dr. Müller.

[4]) Simon von Petkum.

besucht. Der RFeldherr ist in die fünfte Woche an Podagra und Stein bettlägerig gewesen, befindet sich jedoch in Besserung.

Br. wünscht Correspondenz mit Blaspeil und Romswinckel[1]).

Christoph von Brandt. Relation. Dat. Stockholm 11. December 1671.

[Auseinandersetzung mit den Ceremonienmeistern wegen seiner Einholung. Besuch Vaubruns. Dessen Aeusserungen.]

15. Dec. Bisher mit Einrichtung seines „Hauses und Trains" beschäftigt; wobei er nicht unterlassen hat, mit den auswärtigen Ministern, die ihm grösstenteils von Paris, London, Breda und dem Haag her bekannt sind, sich in Beziehung zu setzen. — Behufs Uebergabe des Creditifs hat er sich des Unterceremonienmeisters Lenier, der ihm seine Dienste anbietet, „mit guter Manier entschlagen", da der nur die „Chur- und Fürstliche" [Gesandte] introduciere, wogegen der Oberceremonienmeister Grüneberg „alle Ambassadeurs und nur die Königliche Extraordinar-Envoyés" zur Audienz zu führen pflege. Dieser, obschon er den Unterschied zwischen ihm und seinem Kameraden zugiebt, weigert sich nicht, Brandts Creditif anzunehmen und verspricht Einhändigung an den RKanzler. Es ist dasselbe denn auch heute „im Senat" [Reichsrate] eröffnet werden. — Noch ist ungewiss, ob seine Einholung in einer Karosse mit 6 Pferden erfolgen wird; der ksächsische Extraordinar-Envoyé Hofrat v. Haugwitz[2]), der „neulich nur mit 2 Pf. aufgeholet worden, ist deswegen auch ziemlich malcontent von hier gezogen". Doch macht der RKanzler gute Hoffnungen.

Beim schreiben wird er durch den Besuch des französischen Gesandten de Vaubrun unterbrochen, der unangesagt eintritt. „Wie ich aber begierig bin ihn zu sondiren, also hoffe ich, Ew. Ch. D. werden nicht ungnädig anmerken, dass ich erst über drei Tage, da die geschwinde Post abgehet, meinen unterth. Bericht vollends ausführe. Ich schliesse dieses in Gegenwart Mr. Vaubruns, und er dictiret mir in die Feder, dass er morgen frühe, nachdem er heute seinen Abschied genommen, zurückgehen wird, und dass er seines Königs Sachen alhier in solcher Disposition gelassen, dass Mr. Courtin apparemment ne pourra pas mal réussir."

---

[1]) Werner Wilhelm Blaspeil, clevischer Regierungsrat, und Dr. Matthias Romswinckel, Vertreter des Kf. im Haag.

[2]) Origin.: Haubitz.

Christoph von Brandt. Relation. Dat. Stockholm 17. December 1671.

[Welche Beweggründe schliesslich für die von dem Gesandten gewünschte Art der Aufholung den Ausschlag gegeben haben. Aufholung und Audienz bei beiden Majestäten. Visiten. Begrüssung durch die Regenten. Prunkvolles Auftreten der schwedischen Grossen. Peinliche Beachtung des Rangs. Festin bei dem dänischen Gesandten. Unterredung mit Vaubrun.]

Weil Vaubrun ihn verhindert hat, seinen Bericht vom 11. ganz auszuführen, so erfordert sein pflichtmässiger Gehorsam, jetzt zu melden, was ihm damals in der Feder geblieben. „Vorhero aber muss Ewrer Ch. D. ich unterth. berichten, dass bei Ihrer beiderseits K. M. M. ich vorgestern meine erste Audienzien gehabt, und was massen ich hoffe, Ew. Ch. D. werden gn. dafür halten, dass nichts dabei vorgegangen, so Deroselben verkleinerlich sein könne. Denn ob man zwar anfänglich des Chur-Sächsischen Hofraths von Haugwitz Exempel und des Königs Minderjährigkeit, welche nicht zuliesse, dass der Senatus in den Ceremonien etwas änderte, vorschützen wollte, so haben dennoch nachfolgende Rationes, weil man sich nicht erinnern können, wie Herr Doberczinsky tractiret worden, die Oberhand behalten: 27. Dec.

1. dass in meinem Creditiv der Charakter eines Extraordinar-Envoyé ausdrücklich enthalten;

2. dass Ew. Ch. D., weil Sie am Dänischen Hofe wegen der Carosse mit sechs Pferden durchgedrungen, an diesem Hofe schwerlich davon abstehen würden;

3. weil Ew. Ch. D. auf dieses Hofes durch den Regierungsrath Wolfrath gethane Veranlassung mich anhero geschicket, Sie mich desto leichter alsofort zurückfordern möchten, wenn man mir die Ehre, so dem Freiherrn von Blumenthal zu Copenhagen widerfahren ist, versagen sollte;

4. weil zu befahren stünde, dass Ew. Ch. D. die Schwedische Envoyés auch nur mit zwei Pferden zur Audienz möchten holen lassen, wann man denen Ihrigen alhier nicht anders begegnete, wodurch denn nur die Correspondenz gehemmet werden möchte.“

Und bin ich darauf nicht allein durch den Oberceremonienmeister den von Grüneberg, welcher auch Königlicher Kammerherr ist, in eben der Kutsche, so Mr. Vaubrun gehabt, mit sechs Pferden, acht von des Königs Valets de pied beiherlaufend, zur Audienz aufgeholet, sondern es ist auch meiner eigenen Carosse verstattet worden, nebst der Königlichen, darinnen ich sass, in den Schlossplatz zu fahren, welches in England auch denen Extraordinar Ambassadeurn nicht vergönnet wird. Nachdem ich ausgestiegen war, kam mir der Hofmarschall auf der Hälfte der ersten Gallerie entgegen, empfing mich alda und führte mich durch ziemlich viel Gemächer bis vor den König. In denen beiden

Antichambren standen die Trabanten en double haye und vor ihnen die Cavaliers von Hofe bis in des Königs Gemach. I. K. M. gaben mir stehend mit entblössetem Haupte Audienz, und liessen mir nicht alleine, was Ew. Ch. D. immediate anging, gar höflich, sondern auch, was mich und meine hiesige Negociation antraf, mit Versprechen, dass mir Commissarien zugeordet werden sollten, gar gn. antworten. Wie diese Audienz vorbei war, ward ich alsofort zu der Königin geführet und empfing mich ihr Hofmeister, sobald des Königs Gemächer aufhöreten. I. K. M. gaben mir auch stehend Audienz und liessen mit ebenmässiger Höflichkeit auf mein von wegen Ew. Ch. D. und Ihrer Ch. D. meiner gn. Churfürstin und Frau gethanes Anbringen antworten. Ew. Ch. D. gn. Willenmeinung ist zwar gewesen, dass ich den König in Lateinischer Sprache anreden sollte, weil man mir sonst Schwedisch antworten würde. Es ward mir aber durch den Ceremonienmeister auf Geheiss des Reichsmarschalls Oxenstierna an die Hand gegeben, dass mir zwar freistünde, in solcher Sprache, als mir beliebete, zu reden, I. Koen. M. aber wären noch nicht über ein mal in Latein angeredet worden, und würde Ihr lieber sein, wenn ich mich der Teutschen oder Französischen Sprache gebrauchete. Weil mir nun auch in der Eile Niemand recht sagen konnte, ob man mir, wann ich Lateinisch redete, auch in selbiger Sprache antworten würde, vermeinete ich für Ew. Ch. D. als eines Teutschen Potentaten Reputation das rathsamste zu sein, der Teutschen Sprache den Vorzug zu lassen; und ob man mir wol auf Schwedisch geantwortet, so habe ich doch wegen der Affinität mit dem Teutschen, und weil die Schweden auch viele Latein- und Französische Terminos mit untermengen, alles verstehen können, zumalen da ich vorher leicht erachten konnte, was man mir auf blosse Curialien und Complimenten und gewöhnliche Versicherungen antworten würde. Dann Ihrer M. in publiquen Audienzien, sonderlich da Sie annoch minderjährig sein, von Affairen etwas vorzutragen, ist alhier so wenig styli als es rathsam. Dennoch berührete ich die Punkten in Terminis generalibus und bat I. M. um Commissarien.

Nun diese Audienzien, so gemeiniglich den meisten Embarras mit sich zu führen pflegen, vorbei sind, werde ich nicht säumen, die Visiten bei dem Reichs-Trozet[1]), Reichs-Feldherrn[2]), Reichs-Canzler[3])

[1]) Reichsdrost.
[2]) Curt Gustaf Wrangel.
[3]) Magnus de la Gardie.

und denen übrigens aus dem Senat nach der Reihe abzulegen uud insonderheit bei dem Reichscanzler um förderlichste Benennung der Commissarien Anregung zu thun. Es wird aber, ehe ich die Reihe herum komme, wol Acht erfordern, und ist es höchst beschwerlich, dass alhier die Tage so kurz sein, dass man kaum mit einer Visite, zumalen da die vier Stunden, da es nur Tag ist, mehrentheils in Senatu et Consessu zugebracht werden, zu Ende kommen kann.

RFeldherr und RKanzler haben ihn auf Empfang ihrer Schreiben durch Edelleute begrüssen lassen. Der RDrost wird vor März nicht von seiner Grafschaft hereinkommeu. Br. wird das an diesen gerichtete kf.liche Schreiben bei sich behalten, wenn es nicht sein Neffe, Graf Niels Brahe, den Br. als einen der vornehmsten Reichsräte ebenfalls besuchen wird, an sich nehmen und dem RDrosten zu stellen will.

Bisher ist mir alhier überall mit überaus grosser Höflichkeit und mit einer sonderbaren Justesse, auch äusserlicher Franchise begegnet worden. Sonst aber finde ich die Grossen dieses Hofes so hochtrabend in ihrem Sinn und Gedanken, als der Staat, den sie führen, stattlich und prächtig ist. Und daher entstehet, dass man alhier wegen des Ranges so embarrassiret ist, dass, wann ich den geringsten Vorschmack davon zu Berlin gehabt hätte, Ew. Ch. D. ich unterth. hätte bitten wollen, absque ullo charactere mich anhero zu schicken. Es ist genug, dass die sechs Regenten, wie man sie alhier nennet, sich weigern, denen Fürstlichen Cadetten und denen Königlichen Extraordinar-Ambassadeurn zu weichen, sondern es praetendiret auch der jüngste Reichsrath, über die Königliche und Churfürstliche Envoyés extraordinaires zu gehen. Ich bin darüber ziemlich eingeschränkt und werde manchmal verhindert werden, in Gesellschaften und Versammlungen, da man ein und anders erfahren könnte, mich finden zu lassen.

„Ew. Ch. D. werden aus beikommenden des Dänischen Ministri Billet an mich und meiner Antwort an ihn (Beil. A und B)[1]) Ihr gehorsamst vortragen lassen, was mir desfalls bereits zugestossen. Ich habe dennoch, theils aus Begierde, mit denen Reichsräthen in Kündschaft zu gerathen, theils aus unterth. Respect gegen I. K. M. in Dänemark nicht unterlassen mögen, dem Festin nach geendigter Mahlzeit beizuwohnen, und ist mir lieb, dass ich ohne Praecedenzstreit inter pocula et saltus vornehmlich mit Herrn Steno Bielken,

[1]) (A) Simon de Petkum an Chr. v. Brandt d. d. Stockholm [8. December 1671]. Einladung zu einer Soiree. (B) v. Brandts Antwort d. d. 9. December. Betrifft Rangstreitigkeiten, in specie die Platzfrage, die ihn auf der Mahlzeit selbst nicht würde erscheinen lassen.

Herrn Johann Güldenstern und Herrn Swante Baner Bekannt- und Freundschaft gemachet."

Mr. Vaubruns Visite, welcher ich vorhin erwähnet, währete zwar zwei ganzer Stunden, weil aber dieselben mehrentheils mit Erzählung seiner lustigen Rencontren zu Königsberg und Berlin hingingen, habe ich Ewrer Ch. D. desfalls wenig zu berichten. Gleichwol konnte ich an ihm abnehmen, dass er um der Affairen willen zu mir geeilet hatte. Er fragte mich unter anderem gar inständig, ob ich nicht vermeinete, dass der Comte de St. Géran bei Ew. Ch. D. reussiren würde, und bezeugte, dass er darunter ein particulier Interesse hätte, weil er, als er von Ew. Ch. D. Hofe zu Paris wieder angelanget, seinen König Ewrer Ch. D. Affection und Freundschaft dergestalt versichert hätte, dass, wenn Sie in bevorstehender Conjunctur denen Holländern zur Seite treten sollten, I. K. M. ihn vielleicht beschuldigen möchten, dass er Ihr eine ungegründete Versicherung gethan. Und als ich ihm darauf antwortete: Ew. Ch. D. wünscheten keinen Krigs zwischen Frankreich und Holland; wenn er aber nicht zu verhindern stünde, würden Sie fürnehmlich auf die allgemeine Sicherheit im Reiche, woran auch Ihre eigene hinge, sehen, sagte er mir: der Krieg wäre gewiss, dann weil die Truppen fertig stünden, könnte der König avec honneur nicht recüliren.

Hinsichtlich der Sicherheit des Reichs hätte Kf. nichts zu besorgen, „dann wie I. K. M. mit Holland eine particuläre Querelle hätten, also würden Sie Sich auch wol hüten, keine fremde Händel mit hineinzuflechten; und wie Sie deswegen die Arbitrage in den Spanischen Niederlanden auf ein Jahr weiter hinausgesetzet hätten, also würde ich auch bald vernehmen, dass der Cölnische Streit durch seines Königs Vermittelung hingeleget sei."

Auf die „platt heraus" gethane Frage, ob Pomponne und er [Vaubrun] erhalten hätten, was sie gesucht, antwortet V. mit: nein. Indes, fügt er hinzu, sei die Negociation in solchen Terminis Courtin überlassen, „dass er aller Apparence nach alhier mehr als van Haren ausrichten würde, und bat mich, ich möchte an meinem Orte dahin cooperiren helfen, damit Ew. Ch. D. auf dieses Wesen keine Reflexion macheten, sondern avec pure générosité mit seinem Könige sich einliessen".

Courtin hat bisher erst particuliere Audienz bei den Majestäten gehabt, sonst aber noch nichts verrichtet.

v. Brandt. Relation d. d. Stockholm 23. December 1671.

[Rangfragen der in Stockholm accreditirten Diplomaten. Courtins Negociation. Intime Aeusserungen von ihm. Charakteristik der Gesandtschaften von Spanien, Dänemark, Lüneburg-Celle, Hannover, Mecklenburg-Güstrow, Gottorp, England und der Türkei. Beabsichtigte Unterhandlung mit den Reichsräten.]

1672.
Nach gehabter Audienz bei beiden M. M. hat er sofort den Spanischen und Englischen Extraordinar-Envoyés und den Französischen Residenten Ankunft und Audienz gebürend notificiren lassen. Mit dem Dänischen, Cellischen, Hannoverischen, Gottorpischen, Mecklenburgischen hat er, weil er sie von verschiedenen Höfen her kennt, unter Beiseitesetzung der Ceremonien, schon communicirt, eben von dem Verlangen getrieben, was etwa zwischen Frankreich und Schweden vorgefallen sei, aufs schleunigste zu ergründen. Bittet um Ordre, wie er sich gegen die französischen und englischen Extraordinär-Ambassadeurs Courtin und Coventry betragen soll, weil sie ihm bei Abstattung der Visiten in ihren Häusern die rechte Hand nicht geben werden. Er wird daher ohne des Kf. ausdrückliche und ausführliche Ordre den Englischen und Französischen Ambassadeurs „in ihren Häusern nicht zusprechen, indessen aber mit dem Englischen Envoyé und dem Französischen Residenten solche Correspondenz pflegen, damit es kein Nachdenken verursache", dass er „der Ambassadeure sich enthalte". Wie er denn auch vor seiner Audienz den Ambassadeur Courtin, mit dem er zu Breda bekannt geworden, unangesagt besucht und dabei die „vorige Familiarität vorgeschützt" hat. Es hat ihm dies auch Anlass gegeben, „keinen Stuhl anzunehmen, sondern die Visite en promenant zu verrichten". 2. Jan.

Courtin führt die Gründe an, die nach seiner Meinung Kf. billig bewegen sollten, mit der Krone Frankreich wider Holland in ein Bündnis zu treten; zweifellos wird Kf. sie vom Grafen St. Géran zum Ueberfluss vernehmen. Austausch ihrer Ansichten über die hiesige französische Negociation. Freimütige Aeusserungen C.s über seine Gesandtschaft. Wie er von seinem Könige Abschied genommen, habe er Sr. K. M. zu erkennen gegeben, dass er es für ein Zeichen ganz besonderen Vertrauens hielte, dass der König ihn an Mr. Pomponnes statt hersenden wollte[1]); er müsste aber fürchten, dass er schwerlich glücklich ausführen würde, was Pomponne, dem die Charge de Sécrétaire d'Estat „ein grosses Ansehen und Lüstre gegeben", nicht hätte verrichten können, und hofft, wenn die Sachen nicht nach des Königs Sinn ausschlagen würden, dieser werde ihm das nicht beimessen. Zudem, sagte er ferner, hätte er es von Ihrer K. M. schriftlich, dass er im April von hier zurückgehen möchte, „und Einem wie Er, der seine Ehefrau verloren, vier kleine Kinder in der Irre hinter sich gelassen hätte und mit dreien Rechtsprocessen, woran ein gross Theil seiner Fortüne hienge, beladen wäre, könnte nicht wol verdacht werden, auf

[1]) Vgl. UA. XIII, 45. 51.

seine Revocation zu dringen, zumalen alsdann auch alhier die Negotiationes ein Ende nehmen würden. Er war für diesem der artigste und lustigste Mann, so ich jemals gesehen; ich finde ihn aber itzt sehr geändert, worin entweder seiner Frauen Tod oder der beschwerliche Lauf seiner Processe oder, wie von Vielen geglaubet wird, dass ihm die Charge de Sécrétaire d'Estat entgangen, Ursache ist; und hat er sich gegen den dänischen Ministrum in Vertrauen verlauten lassen, das ihm dieselbe nicht hätte entstehen können, wenn Mr. de Lione drei Jahre eher gestorben wäre."

„Der Spanische Extraordinar-Envoyé thut alhier nichts, als dass er die 12 000 Thlr., so ihm der König in Spanien jährlich giebet, mit Lust und Pracht verzehret; und giebt vor, dass er nichts einzustreuen habe, und dass sein König wol zufrieden sein könne, weil die Triple-Alliance unangefochten bliebe; womit aber die Björenclou'sche Partei gar nicht vergnüget ist, welche auch nicht begreifen kann, woher es komme, dass kein Oesterreichischer Minister alhier sich einfindet, welcher nebst dem Spanischen ihr Materiem gebe, dem Reichskanzler und seinem Anhange sich desto durchdringender zu opponiren."

„Der dänische Minister Petkum hat alhier nebst der Oldenburgischen Sache nichts zu treiben, als dass er forsche, wie Schweden zwischen Frankreich und Holland sich betragen werde, woran dem Könige in Dänemark, ehe er sich mit Frankreich oder denen Generalstaaten einlässet, so viel gelegen, dass er Obgedm. keinen Character beigeleget, dagegen aber monatlich achthundert Thaler verordnet, damit er ohne Rangstreit und durch ansehnliche Zehrung und Convivia desto füglicher und gewisser den rechten Grund erfahren könne, worin er auch keinen Fleiss und Mittel sparet, und wie er allemal gegen Ew. Ch. D. Interesse eine grosse Affection spüren lassen, auch jederzeit in England gern vertraulich mit mir gelebet, als verhehlet er mir auch nichts, und wenn ich seine Wissenschaft gegen dasjenige, so ich vom Feldherrn Wrangel und Reichskanzler und Anderen aus dem Senat verstanden, auch sonst erfahren, halte, so bin ich desto mehr versichert, dass Mr. Pomponne nicht gefunden, was er gesuchet, dass es aber hier mit Frankreich auf ein Foedus defensivum angesehen ist, so doch eine jede Faction nach ihrer Inclination einzurichten trachtet. Er fürchtet aber wie ich, dass Schweden darunter mehr sein eigen Interesse in Teutschland zu seiner Nachbarn Schaden zu befördern als Frankreich grosse Avantage zu geben trachten werde."

„Der Cellische Minister, der geheime Rath Müller, so für diesem allezeit in Holland von dem Herzog von Lüneburg-Celle employiret worden, ist auch nur alhier, um zu sehen, wo Schweden hinaus will, und merke ich klärlich, dass sein Herzog sich so sehr für die Schwedische Consilia fürchtet, als er begierig und einigermassen obligiret ist, mit Holland auf dem vorigen Fuss zu continuiren. Es ist aber der Herzog mit diesem Ministro übel versehen, denn ausserdem, dass er von dem Dänischen Ministro bei mir in Argwohn gebracht ist, habe ich auf dem Dänischen Convivio neulich mit meinen Ohren gehöret, dass er, da ich mich trunken stellete, einen Schwedischen Reichsrath gar weitausschauende und auf vorige Collusiones zielende Einschläge gab, wie

Bremen in der Schweden Gewalt zu bringen, und scheinet es, dass dieses daher rühret, dass er vorher der Kron Schweden gedienet. Wo Ew. Ch. D. Interesse nicht leidet, dass dieser Herzog dergestalt hintergangen werde, so stelle ich zu Dero gn. Gefallen, ob Sie ihn wollen warnen lassen, bitte aber unterth., dass es nicht recta, sondern per tertium, etwa aus dem Haag geschehe, weil er sonst nachdenken und mir nicht mehr trauen würde.

Hannover scheint mit Celle nicht „Einen Scopum zu haben" — Verhalten des Mecklenburgischen Residenten in der Warnemündischen Zollsache, des Gottorpischen bezüglich Oldenburgs. — Die englischen Gesandten haben „wider die Löcherung der triplen Allianz gesprochen". Allerlei Mutmassungen. Coventrys Anbringen „dürfte nicht auf der Holländer Bestes angesehen sein." —

Es befindet sich auch alhier ein Türkischer Abgesandter oder Abgeordneter. Ich habe ihn aber in seiner affectierten Grandeur sitzen lassen und keine Ceremonien bei ihm angewandt, weil ich nicht weiss, ob Ew. Ch. D. auf dergleichen Leute einige Reflexion machen. Zudem zweifeln Einige, ob er nicht ein Betrüger sei; denn er nimmt die zwölf Thaler, so ihm der König zur Unterhaltung seiner Tafel täglich reichen lässet, immer glatt zu sich und redet von nichts als von Einrichtung der Commercien zwischen den Türken und Schweden, so man doch impracticabel findet.

In Abwesenheit des Hofes werden die Gesandten zur Unthätigkeit verurteilt sein. Br. wird die Reichsräte, die entweder hierbleiben oder ihre Güter auf dem Lande nahebei haben, in der Zwischenzeit besuchen; sobald er einen von der Björnclou'schen Partei gesprochen hat, wird er seine Anschauung von der Negociation Pomponnes eröffnen.

---

v. Brandt. Relation. Dat. Stockholm 24. December 1671. z. T. in Chiffern.

[Pomponnes Negotiation und sonstiger Stand der Verhandlungen.]

Wäre jetzt das Rescr. vom 28. Novemb. ihm nicht zu Händen gekommen, so würde er auch diese Post noch haben vorüber gehen lassen, da er von der Björnclouschen Partei noch Niemand gesprochen hat, und eben auf diesem seinem Bericht doch eine grosse Verantwortung steht. Damit aber Kf. „zum Voranlauf einig Fundament vor sich" haben möge, so meldet er hiermit für gewiss: 3. Jan.

1. dass Mr. Pomponne rotunde abgeschlagen worden, das Foedus zwischen Frankreich und Schweden auf dem alten Fuss zu erneuern; 2. dass es aber auf der Renovation des Foederis defensivi, so Graf Tott vor zehn Jahren gemachet, stehe, und, wo diese Renovation für sich gehet, pro securitate imperii et pacis Germaniae entweder serio oder zum Praetext einige Praecautiones mit hineingerückt werden sollen; 3. dass bis 12000 Mann im Frühjahr nacher Teutschland übergeschiffet werden sollen, weswegen die Generalmusterung itzt vorgenommen wird; 4. dass etwas geheimes darunter verborgen, so zwar nicht zum öffentlichen Engagement mit Frankreich, aber der Kron Schweden zum Vortheil in Teutschland gereichen möchte; 5. dass es auf Bremen mit angesehen; 6. dass die Schweden bei die beide Dörfer im Stift Bremen an der Weser Lehe und Gestendorf eine Stadt und Festung anlegen und ihre Infanterie daran in aller Eile wollen arbeiten lassen; 7. dass was die holländische Commercien in der Ostsee angehet, so Mr. Pomponne diesem Hofe nicht aufs beste recommendiret, bis zu des Holländischen Ambassadeurs Ankunft ausgesetzet ist; 8. dass die Björenclouische Faction annoch in vogue und des Reichscanzlers Französischen Desseinen sich stark widersetzet; 9. dass aber der Reichscanzler durch Carressen, Geld und Chargen die Björenklouische Faction zu schwächen oder zu lenken trachtet, dazu er viel Griffe employiret; 10. dass die Björenklouische Partei und der Reichscanzler darin einig sein, dass Holland gedemüthiget und durante hoc bello die Commercien zu der Niederlande Desadvantage in Schweden fortgesetzet werden müssen; 11. dass zu fürchten sei, der Reichscanzler nehme Geld von Frankreich, seine Armee zur Ombrage in Teutschland zu halten, und dass es gefährlich, sich nach dem Rhein hin zu engagieren und eine Armee im Rücken zu haben.

„Mit nächster Post folgt ausführlicher Bericht. In einer so wichtigen Sache ist es unmöglich, so geschwind zu reüssiren; er hat aber durch die von ihm angewandte Conduite in der kurzen Zeit mehr erfahren als die meisten, die vor ihm hier gewesen sind.“

Christoph von Brandt an den Kurfürsten. Dat. Stockholm, 9. Januar 1672.

[Specialisirt seine hohen Ausgaben in Stockholm und bittet um Zulage.]

Ewrer Ch. D. wird sonder Zweifel annoch erinnerlich sein, dass 19. Jan.
Sie mir zu meiner hiesigen Subsistenz, da ich von Berlin abreisete, ein Tausend und fünfzig Rthlr., um damit bis zum Ende des nächst verflossenen Jahres auszukommen durch Dero Amtsrath und Hofrentmeister Michel Mathias auszahlen lassen. Nun werden aber Ew. Ch. D. aus beigefügter meiner Rechnung in Gn. ersehen, dass ich bis dahin 1974 Thlr., und also 924 Thlr. mehr als ich empfangen, verzehret habe, so daher rühret 1. dass die Reise zu Lande anhero sehr kostbar ist; 2 dass meine Carosse, Pferde und Equipage, so ich in Stettin embarquiren lassen, wegen des zeitigen Winters alhier nicht anlangen können, und ich deswegen gegen die Audienz vor 520 Thlr andere kaufen müssen; 3. dass ich meine hiesige Gemächer selber zu meubliren gezwungen gewesen; 4. dass die Livree an hundert Thaler gekostet; 5. dass viel auf Geschenke gegangen; 6. dass ich alhier täglich allein für Essen, Trinken und Kostgeld soviel verzehren müssen, als Ew. Ch. D. mir zu meiner ganzen Subsistenz gn. geordnet.

Nun entsehe ich mich zwar wegen der 924 Thlr, so ich über die mir mitgegebene 1050 Thlr verzehret, Ew. Ch. D. zu behelligen, in Betrachtung, dass die Carosse, Pferde, Equipage und Meubles mir verbleiben. Weil ich aber alhier für die Mahlzeit einen Thlr. und für zwei Personen, so mit mir an einer Tafel essen, einem jeden auch so viel, sechs Dienern, einem jeden wöchentlich zwei und einem Schreiber drei Thlr. Kostgeld geben muss, so gehen die zehn Rthlr., so Ew. Chr. D. mir täglich geordnet, mehrentheils auf die Tafel und Kostgeld. Bin also genothdränget, Ew. Ch. D. unterth. anzuflehen, Sie wollen gn. geruhen, Ihr gehorsamst vorstellen zu lassen, wie unmöglich es mir sei, alhier zu subsistiren, so ich nicht zu denen übrigen, fast eben so hochsteigenden Ausgaben eine erkleckliche Zulage bekomme. Ich muss wöchentlich sieben Rthlr. vor mein Haus und Stallung geben; Carosse und Pferde zu unterhalten, kostet aufs wenigste wöchentlich vier Rthlr.; vor das Loth Briefe wird von Hamburg bis hierher, und von hier dorthin $^1/_2$ Rthlr. bezahlet, und muss ich das Postgeld hin und her entrichten, so wöchentlich auf vier bis fünf Rhtlr laufet. Zum öfteren kann ich ehrenhalber, und wo ich etwas Importantes und Gründliches erfahren will, nicht entübriget sein, ein und andern vom Hofe zu tractiren, und werde ich hinfüro mich nicht entbrechen können, einige Reichsräthe zu mir zu bitten, weil ich sonst des Ranges wegen, eben wie die königliche Extraordinar-Envoyés, ausser denen Visiten in Ihre Gesellschaft nicht kommen kann. Und ob ich wol, wann ich einen Gast bitte, vor die Person auch nur einen Rthlr. zahle, so gehen doch allemal aufs wenigste fünf oder sechs Rthlr. drauf, weil das Mass Rheinwein alhier einen Rthlr. kostet. Was gehet dann auf die Geschenke, Holz, Wäsche, Lichte, Kleider und hundert andere Dinge! und wie genau ich mich auch durchzubringen suche, so muss doch um Ew. Ch. D. hohen Respects willen an diesem Hofe, der mit so vielen Senatoren, Grafen und auswärtigen Ministris, die alle einen sehr prächtigen Staat führen, angefüllet ist, ich mich also halten, damit Ew. Ch. D. keine Verkleinerung leiden, und würde ich mich nur zum Gelächter dargestellet haben, wenn ich bei einem schlechten Train die Ehre und die Stelle, so Ewrer Ch. D. wegen mir überall zukommet, hätte behaupten wollen, und ob ich nun wol meine Suite und Art alhier zu leben, dergestalt eingerichtet habe, dass ich denen Königlichen Extraordinar Envoyés, so monatlich zu Tausend bis 1500 Rthlr zu verzehren haben, wenig nachgebe, ausgenommen, dass sie offene Tafel halten, und ich nur mit denen Grafen Königsmark, Wittenberg, Steenbock und Oxenstjerna an einen Tisch gehe, so hoffe ich doch, mit fünfhundert Thalern monatlich auszureichen, wann ich nur versichert bin, dass mir dieselben von Monat zu Monat richtig gezahlet werden, damit ich vor baar Geld leben könne.

„Welchem nach Ew. Ch. D. ich in aller Unterth. bitte, Sie wollten gn. zufrieden sein, dass beikommendes Concept an Dero Amtsrath und Hofrentmeistern Michel Mathias ausgefertigt werde[1]) Und hoffe ich diese Gnade darum desto eher zu erlangen, weil ich nicht absehen kann, dass Ew. Ch. D. Ursach haben möchten, mich länger als bis auf den Frühling, da sich ohne Zweifel alles ausweisen und die fremde Ministri von hinnen ziehen werden, hier zu lassen. Ich will dagegen so wenig an Geld als an Mühe und Fleiss ermangeln lassen, alles, so alhier vorgehet, zu erkundigen und sonst in allen Stücken Dero gn. Befehle in treuestem Gehorsam auszurichten.“

---

[1]) Beigelegt ist ein Blanquet, welches Kf. die Gnade haben möge zu unterschreiben.

v. Brandt. Relation. Dat. Stockholm 9. Januar 1672. (In Chiffren.)

[Sein Bruder nimmt ausführlichen Bericht mit. Wie weit sich im Falle eines Krieges Schweden einlassen werde. Parteiungen dort. England mit Frankreich gegen Holland verbunden. Argumente, warum es für Kf. gefährlich sei, die holländische Partei zu ergreifen. Stellung des Schwedischen Hofes zu dieser Frage].

Dem Befehle des Kf. gemäss lässt er seinen Bruder wieder zurück- 19. Jan. gehen; es hätte eher geschehen sollen, „wenn ich nicht einige geheime Nachrichten, so den Schwedischen Staat angehen, und ich für Geld aus dem hiesigen Archiv bekommen, gegen seine Abreise hätte abschreiben lassen, damit er sie mitnehme und Ewrer Ch. D., so er ingeheim für Sie dienen darf, entweder selbst überreiche und daneben von den Affaires dieses Hofes mündlichen Bericht gebe, oder wo er sich nicht zeigen darf, sie sonst einer sicheren Person zustelle, die sie Ew. Ch. D. einhändige.“ Ueberhaupt möchte Br. nur absolut Gewisses melden. Den weitläuftigen Bericht, den er bei letzter Post erwähnte, nimmt sein Bruder mit sich, um ihn in Kopenhagen auf die Post zu geben, da Br. nocht nicht weiss, wie es hier mit seinen Briefen zugeht. Aus dem Rescr. vom 20. December hat er ersehen, dass erst seine Relationen aus Norköping und Nyköping eingekommen sind.

Versichert indessen — „dass man der Schweden wegen sonst nichts zu fürchten, als dass wo sie für die Neutralität und Zusage einer künftigen favorablen Mediation von Frankreich oder auch von Holland, damit Schweden die holländische Commercien in der Ostsee nicht anfechte, Geld bekommen, sie etwa mit sechs, acht oder zehntausend Mann in Teutschland gehen, Bremen, wenn Ew. Ch. D. und der Herzog von Celle nach dem Rhein hin engagiret, angreifen, die beiden Dörfer im Stift Bremen an der Weser Lehe und Geestendorf fortificiren und aufbauen und des Herzogs von Gottorp wegen Oldenburg sich annehmen möchten. Dieses ist alles, was sie thun können und wollen, mit Krieg ist ihnen nicht gedienet, und wenngleich Einige wären, so aus Affection von Frankreich dazu rathen wollen, so ist ihnen mit keinem Reichstage, worohne kein Krieg decerniret werden kann, gedienet, weil man auf demselben wegen des Königs Krönung einen Schluss würde machen müssen; denn in hoc tertio, dass man den König, solange nur immer möglich, in der Minorennität halten solle, stimmet der ganze Senat und die beiden Factionen, damit ihr Regiment desto länger währe, überein. So sein alhier auch gar keine Mittel zum Krieg, und durch französisch Geld Frankreich gross beizustehen und noch grösser zu machen, wird die Björnclouische Partei nimmer eingehen. Ich merke auch, dass der RKanzler selbst dazu entweder nicht rathen darf oder nicht rathen will, ob er wol, wie Ew. Ch. D. aus obber. meinem unterth. ausführlichen Berichte ersehen werden, denen Französischen Desseinen in anderen Dingen zu favorisiren sich bemühet."

„Hierauf können Ew. Ch. D. Staat machen. Weil es aber nur zu gewiss ist, dass England wider Holland auch offensive agiren wird und deshalb mit Frankreich eine feste Bündnis gemachet, dessen mich nicht allein der Reichskanzler und der Französische Ambassadeur gewiss versichert, sondern ich auch von dem Englischen Secretario in geheimem Vertrauen erfahren: so bitte Ew. Ch. D. ich in aller Unterth., Sie wollen mir gn. vergönnen Ihr zu entdecken, dass nicht nur mir als dero getreuestem Diener, sondern auch einigen Affectionirten dieses Ortes eine grosse Furcht beiwohnt, dass wenn Sie gegen eine so starke Partei mit Holland sich verbinden sollten, Sie Sich in grossen Hazard setzen würden. Ich will zwar von dem eventu des Kriegs nichts sagen, denn selbiger stehet bei Gott. Weil ich aber vernehme, dass Frankreich und England vor sich eins sein, wie weit sie Holland poussiren und alsdann wieder aufhören wollen, so fürchte ich, wenn sie solchen Zweck erreichen sollten, ein so schleuniger Friede erfolgen werde, dass es schwer halten möchte, wenn Frankreich einige von Ew. Ch. D. Vestungen auf dem Rhein den Holländern abgewinnen sollte, dieselbe aus des Königs in Frankreich Händen wieder zu kriegen; und wie Frankreich alsdann zu schwach und zu kleinmütig sein würde, deswegen den Krieg zu continuiren, also zweifle ich auch, ob die Mediatores darinnen Ew. Ch. D. Partei halten würden."

„Was diesen Hof betrifft, so kann Ew. Ch. D. ich wol versichern, dass ob er gleich viel von Schwedischer Sorge für die Ruhe in Teutschland, und dass Frankreich das Römische Reich nicht mit ins Spiel bringen müsste, vorgiebet, man alhier schwerlich es für eine infractionem pacis Germanicae auslegen würde, wenn Frankreich eine der obbem. Festungen einnähme, und hernach bei den Friedenstractaten vorgäbe, es hätte selbige nicht Ew. Ch. D. und dem Reich, sondern dem Feinde abgenommen und könnte sie iure belli behalten, und ist Ew. Ch. D. besser als mir bekannt, wie wenig man alhier achten würde, wann Sie etwas verlören. Ich weiss wol, dass ich nicht anhero geschicket bin, Ew. Ch. D. in einer so wichtigen Sache Rath zu geben, hoffe aber, Sie werden meinen unterth. Eifer für dero Wohlfahrt und fernere glück- und sieghafte Regierung in keinen Ungnaden vermerken."

Der Kurfürst an v. Brandt. Dat. Coelln a. Sp. 6. Januar 1672. Con. v. Schwerin.

[Verfolgung der Evangelischen in Ungarn. Fordert schleunigen Bericht, was mit Pomponne abgehandelt worden.]

16. Jan. Weist auf die Verfolgung der Evangelischen in Ungarn hin, „welcher — gestalt ihnen die Kirchen geschlossen und die Prediger verjaget und

andere mehr in gleiche Furcht gesetzet worden.“ Br. hat mit den Schwedischen Ministern darüber zu communiciren und von ihnen zu vernehmen, wie diesen Persecutionen, „welche auch in Schlesien stark vor sich gehen“, zu steuern sei. Kf. erwartet mit Verlangen, was dort mit Pomponne abgehandelt worden ist. „Wir haben Uns noch zur Zeit zu nichts erkläret, ungeachtet von Französischer und Holländischer Seite, davon beiderseits Abgesandte hier sein [1]), desfalls viele Instantien geschehen.“

Der Kurfürst an v. Brandt. Dat. Coelln a. Sp. 10. Jan. 1672. Conc. v. Jena.

[Negotiation des Französischen und Staatischen Gesandten und darauf bezügliche Erwägungen.]

Der Gesandte hat bei allen Gelegenheiten die Versicherung zu thun, 20. Jan.
dass Kf. seinerseits nichts unterlassen würde, was zur Unterhaltung genaueren Vertrauens nötig sei. „Es wäre jetzo von dem Könige in Frankreich der Graf von Géran, von dem Staat der von Amerongen hier. Jener begehret, dass Wir entweder mit dem Könige wider den Staat Partei nehmen oder doch Uns neutral halten möchten. Dieser requirirete Uns auf die vor diesem geschlossenen Defensivallianz, und dass Wir Uns der Sachen mit mehrerem Nachdruck annehmen möchten. Als Uns aber bei der Neutralität viel und grosse Bedenken fürständen, so wäre das Uebrige auch eine Sache von grosser Importanz und Wichtigkeit. Wir sähen wol, dass wann es Gott nicht sonderlich verhütete, aus diesem Werke leicht eine allgemeine Unruhe entstehen, und dabei der weltliche oder auch der geistliche Evangelische Staat Noth und Gefahr leiden könnte, daher Wir nichts mehr beklageten, als dass Wir von Ihrer Maj. und Kron Schweden eigentlicher Intention keine gewisse Nachricht und Sentiment, was Sie vermeineten, dass bei der Sache zu thun, so geschwinde wie Wir wünscheten und es nöthig, nicht haben könnten. Bisher hätte der König in Frankreich die Interposition und Mediation beständig decliniret, und obgleich der Staat auf den Fall, wenn er zur rechtmässigen Offens Ursach sollte gegeben haben, sich zu aller billigen Reparation anerbietet, so wüsste man doch nach Anweisung aller Zeitungen noch zur Zeit anders nicht, als dass es bei dem Kriege sein Verbleiben haben würde, inmassen dann auch aus denen starken und ungemeinen Praeparatorien, welche zum theil durch Zulass des Erzstiftes Coeln auf des Reichs Boden geschehen, kein anderes zu vermuthen. Bei so bewandten Umständen nun würden Wir genöthiget, Uns in mehrere Verfassung zu setzen, und wollten gerne nebst Anderen umtreten, die

---

[1]) Vgl. UA. XIII, 10 fgg.

Sicherheit und frischen Staat des heiligen Römischen Reichs zu conserviren und, was sonst mehr gut gefunden würde, willig und gerne beizutragen, absonderlich aber mit I. M. und Cron Schweden, wie sie selbst vermeinen möchten, Uns zu setzen und zugleich eine beständige Freundschaft zu stiften."

Im geheim und gleichsam für sich hat er auf die schwere Gefahr hinzuweisen, die dem Handel und der Evangelischen Religion erwächst, wenn die Niederlande gänzlich unterdrückt werden. Er hat alles gebürend zu menagiren und vor allem die Intentionen der Krone Schweden zu erfahren.

Chr. v. Brandt. Relation. Dat. Stockholm 17. Januar 1672. (grösstenteils in Chiffren.)

[Schweden im ganzen wenig kriegsbereit und auf französisches Geld angewiesen. Holländischer und dänischer Gesandter. England. Abgesandter K.Sachsens. Graf Koenigsmark für Paris in Aussicht genommen. Französischer Abgesandter.]

27. Jan. Sein Bericht vom 9. wird, nach seiner Berechnung, ungefähr mit diesem zugleich einlaufen. Wegen Abwesenheit des Hofes geht nichts vor. Br. kann nur nochmals versichern, dass Schweden so wenig im stande als willig ist, sich in einen Krieg einzulassen, dass es aber noch bei dem Entschluss bleibt, Kriegsvolk nach Bremen und Pommern überzuschiffen. Vier deutsche und schottische Obersten, die bisher Wartegelder genossen, hätten Ordre, sich in Bereitschaft zu halten; wenn aber Frankreich kein Geld giebt, so werden nur die Auscommandirten von den schwedischen Landregimentern dorthin gehen.

Den holländische Ambassadeurn verlangt es nach des Hofes Wiederkunft. Der Hof hat aber nicht Lust, sich mit ihm einzulassen, bis Pomponne das ersehnte Geld für die Krone Schweden zu Wege gebracht hat; denn wenn dieser Abgesandte zu früh erfahren sollte, dass mann auch von Holland Geld begehrte, so würde Frankreich „Ialousie" schöpfen und zurücktreten. Der dänische Envoyé bemüht sich nun, bei beiden Ambassadeuren zu verhindern, dass Schweden Geld bekommt. Ob ihm [dem dänischen] Brandt darin helfen solle? Jedenfalls müsste das mit Behutsamkeit geschehen. — Auslassungen des holländischen Ambassadeurs, den Plan der Generalstaaten, Krieg zu führen betreffend. Anbringen des Herzogs von Sunderland. Nach Aussage des Grafen Tott (er ist vom Könige hergeschickt, um die Grafen Koenigsmark und de la Gardie, des RKanzlers Sohn, die sich mit einander entzweit haben, zu vergleichen) müsse England wol etwas besonderes im Schilde führen; jedoch merkte man wol, dass er Holland lieber aperto Marte attaquieren als die Gelegenheit, Frankreich und Holland aneinander zu bringen, vorbei gehen lassen würde. — Der RFeldherr wird vor geeinigter Musterung nicht wieder hier anlangen. Er hat auf sich genommen, die Landregimenter in Upland, Dalern und Westermanland selber zu mustern.

Der Chursächsische Abgesandte hat sich nur „auf gut Sächsisch gehalten“ und sonst noch nichts negociirt. Br. hat ihn nur in loco tertio, wo er wenig mit ihm reden können, gesprochen. Sonst aber hat er sich verlauten lassen: I. Ch. D. zu Sachsen begehrten von I. K. M. zu wissen, wie man sich bei dieser Conjunctur zu betragen hätte, und wann es die Noth erforderte, würden I. Ch. D. auch einige Regimenter richten lassen.

Der in französischen Diensten befindliche Graf Koenigsmark hat von hieraus Ordre zur Negociation beim Könige von Frankreich. Man giebt zwar hier vor, dass man nichts weniger thun könne, als nach so vielen pressanten und ansehnlichen Abschickungen dem Könige auch ein Compliment zu machen. Weil aber Graf Koenigsmark einige importante Briefe von dort geschrieben hat, so ist Br. der Meinung, dass er wegen der Neutralitätsbedingungen, die Pomponne mitgenommen, und insonderheit wegen Geld negotiiren solle, zumal da man deshalb mit Frankreich gern im Richtigen sein möchte, „um dann auch mit Holland zu marchandiren“.

Der Französische Ambassadeur hat heute viel Copien von seines Königs Anwort auf das Schreiben der Generalstaaten vom 10. Dec. verlesen lassen[1]); „on la juge icy vaillante et hautaine“.

Chr. v. Brandt. Relation. Dat. Stockholm 26. Januar 1672. (In Chiffren.)

[Wegen Abwesenheit des Hofes nichts zu verrichten. Vertrauliche Aeusserungen des Grafen Tott. Factionen der Grafen und des Adels und daraus entspringende Intriguen. Haltung des RKanzlers. Des jungen Gyllenstierna Einfluss auf den König. Festigkeit der Björenclouschen Partei.]

Kann wegen Abwesenheit des Hofes und Senats nichts verrichten. 5. Febr.
Die Rückkehr des Hofes wird sich auch — aus den in letzter Relation in

1) UA. III, 216.

Bezug auf den holländischen Gesandten angezogenen — Gründen noch verzögern. Der französische Abgesandte hat auf einen Courier, der Pompones Ankunft in Paris meldete, dem RKanzler sagen lassen, dass er innerhalb vierzehn Tagen noch nichts würde anzubringen haben.

Giebt Ergänzungen seines aufführlichen Berichts. Graf Tott hat „auf der Französischen Ministrorum inständiges Anhalten, ihre Partei im Senat zu verstärken, durch den Reichscanzler es dahin gebracht, dass er aus Lievland, da er Gouverneur ist und da er gern die Fortification zu Riga vollführen wolle, unter dem Vorwand, dass er die letzte Allianz mit Frankreich geschlossen und ihm die Sache am besten bekannt, anhero kommen müssen. Ich habe auch Ewrer Ch. D. vorhin unterth. berichtet, dass er von Inclination Französisch gesinnet wäre, und dass er zwischen denen bewussten beiden Factionen gleich Moderator sein wollte". Ich muss aber bekennen, „dass er viel offenherziger als andere mit mir umgangen, und hat er mir unter anderem frei herausgesaget, die Schweden hätten ihre Affection in Teutschland verloren, wider Oestreich hätte man nun nicht mehr zu streiten, wäre also kein ander Mittel vor Schweden, solche Affection wieder zu erwerben, als durch den Vorsatz, die Ruhe in Teutschland zu conserviren und ihre im Römischen Reich acquirirete Provinzen in Friede zu besitzen und sie in keine Gefahr zu stellen. Wie denn dieses Consilium mit nächstem entweder in Senatu per Conclusum oder durch einen Reichstagsschluss festgestellet werden sollte. Er fragte mich auch, ob Ew. Ch. D. wol gern sehen würden, wann die Kron Schweden Volk in Teutschland schickete, und als ich ihm darauf antwortete, weil der Kron Schweden Intention auf die Erhaltung des Teutschen Friedens gerichtet, so könnte Ew. Ch. D. solches, insonderheit bei dieser Conjunctur, nicht anders als lieb sein, worauf er fortfuhr, dass man in Teutschland sich alsofort allarmirte, wann nur eine Handvoll Schwedische Trouppen nacher Bremen und Pommern übergingen, und ich ihm ferner antwortete, dass man in Teutschland gar wol zu unterscheiden wüsste die Kron Schweden mit einer Hauptarmee und grossem Dessein und, wenn sie mit einigen Trouppen käme. So er auch approbirte und sagte, seine Meinung wäre, man sollte nur auf höchste vier oder fünf Tausend zu Fuss, Bremen und Pommern zu conserviren und selbige Festungen zu repariren, übergehen lassen; welcher Dessein, wie ich nachgehends erfahren, auch von Anderen beliebet und durch den Französischen Gesandten, damit man Oestreich nicht aufwecke, gerathen wird. Dass ich also Ew. Ch. D. von der Zahl derer Trouppen, so nach Teutschland gehen möchten, noch nichts gewisses berichten kann, so aber gegen das Frühjahr sich ausweisen muss. Ich hätte auch vorhin schon berichten sollen, dass sich alhier noch eine andere viel Confusion, Intriguen und Misstrauen verursachende Faction zwischen den Grafen und dem Adel eräugnet, so zwar anfangs nur aus dem Rangstreit entstanden, itzo aber mit denen Factionen im Senat eine solche Gemeinschaft bekommt, dass der Reichscanzler der Grafen, und die Björenclouische Partei des Adels Seite hält. Und ist es damit so weit kommen, dass wie zu geschehen pfleget, ein Theil dem andern bei dem Könige böse Dienste zu thun sich bemühet. Bisher aber hat der Adel durch Johann Güldenstern Vaterbruder Sohn, so des Königs Kammerherr ist, so weit den Vorzug behalten, dass wenn ein Edelmann über einen Grafen im Duell die Advantage, der König sich darüber ergötzet. Dasjenige aber, so künftig einem oder dem andern Theile gefährlich sein und zur Desavantage gereichen möchte, ist dieses, dass des Regiments und Grafen-Partei Ihrer K. M. den Krieg süsse machen und diejenige, so zum Frieden rathen und für des Landes Beste sprechen, auch wol damit umgehen, dass man sie gegen die Krönung durch eine feste Capitulation zum Frieden verbinde, bei Derselben in bösen Credit setzen; die Björenclouische Partei und der Adel hingegen den Reichscanzler und seinen Anhang bei I. K. M. beschuldigen, sammt seien sie vor Geld gut Französisch und meinen es mit ihr und ihrem Königreiche nicht wol. Der Reichscanzler hat zwar allerlei Griffe gebrauchen wollen, obberegten jungen Güldenstern vom Könige zu entfernen. Johann Güllenstierna hat es allezeit verhindert und hat ihm fest eingedrücket, dass er lieber die beste und profitabelste Charge ausschlagen als den König quittiren solle."

Auch hätte ich in meinem vorigen zu erwähnen nicht vergessen sollen, dass der Reichscanzler, nachdem er gegen die Björenclouische Partei eine andere Conduite angenommen, dieselbe nicht allein durch Caressen zu gewinnen, sondern auch durch andere Mittel zu trennen und zu schwächen trachtet; wie er dann, weil man dafür gehalten, dass Steno Bielke, weil er nicht gar viel vermag, durch Geld zu gewinnen sein möchte, den französischen Ministris gerathen, ihn auf solche Weise zu tentiren, und damit er Johann Güldenstern los werden möchte, es dahin dirigiret, dass ihm, wie ich vorhin gemeldet, die Charge zu Wismar nebst dem Charactere des Legati in Teutschland in Senatu nomine Regis nicht nur angeboten, sondern cum mandato aufgetragen worden. Wie aber dieser die Charge ausgeschlagen, also merket man auch noch nicht, dass jener sich habe ébranliren lassen, und stehet die Björenclouische Partei so fest, zumalen da das Land an sie hänget, dass ich glaube, wenn der Kaiser jemand alhier gehabt und ich resolviret hätte, die Tractaten, so Basserode[1]) vor seinem Absterben alhier geschlossen, zu ratificiren und das dabei versprochene Geld zu fourniren, Frankreich denen Generalstaaten alhier gänzlich den Vorzug hätte werden lassen müssen, welches ich auch vorhin umständlicher hätte melden sollen, und stelle Ew. Ch. D. unterth. anheim, ob Sie nicht zu Wien annoch einige Officia

[1]) Kaiserlicher Gesandter in Stockholm. Vgl. UA. XII, 198 fgg.

anwenden wollen, den Kaiser aus dem Schlaf zu wecken. — Der Holländische Ambassadeur lässt ihm eben sagen, dass er Hoffnung habe, mit dem Reichscanzler zu sprechen.

Der Kurfürst an v. Brandt. Dat. Coelln a. Sp. 27. Januar 1672. Conc. Schwerin.

6. Febr. Schickt abschriftlich die zwischen Schweden und K. Sachsen aufgerichtete Allianz[1]). Was die zwischen Frankreich und Schweden stipulirten Secret-Artikel betrifft, so werden diese nicht nöthig sein, „weil sie das damalige Polnische Wesen, welches aber nunmehr gestillet, ganz allein betreffen, dass Euch also dieselben zu nichts dienen könnten, auch scheinet es, dass dieselben nicht seien ratificiret worden. Im übrigen erwarten Wir fernere gewisse Nachricht, wie es mit dem Französischen Tractat eigentlich beschaffen.“

Christoph von Brandt an den Kurfürsten. Dat. Stockholm 31. Januar 1672. (In Chiffren.)

[Verdächtiges Benehmen des cellischen Gesandten. Sache der Protestanten in Ungarn. Auslassungen des französischen Ambassadeurs darüber. Br. motivirt sein Verhalten gegenüber den schwedischen Würdenträgern. Widerrät dem Kf. eine Allianz mit Schweden. Eifersucht Schwedens auf die Verbindung des Kf. mit den einzelnen deutschen Reichsständen. KSachsen möchte dem Kf. Neutralität predigen. Br. rät noch einmal ausdrücklich eine feste Verfassung der Evangelischen, die nicht von Schwedens Gnade zu leben haben. Vermutlich geringes Ergebnis der Mission. Pomponnes. Bittet um die erbetene Zulage.]

10. Febr. Bescheid auf die Rescripte vom 3. 6. 10. Januar. Bezüglich der Communication mit dem cellischen Gesandten Geheimen Rat Müller ist der Gesandte bekümmert, wie er das ohne eigene Gefahr thun könne, „zumalen da man sich allhier ohne das wegen der Factiones am Hofe und im Senat sehr wol vorsehen muss, zu wem man etwas rede, so obberegte Factiones und die Französische, Englische und Holländische Parteien angehet. Was Ew. Ch. D. ich dieses Cellischen Ministri wegen vorhin unterth. eröffnet, und was ich auf den Dänischen Conviviis aus seinem Munde

---

[1]) Von der Hand des Secretärs Hippel: NB. die Schwedische und Chursächsische Allianz ist vom dato 28. November Anno 1667.

gehöret, davon wissen die andere sich alhier befindende auswärtige Ministri nicht das geringste. Gleichwol ist er bei den meisten in dem Credit, dass er einen Schwedischen Magen habe. Aufs wenigste ist soviel daran, weil er vor diesem in Schwedischen Diensten gewesen und noch einen ansehnlichen Rückstand seiner Gage zu fordern, dass er denen Senatoren nach dem Munde redet, und was er hin und her höret, ihnen zuträget, gegen mich aber und andere, mit denen er vertraulich umgehen sollte, ganz verschwiegen ist. Wie ich mich denn unter andern zu beklagen, dass ich vor wenig Tagen nicht von ihm selbst, sondern von anderen erfahren müssen, dass ihm schon vor einiger Zeit nomine senatus zu erkennen gegeben worden, dass man alhier dafür hielte, dass sein Herr, der Herzog, nicht wol thun würde, wenn er sich in dieses Wesen mischete und Hollands Partei annähme. Als ich auch, sobald mir obberegtes Rescriptum zukommen, ihm Part davon gab, gute, vertrauliche Correspondenz antrug und dabei vorstellete, weil wir in dem Fall beide einerlei Befehl erhalten, so müsste zwischen meinem nnd seinem gn. Herrn etwas von Importanz obhanden sein, und hielte ich dafür, sie würden beide nicht gern sehen, wenn Holland Noth leiden oder gar zu Grunde gehen sollte, antwortete er mir, als wenn er einen Französischen Ministrum für sich gehabt hätte, und blieb nur dabei, wie sein Herr mit einem Aug auf das Interesse publicum, und mit dem andern auf seine eigene Sicherheit sähe, welches mir auch Anlass gab, ihm zu antworten, dass er so reden würde, wenngleich zwischen Ew. Ch. D. und seinem Herzog keine besondere, auf die itzige Conjunctur gerichtete Vertraulichkeit wäre. Ich werde auch gewahr, dass in Sonderheit der Dänische Minister ihm nicht trauet und sich seiner entschläget, da er doch auch Ordre gehabt, mit ihm vertraulich zu correspondiren. Solchem nach zweifele ich nicht, Ew. Ch. D. werden gn. gut heissen, dass ich mich gegen ihm in gewissen Schranken halte. Wie es mich aber bekümmert machet, dass ich mit ihm nicht so vertraulich und offenherzig umgehen kann, als es das gemeine Interesse erfordert, also werde ich doch nicht unterlassen, mich dergestalt gegen ihn zu betragen, damit sein Herr aus meinem Comportement nicht etwa schliessen möge, als ob Ew. Ch. D. es nicht gut mit ihm meineten. Ich finde sonst, dass er der Staatischen Partei sehr zugethan, ich finde aber nicht, wie es bei einander stehen könne, dass er nebst seines Herrn auch sein eigenes [Interesse] beobachten will.

In Sachen der Ungarischen Protestanten wird Br. dem Reichskanzler ein Memorial zusenden, „wie erbärmlich es in Ungarn hergehet, communiciren und dabei Namens Ew. Ch. D. anhalten, dass nicht alleine dem Herrn Snoilski zu Regensburg, sondern auch dem Schwedischen Residenten zu Wien, Puffendorf gemessener Befehl, wie sie den Kaiserlichen Hof von dergleichen harten Proceduren abmahnen sollen, [zugehe]."

Wo aber der Reichskanzler so überaus Französisch gesinnet ist, wie man dafür hält, dürfte er sich um den Schaden Josephs wenig bekümmern, zumalen da der Französische Ambassadeur schon sieder seiner Ankunft sich sehr lustig darüber gemachet, dass ohne das die Kron Frankreich mit dem Kaiser sehr wol stünde, er durch den gefasseten Schluss, die Reformation in Ungarn mit aller Macht fortzusetzen und sechs Citadellen gegen der Evangelischen Aufstand zu bauen, verhindert sein würde, Holland zu assistiren. Und halte ich nebst anderen dieses Orts dafür, dass nicht allein Mr. Gremonville die Oestreichische Ministros status durch Geld eingeschläfert, sondern dass auch des Königs in Frankreich Beichtvater Père Annate Jesuiste die Oestreichische Jesuiten theils durch Französische Geschenke, theils vermöge der bekannten jesuitischen Maximen, die Reformation bei gegenwärtiger Conjunctur zu poussiren, angefrischet. — Weil der Englische Extraordinar-Envoyé in der Ambassadeuren Häusern mit den Unterstellen sich vergnüget, habe ich mit guter Manier und ohne Praejudiz die Visiten bei ihnen abzulegen länger nicht aufschieben können, weswegen ich vor drei Tagen nebst dem Englischen Ambassadeur auch den Französischen besuchete, da dann, weil er von lustiger Humeur ist, und ich zu Breda gar familiar mit ihm worden, ich ihn als im Scherz fragete, ob nicht Frankreich den Türken wider Polen aufgereizet hätte, um Teutschland und dem Kaiser eine Diversion zu machen, worauf er viel Ursachen, warum solches nicht sein könnte, und insonderheit, dass der Französische Minister am Türkischen Hofe sehr übel wäre gehalten und deswegen abgefordert worden, anführete. Wie ich ihm aber darauf sagte, dass man doch wol in Frankreich darauf würde gedacht haben, wie man dem Kaiserlichen Hofe sonst etwas zu thuen machete, sollte auch le père Annate an der Ungarischen Reformation schuldig sein, antwortete er mir mit Lachen: que cela pourroit bien estre, mais qu'il n'en sçavoit rien, au moins les pères jesuistes Autrichiens étant d'eux mesmes assez portés à chasser les protestants, le père Annate n'auroit pas trouvé beaucoup de résistance, s'il avoit pris plaisir de s'en mesler.

Aus dem Eingange des dritten gn. Rescripti vom 10ten hujus ersehe ich erfreulich, dass Ew. Ch. D. mit der Ehre und Reception, so mir alhier widerfahren, gn. vergnüget sein, und so daraus ein Zeichen guter Freundschaft zu nehmen, so haben Ew. Ch. D. zu diesem Hofe und vornehmsten Ministris alles Guten sich zu versehen, wie ich denn die Ehre, so mir von denen Primoribus in Senatu angethan worden, ebenmässig hoch zu rühmen habe, und gehet man darinnen so weit, dass ich nicht allezeit urtheilen kann: num honor debeat esse honorantis vel honorati, wie mir denn der Reichscanzler und Feldherr Wrangel eben wie der König ihre Kutschen mit sechs Pferden nebst einem Secretario und alle ihre Lakaien vor mein Haus schicketen, und wie mir lieb ist, dass ich bereits ein und anders von denen, so Ew. Ch. D. in nächstber. Dero gn. Rescripto mir anbefehlen, verrichtet und in denen Discoursen, so ich mit einigen Membris senatus gepflogen, angebracht und mich dabei, damit ich keinem Theile zu nahe redete, aller Behutsamkeit beflissen, auch unter denen Personen, mit welchen ich geredet, einen Unterschied gemachet (wie denn solches Ew. Ch. D. aus meinem unterth. ausführlichem Berichte vom 9ten hujus in Gn. werden abgenommen haben) also werde ich auch dasjenige, so 1. wegen des Comte de S. Géran und der von Amerongen Anbringen bei Ew. Ch. D. 2. der Gefahr, so aus den Französischen Desseinen, dem weltlichen und geistlichen Evangelischen Staat in Teutschland zuwachsen müsse. 3. der Reparation, so dem König in Frankreich von Holland zwar angeboten, aber von ihm mit Vorgeben, dass es bei dem Kriege verbleiben müsste, nicht angenommen werden wollen 4. der ungemeinen Kriegspraeparatorien, so auch zum grossen Theil durch Zulass des Churfürsten von Cöln auf des Reichs Boden geschehen, in obgem. gn. Rescripto enthalten, imgleichen, was Ew. Ch. D. wie gefährlich es um die Evangelische Religion und die Commercien zu Wasser und Lande stehen würde, wenn der Staat unterdrücket und dem Römischen Reiche wie auch andern eine solche Vormauer sollte entzogen werden, als für mich alhier zu sagen, mir gn. aufgetragen, mit so behöriger Vorsichtigkeit, als schuldigstem Gehorsam anzubringen wissen. Ich hoffe aber, Ew. Ch. D. werden gn. zufrieden sein, dass ich mir, so lange Sie Frankreich und England keine Ombrage geben wollen, mit denen von der Björenklou'schen Partei vertraulich daraus rede und ihnen solche Impression, als Ewrer Ch. D. Interesse und Intention gemäss ist, dadurch gebe. Denn, wenn ich mit dem Reichscanzler oder Jemand von seiner Cabale von dergleichen Dingen redete, würde es der Französische Ambassadeur eine Stunde hernach wissen, und wenn ich gleich erhielte, dass Jemand von der Björenklouschen Partei im Senat davon etwas vortrüge, würde es ihm wie auch dem

Engländischen ebenmässig alsofort kund werden. Zudem ist in meinem unterth. Berichte vom 9ten hujus weitläuftig enthalten, wie man alhier gesinnet sei, und werden Ew. Ch. D. sonder Zweifel daraus urtheilen, dass es nicht bewandt sei, in solchen Terminis alhier laut zu reden, denn wie man an einer Seiten nicht ungerne siehet, dass Holland ein wenig leide, also will man zwar auch an der andern durchaus nicht, dass es über einen Haufen gehe, und dass Frankreich zu glücklich sei. Wie man aber alhier sich einbildet, dass Frankreich denen Vereinigten Niederlanden wenig oder nichts anhaben werde, also hält man sich auch versichert, dass England, ob es gleich gar gewiss mit Frankreich wider Holland offensive sich verbände, dennoch nicht zulassen werde, dass Frankreich mit Hollands gar zu grossem Schaden sich noch formidabler mache, wie denn der Engländische Ambassadeur alhier überall deshalb nicht alleine Versicherungen thut, sondern auch, dass England und Frankreich in ihren Tractaten desfalls sich einander gewisse Limites und Schranken gesetzt, beständig asseriret. Ueber das will man sich alhier noch nicht recht erklären, theils damit man Frankreich, eher es Geld gegeben, nicht vor den Kopf stosse, theils auch, damit künftig, wann wieder Vermuthen die Französische Desseins zur Teutschen Unruhe ausschlagen, und denen Ständen des Römischen Reichs, insonderheit aber denen Evangelischen das Wasser an die Gurgel reichen sollte, diese Kron alsdann, auf ihr sehnliches Bitten, mit desto besserer Reputation und Avantage in das Werk sich mischen möge; und flattiret man sich alhier mit denen Gedanken, dass die Evangelische Stände im Reiche ohne Schweden sich nicht declariren würden, wie denn der Reichscanzler vor einigen Tagen mit dem Staatischen wetten wollen, dass Ew. Ch. D. innerhalb sechs Monaten noch keine Partei nehmen, sondern nach Schweden sich gänzlich reguliren würden.

Was den Paragraphen in dem Kf.lichen Rescript betrifft, welcher also lautet: ‚Bei so bewandten Sachen nun würden wir genöthiget, uns in mehrere Verfassung zu setzen, und wollten gerne nebst anderen umtreten, die Sicherheit und freien Staat des Heiligen Römischen Reichs zu conserviren und, was sonst mehr gut gefunden würde, willig und gerne beizutragen, absonderlich aber mit J. Kön. M. und der Kron Schweden, wie sie selbst vermeinen möchten, uns zu setzen, auch zugleich eine beständige und auf die Nachkommen immer währende Freundschaft zu stiften‘ etc.: so glaubt Br. des Kf. Meinung dahin deuten zu sollen, dass Kf. Sich ohne dieses Hofes Rath und Genehmhalten zu nichts resolviren oder gar zuvor mit dieser Krone in ein Bündnis treten wolle. Br. findet beides sehr nachtheilig, wo nicht gefährlich. „Das erste betreffend, so würde man alhier, was Ew. Ch. D. Interesse zuwider und dass Sie nicht armiren möchten, ernstlich rathen, zumalen, da man sehr ungern sehen würde, wenn Ew. Ch. D. dadurch im Reiche in bessere Consideration und Ansehen als die Kron Schweden mit ihrer Handvoll Volks sich setzen sollten, wie ich denn auch von dem Französischen Gesandten verstehe, dass man daher desto lieber sehe, dass Ew. Ch. D. und der Herzog zu Celle keine Armée formireten, damit man desto wenigere Schwedische Trouppen nacher Teutschland zu senden gezwungen sei. Wenn denn nun Ew. Ch. D. solchen Rath nicht annehmen könnten, würden Sie diesen Hof nur desobligiren und ihm Anlass geben, sich künftig entweder in währendem Kriege oder bei den Friedenstractaten Ew. Ch. D. Interesse desto weniger anzunehmen und sich damit zu entschuldigen, dass man zwar ihren Rath begehret aber nicht folgen wollen."

„Das andere betreffend halte ich noch gefährlicher zu sein, und würde man sich nicht allein alhier gar leicht auf Begehren zu einer Allianz mit Ew. Ch. D. resolviren, sondern ich fürchte auch, dass, wenn ich nur den geringsten Anlass dazu gäbe, dieser Hof selbst ein Foedus zwischen dieser Kron und Ew. Ch. D. vorschlagen würde, um Sie von der Bündnis mit dem Herzog zu Celle, Chur-Sachsen und der Kron Dänemark abzuleiten und dadurch zu verhindern, dass sich im Reiche ein Corpus formiren und eine Verfassung vorgenommen werde, worauf man in- und ausserhalb Teutschland mehr als auf die Kron Schweden reflectiren möchte. Und kann Ewrer Ch. D. ich unterth. versichern, dass man sich alhier mit dieser Furcht und Jalousie nicht wenig plaget. Wie ich denn auch Ewrer Ch. D. gehors. berichten muss, wie man sich dieses Ortes bemühet und allerlei Griffe gebrauchet, Ew. Ch. D., Chur-Sachsen, Dänemark und das Haus Braunschweig-Lüneburg von einander zu halten. Ich habe bereits oben angeführet, was dem Geheimen Rath Müller, dass sein Herzog nicht armiren und Partei nehmen möchte, angetragen worden. Dem Dänischen Ministro hat man auf die falsche Einbildung, samt der Freiherr von Blumenthal zu Kopenhagen eine Heirath zwischen Ew. Ch. D. Churprinzen und der Dänischen Prinzessin proponiret habe, zu erkennen gegeben, dass man solches alhier nicht gerne sehen, sondern lieber die Prinzessin vor den König in Schweden haben wollte, und würde sonder Zweifel der Kron Dänemark eine Schwedische Allianz rühmlicher und profitabler als eine Churbrandenburgische sein, welches der Dänische Minister seinem König berichtet, aber noch keine Antwort erhalten, und würde ich auch dieses Ewrer Ch. D. unterth. zu berichten bis dahin haben anstehen lassen, wann es itzt nicht à propos käme."

„Der Chursächsischer Abgesandter, der gar offenherzig sider wenig Tagen, da er vom Feldherrn alhier wieder angelanget, mit mir geredet, eine stattliche Instruction hat, und der öffentlich und hautement wider die Französische gefährliche Desseins redet, beklaget gar sehr, dass Sein Churfürst mit dieser Kron eine Allianz gemachet, wodurch er itzt nicht freie Hände hätte, inmassen man ihn alhier damit fest hielte, und wollte dieser sich allein nicht erklären, was bei dieser gefährlichen Conjunctur zu thun sei, sondern man widerriethe ihm auch, dass Chur-Sachsen armiren und mit denen Evangelischen in Teutschland ein Bündnis eingehen sollte; und wenn es das Foedus defensivum zwischen Schweden und Sachsen nicht hinderte, könnte das Haus Sachsen itzt alsofort mitzutreten. Ich habe auch wol aus denen mit mir gepflogenen Discoursen genugsam abnehmen können, dass man Ewrer Ch. D. gerne die Behutsamkeit und Neutralität einpredigen wollte. Von der Armatur aber hat man mir nichts gesaget, sonder Zweifel, weil man weiss, dass Ew. Ch. D. schon eine Armée haben."

Solchem nach, gn. Churfürst und Herr, erkühne ich mich, in unterth. treuer Wolmeinung unvorgreiflich zu rathen, dass Sie mich nicht länger, als etwan bis in den Majum alhier lassen und gegen selbige Zeit, oder auch sobald es geschehen kann, und gegen das nicht mehr zu verhehlen sein wird, dass Sie die Staatische Seite halten, mich dahin gn. instruiren, dass ich diesem Hofe die Ursachen, warum man billig Holland beistehen muss, und so Ew. Ch. D. selbige Partei zu nehmen bewogen, nebst der grossen Gefahr, worinnen das Evangelische Wesen und die Deutsche Freiheit stünde, vorstelle und daneben I. Kön. M. und die Kron Schweden Namens Ew. Ch. D. inständigst ersuche, dass Sie einer so gerechten Sache mit adhaeriren und der Evangelischen Religion, derer Protectrix und Restauratrix Sie für diesem gewesen, Ihren Beistand nicht versagen wolle. Auf solche Weise thun Ew. Ch. D. dieser Kron Ehre genug, und wo es Ihr schlechter Zustand leiden kann, wird Sie wol mit anstehen müssen, wann Sie sehen wird, dass Ew. Ch. D. und der Herzog zu Celle in Bereitschaft stehen, wo Sie Ihnen die Ehre nicht allein lassen, und des Zwecks, den Evangelischen in Deutschland Affection wieder zu erwerben, fehlen will; und würde, sofern Ew. Ch. D. diesen meinen unterth. Rath gn. approbiren, nöthig sein, dass mir die Revocationschreiben gegen den Majum zugeschicket würden. Und will ich indessen mit denen drei Pommerischen Punkten es auch wol so weit bringen, als es zu bringen stehet, und werde ich desfalls bei nächster Post, weil mir itzt die Zeit hingehet, absonderlichen Bericht abstatten. Ich weiss nicht, ob ich in der Eile, da ich itzt schreibe, mich recht explicire und, wie ich das Wesen alhier begreife und finde, recht ausdrücke. Ich würde mich aber unglücklich schätzen, wenn ich das Werkzeug sein sollte, wodurch Ew. Ch. D. mit diesem Hofe in Allianz sich einliessen, denn ich sehe klärlich, was Sie ihm für Avantage dadurch geben würden. Weil die Reputation und Macht gering ist, will sie durch Tractaten, Foedera und Mediationes auf dem Theatro bleiben, dadurch das Divide et impera spielen, sich necessaire machen und interim, bis der hiesige Zustand sich gebessert und der König zu vollkommenen Jahren gediehen, vor einen blauen Dunst, so oft möglich, Geld nehmen, auch allen Potentaten überreden, dass Sie von Ihr grossen Vortheil und Hülfe haben können. Und thut mir deswegen im Herzen wehe, dass des Pomponne wenig auf sich habende Negotiation so viel fremde Ministros anhero gezogen und die Schwedische Reputation etwas wieder restabliret hat, hoffe aber, dass sowie sie gekommen, auch wieder von einander stieben werden. Wiewol ich nochmals einen Oestreichischen alhier wünsche, der der Björnclouischen Partei an Hand ginge. In Summa das beste ist, diesen Hof in der Furcht und Jalousie, worinnen er bei seinem schlechten Zustande stecket, zu lassen und in Deutschland unter denen Evangelischen eine solche Verfassung zu machen, worauf Schweden reflectiren und den Dessein, dass die Evangelische Stände von Ihm dependiren und Seiner Gnade leben sollen, müsse fahren lassen; und bin ich versichert, dass man insonderheit von hieraus Ewrer Ch. D. Suchen viel respectiren würde, wenn Sie mit Dänemark, Sachsen und Braunschweig Sich recht gesetzet hätten. Ich verstehe von dem Sächsischen Envoyé, dass man an ihrem Hofe auf Werbung gedenke, und dass ein Staatischer daselbst sehr angenehm sein würde.

Br. wird noch auf die Ursachen zurückkommen, warum Pomponne hier, wie es scheint, wenig ausgerichtet hat. Nach Courtins Mitteilung hat er selbst dem Grafen St. Géran geschrieben: er möge Kf. mitteilen, dass es nur „auf eine Renovation des defensivi foederis von anno 1660“ mit dieser Krone abgesehen sei.

Bittet nochmals inständigst, ihm die 500 Thlr. nicht zu versagen und ihm „ein Gewisses zu ordnen“. „Auch kann es hier nicht lange währen, denn im Frühjahr wird die hiesige Negotiation nicht mehr werth sein, dass man einen Groschen darum verzehre, und vielleicht möchten Ew. Ch. D. gn. resolviren, mich im Sommer nacher England zu senden, weil alda eine härtere Negotiation sein wird als hier, und will ich auch mit nächstem von des Englischen Ambassadeurs Discoursen, der nunmehr öffentlich von der Ruptur mit Holland redet, Bericht abstatten.“

---

v. Brandt. Relation. Dat. Stockholm 3. Februar 1672.

[Der französische Ambassadeur rät Annahme der französischen Partei oder Neutralität. Brandt sondirt ihn auf seine Verhandlungen. Es geschehe kein Foedus offensivum mit Schweden, wol eher ein Defensivum. Warum Frankreich Subsidien an Schweden zahle? Ob Holland Spanien assistiren werde? Frage nach der Assistenz der deutschen Reichsstände. Commentationen zu § ut eo sincerior. Courtins Auslassungen über die französische Macht. Gespräch mit dem englischen Ambassadeur. Haaren. Versicherungen des kursächsischen Envoyés. Nachrichten.]

13. Febr. Hat sich in der Königlichen Ambassadeure Häusern, gleich den Königlichen Extraordinar-Envoyés, mit der Unterstelle begnügt und darauf mit der Versicherung, dass die kf.lichen Ambassadeure es wieder mit den Königlichen Extraordinar-Envoyés ebenso halten würden, seine Visiten abgestattet.

Der französische Ambassadeur schlägt, seinen früheren Aeusserungen conform, wieder die Alternative: Offensivallianz mit dem Könige von Frankreich gegen Holland oder Neutralität, vor. Auf diesem Wege würde Kf. auch in den Besitz der sechs Festungen kommen. Dazu der bekannte Hinweis, dass der König sich stets als ein Freund des Kf. erwiesen habe; überdies wäre zu bedenken, dass, „menschlich davon zu urtheilen", der Krieg für Holland nicht anders als übel ausschlagen könnte. Von dem Grafen St. Géran aus Berlin hätte er Schreiben erhalten, die aber, da sie beide untereinander keine Chiffren hätten, nichts wichtiges enthielten. Er bäte daher, Br. möchte ihm seine Eröffnungen machen. Brandt: Kf. würde, da ein so grosser Krieg viel Gefahr und Landverderben nach sich zöge, wobei sicher auch seine westfälischen Lande „einen grossen Anstoss leiden" müssten, gern bis auf eine andere gelegenere und bequemere Conjunctur jene Festungen in den Händen der Generalstaaten lassen. Sonst aber ereigneten sich bei diesem Werke einige Umstände, die dem Kf. wie dem ganzen Reiche „Ombrage gäben". Insonderheit schlösse man aus Pomponnes „inständigster Negociation", aus Courtins Kommen und Vaubruns schleuniger Hierherreise, dass zwischen Frankreich und Schweden etwas Wichtiges, und zwar irgend eine auf den alten Fuss eingerichtete Offensiv- und Defensivallianz, direkt wider Holland, indirekt wider Deutschland gerichtet, vorhanden sein müsste; wobei dann Br. nicht verhehlen könnte, dass Kf. „ziemlich allarmirt und gezwungen sein würde, für die Teutsche Frei- und Sicherheit zu sorgen und auf eine Gegenverfassung zu sinnen". Courtin: „es möchte vielleicht Pomponne, nach der Regel: iniqua poscimus, ut aequa obtineamus, etwas dergleichen alhier auf die Bahn gebracht haben." In seiner Instruction sei nicht ein Titel davon. Auch seines Königs Absicht sei nicht im geringsten Deutschland zu beunruhigen oder am Rhein einige Eroberungen zu machen, „sondern vielmehr der Teutschen Stände Affection noch ferner zu gewinnen, zumalen der bevorstehende Krieg immer eine pure guerre d'honneur und auf nichts anderes angesehen sein würde, als denen Teutschen Chur- und Fürsten, so über die Holländer Beschwer führeten, zu ihrem Recht und Pflichten zu verhelfen und die Staaten ein wenig zur Raison zu bringen." Es handle sich um kein Foedus offensivum mit Schweden. Es würde, sagt er, eine Thorheit gewesen sein, sich um eine Offensivallianz mit Schweden zu bemühen, weil der hiesige „Zustand, Vermögen und Consilia durchaus keinen Krieg leiden wollten" .... Man erinnerte sich hier noch gar wol, wie der „letztverstorbene König Carl Gustav dem Senat und Reichsräthen den Krieg wider Polen über den Kopf genommen und dadurch das schwedische Wesen in nicht geringe Gefahr gesetzet hätte"; infolge davon werde während der Minorennität kein Krieg sein, man denke sogar daran, wie man künftig solchen „gefährlichen Resolutionen begegnen und des Königs Macht, Krieg anzuheben, einschränken möchte." „Vors andere gewinnen die Schweden itzo ihr Land so lieb und das Wohlleben nähme hier so zu, dass man auf keine fernern Conquesten, sondern nur, dieses Reich immer besser zu cultiviren und die Commercien in einen florirenden Stand zu setzen, gedächte. Drittens hätte man allhier solche Jalousie von denen Nachbarn, insonderheit von Dänemark qu'on n'oserait branler." Dagegen gesteht Crt. eine Defensivallianz, eine Erneuerung jenes vor zehn Jahren mit Graf Tott zu Fontainebleau geschlossenen und im December abgelaufenen Bündnisses. Subsidien würden allerdings — dies als Antwort auf Brandts Anfrage — gezahlt, diese Leute wollten und müssten Geld haben. Frankreich habe ihnen seit dem deutschen Frieden zu verschiedenen Malen Geld gegeben, ohne dass sie dagegen etwas praestirt hätten, doch könnte er nicht in Abrede stellen, dass Frankreich „diese Kron in gewissen passibus zu menagiren hätte". Discurse über den § ut eo sincerior. Nach Crtns. Meinung würde, wer von den deutschen Ständen den Generalstaaten beistände, diesem § zuwiderhandeln. — Erörterungen, ob Spanien Holland assistiren werde? —

Auch gegen Andere hat Courtin behauptet, dass sein König keine Plätze behalten könne noch wolle; das werde England nicht zugeben. Der Krieg solle nur eine „guerre de pique" sein, die Generalstaaten nur zu demüthigen, aber nicht zu ruiniren. Von des Kf. „Person, Vermögen und Milice redet er überall gar avantageusement"; schon darum bemühe sich sein König, Kf. wo nicht zur Seite zu haben, doch zur Neutralität zu bewegen. Wenn Kf. die Partei der Holländer erwählen wollte, dann würde der König nach den Regeln des Krieges und par générosité" des Kf. Armee als die beste zuerst suchen und ihr die grösste Last auf den Hals wälzen müssen, um hernach gegen die Holländischen Truppen desto weniger Mühe zu haben; wie denn der König beschlossen hätte, wenn Jemand aus dem Reiche Holland assistiren würde, dessen Armee bis in das Innerste von Deutschland, und sollte es auch bis Wien sein, zu verfolgen. Von der französchen Kriegsdisciplin redet der Gesandte grosse Dinge. Wenn auch eine considerable Armee für Holland sich im Reiche aufthun sollte, so hätte das wenig zu bedeuten, „weil die Französische Völker überall vor baar Geld leben und kein Huhn kränken, die Teutsche hingegen allenthalben frei Quartier machen und alles wegrauben, und deswegen jene angenehm, diese aber verhasset sein und nicht bestehen würden, zu geschweigen, dass die Teutsche Soldaten ihr Gewehr bei weitem itzt nicht so wol als die Französische zu gebrauchen wüssten."

„Der Englische wollte im Anfange, wie der Engländer Art ist, nicht heraus und von dem bevorstehenden Kriege reden." Wie ihn aber Br. auf diese Materie gebracht hat, antwortet er: es wäre wol zu erachten, dass jetzt, nachdem die Generalstaaten dem Gesandten Sir Georges Downing nichts gesagt hätten, „so den König [von England] contentiren könnte", der Krieg gewiss wäre; „es könnte auch nicht anders sein, denn die Holländer würden zu hochmütig und insolent und müssten etwas gedemütiget werden". Folgen mannichfaltige Beschwerden über die Holländer (wie sie mit dem Prinzen von Oranien umgingen, dass der Rathspensionarius ihn nur auf ein Jahr zum Capitaine-General haben wollte etc.); jetzt sollte ein Jeder, der von ihnen beleidigt wäre, mit herzutreten und Raison von ihnen begehren. Brandt: In Deutschland könnte man noch nicht glauben, dass es England Ernst mit dem Kriege wäre; der protestierenden Partei daselbst könnte nichts eine so grosse Bekümmernis verursachen, als wenn die beiden evangelischen Mächte, England und Holland, mit einander so kostbare und blutige Kriege führten, zumal sie an ihnen ihre stärkste Stütze zu haben vermeinte. Das Gespräch streift auch eine kf.liche Gesandtschaft nach London, die dem König durchaus genehm sei. Auch Englands Absicht, sagt der Gesandte, ginge nicht darauf hin, Holland ganz zu unterdrücken, Holland wäre auch nicht so leicht zu unterdrücken. Darüber Meinungsverschiedenheit und Discussion. Der Englische schliesst damit: „dass der König in Frankreich andere Knoten in den Vereinigten als in den Spanischen Niederlanden aufzulösen finden würde. Zudem wäre keine andere Ceremonie von nöthen, wenn man sehe, dass Frankreich zu grossen Success hätte, als dass England den Holländern die See öffnete, welches sie jederzeit in den Stand setzen würde, Frankreich die Plätze wieder abzunehmen und fügte halb binnen Mundes hinzu: que peu de gens sçavoient l'interieur du Roy son maître."

„Wenn man den natürlichen Hass zwischen der Französischen und Englischen Nation, die Jalousie, so England jederzeit, absonderlich von der Königin Elisabeth Zeiten her, von Frankreich und dessen Armatur zur See gehabt, und die Urachen, so England in die Triple-Alliance zu treten bewogen, betrachtet, so ist nicht wol zu glauben, dass England seiner so weit vergessen und mit Frankreich wider Holland sich verbinden und demselben dadurch den Weg zu seinen grossen Desseinen noch mehr öffnen sollte. Dennoch ist die Resolution gefasset, und scheinet es, dass entweder der Holländer Einfall auf der Themse, so den Engländern noch im Kopfe stecket, oder ihre grosse considerable Kriegsflotte und stets zunehmenden Commercien oder das Vorhaben, Frankreich und Holland dergestalt gegen einander verbittert zu machen, dass England dadurch von ihnen beiden nichts zu fürchten habe, Ursache davon sein. So ich aber obber. des Englischen Ambassadeurs Discours recht verstehe und etwas von der Engländer Hümeur und Maximen begreife, hat es das Ansehen, der König von England werde zwar diesen Sommer die Holländer scharf mit angreifen, um ihnen einige Conditiones, wovon der Chev. Downing itzt nichts saget, auch wol nichts weiss, abzudringen, hiernach aber, wenn Frankreich den Holländern einige Plätze abgenommen, aus dem Kriege zu scheiden". Ob nicht den G. St. unter der Hand zu rathen, dass sie dem Könige von England auf die von Downing proponirten Punkte Satisfaction gäben.

Die Entrevüe zwischen dem RKanzler und dem Holländischen Ambassadeur bereits gemeldet. Jener versichert, dass das, was man hier mit Pomponne verabredet, die Krone Schweden im geringsten nicht hindern könne, ihren Alliirten beizustehen, und dass man sich mit Frankreich wol gar nicht würde eingelassen haben, wenn es nicht um Dänemarks willen hätte geschehen müssen, weil dies sonst, Schweden zum Nachtheil, sich mit Frankreich hätte verbinden mögen, „dass also der van Haaren so weit ziemlich content ist, wiewol seine Eloquenz und gewöhnliche Höflichkeit und dass er gegen Andere viel zu Hollands Desavantage spricht, ihm die Sache suspect machet."

Der ksächsische Envoyé giebt günstige Versicherungen seines Herrn, der die fränzösischen Desseins sehr apprehendirte und sehr geneigt sein würde, mit Kf., der Krone Dänemark, dem Hause Braunschweig-Lüneburg und der Landgräfin von Hessen in ein nahes, auf des Reiches und der Evangelischen Sicherheit zielendes Bündnis zu treten u. s. w. Der Envoyé hat Ordre, darauf zu dringen, dass Schweden an Tag gebe, was es im Schilde führe. Er spricht überall „wider Frankreichs weitaussehende Desseins, und wie es nur suche, unten am Rhein Fuss zu fassen, um hernach gegen Teutschland das compelle intrare desto sicherer zu spielen. Sein Kurfürst wäre wol Willens, sich mit Kf. für Holland zu declariren; der Gesandte giebt aber zu verstehen, dass ein staatischer Minister am ksächsischen Hofe nicht unwillkommen sein würde. Falls Kf. es ratsam fände — dies ist Brandts Vorschlag — könnte Herr von Amerongen von Berlin aus „einen Ruck hin thuen". Die Generalstaaten thäten gewiss nicht übel, Chursachsen durch Subsidien an sich zu ziehen; gewiss würde dies durch solche Abschickung sich bewegen lassen, den Holländern in seinen Landen Werbungen zu verstatten. Dem Obristen von Saër, „in der Ober-Lausnitz wohnhaft und itzt alhier sich aufhaltend, so von Holland ein Regiment Reuter und ein Regiment Dragoner zu richten angenommen," hat der Envoyé deswegen gute Vertröstung gethan, wenn nur sein gn. Herr gebürend darum begrüsst würde.

Nachdem die beiden Prinzen von Württemberg von hier wieder abgereist sind, ist einer von den Söhnen des Herrn Administrators von Halle hier angelangt, der aber auch bald wieder zurückgehen wird.

Die Generalmusterung nimmt nun ihren Anfang. Der RFeldherr weilt noch zu Schokkloster, acht Meilen von hier; er wird die Musterung in Upland, Westmanland und Dalern, als in den Stockholm nächstgelegenen Provinzen, selber und bisweilen in des Königs Gegenwart verrichten. — Von der Zahl der Truppen, die nach Deutschland übergehen, kann man noch nichts Gewisses melden. Obwohl der RKanzler gesagt hat, dass es 18000 M. sein sollen, muss man doch erwarten, „|: was das Französische Geld vermöge, und ist hierbei zu consideriren, dass der RKanzler Ursach hat, in dem Fall die Hand voll zu nehmen:|". Den vier Obristen, denen auf Werbungen zu Pf. in Teutschland Vertröstung geschehen, wird die Zeit lang; selbst wenn aus der Werbung etwas werden würde, würden sie (nach ihrer Meinung) zu spät nach Deutschland kommen, wenn nämlich die besten Leute weggeworben wären.

v. Brandt. Relation d. d. Stockholm 7. Februar 1672.

[Schweden und Dänemark. Nochmalige Erörterungen des schwedisch-französischen Bündnisses.]

17. Febr. Führt mit Bezugnahme auf seine früheren Berichte wiederum aus, dass Pomponne gewiss abschlägige Antwort bekommen habe; warum ein Krieg für Schweden, vollends wenn die Evangelische Partei sich mit dem Kaiser verbände, höchst bedenklich sei u. s. w. Schwerlich würde sich Schweden auch zu einem Kriege in Deutschland entschliessen und Dänemark dabei hinter sich lassen. Dänemark wird hier sehr considerirt. „Der König ist jung, vigoureux, hat Lust zum Handel, menagiret wol, hat eine gute Land- und geworbene Miliz, seine Vestungen sind in gutem Stande, und was das meiste importiret, so ist er ungebunden und kann bei bequemer Gelegenheit mit seinen wenigen Räthen eine Resulution aus dem Stegreife fassen.“

Die Minister und Senatoren versichern, es handle sich nur um Erneuerung des Defensiv-Bündnisses. Freilich ist auf das, was man hier von den Reichsräten erfährt, nicht allezeit fest zu bauen, „und sind die Ministri publici an keinem Hofe in solcher Gefahr, unschuldig zu Lügnern zu werden als alhier, wie denn Ew. Ch. D. dessen gnugsam und nur zu viel Exempel wissen.“ Nach der Situation redet keiner der Senatoren frei heraus. Br. wird sich noch weiter erkundigen, was seit Pomponnes Abreise negociirt worden. Mahnt weiter zur Vorsicht, weil er über kurz oder lang, aus einem Zusammentreffen vieler Gründe, doch ein näheres Engagement zwischen Schweden und Frankreich fürchtet. Der König [von Schweden] „fänget an, Ohrenbläserei und Delatores zu leiden, und stehet zu besorgen, dass die Intriguen am Hofe die Intriguen im Senat ändern, und kann der RKanzler durch seine Gemalin oder des Königs Tante viel verrichten und dem Könige, was er will, ins Ohr setzen. Zudem haben die Liebhaber des Kriegs Ihrer K. M. selbigen durch alle Handgriffe so süsse gemacht, dass diejenige, so zum Frieden rathen, in Gefahr stehen, bei Ihr eingelappet zu werden, welches dann leicht ein oder anderen Reichsräthen von der Björenclou'schen Partei, so noch zu höheren Dignitäten aspiriren, den bisherigen Muth und Courage benehmen könnte.“

Unmassgebliche Vorschläge des Gesandten bezüglich einer Eventualclausel, die der Allianz mit Holland einzurücken wäre, und weiter bezüglich einer Neutralität und (dementsprechend) Verhandlung über die Clevischen Festungen mit den Generalstaaten.

Ob Kf. ein lateinisches Schreiben an den König absenden möchte, worin ihm in terminis generalibus die Gefahr im Reiche vorgestellt und die Deutsche Freiheit und die Sicherheit der Evangelischen bestens recommandirt würde?

Der Kurfürst an Christoph von Brandt. Dat. Coelln a. Sp. 11. Februar 1672. Conc. v. Jena.

[Hat auf Commissarien und Conferenzen zu dringen. Mit dem französischen und holländischen Gesandten noch nichts geschlossen. Polen.]

Auf die ausführliche Relation vom 9. Januar. Der Bericht wird belobt, 21. Febr.
doch kann Kf. „keine gewisse Rechnung darauf machen" und nicht wissen, was der Krone Meinung ist, bis mit den Königlichen Commissarien conferirt worden. Die Conferenzen möge Brandt urgiren. „Beide der Französische und Holländische sind noch alhier[1]). Wir haben Uns aber mit Keinem noch zur Zeit hauptsächlich eingelassen, finden aber das Werk je länger je gefährlicher, und möchte auch dabei |: etwas wider Polen mit vor sein :| und auf eine grosse Veränderung zielen, welches nicht weniger |: Uns als dem Könige und der Krone gefährlich und praejudicirlich :|, und dahero auch deshalb eine |: genauere und treu gemeinte Correspondenz und Zusammensetzung :| höchst nöthig."

Der Kurfürst an v. Brandt. Dat. Coelln a. Sp. 12. Februar 1672.

[Crockows Bericht aus Paris. An die Vertreter der wolgesinnten Partei mitzuteilen.]

Auf die Relation vom 26. Januar. Hoffentlich hat sich Hof und Senat ein- 22. Febr.
gefunden und sind nun Conferenzen gehalten worden. Wie die Sachen in Frankreich stehen, hat der Gesandte aus einer Relation Crockows[2]) zu ersehen, welche Ihr an der guten Partei aldar communiciren und daraus remonstriren könnet, wie Uns gedrauet werden will, und weil diese Partei diese löbliche Maxime habe, dass das Reich in Ruhe erhalten werden soll, so habt Ihr sie darin zu stärken und unsere Cooperation zu versichern, dabei auch zu wissen zu begehren, was wir Uns von dannen zu versehen, wann wir bei Unserer guten Intention sollten gefähret und Unsere Lande feindlich tractiret werden[3]).

[1]) Vgl. UA. XIII, 33.

[2]) Abschriftlich übersandt die Relation Crockows nebst P. S. d. d. Paris 12. Februar 1672. UA. XIII, 56.

[3]) Rescript des Kf. d. d. Coelln a. Sp. 1672 an Christoph von Brandt auf sein Ersuchen um 500 Thlr. monatlich: „ob uns wol dieses überaus viel, und auch uns bewusst, dass wir keinem einzigen von irgend eines Königs oder auch dem Kaiserlichen Hofe um so Vieles reichen lassen, so haben wir endlich gewilliget und Unserem Hofrentmeister befohlen, dass er euch 400 Rthr. etwa noch ein paar Monat übermachen und zu solchem Ende itzo ein tausend Thlr. avanciren solle (Dazu von Michael Mathias Assignation auf 400 Thlr. vom 9. Januar an.)

v. Brandt, Relation. Dat. Stockholm 14. Februar 1672.

[Rückkunft des Königs und einiger Reichsräte. Man weiss jetzt, wie es zwischen Frankreich und Schweden steht. Clausel bezüglich Derer, die Holland mit den Waffen assistiren wollen. Die Kursächsische Negociation und ihre Bedeutung.]

24. Febr. Der König ist inzwischen angekommen. Von den Reichsräten dagegen noch die wenigsten. Morgen werden Steno Bielke und Johann Gyllenstierna, in fünf oder sechs Tagen Graf Brahe erwartet. Weil auch der Französische Ambassadeur morgen und der Schwedische übermorgen ihre öffentliche Audienz haben werden, so glaubt man, dass jener keine kategorische Resolution bekommen werde, ehe man die holländische Proposition angehört habe.

Alle auswärtige allhier sich befindliche Ministri wissen nun sider vorgestern, wie es zwischen Frankreich und Schweden stehe, und seind sie mehrentheils übel zufrieden, dass sie nicht einst haben erfahren können, dass zwischen obberegten beiden Kronen das letztere Foedus defensivum renoviret werden sollen, worüber sie bei dem Herrn Reichscanzler Beschwerde führen wollen. Sie seind alle der Meinung, dass weil Mr. Courtin weiss, dass man sich alhier für Dänemark fürchtet, er fest auf das Eventualengagement bestehe und man dieses Orts nachgeben werde, zumalen da der Kaiser diesen Hof so hintansetzete, und hat mir der Spanische Envoyé extraordinaire, le Comte de Nunez[2]) selber zugestanden, dass die Björenclouische Partei mit der Oestreichischen Conduite übel zufrieden, und des Reichscanzlers vornehmste Argument, wodurch er auch noch den Reichsrath Björenclou in der Grube carpirete, dass diese Kron dem Hause Oesterreich die Allianz und Freundschaft gleichsam abgebeten und itzt dagegen so verächtlich gehalten werde.

Wir seind aber alle der einhelligen Meinung, dass wenngleich die Clausel pure also eingerichtet werden sollte, dass Schweden gegen monatliche gewisse Subsidia mit denen, so Holland assistiren möchten, zu brechen gehalten sein solle, dass es doch dieses Hofes Intention nicht sein könne, und dass Frankreich, weil es solches selber wol siehet, sich contentiren werde, dass es nur den Namen habe, um einige, so Holland Assistenz zu thun begierig sein, dadurch abzuschrecken, und wird gemuthmasset, dass dieser Hof ihm desfalls gewisse Conditiones in geheim vorbehalten, wie denn auch Ew. Ch. D. aus obberregtem meinem leztern vom 10. dieses werden ersehen haben, dass in dem Project, so Mr. Pomponne von

---

[2]) Vorlage: Nonguesse.

hier mitgenommen, eine Clausel enthalten, dass die beiden Kronen selber examiniren sollen, welche von ihnen den Teutschen Frieden gekränket: ce que les François mesmes prennent pour une porte, par laquelle cette cour se voudra eschapper, weil Mr. Courtin nicht will, dass sie stehen bleibe.

„So deswegen etwa ein Secret-Articul aufgerichtet wird, kann Ewer Ch. D. ich denselben zuwege zu bringen nicht versprechen, werde aber vermeinentlich mit nächstem berichten können, ob das Foedus defensivum nach Frankreichs Intention ratificiret werden möchte, so sich nun in ganz kurzem ausweisen muss, und werde ich keine Post versäumen. Im übrigen wird man aus dem Ausgange des van Haaren Negociation und aus der Zahl der nach Teutschland gehenden Völker abnehmen müssen, was man hier im Herzen hat. Indessen zweifle ich nicht, Ew. Ch. D. werden Ihre Consilia darauf richten, als wenn das Foedus defensivum nach Frankreichs Intention schon ratificiret wäre."

Das vornehmste, so Ewrer Ch. D. ich ohne allen Verzug unterth. berichten muss, betrifft die Chursächsische Negotiation alhier. Ich habe Ewrer Ch. D. vorhin gehorsamst berichtet, dass selbiger Minister eine gute Instruction habe, und dessen kann Ewrer Ch. D. ich nochmals versichern, denn ich habe, soviel als das Französische Unwesen betrifft, dieselbe gelesen, und ist sie fundamentaliter darauf gestellet, dass der Churfürst von Sachsen vermeinet, dieser Hof wäre noch gut Oesterreichisch und würde pro Frankreich nichts eingehen. Dahero denn auch der Envoyé so unmuthig worden, da er von mir erfahren, wie weit man alhier mit Pomponne gegangen, als er vorhin allezeit hautement wider die Französische Desseins gesprochen, und hat er sich gestern mit dem Reichscanzler deswegen ziemlich überworfen. Weil aber der Scopus obberegter Negotiation, wie ich aus der Instruction gesehen, auf eine nähere Bündnis als die vorige zwischen Schweden und Chursachsen gerichtet ist, und zwar auf diese Condition, dass, wenn Schweden entweder so viel Subsidien bekäme, dass es obberegtem Churfürsten davon mittheilen oder ihm von Holland besondere Subsidien zuwege bringen könnte, er dagegen stets ein fliehendes Corpus, so stets bereit sein sollte, mit der Schwedischen Armée sich zu conjungiren, unterhalten wolle: halte ich unmassgeblich so nöthig, dass Ew. Ch. D. von Stund an nebst Holland bei Chursachsen vorbeugen und von Schweden abziehen (weswegen ich von Mr. Haugwitzen[1]) sehr pressiret werde) als ich meiner unterth. Schuldigkeit ermesse, alhier fleissig aufzumerken, ob Chursachsen mit Schweden ungeachtet des Engagements mit Frankreich sich näher ein-

[1]) Origin.: Haubitz.

lassen werde. Der Envoyé schreibet auch bei dieser Post und stehet bei sich an, ob er einen Expressen senden wolle. Er ist sehr wol intentioniret und saget mir: es sei Periculum in mora, weil ein Französischer Envoyé zu Dresden ankommen sollte.

Christoph v. Brandt. Relation. d. d. Stockholm 17. Februar 1672.

27. Febr. Auf das Rescript vom 27. Januar. Die zwischen Schweden und K Sachsen vereinbarten Artikel. Der sächsische Envoyé bezeigt sich „gar offenherzig und vertraulich" und erinnert täglich, dass von Stund an zwischen Kf. und seinem Herren ein gegen Frankreichs Pläne gerichtetes Bündnis neben Holland getroffen werden könne. Wenn nur Holland etwas offerirte. Er meint, der Kurfürst, sein Herr, würde wol eine Armee von 12 000 M. fourniren können.

Courtin sollte vorgestern öffentliche Audienz haben. Der Umstand aber, dass kein Reichsrath hier gewesen, der ihm im Namen des Königs antworten können, hat das verhindert, und von einer geringeren Person hat er die Antwort nicht annehmen wollen, weil es Gebrauch dieses Hofes ist, dass ein Reichsrath den Ambassadeurs antwortet. Einige meinen, er habe diese Excüse nur gebraucht, „des Holländischen Ambassadeurs Audienz dadurch zu reculiren". Van Haaren hat sich aber daran nicht gestossen und, da es der Hof nicht bemerkt hat, gestern seine Audienz vollbracht. Derselbe der auch Brandt die Gegenrede gethan, der Hofkanzler Greiffenpfeil, hat ihm geantwortet. Er (Haaren) wird seine Negociation mit allem Ernst angreifen. — Mit Pomponnes Project steht es noch dahin. Dem ungeachtet hält sich der französische Resident Rousseau in Bereitschaft, mit der Ratification per Post nach Paris zu gehen. — Was er wegen des Absehens des Kaisers vorbringen soll?

„Die Musterung gehet immer fort und wird dabei allen Regimentern angekündiget, dass, wo einige Officiere dabei sein, so abdanken wollen, solches bald thun sollen, weil es hernach zu spät sein würde. Man sagt, es sei auf die abgelebte und durch Wunden geschwächete abgesehen, welchen der Krieg schwer fallen würde, und die man gleichwol wegen geleisteter guter Dienste nicht vor den Kopf stossen will. Der Feldherr ist bei der Musterung zwanzig Meilen von hier am Stein, Podagra und Colique so krank worden, dass die Seinigen fürchten, er möchte abgehen."

Die nächsten Relationen melden, dass es noch immer zu keiner Conferenz hat kommen können. Ursachen davon die Abwesenheit des Hofs und der Reichräte u. s. w. Bemühungen des sächsischen Gesandten. K Sachsen „will durchaus auf das Theatrum steigen".

---

v. Brandt. Relation d. d. Stockholm 29. Februar 1672.

[Gespräch mit den Reichsräten. Commissarien.]

Gestern hat wegen des Feldmarschalls Banér Hochzeit so wenig etwas 10. März
Wichtiges vorgenommen werden können als die Senatoren heute, „nachdem sie auf selbiger Hochzeit bis diesen Morgen um Klocke sechs lustig gewesen, zur Arbeit und Deliberation tüchtig sind.“ Ueber diese Verzögerung kann sich Niemand weniger zufrieden geben als der französische Ambassadeur, weil er geglaubt hatte, dass er den Residenten mit der Ratification würde ohne Verzug nach Paris depechiren können. — Von den Reichräten sind Graf Tott, Bielke, Rolamb für einige Tage hier. Der erste hat seine Frau verloren und erzeigt sich „inconsolable“, der zweite war wegen Aufwartung beim Könige nicht zu sprechen. Dem dritten besucht Br., da er ihn (Brandt) „bei der ersten Visite wol entreteniret“, zum zweiten Male. R. meint, wenn der Kaiser die Vorteile, die ihm von der Krone Schweden zuwachsen könnten, nicht verachtet hätte, und der holländische Ambassadeur eher gekommen wäre, so möchte es mit Frankreich so weit nicht gediehen sein. — Argumente Brandts, warum er von Schweden noch sobald keine Resolution zu hoffen habe. Sollte Kf. mit den Generalstaaten in ein Bündnis treten, so müsste dies hier je eher, je besser notificirt werden, mit den Ursachen, die dazu geführt hätten. Denn weil Br. von Rolamb verstanden, auch sonst von den Grafen Koenigsmark, Wittenberg, Stenbock, Douglas und Torstensson, mit denen er täglich an einer Tafel speist, vernommen hat, dass die Zeitung, „dass Spanien und der Kaiser vor Holland sein, hier ein ziemliches Nachdenken verursachet und man die Parteien ziemlich egal schätzet“, so glaubt er, dass wenn dazu noch die Nachricht von einem Engagement des Kf. mit Holland hinzukäme, so würde dies verursachen, dass van Haren leichter Gehör bekäme.

Zu Commissarien sind ihm zugeordnet der Hof- und Regierungsrath Bonde, der Hofrath Ehrensteen, der Senatssecretär Oërstedt. Bo. hätte bereits conferirt, wenn nicht dem Staatssecretär O. die Frau gestorben wäre, und er dadurch „nach hiesigem Gebrauch auf acht Tage aller Affairen überhoben wäre, und ohne ihn in Conferenz zu treten schicket sich nicht, weil er das Protocoll führen muss.“ Dieselben Commissarien hat der ksächsiche Envoyé. Man giebt ihnen um des Ranges willen keine Reichsräthe wie den Ambassadeuren.

Der ksächsische Envoyé besteht noch auf seinen alten Forderungen. Nach seiner Aussage wäre der Geheime Rath Heinrich Friesen und der Hofmarschall Kanne am besten intentionirt; Burkersroden wäre nicht zu trauen. Der Cellische Minister spricht von einer Particulierallianz zwischen seinem Herren und Schweden.

Der RFeldherr und Johann Gyllenstierna sind noch nicht hier.

Der Kurfürst an v. Brandt. Dat. Potsdam 2. März 1672. Conc. v. Schwerin[1])

[Vertrauliches Schreiben wegen der Allianz Schwedens mit Frankreich. Soll auf Conferenz und Resolution dringen.]

12. März. „Ihr habet Uns in Euren bisherigen Relationibus allezeit versichert, dass es nichts sei, dass zwischen Frankreich und Schweden einige Allianz der itzigen Conjuncturen halber geschlossen worden, worauf Wir auch bisher Unser Absehen genommen. Nun ist Uns aber von einem vornehmen Fürsten des Reichs ein Handschreiben zugekommen, davon Wir Euch hiebei Copie senden, woraus Ihr gar ein anderes vernehmen werdet. Wenn uns dabei höchlich angelegen, die wahre Beschaffenheit dessen zu wissen, und Wir verhofften, es werden nunmehr die Königlichen Reichsräthe in Stockholm sich eingefunden haben, als befehlen Wir Euch gn., auf eine Conferenz zu dringen, und wie es mit solcher Allianz bewandt, um vertrauliche Communication und Eröffnung anzuhalten und dabei zu remonstriren, dass Wir Uns dessen um so viel mehr versehen wollten, weil der König durch den Regierungsrath Wolfrath Uns versichern lassen, dass die Kron Schweden bei gegenwärtigen Conjuncturen mit Uns vertrauliche Communication pflegen wollte. Wir erwarten hierauf schleunige Antwort."

Chr. v. Brandt. Relation d. d. Stockholm 2. März 1672.

12. März Obwohl Pomponnes Project noch nicht ratificirt ist, so hat man doch den Eindruck, dass man gewiss mit Frankreich schliessen und die holländischen Offerten ausschlagen werde. Namentlich van Haren teilt diese Auffassung. Seine Herren Staaten würden ihn wol nicht lange hier lassen, denn weil man in Holland schon lange vorher gewusst, dass etwas zwischen Frankreich und Schweden entworfen und abgeredet wäre, so hätte man ihn „gleichsam nur par manière d'acquit anhero gesandt". Er wollte nur wünschen, dass die Sache

---

[1]) Beifolgend Copie des Schreibens eines Reichsfürsten, worin dieser dem Kf. meldet: Die Krone Schweden wolle zwar Frankreich nicht assistiren, aber dennoch halte sie sich verpflichtet, eine Armee in Deutschland zu halten, diejenigen abzuschrecken, die den Holländern Assistenz leisten möchten. Antrag eines Bündnisses sämmtlicher Evangelischen an Dänemark. Ob Kf. nicht Jemand in Schweden habe, durch welchen Sie recht hinter den Grund kommen könnten. „Ich sehe vor meinen Augen, wie das Evangelische Wesen, im Fall man sich nicht überall besser vernehmen wird, endlich zu Grunde gehen wird, davon schon ein guter Anfang in Ungarn und Schlesien gemachet und nun in Holland ferner fortgesetzt werden soll." Kf. werde sich hoffentlich die Conservation der Evangelischen mit Eifer angelegen sein lassen. — Die Abschrift dieses Schreibens, wie sie bei den Acten liegt, ist von Schwerins

zwischen Kf. und den Generalstaaten richtig und man KSachsens versichert wäre, und dass van Werkendam zu Kopenhagen etwas Gutes zwischen Dänemark und den evangelischen Ständen Deutschlands zur Erhaltung der Niederlande stifte. Was man hier mit Frankreich schlösse, wäre nur eine blosse renovatio foederis defensivi; diese Krone könnte sich in nichts mischen, und es wäre von ihr weder Gutes zu hoffen noch Böses zu fürchten. — Gestern Unterredung mit dem Reichsdrost „der doch caput et origo consiliorum modernorum Sueciae ist, aus der Kf. entnehmen könnte, ob es bewant sei, sich um diese Krone viel zu bemühen, und dadurch die Zeit zu verlieren." Gespräche über die politische Lage. Der Drost „lief ganz Europa durch, fieng bei Moscow an und blieb am Rheinstrom stehen." Betonte die Unruhen von Polen, man schlüge schon den Chevalier Paul de la Maison de Rohan vor. „Der Kaiser wäre schier absque spe prolis und wäre er ein so weicher Herr von Gemüt als von Leibe; in ganz Deutschland wären lauter scopae dissolutae und kein beständiges Vertrauen zu hoffen." Frankreichs „weit aussehende und gefährliche Dessiens." Was der Kaiser Ferdinand II vor diesen gewesen, das wäre jetzt der König Ludwig XIV, und wäre dieser mehr zu fürchten, weil er vires unitas und eine kriegerische Nation unter sich hätte u. s. w. Macht dann weiter geltend, aus welchen Gründen sich Schweden mit den Generalstaaten in kein Bündnis einlassen könnte. Hauptgrund: den Krieg mit England zu vermeiden. Ueber die Klausel des Eventualengagements.

Der RDrost sowol wie der Reichsrat Rolamb geben den Rat, man soll sich brandenburgischerseits nicht übereilen.

Der Kurfürst an v. Brandt. Dat. Potsdam 5. März 1672. Conc. v. Somnitz.

[Die Zweifel des Gesandten im Punkte einer engeren Annäherung an die Krone Schweden werden gehoben.]

Auf die Relation vom 31. Januar, die unter Bezugnahme auf das kurfürstliche Rescr. vom 10. Januar nähere Instructionen wünschte. 15. März.

„Nun ist Euch aus selbigen Unserem Rescripto bekannt, dass Ihr den Einhalt desselben des Orts nicht ehender in solennen Conferenzen und Zusammenkünften hauptsächlich proponiren und ausbringen solltet, bis Ihr versichert, dass man von Schwedischer Seiten gleicher Meinung wäre. Wobei Wir es auch nochmalen um so viel desto mehr bewenden lassen, weil Wir aus Euren letzteren

Hand. Entweder hat Schwerin eine Abschrift in die Kanzlei gegeben, mit Weg lassung der Unterschrift und der erwähnten Personen, um diese in der Kanzlei nicht bekannt werden zu lassen, oder das Schreiben ist (was gar nicht unwahrscheinlich) eine Fiction Schwerins. — Ueberschrift: Copia eigenhändlichen Schreibens eines vornehmen Evangelischen Herren an S. Ch. D. vom 20. Februar 1672.

Relationen verstanden, dass man des Ort in dem neuen Tractat mit Frankreich einige weitaussehende Clausulen einzurücken vorhabens. Zwar könnet Ihr wol dahin gehende Remonstrationes thun, dass man auf der Evangelischen Sicherheit und des Röm. Reiches Ruhe zuvörderst sehen, auch mit den Evangelischen deswegen vertrauliche Correspondenz pflegen möchte, dabei auch das holländische Wesen also respiciren, damit die Evangelische Partei nicht geschwächet, die Commercia nicht turbiret, auch das Feuer, so daselbst entstehen dürfte, das Röm. Reich nicht angreifen möchte; gestalten Wir mit I. K. M. solche Correspondenz anzufangen Euch des Orts gesandt hätten."

„Dass Wir Uns zu nichts resolviren wollten, ohne der Kron Schweden Rath und Genehmhalten, solches habet Ihr nicht aus Unserem Zuschreiben nehmen noch sonsten muthmaassen mögen, allermassen, wann der Krone Consilia wider das Reich und Unser Interesse laufen sollten, Wir dieses mehr als jene respiciren müssen. In ein Bündnis mit der Krone zu treten, dazu sind Wir wol geneigt gewesen, auch noch geneigt, jedoch wann der Scopus der allgemeinen Ruhe und Sicherheit im Civil- und Kirchen-Staat dadurch erhalten werden kann, wo die Krone selbst dazu incliniret und solchen Scopum für sich hat, wie obgem. Unser Rescript vom 10. Januar genugsam ausdrückt; und habt Ihr Euch nicht zu fürchten, dass Wir uns beschwerliche Conditiones darüber werden aufdringen lassen |: Wann aber die Krone sich gar zu weit mit Anderen engagiret hätte, würde von solchem Bündnis, zumal in solennen Conferenzen, nicht zu reden sein. Bei der Björnclou'schen Partei aber könntet Ihr dieses, und zwar für Euch, mit mehrem fürstellen und was zu Hinderung derer Consiliorum, so dem Reiche schädlich dienet, remonstriren :|. So Wir Euch hiermit anfügen wollen . . . .

---

v. Brandt. Relation d. d. Stockholm 7. März 1672.

17. März Dem staatischen Gesandten van Haaren ist das Engagement mit Holland abgeschlagen. — Nachdem der Staatssecretär die gewöhnlichen Trauertage ausgehalten, ist es mit den Commissarien vorgestern zur Conferenz gekommen. Br. hat eine Memorial überreicht; seine mündlichen Aeusserungen haben sie ad referendum genommen. Die Commissarien sind eben keine Reichräthe und „dürfen sich also nicht unterstehen, nie Mehres zu sagen als was ihnen in den Mund geleget wird." Anlangend die Stettin-Stargardische Sache legte ihnen Brandt die Pommerische Landkarte vor und brauchte unter anderen Argumenten auch dieses: „weil die Ihne ein gross Theil unterhalb Stettin in die Oder liefe, es contra naturam sein würde, die Stargarder zu zwingen, dass sie der Stettiner praetendirtem Niederlagsrecht sich unterwerfen sollten." Mit dem Staatssecretär wegen des Titels: Grossmächtigste, den die Königin beansprucht. Brandt will es vermerken. Auch möchte Brandt wissen, ob Kf. zu

frieden wäre, dass ihm die schwedische Kanzlei den Titel „Hochgeborener“ gäbe, wie er es auf einem Königlichen Schreiben an den Kf. (wegen des Adelstandes derer von Rohr) gesehen hat.

---

v. Brandt. Relation d. d. Stockholm 12. März 1672.

Empfangene Rescripte vom 11. und 12. Februar. Relationen Crockows. 22. März.
Hätte er sie schon eher gehabt, so wären sie ihm bei seiner letzten Unterredung mit den Wolintentionirten von der Björenclouschen Partei Bielke, Johann Gyllenstierna, dem ältesten Kurck (nach dem 7ten) zu statten gekommen. Was geredet worden, stimmte meistens mit den Discoursen des Grafen Brahe überein, wovon er am 2. berichtet. Die drei genannten sind noch animirter gegen das französische Wesen als Graf Brahe: wol aber widerrieten sie, diesem gegenüber, keineswegs die Assistenz an Holland; indes möge sich Kf. nicht übereilen. Die französische Vertragsklausel, dass Schweden diejenigen aus dem Reiche, die Holland assistiren möchten, angreifen sollte, erklären sie alle drei für ein erdichtetes Werk. — Der Feldherr Wrangel inclinirt auch für Holland und thut wegen jener Klausel die gleiche Erinnerung. Man sehe aus allem, „dass man hier nicht übel gesinnet ist“. Br. beruhigt über feindliche Absichten von Schweden. Kf. habe nicht das Geringste zu befürchten, wenn er nur eine Defensivallianz mit Dänemark schlösse. Man sieht auch hier nicht die geringste Kriegsrüstung, ausser dass die 1200 M., die Lehe und Geestendorff an der Weser fortificiren sollen, mit ehestem von Gothenburg nach der Weser übergehen werden.

Die Relation d. d. 16. März 1672

erörtert weitere Argumente Courtins und Haarens. Es ist nichts gewisser — 26. März.
meint Brandt — „als dass diese Krone sich in nichts hätte mengen werden, wenn sie gleich Niemand gesuchet hätte. Wie dieses der Dänische Minister dem Französischen vorgestern, da sie mich beide besucheten, zu verstehen gab, antwortete dieser: j'en tombe d'accord, mais Pomponne a voulu faire quelque chose, pour entrer en sa charge avec d'autant plus d'honneur. Néanmoins il est de l'interest de la France de réveiller un peu la Suède, pour s'en pouvoir assurer pour l'avenir.“

Gestern traf Br. Johann Gyllenstierna und Rolamb bei Hofe an. Als der König sich zum Spiel setzte, zog Br. sie auf die Seite und fragte, wie die Sachen stünden, und ob beide Ambassadeurs bald ihren Bescheid erlangen würden. Sie antworteten, man deliberirte, und zwar die Einen für Frankreich, die Wolintentionirten für Holland, und versicherten, dass Frankreich nicht finden würde, was es suchte. — Von der Klausel schwiege jetzt auch Mr. Courtin. Das vornehmste Argument, das man ihm wenigstens von seiten der Björenclouschen Partei entgegensetzt, ist dies: Pomponne habe sie vieler Dinge versichert, die jetzt anders erfolgt wären oder noch erfolgen würden. So z. B. der Bruch Spaniens, dem Kaiser und K Brandenburg folgten.

Seine Memorialien sind im Senat verlesen, bis zur Beantwortung aber wird Br. noch „auf Geduld studiren müssen“.

---

v. Brandt. Relation. Dat. Stockholm 20. März 1672.

[Beratungen über die französische und holländische Negotiation. Unvermögen der Krone Schweden. Solange die Björnclousche Partei oben auf ist, hat Kf. nichts zu befahren. Die Communication des Schlusses mit Frankreich steht noch aus. Schwedische Cavaliere sowol in französischen wie in holländischen Diensten. Unternehmen im Bremischen. Schwedischer Envoyé aus Moskau. Wrangels Ratschläge bezüglich der Kriegführung gegen die Franzosen.]

30. März Man hat all die Zeit her im Senat über die Englische, Französische und Holländische Negociation ohne Unterlass gerathschlagt. So viel man vernimmt, steht es auf dem Schluss, und der französische Resident wie der englische Legationssecretär stehen in Bereitschaft, die Resolutionen an ihre respect. Höfe zu überbringen. Trotzdem weiss Br. noch nicht, woran er ist. Ebenso wenig van Haaren. Der hat gestern wieder Conferenz gehalten, aber von Br. befragt, was dabei vorgefallen, antwortete er: „es wäre nur ein galematias gewesen, und hätte man ihm Namens J. K. M. hinterbracht, dass man im Werke begriffen wäre, auf sein Memorial eine schriftliche Antwort zu expediren, dass aber der König gerne wissen wollte, ob er noch etwas Mehres anzubringen hätte, worauf er platt mit Nein geantwortet.“

Discurse der Björnclouschen Partei. Sie raten „alle einmächtiglich, in dem Engagement mit Holland sich nicht zu übereilen, sondern Frankreich Zeit zu lassen, dass es den ersten Eifer an den Holländischen Festungen büsse.“

In summa, gn. Churfürst und Herrr, diese Kron ist itzt in einem Zustand, da sie nichts vermag, sie will Geld haben und nichts dafür thun; ihr vornehmster Zweck ist, durch Tractaten, Mediationes und Foedera auf dem Theatro und en vogue zu bleiben, damit man ihr allezeit Geld umsonst bringe, und auf dass, indem sie ihre Consilia auf Friede richtet, die Reputation nicht falle, will man nicht gern, dass andere Potentaten im Reich Krieg führen und sich dadurch necessaires machen. Dieses sind der Björenclouischen Partei Consilia. Ich kann aber Ewrer Churfürstlichen D. unterth. versichern, dass sie durchaus nicht gut Französisch ist. Alle, die ich aus ihrem Mittel von der gegenwärtigen Conjunctur reden höre, freuen sich, wenn eine gute Zeitung vor

Holland einlaufet. Sie reden auch unverholen wider die Französische Proceduren. Bielke sagte mir unter anderm, man hätte allhier Nachricht, dass einer von des Churfürsten von Cöln innersten Leuten, den er nicht zu nennen wusste, an den Churfürsten von Mainz geschrieben hätte, er möchte doch die Französische Desseins bei dem Kaiser und im Reich secundiren, weil es ein bellum sanctum wäre, so Frankreich wider die Ketzer vorhätte. Er führete auch an, dass zwar Frankreich und der Churfürst von Cöln sehr hart wider die 1500 Mann Holländische Völker, so in der Stadt Cöln gelegen, gesprochen und negociiret hätten, sobald man sie aber herausgenommen, hätte der Churfürst dagegen 15000 Franzosen in sein Land eingenommen. So sprechen auch die anderen und exaggeriren gar hoch, dass ein papistisches Wesen darunter stecke, welches, wie mir gesaget worden, eine starke Ursache gewesen, dass der Reichscanzler vor Frankreich nicht so durchdringen können, wie er wol gewollt hätte; und hat Mr. Courtin die Clausulen, derer ich vorhin gedacht, nicht nach seinem Sinn erhalten können.

Kf. möge sich darauf verlassen, dass er, „solange die Björenclouische Partei oben schwebet, wie itzt," von Schweden nichts zu befahren, dass er dagegen auf den Fall, da der Krieg länger als ein Jahr währen und der Reichscanzler die Oberhand bekommen sollte, Ursache hätte, sich mit anderen Potentaten im Reich und mit Dänemark zu verbinden.

Bezieht sich nochmals auf seinen Bericht vom 9ten. „Die Communication dessen, so mit Frankreich geschlossen werden dürfte, verspricht man nach vollzogener Sache. Wann aber solches sein wird, stehet noch dahin. Wir dringen indessen alle insammt auf Antwort, insonderheit aber der Chursächsische Envoyé, welcher hier nicht warten will, und hat er vor einigen Tagen Befehl bekommen, in seiner Negociation nicht fortzufahren, weil die Conjuncturen sich dort geändert hätten, welches er dahin ausleget, dass entweder seinem Herrn von dem Kaiser oder von Ew. Ch. D. etwas importantes möge zukommen sein."

Dass man sich hier in nichts mischen wolle, ist auch daraus abzunehmen, dass viele schwedische Cavaliere und Kriegsofficiere, die wirklich engagirt sind, Urlaub bekommen, in Französische und Holländische Dienste zu gehen; z. E. der Graf Königsmark der ältere wirbt zwei Regimenter zu Fuss für Holland und nimmt unterschiedene Schweden mit sich, unter anderen den Grafen Douglas, dessen zwei Brüder schon früher bei den Staaten Dienst genommen haben.

Graf Wittenberg, der Obristlieutenannt ist und des Feldherrn Töchter eine heirathet, und also, wenn die Krone Schweden etwas anfangen wollte, sonder Zweifel ein ansehnlich Kriegsemploi bekommen würde, geht zur französischen Armee. Des Reichscanzlers ältester Sohn, Königlicher Oberkämmerer, Graf Gustav de la Gardie, bekommt in Holland ein Regiment. Andere mehr.

„Von Ausschiffung einiger Volker nach Deutschland höre ich nichts, ausser dass mit ehestem die auscommandirete 1400 Mann zu Fuss nach dem Herzogtum Bremen unter dem Commando des Generalquartiermeisters Moellen, so als Königlich Schwedischer Ingenieur die Festung zu Lehe und Geestendorf anlegen soll, übergeben werden. Das eigentliche Dessein ist: diese beiden Dörfer, so durch einen in die Weser laufenden kleinen Strom von einander unterschieden seind, in eine Circumvallation zu ziehen, einen guten Hafen und Schiffsstation daselbst zu machen, alsobald eine reformirte Kirche dahin zu bauen, um die Holländer, so bei diesem Kriege ihr Vaterland verlassen möchten, dahin zu locken, damit eine Handelsstadt daraus werde, und gegen diese Festung, weil man dadurch das Stift Bremen hinfüro am füglichsten zu Wasser von Gothenburg aus wird secouriren können, Bremervörde und Buxtehude zu demoliren, und saget man mir, dieser Dessein wäre eher exequiret worden, wenn es der Feldherr nicht verhindert hätte, weil Bremervörde ihm zustehet. Sonst mag auch wol darunter verborgen liegen, dass man Bremen von weiten miniren, Oldenburg von Delmerhorst dadurch Ombrage geben und wol gar, wenn es die Conjuncturen mitbringen, die Weser sperren wolle."

Der Schwedische Envoyé nach Moscow ist auf der Rückreise krank geworden, sein Secretarius aber ist vorangekommen, welcher mitbringt, dass in Moskau die Rebellion ganz gestillt, der Rebell hingerichtet und Astrachan wieder in des Czaren Gewalt sei.

Als ich letzt mit dem Feldherrn redete, sagte er mir, er hätte vernommen, Ew. Ch. D. richteten eine Armée von 26000 Mann, und vermeinete, damit könnten Sie der besten Französischen Armée unter Augen gehen, riethe aber, in den ersten Monaten in keine Hauptaction mit den Franzosen Sich einzulassen, sondern bis in den September, wenn ihnen die Finger beginneten klamm zu werden. Er sagte auch, Ew. Ch. D. würden wol thun, wenn Sie Ihre erste Glieder in der Infanterie wol mit Hellebarden und kurzen Gewehren spicken liessen, um die Französische Estocquaden im Demeslé desto besser zu empfangen, und vermeinete, das beste, so die Französische Infanterie gemeiniglich thäte, wäre, dass sie nach der ersten Salve alsofort den Degen in die Hand nähme und einbräche. Auch vermeinete er, dass viel Picquen, insonderheit gegen die Schweizer, gut sein würden. Er fragte mich auch, ob Ew. Ch. D. nicht gesinnet wären, einige Polen oder solche Tartaren, wie Sie in Pommern bei dem letzten Kriege gehabt, mitzunehmen, und hielten dafür, es wäre ein gut Mittel die Franzosen zu harassiren und schlaflos zu halten und ihnen die Fourageurs wegzuschnappen.

Christoph v. Brandt. Relation. Dat. Stockholm. 27. März 1672.

[Der französisch-schwedische Tractat noch nicht unterzeichnet. Zwietracht im Reichsrate. Die Björnclouische Partei hat endlich in den Schluss willigen müssen. Neuer Reichstag in Aussicht. Seine hauptsächlichsten Proponenda.]

Obgleich die Tractaten zwischen Frankreich und dieser Krone für eine geschehene Sache zu halten, so ist doch die Unterzeichnung noch nicht geschehen, weil der Reichscanzler wegen seines Sohnes Unpässlichkeit an den Masern bei Hofe nicht hat erscheinen können. Da aber der Sohn nun vorgestern Todes verfahren, so dürften wol noch acht Tage mehr hinstreichen, welches die Ambassadeurs von Frankreich und England ungeduldig macht. Auch verlangt den Holländischen überaus nach der Resolution auf sein Memorial. Wie man endlich über diesem Werk ganz geschlossen, hat sich die Zwietracht im Senat sehr geäussert. Der Feldherr Wrangel, der für Holland gesprochen, ist mit dem Reichskanzler in einen solchen Streit gerathen, „dass dieser hautement protestiret, wie es viel auf sich hätte in Gegenwart des Königs zu sagen: dass ein oder der andere der Französischen Partei zu sehr zugethan wäre. Ob auch wol Ewrer Churfürstlichen D. ich vorhin unterth. berichtet, dass man über diesem Werk die Vota schriftlich colligiren wollte, so hat doch die Björnclouische Partei, weil sie gesehen, dass der Reichscanzler dadurch Pluralitatem erlangen und der Björencouischen Partei wichtige Rationes nicht recht ponderiret werden möchten, es nach hartem Disputiren dahin gebracht, dass ein jedweder in pleno senatu mündlich seine Meinung sagen müssen," da denn endlich die Björenclouische Partei durch ihre Geschicklichkeit und starke Rationes es so weit gebracht, dass es dabei geblieben, dass diese Krone neutral sein und respectu der Garantie, so Frankreich praetendiret, ihr die Explication derer Fälle, da Schweden dieselbe Frankreich schuldig vorbehält, anstatt dass die Französische Ministri begehret, die Kron Schweden möchte en vertu solcher Garantie mit denen aus dem Reiche, so Holland assistiren würden, brechen. Zwar hätte die Bj.'sche Partei gern gesehen, dass man dieses Werk noch eine Zeit lang hätte schleppen und dadurch dasjenige, so allhier mit Pomponne verabredet worden, ganz kraftlos machen können. Weil aber der Englische Ambassadeur dem Französischen assistiret, und sie fest darauf bestanden, dass sie, eher die Ruptur mit Holland erfolgete, alhier richtig sein oder alsofort aufbrechen müssten, hat endlich die Bj.'sche Partei in den Schluss willigen müssen, zumalen da der Kaiser alhier nichts thut, und der Reichscanzler dadurch ein stark Argument gehabt, diesen König und Kron d'honneur zu picquiren, mit Vorgeben, dass es eine Bassesse sein würde, Oestreich ferner nach- 6. April zulaufen. Ich habe auch sieder meinem letzten unterth. Berichte so weit penetriret, dass die neuliche Conferenz, so mit dem Staatischen Gesandten gehalten worden, von Seiten der Bj.'sche Partei dahin angesehen gewesen, ob etwan Holland einige moderatere Vorschläge, als die, so auf ein Kriegsengegement zieleten, thun wollte, wodurch man die Französische Offerten hätte zurücksetzen können. Der General-Staaten Ambassadeur aber bleibt dabei, es sei besser, dass Frankreich die Schwedische Neutralität bezahle als Holland. Obiges alles hat theils der Chursächsische Envoyé von dem Feldherrn Wrangel, mit dem er von seiner Gemahlin wegen verwandt ist, theils habe ich es von Güldenstern, Rolam und denen Grafen Königsmark, Wittenberg und Oxenstierna, so mit mir essen, erfahren. Und haben diese beide, Güldenstern und Rolam nochmals versichert, dass man denen, so Holland Assistenz leisten wollen, nichts in den Weg legen werde; welche Versicherung denn auch dem van Haaren täglich geschicket. Auch hat mich der Spanische Envoyé, der nunmehr, nachdem Spanien mit Holland sich engagiret, alhier mit negociiret und mit der Bj.'schen Partei wol daran ist, en homme d'honneur versichert, dass dergleichen im geringsten nicht zu fürchten.

Die grösseste Zeitung, so Ewrer Ch. D. ich itzt von hieraus in Unterth. berichten muss, ist diese, dass wider aller Menschen Vermuthen tout d'un coup bei einer Session im Senat ein Reichstag beschlossen worden, und ergehen bereits die Ausschreiben, dass die Stände im Augusto alhier sich einfinden sollen, also dass der Reichstag entweder am Ende des Augusti oder im Anfange des Septembris seinen Anfang gewinnen wird. Zu dieser unvermutheten Resolution hat die Uneinigkeit im Senat einig und allein Ursach gegeben, und vermeinen nun beide Factiones dadurch zu obliniren, und sagt man mir im Vertrauen weil die Bj.'sche Partei gemerket, dass man sie bei dem Könige wegen Aufschiebung Ihrer Königlichen M. Majorennität in bösen Credit setzen wollen, dass sie den Reichstag in Gegenwart I. Kön. M. proponiret, ehe der Reichscanzler sichs vermuthet. Und sollen die Capita proponenda sein: „1. Dem Könige ein Ziel zu seiner Majorennität zu setzen; und wird von den meisten dafür gehalten, dass die Picquanterieen im Senat verursachen werden, dass man ihn bei währendem Reichstage oder aufs wenigste gegen Ausgang seines siebenzehnten Jahres, so im November sein wird, mündig erkläre. 2. des Königs Hofstaat zu formiren. 3. einen Reichsschatzmeister zu erwählen, weswegen Steno Bielke und der Königin Schatzmeister Soop mit einander competiren". Besonders aber soll die Björnclouische Partei dabei beabsichtigen, ihre Friedensmaximen festzusetzen.

Br. hat noch so wenig wie ein anderer Minister Antwort auf seine Memorialien. Der ksächsische Gesandte drängt, wenn ihm diese Woche keine Antwort wird, ohne dieselbe abzureisen. Wahrscheinlich seien seinem Herrn die Augen geöffnet.

Christoph v. Brandt. Relation. d. d. Stockholm 3. April 1672.

[Französisch-schwedischer Tractat, wie ihn Courtin eingerichtet.]

Auf die kf.lichen Rescripte vom 2. u. 5. März. Weil ihm nun beide „zu Handen 13. April
kommen, eben da die Tractaten zwischen Frankreich und Schweden, insgleichen zwischen England und dieser Kron endlich zur Richtigkeit kommen, allermassen denn heute die Exemplaria von denen Englischen und Französischen Ambassadeuren und Schwedischen Commissarien unterschrieben und nebst denen respective Vollmachten und Procuratoriis gegen einander eingewechselt werden sollen, als habe ich doppelte Ursache gehagt, mich ferner eigentlich zu erkundigen, worauf obberegte Tractaten beruhen. Und werden sonder Zweifel Ew. Ch. D. aus demjenigen, so ich desfalls nunmehr gründlich von dem Herrn Reichscanzler, Graf Tott, Graf Niels Brahen, Steno Bielke. und Johann Gyllenstierna erfahren, gn. urtheilen, dass ich nicht ohne Grund wegen einiger Allianz zwischen Ew. Ch. D. und Schweden in unterth. treuer Wolmeinung ein- und anders, so mir dabei bedenklich vorkommen, erinnert habe."

„Weil ich auch nunmehr wahrnehme, dass es bei demjenigen, so man alhier mit Mr. Pomponne verabredet, nicht geblieben, sondern dass Mr. Courtin dagegen, dass er eine grössere Summe Geldes als Mr. Pomponne nach und nach offeriret, auch den Tractat auf einen anderen Fuss gesetzet, so wäre es zwar wol nicht nöthig, Mr. Pomponne hiesiger Verrichtung halber ein mehreres zu gedenken. Nachdem aber Ewrer Ch. D. gn. Rescriptum vom 2 Martii sich also anfänget: Ihr habet Uns in Euren bisherigen Relationibus allezeit versichert, dass es nichts sei, dass zwischen Frankreich und Schweden einige Alliance der itzigen Conjuncturen halber geschlossen worden, worauf wir denn bishero Unser Absehen genommen: so muss ich zu meiner Sicherheit, und damit ich keine Verantwortung auf mich lade, in Unterth. Ewrer Ch. D. zu Gemüthe führen, dass meine bisherigen Berichte, ausgenommen einige der letzteren, blos auf dasjenige gezielet, was Mr. Pomponne allhier gehandelt, und nicht auf dasjenige, so Mr. Courtin annoch auswirken möchte." Verweist auf seine früheren Berichte über Pomponne. Alles in allem ist leicht zu ermessen, dass wenn Pomponne solche Dinge hier erhalten hätte, wie in Deutschland und Frankreich ausgestreuet werden, „er nimmer re infecta von hier hätte wegziehen und nicht zuschlagen werden."

In den Tractaten aber, wie sie Mr. Courtin nunmehr eingerichtet, und wie sie morgen oder übermorgen zur Ratification nach Frankreich durch einen Expressen fortgehen werden, sind drei Dinge bedenklich, denn im übrigen bleiben sie, wie die Abrede mit Pomponne gewesen: „1. dass die Garantie, so Frankreich und Schweden einander schuldig, dahin extendirt worden, dass wenn Jemand aus dem Reiche itzt Holland assistiren sollte, man von hier aus Dehortationes und Remonstrationes thuen wolle, wiewol sie alle, ausgenommen der RKanzler, der es in medio lässet, mich versichern, dass man auch weiter nicht gehen, sondern daneben zur Mediation schreiten werde; 2. dass diese Garantie auch des Königs in Frankreich socii belli mitgeniessen sollen; d. h. es sollten nach des RKanzlers Interpretation nur die unter socii verstanden werden, die nichts wider das Reich thäten;" 3. wenn Frankreich keine Versicherung kriegte, dass ihm aus den Plätzen im Reiche, die Holland inne hat, kein Schaden zugefügt würde, so wolle man es für keine infractio pacis Germanicae ausdeuten.

Abschiedsvisiten wegen Aufbruch des Hofes lassen ihn nicht ausführlicher schreiben. Die Communication der Tractaten ist nun versprochen, und zwar soll, weil Wolfradt den Arm gebrochen, Wolffsberg abgeschickt werden. Grafenthal soll nach Dresden gehen.

Stellt dem Kf. seine Abforderung anheim.

Christoph v. Brandt. Relation. Dat. Stockholm 17. April 1672.

[Lange Unterredung mit Gyllenstierna. Die beiden Punkte in dem schwedisch-französischen Tractat: socii belli und die von den Generalstaaten besetzten Festungen. Anfrage wegen einer Allianz mit Schweden. Von der Garantie des Vertrages. Der junge Gardie soll nach Frankreich, England und Holland wegen der Mediation gehen. Ratschläge wegen Köln und Münsters. Rat in Bezug auf Dänemark. Was man dem dänischen Könige an die Hand zu geben.]

27. April In meinem unterth. Berichte vom 11. dieses meldete ich, dass ich vorhabens wäre, zu Johann Gyllenstierna aufs Land zu reisen und von den beiden Puncten, anreichend der beiden Kronen socios belli und die Festungen, so die Staaten in Deutschland inne haben, mit ihm zu reden. Solches habe ich auch werkstellig gemachet und ihn angetroffen; ich sagte ihm, wie der Reichscanzler von dem Inhalt der Tractaten zwischen Frankreich und Schweden mir vollkommen Eröffnung gethan und daneben obber. beide Puncten und Clausulen erwähnet hätte, und stellete ihm dabei vor, dass ich bis dahin auf die mir allhier geschehene Versicherungen, dass man Frankreichs weit aussehende Dessins im geringsten nicht appuyiren würde, noch ichtwas mit Frankreich verabredet und geschlossen wäre, so wider die Erhaltung des Teutschen Friedens und Freiheit und die gute Correspondenz zwischen dieser Kron und den Evangelischen Ständen des Reichs laufen könnte, mich gänzlich ver-

lassen und Ew. Ch. D. solchem gemäss unterth. Berichte abgestattet hätte. Nun aber würde ich in dieser Meinung und guten Zuversicht stutzig, wüsste auch nicht, ob ich Ew. Ch. D. in solcher guten Opinion lassen oder Ihr dieselbe benehmen sollte. Ich könnte aber leicht vorher abnehmen, dass wenn Ew. Ch. D. ich alles, wie es der Reichskanzler mir vorgesaget, berichten sollte, wie ich mich dann dessen nicht entbrechen könnte, Sie Ihr allerhand Gedanken machen und für nicht übereinstimmend halten würden, dass man ihr durch den Herrn Wolfrath alle vertrauliche Correspondenz in gegenwärtiger Conjunctur antragen lassen und dennoch ohne mit ihr zu communiciren, solche, dem allgemeinen Ruhestande und Ew. Ch. D. particulieren Sicherheit nachtheilige Clausulen in die mit Frankreich getroffene Bündnisse mit eingerücket hätte; denn was den Punkt beträfe, dass die Socii belli in der Garantie mit begriffen sein sollten, so wäre ja unmöglich, dass man allhier, als Mr. Courtin selbigen auf die Bahn gebracht, nicht alsofort sollte begriffen haben, dass Frankreich auf den Churfürsten von Cöln und Bischof von Münster zielete, welche gleichwol solche Dinge verübeten, die zu nichts anders, als Beunruhigung des Teutschen Bodens und andere höchstgefährliche Consequentien ausschlagen könnten. Und anreichend, dass die Krone Schweden es nicht pro Infractione pacis germanicae halten wollte, wenn Frankreich die Plätze, so die Generalstaaten in Teutschland inne haben, auf den Fall, da den französischen Truppen der holländischen Garnisonen wegen nicht plena securits gegeben werden könnte, angriffe und einnähme, so wäre handgreiflich, dass man Ew. Ch. D. Clevische Städte damit meinte, und schiene es fast, als wenn man um Ew. Ch. D. wehe zu thun, nicht geachtet hatte, ob Frankreich durch Eroberung sothaner Städte einen so festen und starken Fuss am Rheinstrom und im Westphälischen Kreise fasste, dass man hernach in Teutschland den französischen Desseinen sich allezeit ohne einzige Widerrede würde conformiren müssen; fassete man aber obber. beide Punkte zusammen und überlegte sie wol, so wären sie meines Ermessens von solcher Natur und Bewandniss, dass ich nicht wüsste, was man in Teutschland dazu sagen würde, dass die beiden Kronen Frankreich und Schweden excluso imperatore et imperio publice darüber concludiret und eine Decision gemachet hätten; wiewol diese Frage mehr nach Regensburg gehörte, als sie mich in Qualität eines Churbrandenburgischen Ministri anginge. Weil auch Ew. Ch. D. in dero gn. Rescripto vom 5. März nochmals auf eine Allianz mit Schweden zielen, fragte ich ihn, ob bei so gestalten Sachen wol einige Apparenz wäre, dass die Evangelischen Stände in Teutschland eine auf die gegenwärtige Gefahr und Conjunctur gerichtete Allianz mit der Krone Schweden machen könnten, und wenn absonderlich zwischen dieser Krone und E. Ch. D. ein Defensiv-Bündniss im Vorschlag gebracht würde, auf was für einen Fuss solches geschehen müsste; bat ihn darauf, er möchte mich doch nunmehr von dem ganzen Werk recht informiren, zumahlen da nunmehr die Communication der Tractaten mit ehestem geschehen sollte, und er also keine Ursache, mir deswegen etwas vorzuenthalten hätte. Eher er mir auf die Sache antwortete, sagte er, ich wäre, wie er sähe, über dem mit Frankreich gemachtem Schlusse sehr allarmiret und wollte wegen des guten Vertrauens, so ich auf ihn setzete, und weil ich die Mühe genommen hätte, ihm aufs Land zu folgen, mich aus dem Zweifel helfen, aber mit dem Bedingen, dass ich es Niemanden als Ew. Ch. D. offenbarete, dass solches von ihm herkäme, welches ich ihm mit Hand und Mund anlobete, worauf er sich gar weitläufig heraus liess und sagte, weil Schweden jetzt en Republique gouverniret würde, so könnte es ohne Dissension nicht abgehen, und zweifelte er nicht, ich würde, ob ich gleich nicht lange hier gewesen, mehr davon wissen, als ihm davon zu reden anstünde. Dahero wären in Senatu auch über diesem Werke dissentiirende Vota gewesen, und wäre die Quaestio an: ob man nämlich gar mit Frankreich schliessen wollte? bis drei oder vier Tage vor der Signatur gar hart bestritten worden, und könnte er mich versichern, dass diejenigen, so saniora consilia führeten, bis auf die letzte Stunde gehoffet hätten, Holland würde mitiores conditiones, so mit der Neutralität umpatible gewesen wären, vorgeschlagen und Spanien sich wegen dieser Krone herausgelassen haben; da aber der van Haaren bei der letzten mündlichen Conferenz fast auf ein Foedus wider Frankreich und die dagegen angebotene Subsidia bestanden und vorgegeben, dass er nichts bequemeres vorzubringen hätte, und der Spanische Ambassadeur zu Wien zu dem Schwedischen Residenten Pufendorfen endlich gesaget, dass wenn zwischen Spanien und Schweden etwas tractiret werden sollte, solches zu Madrid geschehen müsste, da doch ein spanischer Minister allhier wäre, hätte man nicht umhin gekonnt, mit Frankreich zu schliessen, und könnte ich aufs Wenigste daraus sehen, dass es nicht de gayeté de coeur sondern aus wichtigen Ursachen geschehen wäre. Dann wie es der Krone Schweden Interesse nicht hätte leiden können, weder mit Frankreich noch mit Holland in eine Offensiv-Allianz zu treten, obgleich gar erkleckliche Subsidien von beiden Theilen wären offeriret worden, also könnte auch diese Krone ohne Freunde nicht bestehen, und ob man gleich redlich hätte dahin stellen können, ob Frankreich, wie Pomponne und Courtin alle Zeit gedreuet, mit Dänemark sich gesetzet hätte, so wäre dagegen nötig gewesen, mit dem Hause Oesterreich und mit der Krone Spanien in gutem Vernehmen zu stehen und mit Holland ein mehres nicht zu schliessen, als was der Verständniss zwischen Schweden und England nicht zuwider sein können, weil man allhier der Commercien und anderer Ursachen halber auf England sehr reflectiren müsse, und könnte er mich wol versichern, dass wenn England den Krieg nicht mit führete und Holland wider Frankreich allein die See zu disputiren hätte, die Consilia anders hätten laufen werden, wiewol man demnach mit allem Fleiss und Sorgfalt dahin gesehen, damit die Krone Schweden dann ungebundene Hände behalten möchte, den Bündnissen, in welchen sie mit den vereinigten Niederlanden stünde, ein Genügen zuthun, wie dann die Tractaten mit Frankreich auch so eingerichtet wären, dass die Krone Schweden mit allen ihren Conföderirten im guten Vernehmen bleiben und absonderlich über die Triplealliance halten könnte. Von der Garantie redete er fast eben wie der Graf Tott, von dessen Discurs Ew. Ch. D. ich schon in meinem vorigen unterth. Bericht abgestattet habe; und sagte, sie sollte zwischen den beiden Kronen quoad bella extra imperium Romanum reciproca sein, wiederholete aber die mir vorhin gethane Versicherung, dass es falsch und erdichtet wäre, dass die Krone Schweden in diesen Tractaten sich verpflichtet hätte, mit den Ständen des Röm. Reichs, so Holland wider Frankreich zur Seite treten möchten, zu brechen, und würde sich dergleichen in den Tractaten nicht finden; hätte doch Frankreich, als der Kaiser und Ew Ch. D. Pommern angegriffen, es bei dem schriftlichen Dehortiren, da es in imperio geschehen, bewenden lassen, warum sollte denn Schweden jetzt in Ansehung eines Krieges extra imperium ein mehres und gefährlicheres über sich nehmen? Wann es dazu käme, dass Ew. Ch. D. oder sonst Jemand aus dem Reiche Holland beistünde, so möchte vielleicht auf Frankreichs Ansuchen einige freundliche Remonstration, auch wol gar Dehortation geschehen, man würde aber an Schwedischer Seite nicht unterlassen zu consideriren, ob solche Assistenz dem Instrumento pacis, welches den Churfürsten und Ständen des Reichs frei liesse cum Exteris foedera defensiva zu machen, gemäss wäre, imgleichen ob Frankreich oder Holland die Schuld der Aggression beizumessen, welches nicht eher decidiret werden könnte, als wenn man zur Mediation schreiten und sehen würde, welches Theil keine billige Conditionen annehmen wolle, und wenn dann Frankreich, wie es bisher gethan, die Media pacifica ausschlagen sollte, würde Schweden mehr Ursache auch vigore dieser Tractaten haben, wider als vor Frankreich zu sein. Da auch die Krone Schweden entschlossen wäre, das Officium mediationis über sich zu nehmen, ihr auch an der Vereinigten Niederlanden Conservation, (ob man ihnen gleich eine kleine Husche, dieses war sein Wort, wol gönnte) viel gelegen wäre, so könnte man ja leicht ermessen, dass diese Krone solcher Gestalt in den Krieg sich nicht mischen würde; und zu erweisen, dass diese Tractaten die Krone Schweden im Geringsten nicht verbinden könnten, einig Kriegsvolk nach Teutschland zu senden, so wäre man resolviret, solches anstehen zu lassen, und wären die dazu beorderten Regimenter bis auf anderweitigen Befehl contremandiret worden. Auch darzuthuen, dass man alhier den Frieden suchete, würde des Reichskanzlers Sohn Graf Gustav de la Gardie ehestens mit Conditionen nach Frankreich, England und Holland gehen, um an allen dreien Orten die Mediation zu offeriren. Anreichend die socios belli, so der Garantie mitgeniessen sollen, so hätte Mr. Pomponne davon nichts auf die Bahn gebracht, vielleicht weil man dazumal im Reiche wider des Churfürsten von Cöln unpatriotisches Procediren noch nicht so sehr als nachgehends gemurret, als aber im Reiche die Churcölnische menées und Verständnis mit der Krone Frankreich je mehr und mehr improbiret worden, schiene es, dass die französiche Consilia dahin gegangen, diejenige, so wider Cöln sich erklären möchten, durch diesen Artikel zu intimidiren. Ob auch wol Mr. Courtin des Churfürsten von Cöln in den mit ihm gehabten Conferenzien nicht mit einem Worte gedacht, so hätte man doch dieses Orts gar wol begriffen, wohin Frankreich in hoc passu zielete, und hätte man daher um selbigem Könige das Absehen zu verrücken, diese Limitation hinzuthuen wollen, dass nur die socii belli, so es secundum instrumentum pacis und absque praejudicio tranquillitatis Germaniae sein könnten, dadurch verstanden werden sollten, und wäre darüber eine ziemliche Zeit hingegangen, und ob auch wol Mr. Courtin selber zugestehen müssen, dass dieser Punkt keinen andern Verstand haben könnte, so hätte er doch wegen Enge der Zeit und herannahender Ruptur desfalls auf eine Declaration von Paris so wenig warten wollen, als er sich unterstehen dürfen, für seinen Kopf darinnen etwas zu thun, und wäre daher dieses Experiment gefunden worden, das Mr. Courtin an seinen König, dass man allhier diesen

Punkt mit obber. Limitation und nicht anders annehmen wollte, schreiben und eine Copie solches Schreibens unter seiner eigenen Hand allhier lassen müssen. Damit aber Ew. Ch. D. desto weniger Ursache haben möchten, wegen dieses Punkts etwas zu argwöhnen, so wollte er ihm im höchsten Vertrauen et sub fide silentii diesen wohlgemeinten Rath geben, dass Sie es durch den Kaiser dahin brächten, damit dem Churf. von Cöln zu Regensburg den Bann verwirket zu haben erkläret, oder aufs Wenigste sein procedere als unzulässig und der Kron in Teutschland entgegen zu sein, publice improbiret würde, die Majora könnten desfalls nicht wissen, denn im Churf. Collegio würde Niemand als Churbaiern und Chur-Cöln selber dawider sein, vielleicht möchte auch Churpfalz, weil er eine Tochter in Frankreich hätte, wanken. Im fürstlichen Collegio würden die meisten Bischöfe und Geistlichen des Kaisers Sentiment folgen und auf der weltlichen Banke hätten Ew. Ch. D. selber und Chursachsen viel Stimmen und wären der Häuser Braunschweig, Lüneburg und Hessen versichert, und weil alle Städte wegen der Commissarien gut holländisch wären, würden sie das Erzstift Cöln gerne mit condemniren helfen und weil er aus meinem Memorial wohl schliessen könnte, dass wenn Ew. Ch. D. mit Holland eintreten sollten, sie sich nicht wider Frankreich, sondern wider Cöln und Münster, so dieser Letzte dem Cölnischen Exempel folgete, sich declariren würden, so er auch für das Sicherste hielte, so könnte drinn Niemand Ew. Ch. D. blamiren, wenn ein solches Conclusum zu Regensburg gemachet wäre, und die Krone Schweden selbst würde Ew. Ch. D. Vornehmen approbiren, wie denn auch wenn von dieser Krone einige dehortatio bei E. Ch. D. geschehen sollte, sie sich nur blos auf solches Conclusum zu beziehen hätten, welches auch Ew. Ch. D. und allen denen, so es mit Holland halten möchten, zu Statten kommen würde, wenn gleich der sociorum belli in den Tractaten nicht gedacht wäre. Was die Festungen beträfe, welche die Generalstaaten in Deutschland besetzet hielten, wäre selbiges ein unnöthiger Punkt und hätte man nur Frankreich darunter etwas fügen wollen, weil man ihnen wegen Conservation des Friedens in Deutschland und nicht mit Einflechtung des deutschen Bodens viel scharfe Clauseln und Conditiones vorgeleget, und möchte wol Frankreichs Absehen nur gewesen sein, Ew. Ch. D. dadurch in ein Nachdenken zu setzen; denn wenn Ew. Ch. D. die Holländische Partei annehmen sollten, so würde Frankreich und Chur Cöln ihre Clevesche Festungen, wo sie dazu kommen könnten, doch unattackiret nicht lassen, und wenn Ew. Ch. D. neutral blieben, so zweifelte er nicht, Frankreich würde ihr gerne versprechen, dieselben nicht anzugreifen, wie ihr denn auch leicht sein würde, von den Staaten die Zusage zu erhalten, der französischen Armee durch ihre darinnen habende Garnisonen keinen Abbruch zu thuen. Es möchte aber dieser Punkt ausgedeutet werden, wie er wollte, so könnte doch der Krone Schweden Sentiment dem Reiche und Ew. Ch. D. nicht präjudiciren, wie denn auch die Meinung allhier nicht gewesen solches zu thun.

Ich dankete ihm hierauf wegen vertraulicher Eröffnung, versprach alles wol zu menagiren und objicirte ihm nur dreierlei 1. Ob auch Holland die Schwedische Mediation acceptiren würde? denn der Tractat mit Frankreich möchte zu verstehen sein, wie er wollte, so begriffe er doch eine Alliance in sich, so auf diese Conjunctur nicht unklar zielete. 2. Wenn zu Regensburg wegen der Chur-Cölnischen Proceduren ein Vortrag geschähe, wohin er vermeinete, dass das Schwedische Votum wegen Pommern und Bremen gehen würde? 3. Dass zu fürchten stände wenn die Krone Schweden Mediat würde, welches Ew. Ch. D. sonder Zweifel gerne sähe, und sie bei den Friedenstractaten, wegen der Clevischen Festungen, wenn Frankreich davon einige sollte erobert haben, ein solches Urtheil fällen wollte, wie in dem Frieden mit Frankreich enthalten, solches verursachen könnte, dass dieselben Sr. Ch. D. und dem Röm. Reiche zum höchsten Nachtheil in französischer Gewalt blieben. Auf das Erste antwortete er: man würde mit Holland so umgehen, dass es keine Ursache haben könnte, auf die Krone Schweden einig Misstrauen zu setzen; auf das Andere: es wäre kein Zweifel, die Krone Schweden würde den meisten Stimmen sich conformiren und obgleich Doctor Blume, so zu Regensburg Snoilskys Stelle haben würde, vor der Hand deswegen nicht particulier instruiret sein möchte, so würde er sich doch der Pluralität nicht opponiren. Auf das dritte: Ew. Ch. D. hätten sich zu versichern, dass Schweden so ungerne als Jemand in Tractaten sehen würde, wenn Frankreich am Rheinstrom Fuss fassete. Was die Frage betraf, ob und wie nach dem Schlusse mit Frankreich Ew. Ch. D. und andere Evangelische Stände des Reichs mit Schweden in Bündniss treten könnten, antwortete er nur kurz und ambigue, dass solches wol sein könnte, wenn Ew. Ch. D. und die anderen, wie Schweden, freie Hände behalten und sich zwischen Frankreich und Holland nicht mengen wollten, und könnte Schweden der Tractaten mit Frankreich ungeachtet pro conservatione pacis Imperii cum toto Imperio oder membris eius gar wohl sich verbinden, und wie ich ihm das Schreiben zeigete, so ein gewisser Evangelischer Fürst eigenhändig an Ew. Ch. D. geschrieben, versicherte er gar hoch, dass man allhier das Evangelische Wesen nicht abandonniren würde, hielte aber dafür, dass selbiges jetzt keine Noth hätte, und dass dieser Krieg ganz ein ander Werk wäre.

Ich habe meiner unterth. Schuldigkeit zu sein ermessen, Ew. Ch. D. alles umständlich zu berichten. Was aber auch wegen der Tractaten mit Frankreich für eine Auslegung gemachet wird, so bestehet doch alles darinnen, dass man das französische Geld eben wie das spanische wegen der Triplen Allianz umsonst nehmen und sich nur durch die Mediation en vogue halten will, und wird es, so lange der Graf Tott etwas vermag, zu keinem Kriege kommen. Weil aber die Schweden von ihrer alten Natur nicht lassen und man nicht wissen kann, was es nach dem Reichstage und wenn der König zur Regierung kommt, so bei dem Reichstage wol geschehen könnte, mit den Factionen für einen Ausschlag gewinnen möchte, wiederhole ich nochmals mein unterth. Erinnern, dass Ew. Ch. D. mit Dänemark aufs Wenigste sich festsetzen, und weil ich höre, dass der Freiherr von Blumenthal[1]) dahin soll, will Ew. Ch. D. ich unterth. anheim stellen, ob Sie nicht daher dem König in Dänemark an Hand wollten geben lassen, dass wenn er dem Englischen Gesandten die Neutralität verspräche, I. K. M. Ihr auf den Fall, da Schweden mit ins Spiel käme, die freie Hand vorbehalten wollten. Denn ich merke an dem Dänischen allhier, dass sein König sehr auf England reflectiret. Ich schreibe dieses nach Kopenhagen, ob etwa des Frhn. von Blumenthal Instruction damit übereinstimmte.

Christoph v. Brandt. Relation. Dat. Stockholm 23. April 1672.

[Inhalt des schwedisch-englischen Tractats. Warum mit der Communication des Tractats wie auch schriftlicher Antwort auf sein Memorial so lange zurückgehalten werde und wozu diese Verzögerung dienen könne. Ausschiffung schwedischer Völker. Obrist Bünau. Wrangel.]

Weil mir die Reichsräthe, wenn ich um Communication der Trac- 3. Mai.
taten zwischen England und Schweden angehalten, geantwortet, dass der Englische Ambassadeur dawider protestiret hätte, und dass nichts

[1]) S. oben Abschnitt II.

darinnen enthalten wäre, so Ew. Ch. D. und die Stände in Deutschland anginge, habe ich auf andere Mittel sinnen müssen, wie ich davon etwas erfahren möchte, und habe den Englischen Untersecretarius, so ein Franzos ist (denn der andere ist mit den Tractaten nach London) dahin gebracht, dass es mir entdecket, 1) dass alles, so in dem Foedere defensivo, welches der gegenwärtige Englische Ambassadeur in anno 1660 alhier geschlossen, ratione commerciorum et utriusque Regni Foederatorum enthalten, in diesen Tractaten in Ansehung des bevorstehenden Kriegs zum Fundament gesetzet sei; 2) wären darinnen eigentlich specificiret, was auf der See, weil diese Kron ihr den Trafic nacher Holland nicht hätte wollen hemmen lassen, vor Contrebande sollte gehalten werden; 3) hätte England eine ansehnliche Schuldpost, so er aber nicht zu nennen wüsste, dieser Kron gegen die Neutralität erlassen; 4) hätte sich England verpflichtet, der Kron Schweden beizustehen auf den Fall, da sie wegen der Tractaten mit Frankreich in Krieg geraten sollte. Dieser Secretarius hat die Tractaten nur gelesen, und hat sie nicht in seiner Gewalt, die geheimsten Sachen werden ihm auch nicht anvertrauet, weiss ich also nicht, wie weit ich ihm Glauben zustellen solle. Es dienet doch soweit zur Nachricht, dass man desto besser nachforschen kann, und habe dem Staatischen Ambassadeur Part davon gegeben, damit wir beide de concert trachten mögen hinter den Grund zu kommen, und werden wir desfalls, wenn die Reichsräthe wieder hier sein, nichts verabsäumen; denn wenn der vierte Punkt in obberegten Tractaten mit England enthalten sein sollte, würde zu erforschen und nachzusinnen sein, auf was Weise man alhier vermeine, dass Schweden wegen der Tractaten mit Frankreich in Krieg gerathen könnte, und ob man desfalls auf Dänemark, die Stände in Deutschland, den Kaiser oder Holland selber reflectire. Wiewol es meines und des Staatischen Gesandten Ermessens nur angesehen gewesen, denen mit Mr. Courtin geschlossenen Tractaten einen desto besseren Schein zu geben und dadurch Frankreich zum Geld geben desto unverdrossener zu machen; denn pro statu praesenti ist alhier nicht die geringste Apparenz zum Kriege, und ist unnöthig die Ursachen, so Ewrer Churfürstlichen D. ich unterth. berichtet habe, desfalls zu wiederholen. Wo aber der König durch den bevorstehenden Reichstag zur Regierung kommt, wird man dann sehen, ob die Björenclouische Partei, die vor den Frieden spricht, werde stehen bleiben, oder ob die Französisch gesinnte es dahin werden bringen können, dass die Tractaten mit Frankreich von Zeit zu Zeit erweitert und auf den Krieg eingerichtet werden. Wenn auch Ew. Ch. D. die mit Frankreich geschlossene Tractaten sehen werden, wird daraus von dem ganzen Werk gründlicher zu urtheilen sein, zumalen wann die geheime Articul mit communiciret werden sollten, woran ich doch zweifle, ob es gleich der Reichscanzler gesaget. Woher es aber komme, dass die Communication der Tractaten, wie auch die schriftliche Antwort auf meine Memoralien so lange verschoben ist, kann ich eigentlich nicht urtheilen, nur dass ich muthmasse, es sei ein Französischer Griff vom Reichscanzler, welcher vielleicht in Abwesenheit der anderen Reichsräthe diesen Aufschub angeordnet, damit die Deutsche Stände, absonderlich Ew. Ch. D. desto länger in suspenso gehalten und denen Französisch affectionirten, auch dem Französischen Hofe selbst desto mehr Zeit gelassen werde, von obgen. Tractaten grosse Dinge zu spargiren und diejenige, so Holland zu assistiren willens sein möchten, so lange immer möglich, abzuschrecken.

Denn nachdem mein Memorial, so auf die gegenwärtige Conjunctur am Rheinstrom zielet, und Ewrer Churfürstlichen D. ich zugesandt habe, verlesen worden, und ich an allen deutschen Orten mündlich vorgestellet, dass das verdeckte Tractiren mit Frankreich in Deutschland ein grosses Nachdenken verursachte, ist in Senatu kurz vor Ostern geschlossen worden, dass die Tractaten von Stund an communiciret, und mir schriftlich geantwortet werden sollte. Sobald auch der König und Senat aufgebrochen waren, liessen meine Commissarien mir solches sagen. Als ich aber etliche Tage hernach, als der Reichscanzler nur auf ein paar Stunden vom Lande hereingekommen und wieder verreiset war, zu sie schickete, bekam ich zur Antwort, die Herren vom Senat wären nicht beisammen gewesen, und hätte also die Antwort auf die Memoralien nicht durchgesehen werden können. Und wie ich darauf zurücksagen liess, dass alles vor I. Kön. M. Abreise desfalls resolviret und zur Richtigkeit kommen wäre, kam der Secretarius status, so einer von meinen Commissarien ist, zu mir und sagte zur Entschuldigung, dass zwar resolviret worden wäre, die Communication ohne Aufschub zu thun und mir in des Hofes Abwesenheit die Antwort schriftlich zu geben, weil aber dieselbe vor der Abreise nicht hätte expediret und das Concept im Senat verlesen werden können, sie die Commissarii sich auch nicht unterstehen dürften, in dem Fall etwas schriftliches von sich zu geben, so nicht zuvor revidiret worden, müsste es damit bis zu des Hofes Wiederkunft anstehen, indessen aber hätte der Regierungsrath Wolfrath Befehl bekommen, sich förderlichst nacher Berlin zu verfügen und Ew. Ch. D.

zum Voranlauf ein und anders zu communiciren. Wie ich nun hierauf acquiesciren müssen, also werde ich bei des Hofes Zurückkunft, und wenn der Senat wieder sitzen wird, desto emsiger Erinnerung thun.

Vielleicht aber kann diese Verzögerung wozu dienen, denn wenn Ew. Ch. D. indessen mit Holland sollten geschlossen haben, könnte man sagen, es wäre derselben unmöglich gewesen, nach so vielfältigem Ansuchen um vertrauliche Communication länger zu warten und ihr Interesse in noch grössere Gefahr zu setzen. Und ob man auch gleich alhier den Rath giebet, dass Ew. Ch. D. und die Evangelische Stände wie Schweden freie Hand behalten und dem Werke, bis die Gefahr ausbreche, zusehen mögen, so würde man doch, nachdem man sich alhier nicht recht herauslassen wollen, wider die Ursachen, so Ew. Ch. D. mit Holland einzutreten bewogen, desto weniger etwas einwenden können.

Von Ueberschiffung einiger Schwedischer Trouppen nacher Teutschland kann ich nichts gewisses melden, wenn ich aber des Graf Tott Versicherung glauben soll, wird diesen Sommer nichts daraus werden, und sagte er mir zwei Ursachen, erstlich, dass man dadurch die Ombrage, so man in Teutschland von den Tractaten mit Frankreich schöpfete, nicht vermehren wollte, zum andern, weil die Tractaten mit Frankreich diese Kron im geringsten nicht obligiren könnten, einig Kriegsvolk in Pommern und Bremen zu halten. Es seind auch die 1400 Mann, so nacher dem Herzogthum Bremen gehen sollten, Lehe und Geestendorf zu fortificiren, bis auf anderweitige Ordre contremandiret worden. Unterdessen aber gehet doch die Rede, dass bis an 6000 Mann übergeschiffet werden sollten, und hat unter anderen der Obrister Grotthusen, so in Lievland ein Regiment zu Fuss commandiret, Ordre bekommen, sich zum Marche in Bereitschaft zu halten. Wenn der Hof wieder hier ist, werde ich täglich davon ein mehreres erfahren und will nicht unterlassen, Ewrer Ch. D. desfalls unterth. Bericht abzustatten.

Sonsten wird denen vier Obristen, als Bünawen, Geisen, Knusten und Lübeckern, so vom Feldherrn bis zu diesem Frühjahr, wegen der Werbung zu Pferde, vertröstet worden, die Zeit ziemlich lang. Der erste nämlich der Obriste Bünau, so Seiner Ch. D. zu Sachsen Vasall ist, und auch in Schoonen Güter hat, kam dieser Tage zu mir, und bat mich, ich möchte ihn Ewrer Ch. D. unterth. dahin recommendiren, dass er unter Ihr ein Regiment zu Pferde bekommen möchte, klagte sehr, dass er seine Zeit alhier so vergeblich zubringen müsste, und sagte, er würde wol zwar vom Feldherrn auf ein Emploi vertröstet, er sehe aber nicht, dass die Kron Schweden was sonderliches beginnen würde, und wenn er gleich endlich zum werben gelangen sollte, so würde er doch nur in Pommern und Bremen müssen liegen bleiben, da er weder Ehre, Beute noch Stösse erwerben könnte; solches aber wäre seines Kopfes nicht, und wollte er gern die Hand mit im Werke haben. Und weil er in dem Kriege wider den Herzog von Neuburg Ewrer Ch. D. unter dem Obristlieutenant Arnim für Lieutenant gedienet hatte, Sie auch Ihre Soldaten wol hielten und den Krieg verstünden, wollte er Ihr vor allen anderen Potentaten gern wieder dienen, wie er denn auch nicht zweifelte, weil er wol merkete, dass die Kron Schweden mit Ew. Ch. D. wol stünde, von I. K. M. Urlaub zu erlangen. Er hoffete auch, Ew. Ch. D. würden Sich seiner dabei wol gn. erinnern, dass, wie nach dem Neuburgischen Kriege die Abdankung geschehen, er von Ew. Ch. D. Reuterei 120 Pferde zu sich genommen hätte und damit nacher Frankreich gegangen wäre, alwo er gedienet hätte, bis er Major worden. Weil er nun ein Mann von sehr guter Renommée ist und alhier für einen der besten Schwedischen Officiere zu Pferde passiret, begegnete ich ihme, so höflich ich konnte, urd sagte ihm, wenn dieses seine rechte Resolution wäre, so wollte ich nicht unterlassen, Ew. Ch. D. selbige in Unterth. zu berichten. Weil ich aber nicht eigentlich wüsste, ob Ew. Ch. D. mehr Regimenter richten würden, als Sie bereits hätten, und mit Ihren Officieren versehen wären, oder da Sie resolviret zu Pferde ganze Regimenter werben zu lassen, ob nicht die Obristen bereits benennet sein möchten, so könnte ich ihm darunter keine Hoffnung geben und würde mir leid sein, wenn er dadurch andere gute Occassiones, als etwan unter Chursachsen oder denen General-Staaten, versäumen sollte. Wenn aber Ew. Ch. D. annoch einige Regimenter zu vergeben hätten, und er mit guter Manier von der Krone erlaubet werden könnte, glaubete ich, er würde um seiner guten Renommée willen von Ew. Ch. D. wol angenommen werden; es würden aber sechs Wochen hingehen, eher ich Antwort darauf bekommen könnte. Hiermit war er wol zufrieden und sagte, wenn Ew. Ch. D. ihm gleich alsofort kein Regiment geben könnten, wollte er unterdessen sich zur grossen Ehre schätzen, wenn Ew. Ch. D. ihn nur mit ein paar Hundert Pferden an solche Örter legen wollten, da er nahe bei der Französischen Armée wäre, und vermeinete er, weil Ew. Ch. D. seinem Bedünken nach nothwendig Holland assistiren müssten, Ihr auf solche Weise gute Dienste zu thun, weil er gelernt hätte, wie man den Franzosen beikommen und sie überfallen müsste. Ich lasse dahin gestellet sein, ob Ew. Ch. D. mir hierauf in Gn. etwas wollen anbefehlen lassen.

P. S. Der Feldherr geht diesen Sommer nicht nach Deutschland, sondern muss wegen des Reichstags hier bleiben; er wird also sicher nicht sehr treiben, dass Kriegsvolk hingeschickt werde, zumal er und der Gouverneur im Bremischen das Commando einander heftig missgönnen.

Schwedische Declaration. Dat. Stockholm, 26. April 1672.

„I. K. M. haben aus I. Ch. D. zu Brandenburg allhier gegenwärtigen Abgesandten Christoph von Brandt so mündlich gethanen Vortrag als eingelegten verschiedenen Schriften mit mehreren verstanden, was von I. Ch. D., seinem gnädigsten Herrn, ihm in Commission gegeben, alhie bei I. K. M. zu dero Nachricht und Erklärung fürzubringen. Nun können I. K. M. es zuforderst nicht anders dann für ein ohnfehlbares Kennzeichen Sr. Ch. D. sinceren Intention und Begierde, um mit I. K. M. eine sichere Freundschaft und zuverlässige Correspondenz zu pflegen, aufnehmen, dass sie über die obhandene weit aussehende Conjuncturen I. K. M. dero Beisorge und Gedanken also vertraulich eröffnen und zugleich so offenherzig kund machen wollen, was für eine Conduite sie dem gemeinen Wesen zu Besten dabei zu führen entschlossen; die auch I. K. M. um soviel mehr lieb und angenehm, als sie allerdings conform und übereinkömmt mit der Intention. welche I. K. M. selbst darunter führen und sie auch am erspriesslich — und kräftigsten zu sein hoffen, das in der Nachbarschaft sich anzündende Kriegesfeuer nicht nur von den Grenzen Deutschlands abzuhalten, besondern auch an dem Orte, wo es jetz schon angangen, es wiederum zu löschen und zu supprimiren. Zu diesem Ende nun bieten I. K. M. ihre Mediation allerseits kriegenden Theilen an und tragen zu dem Gott des Friedens die Zuversicht, dessen Güte werde ihr das Vermögen verleihen, diese Unruhe so glücklich und bald, als die der Endes entstandene vorige gedämpfet worden, stillen und hinlegen zu helfen, und wird I. K. M. sonders angenehm sein, wenn S. Chr. D. und andere Wolintentionirte bei solchem gemeinnützlichen Werke mit Hand anlegen und also mit guter Cooperation diesem Uebel zu steuern ihr Bestes thun wollten; jenes aber als die gegenwärtige Tranquillität in Deutschland desto kräftiger versichern und mainteniren und die bewegte Unruhe ausser dessen Grenzen halten zu helfen, haben I. K. M. für der Hand kein erspriesslicheres Mittel gefunden, als den König in Frankreich, von dessen grossen Macht und Fürhaben Deutschland dieser Zeit insonderheit die meiste Ombrage zu nehmen hatte, durch einen absonderlichen Tractat zu beobachtender Festhaltung des Westphälischen Friedens zu obligiren und also fürzubauen, damit das Reich von dessen obhandenen starken Armatur nichts

Widerliches zu befahren haben dürfe, wie I. K. M. nun auch Sr. Chr. D. von solchen wohlgemeinten Tractat vertraulich und aufrichtig Part geben lassen durch ihren Pommerschen Regierungs Rath Wolfrad, der dahin nach desfalls erhaltenen Ordre nun bereits wird unterwegen sein. In Kraft solcher mit Frankreich getroffenen Alliance finden sich I. K. M. nicht nur aufs neue verpflichtet, für die Sicherheit-Deutschlands zu wachen und den Effect dessen mit Nachdruck leisten zu können, auch in ihren deutschen Landen, wie S. Ch. D. gleichfalls die löbliche Intention haben, in guter Verfassung zu stehen, besondern I. K. M. sind auch mit einer herzlich gemeinten Sincerität erbötig, mit S. Ch. D. so wol als dem Kaiser auch anderen Chur und Fürsten im Reich sich absonderlich, wie es der gemeinen Ruhe am fürträglichsten gefunden wird, zu vereinigen, um alle von aussen fürscheinende Gefahr mit einmüthig zusammen gesetzten Rath und Kräften zurückzuhalten, auch diejenige im Reich, so etwa durch ihr denen Friedenspacten und andere wolgegründeten Reichs-Satzungen zu wider laufendes Comportement innerliche Unruhe anzurichten, oder dieselbe von aussen hineinzuziehen sich gelüsten lassen sollten, es sei in der Güte oder auch sonst mit Nachdruck zur Raison zu bringen, desfalls nun vorangeregter I. K. M. Regierungsrath Wolfradt Sr. Ch. D. weitere gründliche Ouverture geben wird, wie I. K. M. auch andere Ihro Ministern befehliget sie hin und wieder zur Erweisung I. M. Sincerität kund zu machen.

Wegen des unruhigen und gefährlichen Zustandes in Polen werden I. K. M. nicht weniger mit S. Ch. D. allemahl aufrechte und vertraute Communication pflegen und gern allem dabei weiter befahrenden Unheil fürbauen helfen, wenn sie nur in der Sachen mehrer Licht und eine gute Anleitung haben, wie sie capabel, darin fruchtbarlich zu arbeiten; denn weil I. M. ausser der ordinarie Nachricht ihres dortigen Correspondenten nichts gewisses haben, dieser aber die geheime Machination der widrigen Factionen, da einige derselben Sr. Ch. D. Meinung nach obhanden, nicht zu penetriren vermag, so würde I. K. M. lieb sein, wenn S. Ch. D deroselben davon mehrern Unterricht geben und zugleich Ihre hochvernünftige Gedanken mittheilen wollte, wie allem dergleichen Uebel in Zeiten entgegen zu gehen, Haupt und Glieder alda wiederum in eine gute Verständnis zu setzen und die gesammte Republik also wieder zu vorigen Vigeur und einem genügsamen Vermögen zu verhelfen, um der imminirenden grossen Türken-Gefahr der Nothdurft nach gewachsen zu sein.

Schliesslich finden I. K. M. die Sorgfalt, so S. Ch. D. in Faveur des Evangelischen Wesens verspüren lassen, um nämlich verhüten zu helfen, dass diejenigen katholischen Grafen, so am Kaiserlichen Hofe dann und wann in den Fürsten-Stand erhoben werden, nicht sogleich ad sessionem et votum im Fürsten-Rath zu merklichem Abgang der darin befindlichen evangelischen Stimmen admittiret werden mögen, von gar sonderbarer Importance, und werden sich derselben auch um so viel lieber conformiren und ihrem auf dem Reichstage befindlichen Ministern mit S. Ch. D. Abgesandten in diesem Negocio gleichstimmige Vota zu führen, desto leichter sofort befehligen, als sie sonst genugsam voraussehen, was den Katholischen in selbigem Collegio für ein Pouvoir und

Arbitrium rerum in die Hände endlich wachsen sollte, wenn man nicht in Zeiten darauf gedenken wollte, dass selben die Thür einmal versperret oder aufs wenigste den Evangelischen auch in dieselbe mit einzutreten pari passu verstattet würde.“

Dies haben S. M. dem Gesandten auf sein Vorbringen als Antwort sagen lassen, dem Sie sich königlicher Huld beigethan verbleiben[1]).

Christoph v. Brandt. Relation. Dat. Stockholm, 27. April 1672.

[Weder Antwort auf seine Memorialien noch Communication des französischen Tractats. Meklenburgische Werbungen. Kriegsvölker. Beabsichtigte Sendung Lockharts an Kf. Königsmarks Officiere. Prinz August von Halle. Nachrichten des holländischen Gesandten. Königsmark will in Danzig werben. Abberufung des Cellischen Envoyés Müller. Des Kf. Schreiben an den Reichsdrost. Titulatur.]

7. Mai. Es setzet mich in nicht geringe Bekümmerniss, dass ich die schriftliche Antwort auf meine eingegebene Memorialien noch nicht erhalten kann. Der König und Senat seind nun wieder beisammen, und habe ich um obberegte Antwort schon unterschiedene Anregung gethan. Es liessen mir auch meine Commissarii vorgestern sagen, ich sollte sie als heute aufs allerlängste haben; itzt aber, da die Post abgehen will, lassen sie neue Excusen machen. Also gehet es auch wegen Communication der mit Frankreich geschlossenen Tractaten, und seind dieselbe noch keinem der alhier anwesenden fremden Ministren communiciret worden, worüber einige Reichsräthe, sonderlich die von der Björenclouischen Partei sich selber verwundern, oder sich aufs wenigste also stellen. Es muss entweder dieser Aufschub von dem Französischen Gesandten und dem Reichscanzler herrühren, oder man muss nicht recht wissen, was man auf mein Memorial wegen des Unwesens am Rheinstrom antworten solle, oder die Ursache muss sein, dass Herr Wolfrath Ewrer Churfürstlichen D. zuvor einige Impression geben solle, eher ich die Antwort übersenden könne. Es sei aber darunter verborgen, was da wolle, so werde ich so wenig ablassen, darum ferner inständigst zu bitten anzuhalten, als ich mich, eher ich selber schriftliche Antwort in Händen habe, in anderweitige mündliche Conferenz einlassen werde, zumalen da

---

[1]) Die schwedische Declaration wird von Brandt d. d. 1. Mai 1672 mit erläuternden Bemerkungen übersendet.

ich abnehmen können, dass der Reichscanzler dahin zielet, vielleicht um mich von dem Inhalte meiner Memorialien abzuleiten. Auf Ew. Ch. D. gn. Befehl seind mir des Herzogs Christian Ludwigs Schreiben und Ewrer Churfürstlichen D. Antwort darauf copeilich zugesandt worden, ohne dass dabei angefüget gewesen, was ich damit thun solle, muthmasse aber, dass Ewrer Churfürstlichen D. gn. Wille gewesen, selbige Copeien alhier zu communiciren. Weil man aber vorgiebet, dass diese Kron mit Ueberschiffung einiger Kriegsvölker nacher Deutschland nicht sehr eilen wolle, damit denen Ständen des Römischen Reichs, insonderheit aber denen Evangelischen, keine Ombrage gegeben werde, und meines Ermessens die Schwedische Trouppen, je später, je besser auf den Deutschen Boden kommen, zweifele ich, ob ich nicht wider Ew. Ch. D. gn. Intention und Interesse handeln möchte, wenn ich Dero Antwort an den Herzog von Meklenburg alhier communicirete, denn aus denen darin enthaltenen Formalien, dass Ew. Ch. D. dieser Kron nicht verdenken könnten, wenn sie bei den jetzigen Conjuncturen einige Völker nach Dero Deutschen Provinzien marschiren liesse, möchte die Französische Partei einen plausiblen Praetext nehmen und schliessen, dass die Evangelische Stände sothane Ueberschiffung wünscheten. Ich will aber die Copei des Meklenburgischen Schreibens communiciren und dabei mündlich sagen, dass Ew. Ch. D. darauf geantwortet hätten, dass, wenn die Kron Schweden Völker überschicken möchte, sie auch wol dahin sehen würde, dass bei den Marchen gute Ordre gehalten, und kein Stand denen Reichscontributionibus zuwider beschweret werde, zumalen da die Kron nicht weniger als andere getreue Glieder des Reichs ihr mit allem Fleiss die Sicherheit des Deutschen Landes Staat angelegen sein liessen. Sollten aber Ew. Ch. D. dennoch wollen, dass ich auch die Antwort, so wie sie lautet, communicire, wird es mir in Dero Namen wol anderweitig anbefohlen werden. Es hat sonst der Lüneburg-Cellische Envoyé alhier auch communiciret, was ged. Herzog von Meklenburg an den Herzog von Celle fast in iisdem terminis geschrieben, und was dieser ihm geantwortet, und verstehe von ihm, dass dieser Hof, welcher vor gewiss glaubet, dass der Herzog von Meklenburg vor Französisch Geld wirbet, übel empfindet, dass er diese Kron zum Praetext gebrauchet. Es correspondiret sonst die Herzogin von Meklenburg, autrefois Madame de Châtillon mit Mr. Courtin über diese Sache. Ich kann aber aus seinen deshalb mit mir geführten Discoursen nicht recht abnehmen, dass Sie wolle, dass er alhier gut machen solle, dass Ihr Herr die Kron Schweden vorschützet, oder ob Sie begehre, dass er, Mr. Courtin, den March durch Meklenburg abwenden möge. Er saget mir aber, er habe Ihr unter anderm geantwortet: qu'Elle n'eût qu'à se mettre sur les avenues, que ses charmes seraient assez puissants pour obliger le moindre soldat Suédois, fût-il Lappon, de mourir plûtot de faim que de tuer une poule au pays de Meklenbourg. Meines Erachtens ist Sie es, so die Werbung fidert, und dürfte Sie die Trouppen Ihrem Bruder, dem Duc de Luxembourg, so, wie alhier geredet wird, die Cölnische und Münsterische Trouppen commandiren soll, zuschicken wollen.

Von Ueberschiffung einiger Völker nach dem Pommerischen und Bremischen ist noch nichts zu melden; ausserdem aber dass man vorgiebet, man wolle Deutsche Evangelische Chur- und Fürsten dadurch nicht allarmiren, scheint es, der Feldherr dringe nun nicht sehr darauf, weil er um des Reichstages willen diesen Sommer alhier bleiben muss. Sider gestern aber vernehme ich, dass der Generalquartiermeister Mellen von neuem Ordre bekommen, mit denen 1400 Mann Auscommandireten, so Lehe und Geestendorf fortificiren sollen, überzugehen, und soll er 3000 neue Musketen mit dahin nehmen.

Der Englische Ambassadeur sagte mir gestern, der König von England wird an Ew. Ch. D. Mylord Lockhart absenden und Sie ersuchen lassen, mit Holland Sich nicht zu engagiren. Dieses ist der Lockhart, so von Cromwell Ambassadeur in Frankreich war, alwo er die Tractaten wegen Einnehmung der Festung Dünkirchen machete, und darauf die Englische Trouppen in der Bataille bei Dünkirchen commandirete. Nachgehend hat er mit Monk und mit dem Könige selbst wegen I. M. Restauration correspondiret, wodurch er bei Ihr in Gn. kommen und am Englischen Hofe in guter Estime ist. Graf Königsmarks Officierer, so er zu behuf seines Holländischen Emploi alhier angenommen, hätten ungefähr 200 Mann alhier geworben und sie auf ein Lübeckisch Schiff gebracht; in Abwesenheit des Hofes aber schickete das Kriegscollegium hin und liess sie von einander jagen unter dem Vorwand, die meisten wären ohne Abschied von ihren Herren weggelaufen, und sagt man mir, der Reichscanzler habe solches par picque für seinen Kopf gethan, weil Königsmark mit seinem Sohne Händel gehabt. Wie aber der Hof alhier wieder angelanget, ist die Sache durch Commissarien untersuchet und auf des Holländischen Ambassadeurs und des Grafen Königsmark Remonstrationes dahin gebracht worden, dass ihm freigegeben ist, diejenige, so freie Leute sind, davon mitzunehmen, und weil er vermeinet, dass seine Officierer sie schon wieder finden werden, so hoffet er noch eine gute Anzahl mit hinauszubringen. Ich bin der Meinung, der Französische Ambassadeur habe diesen Streich bei dem Reichscanzler gefidert, denn darinnen bestehet des Reichscanzlers grösseste Finesse und Advantage, dass er wenn der Senat nicht beisammen ist, sein Directorium soweit ausdehnet, als seine Intriguen gehen.

„Ewrer Ch. D. wird sonder Zweifel wissend sein, dass des Herrn Administratoris zu Halle zweiter Sohn Fürst Augustus ein Regiment zu Pferde unter dem Churfürsten von Cöln haben sollen, weswegen er auch von hier kurz vor Ostern zu Seinem Herrn Vater zurückeilen müssen. Weil er aber schon vorher bei I. Kön. M. von Schweden um ein Kriegsemploi angehalten, und Sich indessen in die Prinzess Magdalena von Darmstadt, welche Sich alhier bei der Königin aufhält, verliebt hatte, ist ihm ein Regiment zu Fuss angetragen worden, und weil Graf Königsmark sein Regiment, so in 2000 Mann bestehet, itzt quittiret, soll er einen Stamm davon bekommen, und wenn etwas vorgehet, so viel dazu werben, dass ein vollkommen Regiment daraus werde. Es wird Ihm auch Hoffnung zu einem Regiment zu Pferde, und also zu zwei Regimentern gemachet. Wie man mir saget, geschiehet solches, ihn an obged. Prinzessin fester zu verbinden. Man weiss aber nicht, ob sein Herr Vater in diese Heirath willigen möchte.“

„Der von Haaren hat aus Holland Nachricht bekommen, als wenn die Franzosen Ewrer Ch. D. auf der Lippe und Ruhr liegende Plätze und Städte hätten recognosciren lassen. Sie werden besser wissen, was daran sei, als ich es ihr von hieraus in Unterth. berichten kann. Ich will es aber alhier discursweise, wenn man von Frankreichs Desseins redet, beibringen, wie auch dass man den Herzog von Neuburg zwingen will denen Französischen Trouppen Quartier zu geben.“

„Graf Königsmark gehet von hier nacher Danzig in Hoffnung, aldar Freiheit zum werben zu finden, weil selbige Stadt denen Holländern um der Commercien willen sehr affectioniret ist. Der von Haaren giebt ihm eine Recommandation an den Rath daselbst. Der Graf vermeinet aber, dass es mehr fruchten würde, wenn er von Ew. Ch. D. eine Vorschrift an den Rath zu Danzig erlangen könnte. Ich sagte ihm, wenn es zu Danzig wäre, dürfte er nur an Jemand an Ew. Ch. D. Hofe desfalls schreiben.“

Der Cellische Gesandte Müller wird nun revociret, und praepariret er sich zur Abreise. Ich vor mein Theil sehe es gerne, und habe Ew. Churfürstlichen D. ich die Ursachen vorhin unterth. berichtet. Er hat zwar vor Holland ziemlich gearbeitet und wider den Churfürsten von Cöln und andere Churfürsten im Reich, sieder es ihm von seinem Herrn expresse befohlen worden, scharf gesprochen und ihre gefährliche Menées mit Frankreich diesem Hofe vorgestellet, sonst aber haben alle Dinge nach dem Schwedischen Interesse gehen sollen, und dünket mich, er habe seinen Herrn irre gemacht. Meines geringschätzigen Ermessens ist zwar gut, auch nöthig, die Kron Schweden zu carressiren, und wo nicht zum Freunde, doch auch nicht zum Feinde zu haben. Da sie aber mit Frankreich tractiret, Holland eine Ungelegenheit nicht misgönnet und deswegen wie auch, um Geld von Frankreich zu haben, nicht mitzutreten will, dem Unwesen und der Gefahr zu steuern, so ist es gefährlich, sich nach ihr zu richten, und ist mir das wunderlichste an ihm vorkommen, dass er allezeit vermeinet, man müsse Dänemark obligiren mit Schweden sich zu setzen, da doch solches so wenig itzt practicabel als zuträglich ist, auch von dem Staatischen Ambassadeur durchaus nicht approbiret werden will, und halte ich es für einen Effect dieser seiner bizarren Conduite, dass sein Herr ihm bei letzter Post befohlen alhier zu entschuldigen, dass die Dänische und Staatische Ministri bei der Versammlung zu Braunschweig[1]) non vocati sich gefunden.

Der Reichsdrost ist mit dem Schreiben des Kf. an ihn sehr zufrieden. Er wünscht jedoch mit den übrigen regierenden Reichsräthen in der Titulatur so behandelt zu werden, wie die polnischen Senatoren. Auf Br.'s Einwendung, dass an die Polen lateinisch geschrieben würde und Kf. an sie so schriebe, wie an die Reichsgrafen, die sessionem in comitiis Germaniae hätten, meint der Drost, sie wären „tutores Regis, auch zum Teil von Königlicher Verwandtschaft". Br. verspricht Vorstellung bei der Kanzlei.

Der Kurfürst an v. Brandt. Dat. Coelln a. Sp., 30. April 1672.

[Abberufungsordre.]

10. Mai. Auf die Relation vom 11. April .... „und weil Wir daraus sehen, dass es sich mit Eurer Negotiation zum Schlusse anschicket, so befehlen Wir Euch hiermit gn., wann Ihr die Antwort auf Eure Memoralien werdet erhalten haben, und auf den Fall sich nichts Neues hervorthun sollte, von dannen aufzubrechen und Euch wieder anhero zu verfügen."

Christoph v. Brandt an den Kurfürsten. Dat. Stockholm, 1. Mai 1672.

[Brandt erläutert die schwedische Declaration.]

12. Mai. „Ich habe nun endlich die schriftliche Antwort auf meine quoad publica eingegebene Memorialien (wie sie beilieget) erhalten[2]). Und wie ich meiner unterth. Schuldigkeit zu sein ermessen, Ewrer Ch. D. dieselbe ungesäumt in

[1]) UA. XIII, 245ff. [2]) Oben S. 216.

Originali zuzusenden, also werden Sie auch daraus ersehen können, wie des Regierungsraths Wolfrathen mündliches Anbringen damit übereinkomme.“

Auf dass aber Ew. Ch. D. durch die Schwedische Ambiguitates und auf Schrauben gestellete Versicherungen nicht zu denen Gedanken verleitet werden mögen, samt bei dieser gefährlichen Conjunctur von Schweden etwas Grosses zu hoffen, erachte ich meiner unterth. Pflicht gemäss, Ewrer Ch. D. ein und andere in dieser Antwort enthaltene Clauseln auszulegen.

Wenn die Kron Schweden mit Ew. Ch. D. einerlei Intention hätte, würde Sie bereit sein Hand mit anzulegen, um zu verhüten, dass Holland nicht ganz unterdrücket und Frankreich zu mächtig werde. Sie vermeinet aber, es sei genug, dass man vor den Westphälischen Frieden sorge und im übrigen die freie Hand behalte und Frankreich mit Holland gewähren lasse, bis die Kron Schweden den Frieden machen könne. Ich habe Ewrer Ch. D. schon vorhin unterth. berichtet, wie man alhier rathe, sich in das Werk nicht zu mischen, weil man sonst die Französische Macht ins Reich ziehen würde. Diesen Rat wiederholet man in dieser Schrift per indirectum und will gleichsam aus meinem Memorial argumentiren, als wenn Ew. Ch. D. Sich beständig resolviret hätten, eben wie die Kron Schweden neutral zu bleiben und freie Hände zu behalten. Der Reichscanzler wollte mich desfalls gleichsam bei dem Wort fassen, und sagte, er freute sich, dass er aus meinem Memorial schliessen könnte, dass Ew. Ch. D. Sich zwar in guter Verfassung, aber doch aus dem Kriege halten wollten. Wie aber ein solches in meinem Memorial nicht zu finden, also antwortete ich ihm auch, dass Ew. Ch. D. zwar meines Wissens annoch weder auf des Comte de St. Géran noch des van Amerongen Anbringen zu etwas beständiges Sich resolviret hätten, ich könnte ihn versichern, dass Ew. Ch. D. Sich glücklich schätzen würden, wenn Sie solche, zu des Röm. Reichs und des Evangelischen Wesens gereichende Conditiones von Frankreich erlangen könnten, so Ihr zuliessen, überall die freie Hand zu behalten. Wenn aber Frankreich immerhin fortführe, auf des Reichs Boden am Rheinstrom grosse Arméen zu richten, Magazine zu sammeln, Versicherungsplätze zu nehmen und dieselbe zu befestigen und sonst viele Dinge mit des Erzstifts Cöln Bewilligung fürzunehmen, so nicht Holland, sondern Deutschland und insonderheit den Westphälischen Kreis zum Theatro belli macheten, so hielte ich dafür, dass Ew. Ch. D. nicht stille sitzen könnten.

Ew. Ch. D. können weiter daraus abnehmen, dass man sich alhier das arbitrium rerum beimisset, und ob man zwar setzet, dass andere mit zur Mediation helfen mögen, so schreibet ihr doch diese Kron das meiste zu, und wird sie das Geld, den Namen und die Reputation alleine davon haben. Es ist aber zu fürchten, dass ein heiss gebackener Friede daraus werden möchte, so es wie mit dem vorigen Kriege in anno 1667 werden soll, und kann der König von Frankreich wol zufrieden sein, wo er diesen Sommer etliche Plätze erobert, und die durch einen schleunigen Frieden eben wie Ryssel, Oudenarde, Ath, Douay, Tournay etc. behalten kann. Es stehet auch zu befahren, weil man alhier vorgiebet, die Frage, wer Aggressor in diesem Kriege sei, solle decidiret werden, wenn Schweden die Mediation offeriret und billige Vorschläge gethan, dass die Kron Schweden denen Generalstaaten das Unrecht beilegen und mit Krieg drohen möchte, wenn sie nach so grossen kostbaren Kriegspraeparatorien sich weigern sollten, mit Frankreich einen unsichern und desavantageusen Frieden zu machen. Sollte auch Holland die Schwedische Mediation gar ausschlagen, wie denn die Staaten nicht grosse Ursache, sich darauf zu verlassen haben, möchte diese Kron mit Frankreich sich näher verbinden. Mr. Courtin ist der Meinung, ein schleuniger Friede, und wie ihn Frankreich haben wolle, könne seinem Könige nicht entstehen. Il dit toujours, qu'il faut faire une paix, comme celle de l'année 1667.

Wenn man directe auf mein Memorial hätte antworten wollen, hätte man des Churfürsten von Cöln Menées mit Frankreich gedenken sollen. Ich muss deshalben zweifeln, ob man nicht auf Diejenige ziele, so aus dem Reiche Holland wider Frankreich assistiren möchten; denn Ew. Ch. D. werden Sich gn. zurückerinnern, was ich derselben aus denen mit dem Reichsdrost und Graf Tott gehabten Discoursen unterth. berichtet habe, da jener vermeinete, dass der nächste Weg, die Franzosen und die Unruhe ins Reich zu ziehen, sein würde, wenn Ew. Ch. D. oder sonst ein Stand des Reichs Holland beistünde, dieser aber vorgab, dass wenn solches geschähe, man auf Frankreichs Requisition Dehortationes thun würde, und stelle Ewrer Ch. D. ich in Unterth. anheim, ob Sie über diesen Punkt Wolfrathen wollen sondiren lassen. Ich will auch von meinen Commissarien Explication darüber begehren. Es wird nächstdem Ewrer Ch. D. aus meinem Memorial seind gehorsamst vorgetragen worden, dass, wenn ich der Deutschen Frei- und Sicherheit gedachte, ich auch dabei erwähnet, dass man auf die Gefahr, worinnen das protestirende Evangelische Wesen stünde, zu reflectiren hätte. Hiervon aber gedenket man in dieser Schrift nicht ein Wort. Ew. Ch. D. werden Sich aber darüber nicht verwundern, denn wenn man alhier zugestünde, dass das Evangelische Wesen durch diesen Französischen Krieg in Gefahr gesetzet würde, so würde es übel lauten, dass die Kron Schweden, welche von der Beschützung der Evangelischen Partei so grosse Dinge vorgiebet, mit Frankreich geschlossen hat, und ist dieses die eigentliche Ursache, warum man alhier behaupten will, dass es auf die Evangelischen nicht gemeinet sein könne, dabei aber vorgiebet, dass wenn sich solches künftig herfürthun sollte, die Kron Schweden mit aller ihrer Macht parat sein würde.

Mit der Communication der Tractaten geräth es nun ins Stocken, und seind wir Ministri publici, denen dieselbe solenniter versprochen worden, nun in die rechte Erfahrung kommen, dass Mr. Courtin dawider protestiret hätte mit Vorgeben, es sei nicht de bienséance, es vor der Ratification zu thun. Ich kann aus beiliegender Antwort nicht anders abnehmen, als dass der Regierungsrath Wolfrath Ewrer Ch. D. nur mündliche Communication thun werde.

Die Antwort auf die Pommerischen Sachen ist ihm gegen Morgen versprochen, wovon mit nächster Post mehrere Gewissheit. Die 1400 Mann, die im Bremischen fortificiren sollen, fangen nun an, nach Gothenburg zu maschiren; die Oberofficiere werden ehester Tage von hier abreisen.

Christoph v. Brandt. Relation. Dat. Stockholm, 15. Mai 1672.

[Anfragen wegen des Tractats mit Holland. Haaren bemüht sich um die in der Allianz stipulirte Hülfe. Abschied Coventrys. RKanzler und RFeldherr krank. Fussvölker im Bremischen. Die Mitteilung des schwedisch-französischen Tractats offenbar durch Courtin gehindert.]

„Weil ich auch, ausser dass ich auf eine Antwort auf mein zweites Memorial 25. Mai
in der Stettinisch-Stargardischen Sache dringe, wenig oder nichts zu thun habe, lege ich nicht viel Visiten ab, treffe aber die Reichsräthe am Hofe zum öftern an, da mich die von der Björenclouischen Partei fast allezeit ins Ohr fragen, ob Ew. Ch. D. mit Holland noch nicht geschlossen, und kann ich aus ihren Reden und Meinen genugsam abnehmen, dass sie es gern sehen würden. Ich antworte ihnen aber allezeit, dass ich zwar noch nicht eigentlich wisse, wie weit man in denen Tractaten gekommen, dass ich aber dafür hielte, Ew. Ch. D. würden nicht umhin können, mit Holland in eine neue Defensiv-Bündnis zu

treten; denn was am Rheinstrom und im Westphälischen Kreise durch die Cölnische und Münsterische Collusiones mit Frankreich verlaufe, wäre gar zu gefährlich.“

„Der von Haaren thut nunmehr alhier nichts, als dass er um schriftliche Antwort anhält auf sein letzteres Memorial wegen der Französischen, insonderheit aber der Englischen Ruptur, worinnen er um die Hülfe der 4000 Mann laut foederum Ansuchung gethan. Es scheint aber, man habe nicht grosse Lust dazu, und antwortet man ihme nur mündlich 1) dass auch Frankreich und England vermöge derer mit Schweden habenden Bündnissen Secours begehreten, und könnte diese Krone allen dreien Parteien darinnen nicht ein Genügen thun; 2) wenn diese Kron einer oder der anderen Partei den begehrenden Secours verspräche oder willigte, setzete sie sich dadurch aus der Mediation, wodurch sie Holland mehr Vortheil stiften könnte, als durch 4000 Mann; 3) müsste der Punkt von der Aggression erst desideriret sein.“

Indessen recommendiren ihm seine Commissarien der Kron Schweden Mediation „und verstehe ich von dem von Haaren, dass der Graf Königsmark, so in Staatische Dienste gehet, dieselbe offeriren solle, welches vorhin durch des Reichscanzlers Sohn geschehen sollte.“

„Der Holländische Ambassadeur ist noch immer der Meinung, dass es gut sei, dass Schweden die Staatische Subsidien nicht angenommen, denn je weniger es gewohnet wäre die Tractaten zu halten, desto gefährlicher sei es, dieser Kron die Waffen in die Hand zu geben. Und wenn sie gleich mit Frankreich weiter einsteigen wollte, so fürchtete sie sich vor Dänemark, anstatt dass, wenn sie mit Holland eingetreten wäre, die Generalstaaten nach geendigtem ihrem Kriege gleichsam aus Dankbarkeit hätten stille schweigen müssen, wenn Schweden neue Händel anfinge. Dennoch aber ist er darinnen mit mir eins, dass man diese Kron auf allerlei Art caressiren müsse, ne noceat.“

Der Englische Ambassadeur nimmt nun alhier seinen Abschied mit Vorgeben, er solle sich zu Copenhagen mit dem Herzoge von Richmond abbouchiren. Der Dänische Minister aber ist der Meinung, der Duc de Richmond werde entweder nicht hinkommen, um diesem Hofe durch eine so splendide Ambassade nacher Dänemark keine Jalousie zu geben, oder da er ja hinkommet, werde dieser Ambassadeur Coventry ihm in der Negociation assistiren sollen, weil sein Witz sich nicht weit erstrecket.

Der Reichscanzler ist schon auf dem Lande und mediciniret, und der Feldherr ist am dreitägigen Fieber fast gefährlich krank, dass ich also nicht zu sie gelangen kann.

Die zu der Fortification im Bremischen destinirte Fussvölker sind nun im Marsche nacher Gothenburg und folgen ihnen nun die Oberofficierer. Sonst redet man auch noch immerhin von 5000 oder 6000 Mannen, so denen folgen sollen. Dazu aber siehet man noch keine Anstalt. „Mr. Courtin saget, es werde geschehen, wenn das Französische Geld wird angelanget sein. Die Summen aber will er mir nicht sagen. Von der Communication der Tractaten mit Frankreich, so man denen publicis Ministris versprochen, wird es nun ganz stille, wenn wir uns deswegen bei ein oder anderm Reichsrath en particulier beklagen, saget man, sie wären resolviret, wenn man aber an gehörigem Ort darum anhält, gehet man diesen Punkt mit Stillschweigen vorbei, und ist es klar genug, dass Mr. Courtin diese Communication verhindere.“

Relation d. d. Stockholm 22. Mai 1672 meldet, Br. habe dem Reichskanzler zu vernehmen gegeben, dass Kf. „wegen des Königs und Senats bevorstehendes langes Abwesen ihn gn. abgefordert.“ Dabei eine schwedische Declaration vom 21. Mai[1]), welche die Allianz mit Frankreich und ihren Zweck noch einmal ausführlich motivirt. 1. Juni

Zwei Resolutionen der Königin vom 26. April und 21. Mai. Die letztere auf ein Memorial, von Brandt unter dem 19. eingereicht. Das Foedus publicum wird er mit nächster Post übersenden. „Herr Wolfrath hat sonsten die Tractaten auch schon bei sich, aber ohne Ordre, dieselbe zu communiciren.“

---

v. Brandt an den Kurfürsten. Dat. Stockholm, 24. Mai 1672.

[Uebersendet das schwedisch-französische Bündnis. Secrete Artikel. Erläuterungen. Abschluss des Tractats mit Holland. Courtin. Die Reichsräthe wünschen Bestätigung in einem Memorial. Pass für Coventry.]

Uebersendet das ihm aus dem Senat communicirte Foedus Publicum[2]) — 3. Juni worinnen der 4. Artikel vornehmlich zu consideriren und dabei anzumerken ist, dass das Foedus nur auf zehn Jahre geschlossen, die reciproque Garantie, vermöge des articuli penultimi, dennoch auf ewig gelten solle.

Um die Communication der beiden articulorum secretorum, so von denen belli sociis und denen Plätzen, welche die Generalstaaten in Teutschland besetzt haben, bewerbe ich mich annoch. Graf Tott ist gegen mich der Meinung, man solle alle geheimen articulos communiciren, damit alle Ombrage, so die Tractaten mit Frankreich verursachet, mit einmal aus dem Grunde gehoben werde. Ich weiss aber nicht, wie weit ich darinnen trauen solle, und weil der Reichskanzler schon voran weggegangen ist, wiewol er in wenig Tagen dieser Stadt wieder

---

[1]) Recreditif der Königin Hedwig Eleonora für Brandt (Deutsch) Dat. Stockholm, 23. Mai 1672.

[2]) Vom 4./14. April 1672. Gedruckt Du Mont, Corp.

etwas nähern wird, will niemand der Anderen sich unterstehen, mir die Communication zu thun.

Man hat alhier schon vor vierzehn Tagen, theils von Hamburg, theils aus dem Haag, theils auch von Berlin aus umbständlich vernommen, dass daselbst mit dem von Amerongen geschlossen sei[1]) und wie viel Geld er zu Hamburg ausgezahlet habe. Es hat auch M. Courtin, sider dass er Ew. Ch. D. Pass von mir begehret, Nachricht gehabt, oder aufs wenigste so fest geglaubet, dass die Sache zwischen Ew. Ch. D. und Holland richtig wäre, dass er schon, obgleich der Tractat mit Schweden noch nicht ratificiret ist, alhier von der Garantie zu reden angefangen. Dieses haben mir die Reichsräthe Steno Bielke und Johann Gyllenstierna in höchstem Vertrauen geoffenbaret und dabei inständigst gerathen, ich möchte vor meinem Abreisen in einem Memorial diesem Hofe kund thun, dass Ew. Ch. D. mit Holland richtig wären und dass Sie darunter keinen anderen Dessein hätten, als Cöln und Münster zur Raison zu bringen.

Ungeachtet mir nun der H. Oberpräsident berichtet hatte, dass der Tractat gezeichnet wäre, welches auch der von Amerongen dem van Haaren bei selbiger Post zu wissen gethan, so wollte ich ihnen davon nichts gestehen, sondern sagte nur, dass von Ew. Ch. E. ich Ordre hätte, ihnen beiden im Vertrauen zu entdecken, dass Sie sich nicht entbrechen könnten, Cöln und Münster, wann Sie Frankreich und Holland nicht allein lassen wollten, endlich die Spitze zu bieten. Hierauf sagten sie, solches wäre genug, es wäre aber nöthig, dass ich deswegen ein Memorial eingäbe, woraus man schliessen könnte, dass Ew. Ch. D. mit Frankreich nicht brechen, sondern nur Cöln und Münster aus dem Spiel halten wollten, damit das Reich nicht impliciret würde; denn auf solche Weise könnte man Mr. Courtin mit guter Manier abweisen, und wenngleich einige Dehortation von hieraus geschehen sollte, so würde sie dann so ernstlich nicht sein. Weil ich nun hieraus nicht anders als eine gute Intention spüren konnte, habe ich ein obigem gemässes Memorial eingegeben und mich darinnen auf die schriftliche Antwort, so mir auf mein erstes Memorial gegeben ward, bezogen.

Br. wird es, da er jetzt vor des Hofes Aufbruch überall Abschied nehmen muss, mit nächster Post übersenden

Der Englische Ambassadeur Coventry ist vorgestern abgereist; „er begehret einen Pass von Ew. Ch. D. und Befehl an Dero Kriegsofficiere, dass

[1]) UA. XIII, 10 und III, 250 ff.

ihm auf Begehren eine Escorte zu Pferde von Ew. Ch. D. Reuterei möchte gegeben werden. Ich habe ihm fest zusagen müssen, von Ew. Ch. D. diese Gnade für ihn zu erhalten, und kann auf Ew. Ch. D. gn. Genehmhaltung die geheime Kanzlei nach beiliegendem Zettel sich richten."

---

v. Brandt an den Kurfürsten. Dat. Stockholm, 1. Juni 1672.

[Uebergebenes Memorial. Urteile des Reichskanzlers, der Reichsräthe Tott und Gyllenstierna darüber. Courtins Meinung über des Kf. Absichten. Fasst seine Abreise ins Auge. Schwedische Mediation.]

Das auf der Reichsräthe Bielke und Gyllenstierna Gutfinden von Br. 11. Juni
übergebene Memorial folgt anbei.

Ich bestand anfangs gegen sie darauf, dass ich den Inhalt desselben dem Reichskanzler und denen vornehmsten Reichsräthen nur mündlich vortragen wollte, weil ich von Ew. Ch. D. keinen anderen Befehl hätte. Sie bestanden aber dagegen fest auf ein Memorial, und konnte ich endlich wol merken, dass sie mir per indirectum sagen wollten, dass sonsten der Reichskanzler im Senat nichts vorbringen und also kein Schluss darauf erfolgen würde. Es sei nun, dass entweder die Björenclou'sche Partei etwas hierinnen gesuchet, wodurch sie des Reichskanzlers französischen Intriguen desto füglicher resistiren könne, oder dass dieser ganze Hof und Senat gerne etwas haben wolle, so man dem französischen Gesandten, wenn er wegen Ew. Ch. D. und andere Stände des Reichs auf die Garantie dringen möchte, entgegensetzen könne: so dünket mich, dass ich auf beide Fälle nicht anders thun als obber. beider Reichsräthe Gutfinden folgen können; und lebe der unterth. Hoffnung, wo etwas in diesem Memorial enthalten, so Ew. Ch. D. gn. Willensmeinung nicht allerdings gemäss, Sie werden solches in keinen Ungnaden vermerken, sondern erwägen, dass wie mir unmöglich gewesen Ew. Ch. D. gn. Ordre darüber einzuholen, ich mich demjenigen, so alhier vorgehet, einigermasse accommodiren müssen, um die gute Verständnis zwischen dieser Kron und Ew. Ch. D., soviel an mir ist, desto mehr zu befestigen.

Nachdem der Reichskanzler dieses Memorial gelesen, sagte er zu mir, er wäre noch der Meinung, dass Ew. Ch. D. für sich selber und das gemeine Beste am sichersten gehen würden, wann Sie sich noch zurück hielten; wofern aber Ew. Ch. D. nicht wider Frankreich sondern nur wider Cöln und Münster sich erkläreten, so müsste er bekennen, dass Frankreich von der Kron Schweden keine Garantie praetendiren könnte. Und Graf Tott sagte, es wäre sehr gut, dass Ew. Ch. D. auf solche Weise den Statum controversiae mutirten, und würde der articulus secretus, so de sociis belli redet, auf Cöln und Münster nicht quadriren, weil sie wider die Ruhe und Sicherheit in Deutschland handelten. Johann Gyllenstierna vermeinte, ich hätte noch hinzuthun können, dass Ew. Ch. D. verbunden wären, den zu Cleve zwischen den Generalstaaten und dem Bischof von Münster getroffenen Frieden zu garantiren, ich antwortete ihm aber, weil man noch nicht ganz gewiss wüsste, ob Münster mit Holland brechen würde, hätte ich es noch nicht thun mögen. Wo auch Ew. Ch. D. Meinung dahin gehet, kann es annoch geschehen.

Mr. Courtin ist der gänzlichen Meinung, Ew. Ch. D. werden das holländische Geld nehmen, um sich in gute Postur zu setzen und zum Frieden zu helfen, und kann sich durchaus nicht einbilden, dass Sie es wagen werden, Cöln und Münster anzutasten und dadurch die Französische Macht gegen Sich zu ziehen. Dieses saget er gegen mich und Reichsräthe. Ich lasse ihn auch in dem Glauben.

Der Hof und Senat sind nun schon etliche Tage von einander gewesen. Weil aber meine beiden letzten Memoralien, nämlich das beiliegende und das andere wegen der Stargardtischen Schiffahrt vor des Hofes Aufbruch in Senatu verlesen worden, dringe ich durch Schreiben an den Reichskanzler auf schriftliche Antwort und bitte zugleich um Communication der secreten Artikel, aufs wenigste derer beiden, so die socios belli und die Plätze, so die Staaten in Deutschland innehaben, anreichen, zweifle aber, ob ich etwas erhalten werde; denn ich merke wol, dass man sich nicht gerne weiter heraus lassen will, als man bereits gethan hat, und giebt mir der Secretarius Status bereits zu verstehen, dass er vermeinet, in der Declaration, so Ew. Ch. D. ich jüngsthin übersandt, sei schon genug enthalten. Br. will es noch etliche Tage ansehen und, wo nichts erfolgt, sich in Gottes Namen aufmachen und seinen Weg über Copenhagen nehmen; im übrigen habe er bereits seine volle Abfertigung und reist nur morgen aufs Land zum Feldherrn, welcher ihn solenniter dahin gebeten hat.

P. S. Des Reichskanzlers Sohn reist nun in wenig Tagen fort zum Könige von England und Frankreich, um ihnen die schwedische Mediation anzutragen, wie Graf Königsmark, der holländische Dienste annimmt, das im Haag thun soll.

v. Brandt an den Kurfürsten. Dat. Stockholm, 8. Juni 1672.

[Eine Resolution auf sein Memorial wird abgelehnt. Desgleichen die Communication der secreten Artikel mit Frankreich. Ursachen davon. Inhalt der Artikel. Beabsichtigte Abreise. Ausschiffung von Kriegsvölkern.]

Als ich von dem Feldherrn alhier wieder angelanget bin, hat mir 18. Juni der Reichskanzler durch den Secretarium Status Örnstedten sagen lassen, er hätte, nachdem er Abschied von mir genommen, mein Memorial wegen des Kurfürsten von Cöln und Bischofs von Münster in Senatu Sr. K. M. vorgetragen, und wären dieselbe sehr satisfaite, dass Ew. Ch. D. deroselben noch ferner solche vertrauliche Ouverture thun liessen, und ob man mir wol auf obber. Memorial schriftlich hätte antworten wollen, so wäre doch leider wegen I. K. M. und des Senats Aufbruch nicht Zeit dazu gewesen, theils wäre in denen beiden Declarationen, so mir unter dem Königlichen Insiegel ertheilet worden, soviel enthalten, dass Ew. Ch. D. daraus dieser Kron gute Intention und Sentimenten genugsam würden ersehen können. Im übrigen wo es noch einiger feineren Explication bedürfte, so zweifelten I. K. M. nicht, ich würde bei Ew. Ch. D. alles zum besten ausdeuten.

Anreichend die mit Frankreich aufgerichtete geheime articulos hätten I. K. M. in Senatu geschlossen, dieselbe noch nicht zu communiciren, und liesse er mich versichern, dass ausser denen beiden Punkten, so die socios belli und die Plätze, so Holland in Teutschland besetzet hält, angehen, in denen secretis articulis nichts enthalten, so das Röm. Reich und die Stände desselben betreffe, und weil man mir dieselben auf Specialbefehl des Königs vorgelesen, hoffete man, ich würde Ew. Ch. D. daraus genugsam Versicherung thun können, dass so wenig etwas Gefährliches darinnen begriffen, als der Kron Schweden in Sinn kommen, dadurch jemandem im Römischen Reiche zu praejudiciren.

Das erste anreichend, so kann ich genugsam verspüren, dass da ich dieses Hofes eigene Worte auf die Churcölnische und Münsterische Proceduren gezogen und das ganze Werk darauf genommen, dass diese Krone und Ew. Ch. D. itzt einerlei Maximen führten, man sich in Senatu nicht vereinigen können, wie mir darauf füglich zu antworten, weil man an einer Seiten dem Römischen Reiche und desselben Ständen nicht zu nahe reden will.

Das andere betreffend, vermerke ich, dass Mr. Courtin wider die Communication der geheimen Articeln protestire, und weil der HReichskanzler es sehr hoch anziehet, dass man Ew. Ch. D. nicht allein den publiquen Tractat so schleunig communiciret, sondern auch über das schriftlich unter dem Königlichen Siegel von dieser Kron eigentlichen Intention Part gegeben, und also an I. K. M. und der Kron Schweden Sincerität und Offenherzigkeit gegen Ewrer Ch. D. nicht zu zweifeln: so habe ich zwar deswegen nicht importun sein und auf die Communication der secreten Artikeln ferner dringen mögen. Ich habe aber mit dem Mecklenburgischen Residenten Abrede genommen und ihm Geld in die Hände gestellet, dass er sich darum bewerben und sie mir, wo sie zu bekommen, nachschicken möge. Soviel ich sonst davon ingeheim, auch discursweise erfahren können, begreifen dieselbe ausser obber. beiden Punkten nichts sonderliches in sich und handeln nur von der Neutralitaet, denen versprochenen Subsidien, so sich auf 400000 Rthlr. belaufen, und de modo Mediationis, und hält man dafür, Frankreich wolle dieselben geheim gehalten haben, damit man sich in Teutschland, post communicationem publici Foederis, desto grössere Dinge davon einbilden solle.

Br. wird nun in wenig Tagen aufbrechen. Noch wartet er auf Communication dessen, das an die Vorpommerische Regierung wegen der Pommerschen Kammerschulden rescribirt worden ist.

Von Ausschiffung einiger Kriegsvölker ist es hier ganz still, und die Armee für Deutschland, „Diejenige, so sich mit Holland zu engagiren willens sein möchten, zu intimidiren“, wird wol unsichtbar bleiben. Br. kann nur seine vorigen Versicherungen, „dass man bei itzigem Zustande von hier aus nichts zu fürchten, ohne einige Verantwortung auf mich zu laden, beständigst wiederholen, wie wol ich auch annoch dafür halte, dass man aufs Künftige Achtung zu geben habe, zumalen da der mit Frankreich getroffene Tractat so beschaffen, dass wenn Frankreich und Schweden Teutschland etwas zum Nachtheil thun wollen, sie es vigore desselben wol thun können“. Br. hofft ausserdem, die Björenclousche Partei werde sich beim Reichstag so befestigen, dass, „gegentheils Französische Menées“ nichts wirken können.

P. S. Gerüchtweise verlautet, Reichsrat Steno Bielke sei ertrunken.

v. Brandt. Relation. Dat. Kopenhagen, 25. Juni 1672.

[Aufenthalt in Kopenhagen. Gyllenstierna. Berennung der Rheinfestungen. Majorennität des Königs. Müller und Blumenthal. Bielke am Leben.]

Ankunft in Kopenhagen. Er hätte sich hier nicht über einen Tag aufgehalten, wenn der Freiher von Blumenthal[1]) nicht gut befunden hätte, dass er (Brandt) dem hiesigen Hofe die Furcht, dass Schweden etwas tentiren möchte, wenn Dänemark Holland assistiren wollte, benähme; er wird darum noch Gelegenheit suchen, mit Greiffenfeld „à fond zu reden". 5. Juli

Am Tage seiner Abreise hat Gyllenstierna noch geltend gemacht, Kf. könnte ja, wenn er mit Cöln und Münster anbinden müsste, sagen, dass er verbunden wäre, „den Generalstaaten die Garantie des Clevischen Friedens zu praestiren."

Um die gleiche Zeit trafen in Stockholm noch die Zeitungen von der Berennung der Rhein-Städte ein. Ob sich diese Nachrichten der Einnahme bestätigen?

Ich konnte bei der Abreise deswegen mit Niemandem sprechen. Ew. Ch. D. können Sich aber versichern, dass des Königs von Frankreich ganz unvermuthete grosse Progressen aldar eine nicht geringe Consternation und sonder Zweifel eine Aenderung in den Consiliis verursachen werden. Und wer weiss, ob man nun gar den Tractat mit Frankreich ratificiret, obgleich die französische Ratification nebst Wechselbriefen schon angelanget waren. Aufs wenigste werden Bielke und Gyllenstierna nun neue Materie bekommen, dem 617[2]) mit gutem Nachdruck sich zu opponiren, und weil der ganze Schwedische Trafic auf Holländischen Credit bestehet, und selbige Kaufmannschaft auf einmal dahin fallen müsste, wenn Holland untergehen sollte, so haben Ew. Ch. D. nicht zu zweifeln, dass der Schwedische Reichskanzler etwas zu der Holländer Conservation Streckendes bringen werde.

Sonsten habe ich bei meiner Abreise so viel verspüret, dass man bei diesem Reichstage den König noch nicht völlig pro maiorenni erklären, sondern ihm nur noch, bis zur Krönung, die halbe Regierung auftragen werde, das ist zu sagen, dass er anstatt Seiner Frau Mutter unterschreiben, und der Senat mitregieren werde.

Ich bin mit dem Cellischen Envoyé Müller alhier zugleich angelanget, und soll er an diesem Hofe verbleiben und negotiiren; ich habe aber nicht recht penetriren können, was er verrichten solle, nur

---

[1]) S. oben Abschnitt II, 1.

[2]) Unaufgelöste Chiffre. Natürlich: Gardie.

dass er gestehet, dass es das Holländische Wesen concerniret. Ich habe dem Freiherrn von Blumenthal seine Person und Conduite beschrieben, damit er sich für ihn hüten könne. Aus seinem Thun ist nicht zu merken, dass der Herzog von Celle zu Ew. Ch. D. grosse Affection trage, und zweifle ich, ob er den hiesigen König zu dem gemeinnützigen Werke sehr encouragiren werde; wozu ich sonst I. Kön. Maj. sehr geneigt finde, wo nur das Absehen auf England nicht einige Lenteur verursachet.

„Die Sage, dass Steno Bielcke ertrunken wäre, ist Gottlob! falsch, und des Reichscanzlers Freude vergeblich gewesen.“

Gesandtschaft v. Krosigks 1672.

β. Ludolf Lorenz von Krosigk in Stockholm.

Die Geheimen Räte v. Somnitz und Koeppen an den Kurfürsten. Dat. Coelln a. Sp. 1. Oktober 1672.

[Gelder für die Correspondenz nach Schweden. Diplomatische und militärische Nachrichten von dort.]

„Als Ew. Ch. D. durch Dero Hof- und Cammergerichtsrath den Freiherrn von Schwerin uns gn. andeuten lassen, uns zu erkundigen, was in Schweden passire, so haben wir uns um einige Correspondenten bekümmert und welche erlanget. Es werden zwar einige Unkosten auf das Port, weil alles unter fremden Couverten gehet, dann auch auf Embouchements, wenn einige nöthig, erfordert werden: wir halten aber dafür, Ew. Ch. D. gn. zufrieden sein werden, dass solche Kosten vom H. Amtsrath Michel Matthias hergeschossen werden.“ 11. Oktbr.

Sie haben aus Schweden bisher folgendes erfahren:

Weil die Reichsräthe „zweihelliger Meinung“ sind, möchte bei des Königs Minorennität die Krone sich schwerlich ernsthaft in den Krieg mischen. Der Reichsfeldherr soll sehr dazu rathen, dass mans mit den Alliirten hielte und sowol von den Staaten als dem Reiche die Kriegskosten zöge. Hingegen machten die Franzosen ihnen Hoffnung, dass die Schweden in den Niederlanden Fuss bekommen könnten, wozu Frankreich helfen wollte; wenn Schweden auch nicht bei den Aliirten stünde, „würde der Alliirten Progress in den Niederlanden ihnen, den Schweden, doch Jalousie erwecken.“ — Indessen armirt die Krone jedoch nicht zu stark, wie ausgegeben wird, da nämlich die ganze Macht, die man aufzubringen hat, an $\frac{m}{12}$ Mann zu Ross und zu Fuss in allem sich erstrecken soll. Davon dürften 6000 Nationalvölker wol noch diesen Herbst hinauskommen, und ins Bremische logiert werden. In Vorpommern sollen etwa 4000 M. eingekleidet und einquartirt werden. Den Obristen wie Knussdorf und Giesen werden einige Compagnien gegeben. Der Rest soll diesen Winter über hinzugeworben werden. Zu Stralsund sind Schiffe mit Munition und Schanzgeräthen angekommen.

---

7. Oktbr. d. d. Dudenhofen[1]) 27. September 1672 rescrib. Kf. an die Geheimen Räthe, sie sollten, weil die Notdurft eine neue Gesandschaft nach Schweden erfordere, Jemand dazu vorschlagen. — Worauf die Räte d. d. Coelln a. Sp. 10. Oktober 1672 bei dem Kanzler Chr. v. Brandt in Cüstrin anfragen: „ob sein Zustand also beschaffen, dass er solche Reise auf sich nehmen könne."

---

24. Oktbr. Sign. Hauptquartier Bergen 14. October 1672. Ordre des Kf. an Michael Matthias: „dass er das Briefport aus und nacher Schweden, wie auch die übrige Kosten, so zur Unterhältung der Correspondenz dahin vonnöthen und von Unseren Geheimen Räten dahin werden specificiret werden, allemal aus den Legationsgeldern erlegen solle."

Christoph von Brandt an die Geheimen Räthe. Dat. Cüstrin 15. Oktober 1672.

[Schwedische Politik. Schlägt den Residenten Reuter als Gesandten vor. Er selbst muss aus Gesundheitsrücksichten ablehnen.]

25. Oktbr. Sein Gesundheitszustand hat ihm nicht erlaubt, mit voriger Post zu schreiben. Er verspricht fleissige Correspondenz mit den Persönlichkeiten seiner Bekanntschaft in Schweden, hält jedoch dafür —

dass Schweden bei dieser Unruhe nichts anfangen wird; nur ist der Schwedische Zustand, Schwäche, Intriguen und Absehen ziemlich bekannt, und man betrachte nur, mit was Empressement selbiger Hof nach dem Frieden eilet, welches er nicht thun würde, wann der Schwedische Staat itzt litte, die Hand mit im Werke zu haben. Ich bin auch versichert, dass Pfalzneuburgs Abschickung[2]) an S. Ch. D. von Graf Totten[3]) herrühre, halte also unnöthig zu sein, dass S. Ch. D. einen eigenen Ministrum zu Stockholm halten, und wann es Dero-

---

[1]) Bei Wetzlar.

[2]) Gesandtschaft Stratmans UA. XIII, 329, 335.

[3]) Graf Claudius Tott, der schwedische Gesandte in Paris.

selben gn. gefiele, wollte ich es alsofort dahin richten, dass der Mecklenburgisch-Güstrowische Resident Herr Reuter, so ein feiner Mann, und an selbigem Hofe einen grossen Zutritt hat, vor 500 Thlr. jährlich Sr. Ch. D. alles, was da passiret, wöchentlich zweimal berichten sollte.

Wenn aber S. Ch. D. etwas Besonderes am Schwedischen Hofe zu negociiren hätten und deswegen einen Ministrum daselbst halten wollten, so wüsste ich wol so eben Niemand vorzuschlagen, bitte aber Ew. Exc. ganz dienstlich, desfalls auf mich nicht zu gedenken, denn die Ursachen, so mich gezwungen haben, die Englische Reise in Unterth. zu deponiren, verhindern mich noch vielmehr, die Schwedische Klippen zu übersteigen, oder die Scheeren zu passiren, und ist [es] noch zur Zeit so mit mir beschaffen, dass mir die Füsse alle Abend sehr geschwollen sein, und ich die Treppen noch nicht steigen kann[1]).

---

d. d. Bergen 24. Oktober 1672 approbirt Kf. der Räte Ansicht, „dass Jemand Unserer Bedienten, der Unser Interesse beobachte, dahin zu schicken besser sei,“ und fordert, „ein tüchtiges Subjectum“ dazu zu benennen. 3. Nov.

d. d. Coelln a. Sp. 5. Novemb. 1672 schlagen die Geheimen Räte den Mindischen Regierungsrat und Drosten zum Petershagen v. Ledebur zur Gesandschaft nach Schweden vor, worauf Kf. d. d. Rüsselsheim 15./25. November 1672 rescribirt, dass er den Kriegsrat, Kämmerer und Obristen Ludolf Lorenz von Krosigk ersehen habe[2]). Fordert der Räte Gedanken 15. Nov.

[1]) Obigen Brief übersenden die Räte v. Somnitz und Koeppen d. d. Berlin 25. Oktober 1672 in das Kfürstliche Hauptquartier nach Bergen, mit dem Bemerken: dass sie sich mit der Schickung des Mecklenburgisch-Güstrowischen Residenten nicht einverstanden erklären können, „allermassen die Negotiation, so jetzo vorgehen, also beschaffen, dass wol nöthig, dass Ew. Ch. D. einen eigenen Diener in Schweden haben mögen, und zweifeln wir nicht, es werde sich in Ew. Ch. D. Suite ein tüchtiges Subjectum dazu finden.“

[2]) Am 7. September 1672 st. v. hatte Krosigk, in den diplomatischen Dienst übernommen, zu Hornburg „praes. S. Ch. D., v. Schwerin et me“ [conc. Meinders] folgenden Eid abgelegt: „Nachdem S. Ch. D. zu Brandenburg, mein gnädigster Churfürst und Herr, mich Ludolf Lorenz von Krosigk zu dero Kämmerer und Obristen gn. bestellet und angenommen, als gelobe und schwöre ich zu Gott dem Allmächtigen, dass Sr. Ch. D. und Dero Churfrstl. Hause ich treu, hold und gewärtig sein, Dero Bestes befördern, Schaden verhüten und warnen, was mir anbefohlen wird, fleissig und williglich mit ungescheuter Darsetzung Leibes und Lebens verrichten, was ich von S. Ch. D. Staatssachen und Geheimnissen erfahre, insonderheit die Ursache und Materie meiner jetzigen Schickung an des Prinzen von Oranien H. bei mir verschwiegen

dessen Instruction unterthan. Von diesen d. d. Coelln a. Sp. 27. November erwidert[1]).

Instruction für den Kurbrandenburgischen Kriegsrath, Kämmerer und Obristen Ludolf Lorenz von Krosigk bei seiner Sendung nach Schweden. Signatum in Unserem Hauptquartier zu Rüsselsheim am Main $\frac{\text{22. November}}{\text{2. Dezember}}$ 1672.

[Vortrag an den König. Erbieten vertraulicher Correspondenz. Protest gegen das Vorgehen der Franzosen, gegen welche Kf. seine Lande schützen müsse. Abwehr des von Gravel projectirten Foedus und Bitte um Eintritt in die Kaiserliche Allianz. Gründe der Armatur des Kf. Tractat zwischen Schweden und Holland. Polen. Ob ein Ort zu besonderer Conferenz in diesen Sachen beliebt würde? Weitere Erkundigungen im einzelnen. Verhalten gegen die Gesandten anderer Mächte.]

2. Dec. Der Gesandte hat sich mit dem förderlichsten nach Schweden zu begeben und nach seiner Ankunft, nächst Ueberreichung seiner Creditifs, beim Könige um Audienz nachzusuchen, sich nach abgelegten Curialien nach des Königs und des Königlichen Hauses Wohlfahrt zu erkundigen, dem Könige, falls die Majorennitätserklärung schon erfolgt ist, zum Antritt der Regierung zu gratuliren und endlich für die Abschickung des Obristlieutnant Wangelin zu danken. In Anschluss an dessen Sendung Erbieten zu vertraulicher Correspondenz und zum Beharren in beständiger, nachbarlicher, guter Freundschaft, zu welchem Behuf ihm (Krosigk) von des Königs Räthen Jemand zum conferiren verordnet werden möchte.

In der Conferenz hat der Gesandte folgendes vorzubringen. Freude des Kf. über die Contestationen Schwedens, dass das mit Frankreich aufgerichtete Foedus nicht dahin ziele, die Vereinigten Niederlande zu unterdrücken. Hinweis auf das Vorgehen Frankreichs, auf die französischen Hostilitäten im Clevischen und im Reich, nach Anleitung der zu Regensburg übergebenen Gravamina. Bitte um Assistenz dagegen. „Es wäre weltkündig und Ihrer M. am besten wissend, was Wir bisher vor Glimpf gebrauchet, und wie Wir in alle Wege verhütet, mit Frankreich zu collidiren, sogar dass Wir nicht allein lang an Uns gehalten, über die unerträgliche Drangsalen, so Wir im Clevischen erdulden mussten, Uns allein zu beschweren, sondern auch Unseren March gerad nach Westphalen zur Rettung Unserer Lande und Unterthanen gerichtet, in Hoffnung,

---

halten, und keinem Menschen davon etwas offenbaren, im übrigen mich nach dergestalt verhalten und bezeigen will, wie es einem tapferen Kriegsverständigen, treuen Kämmerer, Obristen und Diener gebühret, so wahr mir Gott helfe durch Jesum Christum." Diese Gesandschaft UA. XIII, 781 fgg.

[1]) Vgl. ihr Schreiben vom 13. Dezember.

es möchte bei diesem Unseren genommenen Umweg noch ein Mittel zu Retablirung eins guten und sicheren Friedens und zu Unser billigmässigen Satisfaction erfunden werden. Nachdem aber solches so wenig gefruchtet, dass nur aus übel ärger worden, so wären Wir endlich, wiewol mit höchstem Leidwesen, diejenige Rettungsmittel zu ergreifen gezwungen worden, welche Uns Gott und die Natur an Hand gäben, und die Uns allein nach vergeblich gebraucheter Geduld übrig blieben; wären versichert, dass I. M., nach Dero höchst erleuchtetem Verstand und die wol wüssten, wie hoch einem Landesfürsten die Beschützung seiner Lande und Leute obliege, solches nicht allein billigen, sondern auch kräftigstermassen als ein hoher Alliirter und Verwandter secundiren würden, warum Wir dann Dieselbe nochmaln dienstfreundlich durch Ihn ersuchen liessen.“

Der König würde ein Zeichen seiner Geneigtheit für die allgemeine Ruhe geben, wenn er durch seinen Gesandten zu Regensburg verhinderte, dass das von Gravel projectirte neue Foedus beliebt würde. Bisher hätte zwar „der schwedische Gesandte dem französischen in allen Dingen patroniret,“ indes getröste sich Kf., dass er desfalls andere Ordre bekommen würde. Kr. habe hierum fleissig zu sollicitiren. — Einladung zum Eintritt in die Kaiserliche Allianz[1]), die sich damals wegen Eilfertigkeit und Weite des Weges nicht hätte bewerkstelligen lassen.

Sowol dem Könige wie den Senatoren hat der Gesandte die Versicherung zu geben, dass Kf. aus keiner anderen Ursache armirt habe, „als 1. das Reich für unbilliger Gewalt schützen zu helfen, 2. das Unserige, so Uns gewaltsamerweise entzogen, und noch vorenthalten wird, zu recuperiren, 3. verhüten zu helfen, dass die Vereinigten Provincien, mit welchen Wir so lange Zeit genau verbunden, nicht opprimiret und die albereit so grosse Französische Macht noch grösser und endlich allen Potentaten redoutable und unerträglich gemacht würde.“ „Zu dem ersten und anderen hielten Wir Uns vermöge der schweren Pflichten, womit Wir dem Reich verwandt, verbunden. Bei dem dritten wären alle Potentaten aufs höchste interessiret, und hielten Wir unnöthig, Ihre Maj. repraesentieren zu lassen, was daraus erfolgen würde, wenn Frankreich und dessen Alliirte sich der Vereinigten Provincien bemächtigen sollten“, zu dem Ende Kf. dann verlangte, Ihrer Maj. Sentiment zu vernehmen, „wie, im Falle deroselbigen Mediation unfruchtbarlich zerschlagen sollte, | dergleichen höchstschädlichen Desseins vorzukommen, um den Friede zu retabliren.“

Von dem holländischen Gesandten zu erfahren, in welchen Terminis der Vertrag mit Schweden stehe. — Bei den Senatoren hat er „allen Fleiss anzukehren, dass sie von allem Obigen wol informiret werden“ und so des Kf. Intention unterstützen. — Wie das Königreich Polen, das durch innerliche Unruhe und äusserliche Gewalt in sehr elenden Stand gerathen, „als eine Vormauer der Christenheit wieder in vorigen fleurissanten Stand hingestellt werden möge“. Wenn deswegen, wie auch wegen des französischen Werks

---

[1]) Das Bündnis vom 23. Juni 1672.

Tractaten gutgefunden würden, so möge man sie mit bevollmächtigten Räten des Königs an einem dazu zu bestimmenden Orte, Hamburg, Stettin, Wolgast, entwerfen, ebenso die Pommerischen Grenzstreitigkeiten und was zwischen Stettin und Stargard schwebt, dort abthun.

Auch hat sich der Gesandte fleissig zu erkundigen, wie die Krone mit Frankreich und England stehe, was man von der unlängst aufgerichteten Allianz halte, und was sie wol für einen Erfolg haben möchte. „Wer die französische Partei daselbst annoch forcire, und wer hingegen vor das Reich und die gemeine Sache sei, fleissig Acht zu geben; ob auch vieles Geld und wieviel von Frankreich erfolge; ingleichen was vor Anstalt zu Werbungen, Verfassungen und Heraussendung der Völker, wie auch Equipirung der Flotte gemachet werde.“ Dies alles hat er bei jeder Post fleissig zu berichten. — Chiffre aus der Kanzlei. Seine Rückkehr darf nicht vor bestimmter Ordre erfolgen.

„Allen fremden Ministris, ausser dem Französischen, hat er seine Ankunft als Unser Envoyé zu notificiren und denen Ambassadeurs die erste Visite zu geben, von denen Envoyés aber dieselbige zu erwarten. Sollten die Ambassadeurs ihm die Oberstelle in ihren Häusern nicht geben wollen, hat er die Visite darum nicht zu unterlassen, und dies mit Bescheidenheit anzeigen zu lassen, dass Wirs durch Unsere Ambassadeurs in dergleichen Fällen wieder mit ihren Envoyés so halten würden.“ — Instruction und Rescripte an das Archiv abzuliefern.

---

9. Dec. Nebeninstruction d. d. Rüsselsheim $\frac{\text{29. November}}{\text{9. December}}$ 1672 befiehlt ihm, sich en passant beim Könige von Dänemark anzugeben und auf Grund eines Schreibens, worin Kf. um Assistenz wider die französischen Hostilitäten gebeten hatte, worauf aber Antwort bis dato nicht erfolgt wäre, den König zu ersuchen, mit solcher Hilfeleistung bei zunehmender Gefahr nicht ferner anzustehen.

„Wie auch zur Beförderung des gemeinen Wesens und Abwendung alles besorglichen Unheils, welches der ganzen Christenheit durch Unterdrückung des Niederländischen Estats vorschwebet, sonderlich strecken würde, wenn I. M. mit Holland ohne ferneren Verzug schliessen und gegenwärtig wegen der Subsidien mehr auf den erschöpfeten Zustand des Estats und die gemeine Noth als auf das, was I. M. sonst wol mit Fuge praetendiren können, sehen möchten, so hätten Wir ihm mitgegeben, auch desfalls beweglich bei I. M. zu insistiren. Müssten gleich I. M. vor jetzo an baaren Mitteln etwas zusetzen, so könnte doch solches hiernächst, wenn der Estat gerettet, und der gemeine Zweck erreicht wäre, doppelt wieder eingebracht werden, gestalt sich der Estat zu aller billigmässigen Satisfaction erboten; da hingegen allen Interessenten und Alliirten und fürnehmlich auch Ihrer M. ein unwiederbringlicher Schade daraus erwachsen würde, wenn der Estat unter der Last, so ihn jetzo drücket, erliegen, und Frankreich nebst dessen Alliirten ihre Desseins zu Werke richten sollen.“

Der Kurfürst an die Geheimen Räthe. Dat Rüsselsheim, $\frac{25.\ \text{November}}{5.\ \text{Dezember}}$ 1672.

[Instruction für Krosigk. Soll über die Gravamina gegen die französischen Hostilitäten Information empfangen. Ebenso in der stargardischen Sache.]

Uebersendet Asbchrift der Instruction für v. Krosigk, mit dem Bemerken: ob zu Erreichung seiner (des Kf.) Intention noch etwas hinzuzufügen. 5. Dec.

„Unter anderen haben Wir gn. Unserem Envoyé befohlen, eine Information von den Gravaminibus, welche Wir sowol wegen der im Clev- und Märkischen als auch sonst auf dem Reichsboden verübten Hostilitäten proponiren lassen, mitzunehmen, weil sich aber itzo wenig davon alhier befindet, indem Euch das Meiste übersandt worden, so habt Ihr ihn damit zu versehen[1]). Imgleichen werdet Ihr, Unser Geheimer Rath und Kanzler in Hinterpommern, der von Somnitz denselben informiren, was er kürzlich zu antworten, wenn wegen der Stargardischen Sache einige Erwähnung geschehen sollte. Dann ob Wir ihm zwar mitgegeben, davon zu abstrahiren, so wird doch nöthig sein, dass er einige Wissenschaft davon trage, fürnehmlich dass er Unsere Intention, wie dieselbe in der Instruction enthalten, zu behaupten wisse." — Die Geh. Räte sollen beides entwerfen und dem Geheimen Secretär Kleinsorge[2]), der mit v. Krosigk nach Schweden geht, zuvor aber sich noch in Berlin einfinden wird, zustellen.

---

d. d. Coelln a. Sp. 3. Dezember 1673 zustimmende Anwort der Geheimen Räthe v. Canstein, v. Somnitz, v. Jena und Koeppen. Das, was sie unterm 27. Novb. überschrieben, haben sie „mit der abgefasseten Instruction conferiret, auch mehrentheils mit einander conform befunden[3])." 13. Dec.

Der Kurfürst an v. Krosigk. Dat. Hauptquartier Rüsselsheim $\frac{4.}{14.}$ Dezember 1672.

[Was er wegen der zu leistenden Garantie vorzustellen hat.]

Soll wenn er den Punkt von den französischen Hostilitäten, insbesondere gegen die Westfälischen Lande, vorstellt, zugleich dabei anführen, „dass daraus 14. Dec.

---

[1]) Diese Gravamina über der Franzosen Hostilitäten im Clevischen wurden später in 80 Punkten („obwol dergleichen noch wol 100 mehr unschwer aufgezeichnet und wahr gemacht werden könnten" [Conc. Meinders]) zusammengestellt.

[2]) Johann Balthasar Kleinsorgen, kf.licher Secretaer.

[3]) Oben S. 238.

genugsam erschiene, dass der Casus guarantiae, so pro securitate Imperii im Instrumento Pacis enthalten, entstanden, und dahero alle und jede Stände dieselbe zu leisten schuldig". Kf. hoffe, I. M. würde solche Garantie nicht allein für sich leisten, sondern auch andere Stände durch ihre Abgesandten zn Regensburg dazu animiren. Dazu wäre kein allgemeiner neuer Reichsschluss vonnöten, „als welcher wol so lange ausstehen möchte, bis das ganze Reich übern Haufen geworfen, besondern es wäre solcher Schluss schon im Instr Pacis gemachet, und würde ein jeder treuer Patriot daran sein, dass demselben wirklich nachgelebet werde, allermassen dann ein jeder, so wider das Instr. Pacis graviret, von einem jeden Stand des Reichs in particulari die Hülfe suchen könnte."

Der Kurfürst an v. Krosigk. Dat. Auf Unserem Hause Sparenberg $\frac{21.}{31.}$ December 1672.

[Offerte der Krone Schweden bezüglich Restitution der Lande des Kfn. Generaltractat. Angebliche widrige Reden und Pläne gegen das Kurhaus.]

31. Dec. Der Schwedisch-Bremische Gesandte am Reichstage[1]) hat sich verlauten lassen, der König von Schweden sei, falls er brandenburgischerseits um Interposition ersucht würde, dem Kf. zu Restitution der Lande und zu Satisfaction zu verhelfen bereit. Kr. hat für das Anerbieten zu danken, von dem man sich gute Wirkung versprechen könne, wenn es auf einen Generaltractat und Schaffung eines allgemeinen Friedens zielte Wohin ja hoffentlich auch des Königs Intention sich richte. — Gelegentlich und mit guter Manier hat Kr. auch zu verstehen zu geben — wasgestalt Wir vielfältig berichtet werden, ob sollten in Schweden einige widrige Desseins wider Uns und Unser Churhaus formiret werden, im gleichen dass einige Schwedische Ministri an verschiedenen Orten nachdenkliche Reden führten. Wir wollten aber allen denjenigen keinen Glauben beimessen, sondern verliessen Uns festiglich darauf, was sowol I. M. selbst in allen an Uns abgelassenen Briefen als auch der bei Uns subsistirende Envoye Namens I. M. wegen beständiger Unterhaltung eines aufrichtigen freundnachbarlichen Vertrauens versichert. Wie Wir dann hinwiederum Unseres Orts Uns nichts mehr als eine beständige Cultivirung desselben Uns angelegen sein lassen würden.

---

[1]) Blume.

Rescript d. d. Sparenberg $\frac{4.}{14.}$ Januar 1673 enthält die Mittheilung, dass Kf. „Ihre K. M. in Schweden zum Taufzeugen und Pathen Unseres jüngstgeborenen Prinzen[1]) erbitten wollen.“ Kr. hat darum um besondere Audienz anzuhalten, das mitgehende Schreiben abzugeben und mit behörigem Compliment die Invitation — nach Anleitung des Schreibens — zu verrichten.“

d. d. Sparenberg 24. Januar 1673 erhält der Gesandte Abschrift des Schreibens, das Kf. an verschiedene Kur- und Fürsten des Reichs „wegen des von Chur-Cöln und dem Bischof von Münster nun eine Zeit hero Uns verschiedentlich zugefügten Torts“ hat ergehen lassen.

Ludolf Lorenz von Krosigk an den Kurfürsten. Dat. Hamburg 30. December 1672.

[Ursache seiner Säumnis. Generalmajor Lethmathes Aeusserungen über Schweden. Haltung des Hauses Lüneburg. Werbungen KSachsens.]

1673

Entschuldigt sein Säumen damit, dass der Geheime Secretär Kleinsorge nicht 9. Januar eher zu Berlin abgefertigt worden ist. Erwartet ihn morgen oder übermorgen.

Begegnung mit dem Generalmajor Letmathe, der vor ungefähr 6 Wochen auf der Rückreise aus Schweden eingetroffen ist. Krosigk hat ihn sondirt. Nach dessen Ansicht seien die Schweden nicht gemeint, Holland unterdrücken zu lassen, ja nicht einmal Frankreich zu assistiren, „zumal die Französische Faction merklich succombirte“; die herausgeschickten Völker, höchstens 2000 M., wären „mehr zum Schein als zum Ernst gemeint“; auch sonst würden in Schweden keine Kriegsvorbereitungen getroffen, wiewol in Hamburg wie sonst im Lande viele Zeitungen davon erschöllen. Die meisten Senatoren, insbesondere Reichsfeldherr und Reichsschatzmeister, seien sehr gut Brandenburgisch. Er (Lethmathe) verspreche der Gesandtschaft guten Effect. Dabei erwähnte L., „dass alle Einwohner und alle Handelsleute in Schweden sehr schwierig, dass Holland so unterdrücket würde, hätten öffentlich gesagt, dass woferne Holland nicht bald gerettet würde, sie alle verderben müssten, wie denn auch albereit 3 von die Vornehmsten banquerott gemacht“.

Gestern sind sämtliche Durchlauchtige Brüder und Vettern vom Hause Lüneburg im Burgdorf zusammengewesen, wo sie, wie es heisst, „einhelliglich geschlossen“, weder von den kaiserlichen noch kbrandenburgischen Völkern über die Weser zu lassen. Sie ziehen alle ihre Völker zusammen. — KSachsen lässt 3 Compagnien z. F. werben, und zwar durch einen Franzosen, den KPfalz recommendirt haben soll. Der Kurprinz[2]) hat anstatt eines Regiments eine

---

[1]) Des am 26. December 1672 (a. St.) geb. Prinzen Carl Philipp.

[2]) Johann Georg (III).

Compagnie Garde von 150 Pf. geworben. Aus des Prinzen zu Halle[1]) Werbungen für Schweden wird auch nichts werden; er bekommt aber des älteren Grafen Koenigsmark Regim. z. F. und wird ehester Tage im Herzgtum Bremen vorgestellt werden.

---

v. Krosigk. Relation. Dat. Copenhagen $\frac{14.}{24.}$ Januar 1673.

[Ankunft zu Kopenhagen. Audienz beim Könige. Dilatorische Resolution. Der Tractat mit Holland steht auf den Schluss. Audienz bei der Königin. Visiten und Revisiten. Abreise nach Schweden.]

24. Jan. Trifft den 9./19. Januar in Kopenhagen ein und wird, nach Erledigung der Formalitäten, auf den 11. a. St. kurz vor der Tafel zur Audienz beschieden. Er lässt sich als ein Privatus zu Hofe fahren; der Ceremonienmeister empfängt ihn oben an der Treppe und führt ihn nach geendigtem Staats-Collegio in das Zimmer, wo er den König in Gegenwart des RFeldherrn, des RKanzlers, des RAdmirals, des RMarschalls und des Herrn von Greiffenfeld, „so Ihrer Majestät zu linken Hand stunden", findet. Auf seine Vorstellungen erhält er eine dilatorische Resolution. Bei den Ministern wird ihm auch nichts weiter versichert. Greiffenfeld, „als der die Affairen ziemlich unter seiner Direction hat", äussert: „sie hätten an ihrem Ort den Brauch, dass sie wenig promittireten, aber viel hielten, worauf man Estat machen könnte."

„Unterdessen ist nicht ohne, dass I. M. und Dero Ministri zu Ew. Ch. D. und denen Herren Staaten grosse Inclination tragen"; es scheint, dass die Tractaten mit Holland in 3—4 Tagen zur Richtigkeit gelangen werden. Gestern ist mit H. van Werkendam verhandelt worden. Morgen soll das gleiche geschehen, wozu der König Generale und Admirale zur Teilnahme am Consilium befohlen hat. Der Accord mit den Generalstaaten wird wahrscheinlich auf 6000 M. getroffen werden.

Audienz bei der Königin. Heute Verabschiedung von beiden Majestäten. — Visiten und Revisiten mit dem Holländischen Ambassadeur, dem Lüneburgischen Envoyé, dem Schwedischen und Holländischen Residenten. — Geht morgen nach Helsingör und sofort über den Sund nach Schweden.

---

[1]) August. Er hatte bisher für KCöln geworben. Vgl. UA. XIII, 148.

v. Krosigk. Relation. Dat. Stockholm 25. Januar 1673.

[Stockholm. Der König mit den Reichsräthen abwesend. Der französische Gesandte angekommen, der Holländische weggegangen. Klagen über Excesse der Brandenburgischen in Hessen-Darmstadt. Neue Regimenter.]

Gestern spät in Stockholm eingetroffen, findet er weder den König noch einen der Reichsräte vor. Der König ist zu Upsala gewesen und vorgestern nach den Kupferbergen gegangen, vom RKanzler und RSchatzmeister begleitet. Zum RFeldherrn, der auf seinen Gütern weilt, will sich Kr. ehester Tage begeben und suchen, auf dem Lande Audienz zu erhalten. — Bittet sein langes Unterwegssein nicht ungnädig zu nehmen: er könne nicht beschreiben, „was er vor Mordwege angetroffen"; obwol er Tag und Nacht gereist sei, habe er kaum 8 Meilen kommen können. 4. Febr.

Der französische Ambassadeur Mr. Feucquières ist etliche Tage zuvor angekommen, hat noch keine Audienz gehabt, hat aber mit dem RKanzler Besuche gewechselt. Man ist hier sehr gut französisch. Der Holländische Ambassadeur ist wieder weg, die Verrichtung wird auch nicht sehr nach Wunsch gegangen sein. — Ein Abgesandter des Landgrafen von Hessen-Darmstadt ist zu Upsala vom Könige in Audienz empfangen worden. Er soll „sehr grosse Klagten über Ew. Ch. D. Armee geführt haben, und sind sonst hier solche Zeitungen von Unseren Disordern ausspargiret, die nicht alleine erschrecklich anzuhören, sondern auch in alle Ewigkeit bei keinen Christen dergleichen geschehen sein. Ich habe hierauf greulich losgezogen und öffentlich gesagt, dass solches von leichtsinnigen Verleumdern erdichtet wäre, werde auch nicht lassen, solches bei Sr. M., wofern etwan davon gedacht werden sollte, zu entschuldigen. Es ist der Ruf nur über die Brandenburgischen, und die Kaiserlichen entschuldigt man aufs beste". — Kriegspraeparatoria hier mässig. Vor acht Tagen, heisst es, sind die Werbegelder auf 3 Regimenter, das Herzog von Holstein-, Knüstorff- und Giesische, ausgezahlt. Zunächst erwartet man die dänische Resulution.

---

v. Krosigk. Relation. Dat. Stockholm, 1. Februar 1673.

[Visiten mit den auswärtigen Gesandten. Geht morgen zu Wrangel. Wert der schwedischen Aeusserungen. Finanzen. Abdankung älterer Offiziere. Auslassungen. Feucquières.]

Noch kein einziger von den Reichsräten hier. Hat inzwischen mit dem 11. Febr. Spanischen Ambassadeur, mit dem Dänischen, Mecklenburgischen und Darmstädtischen Gesandten und Residenten Visiten gewechselt. Dem

Englischen Residenten hat er die Notification nicht thun mögen, weil er gehört hat, dass der von Crockows Verrichtung „so spöttische Discurse geführt". Ob er (Kr.) darin Unrecht gethan hat? — Morgen geht er zum RFeldherrn aufs Land, auf dessen Ersuchen. Dem Ceremonienmeister hat er vorgestellt, dass es ihm eine grosse Freude sein würde, wenn S. M. ihm auf das Land zu folgen ihm verstatten würde. — Trotz „grossmütiger Discurse" haben sie hier doch keine kriegerischen Gedanken, „und scheint, als wenn man einen rechten Abscheu vor den Krieg hat". „Es sind auch keine Mittel da, und ist um das Geld so ein Reissen, dass nichts drüber." Von den französischen Geldern ist kein Rthlr. mehr übrig. Zu der Reise des Königs hat man das Geld an vier oder fünf Orten zusammenborgen müssen und endlich, nachdem die Reise einmal deswegen aufgeschoben worden, noch mit vieler Mühe 4000 Rthlr. zu Wege gebracht. Auf diese Freundschaft ist im ganzen keine grosse Reflexion zu machen.

Die alten Offiziere werden ziemlich disgustiret. Feldmarschall Hellenfeld, vor diesem Greudel genannt, geht weg; sein Gouvernement Ingermanenland hat man bereits an Marschall Taube gegeben; Generalmajor Arnstorff dürfte, nach Dänemark berufen, auch wol quittieren, hat jedoch noch nicht die königliche Entlassung. — Der französische Ambassadeur hat in einer Gesellschaft öffentlich gesagt: „dass sein König nichts mehr verlangete, als den Frieden mit Holland zu haben, er wollte hernach das Römische Reich und den Kaiser wol finden, und wäre ihm Ursach genug dazu gegeben, indem S. Kais. Maj. Anno 71 in einem gewissen Contracte versprochen, sich nicht daran zu kehren, wann schon Holland von Frankreich attaquieret würde, viel weniger dass er den Holländern assistiren wollte; und weil diesem Contract nicht nachgelebet, so wollten S. Maj. dieses zur rechten Zeit schon zu ahnden wissen."

Notificationsschreiben nebst Gevatterbrief hat er erst heute erhalten.

Bittet, von diesem Schreiben Wangelin nichts gewahr werden zu lassen, sonst möchten sie sich allzusehr vor ihm (Krosigk) hüten und ihm vieles verheimlichen. — Beifolgend Liste der Armee, die künftiges Frühjahr auf die Beine gebracht werden soll, „sie sind aber noch alle auf dem Papier". — Gute Wünsche für des Kf. Waffengang.

---

d. d. Stockholm, 12. Febr. 1673. An die Geh. Räthe.

22. Febr. Hat noch keine Audienz gehabt, „indem ich verstanden, dass Höchstgen. Ihre Maj. auf dem Lande ungern Audienz geben, und der Marquis de Feucquières, welcher noch einen Tag vor Ihrer Maj. Abreise anhero kommen und bei währender des Königs Abwesenheit um Audienz angehalten, abschlägliche Antwort empfangen." — Der Bericht enthält nichts neues. — Wünscht

tausend Thaler per Wechsel überreicht zu haben, da „S. Ch. D. mir zu meiner Subsistenz alhie aus denen Legationsgeldern wöchentlich 100 Thlr. gn. verordnet und zu dem End den Herrn Amtsrath und Hofrentmeister Michael Matthias befehliget, mir dieselbe per Wechsel ohnfehlbar nachzumachen, und dann die mir darauf gezahlten Gelder schon mehrentheils zerronnen, gestalt auch beinahe soviel Wochen zerflossen, so gelangt an Ew. Exc. meine dienstliche Bitte . . .“

Der Kurfürst an v. Krosigk. Dat. Sparenberg 20. Febr. 1673. Conc. Meinders.

[Bevorstehendes Armistitium, von der Krone Schweden vorgeschlagen. Wangelin ist zu Turenne gegangen.]

Hofft, der Gesandte wird angelangt sein und einen guten Anfang gemacht haben. 20. Febr.

In welchem Zustand dieses Ends die Sachen gerathen und welchergestalt es in kurzem alhier zum Armistitio kommen durfte, solches werdet Ihr aus demjenigen, was Wir von Unsere Ministers nach dem Haag ausführlich rescribiret[1]) und Ihr hierbei in Copia zu empfangen[2]), mit mehreren ersehen. Wobei Wir Euch dann gn. wissen lassen, dass der bei Unserem Hof sich befindende Schwedische Abgesandte von Wangelin gestern von hier zum Maréchal de Turenne gangen[3]), und im Namen seines Königs das Armistitium fürschlagen und befordern wird. Welches Wir dann auch in Consideration der Chron Schweden, und weil dieselbe solches so beweglich gerathen, keinesweges auszuschlagen gemeinet, auch nicht zweifeln, es werde damit ehestes zur Richtigkeit kommen und der Friede dadurch merklich befördert werden.

Erwartet Nachricht von Krosigks Verrichtung.

---

1) Conc. rescribiren.

2) Rescript des Kf. an Blaspeil und Romswinckel d. d. Sparenberg 11./21. Febr. 1673. Gedr. UA. XIII, 405.

3) Vgl. UA. XIII, 490.

---

v. Krosigk. Relation. Dat. Stockholm 11./21. Februar 1673.

[Bezüglich der Audienz noch kein Bescheid. Empfang bei Wrangel. Seine Auslassungen äusserst lau und vielleicht nicht ernst zu nehmen. Eventuelle Reprimande des Bremischen Gesandten. Armeeliste.]

21. Febr. Der König wird kaum in 14 Tagen zurückvermuthet. Bezüglich der Audienz noch immer ohne Antwort. — Neulich Gespräch mit Wrangel. „Er hat mich zwar ziemlich höflich empfangen und grosse Versicherung gethan, wie dass er Ew. Ch. D. unterthänigster Knecht wäre. Allein die Discurse, die er geführet, sind über die Massen gut französisch gewesen, und als ich ihm der Franzosen unverantwortliches Beginnen mit Holland, auch wie sie sich zu Ew. Ch. D. genötiget und Dero Lande verdorben, item wie sie den Frieden im Römischen Reich gebrochen, und was ferner ganz Deutschland und den Herren Schweden selber für ein unwiederbringlicher Schade durch Unterdrückung des Niederländischen Estats zuwachsen könnte, sattsam vorgestellt, so ist die Antwort hierauf sehr laulicht gefallen, und hat er durchaus nicht zugeben wollen, dass durch die Hostilitäten, die sie in Ew. Ch. D. Landen verübet, der Westphälische Friede gebrochen wäre. Es hätten die Franzosen gar nicht Unrecht gethan, ihren Feind auch in Ew. Ch. D. Landen zu suchen, und dass nun dadurch vielleicht einige Disordres in Dero Landen entstanden, das könnte man so genau nicht nehmen. Man sollte doch nur gedenken, wie man in den Darmstädtischen, auch anderen Oertern gehauset, und ob dieses einen Friedensbruchs[1]) nicht viel ähnlicher, item ob ao. 59 nicht der Frieden genug gebrochen wäre, wie man Pommern unverschuldeterweise attaquiret, dann dieses ja auch mit Dänemark nichts hätte zu thun gehabt."

Kr. ist vorgekommen, als habe sich Wrangel mit diesen Aeusserungen, auf die der Gesandte nach Vermögen geantwortet, mehr einen Scherz machen wollen, wenigstens habe man nach seiner (Wrangels) Versicherung „sich vor die Schweden nichts zu befahren". Der Bremische Gesandte beim Reichstage hat bezüglich seiner Proposition vielleicht „einige Reprimande" zu gewärtigen. Im allgemeinen freilich ist man hier gut französisch und „gar nicht gut Kaisers".

Bittet, von diesem Schreiben Wangelin nichts gewahr werden zu lassen, sonst möchten sie sich allzusehr vor ihm (Krosigk) hüten und ihm hier vieles verheimlichen. — Beifolgend Liste der Armee, die künftiges Frühjahr auf die Beine gebracht werden soll. „Sie sind aber noch alle auf dem Papier." — Gute Wünsche für des Kf. Waffen.

Beifolgend Armeeliste.

[1]) Sic.

Extract der Armee in Bremen und Pommern, sowol derjenigen Leute, so bereits da sind, als auch noch gegen künftigen Mai 1673 da sein und geworben werden sollen.

Compagn.	Cavallerie	Officiers	Soldats	Summe
8	Graf Wittenberg Colonel	104	800	904
8	Colonel Bünaus Regiment	104	800	904
8	Prince von Holstein	104	800	904
8	Fürst von Weimar Regiment	104	800	904
8	Colonel Gieses Regiment	104	800	904
8	Colonel Knustorfs Regiment	104	800	904
16	National-Völker, welche mit erstem offnem Wasser nach Deutschland gehen sollen	208	1600	1808
	Summa:	832	6400	7232
	Dragoner:			
4	Prince von Holstein	72	400	472
8	Colonel Wolff	144	800	944
	Summa:	216	1200	1416
	Infanterie:			
4	General Wrangel	83	737	820
8	Fürst von Sachsen-Hall	166	1127	1293
8	Fürst von Weymar	144	1000	1144
8	Fürst von Gotha	144	1000	1144
8	Colonel Grothusen	190	982	1172
8	Lieutenant-Colonel Mells	144	1200	1344
8	Generalmajor Helwig	144	1130	1274
24	National-Völker so mit erstem offenem Wasser nach Deutschland gehen sollen	232	3000	3232
	Summa:	1247	10176	11423
	Über diese sollen die Ordinären Festungen besetzt werden mit	398	4672	5070
				25141

v. Krosigk an den Freiherrn Otto von Schwerin. Dat. Stockholm 12./22. Februar 1673[1]).

[Charakteristik Wrangels. Langsame Post. Abgeschlagene Audienz. Epidemie in Stockholm. Aeusserungen des Darmstädtischen und Englischen Gesandten.]

22. Febr. Bezieht sich auf seine Schreiben an Serenissimus. Unterredung mit Wrangel. „Ich muss gestehen, dass ich Sie [den Reichsfeldherren] mir auf eine andere Art eingebildet hätte. Allein wir sind alhier allem Ansehen nach mit Frankreich gar zu tief eingestiegen, und lassen Sie noch zur Zeit den Widerwillen gegen den Frankreich Widerstehenden genugsam spüren, wiewol noch Hoffnung gemacht wird, dass es sich ändern könnte . . . . .“ — Verwundert sich, wo die Briefe unterwegs so lange liegen bleiben. Schwerins Schreiben vom 20./30. Jan. meldete den Empfang erst der Relation aus Hamburg; und doch ist dies das vierte Schreiben, das Kr. von Stockholm abgehen liess, ohne bisher je eine Antwort erhalten zu haben. Die Audienz auf dem Lande ist ihm pure abgeschlagen worden. Binnen wenig Tagen wird der Reichskanzler kommen und mit dem französischen Gesandten conferiren.

Eine Krankheit grassirt in der Stadt, „welche es bald zum Ende macht; lieget keiner über zwei oder drei Tage, so ist es aus; ich befinde mich auch nicht allerdings wohl, möchte gleichwol nicht gerne in Stockholm sterben, wiewol es alhier so nahe zum Himmel als in Deutschland. (Des Herrn Wille geschehe).“ — Bittet um Geld. Alles ist hier erschrecklich teuer.

P. S. Nach Mitteilung eines guten Freundes soll der Darmstädtische Gesandte im Vertrauen gesagt haben, dass wenn seinem Herrn irgend eine Vertröstung zu irgend einer Satisfaction gegeben worden wäre, er nicht die Resolution genommen hätte, sich auf französische Seite zu begeben[1]). — Ferner wunderliche Aeusserungen des Englischen Gesandten, wonach es dem Könige fast leid wäre, die Waffen gegen Holland ergriffen zu haben, und er, sofern sie sich irgend bequemten, nicht zugeben wollte, dass Holland ganz unterdrückt würde.

---

[1]) d. d. Stockholm 12./22. Februar 1673 berichtet Kr. auch an die Geheimen Räte seine Ankunft, seine ersten Eindrücke, seinen Besuch bei Wrangel in Schook-Kloster; findet die Gemüther sehr französisch, „also dass sie sousteniren wollen, es hätte S. Ch. D. keine sondere Ursache, den König von Frankreich einigen Friedbruchs zu beschuldigen, sondern was der selbig gethan, hätte er suo iure thun mögen.“ Gegen Holland werde Schweden wahrscheinlich nicht agiren und zu Krieg und Werbung sieht man noch keine ernsthafte Anstalt. — Kf. hat ihm wöchentlich 100 Rthlr. aus den Legationsgeldern verordnet. Da die ihm auf Wechsel gezahlten Gelder „schon mehrentheils zerronnen“, so bittet er die Geh. Räte, weiter für ihn zu sorgen und den Hofrentmeister Matthias zu veranlassen, dass er ihm „aufs förderlichste etwa 1000 Rthlr. per Wechsel übermache.“

v. Krosigk. Relation. Dat. Stockholm 19. Februar 1673. ‚Praes. d. $\frac{12.}{24.}$ Mart. 1673.‘

[Eingehende Unterredung mit dem RKanzler. Es ist nicht auf Unterdrückung Hollands abgesehen. Zu den französischen Hostilitäten soll Kf. Ursache gegeben haben. Missfallen über das Verhalten des Gesandten zu Regensburg. Einladung zum Braunschweigischen Bündnis. Ursachen der Armatur des Kf. Polnisches Wesen. Wangelin. Bitte, ihn nicht allzu lange hier bleiben zu lassen.]

Der König ist noch nicht zurück. Der RKanzler seit drei Tagen auf seinem 1. März. Gute Carlsburg, etwa eine Viertelmeile von hier. Auf Kr.s Anfrage, ob er dort ihm die Visite ablegen solle, entschuldigte er sich höflich, mit dem Bescheid, dass er tags darauf (letzten Montag) in Stockholm sein werde zum Empfange der Gesandten. Hierzu wurde Kr. in einer mit 6 Pferden bespannten Carosse abgeholt. Der RKanzler erwies ihm überaus grosse Civilitäten, „und mehr als er sonsten im Gebrauch haben soll“.

Wie ich nun auch im Namen Ew. Ch. D. ein Compliment gemacht und die Ursachen, warum ich abgeschicket, ihm entdecket, hat er vors erste grosse Sincerationes gethan, wie er höchst vor sein Particulier Ewrer Ch. D. verbunden wäre, contestirte daneben, wie sehr sich I. M. sein König erfreueten, dass S. Ch. D. an Sie abschicken wollen, Ihr Dero Freundschaft versichern und auch mit der Gevatterschaft beehren wollen, entschuldigte dabei die Verzögerung der Audienz, und hätten S. M. ihm anbefohlen, alle die Herren Senatoren auf den 24. Februar zu verschreiben, da sich denn S. M. gleichergestalt wieder einfinden und mich für allen anderen Audienz geben würden. Und als ich ihm hierauf den Tenorem Propositionis eröffnet, dass nämlich S. Ch. D. sich höchst freuten, dass S. M. zu mehren Malen Sich dahin erkläret, dass das aufgerichtete Foedus mit Frankreich dahin nicht zielete, Holland unterdrücken zu lassen, viel weniger, dass diejenigen, so ihnen Hülfe leisten würden, sollten gefähret sein, . . hat er nochmals Versicherung gethan, dass sein König die gänzliche Unterdrückung Hollands keineswegs geschehen lassen würden, und sollte man doch nur consideriren, dass ihr eigenes hohes Interesse solches nimmer zuliesse, ja sie hätten auch dieses gegen Frankreich albereit vorbehalten, dass sie solches in Ewigkeit nicht zulassen könnten noch wollten: dass aber Holland ein wenig gezüchtiget würde, dazu hätten sie vielen Potentaten grosse Ursach gegeben. Als ich nun dagegen eingewendet, dass die Züchtigung gar zu hart, und dass es in die Länge Holland nicht würde ausstehen können, sondern sich zu einem allen hohen Potentaten sehr nachtheiligen Frieden resolviren, und was hernach vor Gefahr dem ganzen Deutschland vorstünde, so hat er darauf geantwortet, dass die Holländer noch in solchen Nöthen nicht stecketen, und könnte diesem noch wol vorgebauet werden. Hierauf habe ich ihm nun weiter vorgestellet, was Frankreich vor Hostilitäten gegen S. Ch. D. und Dero Landen ja auch sonsten im Römischen Reiche verübet, und wie klar und offenbar wäre, dass dadurch der Westphälische Frieden gebrochen worden, und gleichwie nun S. M. und die Kron Schweden so vielmal temoigniret, wie hoch sie sich die Conservation des Teutschen Friedens angelegen sein liessen, so zweifelten S. Ch. D. auch nicht, es würden S. M. die gewaltige Zunöthigungen wider Sie, als auch wider das Teutsche Reich, beherzigen, das Reich in Ruhe setzen, zu ihrer vollkommenen Satisfaction verhelfen und Dero kräftige Hülfe widerfahren lassen. Auf dieses nun hat er ferner contestiret, wiewol gar kürzlich, dass seinem Könige sehr leid wäre, dass solch ein Feuer in Deutschland angangen, und dass solches auch Ew. Ch. D. mit betroffen, es wollten aber die Franzosen keineswegs gestehen, den Anfang gemacht zu haben, sondern klagten viel mehr nebst dem Churfürsten von Cöln und dem Bischof von Münster über Ew. Ch. D., dass Sie zu allen Hostilitäten die erste Ursach gegeben, den Churfürsten von Cöln und Bischof von Münster so grausam tractiret und ihre Lande in Contribution gesetzet, und ob zwarten wol anfangs einige Desordres im Clevischen möchten geschehen sein, so hätte doch Frankreich sich zu aller Satisfaction und Restitution anerboten, wiewol er diesen Discours bis auf ein ander Mal und bis zur künftigen Conferenz ersparen wollte.

Ich habe ihm hierauf von allen verübten Feindseligkeiten von Frankreichs Seiten ausführliche Nachricht gegeben und sonderlich das letzte Beginnen mit Unna vorgestellet. Er ist aber mit seiner Antwort hierauf höchst behutsam gewesen, wiewol er sich genugsam merken lassen, dass ihm dieses nicht gefallen, und dass sie hierauf wol einige Reflexion machen dürften, gestand auch selber, dass Frankreich hierin zu weit gangen. Und als ich drittens dem Herrn Reichscanzler hinterbracht, wie bishero der Bremische Gesandte zu Regensburg den Französischen pratrociniret, und ihm auch von der letzten Proposition Eröffnung gethan, so hat er hierüber seinen Missfallen genug verspüren lassen, auch dabei erwähnet, dass der Gesandte keineswegs Befehl hätte, solche grobe Dinge vorzubringen, er hätte auch albereits wegen des vorigen Projects (welches den Schweden ja selbst zum höchsten Nachtheil eingerichtet) einen sehr harten Verweis bekommen, und ob er sich zwar dieser Wegen aufs höchste entschuldiget, dass es ihm nämlich anders gedeutet würde, als seine Meinung gewesen, so würde er doch wegen dieses letzteren gewiss von Regensburg removiret werden, wo er nicht gar seine Entlassung bekäme, führete dabei an, dass er dafür hielte, dass es von Chur-Pfalz mit herkäme, denn er vor diesem in Dero Diensten gewesen, und von denselben sehr hoch gehalten würde. Dies aber sollte in Vertrauen geredet sein. Zum vierten nun habe ich die Entschuldigung gethan, dass S. M. nicht stracks anfangs zum Braunschweigischen Foedere eingeladen, und dabei eröffnet, dass ich befehliget wäre, S. M. noch dazu gebührend zu invitiren. Hierauf hat der Herr Reichscanzler sich gereits merken lassen, dass ihm dieses sonderlich vergnüget, hat darauf zu verstehen geben, dass es der Kron Schweden nicht wenig gewundert, dass man ihnen hierin vorbei gangen wäre, und nicht einmal die Notiz davon gethan, da sie doch so aufrichtig Herrn Canzler Brandten die Ouvertüre ihrer Alliance mit Frankreich nicht verhehlet, ja auch vor ihm nichts heimlich gehalten. Nun müsste er wol bekennen, dass der Kron Schweden hierdurch Ursach zu allerhand Gedanken gegeben, indem ihnen von einigen Örtern berichtet wäre, dass dieses Foedus zu ihrem höchsten Nachtheil eingerichtet, er wäre aber um soviel mehr erfreuet, dass nicht allein ihnen hiervon Nachricht gegeben, besondern sie auch annoch dazu invitiret würden, und würden Sich auch I. M. der König hierin als ein beharrlicher Freund erweisen.

Fünftens habe ich die Ursachen [vorgestellet], wodurch und was Ew. Ch. D. bewogen, Sich zu armiren und die Waffen zu ergreifen, worauf er gar nicht viel geantwortet, sondern mit wenig Worten gedacht, dass ihm deuchtete, dass man damit ein wenig zu sehr geeilet. Ich habe ihm hierauf meinem wenigen Verstande nach einige Rationes beigebracht, er hat aber doch gemeinet, dass es zwar sehr gut gewesen wäre, sich nebst anderen Potentaten in Postur zu stellen und sich vor weiterer Gefahr vorzusehen, allein der Marsch wäre seiner Einbildung nach zu früh geschehen, wie wol er von diesem ganz kurz abgebrochen.

Das Polnische Wesen und die von dort herkommende Gefahr belangend, machte der Reichscanzler geltend, es würde seinem Könige angenehm sein zu vernehmen, dass auch Kf. sich diese Unruhe mit angelegen sein liesse. — Zum Schluss fügte er noch hinzu, dass Obrist Wangelin die ihm vom Kf. widerfahrene Gnade sehr gerühmt habe, und dass sich der König dafür dem Kf.

höchst verbunden erachte. Soviel Kr. auch von Anderen vernommen, sind Wangelins Relationen „sehr avantageux vor Ew. Ch. D.“

„Dieses ist nun, gn. Herr, was ich vor dieses Mal unterth. berichten kann, ich will mit Gottes Hülfe nichts verabsäumen, was hier zu meines gn. Herrn Nutzen dienet. Allein ich bitte auch allerunterth., Ew. Ch. D. wollen gn. geruhen, in allen Gnaden meiner zu gedenken und mich nicht allzu lange hierbleiben zu lassen; denn was ins künftige hier zu thun sein wird, das könnte ja der Secretarius, der mit hier ist, wol verrichten. Ew. Ch. D. wissen ja gn., dass ich allezeit Profession vom Soldaten gemacht, und muss nun so viel gute Gelegenheiten vorbeigehen lassen, da ich erweisen könnte, wie begierig ich wäre, vor Ew. Ch. D. und Dero hohen Wolfahrt zu sterben, doch will ich meinem gn. Herrn nichts vorschreiben (weil ich mich einmal Ewrer Ch. D. ganz aufgeopfert), befehle mich nur in Ew. Ch. D. hohe Gnade . . . .“

---

v. Krosigk. Relation. Dat Stockholm 1. März 1673.

[Stimmung in Stockholm. RKanzler und Feucquières. Allerlei besorgniserregende und bedenkliche Nachrichten.]

11. März. Auf das Rescript vom 20. Februar

Der König wird Dienstag den 4. März gewiss erwartet. Die Herren Reichsräte stellen sich nach gerade wieder ein. Kr. hat allen Ankommenden die Visite gegeben. An Höflichkeiten und guten Worten fehlt es nicht, wenn nur die That auch darauf folgen möchte. Sie sind gut französisch, wenn auch, wie es von Einigen heisst, sich das ändern würde. Der König selbst soll den Franzosen nicht sehr gewogen sein; er bliebe auch deswegen so lange aus Stockholm, um den Ambassadeur nicht eher zu sprechen, als bis er vom Graf Tott gewisse Nachrichten hätte. Indes das sind „Discurse und Muthmassungen, und wird sich der Effect bei des Königs Ankunft zeigen“. — Der RKanzler hält fast täglich Conferenzen mit Feucquières, „sie schmieden wol vielleicht nicht viel Gutes vor Ew. Ch. D.“ „Der Allerhöchste Gott gebe doch nur dieses Mal, dass Ew. Ch. D. einen vorteilhaften Frieden erlangen mögen, denn ja von allen Oertern Desaffectionierte vor meinem gn. Herrn sich finden.“

Man spricht von einer zu Ulm geschlossenen Allianz zwischen KBayern, KPfalz, Württemberg und Darmstadt zu des Kf. höchstem Praejudiz. — Eine Schrift ist Kr. zugekommen über der Schweden Consilia, die dem Kaiser, dem Kf. und ganz Deutschlad zum höchsten Nachteil gereichen; er darf sie jedoch nicht aus Händen geben. Man macht ihm Hoffnung auf Graf Totts Instruction. — Angeblicher Anschlag auf die Stadt Bremen.

„Im übrigen, gn. Herr, so laufen solche Zeitungen hier ein, die mir rechte Stiche ins Herze geben. Es hat der Französische Ambassadeur hier öffentlich gesagt und sich gerühmet, dass sein König und der Feldmarschall

Turenne alle Woche gewisse Nachricht hätten, was Ew. Ch. D. von Tage zu Tage für Consilia führeten und was Sie vor Desseins vorhätten. Man sollte sichs ja wol nicht einbilden, möglich zu sein, dass solche leichtsinnige Leute in der Welt sein sollten, allein es ist wol leider mehr als allzu wahr; der liebe Gott offenbare sie doch.“ Wünsche . . . . .

Resolution des Kf. Signat. Minden 10. März 1673.

[Beabsichtigtes Armistitium. Daher Zurückziehen der brandenburgischen Truppen über die Weser. Ordre an die Generalität zur Einstellung der Feindseligkeiten.]

Erläutert den Zweck von Sr. Ch. D. Waffenerhebung. Um aber seine aufrichtige Intention desto klarer an den Tag zu geben, haben Sie Sich bereits gegen den Schwedischen Abgesandten dahin erklärt, dass Sie „einem guten Armistitium auf raisonnable und billigmässige Conditiones mit der Kron Frankreich und Derselben Alliirten“ nicht entgegen sein wollten, zu welchem Ende hin denn auch und zu mehrer Bezeugung Ihrer hierunter führenden aufrichtigen Intention Dero Armee lieber nach und über die Weser ziehen als dieselbe an solchen Orten stehen lassen wollen, woselbsten es leichtlich zu ein und anderen Hostilitäten und ferneren Weiterungen Gelegenheit geben könnte.“ 10. März.

„Gleichwie aber S. Ch. D. mit Ihrer Kaiserl. M. und deren Herren Staaten in gewisser Bündnis begriffen und also ohne vorhero mit denenselben gepflogene Communication in diesem Punct nichts Schliessiges versprechen können, so haben Dieselben nicht ermangelt, an beiden Örtern von dieser Sache Part zu geben und daneben zu dem Armistitio, Ihrer K. M. Begehren gemäss, treulich zu rathen, worauf Sie dann ehestens Antwort erwarten, inmittelst aber Dero Generalen bereits anbefohlen, sich bis zu fernerer Ordre aller Hostilitäten zu enthalten, wenn der Duc[1]) de Turenne desgleichen thun und nicht weiter ins Reich advanciren würde, denn sonsten I. K. M. und Niemand Sr. Ch. D. verdenken könnte, dass sie solchenfalls auch andere Resolution würden ergreifen müssen.“ Hoffentlich werde Turenne zu weiteren Extremitäten keinen Anlass geben. Nach erwarteter Willensmeinung (von Gn. Staaten und Kaiser) werde Kf. in die Verhandlung des Armistitiums eintreten. Er müsste freilich dies als Bedingung aufstellen, dass wie er das Hildesheimische quittire, so nun nach geschlossenem Armistitium die Grafschaft Mark geräumt werde, jede Contribution aufhöre und den Commercien ihren Lauf gelassen werde. — Dank. Formalitäten.

---

[1]) Origin.

Der Kurfürst an v. Krosigk. Dat. Minden 2./12. März 1673.

[Motive des Armistitiums mit Frankreich. Einladung zum Eintritt in die Braunschweigische Allianz. Ulmer Bündnis.]

12. März. Hofft, dass das Armistitium mit Frankreich ehestens zu seiner Richtigkeit gelangen wird, wiewol er aus dem Haag Nachricht hat, „dass man daselbst noch sehr übel damit zufrieden".

Gleichwie Wir nun dieses vornehmlich darum gethan, damit Wir Uns desto mehr mit der Chron Schweden Consiliis conformiren könnten, also habt Ihr es auch dergestalt vorzustellen, damit man des Orts daraus begreifen möge, wie sehr Wir verlangen, mit der Chron Schweden in einer genauen Verständnis und festen Freundschaft zu leben; wie Uns dann lieb sein soll, wann I. M. Uns ferner an die Hand geben, wie Sie vermeinen, dass Wir zur Erlangung des Friedens etwas zutragen können. Denn wie Wir Uns versichert haben, dass die Chron Schweden sowol aus rühmlicher Liebe vor die Beruhigung der Christenheit als auch ihres eigenen hohen Interesse halber nichts mehr wünscht, denn dass ein sicherer Friede in Niederland wieder gestiftet werde, so zweifeln Wir nicht, I. M. werde uns Dero Sentimenten desfalls vertraulich eröffnen lassen, welche Wir dann nach Vermögen gerne secundiren wollen. Im übrigen habt Ihr von demjenigen, was Ihr von den Differentien mit Frankreich in Commissione habet, bis auf weitere Ordre ferner nichts zu moviren.

Es stehe eine neue Zusammenkunft von Ministern der Braunschweiger Alliirten (wegen Erörterung einiger noch ausgesetzter Puncte der besagten Allianz) bevor, wobei KTrier und KSachsen vermutlich einzutreten entschlossen sind. Ob der König von Schweden Belieben trüge, sich in diese Allianz zu begeben? und zu solchem Ende Jemand seiner Bedienten zu committiren? — Soll sich über das Ulmer Bündnis informiren und wo möglich das Project zu bekommen suchen.

---

v. Krosigk. Relation. Dat. Stockholm 5. März 1673.

[Ankunft des Königs. Stimmung der Reichsräte. Schlimme Zeitungen über die kfürstliche Armee. Bitte um Nachrichten.]

15. März. Ist besorgt, dass die vorige Relation nicht angekommen sei. Er hätte sie gern in Chiffern gesetzt, aber der Secretär war nach Upsala verreist und hatte sie verschlossen. Bittet nochmals, zu verhüten, dass Wangelin von seiner Mit-

teilungen etwas erfahre. — Der König ist gestern in Stockholm angekommen. — Weitere Visiten bei den Reichsräthen. Die Affection für Frankreich dürfte sich doch wol etwas mindern; der RKanzler hat eine starke Gegenpartei.

„Im übrigen, gn. Herr, so laufen hier so lüderliche Zeitungen ein, dass hier und dort Ew. Ch. D. Parteien geschlagen und sich nicht wol gehalten. Auch will man spargiren, es wären 4000 Mann in Hamm und Soest geblieben. Ich will ja nicht hoffen, dass es wahr sei. Ich werde so viel mal um etwas Neues gefraget, ob ich nicht Nachricht von diesem oder jenem habe, und weil ich dann die Antwort alle Mal erdichten muss“, ... so bittet er von Zeit zu Zeit um Nachricht aus der Kanzlei.

Der Kurfürst an v. Krosigk. Dat. Hohen-Egelsen im Stift Hildesheim 11. März 1673.

[Wird seine Armee in die eigenen Lande verlegen. Turenne über das Armistitium. Von französischer Seite drängt man auf Vertrag. Ob die Krone Schweden auch den Separatvertrag garantiren werde? oder ob Kf. auf Universaltractat bestehen solle?]

. . . . Seither hat sich nichts geändert, sondern Wir haben nebst 21. März.
der Kaiserlichen Armee Unseren March bis hierher fortgesetzet und Uns im Hildesheimischen dergestalt erwiesen, dass die Franzosen daher kein Anlass werden nehmen können, den Niedersächsischen Kreis zu verunruhigen, und erwarten die Kaiserlichen Ordre von Wien, wohin sie selbige Armee führen sollen. Wir werden die Unsrige in Unsere eigene Lande verlegen.

Wegen des Armistitii hat sich der Prinz de Turenne bisher entschuldiget, dass er hierzu vom Könige keine Ordre hätte, wiewol doch von demselben keine weitere Hostilität verübet wird, nur dass der Bischof von Münster sich daran nicht kehret, und ob Wir zwar dessen Lande geschonet, derselbe dennoch Unsere Unterthanen überall sehr hart tractire(t). Hiebei wird von Französischer Seite stark in Uns gedrungen, dass Wir Uns mit dem Könige in Frankreich gänzlich vergleichen sollen. Aldieweil Wir nun der Kron Schweden Rath bishero gefolget, so werden Wir auch dieses Puncts halber Dero Rath ferner in hohe Consideration ziehen, und wollet Ihr demnach bei dem Reichskanzler im Vertrauen vernehmen, ob Wir Uns auch von I. K. M. in Schweden versichern könnten: dass wann Wir Uns mit Frankreich à part verglichen, Dieselbe Uns solches Tractats halber garantiren würden?

oder ob er (RKanzler) vermeinet, dass Wir auf den Universaltractat bestehen sollten, und ob man an Schwedischer Seite Uns darunter assistiren wollte?

Wunsch fester Freundschaft mit Schweden. Erwartet förderlichste Relation.

Resolution des Kurfürsten Signat. Hornburg $\frac{14}{24.}$ März 1673.

[Schwedische Resolution bezüglich des Armistitiums steht noch aus. Eröffnungen Wangelins in dieser Sache.]

24. März. Beklagt sich, dass eine Resolution, das Armistitium betreffend, noch immer fehle. Cöln und Münster verübten noch Hostilitäten, ungeachtet Kf. seit seiner Abreise von Sparenberg „damit stille gestanden und seinen Generalen scharfe Ordre ertheilet“; er könne doch nicht dafür halten, dass man Cölnischer und Münsterischer Seits dergleichen Feindseligkeiten vornehmen dürfte, „wenn man vermeinen könnte, dass Ihrer K. M. in Frankreich oder auch dem Duc de Turenne solches zuwider wäre.“

Erwartet des schwedischen Gesandten Gutfinden, was er zu fernerer Beförderung der guten und heilsamen Intention zu thun vermeine, „weil S. Ch. D. in solcher Ungewissheit nicht länger verbleiben, weniger den Ruin und Desolation Ihrer Lande mit Stillesitzen ferner ansehen, sondern auf ein oder anderen Fall gleichwol auch Ihre Sicherheit beobachten und desfalls nöthige Mesures nehmen müssen.“ — Indessen habe er aus des Abgesandten Anbringen mit Freuden ersehen, wie der französische König gegen Schweden contestire, dass er nichts begehre, „so Sr. Ch. D. zustehe,“ „wie auch dass die Chron Schweden sich an Conservation des Staats der Uniirten Provincien dergestalt interessire.“

Ludolf Lorenz von Krosigk. Relation. Dat. Stockholm 15. März 1673.

[Allmähliche Umstimmung der Gemüter. Spaltung der Reichsräte. Missvergnügen Feucquières über Krosigks nicht gemachte Visite. Schlimme Nachrichten von der Kflichen Armee. Geplante Reise des Königs nach Schonen. Bitte um Abberufung.]

25. März. Ew. Ch. D. werden aus der Beilage allergn. ersehen, was beides bei der Audienz und der Conferenz vorgangen. Hierbei nun habe ich Ew. Ch. D. unterth. melden wollen, dass sich in weniger Zeit die Ge-

müther alhier sehr geändert, weisen und bezeigen täglich mehr und mehr Amitié vor Ew. Ch. D. Vorgestern bin ich noch bei dem Reichscanzler gewesen, welcher denn ebenermassen grosse Contestationes gethan, wie sehr sie Ew. Ch. D. Freundschaft suchten, sagte aus freien Stücken, dass wol vor diesem noch Einige gewesen, die widrige Consilia wider Ew. Ch. D. geführet, anitzo aber wären dieselben tot, und würde also nunmehro die Kron Schweden dahin trachten, damit eine ewige Freundschaft zwischen der Kron und Ew. Ch. D. unterhalten werden könnte. Die Worte waren sehr gut, und weil man noch zur Zeit das Gegentheil nicht siehet, so muss man doch glauben. Dieses kann ich Ew. Ch. D. versichern, dass S. M. der König an sich selber nicht gut Französisch. Es gehet kein Tag hin, wann ich zu Hofe komme, kommt er zu mir und fraget, ob ich keine Briefe von Ew. Ch. D. [hätte], und wie es doch gegenwärtig stünde, bezeiget eine grosse Affection und hat grosse Lust zum Krieg, wie er auch sonderliche Begierde zeiget, Ew. Ch. D. zu sehen. Wenn er nur dabei gelassen wird. Die Herren Reichsräthe beweisen hier auch, wie an anderen Örtern, dass sie bisweilen nicht allerdinge eins, und auch die Eigen-Interesse merklich herrschen. Der Herr Reichsfeldherr, Steno Bielke, Knut Kurk, die beiden Güldenstern, Gustav Kurk, Gustav Soob, Carl Rohlamb und dann Griepenhelm, alle Reichsräthe, sollen, wie man meinet, gute Patrioten sein. Die andere Partei aber ist ungleich stärker, jedennoch sollen sie anitzo in besserm Vernehmen mit einander sein als vor diesem.

„Sonsten hat der Französische Ambassadeur den alhier anwesenden Mecklenburgischen Residenten gefraget, wie es doch käme, dass ich ihm die Notification meiner Ankunft nicht gethan, viel weniger ihn mit einer Visite beehret, es hätte ja sein König niemalen einige Feindschaft gegen S. Ch. D. bezeiget, und posito, dass einige Missverständniss zwischen den Herren, so müssten doch Diener an Civilität nichts ermangeln lassen. S. Ch. D. hätten ja vielmehr seinen König mit Feindseligkeit begegnet, jedennoch wäre die Affection vor S. Ch. D. noch nicht gänzlich erloschen, und wann Ew. Ch. D. Sich nur im geringsten gegen seinen König herausliesse, ihm freundlich zu begegnen, so würde sein König allen empfangenen Tort gerne vergessen und meinen gn. Herrn in allem vollkommliche Satisfaction geben, wozu denn Ewrer Ch. D. Frau Schwester, die Frau Landgräfin von Cassel F. D. viel thun könnten, vor welche sein König grosse Affection trüge; dabei gebeten, er möchte mir doch dieses discursive hinterbringen, doch nicht, dass er es von ihm begehret, mir solches zu sagen. Ich habe darauf geantwortet, dass mir nicht eben verboten mit ihm zu sprechen, würde auch, wenn wir zu Hofe oder sonsten Einen andern[1]) anträfen, ihm keine Incivilität erweisen. Dass aber ich ihm die Visite nicht gegeben, wäre die Ursach, dass ich keine Materiam mit ihm zu reden. Von unserer beiden Herren Sachen zu discurriren fände ich unnöthig, denn es zu der Hauptsache wenig fruchten würde, liesse zwar dahin gestellt sein, dass sein König keine Feindschaft zu meinem gn. Herrn trüge, jedennoch aber könnte ich daraus keine sonderliche Freundschaft erkennen, wenn man einem sein Land und Leute unbilligerweise überzöge und so grausame Tyrannei darin verüben liesse, und wie ich dann dieses weitläuftiger expargiret, so habe ich den Residenten ersuchet, ihm dieses wieder discursive zu hinterbringen."

„Was sonsten alhier vor liederliche Zeitungen einlaufen, wie nämlich Ew. Ch. D. von einigen Ihren Ministern verrathen und verkauft wären, und wie sich die Armée so schlecht halte, dieserwegen auch Ew. Ch. D. die Armée quartiereten und nach Berlin gingen, das ist nicht zu beschreiben. Ich werde fast toll darüber, wiewol ichs damit nicht hindern kann. Der Allerhöchste Gott gebe nur, dass es nicht wahr sei! (Wie ich es denn beständig hoffe). So mögen sie dann immerhin lügen. Im übrigen, gn. Herr, so werden S. M. der König gegen Pfingsten eine weite Reise nacher Schonen vornehmen, da sie dann wol 12 Wochen ausbleiben werden. Auf dem Fall, gn. Herr, so bin ich ja hier auf der Welt nichts nutze, und könnte, was hier zu thun, der Secretarius wol verrichten. Als ersuche Ew. Ch. D. unterth. und demüthigst, mir gn. Ordre zu ertheilen, dass ich meines gn. Herrn gn. Angesicht wieder schauen möge, auch wollen Ew. Ch. D. zu befehlen gn. geruhen, dass mir mit ehesten ein Wechsel möge übermachet werden, denn ich nichts mehr übrig, und Credit zu machen ist ja gar zu schimpflich. Mit nächstem hoffe ich die Resolution auf mein Anbringen zu überschicken. Es gehet hier trefflich langweilig zu, an anfordern fehlt es nicht." Er hat das Vertrauen, mit seiner Bitte um Abberufung erhört zu werden.

Beilage.

Proposition Krosigks, am 14. März 1673.

Den Commissarien Bonde, Olivencrantz und Hochhusen eingehändigt.

Die Proposition stellt vor, wie Kf. mit Genugthuung vernommen, dass das schwedisch-französische Bündnis nicht auf Unterdrückung der Niederlande abziele, er jetzt aber, nachdem Frankreich in vielen Wegen gegen den Deutschen Frieden gehandelt, der Hoffnung lebe, dass der König seine Hilfe und Assistenz nicht versagen, diese nicht allein für sich leisten, sondern auch andere Stände des Reichs durch seine Regensburger Gesandten dazu animiren werde. Da nun Kf., nachdem er die Collision mit Frankreich so lange zu verhindern getrachtet, in diesem Kampfe eine gerechte Sache verteidige und danach streben müsse,

[1]) = einander.

wieder zu dem Seinigen zu gelangen, so möge der König verhindern, dass das von Gravel in Regensburg projectirte Foedus dort beliebt werde, vielmehr alle Stände zum Eintritt in die Braunschweiger Allianz angemahnet würden. Charakterisierung dieser Allianz. Den König zu solchem „Foederi defensivo, das allein auf die Sicherheit des Römischen Reichs und Abwendung aller vorschwebenden Gefahr und unbilligen Gewalt gerichtet“, einzuladen, wäre hauptsächlich der Zweck dieser Gesandtschaft. — Von dem Bremischen Gesandten in Regensburg verheissene Restitution, falls der König um Interposition ersucht würde. Kf. wolle die versprochene Satisfaction mit Dank erwarten, wenn sie „auf einen Generaltractat und Herbringung einer allgemeinen Ruh und Friedens zielte“. Es verlangte Kf. aber auch, S. M. Sentiment zu vernehmen, „wie im Falle Deroselben Interposition unfruchtbarlich zerschlagen sollte, den Französischen höchstschädlichen Desseins am besten vorzukommen und der Friede zu retabliren, worin S. Ch. D. Sich ganz mit I. M. höchstvernünftigen Consiliis conformiren wollten.“ Der König möge dem Regensburgischen Gesandten Befehl geben, mit den brandenburgischen Gesandten am Reichstag vertraulich zu correspondiren „und nicht vorhin der französischen Partei zu favorisiren“. — Endlich wie dem Unheil in Polen abgeholfen werde, „und dies Königreich als eine Vormauer der Christenheit wieder in vorigen fleurissanten Stand hergestellt werden möge“.

---

v. Krosigk. Relation. Dat. Stockolm 15./25. März 1673. n. 2.

[Empfang des französischen Gesandten. Audienz Krosigks. Abschied des französischen Residenten. Conferenz mit Krosigk. Auslassungen der Reichsräte und des Reichskanzlers. Reprimande des Gesandten am Reichstage. Schwedische Miliz.]

Am 7./17. hat der Französische Ambassadeur ordinaire Marquis de Feucquières bei beiden Majestäten die erste öffentliche Audienz gehabt. Durch zwei Reichsräte Laars Fleming und Johann Gabriel Stenbock wie auch den Ceremonienmeister Grünberg mit drei königlichen Kutschen zum Schloss geholt, wobei die bei Introduction der Ordinaires Ambassadeurs üblichen Feierlichkeiten observirt wurden. Seine Proposition, die in Glückwunsch zu der angetretenen Regierung und Danksagung für die angebotene Mediation bestand, französisch; der Reichs- und Kanzleirat Johann Gyllenstern antwortete schwedisch. Bei I. M. der Königin wurde ihm französisch erwidert. 25. März.

Tags darauf am 8./18. wird Kr. durch den Ceremonienmeister Grünberg in einer mit 6 Pf. bespannten Kutsche zur Audienz aufgeholt, unter den gewöhnlichen Solennitäten, die den kf.lichen Extraordinaires Envoyés erwiesen werden. Die Audienz besteht wesentlich in Curialien, in der Gratulation zum Antritt der Regierung und Danksagung für die Absendung Wangelins. Der König lässt durch den Kanzleirat Bonde antworten. Die Königin durch ihren

Secretär in deutscher Sprache, „da darin der Secretarius unter anderem erwähnte, das I. M. Ew. Ch. D. glorreiche Action hoch estimirten und zu Dero Waffen Glück und Segen wünscheten". — Den Gevatterbrief überreicht er in einer Privataudienz am 20. Selbigen Tags hatten fast alle fremde Minister Privataudienz, die Congratulationsschreiben ihrer Principale präsentirend. Der französische Resident Rousseau, der mehrere Jahre am hiesigen Hofe subsistirt hat, hatte an dem Tage seine Abschiedsaudienz und wurde von dem König mit einer mit Diamanten besetzten Medaille im Werte von 11000 Rtlrn. beschenkt.

Als Commissarien sind Kr. verordnet der Kanzleirat Bonde und die Staatssecretäre Olivencrantz und Hochhausen, mit denen er gestern Nachmittag im Kanzleisaale die erste Conferenz gehalten hat. Kr. hat ihnen den Tenor Propositionis samt den Gravaminibus und die Copie des Braunschweigischen Bündnisses eingehändigt; sie bestätigen des Königs Verlangen, mit Kf. in genauerer Freundschaft zu leben. Was der Bremische Gesandte vorgebracht hätte, würde hier gar nicht gebilligt, „sondern ihm wäre wegen seiner desobligeanten Conduite schon eine ziemliche Reprimande gegeben".

Gute Beteuerungen der Reichsräte. Der RKanzler lässt sich ähnlich vernehmen, „und wäre zu wünschen, dass I. M. jetzo ein ad $\frac{m}{10}$ M. in Teutschland hätten, oder die Saison bereits zugeben wollte, so viel von hierab dorthin zu transportiren, dass Sie Ew. Ch. D. auf allen Fall assistiren könnten." Seine Annahme, dass die Stadt Bremen in das Braunschweigische Bündnis eingeschlossen sei, ist Kr. ein leichtes zu widerlegen.

Der König hat vor einigen Tagen die Liste der Nationalvölker in den Senat bringen lassen. Zu wirklicher Mobilmachung sieht man aber zur Zeit noch keine Anstalt. Ein Beischluss[1]) enthält die Liste der gesamten Miliz und ein Verzeichnis der Reichsräte.

Beischluss. Liste.

---

v. Krosigk. Relation. Dat. Stockholm 26. März 1673.

[Auf Resolution vertröstet. Braunschweiger und Ulmer Zusammenkunft. Liederliche Zeitungen. Misstrauen gegen Schweden. Tractament auf dem Schlosse.]

5. April Ist heute Nachmittag um 4 auf Resolution vertröstet, wird das Ergebnis, da die Post noch heute abgeht, hinten anschliessen. Auf das Rescript vom 2./12. hat er des Kf. Befehl bezüglich der Braunschweigischen Zusammenkunft hinterbracht. — Was zu Ulm geschlossen ist, wird hier so heimlich gehalten, dass man nichts davon erfahren kann. Der Sohn[2]) des RKanzlers ist im Namen des Königs mit dabei gewesen.

---

[1]) Darunter die erneuerte Bitte an die Geheimen Räte zu Berlin um schleunige Uebermachung der 1000 Reichsthaler.

[2]) Graf Gustav de la Gardie.

Sonsten kommen noch täglich liederliche Zeitungen ein und werden von welchen affirmiret, die doch weit besser um die Sache wissen. Die Wahrheit zu bekennen, gn. Herr, so weiss ich nicht |: ob den Schweden zu trauen, alle ihre Discurse gereichen nicht zu Ew. Ch. D. besten und scheinet, als wenn es darauf angesehen, Ew. Ch. D. von dem Kaiser und Holland abzuführen, damit sie hernach desto besser ihren Zweck erreichen können, und kann ich nicht finden, dass man sich auf sie allzusehr verlassen könne:|. Anlangend ihre Armatur, so ist es ganz stille, wiewol sie sagen, sobald die Ströme von Eis entledigt, sie einige Völker nacher Lievland schicken wollen. Es werden aber die geringsten Praeparatoria noch nicht dazu gemachet. Wann nur sonst in Deutschland was gutes auszurichten wäre, von hier ab hätten wir uns noch nichts zu befürchten.

Der König vor sich temoigniret eine sonderbare Affection zu Ew. Ch. D., die Gevatterschaft ist ihm sehr angenehm gewesen. Es haben mich S. M. auf dem königlichen Schlosse durch den Reichsmarschall tractiren lassen, welches sonst Anderen nicht geschiehet, da ich dann erschrecklich trinken müssen. Die vornehmste Säufer in Schweden haben müssen dabei sein. Allein sie haben auch keine Seide dabei gesponnen, wiewol ich einen Willkommen von 2 Mass zum voraus habe trinken müssen. Ew. Ch. D. halten mir diesen Ruhm zu Gnaden. Er ist wol eben nicht gar fein, bisweilen muss es aber auch sein. In Summa der König ist wol noch gut, |: wie es aber die Herren Senatores mit Ew. Ch. D. meinen, weiss Gott am besten, und möchte ich wünschen, dass man sich von hierab was gutes zu versehen hätte:|, woran ich aber fast zweifeln muss.

„Sonsten berichte Ewrer Ch. D. unterth., dass der Pfalzgraf von Sulzbach F. D. eine zeitlang hier gewest und sowol wegen Dienste als noch einiger hinterstelligen Reste sollicitiret. Allein er hat schlechte Satisfaction bekommen. Man hat ihm zwar einige Pension zu geben offeriret, allein dieselbe hat er nicht annehmen wollen, von wegen der Reste hat ihm die Cron 100 Schiffpfund Kupfer geboten. Es scheinet, als wenn er mit schlechter Satisfaction von hier gehen werde. Er hat mir gesaget, dass er Ewrer Ch. D. ehestes aufwarten wolle." — Der Generalmajor Arensdorf hat seinen Abschied bekommen und geht in Dänische Dienste. Es wird sonst von der ehelichen Verbindung zwischen hiesiger Mj. und Dänemark gesprochen. Es ist alles sehr heimlich; es ist aber gewiss, dass die Königin-Mutter es gern sähe. Des Feldherrn Wrangel Gemahlin ist vor 6 Tagen gestorben.

Bittet inständigst um „eheste Erlösung".

P. S. Kommt aus der Conferenz und verspricht, da die Post eben abgeht, Freitag vollständigen Bericht. Anbei abschriftlich die Resolution auf sein letztes Memorial.

Resolution [1]) der schwedischen Commissarien. Dat. Stockholm 20. März 1673.

[Versicherungen. Zum Eintritt in das kaiserliche Bündnis noch nicht schlüssig. Desavouirung des französischen Friedensprojectes. Massregeln gegen Polen.]

Freundschaftsversicherungen. Einverständnis des Königs, dass Kf. einer solchen Kriegsverfassung gegenüber, sich habe „à couvert setzen und schützen müssen". Der König hofft, „als Mitstand" von der Reichsversammlung Satisfaction des Kf., wird sich aber bereit finden lassen, dem Kf. bei den Friedensverhandlungen billige Befriedigung zu verschaffen, wie er denn in den Kf. das zuverlässige Vertrauen setzt, sein „friedliebendes Gemüth werde dem gemeinen Besten und der Hoffnung, um den gemeinen Frieden desto leichter wieder zu erhalten, es condoniren, wann die Unordnung, so der Krieg hinter sich zu führen pfleget, dies oder jenes Widriges verursachet, desfalls auch ihre Waffen, die nur übel ärger machen, und dem Kriegsfeuer, um weiter um sich zu fressen, Foment und Raum geben dürften, nicht wirklich gebrauchen, besondern dieselbe nur für das gemeine Beste wachen und den Ausschlag der nun hoffentlich bald aufs Tapis kommenden Friedenstractaten abwarten lassen."

Was den Eintritt in das kaiserliche Bündnis betrifft, so muss der König etwas mehr Erläuterung haben, kann sich auch nicht schlüssig erklären, so lange von seiner Seite nicht alle Bedingungen des Eintritts, z. B. dass Niemand ohne gesamter Cenfoederirten Einwilligung zugelassen werde, erfüllt sind.

Wenn der schwedische Gesandte am Reichstage versichert hat, dass man schwedischerseits beflissen sein werde, dem Kf. zu Wiedererlangung von Land und Leuten zu verhelfen, so hat er darin des Königs Befehl und Intention ausgeführt; wenn er sich eines anderen habe vernehmen lassen, würde er sich stark zu verantworten haben. Da das von Frankreich zugekommene Project, wobei sich der schwedische Abgesandte „etwas teilhaftig gemacht", vielen Wolmeinenden im Reich nicht anders als suspect sein könnte, hat der König es sogleich desavouirt, „als eine Sache, die wider Ihre Ordre und Intention und blos aus einer Uebereilung ihres Ministris geschehen".

In den Maassregeln bezüglich des Polnischen Wesens herrscht Einverständnis mit Kf. Dem schwedischen Gesandten am polnischen Hofe ist die „Einigkeit und innerliche gütliche Versöhnung aller Orten" zu veranlassen, eingeschärft. An den Grossfürsten von Moskau ist eine expresse Sendung er-

---

[1]) Wortreiches Elaborat; stark gekürzt.

gangen, um ihn zum Beistand der Republik zu ermahnen, auch dem schwedischen Gesandten am Kaiserlichen Hofe Vollmacht zu erteilen, „nicht nur den Kaiserlichen Hof zu gütiger Beobachtung dieser Gefahr aufs beste zu disponiren, besonders mit demselben auch kraft eines gewissen Tractats zu verabreden, wie stark man mit zusammengesetzten Kräften der Republique bei nicht erfolgendem Frieden zu Hilfe ziehen, welchen Modum agendi man darunter für den erspriesslichsten und besten halten, auch was sonst bei einer so wichtigen Sache vorher zu verabschieden nötig sein könnte". — Sie stellen die weiter zu befolgenden Schritte — Unterstützung der Gesandtschaft, selbständige Verhandlung an einem zu bestimmenden Ort — dem Kf. anheim.

Resolution [1]) der Commissarien Bondhe, Oernsted, Oliwekrans, Hoghusen [2]). Dat. Stockholm 26. März 1673.

Genugthuung des Königs über die Bereitwilligkeit des Kf. zur Annahme des Armistitiums. Der König ist dem Kf. wegen Ouvertüre bezüglich der „aufs neue obhandenen Beieinkunft der Alliirten zu Braunschweig" verbunden; er wird zu diesem Behuf den Präsidenten Kley aus Bremen nach Braunschweig senden.

Anlage [3]).

---

d. d. Halberstadt 17. März 1673 übersendet Kf. an Kr., was der schwedische Gesandte Wangelin auf Befehl seines Königs „wegen des jüngst fürgeschlagenen Armistitii und sonsten abermalen erinnert und fürgestellt", sowie die ihm darauf erteilte Resolution. 27. März

---

[1]) ‚praes. von den vier untergesetzten Commissariis zu Stockholm in der Canzlei 26. Mart. 1673.'

[2]) Autograph.: Carolus Bondhe, Thoel Oernsted, Johann Paulin Oliwekrans, J. Hoghusen.

[3]) Anlage. Proposition v. Krosigks an die Commissarien Carolus Bondhe, Thoel Oernsted, Johann Paulin Oliwekrans, Johann Hoghusen. Dat. 14. März 1673. (oben S. 260).

Der schwedische Gesandte v. Wangelin an den Kurfürsten. Dat. Hornburg 13. März 1673.

[Vorgeschlagenes Armistitium.]

„Ew. Ch. D. werden sich gnädigst entsinnen, wie ich von Anfang meiner Hierherkunft sowol mündlich als schriftlich im Namen und auf allergnädigsten Befehl Ihr. Kön. Maj. zu Schweden, meines allergnädigsten Königs und Herrn, unterthänigst fürgestellet, wie dass derselbe nicht mehr wünschten und verlangten, denn dass der zwischen Frankreich und den Generalstaaten entstandene Krieg in Ehre und Liebe beigelegt werden möchte und dass auch gute Hoffnung obhanden, dass solches vermittelst aller höchsterwähnter Ihr. K M. kräftigen Mediation glücklich succediren werde. Wenn nun dabei Ihr. K. M. jederzeit fürnämlich Ihre sorgfältige Reflexion dahin gerichtet, dass das Röm. Reich dabei nicht impliciret, sondern aufs wenigste daselbst der so schwer und mühsam gemachte Friede conservirt werden möge, zu welchem Ende allein zwischen beiden Kronen das bekannte und Ew. Ch. D. allbereit communicirte Foedus aufgerichtet und ich abermalen ohnlängst allergnädigsten Befehl erhalten, Ew. Ch. D. die Notwendigkeit zu präsentiren, welches ich denn auch gehorsamst gethan, dass das Reich und alle Chur- und Fürsten desselben sich dieses auswärtigen Krieges enthalten möchten, gestalt denn E. Ch. D. wol versichert sein können, dass I. K. M. selbsten sich an Conservation des Staates interessiert halten und dessen Eversion nicht verlangen, viel weniger befördern werden. Ich habe mich an meinem geringen Ort höchlich erfreut, dass Ew. Ch. D. nicht allein auf solche gethane Remonstration guter Massen reflectiret, sondern auch sowol dieses als dasjenige was ich dernächst bei dem Duc de Turenne wegen eines Stillstandes negotiirt, als ein Zeichen Ihr. K. M. deroselben zutragenden sinceren Freundschaft aufgenommen und lebe noch der Hoffnung, Ew. Ch. D. werden solches Armistitii halber die Effection in kurzem verspüren. Als aber hierdurch Ihr. K. M. heilsamer Zweck noch nicht gänzlich erreicht, sondern dieselben vornemlich dieses wünschen, dass alle Occasion, das Römische Reich in diesen Krieg zu involviren, gänzlich weggenommen sei, und uns solches soviel eher zu befördern sei, dass Ew. Ch. D. mit dem Könige von Frankreich in vorige gute Verständnis wieder gebracht sein möchten, so habe Ew. Ch. D. nochmalen hiermit unterthänigst ersuchen wollen, sie wollten aus Liebe zu Unterhaltung des Friedens in Teutschland sich auch dahin erklären, dass Sie geneigt und willig sein wollen, die mit Frankreich habenden Differentien in der Güte beizulegen, wozu Ihre K. M. Ihre Interposition und gute Officia keineswegs entziehen werden, auch aus den von Frankreich nicht allein vorentstandenen, sondern auch noch im währenden Kriege gethanen Contestation versichert sein, dass Frankreich nichts begehren werde, was Ew. Ch. D. zustehet. hre K. M. mein allergnädigster König und Herr haben die Hoffnung, man werde am Kais. Hofe nicht weniger Reflexion machen auf das, was Sie durch dero dortigen Ministrum H. Pufendorf negotiiren lassen, welches allerdings conform mit dem, so hier oben angezogen, wie Ew. Ch. D. solches aus nebenliegender Copie Ihr vortragen zu lassen gn. geruhen wollen. Gleich wie nun Ew. Ch. D. hierdurch die mit der Kron Schweden bishero gepflogene vertrauliche Freundschaft je länger je mehr befestigen, dero eigenen Staat überall in Sicherheit setzen, den Ständen im Reich ferner, zu klagen, auch sich gegen weitere Marschen mit einander zu verbinden, viel weniger I. K. M. zu Schweden sowol wegen der Generalgarantie des instrumenti pacis westphal. als wegen der kraft obangezogenen foederis zur securitas des Röm. Reichs stipulierten Hilfe anzusprechen die Gelegenheit und alle Ursache benehmen und, was das fürnehmste ist, sich alsdann in einen Stand setzen werden, sowol den Frieden in Holland soviel eher zu befördern, als auch der durch Polen angedrohten Türkengefahr bei Zeiten und kräftig sich zu widersetzen, also getröste ich mich hierin einer solchen Declaration, die meinem allergnädigsten Könige zur sonderlichen Freude gereichen und mehrere Ursach geben wird, sich Ew. Ch. D. Interesse möglichster Massen anzunehmen.“

Der Kurfürst an v. Krosigk. Dat. Coelln a. Sp. 29. März 1673.

[Armistitium. Kr. hat bei den Tractaten des Kf. Interesse zu beobachten. Soll Erlaubnis für Wangelin erwirken zwecks der Verhandlungen mit Tureune.]

Bezieht sich auf die Rescripte d. d. $\frac{2.}{12.}$ und $\frac{11.}{21.}$ März. 8. April

Ob nun zwar das Armistitium noch nicht aufgerichtet, so ist es jedoch damit in solchem Zustande, dass es vermutlich erfolgen wird, dahero Ihr dann nicht nach der Euch mitgegebenen Instruction, sondern nach oberwähnten Unseren Rescripten, und wie die Sachen itzo stehen, Eure Negotiation einzurichten und vor allen Dingen dahin zu sehen habet, dass Ihr ein gutes Vernehmen zwischen der Chron Schweden und Uns stiftet und alda versichert, dass wie Wir ihrem Mitrath in diesem wichtigen Werk gefolget, Wir demselben auch ferner deferiren wollten, dagegen Wir Uns hinwiederum promittireten, dass man Unser Interesse bei den bevorstehenden Tractaten sich aufs beste recommandiret sein lassen würde.

Weil es sich auch leicht zutragen kann, dass der von Wangelin zu Beforderung des gemeinen Bestens ein oder anderes negotiiren und zu dem Ende auch wol eine oder andere Reise nach dem Duc de Turenne oder sonst zu thun nötig sein dürfte, so habt Ihr beim Reichskanzler zu befordern, dass wann sich dergleichen Occasion herfürthäte, ihm solches erlaubt sein möchte.

---

v. Krosigk. Relation. Dat. Stockholm 29. März 1673. Praes. 12. April 1673.

[Schwedisches Memorial. Missvergnügen Feucquières. Französische Gelder. Reise des Königs. Bitte um Abberufung. Memorial in der Clevischen Sache.]

8. April Entschuldigt sich, dass die beifolgende Resolution nicht mit letzter Post abgegangen ist; da sie in vielen Punkten „dunkel gestellt" war, hat der Gesandte „Eclaircissement" durch ein Memorial begehrt, das ebenfalls folgt. — Der Französische Ambassadeur giebt noch täglich vor, dass sein König das Armistitium nicht belieben wolle. Noch weiss Kr. nichts, was die gestrige Post gebracht hat, ist jedoch vertraulich berichtet, Feucquières sei mit Schweden nicht gar wol zufrieden, „und soll er diese Woche ziemlich hart gesprochen haben." Um was es sich dabei handelt, ist noch nicht ganz klar. Die Gelder, die im April in Hamburg ausgezahlt werden sollten, werden difficultiret; es sind indes $\frac{m}{100}$ Th. bereits avancirt worden, wovon die Werbegelder in Deutschland bezahlet sein sollen. — Ein hiesiger vornehmer Minister hat wieder, wie es heisst, $\frac{m}{24}$ Thlr. empfangen, womit dann Viele nicht zufrieden sind, wol darum, weil sie nicht auch so viel bekommen. — Der König und die Königin sind zunächst nach Jacobsthal gegangen, wo sie das Fest über bleiben werden. Dann wird der König weiter reisen.

„Gn. Churfürst, wann ich was Nützliches vor meinen gn. Heer verrichten kann, will ich willig und gerne hier bleiben. Sollte es aber durch den Secretarium können verrichtet werden, so erhören doch Ew. Ch. D. meine unterth. Bitte und vergönnen mir bald Dero gn. Antlitz zu sehen."

P. S. Bei der letzten Conferenz ist ihm ein Memorial wegen der Jülich-Clevischen Sache überreicht worden, worauf der König eine schleunige Antwort zu Wege gebracht wissen möchte.

(Entschädigung der Ansprüche des Königs und seines Vaterbruders Adolf Johann — zufolge dem Tractat vom 9. Mai 1668. artic. 9.)

---

12. April Rescript d. d. Potsdam 2. April 1673 befiehlt dem Gesandten, aufs neue das gute Einvernehmen zu contestiren.

„Die Ursachen, warum Wir Uns und Unsere Armee zurückgezogen, werdet Ihr nunmehr aus Unseren an Euch desfalls abgelassenen Schreiben ersehen haben und also Denjenigen zu begegnen wissen, welche solches sinistre ausdeuten. — Was Eure Rückreise belanget, darin können Wir noch zur Zeit nicht gehelen, sondern Ihr habet alda so lang zu verbleiben, bis Wir Euch, wieder zu Uns anhero zu kommen, expresse Ordre zuschicken werden."

Die 600 Thlr. sind hoffentlich angekommen. Auch künftig soll es ihm an nötigen Mitteln nicht ermangeln.

P. S. d. d. Potsdam 5. April 1673 bringt die französische Resolution 15. April an den Grafen Tott, die Wangelin insinuirt hat, und die kfliche Resolution darauf.

Einliegend Resolution[1]) Louis' XIV d. d. S. Germain-en-Lage le 17. jour de Mars 1673.

Resolution des Kf. d. d. Potsdam 4. April 1673.

Resolution des Kurfürsten. Signat. Potsdam 4. April 1673.

[Erklärung Frankreichs bezüglich des durch Schweden vermittelten Armistitiums.]

Nachdem Sr. Ch. D. zu Brandenburg unserm gn. Herren gebürend referiret 14. April worden, wasgestalt der Königl. Schwedische Ambassadeur zu Paris H. Graf Tott auf seine wegen eines Armistitii gethane Proposition von Ihrer K. M. in Frankreich eine schriftliche Resolution und Erklärung sub dato 17. martii 1673 erhalten, so er auch in originali übersandt, und welche folglich von obgen. dem von Wangelin alhier communiciret worden, woraus denn mit mehrem erhellet, dass I. K. M. in Frankreich Ihro nicht alleine eine Suspension der Waffen, welche Namens Ihrer K. M. in Schweden sowol zu Paris als bei Sr. Ch. D. und in Holland bei Dero Ambassadeuren und Abgesandten aller Orten wie auch von anderen Fürsten des Reichs aus Liebe zum Frieden und zu Erhaltung des Ruhestandes im heiligen Röm. Reich fürgeschlagen, auf gewisse Masse nicht zuwider sein lassen, sondern sich auch gar zu Friedenstractaten anerbieten, jedoch alles mit sicheren Conditionen und Bedingungen, wie solches erwähnte Declaration mit mehrem besaget: als erkennen zuforderst S. Ch. D. mit gebürendem Dank, dass I. K. M. zu Schweden die Restabilirung eines beständigen und billigmässigen Friedens Ihro an allen Orten und beim Kriege interessirenden Teilen so fleissig und eifrig angelegen sein lassen. Sie contestiren auch nochmalen hiermit Ihre beständige und aufrichtige Intention, dass Sie Ihres Ortes alles, so in Dero Vermögen und Kräften stehet und Ihrer Reputation

---

[1]) UA. XIII, 490.

und nötigen Sicherheit nicht zuwider läuft, zu Beförderung eines heilsamen Werkes willig beitragen und von ihrer Seite darunter nichts, so nur auf einiger Raison bestehet, ermangeln lassen werden.

Aldieweil aber indessen sichere Nachricht eingelaufen, dass sowol beide Kronen Frankreich und Engelland als auch die Vereinigte Provincien ein Universalarmistitium beliebet, imgleichen dass vorgem. K. Französische Erklärung vom 17. Martii auf des H. Graf Totten Remonstration in verschiedenen Puncten geändert, so wollen S. Ch. D. hiervon fernere Nachricht (welche dem Bericht nach bereits unterwegens) erwarten und erbieten sich darneben, sobald solche geänderte Erklärung einlaufen wird, Sich dergestalt ferner zu erklären, dass I. K. M. zu Schweden und die ganze Welt Dero beständige Inclination zu alle demjenigen, was zum Frieden dienet, daraus sattsam zu verspüren haben werden. S. Ch. D. zweifeln indessen nicht, dass gleich Dieselbe Sich sofort auf die von Ihrer K. M. in Schweden gethane Proposition wegen eines Armistitii willfährig erwiesen und nicht allein solches Dero Alliirten beweglich gerathen sondern auch selbst seitdem nichts feindseliges fürgenommen, also auch namens höchstged. Ihrer K. M. obgem. Dero Gesandten H. Graf Totten befohlen werde, dass man an der anderen Seite dieser Sr. Ch. D. bezeigten friedfertigen Inclination mit gleichmässiger Bezeigung begegnen und alle fürgenommene Hostilitäten gänzlich und unverzüglich abstelle.

---

17. April Rescript des Kf. dd. Potsdam 7. April 1673 übersendet die Resolutionen an Wangelin, mit der Mitteilung, dass der FBischof von Münster sich nicht an seine Zusage gekehret, vielmehr den Landen des Kf. unsäglichen Schaden gethan, und sich jetzt unterstanden, die Stadt Bielefeld zu belagern. Dabei zugleich ein Schreiben an den König und die Senatoren des angegebenen Inhalts, mit dem Bemerken, dass K. „nichts destoweniger die Tractaten mit Frankreich fortsetzen und gegen dieselbige nichts Feindliches tentiren wollten“.

---

v. Krosigk. Relation. Dat. Stockholm 5./15. April 1673.

[Gardies geschraubte Erklärungen in der Alternative: Separatvertrag oder Universaltractat. Vorgehen gegen den Bischof von Münster.]

15. April Auf das Rescr. dd. Hohenegelsen 11. März 1673. Hat dem RKanzler vorgestellt, ob im Falle eines Separatvertrages zwischen KBrandenburg und der Krone Frankreich die Krone Schweden Garantie übernähme, oder wenn Kf. auf dem Universaltractat bestehen wollte, ob dann Schweden dem Kf. Assistenz zusichern könnte. Darauf hat der Kanzler contestiert, „dass er nicht alleine diese Frage vor sein particulier vor eine hohe Gnade aufnehme,“ sondern auch in

allem sich dem Kf. verbunden erachte; der König habe mit Vergnügen wahrgenommen, wie Kf. sich resolvirt habe, dem Rate der Krone Schweden bei diesen weit aussehenden Conjuncturen zu folgen.

Was den Vergleich à part betrifft, so müsse er (Gardie) gestehen, dass wann K Brandenburg einen avantageusen Vergleich haben könnte, der entschieden bei den Contestationen, die Frankreich gethan, nicht zu widerraten wäre; „und ob zwar die Declaration, die der König von Frankreich an den H. Ambassadeur Graf Totten gethan, in etwas herbe schiene und sonderlich, dass er einen Platz zu seiner Versicherung begehrte, so könnte doch auch dieses noch geändert werden, zumalen der König sich in einigen anderen Postulatis durch Remonstration ged. Grafen Tottens weisen lassen; und weil Frankreich der Chron Schweden und einiger anderen Deutschen Potentaten Parole zur Garantie zu vermögen gewilliget, so würde vice versa Frankreich auch dieses amplectiren müssen, und würde sich also die Chron Schweden nicht weigern, hierin vor E. Ch. D. zu garantiren." — Wollte aber Kf. auf Universal-Tractat bestehen, so müsste er bekennen, „dass es wol etwas reputirlicher (wiewol er diese Wörter auf unterschiedliche Art decliniret);" es könnte dann aber Kf. nicht als Mediator mit zum Frieden helfen, sondern würde blos als „ein Theil vom Kriege" consideriret werden. „Bei diesem aber, gn. Herr, hat er die Worte gründlich auf Schrauben gesetzet, und hat doch fast geschienen, als wann er lieber gesehen, dass das letztere beliebet würde, im übrigen hat er grosse Versicherung von der Assistenz gethan."

Mit des Bischofs von Münster Comportement bezeigte er sich durchaus unzufrieden. Ihre M. werde demnächst an den König von Frankreich schreiben, dass dem Bischof eingeschärft würde, sich aller Hostilitäten zu enthalten, oder dass der König vorstelle, dass ohne Frankreichs Widerstand gegen den Bischof agiert würde. An den Bischof selbst solle gleichergestalt geschrieben werden, „jedoch auf eine solche Art, dass es ihm vielleicht nicht gefallen möchte. Die Copeyen von diesem Schreiben hoffe ich nächstens zu schicken. Sonst, gn. Herr, gebe ich redlich wieder, wie mirs gesaget ist, ins Herz ist keinem zu sehen."

Ludolf Lorenz v. Krosigk. Relation. Dat. Stockholm $\frac{22.}{12.}$ April 1673.

[Langsame Entscheidungen. Reiseurlaub für Wangelin abgeschlagen. Des Königs Reise. Truppen nach Deutschland. Uneinigkeit bei den Schweden. Die fremden Minister in schlechtem Respect. Brutale Behandlung des Secretärs Kleinsorgen.]

Auf das KfRescript vom 29. März. 22. April

[1]) Die Declaration vom 17. März.

.... Alleine gn. Herr, es gehet alhier sehr langsam zu, und scheinet, dass man mit gutem Willen bisweilen die Resolutiones aufschiebe, um dass man desto besser nach Einlaufen der auswärtigen Novellen die Mesure der Antwort nehmen kann. Ich habe vor Seiner M. des Königs Abreise noch ein unterth. Memorial überreichet wegen des von dem Herrn von Wangelin Ewrer Ch. D. überreichten Memorial zu Hornburg den 13. März [1]). Allein ich kann keine Resolution noch darauf bekommen, obschon S. M. der König bei Dero Abreise solches befohlen. Heute habe ich wieder bei dem Reichscanzler um Audience angehalten, um des Herrn von Wangelins Urlaub zu der Reise nach dem Duc de Turennne, oder da es sonsten nöthig sein würde, zu sollicitiren. Es ist mir aber dieselbe heute abgeschlagen, weswegen ich bei dieser Post keine Antwort unterth. berichten kann. Seiner M. des Königs Abreise, davon habe ich in vorigen albereit Meldung gethan, und dürfte die Zurückkunft wol vor Pfingsten kaum geschehen. Stracks danach werden Sie nach Schonen, dass also hier wenig zu thun sein wird.

Es ist nun entschieden, dass binnen 6 Wochen $\frac{m}{10}$ Mann von hier nach Deutschland gehen sollen. Der Reichsfeldherr wird selber mit, wie auch der Feldmarschall Helmfeldt, General-Lieutenant Aschenberg, General-Major Schultze und General-Major Wrangel. Die übrigen Officiere sind noch nicht benannt; zu welchem Zweck solches geschehen soll, wird ganz heimlich gehalten. Wangelin wird wol bereits Ouverture davon gethan haben, „daferne es die Hiesigen so treulich meinen, als sie sagen, denn, wenn ich mich nach einigen Dingen erkundige, so bekomme ich die Antwort, dass Mr. Wangelin albereit Ordre empfangen.“ Die Copien von dem Schreiben nach Frankreich und Münster kann Kf. auch noch nicht erhalten, „in summa es werden alle Dinge ins weite Feld gespielet.“ Der RFeldherr wie auch das Kriegscollegium sind gar mit dem Herrn Reichscanzler nicht zufrieden, „und seind sie sehr hart gegen einander, weswegen der Reichsfeldherr garnicht satisfait. Es gehen sonst täglich viel widrige Dinge alhier vor, die fremden Ministri sind wol in überaus schlechtem Respect, ich glaube nicht, dass an einigem Ort in der Welt die Fremden in wenigere Consideration kommen als hier. Wie Ewrer Ch. D. mir mitgegebener Secretarius diese Tage und zwar unverschuldeter Weise tractiret, das werden Sich Ew. Ch. D. von I. Exc. dem Herrn von Schwerin erzählen lassen [2]). Man ist auf diese Masse übel daran, und verlange ich von Herzen die gn. Ordre wieder zurückzukommen, darum ich denn nochmals unterth. bitte.“

[1]) Oben S. 266.

[2]) d. d. Stockholm 12./22. April 1673 berichtet Krosigk an den Freiherrn v. Schwerin von einem blutigen Rencontre zwischen den Secretär Kleinsorgen und

Über die ehrenrührigen Händel des Pfalzgrafen von Sulzbach mit dem RKanzler Bericht mit nächstem.

Ludolf Lorenz v. Krosigk. Relation. Dat. Stockholm $\frac{16.}{26.}$ April 1673.

[Resolution wegen des Armistitiums. Weshalb an Gr. Tott geschrieben, nicht aber an Cöln und Münster. Wangelins Urlaubreise betreffend. Beschwerde des Administrators von Halle. Schottische Kaper. Kriegspraeparatorien.]

Ob ich zwar verhoffet, Ewrer Ch. D. bei dieser Post eine schriftliche Antwort auf das Seiner M. übergebende Memorial (wovon in dem vorigten unterth. gem.) zu schicken, so hat doch dieselbe nicht erfolgen wollen. Und nachdem ich zum öftern angehalten, ist mir endlich mündlich geantwortet, I. K. M. hätten nicht der Noth befunden, auf dieses particulierement was antworten zu lassen, indem Sie auf erlangte Nachricht von Ihren ausgesandten Ministris dafür hielten, dass ein generale Armistitium von allen Seiten beliebet, da denn wegen des particulier Armistitii, als mit Cöln und Münster, besondere Mühe anzuwenden überflüssig sein würde. Immittelst hätten I. M. nicht unterlassen, an den H. Graf Totten zu schreiben und ihm zu befehlen, dass er hiervon gegen den König von Frankreich eine serieuse Erinnerung thun sollte, dass es contra datam fidem wäre, Cöln und Münster also agiren zu lassen. An Cöln und Münster aber zu schreiben, hätten I. M. Bedenken gehabt, indem diese beide stracks Anfangs des Unwesens halber an I. M. Regierung im Herzogthum Bremen geschrieben und über die von Ew. Ch. D. gethane Bedräuung sich beschweret; so hätten aber I. M. ged. Regierung ihnen darauf antworten lassen, wie Sie in den Gedanken ständen, dass sie dem Instrumento Pacis gar zu nahe getreten und dem zuwider sich comportireten. Nun hätte auch itzo Frankreich und diese beide selbst gern gesehen, dass I. K. M. ihnen die Mediation 26. April

---

dem Kammerherrn I. M. der Königin Ribbing auf einer Gasterei bei dem Generalmajor Wolmar Wrangel. Rbg. hat die Veranlassung gegeben. Die Sache ist zwar vertragen worden; dennoch dürfte der Secretär hier zu Lande nicht sicher sein und vielleicht gut thun, voranzugehen. Kr. bittet wieder dringend um seine „Abberufung". „Ich will Ew. Excellenz auf den Knien dafür danken. Ich sehe so gar keinen Nutzen, den ich stiften kann." Verweist wieder auf den Residenten Reuter.

und folglich das Armistitium offeriren möchten, Sie hätten aber hierzu Sich nicht resolviren können.

Anlangend des von Wangelins Urlaub, so würden zwar I. M. zufrieden sein, dass er dann und wann einen Excursum thäte, mit denen anderen Schwedischen Ministris in vorfallenden Sachen sich zu besprechen, es hätten aber I. M. albereits den Herrn Graf Tott, Herrn Sparr und Herrn Ehrensteen, in diesen Sachen und Verrichtungen zu verfahren, aufgetragen. Wegen der Schreiben an Frankreich und Münster, davon ich auch neulich Erwähnung gethan, hätte man sich auch anders resolviret, und wäre gleichermassen dem Herrn Grafen Tott aufgetragen, diese Sachen zu beobachten. „Nachdem ich auch erfahren, dass der Herr Administrator zu Halle einige Klagten geführet, auch eine Specification über den Schaden, so im Erzstifte geschehen (nebst des Herrn von Blumenthals Memorial beigelegt) eingeschicket und I. M. als Garanteur des Westphälischen Friedens um Remedirung angehalten hätte, so habe ich mich gleichergestalt danach erkundiget, um auf dem Fall die behörige Excuse beizubringen. Es ist mir aber hierauf zur Antwort worden, dass das Beschwernisschreiben Ihrer K. M. wäre nachgeschicket; es würde aber wol inter cetera rangiret werden. Auch wurden die Formalien gebraucht, dass, wann I. K. M. einige Völker wohin führeten, könnte man sie so wenig auf einen Mantel setzen oder über Land fliegen lassen, als Andere. Wobei ichs denn vor dieses Mal müssen gut sein lassen."

Beabsichtigte Massregeln gegen die Schottischen Kaper. — Kanonen, Feuermörser und andere Kriegsmaterialien werden täglich in die Schiffe gebracht; sie schicken sich zur Reise nach Deutschland an. „|:Man erinnert, dass es Bremen gelten werde:|". — Der Spanische Ambassadeur hierselbst will versichern, dass die Ruptur mit Spanien ehestens geschehen werde.

Der Kurfürst an v. Krosigk. Dat. Potsdam 18. April 1673. Conc. v. Schwerin.

[Summirt noch einmal die Motive, die ihn bewogen haben, Holland zu helfen aber jetzt andere Consilia zu fassen und das von Schweden proponirte Armistitium anzunehmen. Braunschweigische Allianz. Des Königs Empfindung bei den Reden einige seiner Diener. Zusammenkunft wegen des polnischen Werkes. Schwedische Praetension in Jülich.]

28. April Auf die königliche Resolution hat Kr. zu hinterbringen — dass nachdem bei dem bevorstehenden französischen Krieg alle Potentaten in und ausserhalb Reichs in den Sorgen gestanden, die Kron Frankreich würde die Vereinigte Provinzen ganz subjugiren und alsdann allen Benach-

barten formidabel und gefährlich werden, Wir auch damalen nicht anders verspüren können, als dass ein jeder, ja die Kron Schweden selbst, sich des Werks annehmen und besagte Provinzen schützen helfen würden; dass Wir in solchem Vertrauen, dass von Anderen dergleichen geschehen würde, mit denen Generalstaaten Uns eines gewissen Assistenztractats verglichen, nicht dass Wir selbst mit der Chron Frankreich, mit der Wir allezeit in gutem Vernehmen gestanden, etwas zu demesliren hätten, sondern dass Wir Uns nebst anderen der bedrängten Staaten annehmen und dergestalt des Reichs Sicherheit und Freiheit, soviel an Uns, verwahren helfen möchten. Wir hätten uns auch solches äusserst angelegen sein lassen, wie überall genugsam bekannt. Nachdem Wir aber gesehen, dass alle Anderen, deren Zutretung Wir so gewiss gehoffet, nicht allein zurückgeblieben, sondern Wir wol gar allerhand Gefährlichkeiten von Einigen zu besorgen gehabt und dabei noch beschuldiget werden müssten, als wenn Wir Ursach sein würden, dass das Reich wiederum in Krieg und Unruhe geriete, und dann dazu gekommen, dass I. K. M. in Schweden Uns sowol durch Dero Schreiben als auch durch Dero Abgesandten an Unseren Hof dahin rathen lassen, dass Wir alle Unsere Consilien dahin richten möchten, dass das Reich in Ruhe verbliebe, auch dabei versichert, dass Sie Ihres Ortes den Frieden zwischen denen Chronen und den Staaten zu befördern, Ihro angelegen sein lassen, auch nicht zugeben wollten, dass die Staaten ganz unterdrücket würden, wie Wir dann die dahinzielende fleissige Negociation der Königl. Gesandten im Haag albereit verspüret: so hätten Wir alsolche Considerationes sonderlich I. K. M. Sentimenten dergestalt bei uns praevaliren lassen, dass ohngeachtet aller grossen Avantagen, so Uns angeboten worden, und dass Unsere Armee nicht allein noch in vorigem guten Zustande wäre, sondern auch durch die gethane neue Werbung merklich verstärkt werden könnte, alle Unsere Gedanken dahin gerichtet, dass entweder bei den Universaltractaten, wenn dieselben noch erfolgeten, oder auch sonst ein solches Accommodement gemacht werden möchte, dass das Reich in seinem ruhigen Zustand verbliebe. Zu welchem Ende Wir denn das von I. M. proponirte Armistitium angenommen und Uns dergestalt seiter dieser I. M. gethanen Ouverture in allen Unseren Consiliis und Actionibus betragen, dass Sie genugsam daraus spüren würden, wie gern Wir Uns in allem mit I. M. Consiliis conformiren wollten, hielten Uns auch versichert, dass wann Wir dergestalt allein im Werk gelassen, Niemand fremd finden würde, wann Wir auf alle dienliche Weise und

Wege auf Unsere Conservation bedacht sein müssten, ersuchten demnach I. K. M., Sie wollten allen Dero Ministris hieraus befehlen, dass sie Unser Interesse bei den bevorstehenden Tractaten, und wo es sonst die Gelegenheit giebt, fleissig beobachten mögen.

Des Königs Eintritt in die Braunschweigische Allianz sei dem Kf. höchst erwünscht; es würde ihm lieb sein, wenn der König bei der Zusammenkunft in Braunschweig Ende Mai Jemand da haben würde. — Dass der König „einige Dero Bedienten wider Dero Intention angeführte Reden empfunden“ habe Kf. in dem Vertrauen bestärkt, das er zum Könige trägt. Eine Zusammenkunft in Wien, betreffend das Polnische Werk, würde Kf. gern beschicken; da aber einige Punkte, namentlich was die Religion betrifft, sich dort nicht tractiren liessen, so würde es Kf. angenehm sein, wenn der König sich entschlösse, dieserhalb auch an einem anderen Orte absonderliche Handlung zu pflegen. — Bezüglich der Praetension des Königs in den Jülich'schen Landen werde sich Kf., sobald nur der Friede erzielt sei, so erklären, dass der König daraus seine Freundschaft erkennen solle.

---

v. Krosigk. Relation. Dat. Stockholm 19. April 1673.

[Unterredung mit Gardie. Lehnt eine nähere Zusammensetzung vor der Hand noch ab. Beschwerde über die kfliche Armee. Rencontre des Secretärs Kleinsorgen.]

29. April Auf des Kf. Rescript vom 2. April erneute Unterredung mit dem RKanzler. In unsere Allianz zu treten, hält dieser jetzt nicht an der Zeit, „in Betracht man dadurch einen Schein geben würde, als wäre man einer Partei mehr zugethan, als der anderen, und dürfte bei diesen Friedenstractaten einige Jalousie verursachet werden; daferne man aber sage, dass eine oder die andere Partei den Bogen gar zu hoch spannen wollte, so würden Sie Ewrer Ch. D. nicht aus Handen gehen, und wenn anitzo auch schon der Friede erfolgete, würde man sich alsdann in solchen Estat und Bündnis setzen müssen, dass man dergleichen Gefahren sich nicht mehr zu vermuten“. Der RFeldherr sei vom Könige beordert, ehestens nach Deutschland zu gehen. — Der Mitteilung von der Beschwerde des Administrators von Halle über die kfliche Einquartierung im Magdeburgischen begegnet Kr. unter Hinweis auf des Administrators Verhalten mit Entschuldigungen, so gut es gehen will, und erreicht es auch, dass der RKanzler ihm einigermassen beipflichtet. Wann hierin etwas weiter vorgehen sollte, so wartet er auf bezügliche Verhaltungsordre.

„Das gn. Schreiben, worin die Ursachen, warum mein gn. Herr sich mit der Armee zurücke gezogen, habe ich nicht empfangen, wiewol mich herzlich darnach verlanget, und möchte ich noch wünschen, dasselbe zu haben, denn gestern noch bei dem H. Reichskanzler, und sonst unterschiedene Mal bei dem Reichsfeldherren, einige Discourse davon vorgefallen.“

Hat mit voriger Post den Zwischenfall mit dem Secretär Kleinsorgen berichtet. Da Ribbing wol sterben dürfte, so hat, er um mehrerem Unglück vorzubeugen, den Secretär vorweg schicken müssen. Kf. möge es, bei dessen völliger Unschuld, nicht ungnädig nehmen. Er wird nun wol schon eingetroffen sein. — Sieht mit Betrübnis, dass ihn sein gn. Herr noch nicht wieder haben will; er kann nichts thun, als sich fügen, sieht aber, da der König demnächst nach Schonen geht und alle Minister ihn begleiten, nicht, wozu er hier noch irgend nütze ist.

---

v. Krosigk. Relation. d. d. Stockholm 23. April 1673.

Auf das Kf. Rescript vom 7. April. Sobald der König zurück ist — er wird gegen Freitag erwartet — wird Kr. sofort ein Memorial über die Proceduren des Bischofs von Münster überreichen. — Der RKanzler lässt ihm durch seinen Secretär ein Schreiben der schwedischen Gesandten aus dem Haag[1]) zeigen, des Inhalts, dass der Graf von Waldeck bei Kf. eine glückliche Negotiation gehabt[2]), „indem er alle den vorigten Widerwillen zwischen Ew. Ch. D. und dem Staat redressiret, hätten Sich auch aufs neue wieder verbunden, offensive gegen Frankreich zu agiren, und erwarteten Ew. Ch. D. wie auch der Kaiser nur die völlige Ruptur von Spanien, alsdann würden sie nebst Dänemark und Lüneburg sofort wieder zu Felde gehen. Es hätte auch Mr. Poelnitz die Reste der Subsidien völlig erhalten[3]), wären also von Ew. Ch. D. keine Friedensgedanken zu erhoffen, sondern wären vielmehr Simulationes.“ Der RKanzler habe hinzugefügt, dass er dies nicht glaube, habe vielmehr von Wangelin gewissere und bessere Nachricht. Daran knüpfen sich subjective Erörterungen Kr.'s die, wenn dem so wäre, des Kf. Verfahren (namentlich dem Bischof von Münster gegenüber) rechtfertigen müssten. 3. Mai

Der dänische Extraordinarenvoyé Goulé ist vorgestern angekommen, seine Verrichtungen sind aber noch heimlich. — Der Pfalzgraf von Sulzbach ist noch hier. Die Zwistigkeit zwischen ihm und Gardie ist noch nicht beigelegt.

---

d. d. Coelln a. Sp. 1./11. Mai 1673 Rescript des Kf. an Krosigk: mit dem Geheimen Rat Meinders, den Kf. nach Frankreich schickt[4]), über das, was in Schweden vorgeht, zu correspondiren.

---

[1]) Sparre und Ehrensteen.

[2]) Graf Waldeck war Mitte März bei Kf. in Minden. UA. III, 377 fgg. Die bezüglichen Resolutionen der Generalstaaten ebd. S. 381. 383.

[3]) Unrichtig. S. UA. XIII, 791 ff.

[4]) Diese Gesandschaft UA. XIII, 498 ff.

v. Krosigk. Relation Dat. Stockholm 30. April 1673.

10. Mai Der König ist vorgestern zurückgekehrt und wird, wie es heisst, morgen wieder auf einige Tage weggehen. Eine Antwort auf das von Kr. abgegebene Handschreiben des Kf. hat er noch nicht bekommen können. — Der RKanzler will wissen, dass Kf. sich aufs neue mit Holland verbünde; jetzt sprengt er aus, dass der König von Frankreich sich mit Kf. völlig verglichen und Frieden gemacht habe. Das habe Terlon aus Kopenhagen an den hiesigen Ambassadeur für gewiss berichtet.

„Gn. Herr, es scheinet, als wenn diese Zeitungen mir darum gesagt werden, dass ich wegen der Bremischen Völker nicht ferner Ansuchung thun solle, denn ich gar wol merke, dass sie dieser wegen en peine. Gänzlich abschlagen wollen sie es nicht, und gleichwol werden sie sich zu keiner Assistenz verstehen". Kr. wird sehen, wie man sich ferner zu resolviren habe. — Hat von Schwerin gehört, es sei des Kf. Wille, dass er die Reise nach Schonen mitmachen solle. Wenn sie ihn nur mithaben wollen. Dem Französischen Ambassadeur ist es höflich abgeschlagen. Doch wird Kr. sondiren, wie sie es aufnehmen. In diesem Falle bittet er dringend um Geld zur Equipage. — Des Dänischen Envoyé Anbringen ist noch verborgen, da er noch keine Audienz gehabt hat.

---

v. Krosigk. Relation. Dat. Stockholm 10. Mai 1673.

20. Mai Auf das Rescr. vom 18. Mai hat er wieder ein Memorial übergeben, aber weder auf dies noch auf das vorige Antwort erhalten. Er wird von einem Tag zum anderen vertröstet, doch ohne Effect. An Anmahnen fehlt es nicht. „Man kann aber alhier keinen Schlüssel finden, und scheinet, als wenn sie nicht gar viel trauen." Hier glaubt man gewiss, Kf. habe sich mit Frankreich verglichen; es ist ihnen dabei bange, dass ihnen auf diese Weise die französischen Subsidien entgehen. Kr. sucht ihnen den Irrtum zu benehmen, stellt vor, dass Kf. ja keinen Minister in Paris hätte, und andererseits sei Verjus noch nicht angekommen. Wer sollte also den Vergleich abgeschlossen haben? Sie antworten, der Neuburgische Gesandte Stratmann sei vom Kf. bevollmächtigt gewesen. — Der Dänische Gesandte hat seine öffentliche Audienz gehabt; die Reichsräte Johann Gyllenstern und Griepenhelm sind ihm zugeordnet. Er hat den Tractat zwischen Dänemark und Holland communicirt; da beide nordische Kronen an der Conservation der Republik und Freiheit der Seefahrten einerlei Interesse hätten, und Dänemark sich nur insoweit engagirt hätte, „um sich ohne einige Ruptur in gute Verfassungen und in die Waffen zu setzen", so würde die Krone Schweden Dänemarks Verhalten nicht disapprobiren. —

Der Rest des Upländischen Regiments, in etwa 380 M. bestehend, wird künftige Woche eingeschifft werden. Sonst haben sie 18 Prahmen gemietet, die nach Finnland sollen, auch um einige Truppen abzuholen. — Die Reise des Königs nach Schonen soll vor sich gehen, jedoch ohne einen der auswärtigen Gesandten. Bittet daher um bezügliche Ordre. Kf. möge ihm die Rückkehr vergönnen.

Die nächsten Relationen enthalten meist allerlei Auslassungen über den Separatvertrag des Kf. mit Frankreich ohne wesentlichen Belang. „Soviel als ich penetriren kann, so ist dies Accomodement nicht bei Allen angenehm, sie mögen es auch so gut vorgeben, als sie wollen. Dem Französischen Gesandten Feucquières hat er, nachdem dieser zu ihm geschickt, „da ihre gn. gn. Herren Principalen völlig verglichen wären", die Visite gegeben. — Nähere Mitteilungen über die Händel zwischen dem RKanzler und dem Pfalzgrafen von Sulzbach. Der hat scharfe Worte hören müssen und ist vor fünf Tagen abgereist, ohne dass ein Vergleich erzielt wäre; selbst die Königliche Yacht bis Kopenhagen ist ihm abgeschlagen worden. Da er dem Kf. aufwarten will, wird er wahrscheinlich von diesen Begebnissen Bericht erstatten. — Der RFeldherr hat dem Gesandten zu verstehen gegeben, „dass er gerne von Ew. Ch. D. Kaleschen eine haben möchte. Es ist so viel, gn. Herr, er nimmt gerne etwas geschenket. Ew. Ch. D. werden mir dieses nicht ungnädig nehmen, ich habe es versprechen müssen zu erinnern." — Graf Tott, so wollen Einige ausstreuen, soll vom Könige von Frankreich nicht gar zu wol geschieden sein. Nachdem er seine Abschiedsaudienz gehabt, hat er sich nochmals angeben lassen, um die Condolenz wegen der Kaiserin abzulegen[1]), da ihm denn alle die anderen Königlichen Ambassadeurs vorgezogen, „dass er also, sonder von einigen Andern Abschied zu nehmen, weggereiset".

---

v. Krosigk. Relation. Dat. Stockholm 28. Mai 1673.

[Bewirtung beim Könige auf Amt Schwarzsee. Mit dem RKanzler über den Tractat mit Frankreich. Gute Intention der Krone Schweden. Kfliche Armee. Des dänischen Gesandten Anbringen.

Hat wegen des Königs Abreise des Kf. Schreiben nicht übergeben können. 7. Juni
Der König hat die Gnade gehabt, ihn ganz allein zu sich auf ein königl. Amt, Schwarzsee, 6 Meilen von hier, kommen zu lassen. Dort hat er das Schreiben übergeben und das nöthige dabei beobachtet.

„I. Kön. M. haben mich 4 Tage bei Sich behalten und überaus gn. tractiret. Den einen Abend um 10 Uhr haben Sie zwo Yachten lassen kommen, in einer jeden 6 Trompeter und ein paar Pauken, welche Sie selber geschlagen, und

---

[1]) Die Kaiserin Margarete Theresia, Schwester der Königin von Frankreich, † 12. März.

seind wir die ganze Nacht bis Morgens um 4 Uhr auf dem Wasser herumgefahren. S. M. seind überaus lustig gewesen, haben Ewrer Ch. D. Gesundheit unterschiedene Male getrunken und dabei gewünschet, dass Sie Ew. Ch. D. einmal sehen möchten. Diese ganze Suite bestand in 4 Personen, nämlich Sr. M. dem König, der Königin Gouverneur und Reichsrath Gustav Soob, der Generalmajeur Wolmar Wrangel und ich. Es wollten S. K. M. sonst keinen bei Sich haben. Sie seind nun noch 6 Meilen weiter gangen, haben mich zwar befohlen, auch damit hinzureisen, allein weil Posttag gewesen, so habe ich mich losgemacht, jedoch versprechen müssen, dass ich morgen folgen wollte. Sie werden noch wol in 10 oder 14 Tagen nicht wieder kommen, und ist alsdann die Reise nacher Schonen auf den 12. Juli fest gestellet, warte also mit höchstem Verlangen die gn. Ordre, wie ich mich hierin zu verhalten.“ Ich bin heute wieder bei dem Herrn Reichscanzler gewesen und ihm von den Briefen, die Ew. Ch. D. an die Kais. M. und an die Herren Staaten abgehen lassen, Ouverture gethan. Da er sich dann ganz vergnüget erwiesen, dabei angezeiget, wie erfreulich ihm die Zeitung wäre, dass Ew. Ch. D. Sich mit Frankreich verglichen. Er hat auch wiederholet, wie sein König und die Kron Ewrer Ch. D. deswegen verbunden, und würde solches der Feldherr ehestes bezeugen. Bei diesen führete er mit an, dass die Herren Schweden bishero allerhand Judiciis unterworfen sein müssen, als wann sie ihre eigene Interesse mehr beobachteten als des Deutschen Reichs Wohlfarth. Nun thäten sie gleichwol der ganzen Welt kund, wie beständig sie bishero in ihrer genommenen Resolution gewesen, und wie sie auch noch dabei blieben, dass Holland nicht sollte ganz unterdrücket werden, und dass sie keineswegs zugeben wollten, dass Frankreich gar zu gross würde. Welches sie dann Ewrer Ch. D. vorm Jahre durch den Herrn Canzler Brandt eben auf die Weise auch versichert, wobei dann Ew. Ch. D. nun verspüren würden, wie eine beständige Affection und gut Vertrauen sie meinem gn. Herrn tesmoignirten, und müsste er zwar bekennen, dass vor diesen ganz andere Consilia geführet. Er hätte aber alle Zeit Ewrer Ch. D. Partei gehalten, wiewol ihm nicht unbekannt, dass er bei Ew. Ch. D. ganz anders recommendiret wäre, jedennoch ganz unschuldig. Ich habe ihm nun ganz andere Versicherungen gethan, wie dass Ew. Ch. D. grosse Reflexion auf ihn machten und en particulier viel Affection und Gnade vor ihm hätten. Ich habe hier wol ein klein bischen bei geschworen, aber dem lieben Gott in ipso momento wieder abgebeten. Sonsten war er bekümmert, was Ew. Ch. D. doch nun mit Ihrer Armée machen würden. Er wollte ja nimmer hoffen, das sie sofort würden abgedanket oder einem andern überlassen werden, meinte, wenn es möglich wäre, dass mein gn. Herr sie nur noch 2 Monate halten könnten; die Ursache aber, warum, wollte er nicht anzeigen. Ich habe hierauf zur Antwort geben, dass mein gn. Herr die Armee bei gegenwärtigen Conjuncturen keineswegs noch quartieren würden, es würden sich auch endlich die Mittel, sie zu unterhalten wol finden, worauf er ganz content zu sein geschienen und hat mich ersuchet, seine Person bei Ew. Ch. D. bestermassen zu recommandiren, welche ich ihm auch versprochen. Allein, gn. Herr, ich kann dieses besser mündlich als schriftlich ablegen.

Der Dänische Envoyé thut sehr übel, dass er nichts verrichten kann. Sie werden auf sein Anbringen sich in nichts herauslassen, ehe sie den Contract, der mit Holland geschlossen ist, im Original gesehen haben. — Man sagt, dass der RFeldherr binnen 4 Wochen von hier aufbrechen werde, wiewol der Tag noch nicht bestimmt ist.

Bitte um Erlaubnis zur Rückkehr.

---

v. Krosigk. Relation d.d. Stockholm 31. Mai 1673.

Der RKanzler giebt nach vielen Contestationen und unter Verleugnung 10. Juni
Argwohn erweckender Discurse endlich zu, dass des Kf. Vergleich mit Frankreich dem allgemeinen Frieden diene. Es würde aber bei den Fortschritten Frankreichs weiter sehr diensam sein, sich mit Kf. „zusammenzusetzen und aus Einem Munde zu sprechen, dass Frankreich nach ihrer beider Gefallen den Frieden eingehen müsste“. Im Zusammenhange damit wäre wahrscheinlich, da des Feldherrn Reise sich so lange verzögerte, die Schickung des Generallieutenants v. Mardefeld erfolgen. — Wegen der Requisition Frankreichs an Schweden, wider Spanien zu agiren, ist der RKanzler mit Feucquières ziemlich hart an einander geraten. — Für den Fall, dass Kr. nun mit nach Schonen gehen soll, wie er von dem Freiherrn von Schwerin verstanden, bittet er, ihn „in einige Equipage zu setzen“.

v. Krosigk. Relation. d.d. Stockholm 11. Juni 1673.

Hat eine Post versäumen müssen, weil er erst am vergangenen Sonnabend 21. Juni
mit dem Könige von der Reise zurückgekommen ist.

„I. K. M. haben mich auf etliche Ihrer Aemter, da Sie Ihre Stutereien haben, herumgeführet und sehr viel grosse Gnade bewiesen. In der Rückreise und zwar nicht weit hier von Stockholm, haben I. M. eine kleine Debauche gemacht, Ewrer Ch. D. Gesundheit getrunken und dabei alle Stücke auf unterschiedenen Jachten losbrennen lassen, welches wol so ein anderthalb Stunden gedauert. Als aber die Constabel mit der Ladung ein wenig übereilet, hat der eine das Pulver, ohne das Stück zu wischen, hinein gethan, da sich dann das Pulver sofort gezündet, dass er solchen Schlag davon bekommen, über Bord gefallen und versoffen. War also die Lust in einem Augenblicke zum Ende.“

Auf des Kf. Rescript vom 16. Mai hat Kr. vorgestellt, dass die Einlogierung der Regimenter ins Erzstift Magdeburg nicht wider des Administrators von Halle Willen geschehe, auch dass Kf. gewillt wäre, sobald wie möglich, und zwar je eher je lieber, die Quartiere zu besuchen. Man ist hier zufrieden damit, und Kf. werde nicht zu eilen haben. — Der Französische Ambassadeur hält täglich an, mehr Völker hinauszuschicken. Man zweifelt nicht an einem besonderen Vorhaben der Schweden. Doch ist alles sehr heimlich. Drei Buss- und Bettage sind im ganzen Reiche ausgeschrieben und am Freitag wird der Anfang damit gemacht. Kr. glaubt an keine Sinnesänderung Schwedens zu gunsten der Holländer. Bei der Nachricht vom Einmarsch Türennes in das Fuldaische und vom Ansinnen Ludwigs XIV. an den Kaiser, sich schriftlich zu reversiren, dass er die holländische Partei quittiren wolle, habe Gardie geäussert: man könne es Frankreich gar nicht verdenken, dass es „sich in Zeiten versicherte, was es sich von einem und anderen Ort zu versehen“ — immer aber mit dem Anhängsel, dass Schweden nicht gemeint wäre, Holland ganz unterdrücken zu lassen. Der RKanzler behauptet weiter, die Abschickung eines Extraordinärenvoyé an Kf. täglich treulich zu rathen; der König, von Kr. selbst darüber befragt, hat „sich ganz fremd gestellt“ und gesagt, dies wäre nicht nötig, da ja Wangelin alles, was bei Kf. zu berichten wäre, wol negotiiren könnte, „dass also in meinem Glauben ganz confus werde“.

Des Polnischen Abgesandten Ankunft ist noch ganz ungewiss; die Schweden wollen ihn nicht admittiren, „wofern die Instruction unter dem Litthauischen Siegel angefertiget wird“. Der Dänische Envoyé hat noch nichts ausgerichtet, man streitet, welche Krone mit den Vorschlägen den Anfang machen soll. Es ist auch ein Württembergischer Gesandter hier, welcher bei beiderseits M. M. um die Darmstädtische Prinzessin angehalten und Ihr die Praesente überbracht hat. Binnen 14 Tagen gehet sie von hier ab. „Die Schonische Reise ist den letzten dieses Monats festgestellet. Und weil ich bis dato keine gewisse Ordre erhalten, so habe noch das unterth. Vertrauen, Ew. Ch. D. werden mich gegen diese Zeit in Gnaden abfordern lassen, auch gn. befehlen, dass ich Geld bekommen möge.“

Resolution der schwedischen Commissarien. Dat. Stockholm 14. Juni 1673.

Erklärung, dass der König die schwedischen Ambassadeurs in Cöln beordert habe, des Kf. Anliegen in der Friedensangelegenheit zu unterstützen und die Generalstaaten zu verbinden, dass sie dasjenige, was er von ihnen noch rechtmässig zu fordern habe, auszahlen.

Resolutionen d. d. Stockholm 8. Mai 1673. und 10. Mai 1673. bestätigen des Kf. Proposition.

---

v. Krosigk. Relation. d. d. Stockholm 18. Juni 1673.

Hat auf das Rescr. vom 1. Juni nachmals vorgestellt, dass die Delogirung der zwei Regimenter aus dem Magdeburgischen auf Anhalten des Königs geschehen sei, was denn sehr gut aufgenommen worden ist. Die abgedankten kflichen Völker seien, nach Wangelins Bericht, brave Leute; ob Kf. vergönnen würde, dass sie, sowol Officiers als Gemeine, in Sr. M. Dienste träten, „jedoch ein jeder aus freiem Willen und vor Geld". — Von Abschickung einer Gesandschaft an Kf. ist es wieder ganz stille. Dass sie „ein stark Corpus in Deutschland formiren werden", ist wol ganz gewiss. — Dänemark traut man gar zu wenig. — Allen fremden Gesandten soll des Königs Reise notificirt werden mit der Eröffnung, dass S. M. den RTruchsess nebst einigen Reichsräten in der Residenz liesse, „um ihre Affaires zu depeschiren". Doch ist Kr, wie ihm der König gesagt hat, nicht damit gemeint; man wolle ihn gar nicht mithaben. Erwartet Verhaltungsordre. Ihm würde es das liebste sein, „Ew. Ch. D. hinwieder die Hände zu küssen". Des RFeldherrn Abreise nach Deutschland ist noch ungewiss, weil er sehr krank ist; er kann weder Arme noch Beine regen. — Die Königin praetendirt in den Briefen des Kf. den Titel ‚Grossmächtigste', wogegen sie sonst Bedenken haben würde, die Briefe anzunehmen. — Die Reise nach Schonen geht den 27. vor sich. Kr. bittet daher um Geld. 28. Juni

---

v. Krosigk. Relation. d. d. Stockholm 25. Juni 1673.

Uebersendet abschriftlich die schwedische Antwort auf das Memorial vom 10. Juni und den Brief des Königs Karl XI. an die Gesandten in Cöln. — 5. Juli

Des Königs Reise geht nun sicher den 30. vor sich. Am Tage der Abfahrt wird er noch eine See-Bataille halten. Heute begleiten beide M. M. die Prinzessin von Darmstadt „bis in die Thalern zwei Tagereisen von hier". Der König hat Kr. befohlen, auch dort mit hinzureisen. — Gestern ist der RKanzler vorangegangen, um I. M. auf seiner Grafschaft zu tractieren. Er hat allen Königlichen Ministern die Visite gegeben und Abschied von ihnen genommen. „Meine Person wie auch die Fürstliche Ministri seind aber mit solcher Gande verschont worden, die Hoffahrt hat solches nicht wollen zugeben und weil dort, wann man sich darüber beschwert, nichts ausgerichtet wird, so habe nicht viel Wesens davon gemachet, jedoch in etwas zu verstehen geben. Vor seiner Abreise bin ich noch bei ihm gewesen, da er mir seiner Gewohnheit nach grosse Contestationes gethan und unter anderem im Vertrauen gesagt, wie ihm der itzige Zustand in Deutschland so gefährlich anscheine und zugleich betrübte, dieweil es schiene, als wenn es immer ärger werden dürfte". Der französische Ambassadeur hatte ein Memorial übergeben, darin er aufs neue auf Assistenz gedrungen.

Excess des Spanischen Envoyé Conte Nuñez gegen eine französische Dame — angeblich wegen einiger Kuppeleien; er hat sie fast zu Tode geprügelt, sie hat ihn aber „wie man sagt, disarmiret und den Stock noch in Verwahrung". Die ganze Stadt ist darüber allarmirt. Des RFeldherrn Krankheit hält an. Er lässt niemand zu sich kommen. Einige wollen glauben, „dass es eine Staats-Krankheit sei". — Der Reichsmarschall Oxenstiern ist gestorben. Bengt Oxenstiern werde, so meint man, die Charge wiederbekommen.

Bedankt sich für die Permission, zurückkehren zu dürfen, die er durch Schwerin erhalten hat, und erwartet mit Verlangen seine Abberufungsordre.

---

v. Krosigk. Relation. d. d. Stockholm 2. Juli 1673.

12. Juli Sagt für das kf.liche Abberufungsschreiben seinen unterth. Dank. Hat den Brief an den König sofort übergeben. Da der aber in Begriff gewesen, seine Reise anzutreten, so hat er dem Gesandten befohlen, zu folgen und auf der Reise Abschied zu nehmen. Soll geschehen, sobald der Wechsel angekommen ist. — Folgt Beschreibung der Seebataille, die nächstens in Kupfer gestochen wird. An 50 Yachten waren beteiligt. Der Reichsadmiral war mit auf des Königs Schiff; Reichsvizeadmiral Graf Niels Brahe war der Feind.

Verwichenen Montag, vorgestern früh, ist S. M. von hier gegangen. „Sie befahlen mir gn., bis auf das Mittagsmahl mitzuziehen, da dann I. K. M. auf dem Schiffe Ewrer Ch.' D. und Dero hohen Familie Gesundheit unter dem Stücken-Knall zum öfteren getrunken. Gegen Abend haben Sie mich wieder gn. dimittiret. Es ist sonst keiner von den hier seienden Ministris mit gewesen."

Von einer starken Armatur in Deutschland wird täglich gesprochen. Der Feldmarschall Hellenfeld, der nun Reichsrat geworden, ist vor 3 Tagen von hier nach Pommern gegangen, um die Truppen in Deutschland zu commandiren. Der Reichsfeldherr, noch nicht gesund, hat Ordre, dem Könige zu folgen. — Binnen vierzehn Tagen wird der Reichsfeldzeugmeister Oxenstiern in Ambassade nach Moskau geschickt. Man erwartet hier einen Kaiserlichen und Holländischen Gesandten, von dem Polnischen aber ist es ganz still. — Der König hat ihm am vergangenen Sonntag ein Gevattergeschenk für I. D. Prinz Karl zugeschickt: es ist ein Kleinod, darin des Königs Contrefait. „Werde es wolverwahret im Unterth. überbringen." Dem Ober-Kammersecretär, der es ihm zugestellt, hat Kr. ein Praesent von 50 bis 60 Thlrn. gegeben. —

Er hat dem Mecklenburgischen Residenten Reuter die Correspondenz aufgetragen. — Mit den nur 600 Thlrn., die er empfangen soll, muss er nothwendig Schulden machen; bittet unterth. um Befehl, dass er in Hamburg bei dem k brandbg. Residenten „noch Ein 600 Thlr. finden möge, damit ich den Credit alhier behalten möge, es würde ja sonst gar zu schimpflich sein. Es stehen mir bis hieher bei die 1500 Thlr. nach[1]).“

---

[1]) Der Gesandte v. Krosigk † 12. September 1673, im Duell erschossen vom Obristlieutenant Hans Christoph von Strauss. In seinem Nachlass finden sich allerlei religiöse Gedichte, die auf heftige vorangegangene Gemütserschütterungen schliessen lassen.

b. Schwedische Missionen nach Brandenburg.

Wolfradt und Wangelin am kurfürstlichen Hofe.

Creditif (lateinisches) für den Pommerischen Regierungsrath Hermann Wolfradt[1]) bei seiner Sendung an den Kfürsten. Dat. Holmiae 4. April 1672. Unterschrieben von der Königin und den 5 Reichsämtern[2]).

Die Conferenzen finden zwischen dem Abgesandten Wolfradt und den Brandenburgischen Commissarien Oberpräsidenten O. v. Schwerin, den Geheimen Räthen v. Somnitz, v. Jena statt.

31. Mai Erste Conferenz, 21. Mai 1672.

Abges.: I. K. M. hätten nötig befunden, bei den gefährlichen Conjuncturen auf Mittel bedacht zu sein, wie der Friede zu erhalten und das gute Verständnis mit Sr. Ch. D. zu cultiviren sei. Er habe den Allianztractat[3]) zwischen Schweden und Frankreich übergeben, und eine Conferenz beliebt; falls S. Ch. D. „einige Dubia dabei hätten, worüber Sie eine Elucidation begehreten", so wäre er befehligt, solche zu thun.

Oberpraes.: Bei dem Auftrage, mit ihm in Conferenz zu treten, hätte Serenissimus es darauf genommen, dass er (Abgesandter) seine Proposition wiederholen würde; er werde demnach darum ersucht.

---

[1]) Das ist die Schreibung im Autograph. Das Creditif hat Wulfrath.

[2]) Petrus Brahe Comes in Wissingsborg, R. S. Drotzetus. C. G. Wrangel R. S. Archistrategus. Gustav Otto Stenbock R. S. Archithalassus. Magnus Gabriel de la Gardie R. S. Cancellarius. Gustav Baner l. R. S. Thesaurarius [Thoel Oernsted].

[3]) gedr. Mignet, Succession d'Espagne IV, 365fgg.

Abges.: betont des Königs Gesinnung für Frieden und Ruhestand des evangelischen Wesens. Diesen Friedenszutand unverrückt zu erhalten, liesse sich hoc rerum statu kein besseres Mittel ersinnen, als Frankreich, „welches itzo die grösseste Force auf den Beinen hätte, und von dessen vasten Desseinen sowol gegen das Evangelische Wesen als Deutschland selbsten so viel Rufens gemacht worden", zu obligiren, dass es sich dahin erklären möchte, im Reiche nichts zu veranlassen, was dem Instrum. Pacis zuwider laufe. Frankreich habe Parole gegeben, so lange es vom Reich keinen Anlass empfinge, das Instrument aufrecht zu erhalten, dabei aber auch vom Könige von Schweden gefordert, dass I. M. „als pars principalis paciscens insoweit wiederum assistiren möchte, damit es [Frankreich] vom Röm. Reich gesichert sein könnte". Worauf der König von Schweden endlich resolvirt, die Defensivallianz mit Frankreich zu schliessen; sie habe kein anderes Absehen, als das Instr. P. unverbrüchlich zu conserviren. S. M. haben nötig erachtet, allen seinen Freunden, in specie S. Ch. D., davon Part zu geben, nicht zweifelnd, „Sie werden solche gute Intention approbiren".

Oberpraes.: Sr. Ch. D. „gleichmässige Intention" wäre aus „Dero steten Conduite und Interesse abzunehmen"; das habe sowol der Abgesandte am hiesigen Hofe wie der schwedische Hof vom Kanzler v. Brandt erfahren. „S. Ch. D. hätten vermeinet, dass der Französische Krieg wider Holland durch Interposition hätte sollen aufgegriffen werden, weshalb Sie auch auf I. K. M. Staat gemacht und verhoffet, I. K. M. würden desfalls mit Sr. Ch. D. correspondiret und Sie dazu gesetzt haben". Nachdem Schweden aber dieses Foedus mit Frankreich gemacht hätte, das zur Zeit noch nicht gelesen noch erwogen wäre, so möchte Abges. hiezu die Zeit vergönnen, damit S. Ch. D. Sich ferner darauf vernehmen lassen könnten. Kf. hätte, ehe er Nachricht von diesem Bündnis gehabt, dafür gehalten, („weil Frankreich in Deutschland mehr nicht als Elsass hätte, und keine Apparenz wäre, dass solches von Jemands würde angegriffen werden"), dass der König in Frankreich nicht Ursache gehabt hätte, „ein solches Foedus zu suchen und solche Praecautiones zu machen, als wenn der Friede im Reich gegen ihm würde gebrochen werden".

Abges.: Es wäre auch bei I. M. in Schweden nach dem getroffenen Foedus keine andere Intention, als das Feuer zu dämpfen. Sie hätten auch den Grafen Koenigsmark[1]) Ordre gegeben, bei Frankreich die Mediation anzubieten, würden auch durch eigene Abschickung bei England und Holland desgleichen thun. Wie dieser Krieg zwischen ihren Foederatis entstanden, so wollten sie dieselben zum Frieden anmahnen, „wenn Sie nur zuerst erfahren könnten, wer pro agressore zu halten, und wer das Tort hälte, dass solcher Theil obligiret werden möchte, die Sache zu billigmässige Compositionsmittel kommen zu lassen". Es würde dem Könige lieb sein, wenn S. Ch. D. mit I. K. M. über diese Mittel treulichst berieten. Sie hätten nicht unterlassen, dem Kaiser solches ebenmässig an die Hand zu geben, und wären bereit, sich mit

[1]) Oben S. 266.

dem Kaiser und anderen Ständen des Reichs über diesen Punct in eine nähere Intelligenz zu setzen.

Wegen Kurcölns und des Bischofs von Münster wäre I. K. M. zu Schweden Meinung gar nicht, den Kaiser oder Andere zu hindern, wenn sie dieselben davon abmahnten, „zumal wenn Cöln und Münster fortfahren sollten, dergleichen turbas auszurichten. Wie aber der König ungern sähe, dass Cöln und Münster dies thäten, also würde er auch nicht gern sehen, dass Frankreich Gelegenheit hätte, demselbigen in das Reich zu convoyiren“. Communicirt die Resolution, die dem Statischen Abgesandten van Haren gegeben ist, und bemerkt ferner: „I. M. besorgeten, dass occasione der Clevischen Städte etwa Anlass möchte genommen werden, dass es das Ansehen hätte, als ob der Friede im Reiche gebrochen wäre, wann Frankreich dieselbe attaquiren sollte; gleichwol wäre unleugbar, dass die Holländer ihre Garnison darinnen hätten, dahero man Praetext nehmen möchte, selbige zu attaquiren“. Indes, meint er, es würde vom Könige von Frankreich zu erhalten sein, die Festungen unangegriffen zu lassen, wenn nur das Reich, in specie KBrandenburg ihm Versicherung geben wollte, dass er daraus nicht incommodirt werde. Der König von Schweden würde dazu alle gute Officia beitragen, wenn er nur von Sr. Ch. D. vernehmen möchte, „auf was Art Sie solches am füglichsten werkstellig zu machen vermeinen“.

---

3. Juni

Zweite Conferenz, 24. Mai 1672.

Oberpraes.: Referat an den Kf. Dessen Dank. Die Commissarien nehmen sich nun die Freiheit, den Abgesandten zu bitten, dass er der Krone Schweden Stimmung über Nachfolgendes eröffne.

ad artic. IV. 1. Anfänglich haben S. Ch. D. aus artic. 4 ersehen, dass beide Könige sich verbunden, keinen Turbatores pacis im Reiche Hilfe zu leisten. Weil nun bekannt, dass Churcöln und Münster solche Dinge begonnen, woraus unfehlbarlich turbae im Reiche entstehen werden, indem sie einen benachbarten Freund des Reichs lacessiren und denselben allem Vermuten nach dahin bringen werden, dass er nach aller Völker Recht sie wieder in ihren Landen angriffe, wodurch die Benachbarte zugleich mit werden leiden müssen: so möchten S. Ch. D. gern I. M. Meinung wissen, ob Sie nicht, wann entweder das Reich oder die nächsten Kreise oder auch Jemand aus demselben dahin trachten würden, Cöln und Münster in solchem schädlichen Vorhaben zu hindern, denenselben darunter assistiren wollten.

2. Ferner ob der Artic. 4 so viel zu verstehen geben soll, dass Niemand aus dem Reich dem Staat assistiren möge? S. Ch. D. können nicht davor halten, dass I. M. Meinung solches sei, weil es contra jura foederum, so den sämtlichen Ständen zuständig, laufen, auch end-

lich daraus folgen würde, dass kein Stand des Reichs dem anderen assistiren könnte, und also die Constitutiones Imperii würden geschwächet werden.

3. Drittens ist in dem Articul 4 nicht exprimiret, von was für Feinden es zu ersehen, ob auch die darunter begriffen, welche von den Kronen angegriffen werden und sonsten nichts als Frieden verlangen, sich auch zu aller billigmässigen Satisfaction, im Fall man einige befugte Praetension an sie hätte, erbieten.

4. Ob dieser Articul auch dahin zu deuten, dass ein Stand des Reichs durch allerhand zureichende Mittel nicht verwehren solle, dass ein Ander dessen Lande mit eigenmächtiger Einquartierung, Durchzügen und dergleichen beschwere. S. Ch. D. vermeinen sonst, dass ihm solches nicht allein vermöge Friedensschlusses, sondern auch aller Völker Recht frei stünde.

ad artic. V. VI. Weil in diesen articulis die Conservation des Friedens zum Fundament gesetzet wird, und die Foedera darauf gemacht werden sollen, ob dann nicht I. M. Intention sei, dass solche gegen Coeln, Münster, wie auch andere Auswärtige, so auf dem Reichsboden Armeen haben und noch ferner bringen und das Reich dadurch verunruhigen und in Sicherheit setzen, zu gebrauchen, oder was Nutzen das Reich sonst aus solcher Verbündnis zu gewarten haben solle?

art. VII. IIX. In diesen und einigen folgenden artic. sind solche Dinge enthalten, so das ganze Reich, Haupt und Glieder angehen, dahero S. Ch. D. vor sich desfalls Sich nicht herauslassen können, sondern halten davor, dass es nötig sein würde, bei ehester Gelegenheit desfalls mit anderen Communication zu pflegen, sonderlich weil S. Ch. D. vernehmen, dass I. M. diesen Tractat auch weiter im Reich communiciren lassen.

art. XVII. S. Ch. D. halten davor, dass zu der Zeit, wie diese Tractaten gemacht, von Frankreich noch nicht zugestanden worden, dass es seine Armeen ins Reich führen und den Staat aus demselben infestiren wolle, dann sonsten dasjenige, was hier disponiret, mit solchem Verhalten wie auch des Churfürsten von Coeln und Bischofs von Münster Beginnen gar nicht übereinkommt.

ad art. XIIX. Si quis alienis negotiis ad imperium non pertinentibus se immiscuerit. Ob dieser Artikel dahin sollte gedeutet werden, dass wan ein Stand des Reichs seine Lande mit fremder Kriegsmacht bezogen siehet, allerhand extrema gewärtig sein muss, überdem seinen Alliirten vi foederis zu assistiren schuldig und alsdann der Wache sich opponiret, er davor gehalten werden solle, quod rebus alienis se immiscuerit?

Abgesandter erklärt die angeführten Puncte „für altioris indaginis“ und verspricht, sie aus seiner Instruction zu beantworten. Weil ihm aber sein König nicht allein committirt hätte, die etwa vorkommenden Dubia nach Anleitung seiner Instruction zu benehmen, sondern auch die Ursachen, wodurch dies Foedus veranlasst sei, und zweitens ihre wohlgemeinte Intention bei diesem Werk ausführlich vorzustellen, so hofft er, es würde den Commissarien nicht entgegen sein, „dass von diesen beiden Puncten mittels Aussetzung der Dubiorum er itzt Ouvertüre gäbe, weil Zweifels ohne sich darbei eines und anderes zu Tag legen würde, welches eines und die andern von den movirten Dubiis aufheben und expliciren wird.“

1. „Die erste Ursache, so I. M. zu diesem Foedus bewogen, sei gewesen, die sorgfältige Erwägung derer Mittel, durch welche der so theuer erworbene Friede im R. Reiche dem Evangelischen Wesen zum besten und zu eines jeden Reichsstandes Sicherheit unverrücket erhalten und bei den imminirenden weit aussehenden Läuften dawider nichts schädliches machiniret werden möchte.

Zum andern hätten I. M. zu Ihrer Reiche und Lande Besten in einer Zeit und Conjunctur, da alles in Apprehension vieler Unruhe begriffen, sich um gute Verständnis mit anderen umsehen müssen, um sich nicht allein von der Seite, daher die Gefahr vermuthet worden, à couvert zu setzen, sondern auch einen guten Rücken und Beistand zu haben, wenn sich einer oder anderer solcher gefährlichen Occasion, der Kron Schweden Schaden zu thun, bedienen wollte.

Weil nun zum dritten dazu reale Freunde vonnöthen, ist übrig gewesen, entweder dieselbe zu suchen, oder auch dieselbe, so ihre Freundschaft angeboten, anzunehmen und sich derselben durch einen starken Band zu versichern.

Dass aber I. M. mit dem Hause Oesterreich, so Kaiserlicher als Spanischer Seiten, und anderen mehr, so ihrer Partei zugethan, in eine beständige Correspondenz zu setzen, bezeuge der mit Herrn Basserode, Kaiserlichen Abgesandten, geschlossene Tractat, wiewol derselbe nur verstümmelt von I. Kais. M., zu I. K. M. in Schweden nicht geringer Verunglimpfung, ratificiret, nachgehends gar ins Stecken gerathen, und man noch diese Stunde, da I. M. einen eigenen Ministrum am Kaiserlichen Hofe habe, nichts gewisses entschliessen will. Dann bezeuge auch dasselbe die Schliessung der Triplealliance und die Beförderung des Aachenschen Friedens, dagegen aber von Spanischer Seite man I. M. von einer Zeit zur andern aufgehalten, bald Mine gemacht, durch des Königs von England Beförderung in London, bald in Hamburg, bald durch den Envoyé Graf Nuñez tractiren wollen, welches alles aber nur blosse Worte gewesen, weil ged. Nuñez nimmer rechte Vollmacht gehabt oder versichern können, dass er solche bekommen würde, zu geschweigen, dass sich Spanien so difficil erwiesen, die von Engel- und Holland bedungene Subsidien zu zahlen, da doch die Armée, so in I. M. Provinzen zu Beförderung solchen Friedens gehalten, ein weit grösseres gekostet.

Weil nun an selbiger Seite die so hochnöthige und gesuchte Freundschaft nicht zu finden gewesen, die mit einem und anderem Chur- und Fürsten des Reichs habende Particular-Foedera, so I. M. unverbrüchlich zu halten vermeinet, zu dem Zweck einer benöthigten Defension nach dem Fusse, wie sie damalen eingerichtet, bei diesen itzigen Conjuncturen nicht allerdings suffisant sein möchten: so hat man sich zu denen, so ihre Freundschaft angeboten, wenden und ihr Interesse, wie weit es mit I. M. compatible, examiniren müssen, und hat zwar Holland, nachdem die zwischen I. M. und Ihnen in vorigen Zeiten gewesene Irrungen gehoben, anitzo vermittels Offerirung gewisser Subsidien zu desto besserer Unterhaltung einer Armée eine nähere Allianz praesentiren lassen. Weil aber solches zu der Zeit geschehen, da Frankreich und England schon den Krieg wider sie declariret, hat man, ohne mit beiden Kronen öffentlich zu brechen, solches nicht wol eingehen können. Frankreich und England haben ebenmässig gesuchet, I. M. in societatem belli contra Hollandos zu ziehen, so ihnen aber abgeschlagen, dennoch gleichwol endlich rathsam befunden [worden], mit Frankreich das alhier communicirte Foedus defensivum pro securitate Imperii Romani et conservatione pacis Westphalicae zu schliessen.

2. Den zweiten Punkt betreffend ist I. M. Intention bei diesem ganzen Werke diese gewesen: weil man von des Königs in Frankreich gegenwärtiger starker Armatur so grosse Ombrage nimmt, I. M. gesuchet, durch diese Bündnis aufs wenigste zu verhindern, dass er wider besagten Frieden und eines Jeden in Deutschland darauf gegründete Securität nichts verfängliches tentiren, und also gedachtem Frieden eine sichere Mauer gleichsam vorgezogen werden möchte, massen aus vielen Französischen bishero geführten Actionen, so dem Instrumento pacis nicht allerdings conform, zu befahren, dass es sich mehrer Attentaten bei habender Gelegenheit unterfangen möchte, und dahero so viel mehr nöthig gewesen, dasselbe hinfüro zu Observirung des Westphälischen Friedens so viel kräftiger zu obligiren und dessen veste Desseins, so weit sie auf Deutschland angesehen, in gewissen Schranken zu halten, wie denn I. M. zu mehrer Bezeugung Dero aufrechten Intention gänzlich resolviret sind, im Fall Frankreich (seiner gegebenen Parole und dieser Bündnisse zuwider) den Ruhestand im Römischen Reiche einigermassen beleidigen sollte, sie die ersten sein wollen, sich demselben zu widersetzen, auch zu solchem Ende nicht allein mit I. Kais. M., sobald es Deroselben nur gelegen, das zu solchem Ende aufgerichtete Bündnis zu schliessen, besondern auch mit anderen Churfürsten und wolgesinnten Patrioten aufs neue alle von ihnen zu dem Ende desiderirete Foedera einzugehen, in specie mit denen Evangelischen, wann es weiter ausbrechen sollte, dass ein Religionskrieg darunter verborgen, wiewol allem Ansehen nach solches nicht zu befahren, indem der Kaiser und Spanien der Holländischen Partei favorisiren und England mit Frankreich engagiret, daher dieses nur scheinet von beiden Theilen zum Praetext gebraucht zu sein, um viele Freunde in ihr Seil zu ziehen.

Gleichwie nun hieraus zur Genüge erhellet, dass Ihrer M. Intention ganz nicht sei, Frankreich in seinen fast in ganz Europa formidablen Desseinen zu stärken, oder auch die dadurch Angefochtene in ihrer Defension zu hindern, massen sich solches aus der auf die vorgekommene Dubia abgebenden Declaration mit mehrem zu Tage legen würde: also wären im übrigen I. M. völlig incliniret, diese angegangene und weit um sich fressende Kriegsflamme aller Möglichkeit nach zu dämpfen, denen kriegenden Theilen ihre Mediation zu offeriren, solche auch mit sothaner Vigueur zu poussiren und zu solchem Ende sich dermassen in Verfassung zu setzen, dass, wenn man nur sehen und erfahren wird, welchem Theile die Aggression eigentlich beizumessen, den Beleidigten alle Satisfaction geschaffet, und was das andere Theil in Güte nicht will, es mit zusammengesetztem Rath und Kräften dahin gehalten werden möge, sich mit seinem Gegentheil zu vereinbaren, zu welchem heilsamen Zweck, gleichwie I. K. M. fest vertrauen, dass S. Ch. D. an Ihrem hohen Orte mit cooperiren werden, also haben Sie nicht unterlassen wollen, Deroselben davon zu Bezeugung Dero Freundschaft und Entdeckung der wolgemeinten Intention hiervon Part geben zu lassen, zu S. Ch. D. hohem Belieben stellend, ob Sie noch etwas mehrers zu solchem Zweck dienlich I. M. an Hand zu geben hätten, als welches Sie in gebührende Consideration ziehen würden.“

---

4. Juni

Dritte Conferenz, 25. Mai 1672.

Abgesandter erstattet Bericht über die Dubia:

ad 1. „diente zur Nachricht, dass I. K. M. zu der Zeit, wie dieser Articul abgefasset, von solcher bei Chur-Cöln und Münster genommenen Entschliessung noch nicht informiret sein können. Als Sie aber nach der Hand von dem Chur-Cöln- und Münsterischen Vorhaben etwas erfahren, haben Sie resolvirt, sowol I. Kais. M. als Dero Freunde im Reich davon Part zu geben nöthig erachtet, dass zum Fall Cöln, Münster oder sonst jemand im Reich in Faveur Frankreichs solche turbas, die dem Friedensschlusse entgegenlaufen, inner- oder ausser Reichs zu moviren sich unterstehen, und I. Kais. M. nach Anleitung der Reichssatzungen sie davon, soweit gütliche Abmachung nicht zureichen, mit gewappneter Hand selbst oder durch andere Reichsstände abzuhalten entschliessen sollten, I. K. M. ihr solches nicht entgegen sein lassen, oder dem Westphälischen Frieden zugegen gehandelt ansehen wollen, massen sie nach dessen Richtschnur beregten Articulus quartus foederis und die Casus, so daraus formiret werden können, allerdings verstanden haben wollen.

ad 2. dass wie I. K. M. Meinung niemals gewesen, etwas wider die denen sämtlichen Ständen zustehende Jura foederum et Imperii Constitutiones zu veranlassen, also Sie gleichwol der Meinung seien, dass solche an Holland [zu] leistende Assistenz nach der Norma des Instrum. Pacis Westphalicae § *ut eo sincerior* allerdings zu reguliren nöthig sein wolle, damit diejenige, so aus dem Reiche Frankreich anderswo heimlich anzugreifen etwan gehen möchten, nicht mit Fug und aller Völker Rechten nach, von einem Theile dessen gegenwärtigen considerablen Macht in das Ihrige zurück begleitet, und also ein schweres Kriegsfeuer hier und da in Deutschland zu dessen allgemeinen Gefahr und schädlichen Combustion angezündet werden möge. Sonst aber wird I. M. nicht entgegen sein, wann einer oder andere an Holland Hilfe thun wollte, um sich desto kräftiger anderen ihren Feinden, so nicht consortes pacis Westphalicae seind, widersetzen zu können.

ad 3. Ob auch dieser Articul von solchen Feinden rede? Resp. Weil der § *ut eo sincerior* im Instrum. Pacis darunter keine Dinstinction machet, hat dieser Articulus dieselbe auch nicht exprimiren können. Wer sonst eigentlich der Aggressor in diesem Kriege sei, wird vor der Hand und ehe die Sache recht untersuchet, so leicht nicht zu definiren sein, massen nicht eben derselbe Aggressor, der einen anderen mit Kriege am ersten überziehet, sondern es könnte auch wol derselbe pro aggressore gehalten werden, welchen durch Injurien und anderen unbefugten widrigen Begegnungen dem Gegentheil die Waffen und eine rechtmässige Ahndung abgenöthiget. Wer nun auf dieser oder jener Seite an dieses Krieges Unheil die grösseste Schuld habe, lässet sich von einem und anderen allein nicht definiren, sondern es muss solche zuforderst nach den Regulen der Justiz und Honestät examiniret und mit allem Ernst währender Zeit dahin getrachtet werden, wie dieses Kriegsfeuer in seiner ersten Flamme, und ehe es durch der Benachbarten und anderer Zuthun weiter aufgeblasen wird, gelöschet werden könne, dazu I. M. allen Fleiss anwenden, auch zu solchem Ende die Vermittelung den streitenden Theilen alsofort anbieten werden, dabei sich dann bald äussern wird, welchem von beiden Parteien die Aggression mit Fug beizumessen, die auch dannenhero wegen der zum Kriege gegebenen Ursach in Tort gesetzet und mit zusammengesetztem Rath und Kräften dahin gehalten werden kann, mit dem Gegentheil sich auf billige Art und Weise zu vereinbaren.

ad. 4. Wegen der Durchzüge .... Man hoffet, I. M. werden dafür halten, dass solches einem Jeden freistehe. Sonsten seind die Reichsconstitutiones und Instrumentum Pacis, worauf sich dieses Foedus gründet, so klar, dass mit Fuge von I. M. nicht praesumirt werden kann, als ob denenselben zuwider etwas in diesem Foedere veranlasst wäre.

Ad art. 5 u 6. Wann sowol Churcöln und Münster als andere Fremde auf des Reichs Boden, dem Westphälischen Frieden zuwider, Arméen halten und das Reich dadurch beunruhigen sollten, sind freilich die fürgeschlagene Foedera dazu angesehen, wie solches mit mehrerem erhellen wird, wenn gefällig wäre von S. Ch. D. Seiten zu Eingehung dergleichen Foederis in Schweden einige Vorschläge thun zu lassen.

Ad art. 7 u. 8. Können I. M. wol geschehen lassen, dass wegen dieser Articul mit anderen Reichsständen communiciret werde, weil darinnen nichts enthalten, als die Maintenirung alles dessen, was zu Conservation eines jedweden Standes Rechten im Instrumento Pacis heilsamlich verordnet.

Ad art. 17. Ob I. K. M. bei Abfassung dieses Articuls von Frankreichs Vorhaben, wie auch Churcölns und Münsters itzigem Beginnen völlig informiret gewesen, und wie weit dasselbe dem Friedensschluss oder der Sicherheit des Reichs zuwiderlaufe, kann er eigentlich nicht sagen; aber wol dieses auf I. M. Befehl versichern, dass, wann Frankreich oder sonst Jemand dem Ruhestand in Deutschland und seiner Ihrer Kön. M dessen Conservation halber in diesem Foedere aufs neue gegebenen Parole zuwiderhandeln, auch sonst andere dem Evangelischen Wesen nachtheilige unbefugte Desseins fürnehmen wollten, dieselbige freie Hände und aufrichtige Intention haben, solches nach allen Kräften zu hindern und sich zu dem Ende mit allen wolgesinneten Patrioten zusammenzusetzen.

Ad art. 18. Wann ein Stand des Reichs seine Länder mit fremder Kriegsmacht überzogen siehet, allerhand extrema gewärtig und dahero auf seine Defension bedacht sein muss, dictiret ratio naturalis, dass von ihm nicht könne gesaget werden, dass er alienis negotiis sich immiscire. Die an seine Alliirte ex foedere aliquo leistende Hülfe aber würde nach den Regeln des Instrumenti Pacis wol examiniret und erstlich, wer eigentlich der Aggressor sei, gründlich untersuchet werden müssen."

„Und wie im übrigen er nunmehr alles, was sowol von I. Kön. M. wolgemeineten Intention bei Schliessung dieses Foederis als auch Benehmung der etwa fürkommenden Dubiorum fürzustellen, befehliget, ausführlich beigebracht, auch in fernerer Debattirung dieses oder jenes Articuls sich einzulassen nicht bemächtiget, sondern dieses, was geschehen, nur dahin angesehen gewesen, dass S. Ch. D. für Anderen von I. K. M. guten Intention plene informiret werden möchten, welches auch derselben verhoffentlich zu gutem Vergnügen gereichen wird, als hätte er zu bitten, solches alles Seiner Ch. D. gebührend zu repraesentiren, und daferne dieselbe I. K. M. durch ihn noch etwas, zu solchem Zweck dienend, hinterbringen zu lassen nöthig hielten, ihm solches so bald immer möglich, kund zu thun, damit er seine Rückreise beschleunigen könnte."

---

6. Juni

Vierte Conferenz, 27. Mai 1672.

Oberpraesident: Dem Kf. ist alles referirt worden. „Soviel nun die Ursache anlanget, warum I. M. Sich necessitiret befunden, obbem. Foedus einzugehen, so stellen S. Ch. D. solches an seinen Ort und wollen darüber nicht raisonniren, hofften aber, I. M. würden in gute Obacht nehmen, was S. Ch. D. durch Dero Abgesandten in Schweden, den v. Brandt, dieses Foederis halber wolmeinentlich vorstellen lassen, ersuchten auch I. M. ganz dienstlich, dass gleich wie deroselben sonderbares Interesse darin versiret, dass das Röm. Reich in Ruhe und Frieden erhalten, der Westphälische Friedenschluss zu Nachtheil der Reichsstände nicht übel interpretiret, auch sonst alles in aequilibrio und deren allen Christlichen Potentaten höchstnötigen Balance verbleiben möge, also sie auch ferner dahin ihre höchstrühmliche Consilia dirigiren wollten, wie dieser entstandene Krieg, welchen I. M. selbst so höchstschädlich und gefährlich halten, bald wieder geleget, diejenigen, welche denselben begunnen, in ihrem Vorhaben nicht gestärket, vielweniger dieselbe gehindert werden mögen, welche blos und allein den Frieden zu conserviren ohne einigen Respect ihnen dieses Werk angelegen sein lassen möchten. Welches dann I. M. hohen Ruhm und sonderbare Affection bei den Evangelischen nicht wenig vermehren würde. Es zweifeln zwar S. Ch. D. im geringsten nicht: I. M. löbliche Intention sei bei dem Foedere diese gewesen, dass sowol der Friede im Reiche erhalten, als auch das Evangelische Wesen ungekränket bleiben möge. Allein ein einziger unglücklicher Zufall vor die Vereinigten Provincien könnte die Sachen dergestalt verstellen, dass die von I. M. ohne Zweifel intendirte Remedirung hernach zu spät fallen möchte. Der H. Abgesandte hat auch nicht zu gedenken, als wenn S. Ch. D. allein diese Sorgfalt hätten. Es ist dieselbe bei allen Evangelischen gemein, und giebt ihnen wenig Trost, dass der König von England auf Französischer Seite sich befindet, der Kaiser und Spanien aber den Holländern favorisire, wie der H. Abgesandter auf Unsere Dubia mündlich erwähnet, gestalt dann S. Ch. D. zu Sachsen in Dero Resolution, so Sie dem Kgl. Schwedischen H. Abgesandten in eben dieser Sache, Dero vor das Evangelische Wesen allzeit tragenden, höchstlöblichen Sorgfalt nach genugsam angezeiget, in was Gefahr dasselbe durch diesen Krieg geraten könne."

„Soviel nun die Elucidation deren bei einigen im Foedere enthaltenen Articulis gemachten Dubiorum betrifft, wünschten I. Ch. D. wol, dass der H. Abgesandte mehreren Befehl gehabt, über eines und anders sich etwas klärer vernehmen zu lassen, gestalt dann auch S. Ch. D. das gute Vertrauen zu I. K. M. tragen, Sie werden fernerhin über diesem so wichtigem Werke mit S. Ch. D. vertraulich zu correspondiren Belieben tragen und Ihr darunter mehr Acht geben, absonderlich aber zu rechter Zeit sich dergestalt bei dem Werk erweisen, wie solches I. M. und der ganzen höchstlöblichen Krone Schweden hohe erworbene Reputation und eigenes Interesse erfordert, und wie nicht allein S. Ch. D. besondern das ganze Röm. Reich, vornehmlich aber die sämtliche Evangelische solches sehnlich verlangen. Und weil S. Ch. D. Westphälische Lande diesem Unwesen so nahe gelegen, dass wie höchlich Sie auch alle Ungelegenheit evitiren, dennoch hierinnen leicht impliciret werden können, allermassen dann bereits S. Ch. D. Landen, dem gemeinen Rufe nach, alschon fast sehr gedreuet wird: so wollen S. Ch. D. Sich auf solchen Fall fest auf Ihrer M. als Dero hohen Alliirten Assistenz verlassen, ersuchen Sie auch hiermit darum ganz dienstlich und versichern Sie dabei, dass Sie hinwieder demjenigen, wozu Sie das unter Sie aufgerichtete Foedus verbindet, treulich nachkommen werden, und weil der H. Abgesandte nicht weiter instruiret und man also vor dieses Mal über eines und anderes sich nicht ferner vernehmen kann, so wollen S. Ch. D. nach Beschaffenheit der Sachen mit I. M. dieses Werks halber Communication pflegen und ersuchen den H. Abgesandten, Seiner Ch. D. beständige Freundschaft gegen I. M. und die Kron wie auch Dero ganz uninteressirte und zu nichts als Frieden zielende gute Intention aufs beste zu versichern."

Abgesandter: Gleichwie I. K. M. gute Intention bei diesem Werke aus seinem vorigen Vortrage erhellen werde, welche nirgend anders als zu Erhaltung Ruhe des Westphälischen Friedens und des Evangelischen Interesses gerichtet: also könnte I. Ch. D. versichert sein, dass I. K. M. keinen Fleiss sparen werden, dieses Feuer so bald möglich zu dämpfen, auch durch keine einseitige Interpretation des Instrumenti Pacis einigem Reichsstande einiges Praejudiz zu causiren.

„Dass auf die vorgekommene Dubia er sich weiter auszulassen nicht bemächtigen können, werden I. Ch. D. zweifelsohne dahin gn. deuten, dass I. M. als welche, wie sie nicht vermuthen können, dass von ihrer früheren guten Intention andere Gedanken, als Sie dabei gehabt könnten, geführet werden, also ihn auch weiter darauf nicht instruiren können.

Sonsten hätten I. K. M. ihm befohlen, Sr. Ch. D. weiter zu versichern, dass Sie nicht allein demjenigen, wozu Sie das mit Sr. Ch. D. aufgerichtete Foedus verbindet, treulich nachkommen, sondern auch in allen Begebenheiten tesmoigniren werden, mit Sr. Ch. D. in beständigem guten Vernehmen und Correspondenz, beiderseits Landen und Unterthanen zum besten, beständig zu verharren, wovon dann S. Ch. D. bei angezielter ferner Communication evidente Preuven erlangen werden. Und wie nun in dieser Sache fort nichts mehr zu thun und nichts mehr übrig sein wird, also bittet er bei Sr. Ch. D. anzuhalten, dass er mit Dero gn. Permission je eher je lieber sein Abschied[1]) nehmen könne."

Der Kurfürst an den schwedischen Reichsrat Grafen Claudius Tott[2]). Dat. Halberstadt 5. September 1672.

[Wird ihm den Legationsrat v. Crockow nach Minden senden zur Rücksprache über die politischen Conjuncturen.]

5. Sept. Kf. hat gern vernommen, dass der Graf bei seiner Ankunft zu Hamburg das Verlangen bezeugt hat, ihn en passant zu Minden[3]), wegen jetziger Conjuncturen zu sprechen. Da aber der Graf sehr eilt und vermuthlich viel eher als Kf. zu Minden anlangen wird, so ist der Geh. Rat von Crockow[4]) nach Minden vorausgesandt, um sich dort mit ihm zu besprechen. „Im übrigen haben Wir dem v. Cr. gn. befohlen, dem H. Grafen mit mehrem zu erkennen zu geben, wasgestalt Wir nichts mehr verlangen, als mit höchstged. Ihrer Königl. M. und der Kron Schweden in unzertrennlichem freundnachbarlichen guten Vernehmen beständig zu verharren und alles das zu beobachten, wozu Uns die mit Deroselben habende Alliance verbindet."

[1]) Recreditif des Kf. für Wangelin d. d. Coloniae ad Spream 28. Mai 1672 st. v.

[2]) Claudius Tott, Graf von Carleby, Reichsrat und Grossstallmeister des Königreichs Schweden, Gouverneur von Livland, war zum Gesandten bei der Krone Frankreich ernannt und auf dem Wege nach Paris.

[3]) Bekanntlich berührte dieser Marsch dann gar nicht die Weser. S. UA. XIII, 261.

[4]) Lorenz Georg von Crockow, seit dem Juni von seiner Pariser Gesandtschaft zurück, jetzt für die Mission nach London in Aussicht genommen.

Der Kurfürst an König Karl XI. Dat. Halberstadt[1]) die 5. Septembris 1672.

[Einbruch in das Clevische. Drohende Haltung Frankreichs. Hilfegesuch an die Krone Schweden.]

Ungeachtet des Kf. bisherigen Verhaltens ist Frankreich in die Clevischen Lande eingebrochen und dort feindlich verfahren. Schilderung der französischen Proceduren in der bekannten Weise. Da Kf. sich entschlossen hat, zu Beschirmung seiner Länder nach Westfalen aufzubrechen, so ist ihm gedroht worden — usque adeo ut Ablegatus ad Nos Gallicus comes Vauguyonaeus[2]) petita 29. Augusti proponendi quaedam Regis sui nomine facultate, oratione clarigationi non absimili subinde ingeminare haud dubitaverit — man werde ihm die Armee Turennes von Holland weg entgegenschicken. Kf. sucht deswegen auf Grund des alten Bündnisses die Hilfe Schwedens — praestationem auxiliorum suppetiarumque — wird auch ehestens Jemand dorthin abschicken. 15. Sept.

Der Kurfürst an den König Karl XI. Dat. ex Castris ad Montes Hanoviae[3]) d. 6./16. Octobris 1672.

[Erneuertes Hilfegesuch.]

Eröffnet, was ihn bewogen, das alte Defensivbündnis mit Kais. Majestät zu erneuern und arma nostra pro defensione ac securitate Imperii nostrorumque subditorum sociare. Mit dem Ersuchen, das gleiche zu thun, zu Erhaltung der Vereinigten Niederlande und Sicherstellung des Römischen Reichs. 16. Oktr.

Am 18. October 1672 trifft der Königl. Schwedische Abgesandte Obristlieutenant Bernhard Christian Wangelin[4]) im Hauptquartier zu Bergen ein

[1]) Conc. getilgt: Liebenburg.

[2]) Comte de la Vauguion. S. UA. XIII, 90. 261.

[3]) Hauptquartier Bergen bei Hanau.

[4]) Creditif der Regierung für Wangelin [subscr. Hedewig Eleonora R. S., Petrus Brahe Comes in Wissingsborg R. S. Drotzetus, C. G. Wrangel R. S. Archistrategus, Gustaf Otto Stenbock R. S. Architalassus, Magnus Gabriel de la Gardie R. S. Cancellarius, Claus Rolamb in d. R. Schatzm. Stelle.] Dat. Holmiae 18. Augusti 1672 st. v.

und wird folgendes Tags durch den Hauptmann Kottwitz in einer Kutsche mit 6 Pferden zur Audienz bei Sr. Ch. D. geholt. Wegen Ankunft und Abfertigung der Posten hat man aber erst am 23. Octbr. mit ihm in Conferenz treten können, wozu der Oberpraesident v. Schwerin und der Geheimrath Meinders vom Kf. deputirt worden sind. Sie kommen zu dem Gesandten ins Logement. Nachdem er praemissis curialibus von dem Herrn Oberpraesidenten gebeten worden, dasjenige zu wiederholen, was er bei der Audienz proponirt, giebt er folgende Erklärung ab.

Versichert die freundschaftliche Gesinnung seines Königs, und wie ihm daran gelegen sei, diese Freundschaft zu cultiviren. Er möchte aber bei diesen „gefährlichen und weit aussehenden Conjuncturen“ gerne des Kf. Gedanken eröffnet sehen, um seine Conduite darnach conform zu machen. Er böte „offenherzige Communication“. Sr. Ch. D. möge daher dem Abgesandten nicht allein das Bleiben am Hofe vergönnen, sondern auch, „wenn inskünftige Ihr etwas an I. K. M. zu communiciren fürkommen möcht, ihm solches gn. anvertrauen u. s. w.“

Oberpraes.: S. Ch. D. liessen Sich des Gesandten Anwesenheit am Hofe gern gefallen; es würde Ihr nicht allein lieb sein, dass er jedesmal das vorbrächte, was er von I. K. M. in mandatis hat, sondern er könne auch täglich einen ungehinderten Access finden. S. Ch. D. würden auch, was Sie dann und wann an I. K. M. zu bringen haben, dem Abgesandten mitteilen. So sei jetzt Ihrer M. durch ein Schreiben der Zustand gegenwärtiger Affairen repraesentirt und dabei gebeten, I. M. möchten um der allgemeinen Wohlfahrt willen sich des Werks annehmen und sich mit den Generalstaaten in einen Tractat einlassen. Man begehrt dazu Aufklärung über drei Punkte:

1. Ob man sich hier noch fest darauf zu verlassen hätte, wie Wolfradt versichert, dass I. M. trotz des Foedus mit Frankreich bei der Intention verbleibe, dass die Vereinigten Niederlande nicht unterdrückt werden sollen?

2. Ob und wie I. M., auch wenn die schwedische Mediation „unfruchtbarlich zerschlagen sollte“, sich des Werks mit Nachdruck annehmen wollte?

3. Auf welche Bedingungen Graf Tott instruirt sei, den Frieden zu befördern?

Abges.: bedankt sich für erteilten Access und Versprechen gn. Gehörs. Das gen. Schreiben an den König wäre bei Ausfertigung seiner Instruction und Depesche noch nicht eingekommen. Auf die drei Punkte ist folgendes zu bemerken:

ad 1. S. M. sei noch immer, wie Sie es durch Wolfradt und den Kanzler v. Brandt sincerirt, der festen Absicht, mit Sr. Ch. D. eine beständige Freundschaft zu unterhalten, „ohngeachtet aller anderen auswärtigen Incidentien“.

ad 2. Was I. M. im Falle der Unfruchtbarkeit der Schwedischen Mediation für Mesures nehmen würden, könne er freilich nicht sagen; dies aber wol, dass in solchem Falle I. M. Sich mit S. Ch. D. darüber vernehmen und Ihre eigene Conduite nach S. Ch. D. Meinung einrichten würden.

Punkt 3. Ist ihm nicht bewusst.

Oberpraes.: erstattet Dank für die Ouverture. Insbesondere für die Betonung der beständigen Freundschaft . . . . „Dieweil aber vorged. H. Wolfradt dieses expresse versichert, dass die mit Frankreich aufgerichtete Alliance also möchte ausgelegt werden können, [dass] I. K. M. demnach keineswegs gesonnen wären, wegen Dero eigenem dabei habenden Interesse die Staaten unterdrücken zu lassen, viel weniger Diejenige zu hindern, welche dem Staate Assistenz leisten möchten, ja wenn I. M. darum ersuchet würden, wol gar gegen den Churf. von Cöln und Bischofen von Münster, als welche in dem Foedere nicht begriffen und welche zur Unruhe im Reich Ursach geben, gar leicht einige Hülfe schicken möchten; wobei dann angezogen, auch seiter an vielen Höfen von Königl. Schwedischen Ministris wiederholt, dass die Sachen anjetzo in einen viel anderen Stand gerathen, als wie man tempore facti foederis von Französischer Seiten vorgegeben. Weil nun I. K. M. einige Völker aus Schweden kommen lassen und deren noch mehr vermuthet werden, so verhoffen S. Ch. D., I. K. M. werden aus höchstrühmlicher Vorsorge für der Herren Staaten und deren Alliirten Conservation dieses also gut gefunden haben, zweifeln auch nicht, dem H. Abgesandten werde wol einige Nachricht desfalls beiwohnen."

Abges.: „Soviel p. Wolfradt Explication betrifft, wollte er kürzlich sagen, dass I. K. M. zu Schweden unter andern ihn expresse dahin befehliget: Sr. Ch. D., soviel er immer thun könnte, in Ihrem hohen Namen zu versichern, dass wie einzig und allein Ihr Augenmerk bei Schliessung der Allianz mit Frankreich, die Ruhe, Wolstand und Frieden im Römischen Reich zu unterhalten, so blieben Sie auch anjetzo feste dabei und bei der Explication, so Sie nicht allein am Kaiserlichen Hofe und einigen anderen vornehmen Ständen des Reichs, sondern absonderlich Sr. Ch. D. über einen und anderen Articul mehrerwähnter Allianz, welches von Einigen anders hätte wollen interpretiret werden, gethan hätten; als Sie nun gemerkt, dass I. M. von Frankreich selbsten eines oder anderes aus dieser Allianz erzwingen wollen oder zum wenigsten von einigen Französischen Ministris einiger Orten debitiret worden, hätten Sie nötig gefunden, vorhöchstged. König von Frankreich durch Ihren Ambassadeur den H. Grafen Koenigsmark hierüber eine Explication und Ihre wahre Meinung zu eröffnen, wie allerdings conform mit dem, was I. K. M. hierbei Sr. Ch. D. und sonsten im Reich dieserwegen fürtragen und sinceriren lassen. — Die Völker, so I. K. M. herausgeschickt, hätten Sie zuförderst zu Ihrer eigenen im Röm. Reich habenden Provincien Sicherheit, dann auch auf begebenden Fall und, wenn es die Not erheischen würde, einem oder anderem Stande im Reich, der wider das Instr. Pacis Unruhe anzurichten sich gelüsten liesse, neben anderen Wol-Intentionirten entgegen zu setzen. Zu einem Mehrern wäre er für der Hand nicht instruiret, würde aber nicht unterlassen, alles treulichst und unterth. zu referiren und dessen fernere Meinung und allergn. Befehl erwarten[1])"

---

[1]) Kanzleivermerk: Communicetur 1. an Baron de Goëss, 2. die Geh. Räthe nach Berlin, 3. die Haagischen Minister.

König Karl XI. [subscr. Hedwig Eleonora R. S. Schwante Baner loco R. S. Drotzeti. C. G. Wrangel R. S. Archistrategus. Gustaf Otto Stenbock R. S. Architalassus. Magnus Gabriel de la Gardie R. S. Cancellarius. Sten Bielke R. S. Thesaurarius] an den Kurfürsten. Dat. in arce Nostra Holmensi 26. Octobris 1672.

[Die Krone Schweden erhofft und empfiehlt gütlichen Ausgleich]

5. Nov. Antwort auf das Schreiben vom 5./15. Septbr.

Der König vernimmt ungern, dass es sich zwischen Frankreich und Kf. zum Kriege anlasse, hofft, es werden noch Mittel dasein, dem zuvorzukommen. Nicht allein die kriegenden Teile hätten die Mediation der Krone Schweden acceptirt — Deus pacis optimus auctor sic sinceram Nostram felicitare intentionem voluit, ut oblata nostra interpositio a belligerantibus ea sit promptitudine accepta, quae animos ab aequa compositione minime alienos demonstrat adeoque de exoptata quiete brevi rursum reditura optima quaevis polliceri videtur — auch Frankreich hätte bezüglich Satisfaction und Restitution der kflichen Länder zureichende Erklärungen abgegeben. Imgleichen Marschall Turenne hinsichtlich der Kriegsoperationen paci amicitiaeque congrua promittit. Schweden wolle zunächst noch gütliche Officia versuchen, quum foedera inter se sancita amicabilem quam armorum viam prius tentandam suadeant.

König Karl XI. (Unterz. dieselben Personen wie oben) an den Kf. Dat. in arce nostra Holmensi d. 20. mensis Novembris 1672.

[Dem Kf. wird Beendigung des Waffenganges empfohlen.]

30. Nov. Auf das Schreiben vom 6./16. October.

Der vorgesetzte Zweck liesse sich besser durch Frieden im Sinne der schwedischen Mediation als durch Krieg erreichen, und weil Frankreich sich bereits wegen des Orts der Verhandlungen erklärt habe — Reges etiam ambo foederati eo progredi voluerunt, ut omni seposita mora quae in difficultatibus de loco tractatus eligendo inveniri potuisset, si a pace animus alienus fuisset, locum denominarint et quidem eum qui properae et non impeditae communicationi, quam occurrentes casus exigere possint, vel maxime opportunus videtur — die Fortsetzung des Krieges aber leicht den Frieden verhindern könnte, so werden dem Kf. — remotis omnibus ab armis metuendis impedimentis — die Friedens-Consilia empfohlen.

Wortreiches Schreiben. Nos interea ut integerrima fide mediatoris munus, aggressi sumus, ita id ipsum omni sinceritate . . . pertractabimus.

Conferenz zu Rüsselsheim a. Main d. d. 19./29. November 1672 zwischen dem Gesandten Wangelin und den Deputirten Oberpraesidenten Frhrn. v. Schwerin und Geheimrath Meinders.

Der Gesandte hat erfahren, dass Kf. zu einer Schickung nach 29. Nov.
Schweden entschlossen sei. Ob er zur Erleihterung der Sache etwas nach Hofe referiren könnte? Die Deputirten werden es dem Kf. vortragen und stellen Communication in Aussicht. Des Kf. Absehen wäre, mit dem Könige in Freundschaft zu leben, obschon bedenkliche Zeitungen einliefen wie die, dass die Krone Schweden aufs neue $\frac{m}{200}$ Fl. von Frankreich zu neuen Werbungen empfangen habe, ebenso dass der Schwedische Gesandte zu Regensburg sich in allem der Französischen Partei fügte.

Der Gesandte versichert, trotz der ausgestreuten Gerüchte, Schwedens alte Absicht, mit Kf. „in guter Intelligenz zu stehen“. In Schweden wären gleich anderswo „vertheilte Consilia“, aber die Partei, die die Allianz mit Kf. wollte, praevalire. Es wäre jetzt die rechte Zeit zu der Sendung, wo Schweden gerade jetzt von Frankreich und England zu näherer Allianz angegangen würde; doch wäre er versichert, dass zur Zeit noch kein weiteres Engagement dazu vorhanden wäre. Die Krone Schweden suche des Kf. Freundschaft, um nicht allein zu stehen. Auf Holland als auf eine Republik hätte man sich wenig zu verlassen, und gleichwol müsste I. K. M. Ihre Sicherheit hierbei beobachten, und verlanget demnach, „Sich hierin mit Niemand lieber als mit Sr. Ch. D. zu setzen.“

Betreffend die bald hier bald dort geführten Discurse, so müsste er, wiewol im Vertrauen, melden, „dass ihm von sehr vornehmen Bedienten alhie, denen Sr. Ch. D. Intention nicht unbekannt, wol soviel zu verstehen gegeben, dass man sich um die Schwedische Freundschaft wol so gross nicht bemühen dürfte, weil man in der mit Ihrer Kaiserl. Majestät aufgerichteten Allianz genugsame und vollkommliche Sicherheit bereits gefunden“. Es tröstete ihn aber dasjenige, was Kf. jedesmal mündlich ihm in Bezug auf die Freundschaft mit Schweden zu verstehen gegeben; er hätte das auch jedesmal nach Hofe rapportirt. Zu Regensburg hätte die Krone keinen rechten Gesandten, sondern Herr Blume verwaltete solche Function „und hätte sich gleichsam selbst dazu eingedrungen; er dependirte auch ganz von dem Reichskanzler, dass man also darauf so sehr nicht zu sehen.“

Schliesslich communicirt der Abgesandte die Hauptpunkte seiner Instruction, nämlich 1. die gegenwärtigen Conjuncturen, 2. die Regensburger Reichs- und Kreissachen, 3. wie dem Polnischen Unwesen abzuhelfen, 4. wegen der Pommerischen Grenzsachen, und wie das in Bezug auf Stargard und Stettin noch nicht Entschiedene beizulegen wäre.

Die Deputirten versprechen Relation an Serenissimus, versichern seine Aufrichtigkeit; „es thäten diejenigen, die das Contrarium sustinirten, Sr. Ch. D. einen schlechten Dienst, Sie würden es auch ungnädig nehmen, wenn Sie es erfahren sollten."

Conferenz zwischen dem Abgesandten Wangelin und den Deputirten v. Schwerin und Meinders d. d. Rüsselsheim a. Main 26. November 1672[1]).

6. Dec. Mit Bezug auf das in der letzten Conferenz gethane Erbieten des Gesandten werden ihm die Hauptpunkte der Instruction für den Generalmajor v. Krosigk mitgeteilt.

1. wäre die Instruction auf die gegenwärtigen Conjuncturen gerichtet, „wobei fürnehmlich die Reflexion auf ein Foedus mit den H. Generalstaaten genommen, und weil der H. Abgesandter angezogen, dass I. M. mit den Herrn Staaten allein nicht tractiren würden, sondern sonst ihre Sicherheit beobachten müssten, so würde I. K. M. zugleich gebührlich zu dem Foedere, zwischen I. Kais. M und anderen zu Braunschweig aufgerichtet, invitiret."

2. wegen des zweiten Puncts hätte Obrist v. Kr. nicht anders als generaliter instruirt werden können, „weil man die Regensburgischen Acten nicht alle bei der Hand, und man sich also nicht eigentlich ersehen können, was für Puncte zu Regensburg vorgekommen, wodurch man den Evangelischen helfen können." Wenn aber der Abgesandte einen oder anderen Punkt in particulari anziehen würde, wollten S. Ch. D. sich gern darüber vertraulich mit ihm vernehmen lassen.

3. Wegen des Polnischen Unwesen ist Kr. absonderlich instruirt. Kf. hat das besondere Vertrauen zur Krone Schweden, sie werde darauf bedacht sein, dass das Reich Polen von der „für Augen stehenden Gefahr gerettet und beibehalten werden möge".

4. Bezüglich der Pommerischen Grenzsache und des Streits zwischen Stettin und Stargard wäre er nicht völlig (wegen Ermangelung der Acten) instruirt. Das Beste wäre wol, wenn der König einigen seiner Räte in Pommern Auftrag gäbe. Der Gesandte verspricht, nach Vergleichung mit seiner Instruction, mit seinem Memorial einzukommen.

1673
15. Jan. Den $\frac{5.}{15.}$ Januar 1673 haben S. Ch. D. Dero Oberpraes. etc. . . . . gn. befohlen, dem Schwed. Abges. Wangelin nächstfolgendes anzudeuten:

[1]) Die beiden letzten Protokolle von Meinders' Hand.

Oberpraes.: „Nachdem der höchste Gott S. Ch. D. Chürfürstliches Haus abermalen mit einem jungen Prinzen vermehret, welchen Sie inner wenig Tagen zur Christlichen Taufe bringen lassen wollen, und Sie nichts mehr wünschten, denn das Band guter vertraulicher Freundschaft und Vertrauens je länger je mehr zu verstärken und dazu alle vorkommende Gelegenheiten zu gebrauchen, so hätten Sie Sich auch dieser zu solchem Ende bedienen und I. Kön. M. durch ein Schreiben zu Gevattern bitten wollen, in gewisser Zuversicht, I. K. M. würde es auch auf solche Art und wol aufnehmen. Wie Sie denn den Herrn Abgesandten ersuchten, dieses also gleichergestalt Ihrer Kön. Maj. zu referiren und vor seine Person Ihrer Kön. Maj. Stelle bei der Taufe zu vertreten."

Gesandter Wangelin: Compliment. Wird die Sache aufs beste referiren und bei der Taufe erscheinen.

„Hiernächst hat der Freiherr von Schwerin gegen den Herrn Abgesandten erwähnt, dass S. Ch. D. noch immer der gewissen Zuversicht lebeten, I. Kön. M. würden in Beobachtung Ihres eigenen und des allgemeinen Interesse einige Tractaten mit den Herren Staaten eingehen und dadurch Frankreich desto eher zu einem sichern Frieden bringen; und wenn Schweden desfalls etwa einige Conditionen begehrte, so würde es Sr. Ch. D. sehr lieb sein, wenn man Ihr davon Ouvertüre gebe, mit Erbieten, sich desfalls zu der Kron Bestem zu bemühen. Es continuirten zwar allerhand Zeitungen, dass Schweden sich vielmehr aufs neue mit Frankreich engagiret hätte, wie dann noch mit jüngster Post von Paris geschrieben, dass, nachdem der Herr Graf Tott ungewöhnlicherweise vom König in Frankreich caressiret worden, derselbe seinen Secretarium mit dem vollzogenen neuen Tractat nacher Schweden geschicket."

Wangelin replicirt: „dass solches nichts wäre, las auch einige ihm zugekommene Schreiben, welche zwar ein anderes bezeugeten. Was das erste anlangete, könnte zwar sein König wegen übernommener und jetzt wirklich exercirenden Mediation sich vor Holland nicht erklären, aber sollte Frankreich einen redlichen Frieden refusiren, so könnte er nicht sagen, was noch geschehen möchte, weil seines Königs einiger Zweck wäre, den Frieden zu befördern. Indessen hätten S. Ch. D. Sich vor Schweden keine Widerwärtigkeit zu befürchten, so wenig als I. Kön. M. glauben möchte [wollten], dass S. Ch. D. aus dem Instrum. Pacis Westph. gehen würden. Und wünschten I. K. Maj. sehr, wie der H. Abgesandter auch solches S. Ch. D. selbst hinterbracht, dass S. Ch. D. die Ruptur mit Frankreich evitiren möchten, damit sein König S. Ch. D. Interesse bei den Tractaten besser beobachten könnte. Wenn auch S. Ch. D. sich gern in solchen Rath setzen wollten wie sein König, so würden Sie als Mediator nebst Schweden den Frieden desto besser befördern können. Frankreich würde auch nicht sagen können, S. Ch. D. könnten nicht Mediator sein, weil Sie armiret wären, denn der König von Schweden wäre auch armiret und liesse doch die Mediation zu, wenn Sie nur nicht Partei nähmen. Worauf gesaget ward, es verlautete, dass Frankreich mit Schweden sich verglichen hätte, dass Niemands als Schweden die Mediation führen sollte."

Der Abgesandte versicherte darauf, dass ihm nicht anders wissend, er auch nicht anders glaubte, als dass sein König sehr gern sehen würde, wenn S. Ch. D. zugleich mit Mediator wären, um so viel mehr als Chur-Mainz auch so angenommen worden.

Resolution des Kurfürsten d. d. Minden 10. März st. n. 1673.

Wangelin an den Kurfürsten. [Praesentatum Minden 8. März 1673.]

18. März „Ewrer Ch. D. ist, ohne mein weitläuftiges Vorstellen zur Genüge bekannt, wie eifrig und sorgfältig I. Kön. M. zu Schweden, mein allergn. König und Herr, Ihr angelegen sein lassen, das unlängst entbrannte Kriegsfeuer je ehe je lieber zu dämpfen, und mit was bewegenden Remonstrationes Sie zu solchem Ende das von denen beiden kriegenden Königen beliebte Armistitium bei den Vereinigten Staaten angetragen und sie zu Annehmung derselben als ein heilsames Mittel, dadurch so viel ehender der gewünschte Friede könne hergestellet werden, kräftig angemahnet. Denn erinnern Ew. Ch. D. sich gn., wie ich im Namen und auf allergn. Befehl meines allergn. Königs und Herrn zu unterschiedlichen Malen Gelegenheit genommen, Ew. Ch. D. zu bitten, Sie möchten, so viel möglich, anitzo, da sonsten so gute Hoffnung zum Frieden wäre, nicht allein zu keiner mehreren Weiterung im Reiche Anlass geben und dadurch das schon angebrannte Feuer ferners fomentiren, sondern auch selbsten die Herren Staaten Generalen zu Annehmung des von ihnen bishero refusirten Armistitii disponiren helfen, welche nicht undenklich zu verstehen geben, dass sie aus Absehen auf Ew. Ch. D. und anderer Ihrer hohen Alliirten solches nicht eingehen könnten. Aus diesem allem und was ferners I. Kön. M., mein allergn. König und Herr, mir diesem conform allergn. befohlen, habe ich gut erachtet zu desto ehender Beförderung mehr höchstgedachter Ihrer Kön. M. hier unterführenden höchst rühmlichsten und wol gemeineten Intention so mündlich als schriftlich bei dem Herrn Feldmarschall Turenne zu bearbeiten, ob er an seinem Orte sich zu einer Suspension der Waffen zwischen der ihm untergebenen und zwischen Ew. Ch. D. und Dero hohen alliirten Armée dieser Endes verstehen könnte und wollte, und ob zwar derselbe mir geantwortet, dass er absolute solche Gewalt und Vollmacht nicht hätte, so habe ich dennoch aus vielen Umständen die feste Hoffnung, dass, wenn Ew. Ch. D. Sich nur an Ihrer Seiten zu einem solchen Armistitio erklären wollten, dass auch an Französischer Seiten es nicht allein nicht würde difficultiret, sondern dass es auch gute Suiten zu einem bald erfolgenden gewünscheten Frieden nach sich ziehen werde.“

„Dannenhero nehme ich nochmalen die Freiheit, und um so viel mehr, als mich Ihro Kön. M., meines allergn. Königs und Herrn, jüngst zugekommenes allergn. abermaliger Befehl aufs neue dazu veranlasset, Ew. Ch. D. nochmalen unterth. zu ersuchen, Sie wollen aus Liebe zur Beförderung des gemeinen Friedens und zu Bezeugung, dass Ihr die von I. Kön. M. zu Schweden hierunter bezeugte treu gemeinete Intention und angewandte sorgfältige Mühe angenehm sei, und dass Sie darauf einige Absehen nehmen Sich zu einem Armistitio dieser Seiten erklären. Wonächst ich nicht unterlassen werde, in Conformität oben angezogener Ihrer Kön. M. heilsamen Intention eben dergleichen an Französischer Seiten, so viel möglich, und mit mehrerem Nachdruck zu negotiiren.

Wangelin an den Kurfürsten. [Praesent. Hornburg] $\frac{13.}{23.}$ März 1673.

[Gesinnung seines Königs.]

„Ew. Ch. D. werden Sich gn. entsinnen, wie ich von Anfang meiner hieher 23. März
— Ankunft sowol mündlich als schriftlich im Namen und auf allergn. Befehl Ihrer K. M. zu Schweden, meines allergn. Königs und Herrn, unterth. fürgestellet: Wie dass dieselbe nichts mehr wünscheten und verlangeten, denn dass der zwischen Frankreich und den Generalstaaten entstandener Krieg je eher, je lieber beigelegt werden möchte, und dass auch gute Hoffnung obhanden, dass solches vermittelst aller höchsterwähneten I. Kön. M. kräftigen Mediation glücklich succediren werde.“

„Wann nun dabei I. Kön. M. jederzeit fürnehmblich Ihre sorgfältige Reflexion dahin gerichtet, dass das Römische Reich dabei nicht impliciret, sondern aufs wenigste daselbst der so theuer und mühsam gemachte Friede conserviret werden möge, zu welchem Ende allein zwischen beiden Kronen das bekannte und Ewrer Ch. D. albereit communicirte Foedus aufgerichtet, und ich abermalen ohnlängst allergn. Befehl erhalten, Ewrer Ch. D. die Nothwendigkeit zu repraesentiren, welches ich dann auch gehorsamst gethan, dass das Reich und alle Chur- und Fürsten desselben sich dieses auswärtigen Krieges enthalten möchten: gestalt denn Ew. Ch. D. wol versichert sein können, dass I. Kön. M. selbsten Sich an Conservation des Staates interessiret halten und dessen Eversion nicht verlangen, viel weniger befördern werden.“

Der Kurfürst an Wangelin. Dat. Hornburg $\frac{14.}{24.}$ März 1673.

[Betrifft die Absichten Turennes.]

Seiner Ch. D. zu Brandenburg, unserm gn. Ch. und Herrn, ist 24. März
unterth. referiret worden, was der Königlich Schwedische Abgesandte, der von Wangelin auf anderweitigen gn. Befehl Ihrer Kön. M. zu Schweden sowol wegen Beförderung des jüngst fürgeschlagenen Armistitii und Einstellung

fernerer Feindseligkeiten also auch wegen Restablirung eines billigmässigen Friedens und guten Vernehmens im Römischen Reich, vermittelst Übergebung eines schriftlichen Memorials unterm Dato des $\frac{13}{23}$ten Martii abermalen erinnert und fürgestellet.

Nun gebühret zuförderst Ihrer Kön. M. höchster Dank und gereichet zu Vermehrung Dero bereits erlangten Ruhms, dass Dieselbe Sich mit solchem Ernst und Eifer die Erhaltung des Friedens und Beruhigung des Reichs angelegen sein, auch versichern lassen, dass das mit Frankreich aufgerichtete Foedus nirgends anders hinziele.

Wie und wasgestalt S. Ch. D. sofort auf den ersten Vortrag des Herrn Abgesandten Sich erkläret, auch was Sie desfalls für wirkliche Preuven und Versicherungen gegeben, zumalen anitzo bei dem durchs Hildesheimische gethanen Marsch, wobei Sie nicht weniger, als von denen Cölnischen und Münsterischen geschiehet, Hostilitäten verüben können, dessen wird derselbe sich annoch gutermassen erinnern und daraus Seiner Ch. D. Begierde zum Frieden genugsam verspüret haben. Und gleich wie S. Ch. D. von denen Alliirten einer gleichmässigen guten Intention und Erklärung Sich versichert halten und solche mit dem ehesten erwarten, also hätten Sie auch wol verhoffet, man würde auch an der andern Seite gleiche Begierde in der That erwiesen und wegen des Armistitii die versprochene Resolution nicht so lange verzögert haben. Dass es daran aber noch ziemlich fehle, solches zeigen die von denen Cölnischen und Münsterischen Trouppen in Seiner Ch. D. Landen fürgenommene und bis dato immerhin continuirende Hostilitäten, ohngeachtet S. Ch. D. auf des Herrn Abgesandten Einrathen und Gutachten, in Respect Ihrer Kön. M. damit seiter Ihrer Abreise vom Sparemberg stille gestanden und Ihren Generalen desfalls scharfe Ordre ertheilet. S. Ch. D. können fast nicht dafür halten, dass man Cölnischer und Münsterischer Seiten dergleichen Feindseligkeiten wider Ihre Lande und Unterthanen fürnehmen dürfte, wenn man vermeinen könnte, dass Ihrer Kön. M. in Frankreich oder auch dem Duc de Turenne solches zuwider wäre. Wie nun S. Ch. D. hierunter ohne fernere Verzögerung beständige Nachricht verlangen, Ihro auch zu wissen nöthig, mit was Intention ged. Duc de Turenne mit seiner unterhabenden Armée nacher Höxter avancire, als stellen Sie in des Herrn Abgesandten Gutfinden, was Namens Ihrer Kön. M. zu Schweden er ferner zu Beförderung Dero guten und heilsamen Intention bei der Sache zu thun vermeinet. Weil S. Ch. D. in solcher Ungewissheit nicht länger verbleiben, weniger die Ruin und Desolation Ihrer Lande und Unterthanen mit Stillesitzen ferner ansehen, sondern auf ein oder andern Fall gleichwol auch Ihre Sicherheit beobachten und desfalls nöthige Mesures nehmen müssen.

Inmittelst haben S. Ch. D. auf des Herrn Abgesandten Anbringen gern wahrgenommen, dass I. Kön. M. in Frankreich nichts begehrten, so Seiner Ch. D. zustehe, wie auch, dass die Kron Schweden sich an Conservation des Staates der Uniirten Provinzen dergestalt interessiren.

Bescheid des Kurfürsten auf die Französische Declaration. Dat. Potsdam 4. April 1673.

[Auf die Declaration an den Grafen Tott vom 17. März.]

Nachdem Sr. Ch. D. zu Brandenburg in Preussen unserm gn. Herrn 14. April vom Königlich Schwedischen Abgesandten, dem von Wangelin gebührend referiret worden, wasgestalt der Königlich Schwedische Ambassadeur zu Paris, Herr Graf Tott auf seine wegen eines Armistitii gethane Proposition von I. Kön. M. in Frankreich eine schriftliche Resolution und Erklärung sub dato Versailles den 17. Martii erhalten, so er auch in Originali übergesandt, und welche folglich von obgem. dem von Wangelin alhier communiciret worden, woraus dann mit mehrem erhellet, dass I. Kön. M. in Frankreich Ihro nicht allein eine Suspension der Waffen, welche Namens I. Kön. M. in Schweden sowol zu Paris als bei S. Ch. D. und in Holland von Dero Ambassadeurs und Abgesandten aller Orten, wie auch von anderen Fürsten des Reichs aus Liebe zu Frieden und zu Erhaltung des Ruhestandes im Heiligen Römischen Reich fürgeschlagen auf gewisse Mass nicht zuwider sein lassen, sondern sich auch gar zu Friedens-Tractaten anerbieten, jedoch alles mit sichern Conditionen und Bedingungen, wie solches erwähnte Declaration mit mehrem besaget: als erkennen zuvorderst S. Ch. D. mit gebührendem Dank, dass I. Kön. M. zu Schweden die Restablirung eines beständigen und billigmässigen Friedens Ihro an allen Orten und bei allen beim Kriege interessirenden Theilen so fleissig und eiferig angelegen sein lassen. Sie contestiren auch nochmalen hiemit ihre beständige und aufrichtige Intention, dass Sie Ihres Orts alles, so in Dero Vermögen und Kräften stehet und ihrer Reputation und nöthigen Sicherheit nicht zuwider laufet, zu Beförderung eines so heilsamen Werks willig beitragen und an ihrer Seite darunter nichts, so nur auf einiger Raison bestehet, ermangeln lassen werden.

Aldieweilen aber indessen sichere Nachricht eingelaufen, dass sowol beide Kronen Frankreich und England, als auch die Vereinigte Provincien ein Universal-armistitium beliebet, imgleichen, dass vorgem. Königliche Französische Erklärung vom 17. Martii auf des Herrn Graf Totts Remonstration in verschiedenen Puncten geändert, so wollen S. Ch. D. hievon fernere Nachricht (welche dem Bericht nach bereits unterwegens) erwarten, und erbieten sich dabeneben, sobald solche geänderte Erklärung einlaufen wird, sich dergestalt ferner zu erklären, dass I. Kön. M. zu Schweden und die ganze Welt Dero beständige Inclination zu allem demjenigen, was zum Frieden dienet, daraus sattsam zu verspüren haben werden. S. Ch. D. zweifeln indessen nicht, dass gleich dieselbe Sich sofort auf die von I. Kön. M. in Schweden gethane Proposition wegen eines Armistitii willfährig erwiesen, und nicht allein solches Dero Alliirten beweglich gerathen, sondern auch selbsten seitdem nichts Feindseliges fürgenommen, also auch Namens höchstgd. Ihrer Kön. M. obgem. Dero Gesandter Herr Graf Tott befordern werde, dass man an der andern Seite dieser Sr. Ch. D. bezeigten friedfertigen Inclination mit gleichmässiger Bezeigung begegne und alle fürgenommenen Hostilitäten gänzlich und unverzüglich abstelle.

β. Mardefeld und Wangelin am kurfürstlichen Hofe.

Franz Meinders an den Kurfürsten. Dat. Berlin 11. September 1673.

[Bericht Wangelins. Geneigtheit der Krone Schweden, sich mit Kf. über gemeinsame Massregeln zu vereinigen. Mardefeld nach Berlin.]

21 Sept. Ew. Ch. D. habe hiemit in unterth. Respect berichten sollen, wasgestalt mich der Schwedische Abgesandte Wangelin ersuchet, Ew. Ch. D. gehors. zu hinterbringen, dass I. K. Maj. in Schweden so wol aus seinem des Abgesandten Relationibus als auch vom Obristen Krosigk mit sonderbarem Vergnügen vernommen, dass Ew. Ch. D. wegen Beförderung des Friedens in der Nachbarschaft und Erhaltung des Ruhestandes im Reich so gute und heilsame Intentiones und Consilia führeten, auch geneigt wären, hierunter mit I. Kgl. Maj. einerlei Mesures zu nehmen. Dieselben wären hierzu ganz willig und bereit, würden auch desfalls solche Propositiones thun lassen, daraus Ew. Ch. D. Ihrer Kgl. M. gute Intention, welche zu eben solchem Zweck gerichtet, genugsam wahrnehmen würden. I. Kgl. M. hätten zwar dieserhalb dem Feldherrn Commission ertheilet; weil derselbe aber seiner Indisposition halber nicht wol reisen könnte, so hätten Sie, weil die Sache wichtig und keinen Verzug litte, dem General Mardefeld[1]) befohlen, sich mit dem ehesten anhero zu begeben und neben ihm (Wangelin) Ew. Ch. D. des Königs Gedanken zu eröffnen, welche Sie dann sowol dem allgemeinen als Ihrem eigenen Particular-Interesse allerdings gemäss befinden würden. I. K. Maj. hoffeten inmittelst und thäten ihm anbefehlen, vermittelst aller dienlichen Vorstellung es äussersten Vermögens dahin zu befördern, dass E. Ch. D.

---

[1]) Gemeinsames Creditif des Obristen Bernhard Christian Wangelin und des Generals Konrad Mardefeld d. d. Malmö 26. August 1673.

Sich zu keiner Partey schlagen noch einigerlei Weise sich mit diesem oder jenem Teil engagiren möchten.

Wangelin hat ihm obiges alles aus Ihrer K. Maj. Originalbriefe vorgelesen und verlangt zu wissen, wenn General Mardefeld kommt, ob er alsdann mit demselben dem Kf. aufs Land folge, oder was Kf. desfalls zu befehlen geruhen wolle [1]).

Friedrich von Jena an den Kurfürsten.
Dat. [20.—22.] Septbr. 1672.

[Pfalzneuburgischer Unterhändler. Wann und wie er mit den Schwedischen Gesandten zu empfangen.]

„Wenn der General Mardefeld alhier ankommen wird, so werde Ew. Ch. 22. Sept.
D. gndstm. Befehl vom 19. ds. schuldigermaassen ich in aller Unterth. nachleben. Jetzo muss Ew. Ch. D. berichten, dass sich ein Pfalz-Neuburgischer Abgeschickter, der Freiherr von Goltstein, bei mir anmeldet, von seinem Herrn, als Herrn Pfalzgrafen F. D., an mich ein geschlossenes Schreiben zugestellet und zugleich begehret, zu wissen, wie er sich zu verhalten. Ich habe an mich genommen, Ew. Ch. D. seine Ankunft unterthgst. zu hinterbringen und Deroselbigen gn. Befehl ihm darauf wieder zu eröffnen, und stehet nun zu Ew. Ch. D. gn. Gefallen, ob und wann er hinauskommen soll. Ich habe auf allen Fall mit dem Hrn. Frobenius geredet, dass, weil der Abgeschickte ohne das auf der Post kommen und keine Kutsche oder Pferde bei sich hat, ob er, mit Ew. Ch. D. gn. Willen und Genehmhaltung, zur Kutsche und Pferde Anstalt machen wolle, welches er auch an sich genommen. Hiernächst werden E. Ch. D. auch gn. vorordnen, ob, wann der H. Mardefeld kömmt, er nebenst dem H. Oberst Wangelin, gleich dem Polnischen geschehen, nacher Potsdam abzuholen, auf welchen Fall solches entweder dem Oberschenken, oder wie es Ew. Ch. D. sonst gn. gefället, zu befehlen.“

P. S. „Sonst, Durchl. Ch. u. H., merke ich wol soviel, dass vielleicht des Abgeschickten Anbringen nicht eben weit von der Schwedischen Intention sein werde und, dass er vielleicht auf des H. Mardefeld Ankunft mit der Resolution, so Ew. Ch. D. ihnen geben möchten, werde zu warten haben; er wird sonst Ew. Ch. D. von einem und dem andern speciali, so bei dem Friedenswerk vorgehet, unterth. Bericht abstatten können.“

---

1) Anliegend Extract Schreibens König Karls XI. an Wangelin d. d. Malmö 21. August 1673.

2) d. d. Potsdam 19. September 1673 hatte Kf. an den Freiherrn O. von Schwerin und den Geh. Rat von Jena rescribirt, dass er den schwedischen Abgesandten Mardefeld nebst Wangelin in Potsdam erwarte, wozu die Gegenwart der beiden Räte gefordert ward.

Der Kurfürst an Friedrich von Jena. Dat. Potsdam $\frac{\text{22. September}}{\text{2. Oktober}}$ 1673.

[Bescheid über den Tag und die Art der Einholung des neuburgischen Gesandten.]

2. Octbr. Antwort auf das Schreiben Jenas: Kf. möchte Zeit gewinnen, bis auch der Schwedische Abgesandte eintrifft. Er hat daher gutgefunden — den Freiherrn von Goltstein[1]) unter dem Vorwand, das sich derselbe etwas zu Berlin ausruhen möchte, allererst am künftigen Freitag zu Uns herauskommen zu lassen, welches Ihr ihm zu hinterbringen und Euch auf bestimmte Zeit auch anhero zu erheben habt. Was Ihr wegen der Kutsche und Pferde, womit der Gesandte anhero zu bringen, mit Unserem Stallmeister Frobenio abgeredet, solches lassen Wir vor diesmal gn. geschehen. Weil aber leicht ein Praejudiz und Gewohnheit darauf gemachet werden könnte, tragen Wir Bedenken, dergleichen mehr zu verfügen, halten auch dafür, dass der General Mardefeld selbst eine Kutsche haben werde.

Weitere Correspondenzen, betreffend die Ankunft des Schwedischen Gesandten. Sie verzögert sich, da Mardefeld zu Oranienburg krank liegen muss. Er trifft am 13. October zu Berlin ein. Auf ein Schreiben der beiden Gesandten d. d. Berlin 14. October 1673 anwortet Kf. d. d. Potsdam 14./24. October 1673, dass er, falls es sich mit Mardefelds Gesundheit besser anlasse, die Gesandten am künftigen Freitag erwarten werde.

Die Geheimen Räthe an den Kurfürsten. Dat. Berlin 16. Oktober 1673.

[Melden das Erscheinen der schwedischen Gesandten.]

26. Octbr. „Ew. Ch. D. haben wir zwar heute unterth. berichtet, wie der von Mardefeld resolviret, sich morgen geliebts Gott nach Potsdam zu begeben, als aber itzo Ew. Ch. D. Postscriptum eingekommen, dass Sie wol geschehen lassen könnten, dass er auf den Montag erst heraus käme, so haben wir solches dem Herrn Wangelin hinterbringen lassen, wie dass Ew. Ch. D. gar wol zufrieden wären, wann des von Mardefelds Zustand und Schwachheit es nicht anders zulassen wollten, dass er sodann seiner Gesundheit pflegen und auf künftigen Montag erst hinaus kommen möchte. Der von Wangelin hat uns

---

[1]) Urk. u. Actenst. XIII, 516. 517.

darauf zur Antwort wissen lassen, wie er versichert wäre, dass der von Mardefeld morgen gar gewiss fortreisen würde, zumalen er auch von seinem Könige Befehl bekommen, seine Commission zu beschleunigen, der von Mardefeld aber würde nicht, sondern er, der von Wangelin, die Proposition thun und verlangte nur, dass ihm dort bald möchte ein Logement angewiesen werden, damit die Conferenz bald vorgenommen werden könnte. Dem H. von Jena haben wir Ew. Ch. D. Befehl communiciret, worauf er uns wissen lassen, dass wann es diese Nacht sich mit ihm bessern würde, dass er alsdann morgen auch mit dahin kommen wollte."

Tenor Propositionis.

Nach abgelegtem Gruss und Versicherung, dass Ihrer K. Maj. unserm allergn. Könige und Herrn nichts angenehmer sein könne, als zu vernehmen, die Beständigkeit I. Ch. D. guten Wolsein und Dero ganzen Churhauses hohen Flor, haben in Dero Namen I. Ch. D. wir unterthgst. anzubringen gehabt, dass allerhöchstgedachte Ihre Kgl. Maj. sich erfreueten und zugleich verpflichtet hielten, dass Ihre zu gemeiner Wolfahrt treuwärtige Intention und darunter geführte Conduite von I. Ch. D. wolangesehen und aufgenommen, sogar, dass auch dieselbe I. K. M. aufrichtig gemeintem Einrathen eines theils in ihrer eigenen Sache gefolget, darnächst so vertraulich mit I. K. M. über bisherige gefährliche Conjuncturen in und ausser dem Röm. Reiche correspondirt, solche Correspondence ferne zu continuiren sich offerirt und insonderheit zu Beibehaltung Ruhe und Wolstands im Röm. Reich und Ablehnung aller Gefahr und Ruins eigener Lande und Leute zu einer näheren Zusammensetzung und festen Verbündniss sich nicht alleine durch Dero Gesandten bei I. K. M. dem Herrn Obristen Kroseck Ex. angeboten, sondern auch solches durch mich Obristl. Wangelin öfters wiederholen lassen. Dass nun I. K. M. an ihrem hohen Orte dergl. alles auch sincerement verlangen, so haben Sie diese von I. Ch. D. gethane und wiederholte Ouverture soviel eher und lieber angenommen, als Sie dergl. vertrauliche Bündniss nicht alleine allezeit allen beiden hohen Interessenten wegen Ihrem gemeinseiendem Interest, sondern fürnehmlich bei so gefährlichen Läuften, da die Friedenshandelungen so schlechte Hoffnung von sich geben und durch den March der Kais. Armée und noch andere mehr sich ereigende Widerwärtigkeit ein solches Ungewitter obhanden zu sein schiene, dass die vorige Kriegsflamme leicht zu einer generalen Brunst und Revolution sich erweitern könnte und einem Jeden, dem die gemeine und seine eigene Wolfahrt angelegen, die Notwendigkeit dictirte, in Zeiten über dgl. Gefährlichkeit mit seinen Freunden sich zu berathen und soweit möglich sich dawieder à couvert zu setzen, höchst nötig und erspriesslich achten und finden. Und wie I. K. M. aus der mit I. Ch. D. bis daher gepflogenen sinceren Correspondence zur Genüge gesehen, dass I. Ch. D. einerlei Absehen und gute Intention haben, auch nicht zweifeln, I. Ch. D. werden eben solche genugsame Preuven von I. K. M. aus derselben bei itzigen Conjuncturen von Anfange her geführten Conduite genommen und klärlich gesehen haben, wie Sie ohne alle Partialität bishero darbei sich bezeiget und ferners bezeigen werden, so würde mir übrig sein, die Mittel zu adjustiren, wie man sich dermassen zusammensetzen könne, dass nicht allein alle besorgende Gefahr von ihren beiderseits Provincien, Ländern und Leuten abgewendet, sondern auch zu Erlangung eines redlichen und beständigen Friedens in der Nachbarschaft, und selbigen im Röm. Reiche unangefochten zu erhalten . . . . Zu solchem Ende nun, und hierüber Ew. Ch. D. hochvernünftige fernere Gedanken zu vernehmen, haben I. K. M. uns allergnädigst an I. Ch. D. abgefertiget, und bitten wir unterthgst., I. Ch. D. wollen dieselbe uns eröffnen und darnächst einige ihrer hohen Ministren genugsam bevollmächtigen, mit uns zusammenzutreten und darüber die Nothdurft zu desto ehender Erhaltung eines so heilsamen Zwecks zu handeln, und versichern wir unsers geringen Orts Ihre Ch. D., dass wir uns fleissig und aufrichtig nach der uns gegebenen allergnädigsten Ordre darin erweisen sollen und wollen. Im übrigen recommendiren I. Ch. D. wir unsere wenige Person zu Dero hohen Ch. Gnade.

---

1. Conferenz zwischen Mardefeld, Wangelin und den kurfürstlichen Räthen, geh. zu Potsdam, 18. Oct. 1673.

28. Oct. Ober-Praesid. Praemiss. curial.: Gleichwie S. Ch. D. zu Brandenburg unser gn. Herr sowol wegen der Nachbarschaft und nahen Anverwandniss, als auch anderer Respecte halber niemals anders gewünschet, als mit I. K. M. in vertraulicher Freundsch. und Correspondenz zu leben, solches auch bis dato jeder Zeit in der That bewiesen und I. K. M. Einrath in hoher Estime gehalten, also hätten S. Ch. D. absonderlich bei gegenwärtigen Conjucturen durch Abschickung an I. K. M. bezeuget, wie S. Ch. D. Dero Consilia einzig und allein den Frieden im Röm. Reich zu erhalten gerichtet, welches dahero S. Ch. D. sonderlich lieb, dass eben zu solchem Zweck diese angenehme Abschickung von I. K. M. geschehen. S. Ch. D. bedankten sich dafür zum fleissigsten, versicherten dabei I. K. M. Dero beständigen Freundschaft, und würden es die Conferentien geben, dass S. Ch. D. nichts anderes verlangten.

Mardefeld. Sie erkennten mit Dank, dass S. Ch. D. uns zu dieser Conferenz deputirt, könnten wol versichern, dass I. K. M. solches gerne vernehmen würden, dass wir zu dieser Conferenz deputirt wären: Bedankten sich auch gegen Uns, dass wir uns darzu abmüssigen und diese Stunde zu der ersten Conferenz nehmen wollen, könnten auch Namens Ihres Königs genugsam versichern, dass I. K. M. sich sonders verpflichtet erkennten gegen S. Ch. D. über die bishero geführte gute Vertraulichkeit, sie wären auch erbötig, an ihrer Seiten alles dasjenige beizutragen, was zu einer reellen und aufrichtigen Freundschaft zwischen so hohen und nahen Anverwandten, insonderheit bei itzigen gefährlichen Conjuncturen dienlich sein möchte; wären auch geneigt, mit S. Ch. D. sich näher zu benehmen und darüber eine Bündniss zu schliessen. Und weil solches alles in der Proposition zu Genüge klargestellet, extrahirten sie dieselbe schriftlich.

Ober-Praesid. Wir bedankten uns vor die geschehene Communication, und bestünde ihr itziger Vortrag in einem mehreren, als was S. Ch. D. uns eröffnet und bei der Audienz angebracht. Das itzige bestünde 1. in der Sicherheit der eigenen Provincien, 2. wie der Friede im Röm. Reich zu restabiliren. Was das 1. beträfe, wäre deshalb vor diesem eine Allianz getroffen, gleichwie nun S. Ch. D. wol begriffen, dass die Zeit sich geändert, also hielten wir uns versichert, dass S. Ch. D. Intention nicht anders sein würde.

ad 2. würden wir erwarten, dass von ihrer Seite einige Mittel, wie der Friede im Reich zu restabiliren und zu erhalten, würden vorgeschlagen werden.

Mardefeld. Es sei nicht ohne, dass I. K. M. ebenso wol in diesem zweiten Punkt besorget seien, auf was Art und Weise die Ruhe und Friede im Reich könnte erhalten werden. Als diese Schickung resolviret, und die Instruction vor ihm gegeben worden, hätte man noch nicht gewusst, dass der Kaiser losgebrochen, und hätte I. K. M. wol sehen können, dass dieses Feuer je länger je gefährlicher sich anlassen würde. Weil aber I. K. M. zu S. Ch. D. als einem Bundsverwandten das feste Vertrauen haben, als der in der Nähe und die täglichen Veränderungen der Läufte besser absehen und ehender resolviren können, was zu beiderseits Potentaten eigenem Interesse sowol als zu des R. Reichs Ruhe dienen möchte, so hätten I. K. M. so viel mehr Vertrauen, dass S. Ch. D. es desto besser vorschlagen könnten, und wären sie bevollmächtigt, solche Vorschläge anzunehmen, zu handeln und zu schliessen, begehrten dahero nochmals, bei S. Ch. D. zu vermitteln, dass von unsrer Seite die Mittel vorgeschlagen würden.

Wangelin. I. K. M. hätten bishero glimpfliche Mittel, den Frieden zu erhalten, gebrauchet und angewendet, dabei würden Sie auch noch bleiben, wann nur den Sachen damit zu helfen, und hätten daher keine andere Mittel vorschlagen können: wann nun S. Ch. D. dergl. Vorschläge thun könnten, die vor keine Partialität könnten ausgedeutet werden, würden dieselben I. K. M. am angenehmsten sein. Die beiden Puncte separirten I. M. nicht, meinten, dass es ein Ding sei, beiderseits Lande Schutz und die Erhaltung des Friedens im Reiche. Die Mittel, so die wenigste Gefahr nach sich ziehen, würden Ihr am liebsten sein.

Ober-Praesid. Wir wollten es S. Ch. D. unterthgst. referiren. Womit diese Conferenz beschlossen.

2. Conferenz zu Potsdam 20. Oct. 1673.

30. Octbr. Ober-Praesid. Wir hätten noch am vergangenen Sonnabend Gelegenheit gehabt, S. Ch. D. unterthgst. Bericht abzustatten: Dieselben hätten befohlen, zuförderst die albereit contestirte Versicherung zu wiederholen, und dass Sie nichts mehr als Frieden und Ruhe im Reich, und dass, wenn es möglich, ein allgemeiner Frieden zu erlangen, sucheten. Und weil I. K. M. mit grossem Ruhm und Nutzen bis dahero zwischen den kriegenden Theilen die Mediation über sich gehabt und dahero niemand besser als Sie wissen könnten, wie das Friedenswerk beschaffen, worauf es beruhe, uud wohin ein und das andere Theil inclinirte und wie es intentioniret, als zweifelten Ew. Ch. D. nicht, die HH. Abgesandten würden auf gewisse Media instruirt sein und sich belieben lassen, dieselben zu communiciren, da dann S. Ch. D. nicht ermangeln würden, das Ihrige gleichfalls beizutragen. Soviel die Renovation und Extension des foederis betreffe, so hätten S. Ch. D. die darzu ernötigte Information nicht bei der Hand. Sie wären aber gnd. gemeinet, mit den HH. Abgesandten darüber conferiren zu lassen, und stelleten zu deren Gefallen, ob sie nicht vermeinten, dass die Conferentien füglicher in Berlin als hier in Potsdam zu halten, worüber S. Ch. D. der H.H. Abgesandten Erklärung erwarten wollten.

(Hierauf ist man von einander geschieden, aber Nachmittags wieder zusammen gekommen.)

Mardenfeld. Verspricht die Ansicht des Kurfürsten melden zu wollen. — — — — — — — — — — — Dann obzwar nicht ohne, dass I. K. M. die Mediation zwischen den kriegenden Parteien aus sonderbarer friedliebender Intention und Sorgfalt zu Restabilirung des zugleich dem Röm. Reich mit troublierten Friedens über sich genommen, auch desfalls durch ihre Gesandtschaft unverdrossen Bemühung angewendet, so hätten doch alle solche Officia und Fürstellung noch zur Zeit den Effect nicht haben, I. M. auch aus dem bei solchen Tractaten bisher passirten, wer eigentlich das Werk schwer mache, oder bei wem die meisten Inclinatioues zum Frieden re vera seien, nicht wol penetriren mögen, und als sich die Friedenshandlungen nicht allein fort im Anfange difficil angelassen, sondern auch in progressu, fürnehmlich aber diese letztere Zeit hero zu gewürigem Effect keine sonderliche Hoffnung gegeben, auch die Kriegsflammen inzwischen je länger je mehr um sich zu greifen angefangen, dass sie leicht zu einer generalen Brunst und Revolution sich erweitern und ausschlagen könnten, so würden zwar I. M. bei diesem so wichtigen und hoch importirlichen Negotio, so lange nur einige Hoffnung zum Accommodement übrig, nicht ermüden und zu Erhaltung des Endzwecks und sichern Friedens ferner alle Devoirs anwenden lassen. Dabei Sie auch, dass der Allerhöchste S. Ch. D. wegen Gesegnung des Werks gethane wolmeinende Wünsche in Gnaden erfüllen wolle, ihres hohen Ortes von Herzen mit wünscheten. Es habe aber I. M. zu Beobachtung sowol solcher gemeinen als auch fürnehmlich ihrer eigenen Wolfahrt und Sicherheit eine Zusammensetzung mit ihren guten

Freunden und Bundesverwandten für nöthig erachtet und solchen noch insonderheit und für allen mit S. Ch. D. ein hierzu accommodirtes Foedus zu treffen und zu erneuern für gut und als ein einziges noch übriges Mittel angesehn. Als nun I. M. nach Anleitung der durch den von S. Ch. D. in Schweden gehabten Abgesandten gethanen Contestation S. Ch. D. Einrathen und fernere Meinung über dem gemeinen Wesen zuerst verlanget, sie auch desfalls allererst instruiret, so vermöchten sie zwar sich darunter speciali und ferner, wie bereit geschehen, nicht herauszulassen, hielten aber dennoch dafür, dass wann nur zuförderst das beiderseits intendirte Foedus defensivum abgehandelt, verglichen und vollzogen, und andere gleichgesinnte Churfürsten, Fürsten und Stände nachmals sich auch mit darin zu begeben, freigelassen würde, dass dadurch auch diese und unter denenselben zuforderst sich itzo bedrängt Haltende des Effects, das ist, Ruhe und Frieden ihrer Lande, mitgeniessen und doch bei I. M. und S. Ch. D. als ersten hohen Contrahenten dieses Foederis die Direction und Conduite dieses ganzen Werks verbleiben und nach Anlass der fürkommenden Conjuncturen sich der Umstände halber weiter berathen könnten, absonderlich, wann einige sich darin begebende andere Stände auf erforderten Fall die versprochene Hülfe nicht an Mannschaft, sondern mit Gelde beizutragen, ihnen am fürträglichsten zu sein vermeinen und es also behandeln möchten. Unterdessen aber käme dieses mit andern, wie es wollte, oder es träten darzu soviel oder wenig als wollten, woran jedoch I. M. um soviel weniger zweifelten, als hierdurch den Bedrängten Rath und Hülfe angezeigter Massen kann geschaffet werden; so wären gleichwol I. M. sowol als S. Ch. D. durch solche zureichende Vereinigung, dass bei diesen Läuften ihren Landen nichts gefährliches so leicht zustossen oder da es, so Gott verhüten wolle, geschehen sollte, aller unbilligen Gewalt mit entgegen- und zusammengesetzter Macht desto besser und mit mehrerem Nachdruck obviiret werden könnte. Im Fall nun S. Ch. D. diese ihre ganz unmassgebige Gedanken mit denen Ihrigen in etwan zu correspondiren befinden möchten, würde hiervon weiter zu reden, darbeneben aber S. Ch. D. hohes Einrathen und gutfindende Meinung hierüber und sonsten zu vernehmen stehn. Was die an S. Ch. D. von einigen Churfürsten und Ständen des Reichs gebrachte Querelen über grosse aus itziger Unruhe empfindende Ungelegenheit betrifft, so ist zwar zu der Zeit, wie diese Abschickung resolvirt und Instruction expedirt, an I. M. noch nichts gelanget, dieweil aber fast zu vermuten, dass Deroselben nach der Zeit solche Beschwerden auch insinuirt sein dürften, als zweifelten sie nicht, I. M. würden ihnen davon, und was sie solch klagenden Ständen geantwortet, benachrichtigen, wovon Sr. Ch. D. von ihnen unverlangt Part gegeben werden soll: Und wie im übrigen I. M. Meinung wegen Renovation und Extension des vorigen Foederis Sie albereit eröffnet, also würde, ob diesfalls die Conferentien alhier oder zu Berlin mit ihnen continuiret werden sollten, S. Ch. D. Belieben anheim gegeben. —

Conferenz d. d. 2. December 1673. Protoc. v. Somnitz.

12. Dec. Oberpraes. Nachdem es mit dem Foedere so weit gekommen, dass es nur an der Supscription mangelt, hat Sereniss. uns befohlen, es zu vollenziehen, daneben anzuzeigen, dass obzwar dieses Bündnis an verschiedenen Orten viele Jalousie erwecket, S. Ch. D. doch in Hoffnung, dass I. M. die in foedere gestiftete Freundschaft festhalten werden, S. Ch. D. demnach dasselbe mit I. K. M. eingegangen.

Gleich wie aber dieses Foedus auf das Instrumentum Pacis gegründet, nnd S. Ch. D. sonst zu keinem Foedere sich würden verstanden haben, als tragen S. Ch. D. zu I. K. M. das gute Vertrauen: Sie werden Instrumentum Pacis Basin dieses foederis sein lassen, und weil der Ablegatus Wangelin nach Schweden reisen wird und Rex begehret, Exc. möchte I. M. per Wangelin wissen lassen, wohin ihr Gedanken bei diesem Wesen giengen, haben S. Ch. D. nötig geachtet, anzuzeigen, dass den kriegenden Theilen zu repraesentiren, wie das Reich contra Instrum. Pacis leiden müsse. Wie es weiter anzustellen, das wollen S. Ch. D. von Seiner Maj. erwarten, halten ferner dafür, dass man sich post ratificationem vernehmen, oder auch künftig, wenn Wangelin zurückkommt, wie die Mediation mit diesen Officiis werde übereinkommen können, und wie zu machen, dass eins mit dem anderen sich conformire; als auch nötig, dass Mittel und Conditiones Pacis an die Hand gegeben werden, I. K. M. aber von der kriegenden Theile Intention die beste Wissenschaft haben. Gratum foret Seren°, wenn I. M. die H. Abgesandten hierüber instruiren wollten.

Ferner haben S. Ch. D. nöthig ermessen, dass nicht allein diejenigen im Reich, gegen welche Frankreich vermeinet einige Ursache zu haben als Trier, sondern auch daneben Frkrch. ganz keinen Praetext hätte sie also zu tractiren, dass sie die allerbeweglichste Klagten führen müssen, und zu vernehmen wie Pfalz und andere möchten soulagiret werden.

De rebus Polonicis

„1. dass S. Ch. D. Ihrer Maj. Gedanken erwarten;
2. sonder der Republik Intention sich erkundigen und daraus mit I. K. M. communiciren;
3. wider solche Intention wollen Sie niemand portiren;
4. wünscheten sonsten einen solchen Candidatum, der die Republik

in ihrer Harmonie erhielte und mit den Benachbarten gute Freundschaft iuxta pacta cultivirte."

Ablegati: agunt gratias pro conferentia et resolutione. Die Subscriptions-Puncta sind von Consideration, dass man sie erwäge, wollen morgen oder übermorgen mit ihrer Resolution einkommen.

Darauf ist zur Subscription und Siegelung geschritten.

Der Kurfürst an den König Karl XI. von Schweden.

Dat. Coelln a. Sp. $\frac{3.}{13.}$ Dezember 1673.

[Recreditif für den Obristlieutenant Wangelin.]

„Demnach von Ew. Kön. Maj. der von Wangelin befehliget, sich nacher Schweden zu erheben, umb Deroselben von demjenigen, was bisher alhie negotiiret, Rapport zu thun, so habe ich die Gelegenheit ergriffen, denselben mit gegenwärtigem Handbrieflein an Ew. Kön. Maj. zu begleiten. Ersuche demnach Dieselbe dienstfertig, Sie geruhen von itzgedachten Obristlieutenant meine Gedanken, so ich wegen der jetzigen Conjuncturen führe und ihm zu dem Ende entdecket, zu vernehmen und mir durch denselben hinwiederum von denen hochvernünftigen Sentimenten, so Ew. Kön. Maj. desfalls beiwohnen, vertraulich Part zu geben, damit ich mich bei den gegenwärtigen Conjuncturen darnach richten könne. Gestalt ich dann nichts mehr verlange als meine Consilia mit Ew. Kön. Maj. solchergestalt zu vereinbaren, dass beiderseits Reiche, Lande uud Unterthanen die verlangete Sicherheit und einen unveränderlichen Ruhe- und Wolstand daraus empfinden, nicht weniger auch das Röm. Reich von der jetzigen Unruhe wieder befreit werden möge, wesfalls ich mich auf den vorgem. Wangelin und was ich mit ihm geredet, bezogen haben will. Ich empfehle im übrigen Ew. Kön. Maj. dem Schutze des Höchsten zu allem selberwünscheten Wolwesen." 13. Dec.

Lateinisches Recreditif für Mardefeld. Dat. Coeln a. Sp. $\frac{3}{13.}$ Dezember 1673.

Ergebnis der Allianzvertrag vom 1./11. December 1673: Moerner, Staatsverträge n. 215. S. 377.

Obrist Wangelin an den Freiherrn von Schwerin. Dat. Stockholm 24. Dec. 1673.

[Recapitulirt noch einmal die Anschauungen seines Souvräns der keine Partei ergreifen will.]

1674.
3. Jan. „Das continuirliche böse Wetter und die daher verursachte überaus böse Wege haben meine Reise etliche Tage gezögert, so dass ich nicht eher als am 22. ds. alhier habe können kommen. I. K. M. sind, Gott Lob, völlig restituiret und befinden sich gesund, werden dieses Fest auf einem Ihrer Lustgüter nahe hier bei Stockholm zu bringen. Ich habe gestern die Gnade gehabt, Deroselben meine allerunterthänigste Reverence zu machen. Nachdem Sie mich gefraget, ob der Tractat mit I. Ch. D. geschlossen und als Sie die Contenta und vornehmsten Capita desselben Ihr durch einen Ihrer Estats-Secretarien kürzlich fürtragen lassen, haben Sie sich darob sehr vergnüget bezeuget, indeme Sie daraus soviel mehr nun I. Ch. D. beständigen Inclination, mit I. K. M. eine vertrauliche Freundschaft zu unterhalten, so auch, dass dieselbe eben solche heilsame Intention mit I. K. M. zu Befoderung des gemeinen Wesens Besten und Wiederbringung eines beständigen Friedens im Röm. Reiche und in desselben Nachbarschaft haben, versichert sind, und solche conjunctis consiliis et viribus mit I. K. M. durch dienliche Wege zum Effect zu bringen suchen und helfen wollen. I. K. M. werden obged. Tractat in gar kurzem lassen ins ander Reine bringen und ihn alsdann allgdst. ratificiren und mich sodann wieder zurück abfertigen, immassen ich noch für dem neuen Jahr wieder von hier zu reisen verhoffe. Es ist Deroselben auch sonderlich lieb gewesen, dass I. Ch. D. zu besserer Unterhaltung einer so nöthigen Correspondence und erfolglich zu desto ehender Zusammensetzunge beider hohen Potentaten Rath einen Ihrer Ministren anhero senden wollen, welchen Sie verlangen und mit solcher Königl. Affection und Gnade werden annehmen, dass I. Ch. D. hoffentlich daraus auch soviel mehr werden schliessen können, wie grosse Estime I. K. M. von Deroselben Freundschaft machen, insonderheit aber alsdann in allem ganz vertraulich mit I. Ch. D. de concerto gehen und agiren. In Erwartung aber desselben dennoch auch nichtes von gegenwärtigen Ihren Consiliis und Actionibus zurückhalten, davon Sie nicht I. Ch. D. zeitig Part geben werden.

1. Wie Sie dann schon für meiner Ankunft durch einen Brief an mich I. Ch. D. zu communiciren gutgefunden, womit endlich der Polnische Gesandte abgefertiget, und zwar darin bestehend, dass I. K. M. über gegenwärtigen Zustand in Polen und wie demselben am zeitigsten und besten zu rathen sei, einige Tractaten mit der Republique und dem Könige in Polen beliebet, sobald Sie nur von der Zeit und dem Orte ferner werden vorgewissert sein, so würden Sie mit I. Ch. D. darüber correspondiren und, dass Sie zugleich auch einen Ihrer Ministren dabei haben möchten, an die Hand und heimgeben, und also auch in dieser Sache nichtes einseitig, sondern communicatis consiliis thun. Inmittelst haben Sie auf fernere Anstellung des polnischen Gesandten, wie gross Periculum in mora sei, diese Resolution demselben schriftlich gegeben, dass, so

die Gefahr sollte so gross werden, ehe solche Tractaten könnten angefangen oder zum Effect gebracht sein, dass Sie auf solchen Fall vor Sich und zu Bezeugung, wie sehr Ihr die Conservation eines so considerablen Königreichs zu Herzen gehe, wollten 5 oder 6000 Mann nebst etwas Munition, weil sie daran Mangel haben sollen, senden.

2. Als auch unlängst der Herzog von Hannover bei I. K. M. durch einen hieher abgeordneten Minister eine Zusammensetzung gegen alle unbillige Gewalt und Ueberziehung gesuchet und zu dem Ende einige Tractaten incaminiret, I. K. M. auch, nachdem Sie gefunden, dass die Intention bei solchem Herzoge nur blos in Defensions — Terminis beruhe und in solchem Stücke im geringsten nicht von deme, was Sie mit I. Ch. D. geschlossen, abstimmig, viel weniger einige Partialität andeute, so haben Sie solche Zusammensetzung resolviret und lassen mit mehr hochgem. Herzoge durch den H. Feldmarschal Horn in Stade darüber tractiren; Sie haben aber sofort auch von dieser Sache I. Ch. D. Part geben wollen, zu welchem Ende Sie dann für 3 Wochen an den H. General Mardefeld und mich ausführlich dieses alles allergnst. überschreiben lassen, und weil Sie nicht wissen, ob etwan der H. General Mardefeld aus Pommern I. Ch. D. diese Nachricht zeitig genug geben werde, haben Sie mir allergnädigst befohlen, bei dieser Post I. Ch. D. solches zu hinterbringen, und habe ich nicht besser gewusst, als E. Exc. gehorsamst zu bitten, dass sie es Deroselben aufs eheste insinuiren wollen, wobei I. K. M. I. Ch. D. heimstellen, ob Sie sofort auch einen Ihrer Leute zu diesen Tractaten mitsenden wollen, auf welchen Fall I. K. M. nicht allein bei dieser Post an Ihre dazu georderte Gesandten allergnst. Ordre schicken sondern auch zugleich an den Herzog gesinnen, solchen I. Ch. D. Gesandten mit zu demselben zu admittiren. Sollte aber der Tractat albereit geschlossen sein, wird derselbe I. Ch. D. in forma sofort communiciret und Sie zugleich von I. K. M. ersuchet werden, mit darein zu treten, und demselben, so zu Berlin geschlossen, anzuhängen.

3. So sind auch I. K. M. von aller hier anwesenden fremden Potentaten Ministris so mündlich als schriftlich angesuchet, für einem und andern sich zu declariren. Was nun Dieselben einem Jeglichen geanwortet, werden Sie bei meiner Zurückkunft in forma I. Ch. D. communiciren, damit Dieselbe einigermassen auch Ihre Mesures darnach nehmen könne. Ich kann in antecessum E. Excell. und durch Dieselbe I. Ch. D. versichern, dass es alles conform ist dem zwischen Ihr und I. K. M. geschlossenen Tractat und dass I. K. M. positivement sich dahin declariren, keine Partei zu nehmen, sondern ferner alle Officia anzuwenden, wie die Kriegende auseinander zu bringen und der edle Friede in der Christenheit möge wiederhergestellet, auch ins Künftige ungekränket unterhalten bleiben. Und wie Sie solches desto besser ins Werk zu richten, dahin mit I. Ch. D. diese letztere Alliance geschlossen, auch eben zu solchem Ende mit Hannover tractiren, also werden Sie suchen mehr Stände des Röm. Reichs zu eben solchem Zweck Ihr zu alliiren, hoffen auch, dass die übrige fürstl. Häuser Lüneburg

---

[1]) Wangelins neues Creditif d. d. Stockholm 2. Januar 1674.

dem Exempel von Hannover folgen werden, und würde I. K. M. sehr lieb sein, wenn I. Ch. D. sich gefallen lassen würden, selbige dazu mit zu invitiren und I. K. M. helfen selbe dahin zu bewegen. Was sonsten I. Ch. D. bei meiner Abreise mir gnädigst eröffnet und an I. K. M. allerunterthgst. zu bringen gnädigst begehret, solches habe ich auch treulichst gethan, und werde bei meiner Hinauskunft Deroselben I. K. M. Gedanken und Meinungen darüber wieder können kundmachen."

Der Kurfürst an die Geh. Räthe. Dat. Potsdam 8. Febr. 1674.

[Verlesung der schwedischen Ratification.]

18. Febr. „Ist unser gndster Wille, dass Ihr am künftigen Dienstag collegialiter zusammenkommt und die von dem Obersten Wangelin aus Schweden mitgebrachte Königl. Ratification der jüngstgetroffenen Alliance vorleset und fleissig acht habet, ob dieselbe in allem also geblieben, wie sie unlängst geschlossen, oder ob etwas darin geändert, auf welchen letztern Fall Ihr Uns davon forderlichst Bericht abzustatten."

Die Geh. Räthe an den Kurfürsten. dat. Cölln a./Spree 11. Februar 1674.

21. Febr. Sie — — haben die — Ratification — mit einander verlesen, und mit dem hiesigen Project conferirt, „da wir dann befunden, dass sowol das Foedus an sich selbst als auch der Separat-Artikel mit dem Project überal einstimmt und gleichlautende ist, ausser einiger winzigen Worte, die von dem Scribenten im Abschreiben vorsehen werden, aber nichts importiren und gar leicht corrigiret werden könnten, gestalt wir dann die Errata hiebei geleget und erwarten gehorsamst, was E. Ch. D. uns desfalls weiter befehlen wollen."

Der Kurfürst an die Geh. Räthe. dat. Potsdam d. 11. Febr. 1674.

„Wir haben aus Eurer gehors. Relation gdst. ersehen, was bei Collationirung der Kgl. Schwedischen Ratification befunden worden. Weil nun solches kleine Errata sein, so habt Ihr, unser Ober-Präsident, der Frhr. v. Schwerin und Geh. Räthe der v. Somnitz und der v. Jena mit ihm die verlangte Conferenz anzutreten und Uns zu berichten, was dabei vorkommen, damit auch Wir die Alliance ratificiren können."

Weiterer Schriftwechsel mit den Geheimen Räthen betreffend die Ratification des Vertrages vom $\frac{1.}{11.}$ Decbr. 1673.

Im Februar 1674 Conferenzen mit Wangelin. ‚Conc. Schwerin'

Conferenz den 12. Febr. 1674.

„Nach dem Vortrage. H. Wangelin danket vor die Gnade; erinnere sich wol, dass er bei Ser. umb die Conferenz angehalten, nicht allein bei Derselben die Auswechelung der Ratification zu verschaffen besondern auch Ser. auf das was Sie bei seiner Abreise ihm anvertrauet seines Königs Gedanken und Deroselben bei jetzigen Conjuncturen führenden Consilia anzubringen. Bedanket sich, dass uns gefallen, diesen Tag und Stunde hiezu zu nehmen; hätte sich gerne zur eingefunden, hätte zwar kürzlich S. Ch. D. Relation gethan, und es auch schriftlich aufgesetzet. Hat darauf alles communiciret." 22. Febr.

Die Auswechselung der Tractaten wird in Aussicht gestellt.

Die zweite Conferenz am 14. Februar 1674, worüber die Räthe v. Schwerin, v. Somnitz und v. Jena unter demselben Datum an den Kf. berichten, dass der Gesandte ein Memorial eingereicht habe, wovon er dem Kf. schon mündlichen Bericht erstattet, und dass er dabei das Ansuchen gestellt habe, man möchte nunmehr zur Auswechselung der Ratification schreiten. 24. Febr.

Das Wangelinsche Memorial d. d. Berlin 12. Febr. 1674 (7½ f.) umfasst die Anlagen:

A. Resolution des Königs Karl XI. an seine Deputirten beim Cölner Congress (auf eine Eröffnung des Kaiserlichen Gesandten Grafen Adolf Wratislaus von Sternberg am Schwedischen Hofe) dat. Stockholm 18. December 1673 [sign. Bengt Oxenstierna. H. Gyllenstierna. E. Griepenhielm. G. A. de la Gardie. Gabriel Oxenstierna. F. J. Örenstedt.]

B. Declaration des Königs Karl XI. an den französischen Gesandten Marquis de Feucquières d. d. Stockholm 28. Decbr. 1673.

[sign. Nic. Brahe. O. Gyllenstierna. E. Gripenhielm. G. A. de la Gardie. Carl Bonde. M. Hoghusen.]

C. Antwort K. Karls XI. auf das Memorial des Schwedischen Gesandten Gr. Fernan Nunez d. d Stockholm 28. Decbr. 1673. [sign. Johannes Gyllenstierna. Ed. Gripenhielm. Gust. Ad. de la Gardie. Carolus Bonde. M. Hoghusen.]

D. E. F. Projecte für den Friedensvertrag in Coeln.

---

25. Febr. d. d. Potsdam 15. Februar 1674 fordert der Kf. den Oberpraesidenten auf, mit v. Somnitz oder v. Jena nach Potsdam zu kommen und das Wangelin'sche Memorial durchzuberathen.

Dritte Conferenz am 20. Februar.

Schwerin und v. Somnitz an den Kurfürsten. Dat. Coelln a. Sp. 21. Februar 1674.

[Bericht über die letzte Conferenz.]

3. März Sie haben gestern Mittag 3 Uhr mit dem Schwedischen Abgesandten Wangelin Conferenz gehalten „und ihm dasjenige, was Ew. Ch. D. auf dessen eingereichtetes Memorial ihm zu antworten uns gn. anbefohlen, gebürend hinterbracht. Er begehrete darauf, dass ihm solche Resolution schriftlich, und zwar unter unser Unterschrift, in forma einer Resolution gegeben werden möchte. Als wir ihm aber darauf remonstriret, dass keinem Gesandten an diesem Hofe einige Resolutiones pflegten ertheilet zu werden als nur, wann sie ihren Abschied nehmen; unter der Räthe Hand oder Unterschrift aber solche Resolutiones auszuantworten nicht gebräuchlich wäre, so uns aber verboten, über alles was wir ihm vorgetragen das gehaltene Protocoll copeilich zu communiciren, so war er damit zufrieden, gestalt wir auch solche Copie schon verfertigen lassen und ihm zuschicken wollen. Er zeigete hiebei auch an, dass er nur seine Instruction nachsehen und uns darauf bald auf unsere Vorstellung antworten wollte. Ferner urgirte er auch die Auswechselung der Ratification des getroffenen Foederis zwar sehr, und dass man in Schweden gross Verlangen darnach trüge. Wir bescheideten ihn darauf, dass, weil es in grossem Format auf Pergament geschrieben, es nicht füglich hinausgeschickt werden könnte. Ew. Ch. D. würde ehestens hereinkommen und es vollenziehen, womit er endlich zufrieden war, wann es nur nicht allzulang anstünde. Unser College der von Jena hat dieser Conferenz wegen seiner noch anhaltenden Unpässlichkeit nicht beiwohnen können."

---

d. d. Coelln a. Sp. 21. Febr. 1674 wird des Schwedischen Abgesandten Wangelin Memorial nebst dem Bescheid des Kurfürsten übersendet an den Freiherrn v. Schwerin d. Jüngeren, Deputirten zu Coeln, und an die Kurbrandenburgischen Gesandten von Crockow nach Wien und Romswinkel nach dem Haag.

Desgleichen an die nämlichen d. d. Coelln a. Sp. 26. Februar 1674 das letzte Conferenzprotokoll[1]) vom 20.

Protocoll der Conferenz zwischen den Geh. Räten v. Somnitz und Blaspeil und dem Pfalz-Neuburgischen Gesandten Freiherrn v. Goldstein 5. Juni 1674.

D. Gesandte: Demnach der Terminus praefixus zu Auswechselung der Ratificationen herannahet, als hätten I. Ch. D. zu Pfalz-Neuburg ihn mit der Ratification in puncto des Accessions-Recesses versehen und zu dem Ende an S. Ch. D. verschicket, damit er solche Deroselben unterthst. vorzeigen und wegen deren Auswechselung sich ferner Befehls erholen möchte, gestalt denn I. K. M. zu Schweden Gesandter ebenergestalt damit versehen zu sein ihm angedeutet, als stünde zu S. Ch. D. Gefallen wie und wann Sie die Auswechselung solcher Ratification vor sich gehen zu lassen bedacht.

Es würden auch S. Ch. D. Sich erinnern, dass Sie wegen nunmehr abgethaner Polnischer Affairen sich eines sichern Tractats mit I. Ch. D. zu Pfalz-Neuburg verglichen: ob nun zwar die Sache abgethan, so wäre er doch auch mit der Ratification dessen versehen, welche er hierbei in originali vorzeigen wollte zu dem Ende, damit S. Ch. D. sehen könnten, dass es an Seiten I. Ch. D. Pfalz-Neuburg in keinerlei Weise würde ermangelt haben.

Sonsten zweifelte er nicht, es würde die an Seiten I. Ch. D. seines gnst. Herrn geschehene vertrauliche Communication wegen etwaniger weniger Differentien einiger malcontenten Dero Stände nach und nach zu rechten Zeit eingelaufen sein, wie er sich dann auch einestheils darauf bezöge. Weil aber inzwischen aus allem Verfahren erhellete, dass man die Sache nicht allein zu Praejudiz I. Ch. D. und Dero Posterität, sondern auch mehrer Chur- und Fürsten, auch Stände des Röm. Reichs, insonderheit aber Sr. Ch. D., so hier-

---

[1]) „Bei der letzten Conferenz" eigenhändige Anmerk. Schwerins.

innen ein gleichmässiges Interesse hätten, darum zu beschleunigen suchete, damit man etwa Ihro alle die Mittel, solchem Unheil vorzukommen, abschneiden könne, so hätten anderen theils I. Ch. D. diese Sache darum in so viel mehr Suspect zu halten, auch in die auf Chur-Mainz und Chur-Trier ergangene Commission sich nicht einzulassen, weil Deroselben und der ganzen Welt bekannt, dass vorbedachte HH. Churfürsten Dero Interesse mehres an Seiten der Malcontenten finden möchten, ... So würde auch andern Theils I. Ch. D. um desto weniger zu verdenken sein, sich in vorgedachte Commission nicht einzulassen, gestalt dann das Gegentheil allbereits, welches doch unerhört, nicht allein mit der Sentenz, welche in ihrer Favor ausgesprochen, sondern auch mit dem Cassatorio des Recessus, ja gar mit der Execution vorsehen, also dass I. Ch. D. bei solcher Bewandtniss ihre Zuflucht zu S. Ch. D. (gestalt Sie der Affection in so vielfältiger Weise zu immer währender Verbindlichkeit bereits genossen, auch bei gegenwärtigen troubles, sonderlich da es quasi communis causa und S. Ch. D. ebenmässig wie I. Ch. D. hiebei interessiret) nähme. Wie Sie ihm denn auch befehliget, S. Ch. D. ferner Namens I. Ch. D. unterthgst. zu ersuchen, Sie möchten doch abermal I. Kais. Maj. in favorem I. Ch. D. sonderlich da man so unerhört in dieser Sache verfahren, zu schreiben und dem Herrn von Crockow, wie dem albereit geschehen, der Sache sich anzunehmen, nochmals befehlen; und weil I. Ch. D. nicht sähen, wie man Deroselben einen Vergleich zumuthen könnte über eine Sache, wobei solche handgreifliche Parteilichkeit vorgegangen, weniger wie vorgedachte beide HH. Churfürsten in diese Commision zu Praejudiz I. Ch. D. und mehrer Chur-Fürsten und Stände des Reichs sich einlassen könnten, sie auch ein solches denenselben albereits schriftlich zu gelangen lassen, ebenmässiger gestalt tanquam in communi causa vorbemerkten beiden Churfürsten nachdrücklichst zu schreiben.

Da aber wider alles Verhoffen sowohl I. Kais. Maj. als auch beide H. H. Churfürsten zu Mainz und Trier von der Commission nicht ablassen wollten, so lebeten I. Ch. D. der Hoffnung, es würde S. Ch. D. Dieselbe nicht allein hierin nicht stecken lassen, sondern gleich es wegen Anverwandtschaft der Lande und sonst durch eine solche Commission S. Ch. D. sowol, als auch I. Ch. D. gleiches Praejudiz anwachsen könnte, als verlangten auch I. Ch. D. wol, dass S. Ch. D. in omnem eventum, da die Commission vor sich gehn möchte, dero zu Cölln habendem Resident, Spanheim, communem causam daraus zu machen, nachdrückliche Instruction ertheilen möchte.

Sollte aber S. Ch. D. vielleicht etwa mit I. Kais. Maj. in einem Tractat begriffen sein, so würde S. Ch. D. zu sonderbarer Consolation gereichen, wann S. Ch. D. die Abhaltung der gegenwärtigen Proceduren gegen I. Ch. D. in puncto der malcontents, ehe und bevor S. Ch. D. sich zu einigem Schluss einliessen, pro conditione sine qua non vorstelleten und könnte S. Ch. D. ein solches darum desto weniger bedenklich sein, gestalt ein solches Incident doch daran nichts hindern, sondern I. M. ihre gute Gedanken darum nicht zurück lassen würden.

Weil auch unter anderen fest gestellet und geschlossen, dass, woferne I. Ch. D. innerhalb 2 Monate de dato 24. Mai sich nicht vergleichen würden, Dero Gegentheil alsdann mit der wirklichen Execution, nicht allein gegen alle Rechte und Billigkeit und mehrer Churfürsten und Stände habende Jura, sondern auch handgreiflich gegen das zwischen I. Kön. Maj. in Schweden und S. Ch. D. aufgerichtetes Bündnis, wozu dann I. Ch. D. accedirt, widerstreben wollte, als lebete I. Ch. D. der Hoffnung, S. Ch. D. würde, da man mit der Execution fortfahren thäte, dieselbe ja nicht verlassen, sondern mit dem darinnen verglichenen Quanto, dafern es nöthig, zu Defendirung der Ihro gemeinen Gerechtigkeit an Hand gehen, wozu dann nicht undienlich sein möchte, wann man etwa desfalls dem alhier anwesenden Kron-Schwedischen Gesandten zusprechen thäte, damit wenigstens eveniente casu I. Ch. D. wissen möchten, wessen Sie sich zu versehen.

v. Somnitz. Nachdem S. Ch. D. gndste. Verordnung gethan, mit dem H. Abgesandten in Conferenz zu treten, so thäten sie sich gegen ihn dienstl. bedanken, dass er an diesem Ort ohnbeschwert erscheinen und sich an der Conferenz belieben wollen. Sie würden alle dasjenige, so an seiten I. Ch. D. zu Pfalz-Neuburg eröffnet und vorgestellet worden, S. Ch. D. unterthänigst hinterbringen, stelleten unterdessen bei dem ersten Punkt dem H. Abgesandten anheim, ob er Belieben tragen wolle, das Instrumentum Ratificationis vor der Auswechselung ad visendum ohnbeschwert zu communiciren: das übrige und absonderlich belangend die Differentien, so zwischen I. Ch. D. und einige malcontents schwebeten, gleich wie S. Ch. D. dabei bis anhero alles was I. Ch. D. zu statten kommen könnte, gerne und willig über sich genommen, als ist auch kein Zweifel, es würde S. Ch. D. sich nicht weiter hierunter bezeugen, als es der Sache Beschaffenheit und die bis anhero cultivirte sonderbare Vertraulichkeit und Freundschaft erfordert. Es wäre nicht ohne, dass S. Ch. D. nach und nach einige Nachricht, wie es mit bemelter Sache bewandt, zugekommen; weil aber kein Zweifel, es würde davon bei I. Ch. D. mehr und eigentliche Nachricht vorhanden sein, auch deswegen dem H. Abgesandten die gründliche Beschaffenheit der Sache und in was für terminis dieselbe anitzo stehe, bekannt sei, so würde zu desselben gutem Belieben gestellet, ob er deswegen einigen schriftlichen Bericht sonder Beschwer einreichen wollte.

Hierbei ward auch erwähnet, dass der von Crockow anhero berichtet, dass er auf S. Ch. D. Befehl am Kais. Hofe wegen der Commission deren Zurücktreibung negotiiret, worauf man ihm soviel zu verstehen gegeben, dass an die Commisarii sollte geschrieben werden, mit der Commission in etwas in Ruhe zu stehn.

Der Abgesandte: Erböte sich hierauf, er wollte von allen Dingen, und in welchem Zustande die Sache itzo wäre, eigentlich und gründlich Bericht schriftlich übergeben, erwähnte unterdessen dabei, dass I. F. D. zwei Schreiben vom kais. Hofe an die committirte Churfürsten wären zugesendet worden, des Einhalts, sie sollten examiniren, ob praecipitanter in der Sache verfahren werde, und davon Bericht thun, auch nach Befinden mit der Commission alsdann einhalten: I. Ch. D. hätten auch an Sie geschrieben, Sie hätten zu erwägen, ob sie solche Handelung zum Vergleich antreten könnten, da das eine Theil sententiam, auch Verordnung wegen der Execution und ein Cassatorium vor sich hätte. Er, H. Abgesandter, wüsste nicht, ob die obgemelte beide HH. Churfürsten I. Ch. D. geantwortet, ohne allein, dass sie ihm wissen lassen, dass sie d. 24. Mai ihre Subdelegirten zu Cöln haben würden; bat indessen, an Spanheim und an die beiden Churfürsten gebetener Massen zu schreiben, auch mit dem Schwedischen anwesenden Gesandten eventualiter, wie oberwähnet, zu reden."

c. Die zweite Gesandtschaft Christoph von Brandts nach Stockholm.

Instruction für den Geheimen Rath und Neumärkischen Kanzler Christoph v. Brandt. Dat. Coelln a. Sp. 20. April 1674. Conc. Chr. v. Brandt.

[Erneuerte Communication mit der Krone. Wiederaufnahme des Coelnischen Friedenscongresses. Waffenstillstandsfrage. Assistenz an KPfalz und KTrier. Polnische Wahlfrage. Eventuelle Hilfe an Polen. Französisches Friedenswerk. Zulassung des Herzogs von Lothringen. Der Fall Fürstenberg. Pommerische Angelegenheiten. Mecklenburgische Succession. Einzelheiten.]

1674
30. Apr.

Audienz und Proposition nach abgelegten Curialien in den hergebrachten Formen. Die erneute Communication erfolgt auf Grund des mit Schweden abgeschlossenen Bündnisses (das ja dahin ziele, wie der am Rheinstrom entstandene Krieg beigelegt werden möchte), aus den gegenwärtigen Conjuncturen heraus. Bedauern über den Abbruch der Cölnischen Friedenstractaten. Es würde zwar bei herannahender Campagne schwerfallen, eine anderweitige Zusammenkunft zu vermitteln, indess sollte da brandenburgischerseits keine Mühe gescheut werden. Bedenken in Bezug auf ein Armistitium, jedoch Ihrer M. Meinung darüber zu vernehmen. Gefahren einer französischen Invasion in die Pfalz. Dem allgemeinen Reichsschlüsse, KPfalz und KTrier aus dem Reiche zu assistiren, könne sich Kf. als ein Kurfürst und Stand des Reichs nicht wol entziehen, „zumalen da Wir nicht vernommen, dass der Königl. Schwedische Minister zu Regensburg darwider etwas eingewandt; und wie solchem Concluso gemäss Chur-Sachsen als Kreisobersten des Chursächsischen Kreises die Zusammenziehung der Kreisvölker urgire, wie er dann deswegen an Uns geschrieben, Wir auch nicht zweifelten, dass es an die Kron Schweden ebenmässig geschehen, so würde Uns lieb sein, Ihrer K. M. Intention desfalls zu vernehmen."

Polnische Wahlfrage. Dem Kf. sei es in Übereinstimmung mit dem König ganz genehm, wenn die Stimmen auf Pfalzneuburg fielen, er hätte sich aber in dieser Wahlfrage nicht blosgeben wollen, zumal jetzt, wie man hört, seit kurzer Zeit die meisten Proceres auf den Herzog von Lothringen zielten; der Freiherr von Hoverbeck werde aber auf jeden Fall alle gute Officia für Pfalzneuburg anwenden. — Der Stand der Verhandlungen zwischen Brandenburg und Holland ist aus einem Aufsatz zu ersehen, der dem Obristen Wangelin zugesandt worden. — Assistenz an Polen wider die Türken, für den Fall, dass die Krone ein Hilfegesuch erliesse.

Zwischen Frankreich und der Gegenpartei sei der Friede solange nicht zu erhoffen, als die Admission des Herzogs von Lothringen durch den König nicht erfolgt sei; es sei also nötig, den Lothringischen Gesandten die Pässe zu erteilen. Des Prinzen Wilhelm von Fürstenberg brauche man sich darum noch nicht anzunehmen. Das mit ihm Geschehene (obwol es der Kf. ungern vernommen hat) sei nicht rückgängig zu machen, zumal der Kaiser selbst wichtige Ursachen angegeben hätte, sich der Person des Fürsten zu bemächtigen.[1])

Betreffend die freie Fahrt von Stargard in die Ostsee, die Pommerischen Kammerschulden und Communion bei dem Capitel zu Cammin wird Br. ähnlich instruirt wie bei voriger Abschickung. — Sollten wegen der Mecklenburgischen Succession einige Discurse vorfallen, so ist die zweifellose Erbfolge des Hauses Brandenburg fest zu betonen. — Auf die Wahrung der Interessen des Grafen Dona[2]) am schwedischen Hofe zu sehen. — Creditif und Curialien sind auch bei der Königin-Wittwe[3]) abzulegen. Hat sich als Extraordinar-Envoyé zu geriren und kein ander Tractament anzunehmen, als die Aufholung mit sechs Pferden bis in den Schlossplatz. Sollte ihm darin etwas entzogen werden und er die Audienz darum anstehen lassen müssen, so soll er dennoch mit den königlichen Ministern über die Punkte seiner Instruction in Conferenz treten und bei den ausländischen Gesandten die Visiten ablegen. — Gesonderte Relationen. Instruction und Rescripte sind in originali ins Archiv zurück zu liefern.

---

[1]) Seine Gefangennehmung auf dem Congress zu Coeln s. UA. XIII, 624.

[2]) Christian Albrecht. Dies Interesse wird dem Könige noch einmal in einem besondern Schreiben d. d. ex arce nostra Potsdam 27. Maii 1672 nahegelegt. Es betrifft die Angelegenheiten seines Bruders, des † Grafen Christoph Delphicus, der in Schweden unter der Regentschaft mannichfache Zurücksetzungen erfahren hatte.

[3]) Die Witwe Karls X., Hedwig Eleonore.

(Lateinisches) Creditif an den König und (deutsches) Creditif an die Königin für den Kanzler Christoph von Brandt. Dat. Coelln a. Spree $\frac{16.}{26.}$ April 1674[1]).

---

d. d. Coelln a. Sp. $\frac{21.\ \text{April}}{1.\ \text{Mai}}$ 1674 weitere Recommendationsbriefe an den Kronfeldherrn Grafen Karl Gustav Wrangel und den Reichskanzler Grafen Magnus de la Gardie.

Christoph v. Brandt. Relation. Dat. Stralsund [Ende Juni] 1674.

[Verzögerte Reise. Unterredung mit den schwedischen Generalen in Stettin. Militärische Nachrichten.]

1674. Juni

Er hat das kf.liche Rescript vom 6. Juni[2]) noch in glücklicher Stunde, als er eben zu Schiffe gehen wollte, erhalten.[3]) Er freut sich der ungewollten, aber durch Unpässlichkeit[4]) und continuirliche Nord- und Nordwestwinde veranlassten Verzögerung seiner Reise, weil er auf diese Weise jetzt von dem Feldzuge des Kf. Mitteilung machen kann; hätte er diesen — seiner Instruction gemäss — verschwiegen, so würde es so ausgedeutet worden sein, als habe Kf. die Communication aus Misstrauen gegen die Kron Schweden zurückbehalten.

Bezieht sich im übrigen auf seiner Instruction und wird sie in Verbindung mit dem jüngst empfangenen Rescript verwerten.

---

[1]) Von dems. Dat. Anweisung an den Hofrentmeister Michael Matthias: dem Gesandten aus den Legationsgeldern das Gleiche wie bei seiner vorigen Schickung zu zahlen und ihm 1200 Thlr. auf 3 Monate im voraus mitzugeben.

[2]) von dem ja in der Instruction noch nichts enthalten sein konnte.

[3]) Rescr. des Kf. d. d. Potsdam 6. Juni 1674, Längerer Entwurf von W. W. Blaspeils Hand, was den Kf. bewogen, sich mit Kaiserlicher Majestät und den Generalstaaten ins Einvernehmen zu setzen, und was der Gesandte in diesem Sinne zu Stockholm bekannt zu machen habe.

[4]) Resc. des Kf. d. d. Potsdam 17. Juni 1674 an den Frhrn. v. Schwerin: Brandt befindet sich, obwol er doch vorlängst seine Abfertigung gehabt hat, noch immer in Berlin. „Wann Euch dann bekannt, wie hoch und viel Uns an Beschleunigung dieser Reise gelegen, so befehlen Wir Euch in Gn., vorgem. Unserem Geheimen Rath dieses Unser Missfallen zu verstehen zu geben und demselben zugleich anzudeuten, dass er ohne Verlierung weiterer Zeit sich aufmache und die Reise so viel immer möglich beschleunige."

Zu Stettin haben ihm der Reichsrath und Feldmarschall Helmfeld und der Gouverneur daselbst, Generalmajor Wulffen, auf allerhand Manier grosse Civilitaet erwiesen. Sie sagten für gewiss, dass der Feldherr herauskommen würde, vermeinten aber, Br. würde ihn zu Stockholm wol noch antreffen. „Sie confirmirten auch, dass der Generallieutenant Ascheberg, der Generalmajor Wolmar Wrangel und ein Graf Oxenstiern jeder ein Regiment zu Pferde würben, item dass auch noch einige Infanterie an Nationalvölkern sollte eingeschiffet und herausgeschaffet werden, imgleichen, dass 16 Kriegsschiffe equipiret würden. Dieses alles habe ich auch alhier von dem Graf Wittenberg, des Feldherrn Schwiegersohn, verstanden.“ Alle reden davon. Nur weiss man nicht, wann die Truppen kommen werden. Folgen einzelne militärische Nachrichten.

---

v. Brandt. Relation. Dat. Stockholm 14. Juli 1674.

[Warum ihm noch keine Audienz erteilt worden. Hier unbedingte Parteinahme für Frankreich. Haltung Feucquières'. Massnahmen der Krone Schweden. Gefahr für Bremen.]

24. Juli Hat gleich nach seiner Ankunft die Creditife zu Hofe gesandt, dennoch keine Audienz erlangen können. Lauter äussere Gründe dafür. Allgemeine Inclination für Frankreich. Die Zeitungen dürfen nur Frankreich günstige Nachrichten aufnehmen. Dem hiesigen Postmeister ist mit Absetzung gedroht, wenn er geschriebene Zeitungen, „die nicht vor Frankreich klingen“, in der Stadt communicirt. „Es ist nicht zu beschreiben, wie partialisch man sich alhier hautement vor Frankreich in Discoursen und sonst anzeiget.“ Der französische Ambassadeur „arbeitet mit Händen und Füssen an der Ausschiffung der Truppen, als wenn es der Kron Frankreich eigene Sache wäre.“ Eine Erzählung als illustrirende Probe von dem Eifer des Gesandten nach dieser Richtung.

„Gleichwol ist die hiesige Armatur und Kriegsanstalt nicht so gross und so eifrig, dass man daraus einen grossen Dessein vor Frankreich abnehmen könnte.“ — Militärische Nachrichten im einzelnen. — Trotzdem misstraue, nach Aussage des Spanischen Gesandten und des Dänischen und Mecklenburgischen Residenten, Feucquières der Krone Schweden; er zahle dementsprechend die französischen Gelder nicht in grösseren Summen auf ein Brett, sondern in kleinen Portionen, je nach dem Fortschritt der schwedischen Kriegsvorbereitungen.

Es sind auch viel andere Considerationes, woraus man schliessen könnte, dass die Kron Schweden in ein weitläufig Werk sich nicht stecken werde, und dass ihr Absehen nur sei, mit dem Französischen Gelde sich in solche Postur zu setzen, dass ihre Mediation desto mehr

Nachdruck haben möge. Indessen gehen gleichwol die Völker hinaus, und wenn diese Kron nicht mehr als 12000 Mann auf teutschen Boden hielte, hätte man doch billig Reflexion darauf zu machen, und wer weiss, was die Gelegenheit und ein und andere Zufälle vor Desseins in den hiesigen Gemütern gebären möchten, zumal da Frankreich alhier sein äusserstes anwenden wird. Aufs wenigste stehet Bremen in Gefahr. Denn wann I. Kais. Maj., Ew. Ch. D., die Herren Staaten und die Herzoge von Lüneburg und Braunschweig gegen Frankreich engagiret sein werden, so ist ja niemand, der diese Stadt entsetzen könne, und müsse dieselbe in vierzehn Tagen verloren gehen. Ew. Ch. D. aber werden der Sachen ohne mein unterthänigstes Vorstellen wol nachsinnen und mir will nur obliegen, künftig alles, was ich alhier ergründe und ausrichte, gehorsamst zu referiren.

Relation. Dat. Stockholm 21. Juli 1674.

[Audienz. Proposition. Bitte um Commissarien. Von der Königin zurückgewiesenes Creditif und vorgeschlagene Remedur. Mutmassungen über Pläne des Kf. Allerlei persönliche und militärische Nachrichten.]

Ist gestern mit denselben Ceremonien wie vor zwei Jahren[1]) zur Audienz 31. Juli
aufgeholt worden und hat dabei keiner anderen Umstände zu gedenken, als dass der König, ob er gleich nunmehr gekrönt ist und wirklich regieret, eben wie vor zwei Jahren, da er noch nicht die Regierung angetreten, die ganze Audienz über mit entblössetem Haupt gestanden hat. —

Proposition: Abgesendet wesentlich mit der Bestimmung, Ihrer K. Maj. eine gewisse Resolution, „so Kf. zur Stellung einiger opprimirter Stände in Teutschland und zur Beförderung des Friedens nehmen müssen, vertraulich und in Kraft des jüngsten Bündnis kund zu thun und darüber I. K. M. Sentimenten zu vernehmen". Dazu einige Angelegenheiten Pommern betreffend. . . . . . „Und weil es sich nicht schickete, in einer publiquen Audienz klarer zu reden und ein mehres zu sagen, schloss ich damit", S. M. Befehl in Bezug auf eine weitläuftigere Auslassung zu erwarten, zu des Königs Gefallen stellend, ob ihm Commissarien zugeordert werden sollten.

Hierauf antwortet ihm namens I. K. M. der Kanzleirath Oerstedt in schwedischer Sprache, wovon Br. aber wenig versteht, und deswegen Anlass nehmen muss, um schriftliche Communication anzuhalten.

---

[1]) S. oben S. 159.

Die Königin verschiebt ihre Audienz, weil sie eine Reise nach Dronningholm zur Landgräfin von Hessen vorhat. Ungeachtet ihres Compliments schickt sie das Creditif zurück, mit dem Bemerken, dass der Titel ‚Grossmächtigste' auf der Adresse mangelte, sie könnte es nicht annehmen, „weil es zur Consequenz gereichen könne". Das Prädicat werde ihr von keinem Potentaten, selbst nicht vom Kaiser, vorenthalten; es sei wol auch nur ein Irrtum der Geheimen Kanzlei. Brandt bestätigt das und verspricht ihrem Secretär, der das Schreiben zurückbringt, Remedur. Wegen der Audienz und des Zutritts zur Königin habe es keine Difficultät, da ja des Gesandten Person und Qualität durch das an den König gerichtete Crendential legitimirt sein. — Br. stellt in des Kf. Gefallen, was er an die Geheime Kanzlei in dieser Sache verfügen wolle.

Hat des Kfn. Rescripte vom 3. und 6. hujus nebst dem Protocoll der mit dem Schwedischen Abgesandten Wangelin am 2. eiusdem gehaltenen Conferenz empfangen. Freut sich, „dass seine unterth. Gedanken wegen Ratification der von Ew. Ch. D. gefasseten secreten Resolution, so ich von Stralsund zurückberichtet, mit Dero gn. Befehlen allerdings übereinstimmen".

Ich sah aber vorher, dass diese Frage auf die Bahn kommen werde, was Ew. Ch. D. zu thun gesonnen, wenn der König von Frankreich die Stadt Trier evacuirte und Kurpfalz nicht mehr bekriegete oder sich mit I. Ch. D. vergliche und also seine Waffen vom Reich abführete, und ob auf solchen Fall Ew. Ch. D. auch Ihre Völker zurückziehen würden. Ich kann füglich defectum mandati vorschützen oder: ich weiss nichts, darauf zu sagen, zumalen da ich vorgeben werde, dass es mit den Tractaten zwischen Ew. Ch. D. und Dero Alliirten noch nicht zu völliger Richtigkeit gekommen. — Erwartet darauf des Kf. Bestimmung.

Der Feldherr Wrangel kommt morgen von seinen Landgütern her, und man sagt, dass er vom Könige gerufen sei, seine Reise nach Pommern zu beschleunigen; davon mit nächster Post näherer Bericht.

Der Herzog von Gottorp[1]), seine Gemalin[2]) und der Bischof von Eutin[3]), sein Bruder, langeten vorgestern hier an; man meint, dass diese Visite angesehen sei, von des Königs Heirat und von der Oldenburgischen Sache zu handeln und sich sonst gegen Dänemark in Sicherheit zu setzen. — Die Landgräfin von Hessen[4]) „ist hereinkommen, ihre geschändete Tochter mit sich nacher Deutschland zu nehmen. Sie ist heute hier angelanget, und hat ihre Quartier in des Reichskanzlers Hause genommen. Sie soll übel zufrieden sein

---

[1]) Christian Albrecht, regierender Herzog zu Gottorp, Bruder der Königin-Witwe.

[2]) Friederike Amalia, T. † König Friedrichs III. von Dänemark.

[3]) August Friedrich, seit 1666 Bischof zu Lübeck.

[4]) Gemeint ist die verwitwete Landgräfin Friedrich zu Eschwege (Eleonore Katharina), eine Schwester Karls X. und Schwägerin des Reichskanzlers.

und scharf reden, dass man alhier auf ihre Tochter nicht besser Achtung gegeben."

Der Reichskanzler ist mit des Kfn. Marsch übel zufrieden. Er hat zum Mecklenburgischen Residenten gesagt: „vor neun Monaten hätte es so nicht gestanden, und wann Turenne Ew. Ch. D. wieder in die Enge brächte, würde der Schwedische Envoyé Wangelin Ew. Ch. D. den Frieden nicht noch eins zu Wege bringen."

Der Oberst van der Noot ist mit seinem Regiment noch nicht weg. Oberst Plantin ist mit seinen Reitern und Dragonern im Marsch. Die anderen liegen noch still, und die Werbungen schreiten auch nicht besonders stark vorwärts Doch werde nach Aussage des Reichskanzlers die Krone Schweden noch vor Winters ein Corps von 20000 Mann auf deutschem Boden haben, ohne die Neugeworbenen, die bis zum Frühjahr verbleiben werden. Der Reichskanzler hat zu obgen. Residenten auch geäussert: wenn diese Armee in Deutschland stände, so würde die Krone Schweden sich bemühen, ‚in Germania tabulas e naufragio relictas zu colligiren', wodurch der Resident vermeinet, er auf die Stände, so sich mit dem Kaiser noch nicht verbunden, gezielet."

---

v. Brandt. Relation. Dat. Stockholm 28. Juli 1674.

[Unterredung mit dem RKanzler. Conferenz mit den Commissarien. Ravenstein und Pfalzneuburg. Durchzug durch Hannover. Angebliche Assistenz für den Herzog. Erörterungen über des Kf. Entschluss zur Reichshilfe.]

Heute Vormittag dreistündige Unterredung mit dem Reichskauzler. 7. Aug. Später eine einstündige Conferenz mit den vom Könige ihm zugeordneten Commissarien. Wegen baldigen Postabganges kann sich dieser Bericht nur auf das allernöthigste beschränken.

Die Commission hat zu Mitgliedern zwei Adhaerenten des Reichskanzlers, aber auch, was Brandt sehr willkommen ist, den Reichsrath Johann Gyllenstierna, „weil er viel vermag und dem Reichskanzler in seinen französischen Consiliis noch immerhin mascule widerstrebet". Auf Brandts Proposition betonen die Commissarien das Interesse Pfalzneuburgs an Ravenstein; der Herzog habe sich wegen Einnahme und Wiederaufbau der Festung bei I. K. M. höchlich beschwert, Kf. möge sich seine Sache empfohlen sein lassen. Viel kam aber in der Conferenz nicht zur Sprache. — Br. erwähnt dann noch eine Bemerkung des Reichskanzlers, „wie er in Sorgen wäre, dass zwischen Ew. Ch. D. und dem Herzog von Hannover wegen des Durchzuges Ungelegenheit entstehen möchte, und dass dann leicht die Krone Schweden mit ins Spiel kommen könnte, weil sie auf den Fall, da ihm, dem Herzog, Gewalt geschehe, ihm würde assistiren müssen, allermassen dann deswegen dem Feldmarschall Helmfeld gemessene Ordre zugesandt wäre"; er sagte dabei, dass er zwar nicht wüsste, was Kf. für einen Marsch nehmen würde, „wenn er aber nothwendig durch die Hannoverschen Lande gerichtet werden müsste, so würden Ew. Ch. D. den Herzog desfalls freundlich begrüssen lassen, und wenn er dann, den Reichsconstitutionibus zuwider, Ewrer Ch. D. transitum innoxium versagen sollte, so würde er es, zumahlen da Ew. Ch. D. Armatur und March zu des Reiches Assistenz angesehen wäre, gegen den Kaiser und das Reich nicht verantworten können, zweifelte auch nicht, I. K. M. würden ihn solchenfalls vielmehr blasmiren als ihm Hilfe schicken.“

Gyllenstierna erklärt, der RKanzler würde sonder Zweifel haben sagen wollen, dass I. K. M. zwischen den Ständen des Reichs und absonderlich zwischen Ew. Ch. D. und dem Herzog von Hannover ein gutes Vernehmen wünscheten. Br. erfährt auch gleich jetzt von guter Hand, |: dass Helmfeld keine solche Ordre hat, sondern dass er erst hierher referiren sollte:| „Das sind des Reichskanzlers Streiche, die Unwahrheit in solchen Fällen pro Frankreich zu reden.“

Anlangend des Kf. Resolution, dem Reiche zu assistiren, so meint der Reichskanzler, man müsse zwar des Kf. Rationes, die ihn dazu bewogen hätten, gelten lassen, aber man könne Ihrer M. nicht verdenken, dass Sie darüber betrübt wären, weil Sie beständigst dafür hielten, dass man per decisionem armorum keinen Frieden bringen würde, und weil Sie gehoffet, in dem Friedensnegotio an Kf. die beste und nachdrücklichste Assistenz zu haben, wenn sie nicht rathsam und ihrem eigenen Interesse gemäss gefunden hätten, sich gegen Frankreich zu engagiren. Worauf Br. weitläuftig antwortet, „wie Ew. Ch. D. solchem ungeachtet nebst I. M. am Frieden arbeiten könnten, wenn nur Deroselben beliebete, Ew. Ch. D. an Hand zu geben, wie es am füglichsten zu thuen.“

---

v. Brandt. Relation. Dat. Stockholm 8. August 1674.

[Besprechung mit Gardie.]

18. Aug. Erneuter, im Gesprächsdetail verweilender Bericht[1]) über die gehabte Besprechung mit dem RKanzler, woraus dessen Gesinnung zur Genüge erkennbar wird. „Ich werde mich auch darnach richten und in meiner Negociation denen Obstaculis, so ich sehe, zu begegnen wissen.“

[1]) Fünf Bogen lange, ausführliche Relation.

Rescript des Kf. d. d. Stassfurt 14. August 1674 enthält das Project eines Schreibens an die brandenburgischen Gesandten im Haag[1]), mit der Weisung, nach Angabe dieser Beilage mit dem Dänischen und Braunschweigischen Gesandten daraus zu communiciren und wann dieselbe Befehl bekommen werden, neben Br. dem Könige in Schweden in gesamtem Namen die Notification des geschlossenen Tractats mit den General-Staaten und deren Alliirten zu thun, auch dieselbe zu gleichmässigem Beitritt zu invitiren. 24. Aug.

Der Kurfürst an Christoph von Brandt. Dat. Stockholm 16. August 1674.

[Sache Ravensteins. Erklärung der Generalstaaten.]

Auf die Relation vom 28. Juli. Erwartet die Particularia der Conferenz. 26. Aug.
Die Occupation Ravensteins betreffend, so hat Kf. sich bereits für den Herzog von Neuburg verwendet und von den Generalstaaten eine Erklärung[2]) bekommen, mit der der Herzog „ausser Zweifel hoc rerum statu zufrieden" sein wird. Br. möge das dem Könige hinterbringen.

---

v. Brandt. Relation. Dat. Stockholm 15. August 1674.

[Noch immer die Titulatur Grossmächtigste für die Königin. Der französische Ambassadeur schlägt seine Visite aus. Brandts Gegenvorstellungen. Br. wünscht seine Bekanntschaft am dritten Ort. Abschied vom RFeldherrn. Militärische Nachrichten.]

Noch einmal die Titulation ‚Grossmächtigste'. Die Königin will es nun 25. Aug.
doch — Brandt hört, auf Anstiften des Herzogs von Gottorp — mit der Audienz anstehen lassen, bis der Titel geändert wäre; indessen würde sie doch mit ihm sprechen. Ein neues Creditif hält Brandt für unnötig; nur für die Abschiedsaudienz möchte es eines solchen bedürfen.

---

[1]) Es handelte sich um den Vertrag zwischen den Generalstaaten und deren Alliirten eines, dem Kf. und den Herzogen von Braunschweig-Lüneburg anderen Theils. Auf Wunsch des Königs von Dänemark soll, wie der Braunschweigische Gesandte v. Hake meldet, dem Könige von Schweden der Vertrag gesamter Hand communicirt werden, und in dieser Sache schicken die Geheimen Räthe ein Project in den Haag.

[2]) Die schriftliche Erklärung der Generalstaaten folgt unter Beischluss.

Hat dem französischen Ambassadeur auf heute früh die Visite ansagen lassen. Durch seinen Secretär jedoch hat sich dieser höflich entschuldigen lassen mit Vorgeben, „que l'ordinaire d'hier lui avoit apporté des lettres de Sa Majesté, par lesquelles il voyait que les affaires entre Elle et Vostre Altesse Electorale estoient fort gastées, et comme le Roy qui en était fort chagrin luy ordonnoit de faire icy de très fortes requisitions et instances contre V. A. E., il ne croyait point que nous nous puissions entrefaire des civilités publiques, qu'il en estoit tres marry, craignant qu'il ne manquast pas par là le bonheur de faire connaissance avec moy, comme il souhaitoit fort a moins que je ne trouvasse agréable de le voir en lieu tiers, comme au jardin du Roy, où il se promenoit ordinairement à 4 ou à 5 heures sur le soir. Worauf ich ihm antwortete, es wäre mir sehr leid, dass ich ihm nicht aufwarten und den schuldigen Respect erweisen könnte. Ich hätte sonst vermeinet, weil Mr. de Verjus noch bei Ew. Ch. D. wäre[1]), so könnten wir uns auch noch wol einander als Königliche und Churfürstliche Ministri die gewöhnliche Höflichkeit erweisen; weil ich aber vernähme, dass er Ordre hätte, wider Ew. Ch. D. so scharf alhier zu negociiren, so müsste ich mich der Ehre ihm aufzuwarten begeben, würde aber, weil ich schon lange gewünschet hätte, in seine Kundschaft zu gerathen und mich ihm zu recommendiren, keinen dritten Ort zu meinem Wunsch zu gelangen, ausschlagen. Wann es nun etwa Mr. de Verjus so machen wollte wie der Comte de Vauguion[2]), so könnten Ew. Ch. D. ihm dieses wol vorstellen lassen, damit Sie seiner von Ihrem Hofe und Armee los würden. Weil ich nun aus diesem seinen Anbringen merke, dass vielleicht hier ziemlich hart gesprochen wird, so will ich mein Memorial noch etwas zurückhalten und es auf solche Art, wie er procediren wird, einrichten. Ich habe es sonst sehr glimpflich gestellet."

Abschied vom Reichsfeldherrn. Er kann aber den Tag seiner Abfahrt nicht sagen, obschon alle seine Bagage zu Schiffe gebracht ist. „Mich dünket, es mangelt am besten, oder an Resolution." Br. wird hoffentlich bald klarer sehen.

Es sind 800 Reiter unter dem Obristen Adam Wachtmeister zu Norköping und 400 zu Calmar eingeschifft, die aber wegen Conträrwindes Noth leiden. Das Gothenburgische Regiment unter dem Obristen Rang ist von Gothenborg nach Carlstadt ins Bremische gegangen, und hier erwartet man aus Jempterland den Obristen Plantin mit etlichen 100 Dragonern und einer Compagnie zu Pferde, die hier eingeschifft werden sollen.

---

[1]) UA. XIII, 611.

[2]) d. h. wenn Verjus sich ebenso hartnäckig dem Feldlager des Kf. anschlösse wie Vauguion. Vgl. UA. XIII, 288.

v. Brandt. Relation. Dat. Stockholm 12. August 1674.

[Gereiztes Auftreten Feucquières. Seine feierliche Audienz und Proposition. Memorialien.]

Verhalten des französischen Gesandten. Seither ist er damit nicht zufrieden gewesen, dass er sogleich unter der Hand und in Privataudienzen und Unterredungen wider des Kf. Conduite heftig gesprochen und gegen Offerirung ansehnlicher Geldsummen Assistenz begehrt hat; sondern er hat auch um öffentliche und solenne Audienz Ansuchung gethan und diese wirklich, „ob ihm gleich anfänglich vorgestellet worden, dass es nur ein Aufsehen geben und I. K. M. embarassiren würde“, am 17. hujus erhalten, und zwar mit eben solchen Ceremonien, als wenn er zur Receptionsaudienz wäre aufgeholt worden. Feucquières' Proposition, wie sie beiliegt, ist ihm noch am selbigen Abend |: durch den Englischen Envoyè :| zu Händen gekommen. 22. Aug.

Mit seinem Memorial als Antwort auf die Conferenz mit den Commissarien will Br., da Gyllenstierna aufs Land gereist ist, noch zurückhalten, auch erst das Verhalten auf die französische Proposition abwarten. — Übersendet weiter verschiedene Memorialien, betreffend das Vorgehen der Franzosen und des Kf. Vorhaben dem Reiche zu assistiren, und Allianz mit Kaiser und Generalstaaten, die Pommerischen drei Punkte, den Zustand in Polen. Ferner ein von ihm abgefasstes Billet an den RKanzler unter Bezugnahme auf Feucquières' Harangue, die er in dem Memorial unbetont gelassen hatte.

Auf dies Memorial (betreffend Verhalten der Franzosen) hat der Reichsrat Gyllenstierna schriftliche Antwort versprochen. Weil aber der König mit seinen Holsteinischen Gästen[1]) aufs Land gereist ist, wird das so bald nicht geschehen, überhaupt vor seiner Wiederkunft auf Proposition und Memorial nichts Gründliches resolviret werden. Br. sieht zwar kein Anzeichen, dass der Ambassadeur die begehrte Hülfe erlangen werde. Das aber soll ihn nicht sicher machen. Er wird vielmehr möglichst vigiliren und vor allem zu erfahren suchen, was man davon urtheilt, „dass der Ambassadeur so sollenniter wider Ew. Ch. D. negociiret, worinnen man sich bei Hofe selber nicht finden kann, und meinen Einige, es rühre von dem RKanzler her.“

---

v. Brandt. Relation. Dat. Stockholm 26. August 1674.

[Der König noch in Jakobsthal. Die meisten Reichsräthe abwesend. Schwedische Antwort an den französischen Ambassadeur. Verschiedene Auffassung darüber, was

[1]) Oben S. 332.

dieser mit seiner solennen Audienz bezweckt habe. Warum er keine feierliche Gegenaudienz beantragt. Br. wird seinem Memorial noch Nachdruck geben unter Beihilfe des spanischen und holländischen Gesandten. Unzulänglichkeit des letzteren. R Feldherr noch hier.]

5. Sept. Recapitulirt die letzte Postsendung.

Seitdem ist weiter nichts vorgegangen, weil der König mit dem Herzog von Gottorp und Bischof von Eutin sich einige Tage zu Jakobsthal aufgehalten hat, und inzwischen die meisten Reichsräte wegen der Ernte aufs Land gegangen sind. — Der Französische Gesandte wird mit seinem Anbringen hoffentlich wenig Glück gehabt haben; wenigstens ist aus der Antwort, die ihm in schwedischer Sprache publice durch den Reichsrat Greiffenhelm erteilt worden, nicht abzunehmen gewesen, dass er reüssiren würde; denn sie hat dahin gelautet: I. K. M. hätten Sich bisher sehr angelegen sein lassen, das Friedensnegotium zu befördern, Sie würden auch darin ferner eifrigst continuiren weil aber des Ambassadeurs Anbringen von grosser Wichtigkeit wäre, so wollten I. K. M. durch Dero Räthe mit ihm conferiren lassen und dann der Sache weiter nachsinnen.

Man weiss alhier nicht, was man davon urtheilen solle, dass der Ambassadeur wider Ew. Ch. D. solche Solennitäten gebraucht hat, da er doch, als der Kaiser und die Kron Spanien mit Frankreich gebrochen, fast stille geschwiegen. Einige urtheilen daraus: weil er cholerischer Complexion, und sein König ihm wegen Ew. Ch. D. gar pressante Ordre gegeben, so sei er in primo impetu hingelaufen und habe bei dem Könige selber um publique und solenne Audience angehalten, und als er solches gethan, habe er hernach auch wider seinen Willen darauf bestehen müssen. Andere glauben, er habe die junge Cavaliers und Hofleute, mit denen er nicht negociiren kann, die aber stets um den König und von I. M. wol gelitten sein, dadurch einnehmen wollen. Andere halten davor, das Wasser müsse seinem König fast an die Gurgel gehen, und Ew. Ch. D. müsse mit einer stärkeren Macht im Anzuge sein, als der Ambassadeur, der sie sonst nur bei Hofe auf 10000 Mann geschätzet, vorgegeben, weil er eine so fast ängstigliche Rede wider Sie gehalten. Andere aber, derer Meinung ich fast mit bin, bilden ihnen ein, weil er bishero allezeit vergeblich um wirkliche Assistenz angehalten, so habe er durch diese solenne Rede per indirectum sagen wollen, dieses sollte das letzte Mal sein, und dass sein König ferner darum nicht Ansuchung thun würde, wann er nun nichts erhielte.

|: Die Björenclousche Partei aber glaubt, der Reichskanzler habe ihm zu dieser Boutade gerathen und ihm die Oration machen

helfen, welches auch wol sein kann, weil viel darin enthalten, so mit des Reichskanzlers Reden, die er gegen mich und andere gethan, übereinkommet :| — Die Ursache mag aber sein, was sie wolle, so hat er sich dadurch nur prostituiret und Ew. Ch. D. geehret.

Ich war anfangs willens, um eine solenne Gegenaudienz anzuhalten, um nachfolgender Ursachen halber aber änderte ich meinen Vorsatz. Dann erstlich, weil ich gewahr worden, dass diese Rede Ew. Ch. D. zum Ruhm und zur Avantage gereichet, und dass sich viele darüber moquiren, dass er gesagt, Ew. Ch. D. könnten zwar nicht Frankreich, wol aber der Kron Schweden schaden, zumalen da solches mit der ängstlichen Bitte um Assistenz nicht übereinstimmt: so habe ich vermeinet, dass ich durch meine Rede kaum verbessern könnte, was er, der Ambassadeur, wider seinen Willen, selber vor Ew. Ch. D. gut gemacht. |: Vors andere, so sehe ich, dass man alhier den Ambassadeur, um von Frankreich ohne Assistenz Geld zu erlangen, in anderen Sachen alles zu gefallen thut, und dass er auch deswegen diese Audienz wider des Königs Inclination erhalten; dahero habe ich gefürchtet, dass um ihn noch mehr zu obligiren, man mir hätte Ursachen vorstellen mögen, warum I. K. M. gerne sähen, dass ich mich der Audienz begäbe. Drittens so habe ich bei Ueberreichung meiner Memorialien den Reichsrath Johann Güllenstierna um Rath gefragt, welcher, ob er mir gleich nicht directe rathen wollte, so sagte er doch, mein Memorial würde ebenso viel thun, und wenn der Ambassadeur Resolution haben wollte, so müsste er entweder erst Conferenz halten, oder ein Memorial eingeben. Zudem wären I. K. M. solcher Ceremonien gern überhoben. :| Viertens weil die meisten Leute auf das äusserliche Wesen und auf die Pracht sehen, würden die Ceremonien, so man mit mir als einem Envoyé machet, auf diejenige, welche einem Extraordinar Ambassadeur gebüren, keinen Schein gehabt haben, worauf dann die unwissende Zuhörer und Zuseher ein widriges Urteil hätten fällen mögen. Fünftens wissen ihrer viele nicht, so entweder das Französische nicht verstehen, worunter der König selbst mitzurechnen, oder die den Ambassadeur nicht haben reden hören, was er gesaget hat, die das dann erst aus meiner teutschen Rede erfahren würden.

Um dem von ihm eingelieferten Memorial mehr Nachdruck zu geben, hat er die Envoyés von Spanien und Holland vermocht, dem Reichskanzler und anderen Reichsräthen zu verstehen zu geben — |: dass wann die Kron Schweden Ew. Ch. D. per directum oder indirectum entweder gar bekriegen, oder sonst eine Ungelegenheit zufügen sollte, ihre hohe Principalen nicht manquiren würden, den Sund mit 40 Capitalkriegsschiffen zu sperren, und weil dieses ihre Instruction, welche im Munde führet, das sie in dergleichen Fällen wegen aller der Kron Spanien und der Generalstaaten Alliirten also sprechen sollen, haben sie es auf mein Erinnern nicht allein willigst, sondern auch mit solchem Nachdruck gethan, dass der Reichskanzler zu dem Dänischen Abgesandten gesaget hat, der Spanische Minister hätte ihm vor Ew. Ch. D. so scharf zugeredet, dass er nicht gewusst, wie er mit ihm bekehret gewesen. Wie es der Staatische so vorgebracht habe, weiss ich so eigentlich nicht, nur dass ich vernehme, dass er bei Unterschiedenen gewesen, und des Französischen Ambassadeurs Suchen, so gut er seiner Einfalt nach gekonnt, sich opponiret hat. Es wäre sonst wol zu wünschen, dass der Resident Rumpf, welchen die Generalstaaten anhero destiniret haben, schon hier wäre; denn dieser ist nomine et omine ein Schaaf, und wann der Spanische und ich ihm lange vorgesaget haben, wie er seine Worte führen soll, so kommt er über etliche Stunden wieder zu uns und fraget, wie unsere Meinung gewesen. |: Dieser beider Ministrorum werde ich mich ferner, aber doch so, dass man von mir nichts wisse, bedienen, denn mit Caressen und Correspondenz ist es alhier nicht ausgerichtet. Die Furcht muss es thun, und das ist der Björenclouschen Partei stärkste Raison wider den Reichskanzler, und dass sie ihm die Schliessung des Sundes vorstellen. :|

P. S. Der RFeldherr ist noch hier; obwol sein Schiff schon 12 Meilen von hier liegt, ist noch kein bestimmter Tag zu seiner Abreise angesetzt.

---

v. Brandt. Relation. Dat. Stockholm 1. Septbr. 1674.

[Notification der Tractate mit dem Kaiser. Tractamente für den Bischof von Eutin und den Herzog von Gottorp. Des Herzogs Haltung gegenüber der Krone Schweden. Sein Verhältnis zu Feucquières. Kriegsnachrichten. Hamburgische Deputirte. RFeldherr.]

11. Sept. Auf die Kf.lichen Rescripte vom 14. und 16. August.

Betrifft die Notification der Tractaten (zwischen Dänemark, KBrandenburg, den Braunschweigischen Häusern und den Gen. Staaten) an die Krone Schweden. Es ist aber kein Cellischer und auch kein Wolfenbüttelscher Abgesandter hier. Ueberdies hat der dänische Gesandte Baron Juell sie für seine Krone schon separatim angezeigt. Es möchte sich empfehlen, „dieser Kron die Tractaten, so Ew. Ch. D. mit I. Kaiserl. M., der Kron Spanien und Holland geschlossen, in forma zu communiciren." Übrigens ist dem Obristen Wangelin förderlichste Communication versprochen worden. Hier laufen schon die Nachrichten ein, dass die Tractaten nunmehr ratificirt seien[1]). Glücklicherweise befindet sich der König noch in Jacobsthal, und die Reichsräthe ebenfalls noch nicht bei einander, sodass ebenso wenig Jemand hier ist, „der mir viel Reprochen thun, als der die Resolution auf meine eingegebene Memorialien befördern könne".

Den Herzog von Gottorp und den Bischof von Eutin erwartet man mit Ausgang dieser Woche zurück. Dann soll noch Banquett und Feuerwerk gehalten werden; auch der Feldherr und der Reichskanzler will sie noch tractiren. „Sie bringen sonst ihre Zeit mit starkem Trinken, Tanzen, Spielen, Comoedien und anderen Lustigkeiten zu. Ob diese lange und kostbare Visite auf eine besondere und wichtige Negociation und Verbündnis angesehen sein, kann man nicht urteilen. Ich halte davor, der regierende Herzog suche bei dieser Nation sich angenehm zu machen, wann etwan der König, welcher nicht so gar starker Constitution ist, mit frühezeitigem Tode abgehen sollte. Soviel ist sonst gewiss und kundbar, dass der regierende Herzog gegen Dänemark in der Oldenburgischen Sache und wegen der Schleswigschen Souverainetät sich festzusetzen suche, wovon der dänische Envoyé mir diese Particularia gesaget, dass der König von Schweden dem Könige von Dänemark die Mediation zwischen ihm und Gottorp itzund angeboten. Einige glauben, er trachte durch Vermittelung dieser Kron Subsidien von Frankreich zu bekommen. So ich mir doch nicht einbilden kann. Jedoch verwundre ich mich nicht wenig, dass dieser regierende Herr dem Französischen Ambassadeur die Visite gegeben, und dass Niemand an diesem Hofe ist, der in öffentlichen und publiquen Discoursen mehr als er die Französische Partei halte und behaupten wolle, dass der Prince von Oranien in der neulichen Rencontre bei Marimont fast bis aufs Haupt geschlagen sei."

Urtheile über die Schlacht bei Sennef, je nach der Partei gefärbt. Gyllenstiernas (nicht günstiges) Urteil über die Kriegführung der Alliirten. — Hamburgische Deputirte mit Praesenten an den König. Allerhand Commentare über ihr Anbringen. Der Herzog unterstützt sie. Man spricht über eine „Tripleallianz" zwischen Schweden, Gottorp und Hamburg."

Der RFeldherr ist noch hier. Daran ist sicher nur der Geldmangel schuld. Denn da die Truppen in Pommern und Bremen seit sechs Monaten keinen Sold bekommen haben, so will der Feldherr ohne eine beträchtliche baare Geldsumme nicht unter Segel gehen.

---

[1]) Das war nicht der Fall.

19. Sept. v. Brandt. Relation d. d. Stockholm 9. September 1674.

Liste der schwedischen Regimenter.

Streit zwischen Schweden und Frankreich wegen der Subsidien. — Nachrichten über einige schwedische Generale.

„Wie der Herr Administrator von Halle seines ältesten Herrn Sohns[1]) Tod anhero notificiret, hat er auch zugleich I. K. M. gebeten, seine beiden Regimenter dem nächstfolgenden Bruder zu geben. Er hat aber darinnen eine Fehlbitte gethan, weil das eine, so der Graf Königsmark gehabt, der Feldmarschall Helmfeldt, und das andere, so der verstorbene junge Herzog geworben, der Bischof von Eutin bekommen.“ — An des Grafen Tott Stelle, dessen Tod hier sehr beklagt wird, geht der Ambassadeur Peer Sparre aus England nach Frankreich. — Feucquières perplex über Nachrichten von seinen Landgütern aus der Picardie[2]), dass das Landvolk aus Furcht vor der alliirten Armee (bei Valenciennes) entwichen sei und das Korn im Feld habe stehen lassen. Der Amtmann könne ihm nicht einen Heller entrichten.

Br. bittet um Nachrichten wegen der sächsischen Truppen, über die hier allerlei Gerüchte ausgesprengt werden.

Die nächsten Relationen melden, dass er Antwort auf seine Memorialien noch nicht erhalten hat. Am 22. September Conferenz zwischen dem Reichskanzler und Brandt. Zweistündige Unterredung. Wortwechsel „Nachdenkliche“ Reden de la Gardies.

---

v. Brandt. Relation. Dat. Stockholm 27. September 1674.

[Serieuse Reden des Reichsrates Gyllenstierna. Wahrscheinlich im Senat beschlossen solche Reden zu führen. Die Nachricht, dass der Kaiser seine Truppen verstärkt, dürfte hier vielleicht doch andere Gedanken verursachen.]

7. Oct. Des Reichskanzlers „nachdenkliche Reden“ haben ihn veranlasst, gestern mit dem Reichsrath Gyllenstierna zu sprechen. Der fing auch mit einer „serieusen Miene an, von der Schweden Dessein fast hoch zu reden“, und wies den Gesandten „wegen der Reprochen, so man Ew. Ch. D. thun würde“, auf die aufzusetzende Resolution.

„Als ich ihm aber zu verstehen gab, dass ich nicht wol glauben könnte, dass es so böse gemeint wäre, weil die Kron Schweden, wann sie sonst Krieg

---

[1]) Prinz August, † 11. August 1674.

[2]) Zwischen Péronne und Amiens.

angefangen, ihre Mesures besser genommen hätte als jetzt geschehen würde, und ihm dabei ein wenig ausführlich vorstellete, in was Verfassung und Bündnis die Alliirten und das Römische Reich nun stünden, brachte ich ihn stracks aus seiner serieusen Contenance, und sagte er: ‚ja, Unser Feldher Wrangel soll Krieg führen und kann weder Hand noch Fuss rühren, und wo will er hingehen?‘ Mit Ew. Ch. D. wollte ja Freundschaft halten, und wann man Sie gleich angriffe, so würde man doch ihre Vestungen genugsam besetzet finden. Der Resident Pufendorf hätte von Wien geschrieben, der Kaiser wollte seine Truppen auf 75000 Mann verstärken, und würde er sonder Zweifel die Schlesien wol bedecken, und wer auch endlich attaquiret würde, so käme Dänemark mit ins Spiel. Darauf überlegte er des Königs in Frankreich Zustand und schloss dahin: wäre es ihm dieses Jahr sauer geworden, so würde es ihm künftiges Jahr noch saurer werden“.

Brandt wird in der Meinung bestärkt, dass man solche Reden zu führen im Senat beschlossen habe. Das geschähe, um Frankreich zu obligiren. Denn wenn darauf erfolgte, dass der Kaiser einige Truppen nach den Erblanden schickte, oder dass Kf. in seinen Landen gegen Pommern einige Anstalt machte, so würde man hier zu dem französischen Gesandten sagen: „da sähe er, dass Schweden dem Kaiser und seinen Alliirten eine grosse Diversion machte, und dass sonst Frankreich desto stärker hätte können angegriffen werden; wann aber der König in Frankreich solches nicht erkennen wollte, so kostete es dem Könige in Schweden nur geringe Mühe, dem Kaiser Versicherung zu geben, dass die Schwedischen Truppen wider die Alliirten nichts vornehmen sollten“. Der eigentliche Intent ist — meint Brandt — „auf Frankreichs Unkosten Pommern und Bremen in Sicherheit zu setzen, in einer Zeit, da so vielerlei Armeen rund um auf den Beinen sein.“ — In jedem Falle Vorsicht vor Schweden empfohlen.

Wird, wie auch der französische Gesandte, auf seine Resolution noch warten müssen. S. M. ist mit dem ganzen Hofstaat nach Korsör gereist, „alwo Sie etliche Regimenter, auch die ganze Garde zusammen kommen lassen und zwei Feldlager gegen einander schlagen wollen.“

„Mich dünket, die Zeitung, dass der Kaiser seine Truppen so hoch verstärken will, machet alhier andere Gedanken, und dass man deswegen, nach des Königs Zurückkunft, die Resolutiones von beiden Seiten in pleno Senatu noch eins revidiren und etwan die Feder etwas glimpflicher führen will.“

---

v. Brandt. Relation d. d. Stockholm 5. Oktober 1674.

Ausbleiben des Hofes. Schriftliche Remonstration der Björenclouschen Partei gegen die „bedräulichen Formalien“ der Krone an den Höfen der Alliirten, die der Krone einen Krieg auf den Hals ziehen könnten. 15. Oct.

Diejenige, von denen ich das vernommen, haben zwar nicht von allem, so allhier vorgehet, die genaueste Wissenschaft und können die Arcana nicht vollkommlich penetriren. Ich reflectire aber auf diese umgehende Rede als eine Sache, die gar wol sein kann etc. . . .

Subsidienfrage . . . .

Geld und Völker nach Pommern. (Seine und seines Bruders in Kopenhagen Geldnoth.)

---

v. Brandt. Relation. d. d. Stockholm 19. October 1674.

[Brandt bezeichnet nochmals seine Stellung zu der Feucquières'schen Resolution. Militärisches.]

19. Oct. Wird auf des Französischen Ambassadeurs ‚publique harangue' des Kfn. Rescript vom achten gemäss beim Könige „öffentliche und solennelle Audienz" thun, des Gesandten Proposition widerlegen und dann in einer Privataudienz „wider desselben anzügliche und dem geziemenden Respecte zuwiderlaufende Reden protestiren." Er stellt des längeren die Hindernisse vor, die bei dieser Sache vorfallen, „und die Inconvenientien und desavantages, so daraus entstehen könnten."

Interessante Reflexionen über innere Verhältnisse, Parteien u. s. w. in Schweden, und die Schwierigkeit seiner Lage. Er wird natürlich die Audienz beantragen, würde sich aber glücklich schätzen, vorher noch des Kf. Antwort auf seine Vorstellungen in Händen zu haben.

„Ich bin bisher aller Conversation mit dem Französischen Ambassadeur so gar müssig gegangen, dass wir uns unter einander niemals ein Wort zugeredet, werde auch darinnen Ew. Ch. D. gn. Befehle ferner nachleben. Auch hab ich nicht unterlassen, alsofort, nachdem ich des Ambassadeurs Harangue gelesen, an allen Orten, da es dienlich gewesen, vorzustellen, wasgestalt der Ambassadeur wider den Respect, so man allen hohen Häuptern, auch zur Zeit der Feindseligkeit, zu geben schuldig wäre, fast gröblich gehandelt hätte, und dabei zu sagen, dass Ew. Ch. D. es sonderlich empfinden, und dass die Zeit schon kommen würde, da er deswegen würde Reparation thun müssen. Absonderlich habe ich den Englischen und Dänemarkischen Ministris solches gesaget und sie gebeten, es ihm discoursweise wieder zu hinterbringen und dabei zu fügen: ich hätte mich vernehmen lassen, dass ob ich zwar nicht wieder um eine publique Audienz angehalten und seinen Ungrund und Unfug angegriffen, auch in meinem Memorial alles Glimpfs und Respects mich gebrauchet, so hätte ich doch gar wol remarquiret, worinnen er über die Schranken eines publici Ministri geschritten wäre. Sie versichern mich beide, dass sie es ihm hinterbracht haben. Der Englische sagt, er habe nichts sonderliches darauf eingewendet, so ich kaum glaube; der Dänische aber berichtet mir, er habe geantwortet: qu'il n'avait pas blessé le respect qu'il sçavoit bien estre deu à un grand prince comme Monsieur l'Electeur de Brandenbourg, qu'il avoit dit les choses naïvement, comme le style français et l'interest du Roy son maître le demandoit, et qu'un François n'y trouveroit rien de sensible ni d'injurieux, mais qu'il ne sçavoit pas, si un Allemand y pourroit trouver à redire. — — Ferner habe ich es auch hierbei noch nicht bewenden lassen, sondern ich habe allen Ministris publicis, Reichsrath Steno Bielke, weil er nicht in den Senat gehen kann, und allen, so es von mir begehret, auch noch heute dem Regierungsrath Wolfrath mein Memorial communiciret und ihnen darinnen gewiesen, was ich zur Beantwortung obberegter Harangue hineingesetzet; und weil die meisten — denn die wenigsten wissen von den Tractaten und Vergleichen zu urteilen — darauf gefallen sein, dass gleichwol der König von Frankreich Ew. Ch. D. die staatliche Clevische Vestungen, die sie von den Generalstaaten auf keinerlei Weise bekommen können, mit so guter Manier und allem, so zu einer aufs beste versehenen Verstung requiriret werden könnte, eingeräumet und übergeben, und dass sie solches billig hätten consideriren sollen, so habe ich ihnen dabei erzählet, wie es mit Einräumung der Vestungen zugegangen, dann Ew. Ch. D. werden sich vielleicht erinnern, dass ich noch zu Berlin war, wie der Marechal de Bellefonds die Plätze offerirete und Mr. de Verjus nichts davon wissen wollte, und zugleich remonstriret, dass der König von Frankreich aus Noth und nicht Ew. Ch. D. zu obligiren die Städte evacuiret habe; woneben ich ihnen angezeigt, dass ich diesen Punct nicht weitläuftig justificiren wollte", weil hiervon Particularia anzuführen dem Kurfürsten nicht genehm sei.

„Bei denen andern, so sich über dieser Harangue gekitzelt und von denen ich versichert gewesen, dass sie keine Information annehmen würden, habe ich vorgegeben, es wäre Ew. Ch. D. eine grosse avantage, dass man wider ihre Actiones solche splendide Solennitäten gebrauchete und vor aller Welt wider Sie um Hülfe bäte; die Ehre wäre Ihrer Kaiserl. M. und der Kron Spanien, als Sie Sich mit Holland in Bündnis eingelassen und wider Frankreich Partei genommen hätten, nicht widerfahren, woraus dann erschiene, dass der König von Frankreich Ew. Ch. D. und Dero Macht in seinem Herzen höher und mehr considerirte, als er sonst vorgegeben hätte. Im übrigen haben Ew. Ch. D. nicht zu fürchten, dass die Kron Schweden um dieser Harangue willen ein Pferd mehr oder weniger satteln werden. Wann sie hätte was thun wollen, hätte sie wol gethan, wie der Kaiser brach. Der Ambassadeur hat auch itzt eben die Antwort bekommen, die er damals gekrieget hat, dass nämlich Frankreich den Teutschen Frieden durch Angreifung des Churfürsten zu Trier und Minirung der Städte im Elsass gebrochen und dadurch dem Kaiser Anlass gegeben hätte." Ebenso hat man den hinzugefügt, gienge Kf. nur an den Rhein, um den mit Krieg überzogenen Ständen zu assistiren.

Verhältnis zwischen Frankreich und Schweden erörtert. — Wolfrath ist gestern vom Könige gekommen. Seine Aeusserungen über die schwedische Armatur; sie sei nicht gegen Kf. gerichtet. Er schätzt die Truppen in Pommern auf 13000 M.; der dänische Gesandte auf 15000.

Dem Feldmarschall Würtz hat der König Condition angeboten, wenn er wieder in die Dienste der Krone Schweden trete. General Mardefeld lässt ihm durch seinen sich hier aufhaltenden Secretär sagen, er sei gänzlich resolvirt, dem Kf. auf die ihm angetragenen Bedingungen zu dienen.

Johann Reuter an den Kurfürsten. Relation. Dat. Stockholm 21. October 1674.

[Brandt krank. Perçot. Neugeworbene Regimenter. Hamburgische Deputirte. Vitry.]

31. Oct. Auf die Kf.lichen Rescripte vom 14. und 24. — Er schreibt, weil Brandt von Podagra und Chiragra stark angegriffen ist. Der königliche Hof divertirt sich noch auf dem Lande.

Der Reichsfeldherr ist ohne Abschied fort. Franzose Perçot in Pommern. Er hatte diesen Sommer über in Schonen die Embarquirung der Truppen mit poussiren, sowie dann im Bremischen die dort vorhandene schwedische Miliz mit besichtigen müssen; er wird beim Feldherrn residiren.

Das neugeworbene Regiment zu Fuss des Grafen Thur Oxenstiern, bestehend in 8 Compagnien zu 125 M., wird innerhalb acht Tagen nach Stralsund geschafft; 6 Compagnien gehen von hier, 2 Compagnien aus Schonen fort. — Mit Aschebergs Werbungen geht es noch nicht gar geschwinde. Asch. ist vor kurzem zum General über die Cavallerie befördert worden an Stelle des zum Reichsrath ernannten Grafen Axel de la Gardie, Bruders des Reichskanzlers.

Letzten Sonntag haben die Deputirten der Stadt Hamburg den französischen Ambassadeur nebst einigen fremden Ministern prächtig tractirt. Dabei ward berichtet, Duc de Vitry werde sich in Pommern mit dem Feldherrn abbouchiren und zugleich die schwedischen Völker als Troupes auxilaires abfordern. Doch wird diesem Gerüchte widersprochen, dass (wie ja ähnliche bereits angeführte) „mit Fleiss darum debitirt werde, damit man desto mehr Ombrage und Furcht vor der Schwedischen Dessein und Actionen nehmen möge."

Johann Reuter an den Kurfürsten. Relation. Dat. Stockholm 26. October 1674.

[Relation über das Treffen bei Enghien. Rückkehr des Königs. Ungenügendes Memorial des holländischen Gesandten. Sein Nachfolger Rumpf. Kriegsvölker. Der Tractat zu London soll auf der Unterschrift stehen. Noch keine Resolution.]

5. Nov. Brandt ist immer noch krank. Das Kf.liche Rescript d. d. Wilstädt $\frac{2.}{12.}$ Oktober 1674 ist eingetroffen.

Die beigefügte Relation d. d. Illkirch 7. Oktober ist recht à propos gekommen, da man hier ganz andere englische Zeitungen davon gehabt „und der

Französischen Partei die vollenkommene Victoire tout à fait zuschieben und dabei die Lüneburgische Trouppes à platte cousture ruiniret haben wollen".

Die Relation ist dienlichst producirt worden.

Der König ist in vergangener Woche zurückgekommen. Der holländische Envoyé Schaap hat ein, leider sehr wenig wirksames Memorial eingereicht, welches (darüber ist die Mehrzahl der Gesandten einig) seine Unfähigkeit documentirt. Es wäre zu wünschen, dass er je eher je lieber abreiste. Sein Nachfolger Rumpf ist zwar schon eingetroffen, hat aber noch keine Audienz erhalten; jetzt hat er seine Frau durch plötzlichen Tod verloren, so dass man noch nicht weiss, wann er die Geschäfte der Gesandtschaft übernehmen wird.

Die 6 Compagnien vom Oxenstierna'schen Regiment liegen in den Dalen, um mit erstem guten Winde nach Pommern überzufahren. Man macht zwar Miene, noch eine gute Partie Völker mehr vor Winters hinauszuschicken, jedoch wol nur, pour faire plus de bruit.

Der schwedische Gesandte in London Peer Sparre soll den daselbst geschlossenen Tractat schon bis zur Unterschrift fertig haben, „welches Ew. Ch. D. Abgesandter dahero für ein bös Omen hält, dass wann England sich darin versprochen, Schweden wider Dänemark und Holland den Rücken zur See frei zu halten, man alhier etwas kühner werden, oder die sonsten noch allezeit vorgeschüttete Excuse gegen hiesigen Französischen Ambassadeur mit dem Sunde und Dänemark von selbsten fallen würde; dass also die hohe Alliirte sich wol vorzusehen haben, und durch die Holländische Ministros in England sorgfältig vigiliren, auch dahin trachten lassen möchten, den Tractat in copia zu überkommen, weil alhier dazu gar keine Hoffnung."

Trotz mehrfach erneuerter Ansuchungen hat Brandt noch keine Resolution auf sein Memorial erhalten, „auch sonsten bei seiner Unpässlichkeit gar keine Civilite von keinem gesehen und empfangen, dass er also übel davon und nicht eigentlich weiss, was er deshalber judiciren solle" [1]).

Vertrauliches Schreiben v. Brandts an den Kanzler v. Somnitz. d. d. Stockholm 29. October 1674. Eine publique Audienz würde einen ganz contrairen Effect haben, als Kf. sich davon promittirt, „und bin ich dessen so versichert als des Tages, der mir auf die Feder fällt" . . . Man hofft hier, Kf. werde noch in Güte von der kaiserlichen und holländischen Partei abzuziehen sein, und solches deswegen 1. weil man meint, es habe Niemand zu dem Engagement wider Frankreich gerathen als der Feldmarschall Derfflinger und der Oberstallmeister Poelnitz; 2. weil S. Ch. D. wegen Ihres Zuges und Marches nach dem Rheinstrom weder bei Dänemark noch bei Lüneburg und

[1]) Anlage. Memorial D. Schaeps an den König d. d. Stockholm 24. Okt. 1674.

Wolfenbüttel „etwas unterbauet hätten“. Br. empfiehlt vorläufig Hinausschiebung der dänischen Negociation [zum Zweck der Erneuerung des Bündnisses vom Jahre 1666].

---

v. Brandt. Relation. Dat. Stockholm 3. November 1674.

[Des Reichskanzlers Einwirkungen auf den dänischen Gesandten. Niels Brahe nach Kopenhagen. Gute Intentionen Dänemarks.]

13. Nov. Chiffrirter Bericht. Seinem Schreiber dictirt, „und zwar zifferweise.“

„Nachdem S. Ch. D. über den Rhein und also die schwedischen Excurse, dass Sie nur Pfalz assistiren wollen, bei dem Französischen Ministro nicht mehr Stich halten wollen und er vorgegeben, der March gehe in die Lande, so Frankreich durch den Teutschen Frieden abgetreten sein und wovor Schweden die Garantie versprochen, der Schwedische Minister auch darauf von Ew. Ch. D. abgefordert worden, (welches doch vorhin, wie man nun ex eventu siehet, um Frankreich zu flattiren muss resolviret gewesen sein), so beruht nun alhier das ganze Werk zwischen Frankreich und Schweden allein auf Dänemark; und damit Ew. Ch. D. recht urteilen mögen, wie es desfalls stehe, und wie nöthig es sei, dass die sämtliche Alliirte den König in Dänemark in seiner guten und genereusen Intention aufs schleunigste secundiren und zu Hilfe kommen, erfordert meine unterth. Schuldigkeit, Deroselben umständlich zu referiren, was desfalls sider kurzen Tagen vorgelaufen.“

Der Reichskanzler bestimmte in voriger Woche den dänischen Ministrum zu sich; der dänische nahm auch die gesetzte Stunde in acht; wie er hinkam, fand er Feucquières auch allda und urtheilete also fort, dass es eine angelegte Karre wäre. Der Reichskanzler fieng darauf an und bat den dänischen, er möchte in Gegenwart des Ambassadeurs erzählen, wie es zwischen ihm und seinen Commissariis wegen der schon längst zwischen Dänemark und Schweden projectirten Bündnis eine Zeitlang hergegangen wäre, und wie es desfalls anitzo zwischen ihnen stünde. Der dänische Minister, welcher bisher solches Negotium meisterlich zu traisniren gewusst, auch bisweilen wol verspüret, dass an Schwedischer Seiten kein rechter Ernst gewesen, hat hierauf solchen Rapport gethan, dass dadurch die Verzögerung diesem Hofe beigelegt worden.

Remonstration des Reichskanzlers dagegen. Streit zwischen den Gesandten.

Der Reichskanzler hat dann den Dänischen noch einmal citirt und ihm gesagt — er würde sich des vorgestrigen Discourses erinnern, und nun müsste er ihm entdecken, dass I. K. M. resolviret hätten, den Reichsrath Graf Niels Brahe in aller Eile an den König in Dänemark in Qualität eines Extraordinar Ambassadeurs abzufertigen, mit Ordre, das Werk zwischen Schweden und Dänemark zu poussiren, wobei er ihm dann ein Project, wie das Foedus defensivum, der Seetractat und die Sache mit Gottorp ohngefährlich einzurichten. Alhier wird nun nichts als von dieser Ambassade gesprochen und wird so sehr damit geeilet, dass dem Grafen keine Zeit gegönnt wird, eine eigene Livree machen zu lassen, sondern man ihm des Königs mitgeben will, und ist kein Zweifel, Feucquières treibe das Werk so stark, wie wol ich glaube, dass dieser Hof so sehr eile, um Frankreich zu carressiren und hernach um so besser zu excusiren, wann zu Kopenhagen die Resolution nicht nach des Reichskanzlers und Feucquières Wunsch lauten sollte.

Der Dänische versichert mich auch zwar, dass sein König eine gute und ferme Intention habe, und solches erhellet auch aus allen Umständen, und dass Dänemark nicht mehr wünscht, als dass Schweden mit Jemand der Alliirten brechen wollte, in dieser Conjunctur aber, da Frankreich und Schweden Ihre Negociation wider Dänemark richten und selbiges fürchtet, dass nach der Negociation die Schwedische Trouppen ihm zuerst auf den Hals gehen möchten, und der dänische Hof auf Oesterreich sich durchaus nicht verlassen will, um den ersten Choc auszustehen, wiewol man daselbst die kaiserliche Armatur um Schweden hernach von hinten anzugreifen und Dänemark zu Hilfe zu kommen, so hänget die Beibehaltung der Kron Dänemark auf der Alliirten Seite alleine daran, dass Spanien und Holland Deroselben die Subsidien etwan auf fünftausend Mann erhöhe, damit sie capabel sei, es alleine mit Schweden anzunehmen, bis die andere Alliirte darzu kommen; und weil es desfalls mit der Resolution aus Spanien zu lange anstehen möchte, schläget der dänische Minister vor, dass der Kaiser interim etwan dreimonatliche von seinen Subsidien in Holland Dänemark zuschlage. Der dänische Minister gehet mit nach Kopenhagen, so ich gern sehe und gerathen [1]).

Vor Einlauf dieses ist gewiss schon ein Schreiben vom König in Dänemark eingetroffen.

---

[1]) Relation d. d. Stockholm 7 November 1674 erläutert die dänischen Bedingungen.

Reuter. Relation. d. d. Stockholm 11. November 1674.

21. Nov. Die Ambassade nach Dänemark wird in künftiger Woche abgehen. Man vertröstet auf sie den französischen Gesandten, wobei man nicht unterlassen wird, Dänemark dem schwedischen Interesse zu nähern. Feucquières soll abermal „die Mediation in der Oldenburgischen Successionssache und dahero rührende Streitigkeiten mit Holstein-Gottorp offeriren"; vielleicht dürfte, wenn Dänemark sich darauf einlassen werde, dabei „auch endlichen wol der Point du Mariage sur le tapis kommen".

Sorge für die Evangelische Religion. Graf Gabriel Oxenstierna soll in dieser Angelegenheit „mit dem fordersamsten" an den Höfen verschiedener Chur- und Fürsten verhandeln. — Project mit dem Holländischen Envoyé Schaep, betreffen deine Subsidienzahlung von $\frac{100}{m}$ Rthlr. durch Amsterdamer Kaufleute auf zwei Monate, während welcher Schweden sich verpflichten wolle, „in zwei Monaten nichts widerliches anzufangen".

General der Cavallerie Baron Ascheberg soll jetzt bei I. M. im Reich verbleiben; H. Ferson, Gouverneur von Riga, ist zum General der Infanterie bestellt und hat Ordre, seine Charge hier zu verwalten, wogegen dessen Bruder der Generalmajor Hans Ferson, wiederum nach Riga gesetzt wird. Volmar Wrangel ist auch zum Generallieutenant gemacht und soll mit seinen Leuten nach Pommern gehen. Der Reichskanzler ist beschäftigt, aus seinem Seckel eine Esquadron Dragoner zusammenzubringen; man hofft, dass mehrere Grosse ihm folgen werden. —

Grosse Feuersbrunst in einer Reifschlägerei, aus welcher die Orlogschiffe mit Anker, Tauen u. dergl. versehen werden sollten, sodass die Admiralitaet dadurch nicht wenig incommodirt ist. Es muss aller Hanf aus Lifland herbeigeschafft, und kann sonst keine andere Anstalt für künftigen Sommer gemacht werden.

---

v. Brandt. Relation. Dat. Stockholm 14. November 1674.

[Rühmt die Unterstützung durch den spanischen und holländischen Abgesandten. Conferenz nun anbefohlen. Es soll bereits eine Antwort auf des Kf. Schreiben abgegangen sein. Gefahr von Schweden, Vorsicht von nöten. Es bleibt bei der dänischen Gesandtschaft.]

24. Nov. Ist noch nicht ausser Bett, wird aber von den Alliirten Ministern täglich zwei, dreimal besucht. Besonders ist die Unterstützung durch den Spanischen Envoyé und den neu angekommenen holländischen Residenten zu rühmen.

„Auf alle die desobligeante Verzögerungen, dilatorische Antworten und wider einander laufende Vertröstungen und andere kaltsinnige Bezeigungen" ist nun endlich erfolgt, dass der Reichskanzler vor einigen Tagen seinen Secretair zu ihm geschickt, die Condolenz wegen seiner Krankheit abzulegen, dass derselbe Secretair ihm vor zwei Stunden die Meldung gemacht hat: S. M. habe den Kanzleirath Oerstedt und den Geheimen Secretair Hochhausen die Conferenz zu halten befohlen und auf Brandts Begehren zu ihm vors Bett zu kommen. „Ob ich nun wol fürchte, dass unter dieser Conferenz etwas verborgen sein möchte, so meinem Verlangen und bisherigen inständigen Anhalten zuwider, und ob ich auch wol nicht unbillig Ombrage davon schöpfe, dass |: mein dritter Commissarius R. Rath Johann Gyllenstern bei der Conferenz nicht sein wird und die beiden des Reichskanzlers Adhaerenten sein :|, so muss ich mich doch meinem itzigen Zustande nur dazu bequemen und sie morgen zu mir her bitten lassen.“ Wird davon mit nächster Post berichten.

Indessen vernehme ich glaubwürdig, dass schon eine Antwort auf Ew. Ch. D. Schreiben vor einiger Zeit fertig gewesen, so auch zugleich auf meine eingegebene Memorialien zur Resolution dienen soll; dass selbiges auf der Björenclouschen Partei Remonstrationes (wovon ich Ew. Ch. D. vor diesem unterth. berichtet) von einigen bedraulichen Terminis, wiewol es noch sehr kaltsinnig lautete und im übrigen nach des Reichskanzlers Sinn und Stile eingerichtet wäre, gesäubert worden, und dass es, nachdem Feucquières Copie davon bekommen, dem Feldherrn zugeschickt worden, damit er es weiter an Ew. Ch. D. gehen liesse, weswegen ich mutmasse, dass obige beide Commissarien aufs wenigste Erwähnung davon gegen mir thun und mir die Copey nicht versagen werden.

So gefährlich als die Conjunctur ist, da eine starke verdächtige Armee bei Stettin auf Ew. Ch. D. Grenzen stehet, so gefährlich und verantwortlich ist es auch für einen Ministrum als ich bin, Ew. Ch. D. zu versichern, dass Sie Sich deshalb noch zur Zeit nichts Gefährliches zu vermuten; und wie ich bisher immer gerathen und gewünschet, dass die Alliirten, insonderheit aber Ew. Ch. D. gegen diese Kron sich in gute Postur setsen möchten, solches auch noch wünsche und mich sehr erfreuen würde, wenn ich wüsste, dass Ihre Plätze in der Mark und Pommern wol besetzet wären und dass Sie vornehmlich in Preussen ein fliegendes Corpus in Bereitschaft hätten: also muss ich vielmehr Ew. Ch. D. versichern (wie Sie ohne das genugsam wissen werden), dass der Kron Schweden im geringsten nicht zu trauen, und dass des Reichskanzlers Partei, wenn sie nicht allerhand Iconvenientien und einen grossen Widerstand fürchtete, von Stund an die Ruptur rathen und ihr Absehen auf Acquirirung einiger dieser Kron zur Hand gegebenen Länder richten und sich darunter die französische Subsidien zu nutze machen würde, und dass demnach nichts sei, so |: die hiesige Lust zum Kriege im Zaum halten könne als der Alliirten vertrauliche Correspondenz unter sich und zulängliche Verfassung gegen die Schwedische Grenzen :|. Weil ich aber auch nicht gern sehen wollte, dass Ew. Ch. D. für itzo, da die Schwedischen Trouppen bei Stettin zusammen geführet werden, durch eine vergebliche Apprehension, wie die Meisten alhier wünschen und den französischen Ambassadeur damit flattiren, vom Rheinstrom zurückgeleitet würde, weil dadurch der Alliirten der Enden wol gefassetes Wesen ganz zerfallen dürfte, so erkenne ich mich schuldig, Ew. Ch. D. gehorsamst zu vermelden, dass zwar dem französischen Ambassadeur sider dem, dass Ew. Ch. D. in das Elsass gangen, einige Promessen geschehen, dass der Feldherr wider Ew. Ch. D. feindlich agiren sollte und deswegen das Rendezvous bei Stettin angeordnet worden, dass aber nachgehends dem Feldherrn durch gewisse Ordre, so ihm ein expresser Secretarius vor ungefähr 14 Tagen überbringen müssen, ernstlich anbefohlen worden, aller Hostilitäten sich zu enthalten, und dass mit der Zeit der ganze Ausschlag dieser Sachen auf Dänemark und was der Graf Brahe verrichten wird, gefallen und dass man vorgibt, man wolle suchen, Ew. Ch. D. vom Rheinstrom zurückzuziehen. „Obwol der französische Ambassadeur damit nicht allerdings zufrieden, und wie ich vernehme, darüber ein Memorial eingeben will, so bleibet es doch bei des Graf Brahe Abschickung; sie wird aber nicht so eifrig, als man im Anfang vorgab, poussiret, woraus dann noch mehr zu schliessen, dass die Krone Schweden gegen Frankreich zu gewinnen suche.“

Indessen wird alhier in der Stadt überall ausgestreuet, Ew. Ch. D. kommen mit der Armee wieder zurück, und ist in dieser Stadt solch Reden und Fragen davon, dass ich mich darüber verwundere. Ich habe mit den anderen Alliirten Ministris abgeredet, dass wenn sie davon hören, nur sagen sollen, dass Ew. Ch. D. nicht nötig hätten, zurückzukommen, denn wann gleich die Kron Schweden wider alles Recht und Billigkeit Ew. Ch. D. feindlich angreifen wollte, so wären doch Ihre Plätze wol besetzet und könnten Ihr keinen anderen Schaden zufügen, als dass sie etwan ein paar Monate aufs längste in der Mark und Pommern einen Theil des platten Landes verdürben, bis dass Ew. Ch. D. mit denen, so ihr die Garantie versprochen, der Kron Schweden den Krieg auf den Hals legeten und dazu Dänemark zu Hilfe nehmen. Das einzige, so mich hierbei furchtsam machet, ist dass ich nicht sehe, wie die Schwedischen Trouppen ohn Auction werden subsistiren können, und dass der Feldherr bei allen Posten desfalls sehr lamentiret und wann die Armee in Pommern und Bremen stehen bliebe und darüber ganz zu Grunde gienge, entschuldiget sein will, wie dann keiner ist, der die Ruptur mehr poussiret als der Feldherr, da er doch wegen seines schwachen Zustandes mehr Ursach hätte, ein gut Caminfener zu suchen.

---

v Brandt. Relation. d. d. Stockholm 18. November 1674.

Erst vor einer halben Stunde — jetzt kurz vor Abgang der Post — hat 28. Nov.
er zu der angekündigten Conferenz mit den Commissarien gelangen können. Das hat man ohne Zweifel so eingerichtet.

Anbei Copie des königlichen Schreibens, wovon dem Kf. das Original zugekommen sein wird. „Ew. Ch. D. werden zwar wahrnehmen, dass auf Deroselben letzteres Schreiben vom 27. Juli, wodurch Sie dem Könige Dero Länder recommandiret, propter Gallos nicht geantwortet ist, dass auch der König weder continuationem amicitiae noch der Correspondenz wegen des Friedens offeriret; weil aber I. K. M. Ew. Ch. D. ersuchen, mit Dero Armee wieder zurückzukommen, und gewisse Nachricht haben, dass das Schreiben dem Feldherren nebst den Ordren nicht feindlich zu agiren zugeschickt worden, nehme ich daraus ein gut Omen und sehe eine klare Apparenz zu einer Zeitgewinnenden Negotiation, bis der Kaiser, Dänemark und Ew. Ch. D. sich in Verfassung gesetzen; wozu ich morgen, um die itzige gefährliche Apparenz zu brechen, bei dem Reichskanzler durch ein Billet, jedoch ohne Ew. Ch. D. zu engagiren, den Anfang machen und Ihr davon über drei Tage bei nächster Post ausführliche Relation abstatten will.“ Kf. möge bis dahin auf des Königs Schreiben nichts resolviren.

Johann Reuter. Relation. d. d. Stockholm 21. November 1674.

Brandt wiederum krank und zu berichten ausser stande.

Graf Niels Brahe ist heute Morgen als Ambassadeur extraordinaire nach 1. Dec.
Dänemark abgereist, der hiesige dänische Envoyé Baron Juel wird ihm folgen, es ist dabei mehr denn je von der Heirat des Königs mit der dänischen Prinzessin die Rede. An Caressen und grossen Offerten, sowol von Frankreich wie von Schweden, zur Heranziehung Dänemarks wird es nicht fehlen. — Der hiesige Envoyé Schaap „hat sich allhier nobilitiren lassen“, rüstet sich

aber doch zur Abreise. Das gestern von ihm veranstaltete Fest ist vom Reichskanzler nebst seinem Sohne und mehreren fremden Ministern besucht worden.

Musterung einiger Regimenter durch den Feldmarschall Christer Horn und den Generalmajor Mortaigne angeordnet. — Der König wird sich, wie es heisst, nach Weihnachten nach Gothenborg begeben. Im übrigen hat Br. die Nachricht, „dass die Herrn Schweden diesmal noch nicht losschlagen werden, und hält dafür, dass im Fall sie über die Elbe kommen, sie in Mecklenburg und der Örter herum sich promeniren und dadurch ihr Land in etwas zu soulagiren gedenken werden". Nichts destoweniger aber würde ihnen gar nicht zu trauen sein; zumalen der französische Ambassadeur seine Offerten immer vermehrt und nichts, was „zur Poussirung dienlich sein könne", unterlässt.

Der Reichskanzler hat vorgestern Brandt (in seiner Krankheit) von neuem durch seinen Secretär complimentiren lassen.

---

v. Brandt. Relation. d. d. Stockhom 2. December 1674.

12 Dec. Bericht über die Conferenz mit den Commissarien vor seinem Bett. Es ist aber nichts herauskommen, da die Commissarien gänzlich stumm blieben. Betreffend die Stargardische Sache, antwortete der Canzleirath Oernsted „als einer, der aus dem Schlafe erwachet und that, als wenn er sich von der Sache wenig oder nichts erinnerte": man müsste diese Sache dem Feldherrn als Generalgouverneur von Pommern auftragen.

Es ist Thatsache, dass die schwedischen Truppen zuerst sind contramandirt worden; dann aber, weil der Französische Ambassadeur, seitdem er vermerkt hat, dass man hier unter dem Vorwand der Negociation in Dänemark die feindlichen Actionen aufschieben wollte, gar scharfe Memorialien eingegeben und im Falle eines wirklichen Angriffs noch höhere Subsidien zugesagt hat, ist vor ungefähr drei Wochen ein anderer Courier mit gar pressanten Ordren an den Feldherrn abgefertigt worden. Man redet jetzt bei Hofe nichts anderes als wie der Feldherr den Kf. ohne alle Säumnis angreifen werde. Auch der Reichskanzler und der Französische Ambassadeur führen darüber „überall gar nachdenkliche, umständliche und vergnügliche Reden". — Br. schlägt vor, das Schreiben des Königs nicht direct zu beantworten und ihn, wenn es geschehen, damit zugleich abzurufen. Argumentationen und Vorschläge Brandts. „Wollte Gott, dass nur noch res integra wäre, so möchte damit Zeit zu gewinnen sein." Allein man sagt hier frei und öffentlich, dass Kf. wol die erste Attaque werde auszustehen haben. Ist in Sorge um Berlin, um Preussen und Pillau. Es kommt ihm auch verdächtig vor, dass der Ambassadeur Liljehoeck, der schon vom König von Polen gegangen, Ordre bekommen, in Danzig zu bleiben. Dagegen hat dem dänischen Gesandten gegenüber der RKanzler

„auf seine Seele geschworen", dass der Feldherr Wrangel nicht Ordre hätte, Kf. feindlich anzugreifen. Seitdem jedoch Feucquières höhere Offerten gethan hat, beginnen die Resolutionen dieses Hofes sich zu ändern, Kf. wird also gut thun, auf seiner Hut zu sein und keine Zeit zu versäumen.

Der Markgraf von Durlach hält wöchentliche, und zwar genaue Correspondenz mit Schweden und sonderlich mit dem Reichskanzler. Das erweckt bei Br. nicht geringen Argwohn, zumal da er seines Wissens stets Schwedisch gesinnet gewesen, und wer bei jetziger Conjunctur gut Schwedisch ist, auch nicht anders als gut französisch sein kann.

---

v. Brandt. Relation. d. d. Stockholm 5. December 1674.

[Das Feucquières'sche Memorial ist nicht zu bekommen. Energische Erklärung des dänischen Gesandten.]

Antw. auf die Kf.lichen Rescripte vom 14. 21. und 25. October und 12. November, die, weil die Post der Winterszeit wegen unrichtig anlanget, alle auf einen Haufen eingetroffen sind. 15. Dec.

Von Feucquières Proposition und dessen Memorial, wovon er unter dem 27. September[1]) Meldung gethan, hat er, trotz äussersten Bemühens, ebensowenig wie die anderen Gesandten, „welche mit mir an einem Strange ziehen", Copie bekommen können; wie es dann anitzo fast unmöglich ist, solche Dinge zu erlangen, wann man noch soviel Geld darauf spendiren wollte, weil der Secretarius, so vor diesem dergleichen Arcana zu communiciren pflegete, annoch deswegen in schwerer und peinlicher Haft gehalten und hart examiniret wird. Ich halte auch davor, es werde Ew. Ch. D. nunmehr an diesen beiden Stücken so gross nicht gelegen sein, weil es sich nun bald ausweisen wird, dass Mr. Feucquières durch seine ärgerliche Proposition und Memoralien, nichts anderes erhalten, als dass er bei der Nase herumgeführet und mit vergeblicher Hoffnung, dass der Feldherr Ew. Ch. D. feindlich angreifen würde, aufgehalten worden. Ich kann auch Ew. Ch. D. nochmals, wie ich schon vorhin gethan, unterth. versichern, dass er weder auf die Harangue noch auf seine Memoralien, so er wider Ew. Ch. D. eingegeben, keine schriftliche Resolution erhalten, wie dann dieser Hof sich darin wol vorgesehen, weil er niemals gesinnet gewesen, die Zusage, Ew. Ch. D. noch vor Weihnacht nächst künftig zu bekriegen, zu halten.

Wegen der vom Kf. ihm anbefohlenen öffentlichen und Privataudienz ist er durch seine beschwerliche Krankheit mehr als genügend entschuldigt; er hat

[1]) Oben S. 343.

keine Hoffnung, noch in einem Monat ausgehen und aufs königliche Schloss steigen zu können. Nach Weihnachten werde dann der König auf dem Lande bleiben, vielleicht, wie es heisst, den ganzen Winter in Gothenburg residiren.

Des dänischen Envoyé vigoureuse Resolution, so er damals in einer Conferenz von sich gegeben, war diese: dass wann man allhier wissen wollte, ob die Allianz, so Dänemark mit Spanien und Holland gemachet, auch wider Schweden angesehen wäre, so müsste man sich allhier erst erklären, ob diese Kron die Mediation wollte fahren lassen und vor Frankreich den Degen ergreifen, und wann solches geschehen, würde der König in Dänemark dann schon antworten. Er vor seine Person aber würde seinem König unrecht thun, wann er nicht sagete, dass er dasjenige, so er dem Kaiser, Hispanien und Holland durch ein solennes Foedus versprochen, nicht sancte und religiose halten würden. — —

Die Remonstration, dass Kf. dennoch zeitig genug mit der Krone Schweden communiciret habe, sei ganz vergeblich; Kf. möge von der Frage, ob das Bündnis vom 1. December 1673 noch in vigore sei oder nicht, ganz abstrahiren. Das würde nur dazu dienen, die Gemüter zu verbittern.

Ew. Ch. D. ist nicht allein aus meinen vorigen unterth. Berichten, sondern auch aus des Königs letztem Schreiben gehors. vorgetragen worden, was man allhier auf das mit Ew. Ch. D. eingegangene Bündnis vor einen grossen Staat gemachet, und die Ministri, so vor mich hier gewesen, können nicht genugsam beschreiben, wie sehr der Reichskanzler darüber gefrohlocket, und was er sich [zu] Frankreichs Avantage vor Conceptus daraus gemachet, wannenhero leicht zu ermessen, wie sehr es ihn verdrossen, dass ihm durch Ew. Ch. D. genereuse Resolution das Absehen verrücket worden, zumalen da die Björenclousche Partei darüber in die Fäuste gelachet und er wol wissen kann, dass sie nur darauf lauert, wie ihm mehr Anschläge vor Frankreich zurückegehen, und sie dann endlich Gelegenheit haben möge, seine Conduite und geführete Consilia mit Nachdruck anzugreifen. Da nun der Reichskanzler deswegen gegen mich, gegen andere Ministros, auch in Senatu, auch durch Schreiben an auswärtige Höfe das Feuer ausgeworfen und also das Gemüte etwas wieder besänftiget, kann ich nicht rathsam finden, wegen obbem. Foederis, und was davon dependiret, weiter etwas vorzubringen und dadurch die belaufene Wunde wieder aufzureiben. Wiewol ich mich schuldig erkenne, wenn desfalls wider Ew. Ch. D. Ehre und hohe Reputation etwas vorgebracht werden sollte, den Glimpf an die Seite zu setzen und es so scharf zu beantworten, als es in solchen Fällen nöthig.

Hat die Zeitungen, die Kriegsactionen betreffend, mit Vergnügen communicirt. — Brandts Schreiben an den Reichskanzler ist im Senat verlesen worden; letzterer will darauf des Gesandten Sentiment vernehmen.

Mittlerweile verschwindet hier der Ruf von des Feldherrn Marsch gegen Berlin, und Mr. Feucquières hanget den Kopf, dass das Rendezvous zu Pasewalk contramandiret sein soll. „Ich zweifle auch nicht, Ew. Ch. D. werden desfalls von Hamburg und Berlin schon nähere Nachricht haben und sich dabei gn. erinnern, dass ich Sie allezeit unterth. versichert, dass Mr. Feucquières nichts erhalten und dass der Feldherr Ordres bekommen hätte, aller feindlichen Actionen sich zu entäussern. Indessen halte ich davor, sei den Schweden doch nicht zu trauen, und stehet zu Ew. Ch. D. gn. Gefallen, ob ich diesen Hof durch die vorgeschlagene Negociation amüsiren und Zeit gewinnen soll, worüber ich Dero gn. Ordre gewärtig bin."

---

v. Brandt. Relation. Dat. Stockolm 12. December 1674.

[Die Wirkungen seines Schreibens an den Reichskanzler. Längere Unterredung mit seinem Secretär. Ob Br. den Hof noch weiter amüsiren soll. Schwedische Ruptur. Gesteigerte Ombrage wegen Preussen. Englisch-schwedischer Tractat. Meldung des französischen Königs an den englischen, dass Schweden brechen werde. Markgraf von Baden-Durlach.]

Sein Schreiben an den Reichskanzler hat folgende Wirkungen gehabt. 22. Dec.

Er schickete vorgestern seinen Secretarium zu mir, liess sich meines Zustandes erkundigen und dabei solche schleunige Besserung wünschen, die ihm so bald Hoffnung geben könnte, mit mir zu sprechen, als er begierig wäre, wegen des Inhalts meines Briefes mit mir Unterredung zu pflegen. Denn ob er wol resolviret gewesen, mir schriftlich zu antworten, so wäre doch die Sache von solcher Beschaffenheit, dass man besser mündlich davon handeln könnte. Hierneben brachte der Secretarius an, der H. Reichskanzler rühmte meine gute Intention, und wie Ihre Königl. Maj. Ew. Ch. D. hohe Person, Prudenz, Macht, Kriegeserfahrenheit, Autorität, Ansehn und Vielvermögenheit im Röm. Reich hoch ästimirten und, was Sie bei dem Friedenswerke zu thun vermöchten, betrachteten, und also nicht ohne erhebliche Ursache Sich betrübet hätten, dass Ew. Ch. D. von Ihr zurückgetreten wären und Sich dem einen Theile der kriegenden Parteien associirt hätten, also hoffte der Reichskanzler, Ew. Ch. D. würden nicht anders als wol aufnehmen, dass man dieses Ortes sich äusserst bemühte und alle Mittel anwendete, Ew. Ch. D. wieder herbei und von Ihrem gegenwärtigen Engagement zurückzuziehen und dadurch das letztere Foedus in Kräften zu erhalten; wie auch Ihre Kön. M. meine Vorschläge und gutes Vorhaben gnädigst erkenneten und Ihr angenehm sein liessen, also wäre er auch vor seine Person höchst begierig, was in seinem Vermögen stände, zu einem so gewünschten Zweck beizutragen, und würde er deswegen mit mir gar vertraulich und offenherzig umgehen, und auf dem Fuss der Unterredung, so der von Wangelin mit dem Fürsten von Anhalt in ebenmässiger Sache vor weniger Zeit zu Berlin gepflogen, sich gegen mich herauslassen, und wolle er hoffen, die kleine Ansprache, so der Feldherr Wrangel auf den Grenzen der Churbrandenburg gethan, würde bei Ew. Ch. D. keine Alteration verursachen, sondern vielmehr Anlass geben, zwischen Ihr und Ihrer Königl. Maj. die Freundschaft und das gute Vernehmen desto fester zu knüpfen.

Nach abgelegter Gegenhöflichkeit, anreichend meine Gesundheit und die Ehre, in seinem Hause mündlich mit ihm zu conferiren, antwortete ich dem Secretario, dass ich annoch begierig wäre, demjenigen, so ich ihm geschrieben, nachzukommen, und darüber des Hn. Reichskanzlers Raisonnements und Vorschläge anzuhören, wie aber Feucquières gethane anzügliche Rede in der Sache ein gross Obstaculum verursachte, also fürchtete ich, aus des Feldherrn Beginnen würde eine neue Difficultät und Hinderniss herfliessen, und ich erwarten, wie Ew. Ch. D. solches empfinden möchten. Er nennete es zwar eine kleine Ansprache, zu Berlin aber hielte man sie vor ziemlich hart, scharf und schädlich; denn es hätte Ew. Ch. D. nicht ein geringes gekostet, selbige Residenz in solcher Eile in gute Defension gegen eine feindliche Attacque bringen müssen, die Bürger und Bauern wären vorgepflogen[1]), hätten ihren Handel und Nahrung verlassen, der Acker, so gegen das künftige frühe Sommerkorn vor Winters noch umgerissen werden sollte, wäre ungepflüget liegen geblieben, von den Einwohnern des Landes, so sich in Polen und andere benachbarte Länder [][2]) kehrte kaum die Hälfte wieder zu dem ihrigen, worüber Ew. Ch. D. Lande von Leuten entblösst würden, und was das meiste wäre, so hätten Ew. Ch. D. arme unschuldige Kinder aus ihrer Berlinischen Bequemlichkeit gerissen und

---

[1]) Origin.
[2]) Ein Wort wie geflüchtet zu ergänzen.

in einer ungesunden Jahreszeit fast über Hals und Kopf an einen sicheren Ort gebracht werden müssen. Weil man aber um guter Verständnis willen alles aufs beste ausdeuten müsste, so wollte ich auch nach meiner Wenigkeit meine unterth. Berichte an Ew. Ch. D. darnach einrichten.

Der Secretarius replicirte hierauf, die Krone Schweden wäre nicht schuld daran, dass man zu Berlin und in der Churbrandenburg und in Pommern solche Ombrage geschöpft hätte, weil das Rendezvous in ihrem eigenen Lande determiniret gewesen und keine Feindseligkeit verübet worden; „worauf ich ihm antwortete, dass zwar einem jedweden Potentaten freistünde, in seinem eigenen Lande Märsche und Rendezvous anzuordnen, wann man sie aber mit Fleiss also anordnete, dass der Nachbar Ombrage davon nehmen und sich fürchten sollte, um ihn und seine Conföderirte dadurch zu incommodiren, so wäre es kein Zeichen guter Freundschaft, und könnte er, der Secretarius, nicht in Abrede sein, dass man am hiesigen Hofe alles gethan hätte, was zu erdenken gewesen, überall kund zu machen, dass der Feldherr Ew. Ch. D. feindlich antasten sollte. Wann man aber versichert wäre, dass Ew. Ch. D. Lande von den Schwedischen Truppen nichts zu fürchten, so möchte man endlich der Ansprache vergessen. Welches er mit einer guten Versicherung beantwortet(e) und damit wegging."

Aus obiger meiner Antwort werden Ew. Ch. D. klärlich sehen, dass ich mich mit dem Reichskanzler nicht zu weit eingelassen, sondern dass ich vielmehr zurücktrete und neue Difficultäten einwerfe, und bleibet nochmals Ew. Ch. D. gnädigstem Gefallen anheimgestellt, ob mein unvorgreiflicher Vorschlag, Zeit zu gewinnen, zu exsequiren sei oder nicht. Ich kann aber noch nicht ganz resiliren, ehe ich von Ew. Ch. D. desfalls Ordre habe, zumal da Ew. Ch. D. aus dem, so nachfolget, sehen werden, dass ich noch Ursache zu zweifeln habe, ob der Schwedischen Armee in Pommern zu trauen. Denn ob zwar auch der Generalstaaten Residenten allhier vom Reichskanzler die Versicherung geschehen, dass Ihre Königl. Maj. von Schweden niemals im Sinne gehabt, Ew. Ch. D. oder sonst jemand der Alliirten feindlich anzugreifen und sich dadurch der Mediation verlustig zu machen, ob auch wol die Zeitung von der im Haag genommenen vigoureusen Resolution, und dass der Bischof zu Osnabrück und Andere mit den Generalstaaten in Allianz treten, die hiesigen Consilia ziemlich verstöret, ja ob auch zwar Feucquières etwa vierzehn Tage lang sehr übel zufrieden gewesen und so sehr über der Schweden Betrug geklaget, dass er schon gesaget hat, Deutschland würde andere Mesures nehmen müssen: so hat man ihn doch seit einigen Tagen allhier dergestalt wieder zufrieden gesprochen, dass er nun gänzlich wieder glaubet, die Ruptur mit Ew. Ch. D. werde den 18ten dieses gewiss erfolgen, wiewol er dann und wann dabei gedenket, dass, wo Schweden alsdann nicht bricht, es nimmer geschehen werde, und dass er alsdann nicht weiter avanciret sein würde, als er vor acht Wochen gewesen.

Ich höre, er setze sein vornehmstes Fundament darauf, dass er genug gethan, indem er gemachet, dass Schweden so viel Volk nach Deutschland geschicket, weil selbiges unmöglich ohne Krieg würde subsistiren können (denn er wollte sich wol hüten, dem Feldherrn Wrangel einen Heller mehr zu zahlen, ehe er in des Feindes Land stünde), dass ich also immer noch in Furcht lebe und mit Verlangen erwarte, was die Zeitungen von Hamburg und Berlin bringen werden, und hat meine Ombrage wegen Preussen und Königsberg zugenommen, seit dass ich erfahre, dass Liliehöck, nachdem er sich eine Zeit lang zu Danzig aufgehalten, anstatt dass er von da allhier über See erwartet worden, seinen Weg nach Livland durch Preussen genommen; und ist hierbei wol zu considériren, dass von den Schwedischen Truppen in Livland nur ein Regiment nach Pommern geführt worden und also Preussen von beiden Seiten angefallen werden könnte.

Von dem neulichen Tractat zwischen England und Schweden kann Br. nichts Gründliches erfahren und, obgleich ein Expresser von London damit hier angekommen ist, keine Copei davon kriegen. „Der Englische Minister, so mein sehr guter Freund, aufrichtig der Schweden Feind und vor das Parlament ist, würde mir denselben wol communiciret haben, wenn er ihn selber hätte; er schreibt es zwar, dass er ihm nicht geschicket worden, dem zu, dass ein neuer Secretarius Status an Arlingtons Stelle installiret ist, welcher die Schwedischen Expeditiones bekommen und vielleicht vermeinet, dass der Vorige ihm schon die Tractaten communiciret habe. Ich fürchte aber, sie seien von solcher Importanz vor Frankreich, dass man sie gar geheim halten will, und was desfalls noch mehr eine Jalousie bei mir erwecket, ist, dass nicht allein der Reichskanzler sehr in seinen Discursen darauf bauet und vorgiebet, dass Arlington im Haage vor Frankreich negotiiren werde, sondern dass auch der Spanische Minister an den hiesigen gar neulich geschrieben, dass der König von England unter der Hand und per tertium in Frankreichs Faveur thun würde was ihm möglich wäre.“ Der englische Minister saget sonst, ihm wäre geschrieben worden, dass in diesem Tractat viel von der Evangelischen Religion enthalten, dass ein Punkt, wie beide Könige die Mediation führen und den Frieden befördern wollten, darin begriffen sei, und dass die Commercien-Tractaten auf eine anderweitige Zusammensendung der beiderseitigen Commissarien ausgesetzt worden. Sollte Kf. den Tractat schon haben, so bittet Br. ihm davon eine Copie senden zu lassen, weil er in vielen Dingen zur Nachricht dienen kann, zumal was die Ruptur angeht, hier auf England am meisten reflectiret.

„Dieser Engländische Minister hat mir im Vertrauen ein Königlich Englisches Schreiben an ihn gewiesen, worinnen stehet, dass der König in Frankreich den König in England wissen lassen, dass Schweden mit Ew. Ch. D. Krieg anfangen würde, und ihm verwiesen wird, dass er Ihrer K. Maj keine Nachricht davon gegeben; und ist aus dem Schreiben zu sehen, dass man an dem Engländischen Hofe über solchem Vorhaben der Krone Schweden nicht wenig etonniret ist. Er ist darüber zu unterschiedenen Malen mit mir zu Rathe gegangen, was er seinem Könige berichten sollte. Und schliesse ich daher, dass man weder ihm allhier noch dem König in England von der Ruptur mit Ew. Ch. D. Part gegeben, dass es Schweden damit kein Ernst sein müsse, weil es sehr unbesonnen gehandelt sein würde, inscia Anglia — kurz nachdem man sich mit dem König in England verglichen, wie die Mediation conjunctim zu führen — durch eine öffentliche Ruptur daraus zu schreiten und dieselbe dem König in England allein auf den Hals zu lassen. Weil man aber in alle der Schweden krumme und trompeuse Wege und Conduite sich nicht schicken und daraus einen rechten Schluss machen kann, so muss man erwarten, was die Zeit in kurzem bringen wird.“

P. S. Was Br. neulich wegen des Markgrafen von Durlach berichtet, ist von solcher Wichtigkeit, dass er es hier wiederholt. Seine stetige Correspondenz hierher giebt ihm grosse Ursache zu zweifeln, ob er jemals mit den Alliirten, dem Kaiser und dem Römischen Reich treulich handeln werde.

---

v. Brandt. Relation. Dat. Stockholm 19./29. December 1674.

[Weitläufige Discurse mit dem Reichskanzler über die Haltung Schwedens und über die von brandenburgischer wie von schwedischer Seite getroffenen Massregeln. Beiderseitige Beurteilung der Invasion in die Kurmark. Die Gesandten Spaniens und Hollands bitten Brandt, im Falle einer Ruptur eine Erinnerung für den kaiserlichen Hof aufzusetzen. Abgang des spanischen Gesandten. Brandt bittet um seine Abberufung.]

Trotz seiner Schwachheit hat er um Conferenz beim Reichskanzler angehalten und sich gestern in sein Haus tragen lassen. Ueber den Hergang unterrichtet das Schreiben Brandts an den Fürsten von Anhalt. Er berichtet hierzu die Umstände, „so Ihrer D. von Anhalt in Dero Berlinischen Statthalterschaft zu wissen unnötig sei.“ 29. Dez.

„Wie ich zu dem RKanzler kam, sagte ich anfangs nichts von der Nachricht, dass Peer Sparre den König in Frankreich versichert hätte, dass der

König von Schweden mit Ew. Ch. D. brechen wollte, sondern bezog mich nur auf mein Schreiben, so ich in meiner Krankheit an ihn geschrieben, und offerirete mich nochmals zu möglichster Cooperation, damit Ew. Ch. D. Ihre Armee zurückziehen möchten, wann nur das Obstaculum, so des Französischen Ambassadeurs Harangue verursachet, aus dem Wege geräumet wäre, und wofern nur des Feldherrn bereits gethane Ansprache, wie sein Secretarius es genennet, nicht eine neue Hindernis causiret hätte. Hierauf sagte er, gleichsam in parenthesi, dass sein Secretarius nicht recht eingenommen hätte, was er mir seinetwegen hinterbringen sollen, denn er hätte ihm befohlen mir zu sagen, dass er hoffete, die Ansprache, so der Feldherr in der Churbrandenburg thun würde, und nicht die er schon gethan hätte, würde zur guten Vereinigung Ew. Ch. D. mit Ihrer Kön. Maj. ausschlagen, wie er nachgehend ausführen wollte; und fing darauf an, gar weitläufig zu erzählen, wie viele und erhebliche Ursachen der König hätte, mit allen Kräften, Sinn und Gedanken darnach zu trachten, wie er Ew. Ch. D. wieder an sich und von den Alliirten abziehen möchte, und erwähnte unter anderm, dass solches auch einigermassen Ihrer K. M. Ehre erforderte, weil Ew. Ch. D. Sie ziemlich indignement tractiret hätten, indem Sie von der mit Ihr gemachten Alliance so geschwinde abgegangen wären. Wie er dieses erzählet hatte, fragte er ex abrupto, was ich wol vor Anzeigungen hätte, dass Ew. Ch. D. wol zu bewegen sein möchten, von den Alliirten sich zu separiren? worauf ich antwortete: mein Fundament wäre dieses, dass ich versichert wäre, dass Ew. Ch. D. Ihrer Königl. Maj. alles zu gefallen thun würden, was Ihre Ehre, Gewissen und Schuldigkeit gegen das Reich nur einigermassen zulassen könnte, und weil ich aus Ew. Ch. D. gn. Rescriptis selber verstanden hätte, dass der Höchste Ihre und der Alliirten Waffen soweit gesegnet, dass nicht allein die Turenne'sche Armee sondern auch der Arrierebann und der Condé'sche Succurs totaliter zerschmolzen und durch stetige Allarme und Wegnehmung der Französischen Fouragierer so vergangen und ruiniret wären, dass man die noch übrige demontirete und über die Hälfte kranke Trouppen vor keine Arme halten könnte, so hätte ich geschlossen, dass bei solcher Bewandtniss, und da die Alliirte vom Oberelsass Meister wären, und ohne Widerstand in Burgundien und Lothringen, auch wol gar in die Champagne gehen könnten, dass es vielleicht so gross nicht zu bedeuten haben würde, ob Ew. Ch. D. mit Dero Armee im Elsass blieben, zumalen da die Reichsdefensions-Armee nicht weit davon stünde, und S. Kais. M. anstatt des Abganges Ew. Ch. D. Armee Ihre Trouppen verstärken könnten, und war hierunter mein Absehen, ihm den guten Zustand der Alliirten Armee und Wesens per indirectum vorzustellen und ihn dadurch zu intimidiren. Hierauf sagte er, das wäre nichts gegen die Nachricht und Anzeigungen, so der König hätte, und erzählete mir

erstlich wie Ew. Ch. D. den Obristen Wangelin, als er zu Strassburg von Deroselben Abschied genommen, in eine Kammer à part geführet und ihm im geheimen zu verstehen gegeben hätten: ‚dass Sie zwar als ein Kurfüst und Stand des Reichs sich nicht entbrechen können, den March nach dem Rheinstrom vorzunehmen, Sie wollten aber solche Consilia dabei führen, dass das

Friedenswerk nicht sollte retardiret werden, und weil Sie wol sähen, dass die Kaiserliche Generals nicht recht dran und vielleicht ihre Truppen nur verschonen wollten, so würde es Ew. Ch. D. Thuens auch nicht sein, lange bei ihnen zu bleiben, sondern sie würden sich leichtlich bereden lassen, Ihrer Kön. M. sich wieder zu nähern;‘

zum andern: was zwischen I. D. von Anhalt und dem Obristen Wangelin desfalls vorgelaufen, und

zum dritten: wasgestalt der Pensionarius Fagel dem Schwedischen Ambassadeur Ehrensteen zu vernehmen gegeben, dass die Herrn Staaten gar wol geschehen lassen könnten, dass Ew. Ch. D. Dero Contingent bei der Reichsarmee liessen und im übrigen von den Alliirten sich abzögen, wiewol er nachgehends, als der Spanische Envoyé dazu kam und es ihm nicht glauben wollte, dass H. Fagel sich dahin sollte herausgelassen haben, es anders auslegete und zugestehen musste, dass der Pensionarius, als er von Ehrensteen weggehen wollen, nur expresse gefraget, ob dass der Kron Schweden eigentliche Meinung wäre, auf solche Weise mit Ew. Ch. D. zufrieden zu sein? Aus welcher Frage er schliessen wollte, dass der Pensionarius es raisonnable gefunden.“

„Als ich ihm nun auf diese Erzählung antwortete, dass ich dann surpreniret wäre, dass diese Krone eine so gute Apparenz zu Herstellung des bisherigen guten Vertrauens hintansetzen und zur Ruptur schreiten wollte und ihm aus dem Italienischen Schreiben von Paris an den Nuncium Apostolicum zu Cöln zeigete, was der Schwedische Ambassadeur Sparr dem Könige von Frankreich in einer geheimen Audienz wegen der feindlichen Ruptur mit Ew. Ch. D. vor Versicherung gethan hätte, auch dabei anführete, was ich von des Feldherrn Rendezvous bei Pasewalk und von seinem Vorhaben gehöret hätte, gerieten wir darüber in solchen weitläuftigen Discours, wie aus beikommender meiner Relation an I. D. den Fürsten von Anhalt Ihr gehors. werde vortragen lassen. Er wollte dabei, und als ich ihm in Gegenwart des Spanischen Envoyé das Italienische Schreiben zum zweitenmale vorlas, durchaus nicht gestehen, dass Peer Sparr die Ordre gehabt hätte, solche positive Versicherung dem Könige von Frankreich zu thun, und fiel stracks auf die Worte: ma questa nuova era troppo avantaggiosa agl' interessi della Francia per non pubblicarsi etc. . . . und gab zu verstehen, dass der König von Frankreich es zu seinem Besten und die Gemüther in Frankreich zu rassuriren gethan, dass er nach der Audienz publiquement mehr gesaget als ihm Sparr angetragen; sagte auch noch dabei, die französische Ministri und insonderheit Mr. Feucquières hätten es auch allezeit dahin drehen wollen, allein der Krone Schweden Intention wäre niemals gewesen, Ew. Ch. D. feindlich anzugreifen.“

Indessen werden Ew. Ch. D., eher Deroselben dieser mein unterth. Bericht zukommt, schon erfahren haben, dass der Feldherr in die Churbrandenburg eingefallen, und kann ich solche eigenthätige und gewaltsame Einlogirung, wenn er gleich nicht mehr Feindliches verübete, nicht anders als einen feindlichen Einfall nennen, bis etwan Ew. Ch. D. mir gn. möchten zu erkennen geben lassen, dass Sie dazu conniviren wollen, bis die Alliirten im stande sein werden, Ew. Ch. D. kräftig und nachdrücklich zu secundiren. Dass Ew. Ch. D. das Elsass quittiren sollten, kann ich mir nicht einbilden. Denn wann Frankreich dadurch Lust kriegen sollte, würde Schweden auch desto mehr von selbigem Könige erwarten und hochmütiger werden, und wann Ew. Ch. D. Dero Armee durch einen schleunigen March nach der Mark bei dieser Winterszeit abgemattet hätten, würden Sie das Land doch schon ruiniret finden, und die feste Örter haben ja bei dieser Saison nichts zu fürchten.

Brandts Auffassung von der Schwedischen Invasion. Für den Kurfürsten, meint Br., würde es das beste sein, wenn er bei den Alliirten auf eine schleunige Diversion und Assistenz dringe. „Ich sagte auch dem Reichskanzler, es wäre protestatio facto contraria. Ich fürchte nur vor England, dass sich selbiges überreden lasse, dass transitus innoxius und statio innoxia in imperio wie ein Ding sei. Die Engländer sind in dergleichen Dingen sehr unwissend. Ich habe sonst den hiesigen Englischen Envoyé desfalls genug unterrichtet und ihm vornehmlich begreifen machen, dass diejenigen Höfe, denen die Constitutiones imperii nicht bekannt wären, nur auf den scopum und finem dieser Invasion und Einquartierung sehen müssten, dass man nämlich Ew. Ch. D. mit Gewalt zu einer Resolution forciren wolle, die Frankreich zu statten kommen und das Reich ruiniren und in Gefahr eines gänzlichen Unterganges setzen würde. Er begreifet auch gar wol, dass es nur vornehmlich angesehen Ew. Ch. D., weil auf Ihre Gegenwart, Autorität und Pouvoir der Alliirten Wesen mehrentheils beruhete, aus dem Spiel zu bringen, und man sich einbildete, dass die Union im Reich bald hinfallen würde, wann Ew. Ch. D. nur erst des Kaisers Partei verlassen hätten.“

Der Herr Kanzler begehrete gar inständig von mir, ich möchte nicht ablassen, an einem guten Vergleich mitzuarbeiten, und war der Meinung, ich hätte das Schreiben, so ich Zeit zu gewinnen an ihn geschrieben, und welches ich Ew. Ch. D. zugeschicket, auf Dero gn. Befehl concipiret, und schien es, als wenn ihm solches desto mehr Hoffnung gemachet hätte, dass Ew. Ch. D. schon incliniret wären, ihm nun solchen Irrthum zu benehmen, und weil ich gewahr ward, dass solche Negociation nachdem der Feldherr schon gebrochen, Ew. Ch. D. schadlos sein und dem Kanzler Anlass geben möchte, bei den Alliirten sich darauf zu berufen, sagte ich ihm diese Worte in Gegenwart des Spanischen Envoyé: puisque V. E. croit que je luy ay escrit par ordre de Son Altesse Electorale, il faut que je l'en désabuse, et pour cet effect je luy promets en homme d'honneur, que je ne songeray plus à aucun accommodement, et cela d'autant moins, puisque je sçay que Son Altesse Elect. mesme après une rupture ouverte n'y songera pas. Ich that es auch mit Fleiss in Gegenwart des Spaniers, welchem ich mein Schreiben an den Reichskanzler auch vorhin schon communiciret und ihm dabei vorgestellet hatte, dass mein Zweck nur gewesen, diesen Hof durch eine apparence de négociation zu amusiren.

„Es ist nun auch an mein unvorgreifliches Project bis in den Sommer, wann Ew. Ch. D. in guter Defension stehen würden, nicht mehr zu gedenken. Jam jacta est alea, und man wird nur auf eine gute Gegenwehr bedacht sein müssen, so der Höchste wol segnen wird. In dieser Consideration haben der spanische Envoyé und der holländische Resident mich ersuchet, einige Erinnerungen, so dem Kaiserlichen Hofe, weil kein kaiserlicher Minister hier wäre, in casum rupturae zur Nachricht dienen könnten, aufzusetzen, so ich auch willigst gethan. (Folgen bei.) Der Resident Reuter sendet sie bei heutiger Post in unserem Namen nacher Wismar dem Grafen von Sternberg. So Ew. Ch. D. sie von einiger Wichtigkeit erachten, könnten sie auch wol dem Herrn Baron de Goess communiciret werden. Was wegen der Stadt Hamburg darinnen angezogen, ist destomehr zu attendiren, weil man hier eine so grosse Reflexion darauf machet, dass denen beiden Deputirten mehr Ehre widerfahren als einigen Königlichen Ambassadeuren, die publique Ceremonien ausgenommen."

Der Spanische Gesandte Graf Fernan Nunnez hatte schon vor sechs Monaten Permission seinen Abschied zu nehmen; er reist morgen ab, weil er sieht, „dass diese Leute von Frankreich nicht abzulenken". Er hat in der Abschiedsaudienz ziemlich hart für Ew. Ch. D. gesprochen, worauf ihm der König antworten lassen: der Feldherr hätte Ordre, sich gegen Ew. Ch. D. aller Moderation zu gebrauchen.

Von der Alliirten Partei bleiben nur der holländische Resident und Brandt hier. Sie leben beide der Hoffnung, bald abgefordert zu werden. „Weil ich alhier doch nichts mehr ausrichten kann und nur allen Leuten verdächtig bin, auch keine vollkommene Gesundheit in diesen Landen zu hoffen habe, wünsche ich meine Abforderung inniglich, zumalen da wegen dero Landesruin die Subsistenzgelder schwerlich werden folgen können, und ich also alhier in des Feindes Lande sehr unglücklich sein würde. Wann Ew. Ch. D. etwan in Dänemark etwas Wichtiges zu tractiren hätten, könnte ich en passant meinem Bruder darinnen desto besser assistiren, wann Ew. Ch. D. gn. gefiele, desfalls gn. Commission zu ertheilen. Stelle aber alles zu Ew. Ch. D. gn. Gefallen, nicht zweifelnd, Sie werden Sich meiner in Gnaden mitleidentlich erinnern."

v. Brandt an den Kurfürsten. Relation. Dat. Stockholm 30. December 1674.

[R.Kanzler bestätigt die beabsichtigte ‚Einquartierung in der Kurmark. Aegrirte Aeusserungen Feucquières. Aeusserungen Brandt's über die Lage.]

1675 Nach dem letzten Ausgange zum Reichskanzler, von dem er mit voriger
9. Jan. Post berichtet, hat er bedeutende Besserung empfunden; er hätte wol noch andere Reichsräthe besuchen können, wenn sie nicht alle, nach hiesigem Brauch, gegen die Ferien — wie auch der König selbst — sich aufs Land begeben hätten. Der Reichskanzler weilt in Karlsburg „einen Büchsenschuss von der Stadt" und empfängt täglich, der Depeschen wegen, den Besuch der Kanzleibeamten. Er bleibt noch immer bei seiner Rede: „dass der Feldherr den 18. dieses in die Churbrandenburg werde gerücket sein." Noch vor drei Tagen hat er es unter anderem zu dem Englischen Envoyé gesaget und dabei erwähnt, dass die Schreiben, wovon Brandt in seinem letzten Bericht Erwähnung gethan, an den Kaiser, die Stände des Reichs, England etc. bereits abgegangen, woraus zu ersehen wäre, dass solche Einquartirung vor keine Ruptur aufgenommen werden könnte. Die Gesandten haben sich um Copie bemüht, jedoch keine erhalten, trotzdem ihnen Communication versprochen worden, „worunter wol wieder einige Finesse verborgen sein muss". Brandt wird berichtet, der König bleibe dabei, „dass die Entree in Ew. Ch. D. Lande den 18. hujus gewiss geschehen sei". Dem widersprechen Hamburgische Briefe vom $\frac{18.}{28.}$ Das oben erwähnte Rendezvous sei abermals contramandirt; Schwedische Abgeordnete hätten bei den beiden fürstlichen Mecklenburgischen Höfen und Regierungen für einige Regimenter Winterquartiere begehrt, imgleichen würden, wie man dafür hielte, einige Truppen wieder über die Elbe gehen.

Aus der Copie sub A kann Kf. ersehen, „wie übel der Französische Ambassadeur wegen solcher Verzögerung zufrieden, und wie er nun seinen Trost beim Residenten Reuter suchet. Er hat auch unter anderm zu ihm gesagt, wann der Feldherr nach der ersten Abrede den 18. November die Hostilitäten wider Ew. Ch. D. angefangen hätte, so wäre Berlin in seinen Händen gewesen, nun aber würde er es wol ungenommen lassen, und schiene es, dass man dem Fürsten von Anhalt, studio, Zeit gelassen hätte, selbigen Ort in gute Defension zu bringen. Ich vernehme auch, dass er gegen Andere und fast gegen Jedermann so sehr doliret, dass klärlich zu ermessen, Mr. de Vitry Schreiben, so er bei letzter Post erhalten, müssen ihm schlechten Trost gebracht haben, zumal da er ihm berichtet, Mardefeld sei mit königlichen Schreiben nach Güstrow gereiset, und dass seine Negociation auf Erlangung der Winterquartiere zielen dürfte. Der Ambassadeur hat sich noch gestern verlauten lassen, die Alliance, so Frankreich mit Schweden ao 1672 geschlossen, liefe erst im April zu Ende; er hätte aber diesem Hofe schon 1400000 Rthlr und also 200000 Rthlr zuviel gezahlet; dennoch führete man ihn mit blossen Worten, zu seines Königs höchstem Praejudiz, nur bei der Nase herum; wann Schweden aber nur noch dem gethanen Versprechen nachkommen und Ew. Ch. D. mit Krieg überziehen wollte, so könnte es zwischen jetzt und dem nächstkünftigen Augusto noch eine Million französischer Florin ziehen."

Erwartet Nachrichten aus Hamburg was eigentlich daraus werden soll. „Bricht der Feldherr nicht, wie es dann gewiss ist, dass er Ordre hat nicht feindlich zu agiren, und er rücket auch nicht in die Churbrandenburg, wiewol ich solches auch vor eine Hostilität halte, so aber die Franzosen nicht vergnügen würde, so ist es entweder eine sehr desobligeante Tromperie, wodurch man dem Könige von Frankreich das Geld abvexiret, oder er muss drum wissen, dass es nur Grimassen sein, so der Feldherr machet, Ew. Ch. D. aus dem Elsass wegzuziehen, und wäre zu glauben, wie der H. Reichskanzler zu dem Spanischen Envoyé und mir sagte, dass Peer Sparre dem Könige von Frankreich keine Versicherung der Ruptur mit Ew. Ch. D. gethan, und dass der König es zu St. Germain nach der Audienz nur zu seinem Besten so publiquement gesaget hätte. Es wäre zu wünschen, dass es sich so verhielte; indessen ist solchen Leuten, die alles auf Schrauben setzen und allezeit gefährlich sein, nicht zu trauen. Mir ist aufs wenigste sehr erfreulich, dass Ew. Ch. D. durch den zweimaligen Aufschub des Rendezvous Zeit gewonnen, in der Mark und Pommern zur Defension eine gute Anstalt zu machen."

Noch wegen Preussens bekümmert, weil er nicht erfahren kann, ob man sich dort auch in gute Verfassung setze, und weil der König von Polen die Brandenburgischen Auxiliartruppen so weit wegführt. Br. hört nun, der Ambassadeur Liljehoeck sei noch zu Danzig und nicht nach Lifland gegangen, und dass er von Danzig oft aufs Land reiste; das macht ihm nicht geringe Gedanken, zumal da hier von Preussen viel und wunderlich discurrirt und wol gar gesagt wird, der Feldherr schiebe das Rendezvous nur darum auf, damit er über die gefrorene Weichsel gehen könne.

Wie England mit Schweden steht, davon spricht der Reichskanzler nicht. Er würde es seiner Gewohnheit nach wol thun, wenn das Foedus etwas den Alliirten Nachtheiliges in sich begriffe. — Von Dänemark wird man wol nichts anderes als „eine weichliche Resolution" zu gewärtigen haben, weil Dänemark nichts eifriger und sehnlicher wünscht, als dass Schweden mit Jemand der Alliirten bräche, damit es hernach seine Zeit ersehen und das Verlorene wieder gewinnen könnte.

---

v. Brandt. Relation. Dat. Stockholm 3. Januar 1675.

[Rendezvous und Einbruch bestimmt festgesetzt. Trauer über den Tod des Kurprinzen.]

Die gestrige Post hat für Feucquières sehr erfreuliche, für Brandt sehr 13. Jan betrübende Nachrichten gebracht, nämlich: dass das Rendezvous bestimmt am

27ten hat gehalten werden und die Irruption in die Churbrandenburg den 28ten hat geschehen sollen. „Gott wende alles zum Besten und verleihe nur Ew. Ch. D. beständige vollkommene Gesundheit und tröstliche Standhaftigkeit wider alle Ihr zustossende Widerwärtigkeiten und vermehre in diesem angetretenen neuen Jahre Dero Siege wider alle, insonderheit Dero neue Feinde! und wie ich mich inniglich betrübet, dass des Hochseligsten Churprinzens Durchl. so frühezeitig diese Welt gesegnen, und Ew. Ch. D. dadurch höchst empfindlich betrübet und bei diesen gefährlichen Läuften Ihres besten Trostes und Hoffnung beraubet werden müssen. also wünsche ich und bete zu Gott aus getreuster Devotion, dass Er Ew. Ch. D. in andere Wege doppelt erfreuen, Sie desto länger erhalten und mit beständigen gesunden Leibeskräften segnen, auch Dero noch übrige Prinzen und Churerben desto gnädiger vor allem Unfall bewahren wolle."

Das Kf.liche Notificationsschreiben, diesen Todesfall betreffend, wird er ehester Tage „wann nur die Ferien und die dabei vorgehende Lustigkeiten vollends vorbei sein", dem Könige überreichen und das Nötige dabei verfügen.

---

v. Brandt. Relation. Dat. Stockholm 13. Januar 1675.

[Abschiedsaudienz beim Könige. Gründe für die Action Wrangels. Reichskanzler sucht Brandts Abschied zu hintertreiben.]

23. Jan. Des Kf. Befehl entsprechend hat er am 9ten seinen Abschied vom Könige genommen, der zu diesem Zweck von Jacobsthal express nach Stockholm hereingekommen ist. Den Inhalt seiner Proposition wie des ihm erteilten Bescheids, „was der Kanzleirath Örnstedt stante pede in Schwedischer Sprache geantwortet und ihm nachhernach aus der geheimen Kanzlei im Teutschen zugeschicket worden," geben die Anlagen A u. B.

Brandt hofft dem Könige weder zu viel noch zu wenig gesagt zu haben. Da er des Kf. fernere Resolution und der Alliirten Absichten nicht kennt, so hat er den Krieg natürlich nicht direct ankündigen, „sondern noch in glimpflichen Terminis und etwas eventualiter reden wollen," zumal da er in Unterth. unvorgreiflich dafür hält, dass solange den Schwedischen Desseins mit keinem rechten Nachdruck begegnet werden kann, aus zweien Übeln das geringste zu erwählen und lieber zu erdulden sei, dass der Feldherr Wrangel die Armee blos einquartiere, als dass er feste Örter angreife, das Land in Contribution setze und andere landverderbliche Feindseligkeiten verübe." Demnach glaubt er nichts verschwiegen und begreiflich gemacht zu haben, „dass man auf kurfürstlicher Seite nicht so gebundene Augen hat", den Friedensbruch nicht zu sehen und den gefährlichen Betrug, der sich hinter der Protestation verbirgt, nicht zu erkennen.

Die scheinbarste und kläreste Ursachen, warum dieser Hof will, dass des Wrangels Actiones vor keine Ruptur gehalten werden mögen sind diese:

1. damit die Schwedische Stände auf dem bevorstehenden Reichstage, der noch vor Ausgang des Winters gehalten werden soll, sich nicht beschweren mögen, dass man ohne ihren Consens einen Krieg angefangen;

2. dem Volk in Holland die Impression zu geben, dass die Generalstaaten und der Prinz von Oranien, wann Sie Ew. Ch. D. beistehen sollten, anstatt dass ihnen obliege den Frieden zu befordern, sie sich einen unnötigen Krieg mit Schweden, welches nicht feind sein wollte, auf den Hals zögen; wie dann das Schreiben, so der König an die Generalstaaten in nächstverwichenem Decembris abgehen lassen, klar genug dahin zielet;

3. die Teutsche Reichsstände über diesem Werk in zwiefache Gedanken zu bringen und uns sie zu obligiren, ihren Sinn auf Tractaten zwischen Ew. Ch. D. und Schweden zu richten, damit man nicht Anlass nehme, den König in Frankreich pro hoste in Teutschland zu declariren, welches man alhier durch allerlei Mittel und Wege zu verhindern trachtet, und ist deswegen der König alhier auf den Bischof von Eutin sehr ungehalten, dass er auf des Kaisers Avocatoria, so nur wider Frankreich gemeinet sein, die Schwedische Kriegsdienste quittiret, zumalen da man fürchtet, es werde der Kron Schweden zu Regensburg einen grossen Stoss geben, dass des Königs eigener Mutterbruder durch sein Factum die Avocatoria wider Schweden, und also solcher per indirectum vor Teutschland sich erkläret.

4. Nicht allein die Teutsche Stände sondern auch die Alliirte selber in die Gedanken zu bringen, dass man sich zwischen Ew. Ch. D. und Schweden wol interponiren und indessen die Schwedische Armee in der Churbrandenburg lassen könnte, und machet ihm der Reichskanzler die Gedanken, dass die Alliirte lieber Ew. Ch. D. Assistenz verlieren als Schweden zum Feinde werden haben wollen. Er giebt überall aus, die Generalstaaten finden raisonnabel, dass Ew. Ch. D. Ihre Armee von den Alliirten abziehen und nur Ihr Contingent bei der Reichsarmee lassen, und dass der Kaiser selber sich zum Mediator angeboten. Er hat in einer grossen Gesellschaft gesagt, die Holländer könnten wol calculiren, und begriffen sie gar wol, dass sowie die Kron Schweden mächtiger

wäre als Ew. Ch. D., soviel auch der Schweden Feindschaft ihnen schädlicher als Ew. Ch. D. Freundschaft nützlich sein würde.

5. Mag auch wol eine Nebenursache sein, dass wenn Frankreich diesen Winter noch im Elsass noch einen Hauptverlust litte, wie dann die Französisch Gesinnte desfalls in Sorgen stehen, der Wrangel sich mit guter Manier zurückziehen könne. Letzteres jedoch nur Brandts Muthmassung.

Der Reichskanzler sucht seinen Abschied zu hintertreiben. Da es aber handgreiflich ist, dass er Brandts Verbleiben nur deswegen wünscht, „damit er es als ein Zeichen, dass Ew. Ch. D. selbst des Wrangels Proceduren vor keine Feindseligkeiten hielten, auslegen und dadurch die Schwedische Gemüter gegen den Reichstag praeoccupiren könnte", so eilt er um so mehr und wird überdies durch möglichste Verbreitung von Abschriften dem Reichskanzler das Ziel desto mehr verrücken. Man soll gerade sehen, wie er Abschied genommen, „und dass Ew. Ch. D. Ihro keinen blauen Dunst werde vormachen lassen."

Steno Bielke hat Wrangels Einbruch eine „offenbare Ruptur" genannt. Es sei — und dies die Meinung der Björenclou'schen Partei — in Schweden unerhört, einen Krieg ohne Consens der Stände und des Reichsrathes zu beginnen. Der RKanzler und Wrangel hätten es allein gethan: es stünde dahin, wie sie es verantworten würden. Der Reichstag werde der Frage näher treten. Bielke räth selbst zu Brandts Weggang. Ob sich nicht bei währendem Reichstage eine Gesamtabschickung von dem Kaiser, Spanien, Brandenburg und den Generalstaaten empfehle? Halte Kf. eine solche durchführbar, so müssten, so schlägt Brandt vor, sogleich, weil die Zeit drängt, die nächsten damit betraut werden, der kaiserliche Resident in Hamburg, oder auch der Envoyé der nach Dänemark geht, der Spanische Minister in Kopenhagen, und an statt seiner sein Bruder; denn für ihn (Brandt) würde es sich nicht wol schicken, „dass er stracks wiederkäme, nachdem er ziemlich scharf geredet"; auch sprächen äusserliche Gründe, seine Krankheit u. s. w. dagegen.

Brandt bittet um Creditif und Vollmacht für seine Kopenhagener Mission.

---

v. Brandt. Relation. Dat. Stockholm 20. Januar 1675.

[Des RKanzlers betrügerische Aeusserungen. Was er aus Brandts Anwesenheit folgert. Wird abreisen, sobald er Gyllenstierna noch gesprochen hat.]

30. Jan. Wartet, ehe er die Rückreise antritt, nur noch Gyllenstiernas Ankunft ab. Des Reichskanzlers Betrug, so sehr er auch Brandt wegen längeren Bleibens caressirt, wird immer ersichtlicher — „und werde ich mich desto weniger aufhalten lassen, zumalen da er so betriegerisch ist, dass er auch, wie ich gewiss weiss, an vielen Orten vorgegeben, Ew. Ch. D. wären unter der Hand mit des

Wrangels Beginnen zufrieden, und ich hätte zu ihm gesagt, wann nur gute Ordre gehalten würde, so hätte es nichts zu bedeuten, da ich doch vielmehr gegen ihn und alle Reichsräthe alle Zeit behauptet habe, dass wann der Feldherr Wrangel gleich die beste Ordre der Welt hielte und alles mit Gelde ersetzen liesse, sein Thun doch nicht anders als ein feindlicher Einfall aufgenommen werden könnte". Weitere Erörterungen über des Reichskanzlers Absichten.

Seine Abreise wird ihm auch von den Wolgesinnten gerathen. Aus dem längeren Hiersein des Gesandten würde der RKanzler „Folgereien" machen, als wenn brandenburgischerseits die Auffassung bestände, dass der Feldherr nichts Feindliches unternähme. Je mehr ihn der RKanzler caressirt, um so mehr merkt Br. seinen Betrug. Kommt noch einmal auf den Rat des Schatzmeisters Steno Bielke zurück, betreffend eine Gesamtabschickung an den bevorstehenden Reichstag. Brandts Anmerkungen dagegen.

Sollte Gyllenstierna heute noch kommen, so wird er morgen aufbrechen.

König Karl XI. an den Kurfürsten. Dat. ex arce nostra Holmensi d. 12. Januarii 1675.

[Recreditif für Christoph von Brandt. Condolenz zum Ableben des Kurprinzen.]

. . . . Discedens Christophorus de Brandt litteras Cels^{is} V^{ae} Elect^{is} 22. Jan.
d. 27 Novembris Colmariae datas Nobis porrexit et simul oretenus exposuit funestum illum et acerbum casum qui Cels^{i} V^{ae} Electi per mortem Filii primogeniti serenissimi Principis Caroli Æmilii obtigit nimis praematuram. Indoluimus fato optimi Principis Nobis coaetanei et luctui quem Cels^{do} V^{a} Elect^{is} obinde concepit . . . . Quod Ablegatus differre voluisset paulisper executionem quae a Cels^{ne} V^{a} Elect^{i} pro maturando abitu accepit mandatorum, optassemus eo magis quo illum ob insignem qua pollet prudentiam et candorem maxime aptum arbitrati fuimus componendis quae Nos inter et Cel^{m} V^{m} Elect^{m} praeter mentem Nostram suborta dissidiis.

Christoph von Brandt. Relation. Dat. Stockholm 24. Januar 1675.[1]

[Unterredung mit Gyllenstierna. Bedeutsame Rathschläge desselben. Brandts Gegenfragen. Gespräch mit seinem Secretär. Des RKanzlers Credit und Verhalten. Ab-

[1]) Kanzleiverm.: Hieraus ist ein Extract mut. mutand. für den Prinzen von Oranien gemacht ad mandatum Serenissimi.

schied vom RKanzler. Brandts Vorstellungen über den Einbruch. Gardies Vorstellungen. Angebliche Wiedergewinnung Pommerns. Mediation. Feucquières Harangue. Reichsstände und Kaiser. Pufendorf. Blume. Arenten. Des Königs Schreiben an die Reichsstände. Des RFeldherrn Aeusserungen über die Aufführung der kbrandenburgischen Truppen. Conferenzen darüber zu Regensburg. Der mecklenburgische Resident möge gegen die schwedische Einquartierung beim Reichstage vorstellig werden. Resident Reuter wird mit der Correspondenz fortfahren. Vergütigung für ihn.]

3. Febr. Weil es itzt an diesem Hofe so zugehet, dass die Björenclou'sche Partei sich mit Fleiss denen Affairen entziehet und den RKanzler, damit er sich in Ungelegenheit stürze, nach eigenem Gefallen gewähren lässet, ist Johann Güllensterna gestern Abend incognito, auf dass der Reichscanzler nichts von ihm wissen möchte, hier gekommen, auch heute frühe, sechs Wochen lang wegzubleiben, wieder aufs Land gereiset. Ich war gestern um zehn Uhr in der Nacht bei ihm. Die Conferenz war kurz, aber nachdenklich. Was der Steno Bielke gerathen, weswegen Ew. Ch. D. mit beiden vorigen Posten ich unterth. Bericht abgestattet, das riet er auch, vermeinete aber, es wäre mit dem Reichstage noch zweifelhaftig, weil der RKanzler desselben gerne überhoben sein wollte, und sich sonst Niemand fände, der darauf dränge, zumal da der RKanzler sich in desto grössere Gefahr und Verantwortung setzen würde, wenn er ferner ohne Reichstag und Zuziehung der anderen Reichs-Räthe in seinem schädlichen Beginnen fortfahren sollte. Wobei er mir in höchstem Vertrauen entdeckte, dass ausser Wenigen, so des RKanzlers Seite hielten, man generalement wünschete, dass er nur immer gefährlichere Dinge anfinge, theils damit er sich selbst ruinirete, theils damit Pommern und Bremen nur verloren ginge, weil sonst das Königreich Schweden in alle auswärtige, absonderlich Französische Händel sich würde mischen müssen und also nimmer zu einem rechten Aufnehmen kommen können. Itzt wäre ein so grosser Mangel an Korn, Salz und anderen Lebensmitteln im ganzen Lande, dass es kaum zu beschreiben. Solches würde aber nicht attendiret. Die Commercien wären durch sonderbaren Fleiss und Vorsorge schon ziemlich in Schwung gebracht, nun aber würden sie ganz wieder hinfallen, und die Million Reichsthaler, so der König in Frankreich dem König in Schweden als ein jährliches Subsidium verspräche, würde er an den Zöllen und Imposten nicht alleine, so lange der Krieg währete, sondern auch viel Zeiten hernach doppelt verlieren, zu geschweigen, was das ganze Land und ein jeder Particulier durch den Verlust und Ruin der Commercien leiden

würde. Hierauf rechnete er mir hundert und sechzig Tausend Mann vor, die künftigen Sommer von den Alliirten gegen Frankreich würden können zu Felde gebracht werden, und rieth gar ernstlich, Ew. Ch. D. möchten es dahin richten, dass davon nichts abgenommen würde, zumal wofern die Alliirten gegen Frankreich einen glücklichen und kurzen Krieg haben wollten, höchstnöthig wäre, dass sie eine dritte Armée bei Trier und an der Mosel agiren liessen, und war der Meinung, wann solches dieses Jahr geschehen, Breisach, über dessen Entsatz er sich sehr bekümmert erwies, gewiss verloren gegangen wäre. Gegen Schweden, sagte er, würden sich doch Truppen genug finden. Wann Ew. Ch. D. Ihre Hauptarmée am Rhein liessen und hätten in der Chur Brandenburg, Pommern und Preussen ausser den Garnisonen ein Corps von acht bis zehn Tausend Mann, so sich nach Begebenheit mit den Kaiserlichen in Schlesien conjungiren und gegen Pommern agiren könnten, hätten Sie nichts zu fürchten, zumalen wenn in Bremen eine Diversion gemachet würde, und hielte er dafür, dass wenn man in Eile mit etwa zwanzig Tausend Mann in Bremen ginge, und der Kaiser avancirte zugleich aus seinen Erblanden, also dass der Wrangel Pommern nicht verlassen könnte, der Herzog von Hannover sich gewiss zu den Alliirten schlagen und sagen würde, Frankreich und Schweden hätten ihn allein gelassen. Das einzige, so ihn embarrassirete, war dieses, dass er nicht sähe, wie der Kaiser sich geschwinde genug gegen Baiern würde in Verfassung stellen können, und blamirte dabei die Langsamkeit zu Wien, insonderheit aber die Spanische Nonchalance oder übeles Gouvernement zu Madrid.

Ich dankte ihm hierauf vor die so gar vertraute Communication, versicherte ihm, dass sein Rath bei Ew. Ch. D. viel gelten würde, und fragte ihn, ob er wol belieben wollte, mir durch Jemand wissen zu lassen, ob und wann der Reichstag angehen möchte, damit man sich wegen der Absendung danach richten könnte. Er entschuldigte sich aber deswegen und sagte, das würde ich doch wol erfahren können, und gab dabei zu verstehen, dass man sich hüten müsste, von dem Reichstage nicht viel zu reden. Als ich ihn zuletzt fragete, ob es dann auf einen rechten Krieg gemeinet sei, oder ob des Wrangels Actiones nur angesehen wären, Ew. Ch. D. und die Alliirten zu intimidiren und dann wieder zurückzuziehen, wann das Französische Geld gefallen, antwortete er mir: die Actiones und Negociationes zieleten auf einen Krieg; wo aber Dänemark und Moskau nicht wollte, wie es der RKanzler wünschete, so könnte er leichtlich furchtsam werden und seine Gedanken ändern, wenn nur Ew. Ch. D. und die Alliirte die itzige Hostilitäten so wollten hinpassiren lassen. Er der Reichscanzler aber würde mir den besten Bescheid davon geben, denn von denen Ordren, so dem Wrangel nunmehr zugesandt würden, hätte Niemand Wissenschaft als der König und er, die Reichsräthe würden dazu nicht gezogen. Er vor seine Person begehrete auch nichts davon zu wissen. Das ganze Werk aber hinge pro tempore daran, dass die Alliirte ohne Zeitverlust an Bremen und Hannover sich macheten und sonst gegen Schweden in gute Postur sich stelleten, auf dass die wol und friedlich Gesinnete in diesem Königreiche dem Könige die Gefahr vor Augen stellen, und wie gefährlich des RKanzlers Consilia, zu Gemüthe führen könnten. Nach diesem Discours nahm ich Abschied von ihm mit bester Recommendation Ew. Ch. D. Interesse. Heute frühe schickete er seinen Secretarium zu mir und liess um Entschuldigung bitten, dass er aus bewussten Ursachen mich nicht wieder besuchen könnte. Mit diesem Secretario, welcher ein geschickter Mann ist, und der viel weiss, redete ich auch noch von ein und anderm. Der sagte mir, sollte der Krieg, wo es dazu käme, übel anschlagen und eine Noth im Lande daraus entstehen, so könnte es leicht dazu kommen, dass man dem Reichscanzler den Hals bräche, zumalen wenn Dänemark und Moskau 'nen Einfall in Schweden thäten.

Aus obigem, und was Ewrer Ch. D. ich wegen Steno Bielke gehorsamst berichtet, werden Sie leicht urtheilen können, wie es sich alhier wider des Königs Majorennität sich geändert. Der Reichscanzler gebrauchet sich des Königs Jugend und Lust zum Krieg, wodurch er I. Kön. M. so gewonnen, dass Sie neulich öffentlich gesaget haben: dass, wann Sie etwas begehreten und gethan haben wollten, so könnte der Reichscanzler allezeit ein Expediens finden, die anderen aber macheten immer Difficultäten. Dahero ziehet er auch alle Sachen zu sich alleine und siehet man alle Tage, dass er mit dem König alleine, wann die Post angelanget ist und wichtige Briefe gebracht hat, denen geheimen Secretariis was ausgefertiget werden soll, anbefiehlet, wenn schon andere Reichsräthe mit in dem Gemach seind. Bei diesem Zustand erhebet er sich sehr und ladet grossen Hass und Verantwortung auf sich. Es finden sich drei Dinge bei ihm, so der Spanische Envoyé, der Resident von Holland und ich zu überwinden nicht vermocht, nämlich die grosse Affection vor das Französische Interesse, die Begierde, an der Björenclouischen Partei sich zu rächen, und das Absehen, es wieder dahin zu bringen, dass in wichtigen Staatsaffairen nur der fünf Regierungsherren Vota gelten mögen, denn Ew. Ch. D. wird sonder Zweifel sich erinnern, dass die Königin Christine eingeführet, dass in wichtigen Affairen aller Senatorum Vota gehöret, und dass die Pluralitas gelten sollte. Durch diese letztere Intrigue hat er auch den Reichsrath Brahe desto leichter auf seine Seite gebracht, weil er zugleich Feucquieres den Einschlag gegeben, dass der König in Frankreich, weil er das Geld lieb hat, hundert Tausend Gulden offeriren möchte, so auch geschehen und von ihm angenommen worden. Vorgestern nahm ich auch von dem Reichscanzler Abschied. Was dabei vorlief, waren meist wiederholete Dinge, sowol an meiner als an seiner Seiten, weswegen alles anzufüren unnöthig. Ich bestand fest drauf, dass, wenn der Feldherr gleich in der Chur Brandenburg eben solche Ordre hielte und die Leute so verpflegen liesse, „wie in Bremen und Pommen geschehen, ja wenn die Armée gar vor baar Geld lebete, so wäre doch seine Einquartierung ein Friedensbruch, führete aber dabei alle Umstände an, woraus klärlich zu ersehen wäre, dass diese Einlogirung animo hostili geschehen, und hätte man [von] dem Feldherrn im geringsten keine Obligation, dass er Berlin nicht attaquirete; er thäte alles, was eine feindliche Armée zu Winterszeit thun könnte, dass er nämlich die Winterquartiere mit einer ganzen geschlossenen Armée nebst einer starken Artillerie in Ew. Ch. D. Landen nähme, sich Magazine darinnen machete, eine so grosse Quantität von Proviant von Ew. Ch. D. Unterthanen erzwänge, dass wol drei solche Arméen davon subsistiren könnten, zu keinem andern Ende, als die Vorpommerische Magazine damit zu spicken, die Soldaten dadurch wegen ihres restirenden Soldes zu contentiren und Ewrer Ch. D. Lande desto eher zu Grunde zu richten und Ihr dadurch die Mittel abzuschneiden, gegen die Französische Macht dem Vaterlande Teutscher Nation zum besten zu subsistiren, und zweifelte ich nicht, die Intention ginge dahin, die Schwedische Trouppen so lange mit Ew. Ch. D. und Dero Unterthanen grössestem Schaden und Ruin zu unterhalten, bis eine bequemere Saison zulassen würde, zu den äussersten Staffeln der Feindseligkeiten zu schreiten. Ich wäre auch versichert, dass alle Welt, insonderheit aber I. Kais. M. und die sämmtliche Stände des Reichs nicht unangemerket lassen würden, dass es eine gar gewaltsame eigenmächtige und ohne vorhergehende Notification, zugeschweigen freundliche Ansuchung, welcher sich gleichwol der Herzog von Mecklenburg noch rühmen könnte, geschehene Einquartierung sein, und zwar auf Anstiften und in Begleitung eines Französischen Ministri und zu Beförderung des Französischen Interesse. Wie ich ihm dieses erzählet hatte, fragte ich ihn, ob diese Proceduren mit denen Versicherungen überein kämen, die er mir allezeit gethan hätte, dass die Kron Schweden Ew. Ch. D. nicht übereilen, sondern Ihr Zeit genug lassen, und selber dahin sehen würden, damit Sie mit guter Manier und ohne Verletzung Ihrer Ehre von den Alliirten zurücktreten könnten. Denn man liesse ja Ewrer Ch. D. nicht die geringste Bedenkzeit und setzte Ihr so zu sagen den Degen in die Rippen, versicherte ihn aber, dass man alhier dadurch den Zweck, Ew. Ch. D. von dem Kaiser und dem Reiche und von Dero Alliirten zu separiren, so wenig erreichen würde, dass vielmehr das Contrarium an Tag kommen müsste. Er antwortete hierauf gar weitläufig, es lief aber alles dahin, dass gleichwol der König Ew. Ch. D. seine Empfindlichkeit, dass Sie absque consultatione den Zug nach dem Rheinstrom vorgenommen, auf empfindliche Weise hätte zu erkennen geben müssen, wiewol er behaupten wollte, weil der Feldherr gute und scharfe Ordre hielte, wie er denn einige Officierer und Reuter wegen verübeter Insolentien am Leben hätte strafen lassen, dass Ew. Ch. D. aus seinem Thun keine Ruptur zu machen hätten, und wollte mich überreden, ungeachtet ich von I. K. M. schon Abschied genommeu, noch länger hier zu verbleiben, weil gar leicht etwas vorgehen könnte, da meine Gegenwart nöthig sein würde. Ich sagte, wenn er mir in wenig Tagen eine königliche Ordre an den Feldherrn, mit der Armée wieder aus Ew. Ch. D. Landen zu gehen, in die Hände stellete, so wollte ich einen Expressen an den Herrn Statthalter nach Berlin abgehen lassen und dann auf meine Verantwortung alhier noch etwas und bis auf Ew. Ch. D. anderweitige gn. Ordre verharren. Solches antwortete er, könnte er mir nicht versprechen, fragte aber, ob ich nicht zufrieden sein würde, wenn der Feldherr mit der Armée weiter ginge. Ich replicirete, das Weitergehen möchte sich wol nur erstrecken von Prenzlau bis Frankfurt a./O., um nur das Hauptquartier zu verändern, und die Chur Brandenburg überall zu verderben. Worauf er antwortete, er meinete es so nicht, aber Frankfurt a./O. möchte es wol treffen, und fing darauf ex abrupto an, gar scharf wider den Kaiser und die Oesterreichische unfriedsame Consilia zu reden, als wenn er hätte sagen wollen, der Marsch solle nach Schlesien gehen, führete auch dabei an, wie man dieses Orts gar wol wüsste, was der Kaiser Ewrer Ch. D. wegen Recuperirung Vorpommerns hätte antragen lassen, so doch nur Speck auf die Falle wäre. Worauf ich ihm in die Rede fiel und sagte, mir wäre im geringsten nicht wissend, dass I. Kais. M. Ewrer Ch. D. wegen Vorpommerns einige Proposition hätten thun lassen. Weil man aber an diesem Hofe Nachricht davon hätte, so würde man auch wissen, was Ew. Ch. D. darauf geantwortet hätten; worauf er mit ja antwortete, und dabei sagte, dass man mit Ew. Ch. D. Antwort alhier gar wol zufrieden sein könnte, welches mir Anlass gab ihm vorzustellen, dass dann diese Krone von Ew. Ch. D. keine Ombrage schöpfen könnte und also keine Ursache hätte, sie so zu tractiren, wie man itzt thäte, und hielte ich dafür, dass Ew. Ch. D. nicht zu verdenken sein würde, wenn Sie, nachdem Sie unverdienter Weise feindlich angegriffen worden, auf Vorpommern Ihre Gedanken und Kriegsconsilia richteten. Es fielen auch Reden vor wegen der Mediation, und fragte ich ihn expresse, ob denn I. K. M. nicht gedächten, was es vor ein grosses Unheil nach sich zöge, dass Sie dieselbe von sich legen wollten. Worauf er antwortete, der König führe in der Mediation noch immer fort, wo er sie aber nicht länger behalten könnte, möchten andere sich auch so lange mit martern, als er gethan hätte. Er wollte auch viel Redens von Mr. de Feucquières Harangue machen und ihn entschuldigen. Ich interrumpirete ihn aber und sagte, die Sachen stünden nun so, dass ich an diesem Orte daran nicht mehr zu gedenken hätte, ich könnte ihn aber wol versichern, dass die Sachen und der Krieg vor Ew. Ch. D. sehr übel laufen müsste, wofern Sie vergessen sollten ihr billiges Ressentiment deswegen, ehe der Friede gemachet werden möchte, zu rechter Zeit an Tag zu geben."

„Wie ich vor gewiss berichtet werde, so hat der Herr Reichskanzler bei der Mahlzeit öffentlich gesaget, eher die Zeitung eingelaufen, dass Ew. Ch. D. wieder zurück über den Rhein gegangen: wenn der Churfürst von Brandenburg den Marechal de Turenne schlüge, und Er wollte Sich dann gegen uns opiniâtriren, das würde ein wunderliches Gefrässe geben. Woraus ich zweierlei schliesse, nämlich, dass man sich alhier gewiss einbildet, Ew. Ch. D. werden Sich intimidiren und von dem Reiche abziehen lassen, und wenn solches nicht geschiehet, man alhier ziemlich embarassiret sein werde, sonderlich in dem grossen Vorhaben, so der Reichskanzler formiret hat, die itzige Einigkeit im Reiche wieder zu zerstören und eine Generaltrennung zu stiften. Es ist nicht zu beschreiben, wie sehr es die hiesige Französisch Gesinnete kränket, dass sie sehen, dass die meiste Stände des Reichs unter sich mit I. Kais. M. über dem Französischen Unwesen so einig geworden. Man siehet nun klärlich, dass die Consilia an diesem wie am Französischen Hofe dahin gehen, durch Unterhaltung continuirlicher Uneinigkeit unter dem Haupt und Gliedern in Teutschland, aus selbigem Reiche kein Reich zu machen, dem Erzherzoge von Oesterreich zwar den Titel des Kaisers zu lassen, aber die Gewalt und Disposition im Reiche unter Frankreich und Schweden zu theilen. Der Reichscanzler hat jüngst gesaget: Wer sollte vor drei Jahren gemeinet haben, dass die Stände des Reiches mit dem Kaiser sich so vereinigen würden? Damals gingen desfalls alhier gar verdriessliche Discourse, und lachete man hautement, wenn man vom Reiche sprach. Mr. Courtin hat wol zehn Mal zu mir gesaget: Vous me faites rire, quand Vous me parlez de l'Empire; il n'y en a plus, c'est monsieur l'Electeur seul, qui en veut faire. Und ob zwar der Reichscanzler nicht so klar herausging, so redete er doch von dem Reiche als einem zerrütteten und zerteilten Corpore, worauf keine Reflexion zu machen. Man saget itzt unverhohlen, es sei eine Undenkbarkeit, dass sich die Stände an den Kaiser halten und sich von Schweden und Frankreich, so die Teutsche Freiheit und die Evangelische Religion wider die Oesterreichische Macht beschützet hätten, trennete. — Puffendorf, so nun von Wien alhier angelanget und nach des RKanzlers Sinn eine weitläuftige schriftliche Relation von den Affairen am Kaiserlichen Hofe und in Teutschland abstatten müssen, gehet wieder zurück nach unterschiedenen Teutschen Höfen, und wie ich penetriren können, auch an den Chur-Sächsischen."

Der Blume, so wegen seiner unziemenden Reden wider I. Kais. M. von Regenburg avociret worden, war auch nach Deutschland destiniret, um an der Disunion im Reiche zu arbeiten. Er hat aber auf der Reise einen Arm gebrochen und ist deswegen wieder anhero zurück kommen.

Der Obrist Arenten, Schwedischer Resident zu Frankfurt a./M., soll zu dem Ende nach einigen Oberdeutschländischen Höfen gehen; dass man also Himmel und Erde bewegen wird, das Reich in Uneinigkeit zu setzen. Man machet grossen Staat auf Baiern, Hannover, Würtemberg, Hessen-Darmstadt, Pfalz-Neuburg, Chur-Mainz, Chur-Cöln, Gottorp und alle Sächsische Häuser, und hoffet man auch, der Bischof von Münster werde bei dem Kaiser nicht stichhalten. Man hoffet auch, das Schreiben, so der König wegen Invasion in die Chur-Brandenburg an die gesammte Reichsstände abgehen lassen, werde zu Regensburg Mishelligkeit erregen; zu welchem Ende der Schwedische Gesandte daselbst Ordre hat, von Ew. Ch. D. Armée, wie sie im Darmstädtischen und in Schwaben gehauset, alda viel zu sprechen.

Ich habe vergessen oben zu melden, dass auch der Reichscanzler zu mir sagete, Ew. Ch. D. hätten nicht Ursache, über des Feldherrn Actiones Sich zu beschweren, Sie wüssten wol, wie es Ihre Truppen in der Wetterau und im Württembergischen gemachet hätten, worauf ich ihm antwortete, bei Ew. Ch. D. Armée wäre bei dem letzten Marche nacher Strassburg, in Franken, Schwaben und überall so gute Ordre gehalten worden, dass jedermann dieselbe gerühmet, und rührete es nur aus Hass her, dass man davon das Widerspiel ausbringen wollte. Wo im Darmstädtischen etwas vorgelaufen, so wäre es nicht Ewrer Ch. D. beizumessen, sondern man müsste betrachten, dass damals die Armée aus unterschiedener Potentaten Truppen bestanden, welches verursachet, dass alle Unordnungen nicht verhütet werden können. Vornehmlich aber wäre hierbei zu betrachten, quo fine ein March und Einquartierung geschehe. Ew. Ch. D. thäten Ihre Feldzüge pro securitate et defensione imperii, und in solchen Fällen wäre es zugelassen, die Reichsstände „zu berühren, und könnten auch die bei dem Kriege vorlaufende, unvermeidliche Ungelegenheiten nicht übel ausgedeutet werden. Die Schwedische Armée aber wäre in favorem hostis imperii auf den Deutschen Boden gekommen und könnte dieselbe absque violatione instrumenti pacis et infractione securitatis imperii keine, zu geschweigen gewaltsame, Durchzüge und Einquartierungen sich anmassen. Und weil ich erfahren, was desfalls wider Ew. Ch. D. zu Regensburg zwischen den Schwedischen, Bairischen und Würtembergischen Ministris vor gefährliche Conferenzen gehalten worden, habe ich bei dem Residenten Reuter, weil er auf seine Memoralien wegen der Einquartierung der Schwedischen Truppen im Herzogthum Mecklenburg nichts gewieriges erhalten können, es dahin gebracht, dass er seinem Herrn zu unterschiedenen Malen mit Anziehung vieler bewegender Ursachen vorgestellet, dass kein ander Mittel wäre, als die Schwedische gewaltsame Proceduren in obged. Herzogthum zu Regensburg zu remonstriren und alda Satisfaction zu suchen. Ich vermeine, es werde auch geschehen, weil der Herzog schon bei dem Niedersächsischen Kreise desfalls Klage geführet; weil ich Steno Bielke und Johann Güldenstern sancte versprochen, Niemanden als Ew. Ch. D., was sie mir entdecket, zu offenbaren, habe ich meine Parole nicht brechen und also dem Residenten Reuter nichts davon sagen mögen. Ich habe ihm aber einige Hauptpunkte aufgesetzet, weswegen er Ewrer Ch. D. in meinem Abwesen Bericht thun wird, und weil er willig ist, ferner, wie er vor diesem gethan, Ewrer Ch. D. ordentlich und alle Woche zu berichten, was alhier passiret, habe ich einen Ziffer mit ihm gemachet, so ich Ewrer Ch. D. von Kopenhagen zusenden werde. Wegen der vorigen fünfvierteljährigen Correspondenz thut er gar modeste Erwähnung. Weil er aber vor Ew. Ch. D. Dienst sehr eifrig ist, und ich den Beistand, so er mir in währender meiner Krankheit in Ew. Ch. D. Sachen geleistet, höchlich rühmen muss, Ew. Ch. D. auch resolviret sein, wegen voriger Correspondenz ihn zu contentiren, so erkühne ich mich desfalls unterth. Erinnerung zu thun, und stelle Ewrer Ch. D. gn. Gefallen anheim, ob Sie ihm Ihrer vorigen Resolution zufolge vier hundert Thaler verordnen, und wann itzt kein baar Geld vorhanden wäre, eine Obligation an Herrn Michael Mathias geben und mir dieselbe nach Kopenhagen senden lassen wollen."

„Weil ich morgen von hinnen aufbreche und dagegen noch alle Hände voll zu thun habe, schreibe ich dieses in grosser Eile. Sollte mir daher ein und anders itzt nicht einfallen, soll es von Kopenhagen folgen."

P. S. [Erfolge des dänischen Gesandten in Moskau gegen die Krone Schweden.] „Wegen der Negociation in der Moskau, wofern es mit Schweden zum Kriege [käme], würde meines unvorgreiflichen Ermessens nöthig sein, mit Dänemark zu überlegen, wie dieselbe nebst dem Kaiser am füglichsten anzustellen, denn der Dänische Minister hat es daselbst soweit gebracht und ist alda so überaus wol angesehen, dass man alhier grosse Ombrage davon nimmet. Man saget alhier fast öffentlich, selbiger Minister habe der Kron Schweden bei dem Czar viel schlimme Streiche bewiesen, weswegen auch einer von hier nach der Moskau abgeschicket worden, auf die versprochene Ambassade zu dringen, vornehmlich aber exposcendi causa."

v. Brandt. Relation. Dat. Kopenhagen 12. Februar 1675.

[Weggang aus Stockholm ohne feierliche Audienz. Machenschaften des französischen Gesandten in Kopenhagen.]

Recapitulirt noch einmal die Gründe und Motive, die ihn bewogen haben, sobald als möglich aus Stockholm wegzueilen. Eben diese veranlassten ihn auch, auf „eine solennelle und publique Audienz" zu verzichten, dass der Feldherr befehliget werden möchte die Armee aus der Mark wieder zurückzuziehen. 22. Febr.

„Nun vernehme ich alhier, dass Graf Niels Brahe und Mr. Terlon auch diesem Hof einbilden wollen, dass ich nur pro forma Abschied genommen, und dass ich nach der Abschiedsaudienz unterschiedene Conferenzien mit dem Reichskanzler gehalten, in welchem wir den Vergleich zwischen Ew. Ch. D. und der Kron Schweden adjustiret hätten; und gehet der Betrug hierinnen so weit, dass sie nun, da ich hier ankommen bin und sie sich auf mich nicht mehr beziehen können, vorgeben dürfen, die Sache wäre mir aus den Händen genommen, sie würde aber zwischen I. D. dem Fürsten von Anhalt und dem Feldherrn vollends abgehandelt, und wäre sie so gut als richtig. Terlon hat gar gesagt, Ew. Ch. D. liessen durch einen Grafen von Nassau-Saarbrücken mit dem Könige von Frankreich tractiren. Der Zweck ist, diesen Hof dahin zu bewegen, das französische Geld, so Terlon offeriret, zu acceptiren, welches auch unverzögerlich geschehen würde, wann die Französische und Schwedische Ministri den Reichskanzler alhier überreden könnten, dass Ew. Ch. D. geneigt wären, mit Frankreich und Schweden sich zu vergleichen und den Ihr zugefügten Schaden nicht anzusehen. Bisher haben alle diese und andere Finessen nichts verfangen wollen," — die Dinge stehen hier vielmehr so wol . . wie Brandt stets berichtet. Verweist dafür auf Berichte Knesebecks und des Herzogs von Ploen.

Der Kurfürst an Christoph von Brandt in Kopenhagen. Dat. Melsungen 25. Februar 1675.

[Vorstellung an die Stadt Hamburg.]

7. März Weist ihn an, bei seinem Rückweg über Hamburg auf Grund beifolgenden Creditifs unter Bezugnahme auf die schwedische Invasion dem Magistrat die Vorstellung zu thun, dass die Stadt Hamburg ihre Pflichten erkennen und sich „in kein Einverständnis mit des Reiches Feinden einlassen, geschweige ihnen einigen Zuschub zu Wasser oder zu Lande, an Gelde, Munition, Victualien thun", vielmehr mit gute Nachbarschaft halten möge.

Der Kurfürst an v. Brandt. Dat. Cleve 23. März 1675.

[Nachdrückliche Negociation in Hamburg.]

2. April Billigt des Gesandten Entschluss, dass er nicht nach Stettin gegangen ist. Empfiehlt ihm Fortsetzung seiner Negociation in Hamburg und den Versuch, „ob das Werk zwischen der Krone Dänemark und Hamburg zu stande gebracht und diese Stadt durch dies Mittel der Krone Schweden gänzlich entzogen werden könnte."

II. Die schwedische Invasion von 1675.

1. Vorbereitungen und Massregeln.

Das französisch-schwedische Bündnis vom 14. April 1672[1]) — es kann nicht nachdrücklich genug betont werden — bedeutet für Schweden den Anfang vom Niedergang. Durch neuere Forschung ist erwiesen, dass es sich bei diesem Bündnisse wesentlich um eine Finanzspeculation der leichtfertigen und unfähigen Vormundschaftsregierung gehandelt hat, wobei die Hauptschuld auf den Kanzler de la Gardie fällt. Eine bedeutungslose Episode bildet die schwedisch-brandenburgische Allianz vom 11. Dezember 1673. Da die gewünschte Vermittlerrolle Schwedens in den deutsch-französischen Wirren jedes Erfolges ermangelte, so entwickelte sich die Stellung der nordischen Macht, im Sinne der französischen Tendenzen, immer mehr zu einer Gegnerschaft gegen Kurbrandenburg, die schliesslich zum Kriege drängte. Unter was für Vorwänden und wie unüberlegt Schweden zu Werke ging, thuen die Actenstücke dar.

Vgl. J. Mankell: Handlingar rörande sommarfälttåget i Brandenburg 1675 och striden vid Fehrbellin (in C. Silfverstolpes „Historiskt bibliotek". N. F. 1876. I, 2, S. 237—305.) — Nils Wimarson: Sveriges Krig i Tyskland 1675—79. I. Lund 1897. 328 S.

a. Schriftwechsel mit Statthalter und Geheimen Räthen.

Statthalter und Geheime Räthe an den Kurfürsten. Dat. Coelln a. Sp. 6. September 1674.

[Bedrohliche Nachrichten von der schwedischen Armatur. Die Warnungen wären nicht ausser Acht zu lassen.]

Sie halten für nötig zu hinterbringen, dass nun bei verschiedenen Posten 16. Sept.

[1]) Vgl. oben S. 143.

nach einander nicht nur aus Pommern, sondern auch von Hamburg und anderen Orten aus Warnung ergangen ist, vor der schwedischen Armatur auf der Hut zu sein. Zwischen Schweden und Hannover werde genaue Correspondenz gepflogen: der französische Ambassadeur[1]) in Stockholm thäte alles nur Mögliche wider den Kf.; der Zustand von Land und Festungen sei ihnen wie Jemand bekannt; der König von Polen sei gut französisch; der schwedische Gesandte dort haben verschiedene secrete Audienzen beim Könige gehabt und ähnl. Dinge mehr.

„Nun können wir zwar gewiss nicht wissen, ob und was die Schweden wider Ew. Ch. D. vorhaben, und was auch Gott verhängen werde und wolle. Gleichwol müssten wir, wann wir alles, so viel uns wissend, bedenken, dafür halten, dass alle und jede dergleichen Warnungen nicht so gar ausser Acht zu setzen, und dass ein Feind, bei bekanntem Zustande, ohne grosse Arbeit viel verrichten könne. Wir glauben auch, dass wann Schweden etwas thun will, am allerleichtesten dem Franzosen alhier oder in denen Kaiserlichen Erblanden Dienste leisten und Diversiones machen, gleichwol aber auch befürchten müsste, dass der Krieg in seine Lande gezogen werden könnte. Wir wissen zwar, was bei dergleichen Conjuncturen auf Dänemark für Reflexion genommen werde. Es ist aber sehr misslich und gefährlich, sich allein auf einen Dritten zu verlassen."

Kf. möge die Sache zu Gemüt nehmen und „seine Lande mit einer wirklichen Defension versehen". Ihren pflichtmässigen Bericht wolle er nicht in Ungnaden vermerken.

Der Kurfürst an Statthalter und Geheime Räthe. Dat. Hauptquartier Mühlacker in Würtemberg 26. September 1674.

[Abwarten und im Notfall den Beistand der Alliirten requiriren.]

6. Oct. Lässt sich ihre treugemeinten Erinnerungen gefallen, mit denen sie getrost fortfahren mögen.

„Wir unterlassen indessen nicht, auf die Sicherheit Unserer Lande zu gedenken und desfalls alle nöthige und mögliche Vorsehung zu thun. Im übrigen haben Wir Niemandem von Unseren Nachbaren einige Ursache zum Kriege gegeben, wollen auch also hoffen, man werde den Frieden und nachbarliche Correspondenz ferner unterhalten, und die spargirte Rumores ohne Grund sein. Auf allen Fall aber müssen Wir gewärtig sein, was Uns und Unserem Staat zustossen möchte, und Uns nächst Gott auf Unsere gerechte Sache und Unserer Alliirten Beistand verlassen. Wie dann Ew. Ld. und Ihr, sobald man etwas

---

[1]) Feucquières.

Gewisses und Gründliches vernehmen sollte, sowol I. Kais. M. als Unsere andere Nachbaren und Alliirte, insonderheit die Kron Dänemark solchen Falls um Hülfe und Assistenz zu requiriren hätten. . . So Wir Ew. Ld. und Euch hiermit anfügen wollen."

Der Kurfürst an den Fürsten von Anhalt. Dat. Hauptquartier Mühlacker 26. September 1674[1]).

[Die Werbungen sind fortzusetzen.]

Erkennt „mit freundvetterlichem Dank, wie Ew. Ld. wegen Unserer Lande 6. Oct. so treue Vorsorge tragen."

Wann je Schweden den Frieden und gute Nachbarschaft brechen wollte (wozu Wir ihnen doch niemalen Ursache gegeben), so müsste man zur Defension so gute Anstalt als möglich machen. Zwar würden sie ein oder andere offene Örter und das platte Land leicht ruiniren können: die Vestungen sein aber gleichwol so versehen, dass sie sich wol halten können. Zu welchem Ende dann Ew. Ld. die nun angeordnete Werbungen zu poussiren, insonderheit zu Berlin, woselbst solche anitzo vermöge Capitulation complet sein; und wollen Wir darauf bedacht sein, dass noch ein 400 Mann zu Fuss der Ends geworben werden sollen. Der Lohndienste und Aufgebots würde man auch im Fall der Noth sich zu bedienen haben.

Statthalter und Geheime Räthe an den Kurfürsten. Dat. Coelln a. Sp. 28. October 1674.

[Bestürzung in Pommern und der Neumark. „Einquartierung" der Schweden. Gesandtschaft Micranders und Wrangels Bescheid an ihn. Gefahr von Schweden und Raisonnements darüber, wie die Landstände darüber beschieden werden sollen? Ob Kf. nicht in Erwägung ziehen möge, einen Teil seiner Armee hierher abzuordern.]

Nachdem Ew. Ch. D. unseren neulich abgestatteten unterthn. Bericht 7. Nov. nicht nur in Gnaden aufgenommen, sondern auch, dass wir damit bei allen Occurrentien continuiren sollten, gn. befohlen, ausserdem auch

---

[1]) Die folgenden Rescripte des Kf. sind z. T. bei v. Orlich: Geschichte des Preussischen Staats 3, 215ff. publicirt, aber so fehlerhaft, dass ein Neudruck sich rechtfertigt. Wir geben die hauptsächlichsten, soweit sie nicht durch die bezüglichen Antwortschreiben überflüssig gemacht werden.

unsere sonderbare Treue und Pflicht, womit wir Ewrer Ch. D. und Dero Staat verbunden, es von uns erfordert, so müssen wir, zu Befreiung unseres Gewissens und künftig von aller und jeder Verantwortung uns zu entladen, nunmehr ferner unterth. referiren, dass in Ewrer Ch. D. Pommerischen und Neu-Märkischen Landen die Unterthanen in vollen Flüchten und Furcht, dass dergleichen auch hier in der Mittelmark anfange, und dass alles im Lande bestürzt und verzaget, aus denen Ursachen, dass sie, zumal die Benachbarten, die Nachricht haben wollen, samt würden die Schwedischen Völker ehest aufbrechen und wider Ewrer Ch. D. Lande und Estat sich feindlich bezeugen.

Es sind auch die Neumärkischen Stände mit beigelegtem Supplicato eingekommen, von ihnen aber schriftlich (darum die Abgeordneten von Adel inständig angehalten) nicht anders beschieden worden, als dass sie ehestens mit Resolution versehen werden sollten.

Wir müssen auch gestehen und Ewrer Ch. D. pflichtmässig vorstellen, dass diese Dinge alle und die Gefahr, in welcher Ewrer Ch. D. Estat augenblicklich schwebet, nicht in blossen Reden bestehe, sondern dass auch der allertapferste und vorsichtigste dergleichen zu apprehendiren und absonderlich Ew. Ch. D., als welcher der Allerhöchste vornehmlich und vor allen Dingen die Beschütz- und Beschirmung Dero getreuen Unterthanen anvertrauet. Es sagen nunmehr die Schweden ungescheuet, dass Ew. Ch. D. den König eines anderen versichert, als was Sie gethan, und dass ihr König auf die Art, wie man ihn tractiret, nicht zu tractiren; dass wenn Ew. Ch. D. mit Dero Armée nicht diesen Marche gethan, der Friede unfehlbar würde erfolget sein; dass Ew. Ch. D. andere Stände bequartieret, warum ihnen nicht auch dergleichen vergönnt sein sollte: über dem, so wissen sie, dass Ew. Ch. D. Festungen und Plätze nicht dergestalt, wie es die Nothdurft erfordert, versehen; dass das Land von aller Defension entblösset und in langer Zeit, und ehe viel verloren und das platte Land ruiniret, keine Hülfe zu gewarten.

Daneben wird ihnen berichtet, dass Sie des Herzogs von Hannover versichert sind, und dass sich mit ihm die im Bremischen stehenden Truppen conjungiren und die Elbe jenseits in Acht nehmen sollten. Zudem wüssten sie nicht, ob und wie weit sich Kf. auf das Haus Sachsen zu verlassen, und ob dasselbe nicht leichtlich wider Kf. aufzubringen, massen die Gerüchte laufen, als wenn sowol Schweden als Sachsen ihr Auge auf Magdeburg hätten und dass der von Alvensleben, welcher vor diesem zu Halle in Diensten war, in Pommern bei den Schweden gewesen sei.

Als von des Feldherrn Ankunft in Pommern alhier Gewissheit eingelaufen, habe ich, der Statthalter, um in einem und dem anderen etwa mehr Licht zu bekommen, den Obristen Micrander an den Feldherrn abgeschicket, denselben complimentiren lassen und mich gar zu einer persönlichen Zusammenkunft anerboten, welches letztere aber der Feldherr decliniret. Wie er sich sonsten bezeuget, und was sowol er als auch andere zu dem Obristen Micrander geredet, das haben Ew. Ch. D. aus seiner, des Micranders abgestatteten und hierbei kommenden Relation[1]) mit mehrerem zu ersehen und unter anderem, dass er, der Feldherr, gesaget, Ew. Ch. D. würden in Dero Lande bald böse Gäste bekommen. Die Sachen lassen sich bei denen Schweden dergestalt ansehen, dass sie etwas fürzunehmen Willens, ob aber nun solches bei instehender Winterszeit zu einer vollkommenen Ruptur ausbrechen, oder ob sie nur Winterquartiere und Contribution nehmen und dergestalt gegen den Frühling sich desto considerabler zu machen suchen möchten, davon können wir zwar nichts gewisses melden, dieses aber gleichwol sagen, dass sie beides in Ewrer Churfürstlichen D. Landen thun können, und dass ihnen solches alhier nicht zu verwehren. Ew. Ch. D. werden uns zu Gnaden halten, dass wir als Dero treue und durchaus uninteressirte Diener sagen müssen, dass Derselben ganzer Estat an allen Orten und in allen Landen in der allergrössten Gefahr, dass dawider in den Ländern keine Mittel vorhanden, und dass Ew. Ch. D. in so einen Zustand in weniger Zeit können gebracht werden, welcher hernachmal wol nimmer zu redressiren. Wir schreiben das nicht, um Ewrer Churfürstlichen D. vorhers gefasste Consilia zu divertiren, oder Jemand anders, zumal Ew. D. Feinden damit einen Dienst zu thun, sondern wir sehen auf nichts als auf Gott und Ew. Ch. D. und auf die Pflicht und ungefärbte redliche Treue, welche wir Ewrer Ch. D. schuldig sind, und daran wir nichts vergessen und versäumen wollten. Ew. Ch. D. wollen höchstvernünftig bedenken, wie weit Sie von ihren Landen, und was es alhier bei einem einbrechenden Feind, da das Land ohne Herrn und Defension, vor einen Zustand gewinnen werde. Gott und Ew. Ch. D. werden wissen, wie diesem allen in Zeiten vorzukommen, auch uns, und absonderlich mich, den Statthalter, unbeschwert deutlich und specialiter beordern, was möglich zu thun, und wie die Stände und Unterthanen auf dergleichen Fragen wie die vorged. beikommende sind, zu bescheiden, auch wann, das Gott in Gnaden verhüten und abwenden wolle, ein der-

[1]) Die Relationen Micranders s. unten.

gleichen Unglück dem Lande nur mit Quartier zuwachsen sollte, woher der Unterhalt der Garnisonen, und was sonst mehr nöthig, zu nehmen. „Ew. Ch. D. werden sehen, wie und welcher Gestalt sich der Feldherr auf des von Brandts eingegebenes Memorial, und als wann er sich zu Justificirung Ewrer Ch. D. Marches keines anderen Fundaments gebrauchet, als dass Ew. Ch. D. andere Lande suchen müssten, weil Sie Dero Armée in Dero eigenen nicht länger unterhalten könnten, berufen und dabei zu verstehen gegeben, dass andere dergleichen sich auch bedienen würden. Man spricht auch wol von Preussen und von den Seehafen daselbst, und dass man itzo von Ew. Ch. D. Landen eins auslesen möchte, welches man wollte, weil eines so wenig als das andere in Defension stünde, und dass man damit bald und ohne grosse Ceremonien fertig werden könne.“ Wir bitten Ew. Ch. D. wolle doch absonderlich gedenken, in was vor einen Zustand die Residenz (davon ich, der Statthalter, dem von Somnitz ausführlich geschrieben) und wie viel und grosses mit derselben verloren werden kann. Wann wir nun dabei auch unerfordert unsere pflichtmässige, doch unvorgreifliche Meinung eröffnen sollen, so halten wir dafür, dass, weil dem Bericht nach die Alliirte auch ohnedem viel stärker als der Feind, und Ewrer Ch. D. hoher Person Gegenwart an keinem Orte ohne Zweifel nöthiger als in Dero eigenen Landen, Ew. Ch. D., wann Sie mit Dero ganzen Armée Sich zurückzuziehen Bedenken trügen, einen Theil derselben bei den Alliirten liessen, mit den übrigen aber sich anher in Dero Lande begäben. Dergestalt wollten wir hoffen, es sollte die Gefahr zum wenigsten gestürzet und die Unterthanen, welche alle in der grössten Perplexität, wieder aufgerichtet werden. Ew. Ch. D. werden alles von uns als treuen Dienern in Gnaden aufnehmen, welche wir damit zu den allerglückseligsten Progressen bei beständiger Gesundheit in den Schutz des Allerhöchsten treulichst empfehlen.

---

1. Nov. Dat. Feldlager bei Arlsheim 22. October 1674 übersendet Kf. an Anhalt sein Schreiben an den schwedischen Reichsfeldherren (von dems. Dat.), worin Wrangel gebeten wird, die bisher gepflogene Correspondenz beständig zu cultiviren, und wie Kf. bei seiner Expedition in das Elsass allein das Reich von seinen bisherigen Drangsalen befreien zu helfen beabsichtige, der Wunsch ausgedrückt wird, dass „durch I. K. Maj. Mediation in Kurzem ein allgemeiner, sicherer Friede resolviret werden möge.“ — Anhalt beliebe, mit Wrangel Correspondenz zu unterhalten und von seinen Antworten allemal Bescheid zu geben.

Der Kurfürst an den Fürsten von Anhalt. Dat. Hauptquartier Bleisheim 29. October 1674.

[Befremden über den langsamen Fortgang der Werbungen. Die Officiere, welche ihrer Capitulation kein Genüge geleistet, sind in Arrest zu nehmen. Zwei neue Compagnieen. Fernere Werbungen. Verteidigung der Residenz. Abbruch der Brücken. Verhauen der Pässe.]

Was die Werbung belangt — da befremdet Uns nicht wenig, dass 8. Nov.
solche so langsam von statten gehet, und hätten Wir wider diejenige, welche sich hierunter so säumig erwiesen, wol Ursache, andere Bezeigung zu thun. Wir hoffen, es werde damit nunmehr seine Richtigkeit haben, und die Mannschaft anitzo zur Musterung richtig gestellet sein. Sollte es aber wider unsere Zuversicht daran noch ermangeln, solchenfalls hätten Ew. Ld. die Officierer, welche ihrer Capitulation kein Genüge geleistet, in Arrest zu nehmen und wider dieselbe mit gebürender Schärfe verfahren zu lassen. Sonsten hätten Wir uns nicht versehen, dass man wegen der ferneren neuen Werbung so grosse Difficultät machen und so beschwerliche ungewöhnliche Capitulation prätendiren sollen. Wir halten dafür, dass wenn die Officierer 8 Rthr. auf jeden Mann Anritts-Geld bekommen und im ersten Monat auf jeden Drittheil, im anderen aber auf zwei Drittheil, und im dritten complet tractiret werden, sie wol nach Verfliessung solchen dritten Monats sich complet zur Musterung stellen können. Dafern man bei der Guarde auf diese Condition zu capituliren sich verweigern würde, hätten Ew. Ld. mit dem Obersten Micrander desfalls reden zu lassen, ob er auf diese Condition die Werbung von 2 Compagnieen von 343 Gemeinen über sich nehmen wollte, und könnte sie immer vom Hauptmann Frost[1]), welcher bereits eine gute Anzahl Mannschaft in Pommern beisammen hat, formirt werden. Wir stellen diese Sache in Ew. L. Händen und ersuchen Dieselbe freundvetterlich, die Capitulation aufs genaueste, jedoch dergestalt, dass die Officierer dabei bleiben und ihrem Versprechen wirklich nachleben können, einrichten zu lassen und also dahin zu befördern, damit keine Zeit versäumet und die Werbung aller Möglichkeit nach beschleuniget werden möge.

---

[1]) d. d. 22. October hatte Kf. rescribirt, dass der Hauptmann Frost in Pommern, „welcher eine ziemliche Anzahl von Mannschaft an Händen hat, unter der Guarde wol accomodiret werden könnte“.

Auf die eine Compagnie kann das Quartier in Pommern bleiben, woselbsten auch 2000 Rthlr. von Werbegeldern bereits im Monat October angewiesen, und lassen Wir bei dieser Post wegen der Quartiere und Unterhalt ein solches Recript dahin gehen. Auf die andere Compagnie aber würde der Musterplatz in Unser Chur- und Mark Brandenburg anzuweisen sein, und lassen Wir desfalls an Unsern Ober-Licent-Einnehmer Happe ein solches Rescript (als die Beilage zeiget) bei dieser Post ergehen. Ew. Ld. könnten auch mit Unsern Obersten Plettenberg und du Plessis reden lassen: ob sie gegen Empfahung der Werbegelder einige Mannschaft auf die Beine bringen wollten? und auf was Condition? Im übrigen hat man billig Ursach, auf die in der Nachbarschaft stehende starke Armatur der Schweden ein wachsames Auge zu haben. Wir wollen Uns aber nicht versehen, dass man wider Uns einige Feindseligkeiten ohne einzige gegebene Ursache fürnehmen werde, halten auch dafür, dass wenn nur die jetzige Werbung mit Fleiss poussiret und fortgesetzt wird, die 1200 Mann neben der Bürgerschaft, welche fleissig zu exerciren, anfänglich zur Defension unserer Residenzen genug sein werden. Denn von hier einige Regimenter dahin zu senden, will sich nicht practiciren lassen. — Billigt eine Accomodirung des Hauptmanns la Cave.

P. S. Nachdem Wir bei jetzigen Zeiten nöthig befinden, dass bei den Brücken und Pässen Unserer Chur- und Mark Brandenburg eine solche Anstalt gemacht werde, damit nicht leicht jemand durchdringen könne: als gesinnen Wir hiermit an Ew. Ld. freundvetterlich, Dieselbe geruhen die Verfügung zu thun, dass von der Brücke zu Landsberg, wie auch von der bei Frankfurt a. d. Oder einige Joche abgenommen, ingleichen die Brücke zu Hohen-Finow abgeworfen werde, welches Ew. Ld. Unserm Schenken dem von Borstell anzudeuten haben. Zugleich haben Ew. Ld. mit Unserm Oberjägermeister dem von Oppen zu reden, dass er alle Pässe, wodurch man von der Pommerischen Seite ins Land kommen kann, wol verhauen lassen sollte, jedoch dass die nötige Communication nicht ganz aufgehoben werde. Wie auch, dass derselbe alle Schützen und Heidereuter beritten mache und selbige auch verbergen sollte, welche dann Ew. Ld. zu sich in Berlin ziehen können.

Der Kurfürst an den Statthalter und die Geheimen Räthe. Dat. Feldlager bei Bleisheim 12. November 1674.

[Gefecht mit den Franzosen. Marschbewegung Turennes.]

„Nachdem Wir nebst denen Alliirten Armeen nun einige Wochen her gegen den Marechal de Turenne campiret, um ihn entweder zum Schlagen zu bringen oder sonst auf alle mögliche Weise ihm Abbruch zu thun, auch zu verhindern, dass derselbe nicht etwas Feindliches gegen die Stadt Strassburg tentiren möchte, Wir auch in währender Zeit durch Unsere ausgeschickte Parteien viel der Seinen geschlagen und gefangen eingebracht, also dass er fast keine Fouragiers hieher noch anderwärts mehr ausschicken dürfen, und dadurch ein grosser Mangel an Fourage im Lager entstanden, ist er vorgestern früh am 9/19 dieses in abermaliger ziemlicher Confusion aufgebrochen und nach Lützelstein marchiret. Sobald wir solches in Erfahrung bracht, haben Wir ihm einige Parteien nachgeschickt, welche bis ans Lager gewesen und eine zurückgebliebene Partei chargiret, 25 davon niedergemachet und 22 Gefangene eingeschicket. Es sind zwar von der Arrièregarde vier Stücken auf die Truppen gelöst worden, aber ohne Schaden und Verlust. Einige Reiter sind in des Feindes Lager, welches die Franzosen selber angesteckt, gewesen, und haben daselbst noch viel Kranke liegen gefunden. Er marchiret gar stark, hat in zwei Tagen 9 Meilen gethan; weil aber die Pferde eine geraume Zeit nichts als Stroh zu essen gehabt und daher sehr abgemattet seien, dürfte sie dieser starke March gar hinrichten. Dem Vermuten hat er von der vorhabenden Entreprise auf Trier Nachricht und gehet hin, selbigen Ort zu entsetzen, allermassen die einkommende Kundschaften dahin gehen, dass er sich nach dem Hundsrücken ziehe.“ 22. Nov

---

d. d. Coelln a. Sp. 15./25. November 1674 beantwortet Anhalt die kf.lichen Rescripte vom 22. und 29. October mit dem Bemerken, dass er die Befehle behufs der Landesverteidigung pünktlich vollzogen habe und die Communication mit dem schwedischen Kronfeldherrn fortsetzen werde.

Statthalter und Geheime Räthe an den Kurfürsten. Dat. Coelln a. Sp. 17. November 1674.

[Betrifft die Absendung des Archivarius Goerling nach Kopenhagen.]

Antwort auf ein P. S. des Kfn. vom 28. October (das sie erst mit gestern 27. Nov. eingelaufener Post erhalten), worin Kf. resolvirt hatte, dass zur Erneuerung der

Alliance mit Dänemark neben dem Residenten v. Brandt in Kopenhagen der Archivarius Görling Verwendung finden und sich zu solcher Reise fertig halten sollte.

Auf der Räthe Anzeige hat Görling jedoch berichtet, „dass Ew. Ch. D. gn. Befehl zu gehorsamen er sich jeder Zeit schuldigst erkennete, möchte auch wünschen, dass er hierzu capabel wäre; allein wenn er seine schwache Leibes-constitution und Zufälle, die ihm zu begegnen pflegten, considerirte, so müsste er bekennen, dass er solche Reise bei jetziger Jahreszeit auf sich zu nehmen nicht getrauete, und dahero bitten müsste, dass er bei sothaner Beschaffenheit gn. verschonet werden möchte[1])".

Christoph Caspar von Blumenthal an den Kf. Dat. Berlin, 18. November 1674.

[Nachdenkliche Discurse Wangelins. Prätension Mortaignes auf das Fargel'sche Regiment.]

8. Nov. Es hat der von Wangelin, als er dieser Tage hier gewesen, sich zweier nachdrücklichen Dinge verlauten lassen, als einmal, dass er zwar nicht vermuthe, dass die Cron Schweden Ew. Ch. D. in Dero Churlanden infestiren werde, gleichwol aber könne er auch dafür nicht gut sein, dass man Ew. Ch. D. (zumal wenn Sie bei itziger Conduite blieben) nicht in loco tertio würde suchen wehe zu thun. Das andere bestand darin, dass wenn Ew. Ch. D. Philippsburg attaquiret hätten, man bald darauf Colberg würde angegriffen haben; nun jenes aber nachgeblieben sei, habe man auch dieses anjetzo nicht zu befahren. Ob er nur dergleichen Dinge allhier fürgebracht, um die Gemüter sicher zu machen, stehet dahin, meine unterth. Pflicht aber erfordert es, Ew. Ch. D. unterth. zu berichten.

„Mit gestern eingekomm. Post schreibt der von Mortagne[2]) an des Fürsten zu Anhalt Ld.: weil an des Obrist Fargels Auskommen gezweifelt werde, hab Mortage in der Armade sustiniret, das Regiment gehöre bereits dem Fürsten von Anhalt, wodurch denn Viele intimidiret worden, solches künftig zu prätendiren. Ob er es nun für sich gethan, oder weil er gewusst, dass Ew.

---

[1]) Rescript des Kf. d. d. Colmar 3. December 1674 verfügt: da der König entschlossen sei, sich nach Holstein zu begeben, und die Reise zum dänischen Hofe daher nicht so gross sei, so versieht sich Kf., Görling werde der vorigen Verordnung geleben. (Davon in den späteren Publicationen: Brandenburg und Dänemark.)

[2]) Mortaigne.

Ch. D. bereits den H. Statthalter ehemals auf dieses Regiment vertröstet, weiss ich nicht."

Der Kurfürst an den Statthalter Fürsten Johann Georg von Anhalt. Dat. Colmar 22. November 1674.

[Nachricht von dem beabsichtigten Einmarsch der Schweden. Der Statthalter wird beordert, fleissige Kundschaft einzuziehen und zunächst die Prinzen mit den Pretiosen nach Cüstrin in Sicherheit zu bringen. Willfährigkeit der Generalstaaten.]

Da Anhalt auf verschiedene Schreiben nicht erwiedert, er sie also wol nicht erhalten hat, so wird ein Expresser mit den entsprechenden Copieen abgesendet[1]). 2. Dec.

Hiernächst und weil ich gestern Nachricht erhalten, ob sollte der Schwedische Ambassadeur Sparr dem Könige in Frankreich bei gehabter Audienz im Namen seines Königs versichert haben, dass der Feldherr Wrangel Ordre hätte, gerade auf Berlin zu marchiren, und dannenhero um so viel mehrere Sorgfalt und Fleiss, um alles in gute Postur zu stellen, wird von nöthen sein: als haben Ew. Ld. von allen der Schweden Vorhaben aufs fleissigste Kundschaft einzuziehen und zu solchem Ende einige Leute in Pommern zu halten, die von allem stündlich berichten, auch durch öftere Schickungen an den Feldherrn selber, wozu Ew. Ld. Dero beiwohnenden Dexterität nach Ursache genug finden werden, alles, so vorgehet, fleissig zu exploriren. Sobald nun Ew. Ld. von der Schweden vorhabenden Ruptur, und dass selbige nach der Uckermark oder Hinterpommern mit der ganzen Armee im Anmarsch sein, haben werden, ersuche ich Dieselbe freundvetterlich, meine Kinder nebst allen auf der Residenz zu Coelln a. Sp. vorhandenen Pretiosis mit einer guten Escorte von dannen auf Cüstrin bringen zu lassen. Die Schildereien aber können nach Spandau überführet werden.

Hiernächst werden Ew. Ld. belieben, Denjenigen von des Fargels

---

[1]) Zwei Rescripte des Kf. d. d. Hauptquartier Bleisheim 30. und 31. October wiederholen im Einzelnen die Bestimmungen über die Befestigung der Residenz und die Landesverteidigung. Am Schluss des zweiten Schreibens heisst es: „Der König in Dänemark hat mich versichern lassen, dass woferne die Schweden mir ins Land fallen würden, mich zu secundiren. Zu dem Ende zieht er eine Armee von 16 000 M. in Holstein zusammen, um alsdann den Schweden in Pommern einzufallen, welches Ew. Ld. ich gewiss versichern kann. Ich traue aber den Schweden ein Besseres zu und glaube nicht, dass sie eine Lassität (lâcheté) thun werden."

Regiment, so nacher Berlin destiniret, entgegenzusenden, dass sie in ihrem Marche eilen, gestalt Ew. Ld. um selbigen zu befördern, Anstalt machen werden, dass ihnen Wagen angeschaffet werden, dadurch sie von Ort zu Ort fortgeschaffet werden und schleunigst fortkommen mögen. — Die Reiterei, so im Lande ist, ... können Ew. Ld. ins Havelland verlegen, damit Sie dieselbe im Nothfall nach Berlin ziehen können.

Was wegen Defension der Residenz verordnet, ist aus dem P. S. zu ersehen.

Inzwischen werde ich nicht unterlassen, auf alle Hülf- und Rettungsmittel bedacht zu sein, gestalt mir dann von des Prinzen von Oranien Ld. die Versicherung geschehen, dass der Staat dasjenige, was mir von Schweden widerführe, als ihre eigene Sache halten und beobachten würden, und habe ich mir über das alles göttlichen Beistandes in einer so gerechten Sache zu versehen, kann auch noch nicht glauben, dass die Schweden mich dergestalt wider die noch unlängst mit ihnen aufgerichtete und erneuerte Alliance ohne einzige gegebene Ursache attaquiren sollten.

P. S. [Einzelbestimmungen zur Sicherung der Residenz.] Auf das Schreiben vom 1./11. November. Dank für die auf die Defension der Residenzstädte angewandte Sorgfalt . . . . „Wir zweifeln keineswegs, Dieselbe werden mit Verfertigung der Bären und anderer Defensionswerke, davon in Ew. Ld. Schreiben gedacht, aufs schleunigste verfahren lassen. Sonsten halte ich davor, dass die Berlinische Seite wol so gut zu defendiren als die Cölnische. Neue starke Pallisaden haben Ew. Ld. überall wo es nöthig setzen, selbige nicht allein mit Nägeln befestigen, sondern auch tief in die Erde stecken und hinter dieselben Spanische Reuter legen, auch Sturmpfähle um die ganze Berlinische Seite bringen zu lassen. Vor dem St. Jürgensthor wird eine Contrescarpe und halber Mond aufs schleunigste als möglich verfertiget werden müssen, sollte es auch im Fall der Noth mit Niederreissung einiger Häuser geschehen. Sobald auch eine feindliche Armee der Stadt sich nahen sollte, haben Ew. Ld. die Versehung zu thun, dass die Vorstädte und Häuser vor den Residentien in Zeiten weggebrannt werden.“

„Die Mittel, so dazu erfordert werden, sind zuerst aus der Kriegscasse zu nehmen (beigehende Ordre), und wenn selbige nicht zureichen wollen, so lange bestmöglich zu creditiren, und weil alles der Stadt zum Besten und Sicherheit gereicht, wird man hoffentlich desto eher dazu gelangen. Wegen des Pulvers, so Wir aus Holland kommen lassen, werden Ew. Ld. fleissige Anregung zu thun belieben, dass solches schleunig überbracht, und wann es etwa zu Wasser nicht überkommen könnte, zu Wagen über Magdeburg fortgeschaffet werden möge.“

Kf. an Statthalter und Geheime Räte. Dat. Colmar 29. November / 9. Dezember 1674.[1])

[Aufgebot des Ausschusses.]

Auf den Bericht vom 13. November ..... „Weil nun das Aufbot des Ausschusses höchst nöthig, und es allzu viele Zeit erfordern würde, eine Zusammenkunft der Landstände desfalls anzustellen, als haben Ew. Ld. und Ihr durch Ausschreiben und Mandata durchgehends den sechsten Mann aus Städten und Dörfern, sie seien adlige oder Amtsunterthanen, aufzufordern, auch solches in den Aemtern bei Zeiten kund zu machen. Imgleichen haben Ew. Ld. Commissarios zu verordnen und sofort in die Kreise zu schicken, welche die aufgebrachte Mannschaft besichtigen und empfangen." — Was die Schliessung des Landes betrifft, haben sie zu überlegen, was „dem Lande und denen Unterthanen am fürträglichsten", und darauf nach Befinden behörige Versehung zu thun. 9. Dec.

P. S. (An Anhalt besonders.) An Waldeck geschrieben und ihn zu einer Correspondenz mit dem Fürsten von Anhalt eingeladen.

---

d. d. Colmar 29. November 1674 Schreiben des Kf. an Anhalt, welches das am 27. November (a. St.) nachts zwischen 11 und 12 Uhr zu Strassburg erfolgte Hinscheiden des Kurprinzen Karl Aemil meldet.

---

d. d. Coelln a. Sp. 2. Decemb. 1674 überschicken Statthalter und Räthe die von den Magistraten der drei Residenzstädte auf Befehl eingesandten Rollen, „wieviel an Bürgern, Einwohnern, Handwerksburschen und anderen ledigen Leuten darin vorhanden sein". Es sind 12. Dec.

750	Wirthe
479	Handwerksbursche
189	Incolen oder Einwohner
1418	Mann in Berlin

und

---

[1]) Rescript d. d. Colmar 28. November/8. Dezember 1674 übersendet an Statthalter und Geheime Räthe die vigoureuse Resolution der Generalstaaten an den Schwedischen Gesandten Ehrensteen auf dessen gegen Kf. übergebenes Memorial, woraus zu ersehen, „dass Wir gleichwol nächst der Hülfe des Höchsten auch von menschlicher Assistence nicht gar werden entblösset bleiben". Dies ist, damit die Unterthanen Muth schöpfen, bekannt zu machen.

300 häuslich gesessene Bürger
214 dabei befindliche Mannschaft
101 Bürger, so nur Inquilini
57 dabei vorhandene Mannschaft

672 in Coelln.

Die Friedrich-Werderische Rolle sowie die Liste der Eximirten ist noch nicht einkommen.

Anhalt an den Kurfürsten. Dat. Coelln a. Sp. $\frac{2.}{12.}$ December 1674.

[Rendezvous angeblich contramandirt. Reg. Oxenstierna. Schwedische Officiere.]

12. Dec. Aus Stettin hat Wulffen die erst vorgestern geschriebene Nachricht überbracht, dass die schwedischen Regimenter, die zum Rendezvous im Marsche gewesen, alle contramandirt seien und wieder in ihre vorigen Quartiere marschierten. Des Tur Oxenstiernas Regiment, das man für verloren geschätzt, ist bei Rügen an 600 M. stark angekommen. Die schwedischen Officiere sollen dem Bericht nach 2 Monat Sold empfangen haben, aber sehr auf Dänemark und Holland schmälen, dass diese „ihr Dessein inutil gemacht“ hätten.

Anliegend Liste der Regimenter[1]) in den österreichischen Erblanden, durch Montecuccoli überschickt.

---

[1])

		Cavallerie
500	Altholstein	in Oberungarn
1000	Caraffa	„ „
1000	Schmidt	in Niederungarn
1000	Metternich	in Böhmen
1000	Palffi Croaten	in Oberungarn
1000	Colalto Croaten	in Oberungarn
		Dragoner
1000	Wopping	in Oberösterreich
1000	Schach	in Niederungarn
		Infanterie
2500	Sparr	in Mähren
2500	Baden	in Oberösterreich
2500	Massimi	bei Raab
2500	Herberstein	in Oberungarn
2500	Spankow	in Oberungarn
2500	Laborde	in Oberungarn
2500	Strasoldo	an den Mährischen Grenzen gegen Ungarn
1250	Knigge	in Grossglogau.

Anhalt an den Kurfürsten.[1]) Dat. Coelln a. Sp. $\frac{6.}{16.}$ December 1674.

[Empfang aller kf.lichen Rescripte. Berliner Festungsbau. Militaria. Gute Hoffnungen von Schweden. Resolution des Herzogs von Hannover. Brief an Graf Waldeck. Festungsabriss des Majors Neubauer. Schreiben Wangelins.]

Hat des Kfn. Schreiben vom 22. November durch den Hauptmann von der Lühe erhalten. Bestätigt ausserdem den Empfang aller kf.lichen Rescripte. Ebenso den des eigenhändigen Schreibens. Die Ordre d. d. Bleisheim 15./25. November hat er erst mit vorgestriger Post erhalten und den Befehl dem Obristlieutenant Moerner, der sich freilich seit 14 Tagen im Anhaltischen einlogirt hat, zugesandt. Desgl. die Schreiben d. d. 20./30. Oktober Guntzenheim und d. d. 14. November. Versicherung, es werde allem auf das pünktlichste nachgelebt werden. 16. Dec.

Über den Festungsbau wird der Hauptmann v. d. Lühe, dem Anhalt „auf der Berlinischen als auch Cölnischen Seite alles gezeigt hat", Bericht abstatten.

Vorgestern kam eine Compagnie vom Graf von Dona in anderthalb hundert Mann bestehend hier an; es sind alles tüchtige gute Knechte; „wie lange nun solche alhier verbleiben sollen, werden Ew. Ch. Gn. gn. befehlen, weil der Herr Graf, wie er mir schreibet, solche gern wieder in Cüstrin habe". Die hiesigen 4 Compagnieen von der Guarde sind nunmehro ganz complet. Der Hauptmann Arnim, mit welchem letzt ist capituliret worden, giebt Hoffnung bald aufzukommen. Den Hauptmann Frost erwartet er alle Tage, und weil er „bereits ein 60 bis 70 Knechte" hat, so hofft A., er solle auch wol und bald aufkommen. Der Obrist du Plessis hat auch schon „ein 50 neugeworbene Knechte" und erwartet mit Verlangen gn. Resolution wegen der Werbegelder und Assignationen auf die Tractamente. Dergleichen thut auch der Obrist Micrander, welcher gewiss wackere Officiere und Leute an der Hand hat.

P. S. Auf des Kf. eigenhändige Schreiben vom 29. November.

Wenn Uns die Schweden, wie ich zu Gott hoffe, noch ein Wochen oder 3 Zeit geben, und dass alle das Volk, so Ew. Ch. Gn. hereinzukommen gn. beordert haben, wirklich herein kommet, so mag der Feldherr in Gottes Namen thun, was er nicht lassen kann, und soll er mit Gottes Hülfe gewiss in einen gar sauern Apfel zu beissen bekommen. Ich weiss auch von sicherer Hand, dass ihm die hiesige Anstalt und und Verfassung gar nicht anstehet. Er hat gesagt: wozu das alles nütze wäre? wir hätten ja keinen Feind, man müsste ihnen wenig Gutes zutrauen. Er hat vor wenig Tagen ein Schreiben von 'Hannover bekommen, nach dessen Verlesung solches auf die Erde geschmissen und

[1]) Die Einzelschreiben Anhalts sind eigenhändig.

darüber sehr pestiret. Einige Schwedische Officiere wollen versichern, dass ihm der Herzog von Hannover soll geschrieben haben: dass dafern Schweden attaquant werden und einen Stand des Röm. Reichs angreifen wollte, dass er alsdann zu assistiren den Schweden keineswegs verbunden sei; sollte aber Schweden von Anderen attaquiret werden, alsdann wollte er, wozu er sich in der Alliance verbunden befindet, seine Hülfe schicken. Dafern dem also, so glaube ich vestiglich, dass dieses wie auch die gute Verfassung in Dänemark und die gute Resolution der Holländer, auch in etwas die hiesige Anstalt, der Schweden Concept in vielem verrückt haben muss.

P. S. Hat heute auf des Kf. Wunsch einen langen eigenhändigen Brief an den Grafen Waldeck über das Treiben der Schweden abgesendet und also zur Correspondenz den Anfang gemacht.

P. S. Anbei folgt „ein Abriss, wie die Berlinische Seite von ihm in Defension gebracht ist". Das Bollwerk im Wasser ist noch nicht verpallisadiret, es soll aber, sobald als die andere Arbeit an der Contrescarpe wird gethan sein, auch geschehen, „weil es sonderlich bei dem Frost höchst nöthig ist, imgleichen auch das Bollwerk auf der Cölnischen Seite im Lustgarten, das soll auch mit Pallisaden und Sturmpfählen, gleich denen auf der Berlinischen Seite, in Defension gebracht werden."

„Neubauer, seit er Major unter die Dänen ist, hat mir gestern einen Abriss von Berlin gezeiget, wie er annimmt, dass künftig die Berlinische Bollwerke gebauet und verfertiget werden könnten. Die Flanquen kommen noch ein halb mál solang, ohnbeschadet der Demiplane, und werden die Armée imgleichen besser als itzo bestrichen. Ich glaube, es wird Ew. Ch. D. nicht übel gefallen..." Wird schicken, sobald das Dessein ganz fertig ist.

P. S. Übersendet Extract eines Schreibens des Obristl. Wangelin an den Freiherrn von Blumenthal d. d. Gollnow 29. Novemb. 1674, dass wenn der Marsch der Schweden durch Mecklenburg unweit Perleberg durchgehen sollte, er sich zu Stavenow (eine Meile von Perleberg) bei ihm (Blumenthal) einfinden wolle behufs näherer Besprechungen, wozu er dann um Blumenthals Benachrichtigung bittet.

Anhalt an den Kurfürsten. Dat. Coelln a Sp. 9./19. December 1674.

[Restorf noch hier. Winterfeldt, Spaigenort zur Berichterstattung ausgeschickt. Sendung v. Hagens an den Feldherrn. Neue Werbungen. Don Ronquillos. v. Spaens Antwort. Militärische Nachrichten. Schreiben Krummensees. Wulffen an den Herzog von Mecklenburg-Güstrow.]

Antwort auf des Kfn. beide Schreiben vom 26. November aus Colmar, die am 17. Dec. eingekommen. 19. Dec.

„Ich war willens Ew. Ch. Gn. überschickten Lieutenant Mr. Restorffen wieder abzufertigen. Nachdem aber von unterschiedenen Orten aus der Nachbarschaft Berichte einlaufen, als sollte nunmehr der Schweden March den 16./26. December gewiss vor sich gehen, weil alle Regimenter aufs neue Ordre bekommen haben sollen sich fertig zu halten, so habe ich ihn noch etzliche Tage aufhalten wollen, damit ich Ew. Ch. Gn. mehrere Gewissheit davon überschreiben kann.“

Der Rittmeister Winterfeldt aus der Uckermark ist auf diesen Bericht sofort selber von Prenzlau aus nach Stettin geritten, wo er vorgestern Abend angelangt sein kann; weil bis Prenzlau von 2 zu 2 Meilen alles mit Postreitern unterlegt ist, so erwartet A. stündlich eigentliche Nachricht. Spaigenort ist „auch aus bis nach Stralsund und aller Wege in Pommern geschicket“, so dass A. hofft, zeitig von der Schweden Vornehmen benachrichtigt zu werden.

Heute schicke ich auch mit der Post fort zum Feldherren nach Wrangelsburg Mr. Hagen[1]), einen von Ew. Ch. Gn. Vassallen aus der Neumark, so des seligen Obristen Peters Wittib geheiratet hat und unter den Schwedischen Officieren sehr bekannt ist, auch überall im Schwedischen Pommern befreundet ist, und weil der Feldherr allezeit dem Churhause Brandenburg und insonderheit Ew. Ch. Gn. hoher Person mit grosser Devotion und Affection zugethan gewesen, als habe ich ihm den höchst kläglichen Trauerfall des seligen Churprinzen notificiret, nicht zweifelnd, er werde darüber an seinem Ort ein herzliches Mitleiden empfinden. Ferners erbiete ich mich abermals zu aller guten nachbarlichen Correspondenz. Auch thue ich ihm zu wissen, dass ich nochmals expressen Befehl von Ew. Ch. Gn. bekommen, mit ihm alle gute Nachbarschaft zu halten. Sonsten ist Mr. Hagen sehr wol instruiret, was er suchen und sich bemühen soll, in gewisse Erfahrung zu bringen, und weil es ihm weder an Verstand noch Dexterität gar nicht

[1]) Seine Relation unten.

mangelt, [er] auch überall Kundschaft und gute Adresse hat, als zweifle ich nicht, er werde viel penetriren und erfahren.

Darüber wir A. Bericht geben.

Was die neuen Werbungen anlangt, so poussirt A. sie nach aller Möglichkeit. Obgleich er mit dem Obristen du Plessis noch nicht ganz einig ist und die Capitulation mit ihm nicht hat schliessen können, so soll es doch noch heute geschehen. Pl. hat bereits 50 Neugeworbene in Spandau. Mit dem Obristen Micrander wird A. auch bald einig sein. Er bestehet fest auf 3 Monate. Die meisten verhofft er zwar in 2 Monaten zur Hand zu schaffen, sonderlich seine Compagnie. Seine Officiere werden sich ehestens einstellen. „Inzwischen bewirbt er sich schon hin und wieder nach Leute, und hat sich ein junger Lattorff aus Anhalt bei ihm angeben als Leutnambt und offeriret, 50 Knechte zu liefern.“

Gestern reiste der Spanische Botschafter Don Pedro Ronquillos hier vorbei; er kommt von Polen und wird nach England reisen ‚en ambassadeur‘. Er schickte einen Cavalier, um ein Compliment zu machen. A. hat ihn wieder complimentiren lassen durch Einen von Adel „in seinem Quartier bei der neuen Brücke über die Havel, wo er vergangene Nacht logirt hat.“

Um einen guten Ingenieur will sich A. mit allem Fleiss bewerben, er zweifelt aber, ob er so bald einen, der sein Werk recht versteht, wird bekommen können. Desgleichen um Officiere, die zu Fuss gedient haben.

Beifolgend das Antwortschreiben des Generalmajors v. Spaen .... „Es ist wol ein übel Thun in Commandosachen, wann die Leute immer, wie sie es sich einbilden und vorstellen, raisonniren wollen, und scheinet, dass sowol die Fargellische Esquadron als auch das Frankenbergische Regiment zu Ross (wiewol Ew. Ch. Gn. an mir wegen des Spaen'schen Regiments Ordre ergehen lassen) nicht so bald, wie ich gehofft, hier sein werden, weil sich der Gen. Major Spaen, wie er schreibt, drei Wochen im Haag aufgehalten hat“. — „Heute Nachmittag werde ich Revue halten von die Edele Jäger sowol zu Ross als zu Fuss. Hiebevor haben sie 8 Rthlr. bekommen in dergleichen Fällen. Ich habe aber mit sie accordiret, dass solang sie hier aufwarten müssten, die zu Pferde mit einem Reichsthaler und hart Futter, die zu Fuss aber mit 18 Gr. die Woche zufrieden sein. Sobald als der Marsch vorbei, der ganz sicher eingestellet sein wird, werde ich sie wieder dimittiren, oder sobald als die Fargellische Esquadron allhier wird angelanget sein“. An neuen Constables sind bereits wirklich angenommen 20 in Berlin, 8 in Spandau, 4 in Cüstrin und 3 in der Peiz. Sie sind zwar alle zu Anfang des November angenommen worden, ihre Tractamente aber gehen erst im Monat December an. — Der Obristlieutenant Moerner schreibt von unweit Erfurt, dass er die Ordre[1]) empfangen und sich auf den Rückmarsch begeben habe.

---

[1]) Bezieht sich auf Verhandlungen mit der Stadt Erfurt, zwei kf.liche Regimenter dort hinzulegen.

Die aus Bremen kommenden Völker liegen noch still in ihrem Quartier im Mecklenburg-Güstrowischen; in die beiden Amter aber, Fürstenberg jenseit Ruppin und Wesenberg oberhalb Zechlin, sind keine einlogirt, dem Verlaut nach, „dass sie den Märkischen Grenzen nicht wollen zu nahe kommen“.

„Ew. Ch. Gn. Prinzen und Prinzessinnen befinden sich Gottlob frisch und gesund.“

P. S. Eben trifft noch ein Schreiben aus Stettin vom Hauptmann Krummensee d. d. Gramzow 6. November ein: dass es in Stettin noch ganz still ist und man von keinem March etwas vernimmt. Der Generalmajor Wulffen ist vom Feldherrn zum Herzog[1]) nach Güstrow geschickt worden, um die Bremischen Völker etwas besser auf einander zu legen und dem Herzog ein Compliment zu machen, auch dabei zu versichern, dass sie alles mit Dank baar bezahlen wollen; „wo sie keine Wirthe zu Hause finden, da sollen sie übel hausen“.

Anhalt an den Kurfürsten. Dat. Coelln a. Sp. $\frac{16.}{26.}$ December 1674.

[Bescheid an die Magistrate. Festungsbau. Die Regimenter Spaen und Eller sind gegen die Ordre nicht marschirt. Beabsichtigte Abschickungen. Ueberführung der Pretiosen nach Cüstrin. Geschütz an du Plessis nach Spandau.]

Auf des Kf. Schreiben nebst P. S. aus Colmar vom 3./13. December ..... 26. Dec.
Versicherungen.

Den Magistraten dieser drei Residenzstädte habe ich gestern selber Ew. Ch. Gn. Schreiben eingehändigt und sie ferners zu aller schuldigen Treu anermahnet, welches sie auch mit freudigem Gemüt zugesaget und darinnen zu continuiren versprochen haben. — Wegen der neuen Werbung, dass mehr nicht als 8 Rthlr. auf einen Mann gegeben werden sollen, werde ich mich gehorsamst zu richten und die Capitulation danach einzurichten wissen. — Mit dem Festungsbau auf der Berlinischen Seite und mit Verfertigung der Contrescarpe soll es diese Woche gethan sein. Auf der Cölnischen Seite, alwo die Contrescarpe vor denen 3 Thoren noch ganz offen stehet, werde ich auch mit Faschinen aufführen und mit kurzen Pallisaden und starken Brustwehren, gleichwie auf der Berlinischen Seite, verfestigen lassen.

Mit höchstem Verdruss habe ich aus des Gen. Major Spaens und Ellers Schreiben, so ich mit vorgestriger Post erhalten, wahrgenommen, dass sie damals noch Difficultäten gemacht haben, die Regimenter, so

---

[1]) Der letzte Herzog von Mecklenburg-Güstrow, Gustav Adolf († 1695).

Ew. Ch. Gn. gn. anhero beordert, marschiren zu lassen. Der Gen. Major Spaen schreibet, er könne dem Franckenbergischen Regiment zu Ross (da er doch vermög Ew. Ch. Gn. Ordre sein Regiment zu Ross hätte schicken sollen) kein Geld auf den Marsch mitgeben, auch keines nachschicken, hätte davorgegen das Regiment beordert, im Mindischen stehen zu bleiben. Der Gen.-Major hat die Fargellische Schwadron noch nicht abmarschiren lassen, und ist der Meinung, dass diese Truppen, ohne das Hannoverische Territorium zu berühren, nicht von Minden anhero marschiren können, oder sie müssten durch Hessen gehen. Wie sie diesen Verzug excusiren werden, lasse ich ihnen verantworten; es ist aber zu beklagen, dass in dergleichen Fällen, wann man den Ordren nicht stricte nachlebet, zum öfteren grosse Momente negligiret, ja der grösste Schade und Ruin zuweilen daraus erfolget. Ich habe sie abermals zugeschrieben und ihnen beiden Ew. Ch. Gn. Ordre nun zum drittenmal reitiriret. Bewahre Gott! wann alle Rettungsmittel auf diese Weise sollten conditioniret sein, so würde es wol schlecht ablaufen.

„Den Herrn Scultetum habe ich anhero verschrieben. Sobald er kommt, soll ihm seine Instruction gegeben werden, damit er ungesäumet seine Reise nach Polen fortsetzen könne. Der Rath Koch und Schardius, weil sie beide die Französische Sprache können, sind verordnet, den l'Isle auf gewisse Articul zu befragen, und werden noch heute damit den Anfang machen."

„Gestern früh 4 Stunden vor Tage fuhren 13 Wagen voll beladen mit Ew. Ch. und der Churfürstin Gn. Pretiosis von hier ab nach Cüstrin, wurden vom Oberförster Lüderitz mit 30 Heidereutern und von einem Rittmeister mit 40 Reitern convoyiret. Herr Happe ist auch mit dahin gereiset, damit alles in guter Ordnung verwahrlich beigesetzet und versiegelt werden soll." Dass annoch continuiret, dass das angesetzt gewesene Rendezvous rückgängig worden, möge sich Kf. aus Beigefügtem vortragen lassen[1]).

Bei ihm hat sich ein Minirer angegeben, der dem Kf. 19 Jahre gedient, auch die beiden Minen vor Demmin gemacht hat (vom Stückobristen, der dem Bericht nach sehr gehasset werden soll, weil er zuviel mit dem Obristl. Weiler umgegangen ist uns zurückgelassen worden ist), auch keinen Unterhalt mehr empfängt. Er bietet jetzt wieder seine Dienste, prätendirt in einer Garnison monatlich 10 Rthlr, im Felde aber 20 Rthl., wie er vorher tractirt worden. Mit Batterien weiss er auch umzugehen.

Aus Dresden noch keine Nachricht. Sobald v. Hagen zurück ist, wird der Statthalter den Lieutenant Restorff abfertigen. — Prinzen und Prinzessinnen sind wohl.

---

[1]) Anlagen. Schreiben aus Prenzlau und Löcknitz. (Ohne Belang.)

P. S. Dem Obristen du Plessis hat A. bereits vor 14 Tagen 6 eiserne Stücke, die er von der Peiz hierher bringen lassen, nach Spandau zugeschickt, weil er der hiesigen nicht entrathen kann.

Statthalter und Geheime Räthe v. Jena und Köppen an den Kurfürsten. Dat. Coelln a. Sp. 19. December 1674.

[Vorrücken der Schweden in die Uckermark. Wedell an den R.Feldherrn.]

Schwedische Armatur und Marsch. 29. Dec.

Nunmehr müssen Wir berichten, dass diejenigen Truppen, welche aus Bremen kommen und bishero in Mecklenburg gestanden, vor vier Tagen aufgebrochen und ihren March recta nach Ew. Ch. D. Uckermark genommen, gestalt sie dann nunmehr nach Anweisung der eingeschlossenen Schreiben[1]) in derselbigen Quartier gemacht und den Unterhalt nehmen. Alle die Zeitungen, welche dabei einlaufen, melden dass der volle Zug weiter anhero folgen werde, inmalen dann die Pferde allbereit fortgeschickt, die schwere Stücke und Mortiers nach der Armee zu bringen. Wir erwarten nun, was Gott verhängen werde, möchten wünschen, dass der Generalmajor Eller die Fargellische Compagnieen und der Generalmajor Spaen die Reuterei, Ew. Ch. D. Ordre und mein des Statthalters unterschiedenen Zuschreiben zuwider, nicht aufgehalten und diesen Ort dadurch nicht in geringe Ungelegenheit gesetzet, gestalt man noch diese Stunde keine Nachricht, obgleich deshalb eigene Fourier abgeschicket, wo sie eigentlich anzutreffen.

Es wird hier alle mögliche Anstalt gemacht, und vertrauen Wir dabei dem Allerhöchsten, weil wir uns sonsten auf keine von aussen kommende Mittel zu verlassen, gestalt dann Ew. Ch. D. zugleich zusehen, wie Sich I. Ch. D. zu Sachsen auf Dero an Sie abgelassenes Schreiben, in welchem Sie I. D. auf die Churfürstliche Verein requiriret, erkläret. Dieweil aber I. Ch. D. in dem an mich, den Statthalter, abgelassenen Schreiben mit eigener Hand setzen, dass wenn es noth, er schon wissen würde, was die Churfürstliche Verein mit sich brächte, so habe ich, der Statthalter, an I. Ch. D. geschrieben, den itzigen Zustand berichtet und Dieselbe nochmals um Hülfe requiriret.

---

[1]) Anlagen. Schreiben aus Prenzlau und Löckenitz d. d. 17. December 1674.

„Ew. Ch. D. werden wir von allem, was weiter passirct, künftig, nachdem es der Sachen Wichtigkeit erfordern möchte, durch eigene Courier jedesmal unterth. Bericht abstatten. Unterdessen haben Wir den itzigen Zustand nach dem Haag, nach Wien und Dänemark gleichfalls berichtet, schicken auch zugleich den Kammergerichtsrath, den von Wedell an den Feldherren, beschweren uns, suchen Remedirung, lassen vernehmen, wie es gemeint und erbieten uns ferner, wann es ihm gefällt, zu aller Freund- und Nachbarschaft.“

Anhalt an den Kurfürsten. Dat. Coelln a. Sp. $\frac{20.}{30.}$ December 1674.

[Relation Hagens. Weiteres Vorrücken der Schweden.]

30. Dec. v. Hagen ist aus Wolgast zurückgekehrt und hat für den Kf. eine kurze Relation seiner Verrichtung aufsetzen müssen.[1]) Kf. wird daraus ersehen: dass der Feldherr aus Schweden Ordre bekommen hat, mit der ganzen Armee in die Churmark Brandenburg zu marschiren, wie denn die aus dem Bremischen bereits in der Uckermark stehen und ihren Marsch auf Seehausen und Neuen-Angermünde nehmen. Der Feldherr aber mit den in Pommern stehenden Regimentern wird künftigen Dienstag, übermorgen, zu Pasewalk sein und seinen Marsch auch hierauf einrichten nebst einer starken Artillerie von etlichen 50 Kanonen. Man wird nun erwarten müssen, was sie weiteres versuchen. Das wird sich in kurzem ausweisen.

„Ew. Ch. D. werden hieraus sehen, dass ich in Zeiten dieses Ungewitter Ew. Ch. Gn. treulichst und gehorsamst entdecket und vorgestellet habe. Sie werden nun Ihr Mesures zu nehmen wissen, wie Ew. Ch. Gn. in Zeiten Ihre eigene Lande mit Dero Armee retten wollen, denn auf auswärtige und der Alliirten Hülfe scheint es, dass es etwas langsam damit hergehen möchte.“

Versprechen ihr Möglichstes und schleunige Berichte.

Anhalt an den Kurfürsten. Dat. Coelln a. Sp. 20./30. December 1674.

[Relation Hagens. Schrecken im Lande. Schwedischer Regierungsrath Seidel. Weitgehende militärische Massregeln. Benachrichtigung der Alliirten. Transport der kf.lichen Kinder. Stocken der Werbungen.]

30. Dec. Verweist auf seine mit der Post heute beförderte Relation. Der Überbringer dieses Schreibens Dubislav von Hagen wird von allem, namentlich von dem Bescheid des Feldherrn, ausführlichen Bericht geben.

[1]) Unten unter b.

Heute haben sich 120 Centner Pulver zu Wagen von Hamburg hier glücklich eingestellt, und soviele werden auch zu Magdeburg angelangt sein. A. hofft, das übrige, das zu Wasser ist, soll auch noch wol überkommen. „Gott vergebe es Denen, so Schuld daran sein, dass die Fagellische Schwadron noch nicht hier ist, wie auch das Frankenbergische Regiment, so uns alhier sonsten wol zu pass kommen sollte.“

Was vor ein Schreck und Flüchten im Lande ist, auch hier in der Stadt unter dem Frauenvolk, ist nicht zu beschreiben. Ich wollte, dass sie nur alle aus der Stadt wären. Es hat sich der Schwedische Regierungsrath Seidel unter dem Praetext, seine Mutter zu besuchen, alhier eingefunden, soll grosse Sincerationen thun, die Kron Schweden werde mit Ew. Ch. D. nicht brechen; ich glaube aber, dass er was anderes darunter suche und vielleicht unter die Bürger was Widriges zu bringen tentiren mag. Ich lasse auf ihn fleissig Acht haben. Alle Brücken auf der Spree und Havel lasse ich itzo abwerfen und ruiniren, auch alles Fahrzeug anhero und nach Spandau führen, damit wir soviel möglich das Land noch diesseit conserviren und alles noch vom Lande hereinbekommen können. Lange Bestand aber wird es nicht haben können. Denn wann die Schweden weiters in Ew. Ch. Gn. Lande dringen und solche ganz überziehen wollen, wie es das Ansehen hat, so wird ein Totalruin darauf erfolgen, und dafern nicht bald Rettungsmittel zur Hand geschaffet werden, dass die Schweden Ew. Ch. Gn. Lande verlassen müssen, so werden alle Contributiones, auch sonsten alle Einkünfte im Lande cessiren und endlich die Guarnisones grosse Noth leiden müssen. Ich zweifle nicht, Ew. Ch. D. werden auf solche Rettungsmittel in Zeiten bedacht sein, und Sich davon, unter was Praetext es auch sei, nicht abhalten noch deturniren lassen.

„Nach Wien, Haag, Kopenhagen und Dresden ist der Schweden Einfall in Ew. Ch. Gnaden Lande mit heutiger Post albereits kund gemacht worden. Was nun Ew. Ch. Gn. Alliirte darauf resolviren werden und auf was Weise sie Ew. Ch. Gn. assistiren wollen, da muss man das Beste hoffen und die Zeit abwarten. Unterdessen wollen wir sehen, dass wir uns aufs beste und äusserste, dafern wir alhier attaquiret werden sollten, defendiren.“

Ew. Ch. Gn. churfürstliche Kinder reisen morgen, geliebtes Gott, auf Spandau. Ich werde vor sie gebürende Sorge tragen und alle nöthige Anstalt zu ihrer Bedienung und Sicherheit so viel möglich machen.

Die neue Werbungen dürften trefflich durch dieses Unwesen in Stocken kommen, dafern nicht der Landmann und Hauswirth aus Noth

Haus und Hof verlassen und Dienste nehmen muss, welches aber eine gar trostlose Werbung werden dürfte. — „Gott der Allmächtige gebe Ew. Ch. Gn. in den Sinn, was zu Dero eigenem und Dero Lande und Unterthanen Nutzen, Sicherheit und Besten dienen mag, und segne alle Dero Consilia und Resolutionen."

Anhalt an den Kurfürsten. Dat. Coelln a. Sp. 23. December 1674.

[Vorrücken der Schweden. Kaiserliche Regimenter. Waldeck nach Wien. Haltung der Schweden. Gewitter.

1675 2. Jan. Wrangel soll sein Hauptquartier heut in Prenzlau haben. Morgen marschiren die Schwedischen Regimenter auf Neu-Angermünde und Neustadt. „Wohin sie weiter ihren Marsch nehmen, mag wol der Feldherr allein wissen." — Von v. Wedell noch keine Nachricht. — Klagen über die Verspätung des Fargel'schen Regimentes.

Von Dresden noch keine Antwort. — In Schlesien an der Crossenischen Gränze sind drei Kaiserliche Regimenter einquartirt als Laborde und Strahl zu Fuss und Metternich zu Ross, und werden bald noch mehr folgen. Die neuen Werbungen gehen gut von statten. „Ob nun die Herren Holländer und Dänemark so vigoureus im Thun als in Worten sich erzeugen werden, wird die Zeit lehren."

Waldeck hat geantwortet. Er macht eine Reise nach Wien. Von dort geht ein Kaiserlicher Gesandter nach Dänemark „eines und anderes alda erst zu adjustiren. Es scheinet, dass sich die Schweden an keine Quackeleye und Menaces kehren, sondern wollen anders begegnet sein, will man ihnen anders nicht ihren freien Willen lassen." Zwar noch viel zu sagen ...... Indes Kf. werde schon seine Marken zu verteidigen wissen.

P. S. „Vor drei Tagen war alhier ein stark Wetter mit Donnern und Blitzen, endete sich aber bald, und stund recht über diese Stadt ein überaus schöner Regenbogen."

Anhalt an den Kurfürsten. Dat. Coelln a. Sp. 30. December 1674.

[Sendung v. Krummensees. Pulver aus Holland. Rittmeister Spitznase. Eintreffen der Fargellischen. Musterung der Bürgerschaft. Aushebung des sechsten Mannes.]

Neujahrswünsche.

Hat den Hauptmann von Gramzow, v. Krummensee, zum Feldherrn geschickt, damit die kurfürstlichen Ämter conservirt bleiben möchten. Jedoch bisher weder Brief noch Nachricht empfangen. 9. Jan.

Pulver aus Holland. Der Rest kommt zu Wasser; damit es auf der Elbe bleibe, ist den Schiffern Ordre geschickt, es nach Magdeburg an den Obristen Schmidt zu überliefern. — „Der Rittmeister Spitznase vom Hamburgischen Regiment hat sich mit seiner Compagnie auch eingestellt. Es sind gute und wohlmundirte Reuter. Gestern haben die Fargellische bei Ziesar ankommen sollen. Ich habe ihnen abermals über hundert Wagen aus dem Zauchischen Kreis entgegengeschickt. Ich hoffe, sie sollen morgen oder übermorgen wills Gott! hier sein. — Morgen will ich noch einmal die ganze Bürgerschaft, die eximirte und die Handwerksbursche, von allen dreien Städten aufziehen lassen und besichtigen. Mit dem 6ten Mann aus den Städten und Ämtern geht es schwer daher und laufen die meisten unterwegens wieder davon. Ich werde doch daran sein und darüber halten, dass soviel als möglich hereingeschaffet werden."

An den Prinzen von Oranien, Waldeck, Montecuccoli eigenhändig geschrieben. Von Dresden und Kopenhagen noch immer keinen Bescheid, obwol vor 11 Tagen geschrieben. A. hofft nun auf eine Action gegen Turenne.

Statthalter und Geheime Räthe an den K.fürsten. Dat. Coelln a. Sp. 3. Januar 1675.

[Verpflegung der schwedischen Armee.]

Übersenden, was der schwedische Obercommissarius an den Commissar des Oberbarnimschen Kreises von Falkenberg gelangen lassen. Zu überlegen, wie die schwedische Armee am besten verpflegt werden könne, „damit nicht ein Kreis vor dem anderen zu sehr beschwert werde". 13. Jan.

Anlage.

Der schwedische Obercommissarius Oernstedt d. d. Prenzlau 29. December 1674 ersucht den Kreiscommissarius des Barnim von Falkenberg zu

Coethen, zum Zweck persönlicher Besprechung zu ihm zu kommen. Bittet, die Nachricht weiter zu befördern an die Kreiscommissarien

von Falkenberg	zu	Coethen
Melchior von Goertzke	„	Dallensdorf
Valentin von Strantz	„	Petersdorf
Christoph von Bredow	„	Wagenitz
Otto von Haacke	„	Machenow
Otto von Flans	„	Neu-Ruppin
von der Groeben	„	Leuenberg.

Statthalter und Geheime Räte an den Kurfürsten. Dat. Coelln a. Sp. 6. Januar 1675.

16. Jan. Übersenden ihr Schreiben an den schwedischen Feldherren. Von Zehdenick erhalten sie Zeitung, dass sich dort ein schwedischer Trupp eingefunden, den Pass besehen und dabei gesagt habe, „dass sie schon von der Meklenburgischen Seite zu ihnen kommen wollten“. Sie haben dem Amtsschreiber befohlen, einige Leute an sich zu ziehen und so viel möglich den Pass zu verteidigen.

Anlage.

Statthalter und Geheime Räte an den Reichsfeldherren Grafen Wrangel. Dat. Coelln a. Sp. 6. Januar 1675.

Der Kurfürst an den Fürsten von Anhalt. Dat. Coppenheim 6./16. Januar 1675.

[Kündigt seinen Anmarsch in die Mark Brandenburg an.]

16. Jan. „Es ist mir von dem von Hagen umständlich referiret worden, in was Zustande das Land sich bei jetziger der Schweden Irruption befinde.“ Gleichwie ich nun billig aus landesväterlicher Vorsorge vor meine Unterthanen fürnehmlich auf derselben Schutz, Rettung und Hilfe bedacht bin, als habe ich sofort alle andere Operationes, die ich sonst vorzunehmen willens gewesen, stehen lassen und bin jetzo in vollem Marsche mit meiner ganzen Armee gegen die Mark Brandenburg begriffen, auch bereits unfern Heilbronn angelanget und werde, sobald sich die Cavallerie in Franken ein wenig wird ausgeruhet und erfrischet haben, aufs schleunigste als immer möglich bei Ew. Ld. sein. Inzwischen habe ich zu

Deroselben das feste freundvetterliche Vertrauen, Sie werden, wenn der Feind etwa wider meine Residenz sollte tentiren wollen, demselben unter der Versicherung schleunigen und unfehlbaren Entsatzes solchergestalt mit Hilfe der unterhabenden Soldaten und Bürger begegnen, wie es tapferen und redlichen Leuten gebüret, auch denen in den übrigen Festungen commandirenden Gouverneuren und Officieren committiren, dass sie sich ebenfalls wie ehrliche Leute halten und dem Feinde im Fall der Attaque allen möglichen Abbruch thun sollen. Gestalt dann auch Ew. Ld. diese meine Herannahung überall im ganzen Lande zu publiciren haben, damit die Unserigen dadurch einen neuen Muth fassen und versichert sein mögen, dass ich sie nicht lassen werde. Auch haben Ew. Ld. in den festen Orten die Vorsehung zu thun, dass ein guter Vorrath an Mehl angeschaffet und in Bereitschaft gehalten werden möge.

Statthalter und Geheime Räthe an den Reichsfeldherren Grafen C. G. Wrangel. Dat. Coelln a. Sp. 6. Januar 1675.

[Nachdrückliche Beschwerde über den Einbruch der schwedischen Völker.]

Anstatt dessen, dass wir vermeinet, auch uns versehen, es würde 16. Jan.
Ew. Exc. Ihrer Ch. D. zu Brandenburg, Unseres gn. Churfürsten und Herrn, überzogene Uckermärkische Lande von der Unterdrückung hinwieder befreien und dieselbe quittiren, müssen wir billig nicht ohne Befremdung vernehmen, dass nunmehro auch die Neumärkischen und Hinterpommerischen Lande ausserhalb den verwahrten Örtern occupiret, in denen selbigen von der Schwedischen Soldatesque nach eigenen Gefallen hausgehalten, und wie in der Uckermark als auch daselbst die churfürstliche Unterthanen aller ihrer Habseligkeit entsetzet und ihnen auch nicht das allergeringste zu ihrem Aufenthalte übrig gelassen wird. Zwar müssen wir es Ewrer Exc. bekannter Generosität zuschreiben, dass da Sie Macht und keine Hinderung an keinem Orte finden, Sie nicht zu denen höchsten Graden der Extremität schreiten, sondern sich noch mit dem gelindesten unter denen selbigen begnügen. Allein auch dieser ist von der Wirkung, dass darauf ohne Brand und Schwert die ganze Desolation und Ruin der Lande und Leute erfolgt und I Ch. D. dabei

ledige Stellen, verarmete und verlaufene Unterthanen und andere höhere Beschwerungen mehr behalten.

Wir, wie Ew. Exc. wol wissend, seind in Abwesenheit Ihrer Ch. D. itzo in solchem Stande alhier, dass wir solche Proceduren zusehen und alles, was von grösserer Gewalt geschiehet und in denen Churfürstlichen Landen verübet wird, geschehen lassen müssen, wollten es doch gleichwol von Herzen gerne anders und besser sehen und unseres Ortes nicht versäumen, was treuen und redlichen Dienern gegen ihren Herrn allerdings gebühren und obliegen will.

„Und gleichwie uns aus dem Grunde bekannt und wissend, dass I. Ch. D. in allen Stücken es mit grossem Ernste beflissen, mit I. Kön. M. und der Kron Schweden in redlicher Freund- und Nachbarschaft zu leben, dagegen auch bis auf diese Stunde an dieser Seite nicht das allergeringste fürgangen, I. Ch. D. Sich auch auf die geschehene Gegensincerationes verlassen und Sich dahero keines andern oder widrigen versehen können: so müssen wir Ew. Exc. nur für uns, und zwar ganz kurz und ohne Ausführung fürstellen, was das für grosse Consequenzen nach sich ziehen, und wie es die durch Gottes Gnade schon so wol avancirte Friedensnegociation befördern werde, dass I. K. M. in Schweden ohne einige vorher gethane Anzeige mit einer grossen Macht auf des heiligen Römischen Reichs Boden sich begiebet, einen treuen Teutschen Churfürsten, welcher nebenst seinem Kaiser und anderen redlichen Teutschen Fürsten und Ständen wider denjenigen, welcher ohne alle Ursache unser geliebtes Vaterland Teutscher Nation und dessen Churfürsten und Stände feindlich und grausamlich überfallen, zu Felde ziehet, abwesend ist, seine Lande und Leute Ihrer K. M. in Schweden schriftlich recommendiret ohne einige vorhergeschehene Verwarnung, in Begleitung eines Französischen Ministri des Reichs Feinden zu gefallen und auf desselbigen unaufhörliches Antreiben mit grosser Macht überziehet, dieselbige auszehret, alle Mittel hinwegnimmt, die Unterthanen zum Austreten und Weglaufen veranlasset und alles thut, was nur immer Ihrer Ch. D. Staat in Verderben zu setzen gereichen mag."

„Wir haben gesehen, was Ew. Exc. den Uckermärkischen vom Adel, von derer Anbringen bis auf diese Stunde uns nichts wissend, für eine Resolution ertheilet, und dass Sie die Befreiung der Märkischen Lande daran binden wollen, dass Sich I. Ch. D. zurückziehen und des Reichs Partei, welche Ew. Exc. die widrige zu nennen beliebet, verlassen sollten. Wir ersuchen, Ew. Exc. bedenken doch Dero grossem Verstande nach die Condition, unter welcher Sie die Befreiung der Churfürstlichen Lande versprochen. Ist es wol möglich oder eine Sache, welche mit Ehren zu practiciren, dass I. Ch. D. ihr liebes Vaterland, das theure Teutschland abandonniren, Dero Kaiser und getreue Fürsten und Stände verlassen, des Reichs Stände einen dergleichen Dienst thun und ihm Gelegenheit geben, von neuem wieder einzubrechen und die vom Schweden mehrentheils ruinirte Churfürsten, Fürsten und Stände vollends aufzureiben und unter die Füsse zu treten? Wir unseres Orts können es nicht anders begreifen, als dass, gleichwie I. Ch. D. kein Versprechen, kein Pactum, kein Band, es sei auch so fest als es wolle, von dieser Verbündnis und Obligation befreien könne: also können wir nicht anders glauben, als dass auch Diejenigen, denen die Beibehaltung des Westphälischen Friedens ein rechter Ernst, nicht weniger gehalten, der Franzosen feindlichen Einfall in das Heilige Römische Reich sich mit aller Macht zu widersetzen und dem Heiligen Römischen Reich, als notorie ohne Ursache angegriffenen Theile, mächtiglich zu assistiren."

„Es wird auch ohne allen Zweifel der allmächtige und gerechtige Gott, welcher alles, wann und wie lange er will, verhängete, selbsten und nach seinem Willen, welcher zu aller Zeit gerecht, alle Sachen regieren und führen, auch I. Ch. D. aus aller Widerwärtigkeit herausreissen. Zu Ew. Exc. haben wir das sichere und feste Vertrauen, Sie werde und wolle Ihro belieben lassen, die Churfürstlichen Lande von der bisherigen Unterdrückung und Desolation zu befreien und also auch an ihren Ort zu noch mehrer Erhaltung und Beförderung des Friedens und der Ruhe in denen Teutschen Landen Anlass und Gelegenheit zu geben. Sie werden Ihro dadurch das Heilige Römische Reich und absonderlich I. Ch. D. noch mehr verbünden, Dero Ruhm vermehren und alle rechtschaffene Teutsche zur steten Dankbarkeit Ihro obligiren."

Der Kurfürst an den Fürsten Johann Georg. Dat. Hauptquartier zu Mühlacker 10. Januar 1675.

[Feldzeugmeister Niemirzki abschlägig zu bescheiden.]

Uebersendet ein Schreiben des Generalfeldzeugmeister Niemirzki[1] 20. Jan. „wegen seiner Accomodirung in Unsern Diensten". An sich wäre Kf. geneigt, ihn in seinen Kriegsdiensten zu behalten, dieweil Wir aber, wie Ew. Ld. bekannt, mit Generalspersonen annoch genugsam versehen, und bei seinem Accomodement allerhand neue Competenzen sich ereugen möchten, zudem Unsere Kriegs-Cassa mit so vielen Ausgaben beschweret, dass Wir wol Ursache haben, darunter zu menagiren: als ersuchen Wir Ew. Ld. freundvetterlich, Ihm dem v. N. dieses mit guter Manier zu verstehen zu geben, und anzudeuten dass, weil Wir seine Person für dieses mal nicht accomodiren könnten, als wollten Wir ihn nicht verhindern, seine Fortun anderwärts zu suchen, und gereichete

---

[1]) Einliegend: ,de Niemirzki an den Kurfürsten. Dat. Cleve ce 7. Janvier du style nouveau 1675.'

Uns unterdessen zu sonderbarem gnädigsten Gefallen, dass er Uns seine Dienste offeriren wollen, gleichwie Wir daraus seine unterth. Devotion erkenneten, also würden Wir dieselbe mit allen churfürstlichen Gnaden nicht unterlassen.

Statthalter und Geheime Räthe an den Kurfürsten. Dat. Coelln a. Spree 10. Januar 1875.

[Schwedische Einquartierung. Proviantausschreiben. Kreiscommissarien. Teuerkeit des Getreides. Keine Bezahlung durch die Schweden. Militäretat schon angegriffen. Verlangen dringend Resolution.]

20. Jan. Ewrer Ch. D. haben wir bei allen Posten den Zustand Dero hiesigen Lande berichtet und wollen hoffen, es werde alles wol eingekommen sein. Die Schweden bleiben noch zur Zeit in der Uckermark, Neumark und Hinterpommern und schreiben in denen nächst dabei gelegenen Ämtern und Dörfern das Proviant aus, wie denn auch Zehdenick albereit etwas geliefert und damit wie auch andere Örter continuiren sollen. Der übrigen Kreise Commissarien seind auch dahin citiret, wir haben aber ihnen gesagt, dass sich Keiner stellen und sonst sagen sollte, dass sie das ihrige zu Ewrer Churfürstlichen D. Soldatesquen Unterhalt geben müssten und dahero den Schweden nichts reichen könnten: ob und wie sie es nun einfordern möchten, das müssen wir erwarten. Unterdessen, wie wir neulich berichtet, bleibet alle Contribution aus, und wissen wir nicht, wie es in der Länge werden wird. Weshalb wir auch Ewrer Ch. D. gn. Verordnung und Resolution gebeten. Das Getreide wird auch theuer, und wäre wol nöthig, dass Vorrath eingekauft würde, wann Mittel vorhanden; dann es kommen kann, wann nicht bald Aenderung geschiehet, dass denen Garnisonen Bier und Brot zu reichen, wozu denn monatlich eine überaus grosse Quantität Getreidig erfordert würde.

„Man hat uns sagen wollen, als wann Ewrer Ch. D. vorbracht, die Schweden bezahleten hier alles, dieweil wir aber dergleichen nicht glauben, und Ew. Ch. D. aus unseren nach und nach eingelaufenen unterth. Berichten ein anderes und das ersehen haben werden, dass nicht allein nicht das allergeringste gezahlet, sondern alles, was an Unterhalt im Lande vorhanden, hinweggenommen worden und Dero Militair-Estat auch schon Noth und Mangel leide, so hofften wir von

Ew. Ch. D. ehestes zulängliche Resolution und Antwort mit der Versicherung, dass wir alles thun werden, was treuen und redlichen Dienern in Abwesenheit Ewrer Ch. D. in so einem gefährlichen und verwirreten betrübten Zustande in Mangelung nothwendiger Mittel zu thun nur immer möglich."

„Es seind nun heute drei Wochen verflossen, dass wir durch eigene [Courierer] den Zustand berichtet, es ist auch alhier in Privatschreiben die Nachricht eingelaufen, dass dieselbe bei Ew. Ch. D. eingekommen, verwundern uns aber dabei nicht ohne Ursach, dass an uns nicht das allergeringste gekommen, und müssen bekennen, dass wir nicht wissen, wie wir uns weiter bei der Sache zu betragen oder zu verhalten, zumal auch zu Stettin gedrucket, dass Ewrer Ch. D. diese der Schweden Impresa in Ew. Ch. D. Lande nicht zuwider sein werde."

Vom Feldherrn keine Antwort. „Dass wir uns von Wien, aus Holland, Dänemark und Chursachsen keine Assistenz noch zur Zeit nicht zu versehen, das werden Ew. Ch. D. ohne Zweifel gründlicher als wir wissen."

P. S. Übersenden ein Schreiben des sächsischen Ministers Freiherrn Heinrich von Friesen (v. Friesen an Anhalt d. d. Dresden 5. Januar 1675), woraus ersichtlich, dass von KS. kein Beistand zu erwarten ist.

Statthalter und Geheime Räthe an den Kurfürsten. Dat. Coelln an der Spree, d. 13. Januar 1675.

[Die Nachrichten über Hilfeleistung von auswärtigen Mächten lauten sehr bedenklich. Sie machen ihrerseits einen Vorschlag über die Operation der zu conjungirenden kf.lichen und kaiserlichen Truppen.]

Hier steht noch alles im Lande, wie es zur Zeit ihrer letzten Relation gestanden, ausser dass die Schweden sich der Stadt Landsberg an der Warthe bemächtigt haben und dass sie nunmehr sich nach den Pässen über die Havel umsehen und von Wiederbauung der Brücken reden..... Und weil von Ew. Ch. D. bis dato kein Befehl und Ordre einkommen, wie man sich dagegen zu bezeugen, zu Abtreibung Gewalt auch keine Mittel vorhanden, so seind zwar die Pässe, soviel möglich, in Acht genommen, und Ordre gestellet, dass keine Parteien bishero durchkommen. Wenn aber grössere Gewalt kommen sollte, welcher nicht zu begegnen, seind die Leute beordret, sich in Zeiten wieder zurück und anhero zu begeben. Im übrigen, so haben wir aus des Herrn Romswinkel's Bericht, wie auch aus dem Schreiben des Prinzen von Orange an den Herrn Blaspeil gesehen, dass, da nunmehr die Überziehung der Schweden geschehen, die Resolutiones nicht mehr so vigoureux als sie

23. Jan.

waren, da man Schwedischer Seiten nur dräuete, und dass der Prinz ausdrücklich schreibet, dass der Staat alleine nichts thun könnte, wenn die übrige Alliirte nicht zugleich das Ihrige thäten; dass überdem die Zeiten itzo so wären, dass nichts rechts fürzunehmen, im Bremischen kein Posto zu fassen und die Völker nur würden ruiniret werden; dass endlich der Staat nichts mehr würde thun können, als Cavalcade im Bremischen fürzunehmen, doch gleichwol den König in Dänemark requiriren wollte, dass er mit Schweden in Ruptur treten möchte. Aus Dänemark aber habe ich, der Statthalter, auf mein an den König abgelassenes und durch einen Expressen überschicktes Schreiben noch keine Antwort. Nun wissen wir zwar nicht, wie Ew. Ch. D. Sich mit dem Staat gesetzet, auch was mit dem Kaiser und Spanien abgehandelt, und wie, auch wie weit einer und der andere Ewrer Ch. D. zu assistiren sich verpflichtet, auch nicht, ob Dänemark weiter, als die zu Braunschweig gemachte Allianz meldet, etwas zu thun schuldig; und sehen ferner, dass der Staat zwar bei dieser Zeit mit Schweden sowol zu Wasser als zu Lande in Ruptur zu treten Bedenken träget, auch einen Weg als den anderen die Schwedische Mediation respectiret, dennoch vermeinet, den König in Dänemark zu einem Bruch mit Schweden zu bringen; überdem, dass, wenn endlich vom Staat was geschehen sollte, dass es nicht mehr als eine Cavalcada im Bremischen sein sollte.

„Ew. Ch. D. werden uns zu Gnaden halten, dass wir über diesem Werk unsere einfältige Gedanken, unserer Wissenschaft und uns beiwohnenden Information nach unterthänigst und einfältig eröffnen; und halten demnach dafür, dass wenn was zu Rettung dieser Lande geschehen sollte, dass keine Cavalcade oder einige andere Diversion im Bremischen etwas helfen, sondern vielmehr schaden würde. Dann so ist im Bremischen auf dem platten Lande keine Subsistenz mehr. Danach so wissen wir nicht, ob nicht Hannover dadurch zur Assistenz für Schweden dürfte obligiret werden, drittens, so bald im Bremischen auf die Weise etwas würde fürgenommen werden, würden die Schweden eine dergleichen Diversion garnicht achten, sondern es da gehen lassen und alsofort allhier in der Mark und Pommern die übrigen Gradus der Hostilität fürnehmen und allhier alles vollends über einen Haufen werfen, das Land zu Grunde richten, und weil kein Widerstand, sich einiger vortheilhaften Örter und Pässe bemächtigen, auch wie allbereit angefangen wird, das Vieh vollends schlachten und einsalzen und nebst dem Getreide in die festen Städte in Vor-Pommern bringen."

„Wir wollten aber der unvorgreiflichen Meinung sein, dass Ew. Ch. D. hiesigen Landen auf diese Weise zu helfen. Wenn der Staat die Truppen, welche er dazu zu employiren willens, mit denen Dänischen conjungirete und gesammter Hand diesseit der Elbe von Mecklenburg her operirete, und im

Bremischen nicht subsistirte, Ew. Ch. D. aber mit Dero Völkern durch die Altmark über die Elbe gingen und von dieser Seite agirten: auf die Weise würden die Schweden wol aus dem Lande gebracht werden können (wenn sie nicht eher auf erhaltene Nachricht sich wieder herausziehen). Ob aber alsdann die Truppen allen ihren Unterhalt finden und in Vorpommern etwas mit Avantage werden fürnehmen können, das würde mit gutem Bedacht und reiflich überlegt werden müssen."

„Im übrigen ist der mit unserem Schreiben an den Feldherrn abgeschickte Trompeter mit der Antwort noch nicht wieder zurückgekommen."

Statthalter und Geheime Räthe an den Kurfürsten. Dat Cölln a. Sp. 13. Januar 1675.

[Die Schweden haben den Uebergang über die Havel in den Ruppinischen Kreis erzwungen. Das Land ist in höchster Gefahr.]

„Als heute die Post über Cassel schon fortgewesen, kommt der Oberförster 23. Jan.
Lüderitz und der Jagdjunker Röbel von Bredereiche und Zehdenick mit ihren bei sich habenden Leuten wieder zurück und berichten, dass, nachdem gestern der Schwedische General-Major Plantin, der Obrist Mellèn und Obrist Lieutenant Isensee mit 2000 Dragonern, etlichen Trouppen Reutern und einiger Infanterie, nebst 2 Stücken Geschütz bei Bredereiche angelanget, um daselbst überzugehen, und obgleich gedachter Röbel alles angewendet, damit er sie von Ueberpassirung der Havel daselbst divertiren und abhalten möchte, auch endlich gesaget, dass er Gewalt mit Gewalt abwenden müsste, zu solchem Ende sich auch in die von ihm gemachte Redoute mit denen bei sich gehabten wenigen Leuten geleget, so haben sich doch die Schweden daran alles nicht gekehret, fünfzig Dragoner absitzen und sie an einen solchen Ort stellen lassen, dass Röbel mit den seinigen in der Redoute nicht sicher und danhero, und weil er solcher grossen Macht zu widerstehen keine Mittel gehabet, sich von dannen wegziehen und den Schweden alles offen lassen müssen, gestalt sie denn innerhalb zweer Stunden die Brücke gebauet, übergegangen und also auch des Ruppinischen Kreises sich bemächtiget."

„Wir müssen nun alle Tage befürchten, dass sie den Havelländischen Kreis gleichfalls beziehen und also Ewrer Ch. D. ganze Marken zu Grunde verderben, gestalt wir denn schon nicht sehen oder wissen, wie die Garnison zu unterhalten und zu verpflegen, massen von der Contribution nichts mehr, weder auf die Assignationes noch ad cassam einkommt, und von Ew. Ch. D. bis auf diese Stunde Dero eigentliche Resolution, wie man sich zu betragen, uns nicht zugekommen."

„Wir seind des Landes halber, dem wir im geringsten nicht helfen können, in grosser Bekümmernis, und wo nicht bald Aenderung kommt, so müssen wir berichten, dass alhier im Lande alles übern Haufen gehe, Ewrer Ch. D. Miliz nicht bestehen könne, und endlich alle Festungen ohne Gewalt dergestalt in Pericul und Gefahr gerathen, welches wir in höchster Eil nicht verhalten sollen."

Statthalter und Geheime Räthe an den Kurfürsten. Dat. Coelln a. Sp. 17. Januar 1675.

[Antwort des Reichsfeldherrn und Gegenbescheid. Weiteres Vorrücken der Schweden. Elende Lage des Landes. Aeusserungen der schwedischen Officiere. Dänischer Bescheid.]

27. Jan. Sie übersenden des RFeldherren Schreiben im Original nebst einem kurzen Antwortschreiben, wie die Beilage zeigt.[1]) Das erste anlangend, werde Kf. sehen, „das er das unsrige, ausser was den Vitry betrifft, nicht berühret, und sonsten von dem übrigen abstrahire". Bezüglich des zweiten sind sie gleichwol versichert —

„dass alles dergleichen nicht helfen oder etwas Besseres werde, gestalt die Schwedische Völker auch nunmehr den Ruppinischen Kreis beziehen, eine Meile von Oranienburg stehen, und ihr Intent und Vorhaben dahin gehet, nunmehr den Ruppinischen, Havelländischen und übrigen Kreise vollends auszuleeren und dergestalt auszuzehren und zu ruiniren, dass weder die hiesige Garnisonen ihren Unterhalt noch auch Ew. Ch. D. Armée ihre Subsistenz haben und finden könne, und ist es alhier albereit dahin kommen, dass wir gedrungen worden, eine solche Anstalt zu machen, damit hinfüro Ewrer Ch. D. hiesiger Garde Bier und Brot möge gereichet und damit künftige Woche angefangen werden."

„Es ist ein Betrübnis und elendes Wesen, dass das ganze Land dergestalt auch ohne der allergeringsten Hinderung zu Grunde ruiniret und Ewrer Ch. D. alle Mittel hieselbst benommen und entzogen werden, und sehen wir dabei kein Ende oder Aenderung. Danebenst so müssen Ewrer Ch. D wir auch unterth. zu wissen machen, dass einige Schwedische Officiere sich vernehmen lassen, dass wenn der Feldherr vernehmen würde, dass Ew. Ch. D. mit Dero Armee in Anmarche, er Deroselben mit seiner unterhabenden Armée entgegen gehen und vernehmen würde, was Ew. Ch. D. gemeinet. Andere setzen hinzu, dass man Ewrer Ch. D. gar den Pass, über die Elbe zu kommen, disputiren und un-

---

[1]) Anliegend Schreiben des Grafen Carl Gustav Wrangel an Statthalter und Geheime Räte d. d. Hauptquartier Prenzlau 13. Januar 1675 und der Räte Antwort d. d. Coelln a. Sp. 16. Januar 1675.

geachtet der Magdeburgischen Brücke sich diesseits setzen werde. Ob es nun gleich nur Discurse, und absonderlich das letzte unseres Ermessens mit grosser Schwierigkeit zu effectuiren sein werde, so haben wir es dennoch anzeigen und vermelden sollen und bitten Gott, dass er diesen verlassenen und denen Schweden zu ihrem eigenen Willen offenstehenden Landen bald Rettung schaffen und Ew. Ch. D. in voller Gesundheit mit Dero Armée **balde, balde** anhero verhelfen wolle."

Übersenden den Brief des Königs von Dänemark und Brandts zugleich mit überschickten Bericht, darauf sich der König bezieht. Finden den dänischen Bescheid „gar vernünftig". Raisonnements über die Hilfeleistung der Alliirten.

Statthalter und Geheime Räte an den Kurfürsten.
Dat. Coelln a. Sp. 24. Januar 1675.

[Bitten um Verhaltungsmassregeln, in einer Tonart, die sich nur aus der Bedrängnis ihrer Lage erklärt. Kf. möge eröffnen, ob er seinen Anmarsch auf die Kurmark richte. Verpflegung der Garnison. Neues Schreiben an den Reichsfeldherrn durch den Jagdjunker von Weissenfeld.]

„Wenn Ew. Ch. D. gn. geruhen wollten, dasjenige Ihro nochmals unterth. vortragen zu lassen, was Wir aus pflichtschuldigster Vorsorge und Treue den 6. September[1]) und den 28. October[2]) darauf des vorigen und nunmehr verflossenen Jahres ausführlicher gehorsamst fürgestellet und dabei gebeten, so werden Sie daraus gn. befinden, dass wir schon vor vielen Monaten vorhergesehen und gesaget, was Ewrer Ch. D. redlichen Churmärkischen und Pommerischen Landen von denen Schweden itzo begegnet, und wie wir uns dazumal auf solchen Fall sowol gegen Ew. Ch. D. und Dero Posterität als auch sonsten verwahret. Wenn auch diese unsere geschehene Fürstellung von anderen hätte consideriret und practicabel geachtet werden wollen, und unser einfältiger, doch wol eintreffender Rath von Ihnen nicht so ganz und gar geringe geachtet und divertiret worden wäre, so würden Ewrer Ch. D. Staat und Lande in so einem zerrütteten und betrübten Zustand, als sie leider sind, sich nicht befinden, und dürften Ew. Ch. D. itzo nicht darüber in Ihrem Herzen Betrübnis haben. Ewrer Ch. D. wird auch am besten bekannt sein, welche es gewesen, so anfangs alsbald die gänzliche Entblössung Dero Lande von aller Defension, anderer getreuer Diener wolmeinenden Warnungen und Einrathens ungeachtet, befördert, und dadurch diese gegenwärtige Überziehung der Schweden mit veranlasset." 3. Febr.

„Wir wissen wol, dass kein Diener den Ausgang zu garantiren schuldig. Wenn aber so garnichts will attendiret und in Consideration gezogen werden,

---

[1]) Oben S. 381.

[2]) Oben S. 383.

was andere redliche Leute mit gutem Grunde anweisen, was gleichsam vor der Thür ist und von allen gesehen wird, von einigen aber ganz und garnicht gesehen werden will, auch nachmals alles ausser aller Consideration gesetzet und keine Warnung etwas verfangen will, da kann gleichwol das Klagen, und was sonst mehr nöthig, nicht aussenbleiben, oder anderen zu ihrer Decharge verdacht oder übel ausgedeutet werden, zumal sie von anderen bei Ew. Ch. D. in Verdacht gesetzet und ihre Treue in Zweifel gesetzet werden wollen."

„Wir haben nach und nach, und als der Schwedische Einbruch geschehen, bei allen Posten umständlich referiret, und ich, der Statthalter, habe allemal dabei für mich geschrieben, wie es im Lande zugehe, und wie Dero arme Unterthanen geängstiget und gedrücket, und dass wir bei so gestaltenen Sachen kein Mittel haben würden, die Garnisonen zu unterhalten, viel weniger den seufzenden Unterthanen zu helfen. Zwar haben Ew. Ch. an mich, den Statthalter, den 25. September des vorigen Jahres geschrieben und einige Anweisung gethan, wie auf allen Fall die Defension in diesen Landen anzustellen, und ich habe darauf den 13. October geantwortet, und dasjenige, dessen ich dabei gedacht, mit Gottes Hülfe vorstellig gemacht, welches alles aber sich nicht weiter erstrecket oder erstrecken können, als dass nur diese Residenz in etwas besseren Stande gesetzet und zu derselben mehrere Vertheidigung wirkliche Anstalt gemachet. Die Lehnpferde würden auch wol guten Theils aufzubringen gewesen sein. Diweil aber mit so wenigen dem Lande mehr Beschwer und keine Hülfe würde zugezogen und geschehen sein, ist es nicht nöthig befunden worden, mit denenselben zu eilen, indem der Anmarsch des einen Franckenbergischen Regiments dergestalt schwer gemacht und verzögert worden, dass dasselbe nunmehr allererst in der Chur-Mark ankommen wird. Ausser derjenigen Mannschaft nun, welche in dieser Residenz ist, wissen Ew. Ch. D., dass nur einige wenige Compagnien neugeworbener Reuter vorhanden, und dass mit denenselben nichts rechtes oder mit Bestande und Nachdruck vorzunehmen, viel weniger damit der Schweden grosse und sowol an Officierer als Gemeine durchgehends genau disciplinirte und mit der strengsten Ordre unter sich lebende Macht aufzuhalten."

„Es haben auch Ew. Ch. D. niemals geschrieben, dass man die Schweden feindlich tractiren sollte. Wir haben auch aus dem Rescript an Dero Geheimen Rath und Neumärkischen Canzler, den von Brandt, nicht begreifen können, wie Ew. Ch. D. diesen Einbruch nehmen, indem er befehliget wird, nur eine Ordre an den Feldherrn zu begehren, dass er diese Lande quittire, und dass, wann er in acht Tagen dieselbe nicht bekäme, seinen Abschied nehmen wollte. Daraus wir denn nichts anderes abnehmen oder schliessen können, als dass, wann er solche Ordre bekäme, er ferner dazubleiben und zu subsistiren. Über dem, so haben Ewrer Ch. D. wir unterth. berichtet, dass die Schweden ausgeben, als wenn alles mit Ew. Ch. D. Willen geschehe; und dass auch davon auf eben diese Weise zu Wien geredet werde, schreibt der von Crockow (laut Extract), auch dass man sich sowol zu Wien als zu Copenhagen bishero verwundert, dass von Ew. Ch. D. selbst dieses Schwedischen Einbruchs halber noch nichts einkomme."

„Bei so bewandten und anderen Umständen mehr, und da uns nichts deutliches von Ew. Ch. D. zukommen, haben wir wol nicht gewusst, woran wir gewesen, und uns in allen unseren Verordnungen und Resolutionen nicht genugsam vorsehen können. Unterdessen haben wir in dem Haag, in Dänemark und zu Wien an unserem Fleiss und Wachsamkeit nichts ermangeln lassen, als wir von Anfange gestanden; hätten wir ein wenig rechtschaffener und nöthiger Mittel und Ewrer Ch. D. deutliche gn. Ordre gehabt, so sollte es mit Gottes Hülfe alhier am Herzen und guter Conduite nicht ermangelt, und die Macht, ob sie gleich stärker, nicht so alles über einen Haufen geworfen haben. So aber müssen wir die Hände zusammenschlagen und mit betrübtem Gemüth zusehen, dass das gute Land und so viel getreue Unterthanen verarmen, und alles ausgezehret wird. Wir thun es nicht darum, dass wir curieux seind zu wissen, wohin Ewrer Ch. D. Consilia gerichtet. Dieweil uns aber gleichwol itzo alhier so eine schwere Last auflieget, und an hiesigem Wesen Ewrer Ch. D. Staat nicht wenig gelegen, und das Land nach Ew. Ch. D. Ankunft kirret und seufzet, so hätten zu Ew. Ch. D. wir wol das gewisse und unterth. Vertrauen gehabt, Sie würden uns zum wenigsten nicht unseres Nutzens oder Verlangens, sondern zu Dero und Dero Staats eigenem Interesse wissen lassen, ob Ew. Ch. D. willens, mit Dero Armée zu Rettung Dero Unterthanen anhero zu kommen, indem nunmehro in der ganzen Stadt will gesaget werden, Ew. Ch. D. würden nicht hieher, sondern nacher Cleve Sich begeben. Nun können wir, als welchen gleichwol etwas Ewrer Ch. D. Staat und der itzigen Sachen Beschaffenheit bekannt, solches wol nicht glauben. Nachdem wir aber in drei Posten von Ew. Ch. D. nichts erhalten, und alles neues aus Privatschreiben erfahren müssen, so hat solches nicht alleine uns, sondern auch viele vom Lande stutzig gemachet und uns endlich necessitiret, diesen eigenen an Ew. Ch. D. abzuschicken und Dieselbige unterth. und inständigst zu bitten, Sie wolle uns nicht allein deutlich und in specie beordren, was wir thun, und wie wir uns verhalten sollen, zugleich aber auch bei solcher Ordre wirkliche Mittel zu derselbigen Execution anweisen, sondern auch, wenn wir es wissen dürfen, zu eröffnen, ob Ew. Ch. D. Dero Marsch anhero nach Dero Chur-Mark nehmen, und wann Sie in Gottes Geleit alhier zu sein ohngefähr vermeinen, damit wir mit dieser guten Zeitung nicht allein uns, sondern auch das Land, ja selbst die nach Ew. Ch. D. Ankunft verlangende und rufende Jugend und Kinder erfreuen und damit zugleich noch viele getreue Unterthanen aufrichten und erhalten können."

Die Woche ist angefangen worden, der Garnison Brod zu geben, die künftige wird sie auch Bier und etwas Geld bekommen, welche uns nebst der Hülfe absonderlich mangelt. Hiernächst, so haben wir neulich unterth. berichtet, dass wir abermalen an den Feldherrn geschrieben, davon auch die Copie mit überschicket. Dieses Schreiben hat Ewrer Ch. D. Jagdjunker, der von Weissenfeld, dem Feldherrn überbracht. Derselbe aber ist noch nicht wiedergekommen.

Der Kurfürst an den Fürsten Johann Georg. Dat. Laufen 15. Januar 1675. [Eigenhändig.]

[Beabsichtiget Quartiere in Franken. Truppenteile zum Schutz der Mark. Abbruch der Brücken. Sendet Hagen zurück.]

25. Jan. Ew. Ld. Schreiben durch Mr. Hagen ist mir wol geworden und daraus wie auch von Bringern dieses die gewaltthätige Schwedische Ueberfallung vernommen. Ich hätt niehmals vermuthet, dass die Schweden ein solches hätten anfangen würden, bevorab da sie neulichst meine Freundschaft gesuchet und eine Alliance mit mir aufgerichtet. Ich muss es Gott als dem gerechten Richter anheimstellen, und ich werde suchen alles was lebt gegen sie zu bewegen, bin auch versichert, dass der Höchste mir in dieser gerechten Sache beistehen werde. Der König fängt mit bassen Maximen seine Regierung an.

Ich bin alhier bis an den Neckar mit meiner Armee ankommen, gehe morgen zu Laufen über auf Rothenburg an der Tauber. Sobald ich in den Quartieren ein drei Wochen gestanden, hoffe ich meine Armee in solchem Stande zu haben, dass ich wieder mit Nutzen agiren und meinem Lande zu Hülfe werde kommen und von fremder Gewalt befreien können.

Ich hab an die Landgräfin[1]) geschrieben und ihr Quantum, so sie mir wegen der Alliance schuldig, zu schicken ersuchet, welches in Magdeburg kann gelegt werden. Alsdann können Ew Ld. die holsteinische Schwadron auch auf Berlin kommen lassen. Zweihundert Dragoner schicke ich von Schweinfurt Ew. Ld. zu, welche dieselbe zu gebrauchen haben werden, wo Ew. Ld. es dienlich finden werden, hoffe auch, sobald die Holländer auf Bremen gehen werden, mit der Armee bald der Orten auch zu sein, darauf Ew. Ld. sich zu verlassen haben. Inmittels werden Ew. Ld. mir fleissig berichten, was fürgehet, damit ich meine Mesuren danach nehmen könne.

Ich will hoffen, dass alle Brücken so ins Havelland geruiniret sein werden, damit der Feind nicht darin komme. Auch wird nötig sein, alle Bauern allda bewehrt zu machen. Ich hoff auch, dass die Potsdamischen Brücken abgeworfen sein werden. Die Fähr bei Nettel wird auch versenket werden müssen.

Im übrigen recommandire Ew. Ld. ich nochmals meine Lande und Vestungen, und wird der von Hagen ein Mehrers Ew. Ld. mündlich

[1]) Von Hessen-Cassel.

berichten können, worauf ich mich beziehe. Hiermit thue Ew. Ld. ich gottlicher Bewahrung getreulich befehlen und verbleibe allezeit

Dero Gemahlin bitte ich meine Dienste zu vermelden.

Ew. Ld
dienstwilliger Vetter, Schwager und Gevatter F. W. Chrf.

P. S. d. d. Ettlingen $\frac{8.}{18.}$ Januar 1675. Antwort auf ein Schreiben des Fürstem vom 27. December bezüglich dessen, was in den Garnisonen und von dem Obristlieutenant Micrander geworben wird. Betrifft fernere Werbungen.

---

d. d. Elmendingen $\frac{9.}{19.}$ Januar 1675. Capitulation mit dem Obristlieutenant von Helldorf, bestehend in 500 Mann, gegen Ausgang des Martii zu richten.

Anhalt an den Kurfürsten. Dat. Coelln a. Sp. 31. Januar 1675.

[Vom Kf. keine Nachrichten. Wrangel noch in Prenzlau. Aufbruch der schwedischen Regimenter. Werbung und Erpressungen Wangelins. Elend des Landes. Schwedische Werbungen. Anhalt dringt auf ordentlichen Unterhalt der Garnisonen. Anlage von Magazinen in Aussicht zu nehmen. Getreide aus Schlesien. Rückkehr der kf.lichen Kinder nach Berlin.]

„Von Ch. Gn. sind bei letzter Post abermals keine Schreiben einkommen, aus was Ursachen, ist mir unbekannt.“ 10. Febr.

Der Schwedische Feldherr ist noch diese Tage über in Prenzlau gewesen, weil aber die Stabsquartiermeister schon vor etlichen Tagen zu Stargard angelanget und daselbst zum Hauptquartier alle Anstalt gemachet haben, so ist der allgemeine Ruf, dass der Feldherr bald folgen werde, auch seien in dem Oberbarnim'schen Kreise die Salvaguardien alle abgefordert worden. Der Gen.-Major Plantin soll Ordre bekommen haben (als wie der Jagdjunker Manteuffel, so zu Oranienburg liegt, berichtet), den 2. Februar aufzubrechen und nach der Uckermark zu marschiren. Ob nun diese Regimenter, so im Ruppinischen und um Zehdenick und Liebenwalde gestanden, auch über Stettin nach Hinterpommern und in die Neumark marschiren werden, wird sich in wenig Tagen äussern müssen. Zu Schwedt haben sie eine Bahne auf die Oder giessen lassen, das Regenwetter aber hat solche nicht zum Effect kommen lassen, also dass sie itz dem Bericht nach mit einer grossen Brahme[1]) daselbst sich übersetzen lassen sollen. Der Obrist v. Wangelin soll starken Zulauf haben und in seiner Werbung wol avanciren, weil die Bauern verloffen und die Knechte und Gesinde aus Noth Dienste anzunehmen gemüssigt werden; er erpresset aber aus dem Sternbergischen und Arnswaldischen Kreis, und ist auch möglich, dass die arme Neumark monatlich $\frac{m}{20}$ Rthlr. ihnen geben kann.

Ich trage Bedenken, Ew. Ch. Gn. allen Jammer und Elend, und was mir alles zu Ohren kommt, zu überschreiben. Es wird im Lande alles sehr kleinmüthig, weil die Leute anfangen zu merken, dass die Hoffnung, so sie gehabt, durch Ew. Ch. Gn. Ankunft als ihres Landesvatern errettet und befreiet [zu] werden, noch wol so bald nicht einen guten Effect erreichen möchte, und sie unterdessen noch immerhin hilflos und von fremden Völkern bedränget gelassen werden müssten. 2162 Stück Musqueten sind von Celle alhier angelanget, ich habe sie gestern theils probieren lassen und seind über ein Stück 6 nicht gesprungen, die anderen, die noch geliefert werden sollen, werden sich auch nach und nach einfinden.

Von Wien, aus dem Haag und aus Dänemark bekomme ich alle Posten wichtige Schreiben, und scheinet aus allem genug, dass man sich derer Orte einzig und allein nach dem richten werde, was Ew. Ch. Gn. resolviren möchten. Inzwischen bekommen Ew. Ch. Gn. ein ruinirtes und verwüstetes Land, und weil die Guarnisonen in den Festungen noch das einzige Leben ist, wodurch das Land erhalten werden muss, so ersuche ich Ew. Ch. Gn. ganz gehorsamst, in Zeiten bedacht zu sein, dass solche conserviret und nach Nothdurft unterhalten werden mag. Dass keine Contributiones mehr einkommen, in der Casse auch nicht das geringste vorhanden, ist Ew. Ch. Gn. gn. vorhin bewusst, und ist nicht zu verantworten, die Soldaten itzo Noth leiden zu lassen, da die Schweden so stark werben und französisch Geld den gemeinen Leuten sehr in die Augen glänzet. Dahero hochnöthig sein wird, ohne einzigen

[1]) Prahme.

Verlust auf Mittel zu gedenken und solche anzuschaffen, damit die Guarnisonen, so täglich sich verstärken, ihren richtigen Unterhalt bekommen können. Und ehe man sollte die Knechte Noth leiden lassen, so könnte nicht schaden, dass Ew. Ch. Gn. mir Ordre gn. ertheilten, in Gegenwart gewisser Leute und Notarien einige Kasten eröffnen zu lassen, und könnte man das Geld heraus nehmen und Obligationes dafür wieder hineinlegen, welche hiernächst, wenn die Zeiten besser werden, wieder nach und nach gezahlet werden können. Das Geld in den Kasten trägt doch keine Zinsen und liegt ohnedem müssig. Ich befahre mich auch, dass eine grosse Theuerung im Lande entstehen werde, und wäre wol gut, dass man auf Magazine in Zeiten bedacht sein möchte. Zu Magdeburg gilt albereits der Roggen 18 bis 20 Rthlr. Dafern Geld vorhanden, wollte ich wol aus Schlesien von meiner Schwester der Herzogin, so mir gestern geschrieben, ein tausend Wispel und mehr, den Wispel vor 13 Rthlr., in Breslau geliefert bekommen; es müsste aber bald gegeschehen, weil auch in Schlesien das Getreidig wegen Ankunft der Kaiserlichen Völker bald aufschlagen wird. Erwarte deshalb Ew. Ch. Gn. gn. Befehl.

„Weil die Masern und Rödeln zu Spandau sehr gemein sein sollen, als die Frau Hofmeisterin und Dr. Weiss versichert, und sie wegen der Churfürstl. Kinder sehr besorgt gewesen, weil des Obristen du Plessis Kind gar krank daran darnieder liegt, als haben sich die lieben Prinzen und Prinzesschen auf Gutfinden des Dr. Weissen gestern glücklich und gesund allhier wieder eingefunden. Ich habe sie gestern aufgewartet und sie alle Gott sei Dank recht lustig und gesund gefunden, sonderlich die jüngste Prinzessin[1]), welche sehr schön und artig wird."

Statthalter und Geheime Räte an den Kurfürsten. Dat. Coelln a. Sp. 31. Januar 1675.

[Sendung einer Relation über den Einbruch der Schweden nach dem Haag und Regensburg.]

Auf Romswinckels Begehren, der das lateinische Memorial des schwedischen 10.
Gesandten Ehrensteen im Haag überschickt hat, senden sie ihm eine in Eile entworfene Relation über den Einbruch der Schweden. Sie haben diese auch nach Regensburg eingesendet, zumal sie vernommen, dass das schwedische Schreiben an die Stände daselbst nunmehr angelangt sein soll.

---

[1]) Elisabeth Sophie (geb. 26. Marz 1674).

Das (schwedische) Memorial finden sie zwar „höflich und glimpflich eingerichtet, allein von grossem Praejudiz sowol des ganzen Heil. Röm. Reichs als auch absonderlich Ihrer Kais. M. und Ew. Ch. D.“ — Sie haben in dieser Angelegenheit etwas voraus an den brandenburgischen Gesandten beim Reichstage gesendet, sodass sämtliche Stände informirt werden können.

Anhalt an den Kurfürsten. Dat. Coelln a. Sp. 2. Februar 1675.

[Aus den märkischen Kreisen ist die Contribution nicht mehr beizutreiben.]

2. Febr. Auf das Schreiben vom 27. Januar behufs Erhöhung der Contribution.

„Nun muss ich dafür halten, dass Ew. Ch. Gn. die Berichte, welche sowohl wegen Dero Lande als auch der Contribution Zustand halber zu verschiedenen Malen von hier abgegangen, dazumal noch nicht müssen zugekommen sein, und haben sich die Läufte unterdessen noch dazu dergestalt geändert, dass nachdem die Uckermark, Nieder- und Oberbarnimsche Kreis, wie auch der Ruppinische und Lebusische Kreis zum Theil zum Grunde ausgezehret und in denenselben ausser Mangel, Armut und Elend nichts mehr zu hoffen, zum Theil doch dergestalt verderbet, dass die Contribution, wenn auch die härtesten Executionen fürgenommen werden sollten, donnoch nicht herauszubringen, die Hinterpommerische und Neumarkische Lande nunmehr auch vollends überzogen werden, dass Ew. Ch. D. aus denenselben nichts mehr zu hoffen; und wird der Pommerische überschickte Staat ganz und gar in keine Consideration mehr können genommen werden, auch die neulich offerirte monatliche 7000 Thlr. nicht herauskommen, dahero dann Ew. Ch. Gn. sehen, dass alles, was darauf assigniret, umsonst und vergebens, und daraus weder Werbe- noch Unterhaltsgelder zu nehmen oder zu gewarten.“

Statthalter und Geheime Räte[1]) an den Kurfürsten. Dat. Coelln a. Sp. 6. Februar 1675.

[Geburtstagsbrief.]

6. Febr. „Obgleich wie es eine sonderbare Göttliche Gnade ist, dass der Allerhöchste bei alle dem Unglück und Betrübnis, womit er eine Zeit hero Ew. Ch. D. und Dero Ch. hohes Haus, auch Dero getreue Lande und Unterthanen geschlagen und verwundet, dennoch Ew. Ch. D. höchste Person unter allen gefährlichen,

---

[1]) Anhalt, v. Blumenthal, v. Jena, Koeppen.

heimlichen und öffentlichen Begebnissen in seine sichere und mächtige Verwahrung genommen und gefasset, und allen Dero ansehnlichen Landen und getreuen Dienern und Unterthanen damit und dass Ew. Ch. D. abermals Dero glorwürdigsten Geburtstag erlebet, dennoch zeigen wollen, dass nicht alles so gar aus sein solle, und dass Seine Göttliche Güte eben in Ew. Ch. D. vorhöchstgedachte Person denen bedrängten und von Herzen betrübten Landen und Leuten Hülf und Rettung schaffen und sie wieder mit der unmässlichen Barmherzigkeit ansehen und überschütten wollen: also haben wir über so einen gnädigen Segen und himmlischen Gnadenblick auch Unsere unterth. Freude und Devotion hiermit bezeigen und von Grund Unserer Seelen wünschen sollen, dass Gott im Himmel Ew. Ch. D. Jahre zu Seines Namens Lob und Ehre, auch Dero Land und Leuten zu Trost und Rettung verlängern, das bis anhero Deroselben wider alles Recht und böser Weise angethanes gewaltsames und grosses unrechtmässiges, friedhässiges und feindseliges Vornehmen und Schmach mit gewaltiger Hand zeichnen und dieselbige zu Dero Feinde und Widerwärtigen höchsten Confusion und Verwirrung in einen so gesegneten und glorieusen Stand setzen wolle, in welchem seine göttliche Güte gepreiset, das Unrecht gestrafet, das Land und Unterthanen gerettet und geschützet, die Ruhe, Friede und allgemeine Tranquillität wieder herbeigebracht und alle Ew. Ch. D. Lande und getreue Unterthanen noch ferner und lange Zeit unter Deroselbigen höchstgewünschten fried- und glücklicher Regierung leben und unter ihrem Feigenbaum ruhen mögen. Womit Ew. Ch. D. zu aller selbstverlangenden höchsten Ch. Vergnüglichkeit, langem Leben, glorieusen Progressen wider Dero Feinde, und was nur immer Ew. Ch. D. und Dero Landen erspriesslich und nützlich sein mag, in den Schutz Gottes wir treulich empfehlen."

Fürst Johann Georg von Anhalt an den Kurfürsten.

Dat. Coelln a. Sp. $\frac{14.}{24.}$ Februar 1675.

[Freude über des Kf. Haltung. Regiment Frankenberg. Militaria. Aufbruch einzelner schwedischer Regimenter.]

„Nachdem ich Ew. Ch. Gn. gn. Handschreiben aus Schweinfurt vom 24. Feb 5. Februar[1]), welches mir der Hauptmann von Krummensee überbracht hat, zum öfteren mit grosser Attention verlesen, so habe ich nicht allein Ew. Ch. Gn. herrische und überaus stattliche Sentimenten mit Admiration und höchsten Freuden und Vergnügung daraus ersehen, sondern ich bin auch in meiner allezeit gehabten Opinion noch mehr dadurch verstärket worden, dass nemblich Ew. Ch. Gn. in den allerschwersten Affairen, und wann die Gefahr am grössesten gewesen ist, der Sachen allemal den besten Ausschlag gegeben haben. Gott

¹) Orlich 3, 228.

gebe nur, dass Ew. Ch. Gn. hohe Alliirte das Ihrige auch rechtschaffen mit darzu thun und sich nicht um eine oder andere Considerationes von dem, was sie Ew. Ch. Gn. zu praestiren schuldig sein, detourniren und abschrecken lassen, und dass Ew. Ch. Gn. Dero rühmlichen Zweck mit vollkommener Gloire und höchster Vergnügung erreichen mögen."

Den Befehlen des Kfn. ist pünktlichst nachgelebt worden. Verweist auf eine von den Geh. Räthen mit unterzeichnete Relation.

Das Frankenbergische Regiment ist in Wahrheit nicht eins von den geringsten, so Ew. Ch. Gn. itzo haben. Es ist überaus stattliche Mannschaft, wol mundiret, meist alte Reuter, so hiebevor schon lang hin und wieder gedienet haben. Ich habe auch unterschiedliche von unseren alten Lothringern darunter angetroffen, auch den Corporal, so nebst dem Kanoffski den Generalmajor St. Sandoux und Capitaine de Guarde La Pierrebasse[1]) gefangen bekommen. Die Reiter sind durchgehends wohlberitten und haben starke Pferde. Der Obrist Frankenberg ist vor seine Person heute auf ein vierzehn Tage nach Cöln verreiset, vermeinet noch ein fünfzig Reiter mit zurückzubringen, welche noch zum Regiment gehören sollen, wiewol es allbereit complet, und jede Compagnie zu 86 Gemeine stark wäre. — Des Obrist Du Plessis Freicompagnie ist auch complet, und stattliche Mannschaft, etliche wenig Jungens waren darunter, so er aber austauschen und andere an die Stelle zu sistiren versprochen hat. — Sonsten habe ich die Stückmacher bei mir gehabt und die Anstalt gemachet, dass sie, sobald als immer möglich, zu 12 halbe Cartaunen und so viel Sattelwagen verfertigen und in Bereitschaft halten sollen, und könnte wol nicht schaden, wenn der Stückobrister selber oder der Obristlieutenant Weiler anhero reisete, und was daran sonsten noch nötig, in Zeiten bestellen und fertig machen lassen könnte.

„Ew. Ch. Gn. liebe Prinzen und Prinzessinnen seind Gott sei Dank recht lustig und gesund und verlangen auch nebst alle treuen Diener und Unterthanen, Ew. Ch. Gn. bald an diesem Ort, Gott gebe in guter Gesundheit und vollkommener Vergnügung, zu sehen und gehorsamst aufwarten."

P. S. Einliegend Relation des Hauptmann Arnheim über den Aufbruch der Schweden. Anstatt dessen ist die obenerwähnte Relation zurückgeblieben. — 4 Compagnien vom Obrist Knustorff und 4 Compagnien Dragoner vom Obristlieutenant Sidau marschiren wieder nach Bremen; da sie die Priegnitz mit berühren dürften, hat Anhalt den Obristen Bruckdorff nach Wittstock marschiren lassen, „um zu verhüten, dass alle Insolentien und Blackereien dem Landmann nicht beschwerlich fallen möchten . . ." „Es wird auch berichtet, als sollte das

[1]) UA. XIII, 374, 375.

Dalwigsche Regiment zu Fuss nach Bremen zu marschiren beordert sein, weil der Herzog von Hannover seine Truppen nicht eher nach Bremen schicken will, es sei denn, dass er sich mit den Schwedischen alsofort conjungiren könne."

P. S. Lieutenant Egidi will in die Amtskammer eintreten. Anh. rühmt, dass er sich beim letzten Fortificationsbau sehr ausgezeichnet hat, und intercedirt für ihn.

Fürst von Anhalt an den Kurfürsten. Dat. Coelln a. Sp. $\frac{17.}{27.}$ Februar 1675.

[Militaria.]

Die Rescripte vom 2., 4., 8. Februar[1]) mit vergangener Post vom 15. dieses zugleich erhalten. 27. Febr.

Zustimmende Antwort auf die Befehle, einzelne höhere Militärs betreffend. — Die Haidereuter und Jäger sind entlassen. — Erneuert seine Bitte, bezüglich des Todes des Obristen Schierstaedt.

Aus der holländischen Armee befinden sich jetzt hier der Obrist Lehndorff und der Rittmeister Pölnitz; jener reiset nach Preussen, sich in seine Hauptmannschaft einweisen zu lassen, wo er alsdann gegen den Mai, da alles in Holland zum Marsch sich fertig halten soll, sich wieder in Holland zu der Armee zu begeben willens ist.

Ein einziger „Feuerwerker" ist hier: in Spandau und Colberg keiner. Obwol Schwerin schon öfter „um Feuerwerker und Constabler" geschrieben, hat Anhalt nicht aushelfen können, weil hier nur ein Feuerwerker und wenig Constabler sind. Es dürfte sich empfehlen, frühzeitig junge tüchtige Leute für diesen Dienst anzulernen.

Fürst von Anhalt an den Kurfürsten. Dat. Coelln a. Sp. $\frac{\text{21. Februar}}{\text{3. März}}$ 1675.

[Pommern und Neumark. Politisches. Mahrenholtz tritt aus d. kf.brandenburg. Dienst.]

Ueber den Zustand der Hinter-Pommerschen und Neumärkischen Lande wird der von Carnitz Bericht bringen. 3. März

---

[1]) Orlich 3, 227 ff.

Mit gestriger Wiener Post erhielt ich ein Schreiben vom Gen. L. Montecuccoli, darinnen er mich zu wissen thut, dass nunmehr das in Schlesien destinirte Corps als teils fertig stehe, umb zu agiren, wenn man es begehren würde. Der Graf von Waldeck schreibet mir auch, und giebt gute Hoffnung zu einem guten Succes seiner Negotiation. Die Nachrichten, so ich sonsten von Copenhagen erhalte, lauten nicht zum besten; ich hoffe aber, der Herzog von Holstein und der vom Knesebeck werden ein besseres mit zurückgebracht haben. Es würde sonsten vor gewiss verlauten, als sollte der Graf von Greiffenfeld dem König sehr abrathen, sich mit Schweden in keinen Krieg zu engagiren. Es hat noch kürzlich der Gen. Mardefeld seinen Kopf zu Pfande setzen wollen, dass Dänemark mit Schweden nicht brechen, sondern nebst ihnen neutral bleiben und den Frieden befördern würde. — Der Feldherr soll am Podagra zu Stettin noch sehr hart darniederliegen. — Ew. Ch. Gn. liebe Churfürstliche Kinder seind Gott Dank noch frisch und gesund.

P. S. Marenholtz[1]), der in Cellische Dienste getreten, schickt von Regensburg den goldenen Kammerherrenschlüssel zurück. Anh. fragt an: wem er ihn übergeben soll?

Fürst von Anhalt an den Kurfürsten. Dat. Coelln a. Sp. $\frac{\text{24. Februar}}{\text{6. März}}$ 1675.

6. März Die Befehle der letztempfangenen kflichen Rescripte sind ausgeführt. Anhalt erhofft Gutes auf des Kf. Aussagen. — Schreiben an die Herzogin zu Brieg, die Roggensendung betreffend. — Schwedische Proceduren. Details.

---

[1]) Frhr. Curt Asche von Marenholtz, der bisherige Vertreter K.Brandenburgs am Reichstage.

Der Kurfürst an Anhalt. Dat. Lippstadt $\frac{1.}{11.}$ März 1675.

Ist heute hier angekommen.[1]) Wird morgen ausruhen, übermorgen auf 11. März Wesel gehen. Dort oder in Cleve soll eine Besprechung mit dem Prinzen von Oranien statthaben. Ist seit einigen Tagen ohne Nachricht. Ersuchen um Briefe, teils mit der Post, teils durch Expresse.

Statthalter und Geheime Räthe an den Kurfürsten. Dat. Coelln a. Sp. 10. März 1675. st. v.

Aufrichtung von Magazinen durch die Schweden. Ausschreibung von Getreide und Salz.

Fürst Johann Georg von Anhalt an den Kurfürsten. $\frac{10.}{20.}$ März 1675.

[Willkür der Schweden. Beklagt seine Lage. Capitulation schwedischer Officiere.]

Aus dem gestern überschickten Schreiben des Feldherrn ist unschwer 20. März abzumerken, wohin er zielet, und wenn sie ihres theils gleich alle Hostilitäten prüfen, so wird es doch bei ihnen heissen, man habe von unsern Seiten ihnen Anlass dazu gegeben, und das soll darinnen bestehen, dass man sich nicht bequemen will, sich in der Güte alles nehmen zu lassen und sie nach ihrem Freienwillen schalten und walten zu lassen.

Vor mir ist es ein gross Unglück, dass ich mich anietzo hier postiret befinde, Ew. Ch. Gn. arme bedrängte aber doch treue Unterthanen, die

---

[1]) d. d. Schweinfurt 22. Februar 1675 meldet Kf. dem Fürsten von Anhalt, dass er am künftigen Dienstag nach Cleve aufbreche, um sich allda mit dem Prinzen von Oranien zu besprechen. Anhalt möge für den Notfall „ein 10 oder 12 Regimentstücke fertig halten". — Den Marquis de Vitry solle man unterwegens in Polen aufzufangen suchen, „Ew. Ld. würden mich mit solchem Fang höchlich obligiren; könnte man ihn nicht lebendig bekommen, so müsste man ihn tot schiessen und die Briefe nehmen, so er bei sich haben wird, denn da würde man viel Nachricht bei finden."

täglich und stündlich bei mir um Rath, Hülfe und Rettung rufen und schreien, nicht wie ich wol von Grund der Seelen wünsche, aus Mangel der nöthigen Mittel, also wie es billig sein sollte, gegen einer solchen Macht zu schützen und zu erretten. Es scheinet auch, dass Ew. Ch. Gn. Lande noch ein gar hartes auszustehen haben werden, die Sache schlage auch aus wie sie wolle. Ew. Ch. Gnaden Absenz und so weite Entfernung machet hiesiger Orten beim itzigen schlechten Zustande alles sehr kleinmüthig. Anhalt spricht den Leuten Trost zu.

In Wien hat Crockow bereits „um Völker, einige Plätze zu besetzen", angehalten. Es ist aber noch keine Nachricht da.

„Ein Stück drei Schwedische Officirer, so Ew. Ch. Gn. Vasallen und Unterthanen sein, haben abgedankt und sich bei mir angegeben und begehren inständig Credition: ein Arnheimb und ein Borgstorf von Geschlecht, auch ein Leutnambt Armand Stein aus Minden. Diesen letzteren, weil er ein geübter Soldat von Fortune ist, habe ich monatlich 30 Rthlr. versprochen, und Borgstorff bekommt eine Compagnie unter die neue Esquadron von du Plessis, dafern Ew. Ch. Gn. die überschickte Capitulation gn. approbiren."

---

19. März Rescript des Kurfürsten an Statthalter und Geheime Räthe d. d. Cleve $\frac{9.}{19.}$ März 1675. Die Lehnpferde sollen parat gehalten werden, damit sie sich auf des Kfn. Erfordern gestellen können.

---

26. März Rescript an den Statthalter d. d. Cleve $\frac{16.}{26.}$ März 1675. Auf Anhalts Schreiben vom $\frac{10.}{20.}$ März: dass die schwedischen Officiere, „die den Avocatoriis pariret, accommodirt worden" .. „Wobei Wir es dann bewenden lassen; und kann man es, daferne sich deren mehr einfinden würden, ferner so halten."

---

27. März Rescript an den Statthalter d. d. Cleve $\frac{17.}{27.}$ März 1675. Da sich die Schweden wieder der Mittelmark nähern, die Leute auf dem Lande warnen zu lassen, Vieh und Getreide an sichere Orte und in die Festungen zu bringen.

Rescript an den Statthalter d. d. Cleve 23. März 1675[1]. Aus 2. April
dem Anschluss ist zu ersehen, „was Unser der von Plettenberg gehorsamst berichtet und wie er über beide Corpora der Bürgerei und Akademie sich beschweret. Nun hätten Wir Uns zwar zu denenselben ein solches nicht versehen, absonderlich da sie solche ohne Vorwissen Ew. Ld. gethan und ersuchen demnach Ew. Ld. freundvetterlich, es ihnen scharf zu verweisen. Wegen des auf dem Damm stehenden Zollhauses haben Ew. Ld. ihm anzudeuten, dass er auf erfordernden Nothfall thuen soll, was er zu Conservation des Orts dienlich erachten wird.“

Statthalter und Geheime Räthe F. v. Jena und J. Koeppen an den Kurfürsten. Dat. Coelln a. Sp. 12. März 1675.

Übersenden den Bericht des Geheimen Rathes Landeshauptmanns der Altmark Achaz Freiherrn von der Schulenburg (auf des Kfn. Rescript d. d. Hauptquartier Volkach 29. Januar 1675) d. d. Beetzendorf 25. Februar 1675. Des Kf. Willensmeinung ist ihnen in dieser Sache nicht bekannt.

Dieselben an den Kurfürsten. Dat. Coelln a. Sp. 17. März 1675.

Übersenden dem Kfn. zur Resolution, wie Abhülfe geschafft werden könne, den Bericht der Neumärkischen Amtskammer, woraus der Zustand der Neumärkischen Ämter und des Herzogtums Crossen ersichtlich wird.

Dieselben an den Kurfürsten. Dat. Coelln a. Sp. 24. März 1675.

Übersenden ein Supplicatum des Raths zu Züllichau, die schwedischen Contributionen betreffend.

---

[1] Die Rescripte des Kf. aus Cleve vom April bei Orlich 3, 233—236.

Fürst von Anhalt an den Kurfürsten. Dat. Coelln a. Sp. $\frac{7.}{17.}$ April 1675.

[Berichte aus Pommern und Neumark.]

17. April Beklagt des Kurfürsten und des Prinzen von Oranien Unpässlichkeit, die er in Rücksicht auf das was noth thut bald beseitigt wünscht.

Berichte aus Pommern und der Neumark wegen der Schweden. „Das Gras kommt itzo mit Macht herfür, also dass zu hoffen steht, es werden nunmehr der Armeen genugsam im Felde, was das Gras anlanget und wo gute Magazine vorhanden, subsistiren können, wodurch meine Hoffnung vermehret wird, die Gnade in kurzem fähig zu werden, Ew. Ch. Gn. gehorsamst persönlich aufzuwarten, wornach mir wol von Herzen verlanget, damit ich mein Herz und Gemüt recht gegen Ew. Ch. Gn. aus treuster Devotion zu Dero Dienste ausschütten mag.“ Die kurfürstlichen Prinzen und Prinzessinnen sind alle frisch und gesund.

P. S. Berichte von Carnitz aus Stargard. Es wird berichtet, die Schweden zögen Anfang Mai zur Elbe. Hoffentlich ist dann die kurfürstliche Armee auch da, „weil sonsten die Schweden abermals ein grosses Voraus bekommen und Ew. Ch. Gn. Mittelmark und Altemark auch im Grunde ruiniren werden.“

Fürst von Anhalt an den Kurfürsten. Dat. Coelln a. Sp. $\frac{21. \text{ April}}{1. \text{ Mai}}$ 1675.

[Übelbefinden des Kf. Schwedische Pläne. Politisches.]

1. Mai „Ich beklage von Herzen, dass Ew. Ch. Gnaden abermals mit Unpasslichlichkeit befallen worden und dadurch von Dero Vornehmen noch immer aufgehalten werden. Ich hoffe zu Gott, Ew. Ch. Gn. werden nach diesem harten Anstoss numehr eine gute Zeit befreiet und desto beständigere gute Gesundheit zu gewarten haben.“

Nachricht aus Stargard über die Schweden folgt im Original bei. — — Wo sie sich hin lenken werden, kann niemand eigentlich wissen. Dem allgemeinen Ruf nach dürfte es wol die Mittelmark am meisten treffen, es ist aber noch alles ungewiss und sollen sich die Schweden sehr flattiren. Sie apprehendiren keine Ruptur als einig die mit den Holländern zur See, und wenn diese Ruptur nicht geschehen sollte, so können die Schweden mit französischem Gelde auf deutschem Boden, und zwar wie sie gewohnet sein, ihre Zäume an fremde Zäume anzubinden, den Krieg länger als kein Potentat continuiren.

„Ueber die Veränderung, so man zu Celle verspüret, bin ich sehr bekümmert, wie nicht weniger, dass die Holländer mit Schweden anders nicht in Ruptur treten wollen als salvis tamen commerciis, imgleichen dass der Kaiser alsdann und ehe nicht mit Schweden brechen will, bis man sehe, ob die Holländer und Dänemark in öffentliche Ruptur werden gekommen sein. Gott gebe, dass die Alliirte bessere Mesures und rigoureusere Resolutiones nehmen, sonsten stehet zu befahren, dass sie ihren Feinden durch soviel Tergiversiren grossen Vorteil werden zumessen lassen."

Anbei ein Schreiben des Generalmajors Sommerfeld, daneben der Abriss der Werber Schanze. Kf. möge darauf verordnen. — Ein Schreiben Montecuccolis anbei. „Ich habe noch neuere Briefe. Er ist zu Linz sehr krank geworden, aber dessen ohngeachtet ist er doch auf Ulm gereiset." Die Kinder sind alle frisch und gesund.

Fürst von Anhalt an den Kurfürsten. Dat. Coelln a. Sp. 28. April 1675.

Antwort auf das Schreiben vom $\frac{\text{21. April}}{\text{1. Mai}}$ aus Cleve. 8. Mai

Anh. wünscht Glück zu des Kfn. Reconvalescenz und zur Haager Reise. „Gott gebe zu diesem importanten Vorhaben seine Gnade und Segen, und dass Ew. Ch. Gn. nach Dero Wunsch und Verlangen alles finden, und nach genommener guten Resolution heilsame Effecta darauf erfolgen mögen."

Anbei ein Bericht wegen des Fortificationsbaues.

„Ob man gleich noch zur Zeit nicht gewiss versichert ist, was die Schweden fürhaben und wohin sie ihren Marsch zu nehmen werden, so mach ich doch die nöthige Anstalt, soviel immer möglich sein wird, ihnen die Pässe als Oranienburg, Zehdenick, Bredereiche, den Grünbergischen Damm, Cremmer Damm, Fehrbellin und Havelberg zu disputiren."

Statthalter und Geheime Räthe an den Kurfürsten. Dat. Coelln a. Sp. 23. Mai 1675.

[Vorstoss der Schweden gegen das Havelland. Fruchtlose Verteidigung des Passes von Fehrbellin. Mangel an Truppen in der Mark.]

„Wir möchten wünschen, dass die Sachen alhier im Lande in so einem 2. Juni Zustande wären, dass wir Ew. Ch. D. heute auf dem lieben ersten Pfingstage mit einer angenehmen Zeitung erfreuen könnten. Es gefället aber dem Allerhöchsten anders, und hat er dem armen Lande ein betrübtes und trauriges Laubhüttenfest zubereitet."

Ewrer Ch. D. haben wir neulich unterth. berichtet, dass der Feind mit der ganzen Armée im Marche, und ob man gleich dazumal sein Intent eigentlich nicht wissen können, so hat man doch gemuthmasset, dass es auf die Rest des Landes, das Havelland angesehen, dahero dann an die Pässe 600 Musquetirer, 400 Grumbkowische Dragoner nebst 600 Reiter, auch sechs eiserne Stücken geleget und gesetzet. Nachdem nun der Feind sein Vornehmen auf das Havelland ins Werk richten wollen[1]), so hat er sich zwar gegen Fehrbellin gesetzet und denselbigen Pass mit Stücken beschossen, unterdessen aber mit 600 zu Fuss und vier Stücken am vergangenen Freitag Abend für die Oranienburgische Mühle Posto gefasset, dieselbige bis Mitternacht beschossen und mit dem Schiessen Sonnabends frühe wieder angefangen. Da dann Ewrer Ch. D. Leute, welche auf der Mühle gewesen, dergestalt das ihrige gethan, dass sie die Mühle gegen den Feind so lange gehalten, bis der Feind mit 2000 Pferden vermittels einiger Verräther an einen andern Ort durch und über die Dosse gebracht und also den unsrigen in den Rücken kommen, weil sie es aber in Zeiten gewahr worden, und der Macht nicht zu widerstehen gewesen, haben sie sich noch mit guter Manier ohne einigen Verlust zurückgezogen. Als nun davon der General-Major Sommerfeld, welcher den Pass bei Fehrbellin und Kremmen in Acht genommen, in Zeiten avertiret worden, und er von mir, dem Statthalter, die Ordre, dass er auf solchen Fall, und wenn der Feind an einem Ort etwa durchbrechen möchte (weil alle wol vorher gesehen, auch Ewrer Ch. D. es berichtet worden, dass mit so wenigem Volk so viel Avenuen wider eine formelle Armée nicht zu mainteniren), er fürnehmlich darauf zu sehen, dass er sich mit denen Trouppen in Zeiten zurückzöge: also hat er auch solches mit guter Conduite beobachtet, und haben ihn die von mir ihm in aller Eile zugeschickte zwo Compagnien zu Pferde albereit ausser Gefahr angetroffen. Wir haben Gott zu danken,

---

[1]) Für das Folgende vgl. das Tagebuch Dieterich Sigismunds von Buch (in der unzulänglichen Übersetzung von G. v. Kessel) 1, 113 ff. Dies Stück des französischen Originals abgedruckt bei v. Witzleben und P. Hassel: Fehrbellin. Zum 200jährigen Gedenktage. 1875. Beilagen S. 21—32. Für die neuere Litteratur s. Georg Sello: Fehrbellin (Deutsche Zeitschr. f. Geschichtswissenschaft 7 [1892] S. 282 ff.).

dass die Mannschaft conserviret worden, und wird nun alle Reiterei und Dragoner um und in diese Stadt gezogen werden müssen.

Wir beklagen nicht mehr, als dass wir aus Mangel Volks nichts rechts thun können, unterdessen mit unserm höchsten Leidwesen zusehen müssen, wie der Feind nunmehro alle Ewrer Ch. D. diesseits der Elbe gelegene Lande in seiner Gewalt, und dass nunmehro nicht das allergeringste mehr für die Soldatesca daraus gezogen oder genommen werden kann. Ew. Ch. D. sehen, wie die Sachen alhier im Lande stehen, und dass denenselbigen (es wollte dann Gott sonderbare Gnade thun) ohne Mittel nicht zu remediren. Wir thun, was wir können und uns möglich, und gehet uns deshalb an Muth und Resolution nichts ab, wir müssen aber berichten und müssen es pflichtmässig wiederholen, dass die Unterthanen wegen Ew. Ch. D. Abwesenheit beginnen schwierig und ungeduldig zu werden. Hätten wir noch ein Paar Tausend Reiter und so viel zu Fuss gehabt, so hätten wir zu Gott das Vertrauen gehabt, dass das Havelland hätte können erhalten und zugleich Ewrer Churfürstlichen D. Übermarche über die Elbe facilitiret worden. Von den Kaiserlichen, ob der Herr Graf Cob darum gleich zum öftern ersuchet, ist noch nichts zu erlangen gewesen, und nachdem nunmehro die Schweden das ganze Land, sonder Zweifel auch Brandenburg besetzen und alles ledig machen werden, so wird es auch mehr Schwierigkeit wegen des Unterhalts und Futters für Ew. Ch. D. Armée haben, als für 14 Tagen.

Fürst Johann Georg zu Anhalt an den Kurfürsten. Dat. Coelln an der Spree 26. Mai 1675.

[Schwedische Stellungen. Hoffnung auf Conjunction der Kaiserlichen. Dringendes Verlangen nach des Kf. Erscheinen.]

Seit meinem gehorsamsten Bericht, welchen der von Hagen albereits wird überliefert haben, ist hiesiger Orten nichts sonderliches veränderliches vorgekommen. Theils feindliche Regimenter stehen diesseits Fehrbellin, das Hauptquartier ist im Dorfe Lünum[1]) eine Meile davon, die meiste Infanterie aber stehet noch um Ruppin, tausend Pferde haben auf des General Major Lütcken Güter zu Felefant gestanden, sind aber auch ins Lager bei Fehrbellin gerücket. Oranienburg haben sie auch 5. Juni

[1]) Linum.

wieder verlassen, am Schloss und Garten keinen Schaden gethan, das Städtchen aber haben sie ganz ausgeplündert. Sie halten sich sehr eng zusammen und schicken ihm keine Parteien aus. In das Havelland sind sie noch nicht, sondern nur noch zur Zeit im Ländchen Glien, ich schicke heute abermals eine starke Partei aus, um Gefangene zu holen. Der Meier Schatz von Frankenberg wird sie commandiren, ich hoffe, er soll eine gute Partie thun. Er ist ein guter Soldat und lange unter die Lothringer gedienet.

Ein Courier, so ich nach dem Graf Cob abgeschicket, ist noch nicht wiedergekommen, ich vermuthe mich aber seiner stündlich. Soviel habe ich aber albereits Nachricht, dass man zu Wien wol werde geschehen lassen, dass sich die Kaiserlichen, so in Schlesien stehen, sich wol mit Ew. Ch. Gn. Armée, aber nicht mit so wenigen, als ich hier habe, conjungiren werden, denn der General Heister hat zu dem von Crockow gesaget, man müsste sich hüten, dass man nicht die erste Kloppe bekäme, sondern man müsste mit der ganzen Force auf den Feind los und nicht separatim gehen.

Von allen Orten kommt Bericht ein, und sagen es auch durchgehends alle Gefangene, dass es nach Berlin gelten solle. Ich kann es aber nicht wol glauben, oder sie müssten sich auf Verrätherei fundiren, so alhier in der Stadt sein möchte, und ist nicht ohne, dass seltsame Discourse geführet werden, und unter den Gemeinen ein grosser Unwille zu verspüren ist, dass Ewrer Churfürstlichen Gn. Armée über alles Verhoffen und ohne uns bekannte Ursachen halber so sehr lange ausbleibet, und ist wol sehr betrübt anzusehen, wie dieses gute Land so jämmerlich verheert und verwüstet wird. Der General Goltz kam gestern anhero, es scheinet, dass er Ewrer Churfürstlichen Gnaden Befehl sich erholen und abwarten will, in der Hoffnung, Ew. Ch. Gn. werden ihm kein Ungleich thun, damit er sich nicht von denen müsste commandiren lassen, welche er hiebevor die Ehre zu commandiren gehabt hat. Ich verlange wol von Herzen nach Ew. Ch. Gn. Gott gebe glückliche Wiederkunft, damit ich von so grosser Sorge, Mühe und Arbeit bald möge befreiet werden, weil mir solches in der Länge unmöglich fallen will, ferners zu continuiren, auch mein geringes Vermögen sich weiters nicht erstrecken kann. Ich hoffe, Ew. Ch. Gn. werden mir befehlen, dass ich bei Dero Annäherung derselben gehorsamst aufwarten und von dem hiesigen Zustande mündlich gehorsamen Rapport abstatten möge.

P. S. „Ich habe auch nach Empfahung Ewrer Churfürstlichen Gn. gn. Befehl alsofort einen Trompeter zum Feind geschicket und an den General-Lieutenant Graf Wolmar Wrangel geschrieben um einen Pass und Trompeter vor die Prinzessin von Holstein, weil der Feldherr noch in Stettin ist und erstlich als heute sich von da weg begeben will. Sobald nun also der Pass und Trompeter kommen werden, so soll ged. Prinzessin alsofort nach Hamburg begleitet werden. Graf Wolmar Wrangel hat einen Fähnrich von Wangelins Dragonern nebst etzliche Gemeine auf des Oberjägermeisters Ansuchen nach Potsdam zur Salva Guardie geschicket. Itzo bringen sie einen Sergeanten vom Gohlischen Regiment gefangen, der berichtet, dass sich die Regimenter alle nach Fehrbellin hinziehen. Das Kriegsrecht über den Major Götze aus der Löcknitz ist schon befohlener Massen angestellet. Hätte ich itzo noch ein Tausend Pferde, so sollte der Feldherr nicht so leichtlich von Stettin aus zu der Armée nach Fehrbellin kommen, bei Zehdenick in der Heide sollte er gewiss herhalten müssen."

Fürst Johann Georg zu Anhalt an den Kurfürsten.

Dat. Coelln an der Spree $\frac{\text{30. Mai}}{\text{9. Juni}}$ 1675.

[Militärische Ordres. Moerners Compagnie. Pass für die Herzogin von Holstein. Aufbruch des Reichsfeldherren.]

„Es hat sich der von Manteuffel am 27. dieses gegen Abend alhier eingefunden und mir Ewrer Ch. Gn. gn. Handschreiben vom 25. dieses als auch noch ein anderes vom 24. in Schweinfurt datirtes[1]) wol eingehändiget. Ich habe alsofort nach Verlesung voremeldeter Schreiben noch selbige Nacht einen Courier an den Grafen Cob abgefertiget und ihm Ewrer Ch. Gn. an ihn haltendes Schreiben alsofort zugesandt, imgleichen auch die Ordre an den Commandanten in Havelberg. Ob diese aber noch zu rechter Zeit überkommen wird, muss ich fast zweifeln. Es ist aber schon vorlängst demselben Commandanten, dem Obristlieutenant Nickel ebendergleichen Ordre übersandt worden, dass alles Fahrzeug aus Magdeburg bei Annäherung der Schweden eiligst sollte gebracht werden." 9 Juni

„Nach Kopenhagen ist der Schweden Proceduren und Hostilitäten als auch die nunmehro erfolgete wirkliche Ruptur von Zeit zu Zeit kund gemacht worden. Noch zur Zeiten aber hatte man von daher als auch sonsten wenig wahrnehmen können, dass deshalb grosse auch nicht einmal die geringste Mouvementen geschehen wären, also dass man über so viele Schreiben, welche doch bis nun zu immer vergeblich und ohne einzigen Effect gewesen, fast ermüden möchte."

---

[1]) Orlich 3, 238. 239.

Weil es sich mit des Herrn Obrist-Lieutenant Mörners Compagnie befindet, dass der Verlust nur in etzlichen Reitern bestehet, sie sich auch tapfer gewehret und der Schweden eigenem Bekenntnis nach mehr von ihnen tot geblieben und gequetscht worden sein als von den unseren, zudem auch der Obrist-Lieutenant Mörner sich nicht allein anheischig gemacht, sondern auch albereits im vollen Werk begriffen ist, die Compagnien wieder in vorigem Stande in gar kurzer Zeit zu bringen, so hoffe ich, Ew. Ch. D. werden vor dies Mal den Fehler, so in Haltung guter Wacht noch vergangen sein, in Gnaden übersehen, sollten aber Ew. Ch. Gn. dennoch auf ein Kriegsrecht gn. beruhen, so soll und kann es bald geschehen.

Der General Mardefeld hat mir einen Pass und Trompeter vor die Prinzessin von Holstein Ld. überschicket, darauf ist sie gestern gleich von hier abgereiset in Begleitung der Frau von Börstel, des Schlosshauptmanns Liebste, und des Hauptmanns von Gramzow, von Krummensee. Der Feldherr ist vor etlichen Tagen von Stettin aufgebrochen und hat seinen Marche auf Pasewalk, Neubrandenburg und durch Mecklenburg genommen. Mein Trompeter, so den Pass vor die Prinzessin von Holstein von Mardefeld abholen müssen, berichtet, dass man sich in dem Schwedischen Lager des Feldherrn stündlich versichert hätte. Das Hauptquartier ist den 28. noch in Neu Ruppin gewesen, die Armée hat dicht an der Grenze campirt, die Cavallerie ist selbige Nacht eilends aufgebrochen und marchiret, dem Ruf nach, auf Havelberg, andere sagen auf Wittstock, welches ich noch heute gewiss erfahren werde. Der Pass zu Fehrbellin ist stark besetzet, und ein Tausend Mann zu Fuss commandiret unter dem Commando des Oberst Schwerin, auch stehen noch etliche commandirte Pferde noch diesseits des Passes, welchen sie mit Pallisaden und Schlagbäumen auch Brustwehren stark verschanzen sollen. Die ausgeschickten Parteien unter dem Commando des Major Schatt vom Frankenbergischen Regiment ist noch nicht wieder einkommen. Ich habe aber die Nachricht, dass er nichts antreffen kann, weil die Schweden diesseits des Passes keine Partei gehen lassen. Die Churfürstlichen Kinder sind Gott sei Dank alle frisch und gesund.

b. Militärische Meldungen und Berichte der brandenburgischen Abgesandten an den schwedischen Kronfeldherren.

Christian Albrecht Graf zu Dona an den Kurfürsten. Dat. Halberstadt 3./13. November 1674.

[Durch unbedachte Nachrichten grosses Flüchten in der Mark. Wird sich sofort nach Cüstrin begeben.]

D. Ch. Gn. H. Nachdem mich in Westphalen eine beschwerliche 13.
Krankheit länger aufgehalten hat, als ich sonst gesinnt gewest daselbst zu verbleiben, jedoch unterdessen den Trost gehabt, vom gemeinen Gerücht zu vernehmen, wie Ew. Ch. D. das Französische bishero hochmüthige Feldlager geschrecket und bei Nacht schimpflich zu weichen gezwungen, habe ich Gott davor herzlich gedanket und gebeten, ferner seinen Segen zu Ew. Ch. D. heroischem Vornehmen und allezeit sieghaften Waffen zu verleihen; und wie ich allhie zu Ew. Ch. D. unterth. [ ][1]) nicht meine Gegenwart nicht nöthig finde, hingegen höre, dass durch einige unbedachte Nachricht in der Mark gross Flüchten und Fliehen ist, dass Cüstrin ganz angefüllet, und kein Raum, auch sonst, wie Ew. Ch. D. aus meinen unterth. Berichten vorhin bekannt, viel zu wünschen ist, bin ich Willens, mich ohngesäumt dahin zu begeben und zu sehen, was bei so gestalten Sachen zu schaffen sein wird. Meine vorige von etlichen Jahren her gethane Erinnerungen haben gnugsam gesaget, was ich nun schweigen muss; dass aber darf ich wiederholen, dass ich das Wenige treu und fleissig beobachten und mit Gottes gn. Hülfe in der That allemal erweisen werde, dass ich bin wie ich soll Ew. Ch. D. unterthänigster gehorsamster Knecht . . .

---

1) Ein Wort wie Dienst zu ergänzen.

Christian Albrecht Graf zu Dona an den Kurfürsten. Dat. Cüstrin 21. November 1674.

[Eifer der Officiere im Werben und im Repariren der Festungswerke. Büchsenmeister. Verteidigungsgeschütz. Der Schrecken unter dem Landvolk lässt nach.]

1. Dec. „Bei meiner Ankunft alhier habe ich Gott sei Dank alles in recht gutem Zustand gefunden und den Fleiss der Officiere billig zu loben, sowol im Zuwerben der gn. anbefohlenen Mannschaft, welche so complet und gut als sie gewünschet kann werden, als wegen Reparirung der Werke von Contrescarpen, und wo es sonst nöthig gewesen. — Büchsenmeister sind ganz beinöthig, indem die wenige alte, so alhier gelassen sind, auf die wenigste Noth nicht zureichen würden; weswegen ich dann an F. D. den Statthalter geschrieben, um Unterhalt auf vier, so ich noch zu schaffen weiss. — Hellebard-Eisen müssen auch sein, weil nichts dergleichen vorhanden ist, und hoffe ich, dass von Berlin aus wird geholfen werden. Die Stückkugeln und Granaten, so Ew. Ch. D. uns bei Ihrer Abreise verordnet haben, kommen heute an, dass wir also desfalls verhoffentlich werden versehen sein.“

„Der Schrecken sonst bei den Leuten auf dem Lande lässt nach und fängt man sich an zu gewöhnen, die Widerrufung der Zeitungen abzuwarten, die dann täglich anders lauten, wie Ew. Ch. D. ohne Zweifel von Dero Statthalters F. D. werden tägliche Nachricht haben.“

Christian Albrecht Graf zu Dona an den Kurfürsten. Dat. Cüstrin 28. November 1674.

[Obrist Barfuss. Stärke der Besatzung.]

8. Dec. Dankt für die Beförderung des Obrist von Barfuss zu der erledigten Obriststelle seines Regiments. Dona hat das erst jetzt erfahren, denn die Briefe an ihn würden „durch böse Leute aufgefangen und aufgehalten“. — Anerkennendes Urteil über Barfuss.

Verweist auf frühere Berichte aus Halberstadt und Cüstrin, die aber vielleicht ebenso wie die seinigen entwendet worden sind.

Morgen will er eine der hiesigen fünf Compagnien auf Befehl des Statthalters nach Berlin schicken, „welches schon eher sollte geschehen sein, wenn S. F. D. nicht allemal geschrieben, dass alhier 800 M. verbleiben müssten, die fünf hiesigen Compagnien aber nicht höher nach Abgang der Auscommandirten gen Löcknitz als 800 Mann sind. Wann aber S. F. D. urtheilen, dass man sich alhier mit 600 behelfen soll, muss ich, weil ich an Sie gewiesen, gehorsamen, welches ich denn in der festen Meinung, darin ich allezeit gewesen, dass wir von Schwedischer Seite nichts zu befahren haben, so viel ungescheuter thue, dann sonst dieser Ort bei einigem feindlichen Zufall elend stehen würde. Aber Ew. Ch. D. werden da schon drin versehen, auf deren Ausfall ich mich beziehe und auf Gott vertraue, dessen Schutz ich Ew. Ch. D., und was Ihr lieb ist, treulich befehle."

B. von Burgsdorff an den Fürsten Johann Georg von Anhalt. Dat. Stettin 7. Dezember 1674.

[Bevorstehendes Rendezvous zu Pasewalk. Stand der schwedischen Truppen.]

Ist gestern aus Wolgast zurückgekommen. Berichtet, dass diesen bevor- 17. Dec.
stehenden 15. und 16. die Truppen ganz gewiss marschiren werden und am 18. dieses das Rendezvous, das nicht wol kann wieder verschoben werden, unfehlbar zu Pasewalk sein wird, von da aus sie unstreitig einen Durchmarsch und einige Quartiere in unserm Lande nehmen werden. „Welchen Streif es aber eigentlich gehen wird, habe ich noch nicht wol erfahren können. Sie haben zwar viel Redens bishero von der Schlesien gemacht, allein soviel ich in höchstem Vertrauen von einem Bekannten habe herausbringen können, dürften sie den March auch nach dem Rhein nehmen, um sich mit Turenne zu conjungiren. Die Bremischen Truppen, so in 6000 M. bestehen, stehen noch um Malchin, Friedland und Brandenburg. Der Herzog von Mecklenburg hat durch seinen Abgesandten sehr querelliren lassen über der üblen Behausung und Ordre, so sie in seinem Lande gehalten. Ich reise morgen von hier über Cüstrin, hoffe Freitag und Sonnabend selbst in Berlin zu sein und neuerlichen Bericht abzustatten von allem, so ich gewiss in Erfahrung bringen könne. Colberg mag vor allem wol auf seine Schanze Acht haben."

Extract Schreibens aus Wolgast vom 16. December 1674.

Des Herrn Feldmarschall Horns Regiment zu Fuss kommt aus Bremen auch anhero, und bleibet aldă zur ganzen Besatzung nicht mehr als ein Regiment und eine Escadron Schwedischer Völker zu Fuss, des Herzogs von Hannover halten sie sich dieses Orts auch wider das Römische Reich ganz versichert. Die Holländische Erklärung und Dänische Macht apprehendiret man zwart, aber noch zur Zeit ohne Veränderung der hiesigen Rathschläge. Ich führete an, dass I. Kais. M. 8000 Mann unter dem Commando des Grafen Sparr nach Schlesien marchiren liesse, allein der Reichsfeldherr setzte entgegen, dass Leute von selbigem Orte alhier vorhanden, so von gewiss berichteten, dass es nur zwei Regimenter wären.

Thomas Bötticher, Landrichter der Uckermark, an den Statthalter Fürsten zu Anhalt. Dat. Prenzlau 28. December 1674.

[Einbruch der Schweden in die Uckermark.]

„Es haben nunmehro die Schwedische Völker, welche bishero in Meckelnburg gelegen, ihre Quartiere verlassen und sich in der Uckermark delociret. Gestalt denn diese vergangene Nacht etzliche Regimenter ein und anderthalb Meile von hiesiger Stadt gestanden, auch in einem Dorf 1, 2 bis 3 Compagnien geleget, die die armen Unterthanen mit Futter und Mehl versehen müssen. Künftige Nacht werden die Trouppen theils eine halbe, theils eine ganze Meile von hier ihr Quartier nehmen, und wie man Nachricht hat, möchten die annoch zurückstehende Völker sich alhier in Prenzlau logiren, es wird der Kreis dadurch totaliter ruiniret, inmassen die armen Leute dergestalt geplaget und ausgezehret werden, dass auch etzliche in ihren Häusern und Hütten nicht werden bleiben können, sondern selbige verlassen müssen. Die Regimenter ziehen sich zusammen, und weiss eigentlich Niemand, was ihr Zweck sei. Nachdem ich nun vor höchst nöthig erachtet, Ew. Hochf. D. dieses unterth. zu referiren, so habe deshalb einen Ordinans Reiter[1]) damit abfertigen sollen."

Obrist Georg Adolf von Micrander an den Fürsten von Anhalt. Relation. Dat. Coelln a. Sp., 26. Oktober 1674. st. v.

[Empfang durch Mardefeld. Längere Unterredung mit dem Kronfeldherrn. Vertrauliche Aeusserungen Wrangels über den Marsch des Kf. ins Elsass und genaue Erkundigungen. Auslassungen der Generale Mardefeld und Wulffen. Mitteilungen eines Hauptmanns vom Hallischen Regiment.]

5. Nov. „Nachdem auf Ew. F. D. gn. Befehl ich den 14. h. mit dem Tage von hier abgereiset, bin ich den 16. zu Stettin und den 18. sehr spat zu Wolgast angelanget, alwo ich des Herrn Feldherrn Exc., weil Sie selbigen Tages auf Ihre Güter ins Land Usedom Sich begeben, nicht angetroffen."

Inzwischen ward ich von unterschiedlichen Officiers versichert, dass sie morgen bei guter Zeit sich in Wolgast wieder einfinden würden. Besuchte demnach folgenden Morgens den Herrn General Mardefeld, mit welchem ich langwürig von einem und andern discouriret, wovon auch dasjenige, so remarquable, unten gemeldet werden soll. Nachmittags, und nachdem er mir vorhero auch eine Visite geben, liess er mir sagen: es hätten I. E. hierin geschicket, dass sie diesen Tag nicht, sondern morgen um 10 Uhr arriviren würden, deren Ankunft dann ich

[1]) Orig.

mit Verlangen erwartete. Es erfolgte aber selbige nicht ehender als um 3 Uhr Nachmittage, und weil I. E. wegen grosser Geschwulst eines Schenkels sehr incommodiret werden, hätten sie sich noch nicht herein begeben, dafern sie nicht notwendig des Posttages in Wolgast abwarten müssten, welcher auch Hindernis gab, dass ich selbiges Tages nicht vor Sie kommen konnte. Ich liess inmittelst Ew. F. D. Schreiben durch Dero Kriegssecretarium Koch Ihrer E. übergeben, welche mir darauf ein Compliment ablegen und beinebenst andeuten lassen, wie ihnen leid sei, dass anheut sie nicht mit mir zu reden vermöchten, sollte mir aber belieben morgen um 10 Uhr sie zu besuchen, wollten sie aufwarten. Unterdessen ward ich vorhero von dem Herrn General Mardefeld zum Mittagsmahl, wobei unterschiedlich mehrere Cavaliers sich befanden, geladen, mit seiner Chaise abgeholet und wieder zurückgeführet, und widerfuhr mir sonst grosse Ehre.

Folgenden Morgens um 10 Uhr sandten mir I. E. der Feldherr ihre Carosse nebenst einem Cavalier und etlichen Lakaien, welche mich hinauf zu sie begleiten mussten. Als ich ins Vorgemach, anwo eine grosse Menge hoher Officier sich befanden, kam, ging mir I. E. das halbe Gemach entgegen und nöthigten mich mit in ihre Retirade, anwo dann Ew. F. D. gn. Befehl gemäss ich ihnen vorgetragen, wie von Ew. F. D. ich gn. Befehl hätte, einen dienstlichen Gruss I. E. zu überbringen und anbei zu contestiren die sonderbare Freude und Vergnügen, so Ew. F. D. über die fröhliche Nachricht Ihrer E. glücklichen Herauskunft aus Schweden geschöpfet, auch zu dem Ende abgeschicket wäre, I. E. zu bewillkommnen und beinebenst alles selbstverlangte Vergnügen anzuwünschen. Und weil Ew. F. D. damals die Ehre gehabt, nicht allein in Ihrer E. guter Bekanntschaft und Affection zu stehen, sondern auch unter Dero Commando zu leben, als wünschten sie, dass I. E. selbige fürohin zu continuiren und das vormalige gute Vertrauen zu renouveliren belieben möchten. Dannenhero trügen Ew. F. D. auch grosses Verlangen, noch einsten die Ehre zu haben mit I. E. sich können zu abbouchiren, und sollte ihnen lieb sein, dafern I. E. nur einen bequemeren Rath Dero guten Gelegenheit nach zu benennen geruhen wollten, daselbst sich einzufinden und die eine und andere Conference zu pflegen. . . Ich sincerirte dabei Ew. F. D. Verlangen zu Conservirung guter Nachbarschaft.

I. E. antworteten darauf folgender Gestalt: Ich bitte I. D. meine unterth. Dienste zu versichern und zu bedenken der guten Souvenance, so Sie gegen ihrem geringen Diener tragen und mir die Ehre thun mögen mich besuchen zu lassen. Ich versichere, dass ich auch von Herzen wünsche, noch einsten die Ehre zu haben mit I. D. zu reden, wollte auch gern meine Schuldigkeit selbst bei Ihnen ablegen, im Fall es sowol meine übele Leibesconstitution (wie er selbst siehet) als auch die Affaires zulassen wollten, und sollte aller Orten, wo I. D. es befehlen würden, mir gelegen sein. Allein es würde Ihnen gar zu viel Ungelegenheit geben, zudem so bin ich anitzo dermassen gebunden, dass ich selbst nicht weiss, wie lange ich an einem Ort beständig sein kann, indem ich auch ehester Tage eine Reise auf Weihnachten thun muss, und die Geschäfte sich auch noch täglich allhier überhäufen.

Ich contestirte nochmals das grosse Verlangen, so Ew. F. D. hätten I. E. einsten zu besuchen, und wie oft und vielmal Sie sowol über der Tafel als sonsten in grosser Gesellschaft Ew. E. mit höchstem Ruhm, auch vor etlich Jahren noch, als Sie nacher Wien geschicket waren, daselbst bei hoher Gesellschaft Erwähnung gethan, dass in Europa und in der Christenheit wir 3 grosse Generale hätten, als Sie Ew. E., dann Herrn General-Lieutenant Montecuccoli und folgends M. Turenne genennet. I. E. antworteten: I. D. seien gar zu gütig gegen ihrem Diener, und habe ich dergleichen um sie nicht verschuldet, I. D. haben Sich billig unter die renommirtesten Fürsten und Generales zu rechnen.

Ferner fragten Sie, ob Ew. F. D. sich beständig itzo zu Berlin nebenst Dero Frau Gemahlin befänden, und ob sie viel Erben und Prinzen hätten. Ich antwortete, keinen aber 5 Prinzess, hätten aber 2 Prinzen gehabt, welche gestorben. Das ist mir leid, sprachen sie, ich möchte wol wünschen, dass sie einen Erben hätten. Ich sagte und versicherte, dass I. D. dergleichen auch wünschen. Darauf baten sie mich zur Tafel und führeten mich durch das Vorgemach in ein anderes grosses Zimmer, anwo der Herr Feldmarschall Horn, Graf Wittenberg und der französische Envoyé, Namens Perceaut, welchen sie einen Commissarium nennen, waren. Erm. Herr Feldmarschall war den Abend vorher aus dem Bremischen zu Wolgast ankommen und mit 16 Stücken doppelter Lösung bewillkommnet, und von dem Herrn General Mardefeld und vielen anderen hohen Officiers eingeholet, wird innerhalb 14 Tagen mit dem Fräulein von Wittenberg Hochzeit halten. I. E. der Feldherr fragten sofort, was wir gutes Neues von der Armée und vom Churfürsten hätten. Ich antwortete, soviel mir wissend, dass I. Ch. D. Sich allbereit mit denen Herren Alliirten conjungiret hätten und eine neue Bataille vermuthet würde. I. E. meinten, sie würde schon geschehen sein, versicherten dabei, dass Turenne nichts würde hasardiren, denn sie kenneten ihn gar zu wol.

Über eine Zeit fingen sie an, der Churfürst hätte sich wol nicht mögen in das Spiel mengen; wer ihm zu diesem Feldzug gerathen, der hätte ihm sehr übel gerathen. Es ist eine erschreckliche Sache, dass die Chur- und Fürsten ihre Augen nicht aufthun und sehen, was der Kaiser entendiret; ich weiss nicht, sie müssen alle verblendet sein. Er hat lassen eine Avacotaria publiciren. Ich sagte, ich hätte sie gelesen. I. E. wiederholten darauf etliche Mal lachend und mit dem Kopfe winkend: ja! schöne Sachen, es seien schöne Sachen. Repetirten darauf: Es ist zu verwundern, dass die Fürsten des Reichs ihre Augen nicht aufthun und lassen sich zu Esclaven machen, der Churfürst taure ihm sehr, er habe böse Rathgeber gehabt: I. Ch. D. habe der Krone Schweden ganz ein anders versichert, sie hätten durch den Herrn General Mardefeld versprochen, nicht mehr als ihr Reichscontingent zu schicken. Grosse Potentaten pflegten wol zu scherzen, aber sie liessen sich nicht schimpfen, fragte dabei, was man von den Schweden judicirte. Ich antwortete: Ich bekenne, dass man unserer Orten sehr curieux sei zu vernehmen, wohin der Kron Schweden extraordinaire Verfassung angesehen. Resp.: Zur Defension unserer Länder, wir müssen uns gleichwol auch ein wenig in Acht nehmen und in Postur setzen, weil jedermann in Armis stehet. Ego: Wir hofften sicher, und hofften, es werde die Kron Schweden alles zu des Reichs besten intendiren und nebenst anderen Ständen zu dieser Sicherheit concurriren, auch vor fernern Anfall und Gewalt auswärtiger Feinde selbiges helfen schützen, und wie bishero, also noch ferner die gute Mediation prosequiren. I. E. fielen mir in die Rede: Was concurriren? Sollten wir uns lassen zu Esclaven machen? Nein. Es heisst, vestigia me terrent. Ich replicirte, soviel ich konnte, um noch mehreres von I. E. zu vernehmen und zu erforschen und sagte dabei unter andern, ich könnte I. E. versichern, dass Kaiserlicher M. Intention gewiss gerecht und zu nichts anders angesehen sei, als zu Beschützung des Reichs und selbiges wieder in ruhigen Stand zu bringen. Von dieser Materie währte der Discurs weitläufig. I. E. wussten endlich nichts mehr vorzubringen, sondern wiederholten das Sprichwort: Vestigia me terrent. Dann das sind wir gewahr worden. Was hatten wir dem Kaiser gethan, als er uns in Polen verfolgte? Was hier in Pommern? Es möchte wiederum so kommen, die Raisons, die sie damals gehabt, haben wir vor itzo auch. Ich sagte, ich bin zu wenig hierauf zu antworten, allein ich glaubte, die Raisons würden der Welt damals durch Manifesta zweifelsohne genugsam vorgestellet sein, überdem so sei ja alles mit dem damalig erfolgten Frieden assoupiret, vergessen und aufgehoben. I. E. sagten: Was Manisfeste? Kurz hierauf fingen sie an: Monsieur Brandt habe zu Stockholm wegen des Churfürstlichen Marches in seinem eingegebenen Memorial keine andere Raison pro Fundamento vorgebracht, als der Churfürst könne seine Armée in seinen Landen länger nicht unterhalten, müsste dannenhero ein ander Land suchen. (Dass dieses M. Brandt pro fundamento vorgebracht habe, versicherte mich auch der Kriegssecretair Koch, als er bei mir war, und versprach mir, die Abschrift des Memorials, weil es im Archiv läge, und sothanes so schleunig nicht finden könnte, mit ehester Post anhero nachzuschicken.) Wir können unsere Völker hier auch nicht länger unterhalten, müssen demnach die Raison auch gebrauchen, und ein anderes Land suchen. Ich sagte, ich könnte nicht glauben, dass Monsieur Brandt dergleichen Raison blosser Dings und allein vorgestellet haben würde. I. E. schwuren bei ihrer Seele, quod sic. Darauf der Feldherr ferner: wenn der Churfürst, England und wir zusammen getreten wären und hätten zum Kaiser gesagt: „Machet Frieden oder wir müssen Frieden machen“, so würde gewiss alles sehr wol gangen sein, so aber sehe ich ganz keine Apparence. Ich wollte, dass der Churfürst den Feldzug nicht gethan hätte. Ich sorge, dass er bald böse Gäste in sein Land bekomme. Ich sagte, dass wir uns gottlob so leicht nichts zu besorgen hätten. Rsp.: Wir würden es sehen. Ego: Der Feind sei uns noch ziemlich entfernt etc., und fragte, von wann I. E. vermeinten. Sie schwiegen etwas still und sagten endlich (gegen den Feldmarschall Horn und die Officiere lächlend): Von Turenne. Ego: Der werde uns wenig schaden können. Pergit: er könnte sich leicht mit starken Truppen detachiren und dem Churfürsten einfallén. Ich: Das Detachement würde schwer wieder zurückkommen, zudem so versicherten wir uns der Herren Schweden gute Nachbarschaft und Assistence. Resp.: Ja! Wir stehen zusammen in Alliance, unter anderem gedachte ich, dass nach des Graf Fürstenbergs Tod der Französische Envoyé Monsieur Vitry auch vom Bairischen Hofe quittiret sei; sie sagten, er kommt sicher zu mir, ich erwarte ihn. I. E. fragten endlich, wie stark wol die Alliirten wären. Ich sagte: zum wenigsten 40000 Mann, ohne die Reichsvölker. Sie lachten fragend: was sind es dann vor Völker? Ich, es seien Kaiserliche, Brandenburgische, Lothringische, Lüneburgische, auch Münsterische, die

Kreisvölker ständen an den Grenzen. „Was sie da thäten?“ Dafern ein oder der andere Stand des Reichs infestiret werden sollte, würden sie dawider employiret werden. Es hätte auch das Reich noch über die bereits bewilligten 30000 Mann dem Kaiser, im Fall es von Nöthen, noch 30000 bewilliget. Resp.: Woher nehmen? nicht 3000. Die Victoire des letzteren Treffens bei Strassburg attribuirte der Feldherr gänzlich den Franzosen. Ich antwortete aber und versicherte Ihrer E., dass zum wenigsten die Herren Alliirten bei allen Batailles dergleichen Unglück, als sie damals gehabt, allzeit wünschen werden.

Alles dieses ist in Praesence vieler hoher, als des Herrn Feldmarschalls Horn und anderer Officiers geredet worden. Nachdem bezeigte I. E. sich noch etwas listig und kamen an dem Discourse auch von Religionssachen zu reden. Ich nahm endlich meinen Abschied, wobei denn I. E. anfangs gem. Commission und Compliment wiederholten, auch anbei so bald ein Schreiben an Ew. F. D. mir zu überschicken versprachen, wurde also wiederum auf I. E. Wagen, wie vorhero, nach Haus begleitet. Kurz darauf folgte der Kriegssecretarius, welcher mir das Schreiben nebenst einer Excuse überbrachte, dass es Ihrer E. leid sei, dass ich nicht besser am hiesigen Ort bedienet werden können. Ich antwortete, was sich geziemet, wie mir grosse Ehre widerfahren, welche ich gegen Ew. F. D. sehr rühmen würde.

Herr von Mardefeld, General von der Infanterie, hat mit sehr beweglichen Expressionen gegen mir folgender Gestalt sich herausgelassen: dass er von Herzen erschrocken, als er von Churfürstlicher D. Resolution und ihrem Marche Nachricht bekommen, versichert anbei, dass er es mit weinenden Augen beklaget, als er gehöret, dass Ch. D. gebrochen, da Sie doch mit eigenem Munde ganz ein anderes ihm versichert und versprochen, dass I. Ch. D. mit Schweden eine feste Verbündnis hätten, und keiner ohne des anderen Vorwissen und Gutheissen etwas thun oder einzige Alliance eingehen, sondern als Mediatore Sich gebrauchen lassen wollten. So der Herr General auch der Krone steif und fest versichert. Jedoch hätte Seine Ch. D. diesem zuwider mit dem Kaiser ohne des Königs Vorwissen Alliance gemacht und nach der Zeit erstlich solche Schweden offenbaret. Deswegen der Herr General auch von der Kron einen scharfen Verweis bekommen, er müsste die Sache nicht fideliter berichtet haben. Der Herr General versicherte, dass die Kron Schweden es so treu und aufrichtig mit Ch. D. gemeinet, und seien über seine gethane Sincerationes sehr erfreuet gewesen, hätten auch Churfürstlicher D. angeboten ihnen Subsidiengelder zu verschaffen. Es sei ihm von Herzen leid, dass der Churfürst solche Resolution gefasst, sie würden dem Kaiser dadurch den Frieden schwer machen, I. Ch. D. hätten ihm soviele Gnaden sowol mit Beschenkung des Portraits also sonsten gethan. Er wüsste nicht, was er sagen sollte, der Kaiser inclinirte nicht zur Schwedischen Mediation, sondern wiese selbige ab. Schweden aber müsste Frieden haben und suchte selbigen. Der Herzog von Neuburg habe zu Wien einen Gesandten, welcher am Hofe wegen der besorgenden Kriegs-Einquartirung in seinen Landen praecaviren und dawider sollicitiren müsste. Schweden könnte auch vermöge der mit dem Herzog getroffenen Alliance solches nicht gestatten, Chur-Brandenburg sei auch mit darin begriffen, die Kron Schweden hätte auch eine schöne Schiffflotte von 40 Kriegsschiffen, woran noch täglich gearbeitet würde. Sie hätten seit dem Monat Mai keine Subsidiengelder von Frankreich bekommen, die Subsidien, so sie bekommen, wären der Mühe nicht werth, eine Ambassade kostete mehr, als sie empfangen.

Herr General-Major Wulffen, Gouverneur zu Stettin, konnte, nachdem wir von den itzigen Conjuncturen gleichfalls zu reden anfingen, auch nicht verbergen die Passion, so er gegen die gegenwärtigen Kaiserlichen Actionen heget, indem er sowol wegen der itzigen Fürstenbergischen als auch vormaligen Nadasdyschen und dessen Adhaerenten Process ungleich geredet. Das Ding würde so nicht bleiben, er sei ein Gesandter gewesen, der Kaiser habe allen, die im Namen ihrer Principalen zu Cöln negotiiret, Freiheit und sicher Geleite gegeben und versprochen etc., führete dabei an die Ordinarie Opposition, welche Herr Puffendorf Ihrer Königlichen M. eingegeben, und wunderte ihn, dass die Stände des Reichs so verblendet wären, und nicht sähen, was der Kaiser intendirte, indem sie meinten, er suche das Reich zu schützen und thäte darunter nichts, als dass er seine Länder conservirte. Ich gab ihm aber die Antwort, welche aller Welt, des Fürstenbergs halber bekannt, so dass seine Raisons bald hinfielen. Ich remonstrirte beinebenst und fragte, dass wann der König in Frankreich oder die Kron Schweden einen dergleichen Rebellen, welcher ein Vasall und seinem König mit Eid und Pflicht verwandt wäre, bekommen sollte, ob sie auch dergleichen Gütigkeit und einen so langwierigen Process ihnen gestattet haben würden, als diesem widerfähret. Ich sorgte gänzlich, man würde einen scharfen Process de facto fortgesetzet haben, der Kaiser condemnirte sie nicht sondern das Recht etc., und davon laugwürig. Endlich gedachte er, der König müsste einen reputirlichen Frieden haben. Ich antwortete: warum aber, wenn der König in Frankreich, als ein ausländischer Potentat und nicht der Kaiser, dem alle Stände des Reichs mit Eid und Pflicht verwandt wären, stellete ihm beinebenst vor, dass ich sonder Ruhm zu gedenken wüsste, was für einen schweren Eid Sie bei Antretung ihrer Regierung dem Kaiser schwören müssten. Dieses alles habe dem Feldherrn auch remonstriret, welcher lachend antwortete: „Ja, wir wissen alles wol". — Den Herrn General-Major habe krank zu Stettin gelassen.

Des Reichsfeldherren Kriegssecretair Koch versichert mich, dass sie noch wenig Subsidiengelder von der Kron Frankreich bekommen, ausser 30 000 Thlr. Sie haben aber sicheres Versprechen, dass sobald die Schwedische Armée sich moviren würde, selbige von Frankreich gänzlich verpfleget werden solle. Ferner gedachte er, es sei Monsieur Wangelin von Seiner Ch. D. abgefordert gewesen, aber wieder zurück beordert, um nochmals I. Ch. D. suchen zu disponiren, dass Sie ihre Armée wieder zurück und von den Alliirten Sich abziehen möchten, stellete mir dabei vor, dass, wofern solches nicht geschehen dürfte, sollte es wol zur Ruptur ausbrechen. Es hätte die Krone eine schöne Flotte von 40 Kriegs- und so viel grossen Kaufmannsschiffen, die zu 40 Stück führeten, ein Theil der Schiffe würde nach England geschicket. Ingleich dass der Französische Gesandte zu Stockholm Monsieur Feucquières so importun des Feldherrn Heraus-Reise poussiret, welches I. E. dermassen verdrossen, dass sie auch sonder von ihm genommenen Abschied von da abgefahren. Monsieur Feucquières habe wegen Ihrer E. Herausreise noch in Zweifel gestanden und zu dem Ende einen jungen Cavalier mitgeschicket, welcher so bald und gleich nach Ihrer E. Anherokunft die Post wieder hinein bringen müssen. Die Liste der Schwedischen Regimenter hat mir gem. Secretarius zugestellet, schätzet sie auf 32 000 Mann.

„Ein Hauptmann vom Hallischen in Stettin liegenden Regiment, Ihrer Ch. D. Vassall, hat mir im Vertrauen eröffnet, dass er den Tag vor meiner Dahinkunft mit dem Herrn General-Major Wulffen den Überschlag aller sowol in Pommern liegenden Regimenter gemacht, und beliefe sich zusammen auf 20 000 Mann. Ingleichen es sei ein Schlesischer Gesandter im geheimen bei dem Feldherrn gewesen, welcher im Namen etlicher Stände ihm versichert haben soll, dass sobald die Herren Schweden in Schlesien gehen sollten, sie in ihrer Protection sich ergeben und etliche 100 junge Edelleute zu ihm stossen wollten. Dieser Capitain versicherte mich, dass er abdanken und wegen besorgender

Ruptur wider seinen Landesherrn nicht dienen wollte. Ingleichen, dass man muthmassete, es würden die Herren Schweden in Preussen gehen und Polen einen Frieden helfen zuwege bringen und so dann conjunctis armis in Schlesien gehen. Dieses hat mir der Obrister Jordan, welcher sich in Stettin aufhält und letztlich unter dem Churfürst von Cöln gedienet, auch erzählet."

P. S. „Vor mich habe sonsten auch remarquiret, dass sich zum Marche alles fertig hält und mit Equipage versichert. Die Reuterei ist sehr schlecht, die ich gestern gesehen, und sehr übel montiret. Die Infanterie etwas besser, die Finnen aber sehen den Bauern ähnlicher als Soldaten, indem sie auch den Bauern gleich gekleidet sind. Ein Musquetier soll monatlich haben 16 g. Gr. und einen Scheffel Korn, bekommt es aber nicht richtig, dahero sie sehr sich verlaufen, ein Reiter 3½ Thaler, ein Capitain 9 Thaler und Fähndrich 8 Thaler, so sie mir selber bekannt und betheuret, dass sie alles das ihrige dabei verzehrt und bloss auf eine gute Campagne vertröstet würden."

Micrander. Relation an den Statthalter. Dat. Berlin 27. November 1674.

[Neue Unterredung mit dem Kronfeldherrn. Eröffnungen Mardefelds. Begegnung mit Wangelin. Auslassungen anderer schwedischer Persönlichkeiten. Feldzugsvorbereitungen.]

7. Dec. Gespräch mit Wrangel. Rsp. Ille: „Ich bedanke mich vor die Gnade, so I. F. D. mir nochmals erweisen und an mich abschicken wollen, versichere, dass, wie ich allzeit ein aufrichtig, treuer und unterth. Diener von dem Churfürsten und Ihrer F. Gn. gewesen und sie sehr veneriret, also noch ferner stets continuiren werde. Ich habe das Schreiben vom Churfürsten erhalten, aber gar spät, wie es kommen muss, weiss ich nicht. Was die Alliance betrifft, so weiss ich nicht, ob selbige eben noch im vorigen Valor stehet, denn Ch. D. nicht observiret, was selbige vermöchte. Wir hatten uns ganz eines andern und dergleichen nicht vermuthet, dass man den König dergestalt praeteriren sollte, der König hat es gar übel empfunden."

Ego: „Ich hätte gn. Befehl Ihrer E. zu versichern, dass wofern ja wider Verhoffen I. Kön. M. wegen I. Ch. D. beschehenen Marches in ungleiche Gedanken kommen, und als ob der Alliance etwas zugegen geschehen wäre, vermeinen sollten, I. E. zu ersuchen, sie möchten sich desfalls herauslassen, man wäre des Erbietens, alle gefasste Difficultäten und guten Raisons und Fundamenten zu benehmen, und dafern man durch gute Correspondenz und Unterredung näher zusammen treten sollte, man dergestalt sich expectoriren würde, dass I. Kön. M. Churfürstlicher D. gute und aufrichtige Intention, die Alliance in allen fest zu halten, genugsam zu spüren haben würden."

Ille: „Es würde sich nun nicht mehr schicken mit der Correspondance, denn sie wüssten nicht, wie lange sie etwa noch alhier bleiben möchten; es stünde auch nicht bei ihnen etwas vor sich zu resolviren, der König habe gar neulich an den Churfürsten geschrieben, woraus man dessen Intention und Erklärung vernehmen würde. Sie könnten nicht mehres, als wozu sie beordret, thun, noch dato hätten sie Befehl in guter Nachbarschaft zu leben, es wäre denn, dass sie andere Ordre bekämen." — „Bald darauf fingen I. E. an: ich habe I. Ch. D. als ein treuer Diener allzeit hoch veneriret, auch noch dato, und, bei meiner Seelen, zum besten gerathen; ich will es auch noch thun, denn ich wünsche von Herzen, dass I. Ch. D. in gutem Vertrauen, Freund- und Nachbarschaft mit dem König beständig bleiben mögen. Ich will auch noch nicht glauben, dass etwas feindliches wider den Churfürsten vorgenommen werden solle, denn wir hoffen, der Churfürst werde zu anderen besseren Gedanken kommen, das Kön. Schreiben würde alle Erklärung geben, und auf die daraufige Resolution würde es ankommen. Weil mir dann von dem Kriegs-Secretario vorhero vertrauet ward, dass Ihrer E. eine Copie des Schreibens von der Krone zugeschickt worden, ersuchte ich den Secretarius sehr, er möchte mir eine Abschrift davon zuwegebringen. Er bat mich aber, ich sollte dieses nicht begehren, denn es nicht geschehen könnte, wollte ich aber selbst I. E. darum ersuchen, stellete er es in mein Belieben, bäte mich aber zum höchsten, ich möchte von ihm, und dass er von der Copie mir etwas gesagt, nicht Meldung thun, sondern dass der Obrister Wangelin mir davon Nachricht gegeben. Ich ersuchte demnach I. E. um eine Abschrift des Schreibens, die sie mir aber refusirten, vorgebend, es würde sich nicht schicken, dass die Ministri ehender solche zu lesen bekämen als der Principal; auf meine inständige Remonstration aber, dass es vielleicht zu Maturirung der Kron Schweden Intention dienen würde, im Fall Ew. F. D. nebenst bei sich habenden Churfürstlichen Geheimen Räthen ihre Consilia darauf dem Churfürsten zeitig einschicken und beitragen könnte. Worauf sie mir dann bei meinem genommenen Abschied und aufgetragenem unterth. Gruss an Ew. F. D. selbige promittirten und kurz vor meiner Abreise den Kriegs-Secretarium Koch mit einem Antwortschreiben und erm. Copie zu mir schickten mit nochmaliger Sinceration, dass sie gewiss dahin trachten würden, wie die gute Freundschaft mit dem Churfürsten und dem König könne cultiviret bleiben. Sie wollten auch mit ehester Post selbsten Ihrer Churfürstlichen D. ihre treue Intention tesmoygniren; solange sie nicht andere Ordre bekämen, würden sie gewiss die gute Nachbarschaft alhier halten, hingegen lebte man auch in Hoffnung, es würde der Churfürst andere Mesures nehmen und Via Amicitiae, nicht Via Armorum den Frieden suchen. Auf die Antwort und Resolution des Kön. Schreibens beruhete alles, sollte man darauf nicht Reflexion machen, dürfte es wol Änderung geben."

Über der Tafel gedachten I. E., sie hätten gehöret, dass ein so grosses Flüchten in der Mark und Lüneburgischen Landen, auch in der

Lausitz wäre. Ego: Ich müsste bekennen, dass man bei uns unterschiedlich ausgestreuet, als ob die Herren Schweden einen Marche durch die Brandenburgischen Lande nach Schlesien nehmen wollten. Ille: Warum haben sie sich aber zu fürchten? Wir sind ja noch gute Freunde, ich sehe nicht, warum sie flüchten sollten. Ob Herr Heidekamp zu Berlin sei? Ego: Nein; bei Ew. Ch. D. Ille: Sie wird aber da sein, denn sie hätte in unterschiedlichen Wagen nacher Wittenberg geflüchtet. Ego: Ich hätte davon nicht gehöret. Ille: Es sei nicht anders, es wäre ihm gewiss von Hamburg geschrieben etc. Es hat vor meiner Ankunft ein Cavalier über die Tafel unter anderm gegen den Feldherrn erwähnet, er habe vor gewiss gehöret, dass der Schwedische Marche nach der Mark Brandenburg gehen solle. Dem I. E. geantwortet: Ist es möglich? Ei, das ist mir lieb, dass ich einmal davon Nachricht bekomme, ich habe längst schon solches zu wissen grosses Verlangen getragen. Soll es aber gewiss sein? Der Cavalier soll darauf ganz erstarrt sein. Mit dem Französischen Gesandten M. Vitry ward nichts über der Tafel geredet ausser von Trier und selbiger Stadt vermuthenden Belagerung, worauf gegen I. E. er gedachte: „C'est un brave homme, qui est là dedans." Mich fragten I. E.: „point de nouvelles de l'Armée de Monsieur l'Électeur?" Moi: „Fort peu, Son Altesse É. cherche l'occasion d'avoir l'honneur de combattre aussi une fois avec Monsieur de Turenne devant qu'aller au quartier d'hiver. Ille: „Je ne crois pas, qu'il le fera plus quelque chose." M. Vitry sagte kein Wort.

Herr General Mardefeld schwur bei seiner Seelen, dass er und Niemand von seines gleichen noch wüssten, wo der Marche noch hingehen sollte. Vom Rendezvous wüsste man auch eigentlich noch nicht, man sagte zwar vom 1. December zu Pasewalk, aber er könnte mich versichern, dass kein Regiment annoch zum March beordret sei, glaubte auch nicht, dass Ordres ausgefertiget wären. Zum Marche sich fertig zu halten, sei denen Regimentern zwar anbefohlen, man hoffte noch immer, Chur Brandenburg solle sich eines andern resolviren. Ein General-Adjutant sei nach dem Herzog von Mecklenburg-Güstrow abgeschicket, wegen des Durchzuges und Quartiere der Bremischen Völker halber zu sollicitiren, der Herzog hätte anfangs difficultiret, letzlich aber vor ihr Geld zu zehren den Durchmarch gewilliget. Herr Obrister Wangelin hätte bei dem Churfürsten vor Dero Aufbruch inständig damals angehalten, Dero Marche ihm zu vertrauen, damit er vermöge der Alliance dem König davon Bericht geben könne, er habe aber nichts zu erhalten vermocht. Es wäre zu der Zeit, und bevor Chur-Brandenburg den Marche fortgesetzet, auch so grosses Flüchten in Pommern nach Stralsund und Stettin gewesen. Niemand hätte das geringste vernehmen können, wohin es gemeinet. Man habe damals so viel Volk, was nur aufzubringen gewesen, zusammengezogen und nach Stettin bracht, selbige Garnison zu besetzen: ebenso ginge es in der Mark vor itzo auch. Er wollte nicht hoffen und glauben, dass etwas wider Brandenburg sollte vorgenommen werden; wenn auch ja ein Durchmarch vorgehen sollte, zweifelte er nicht, man würde Ch. D. in Zeiten darum begrüssen.

Herr Obrister Wangelin, welchen ich unterwegens zwischen Ueckermünde und Anklam begegnet und über eine halbe Stunde im Feld mit ihm geredet, will nicht hoffen, dass sie was feindliches wider Chur Brandenburg tentiren würden. Ein Durchmarch möchte aber wol erfordert werden, indem man die Völcker nirgend wo anders durchbringen könnte; doch wüsste er nicht, wohin es gehen dürfte. Die Kron Schweden würde anders nicht vornehmen, als was Chur Brandenburg gethan, welches ohne ihrem Vorwissen eine Partie, die sie anständig gefunden, erwählet und zu derselben sich geschlagen, welches aus eben dem Fundament Schweden auch freistünde. Er habe, ungeachtet er stets am Churfürstlichen Hofe gewesen, auch nicht einmal kurz vor des Churfürsten Aufbruch mit der Armée erfahren können, wo es hingehen sollte; er hätte so inständig danach gefraget, man habe ihm aber ganz andere Antwort gegeben. Endlich, als er den March, wohin er angesehen, vermerket, habe er dawider gerathen, remonstrando, es sei wider die Alliance, man möchte ihm doch nur 3 Wochen Zeit geben und mit dem vorhabenden Marche so lange anstehen, bis er seinem Könige davon Relation erstatten könnte. Man hätte ihm aber gesagt, nicht 2 Tage, da man doch seinem Könige feste Versicherung gethan, ohne Gutheissen und Vorwissen der Kron Schweden nichts vorzunehmen, worauf er remonstriret habe, dass der König die Resolution nicht wol nehmen würde, und besorgte, er möchte dergleichen thun, auch alsdann vielleicht eine Partie wählen, welche dem Churfürsten nicht anständig sein möchte: denn eben das Fundament, so der Churfürst habe, hätten sie auch. Herr Canzler Somnitz habe darüber gelachet, sagend, sie könnten das nicht thun; wo sie die Macht hernehmen wollten? Der König in Dänemark würde ihnen in den Rücken gehen und bald Diversiones machen. Er vermeinte, durch gute Unterredung und Correspondentien würde die

Sache vielleicht zu redressiren sein, insonderheit, wenn Ch. D. ihre Armée bald wieder von denen Alliirten abziehen würden; denn dieses wäre eine conditio sine qua non. Des Königs Intention sei gewiss, in gutem Vernehmen allzeit mit Chur Brandenburg zu stehen. Ego: Könnte versichern, dass wir auch nichts mehres als dieses verlangen, und dass I. Ch. D. sich guter Nachbar- und Freundschaft von der Krone Schweden versehe, würde ein genugsames Kennzeichen geben, dass Sie sich mit ihrer ganzen Armée aus ihren Landen begeben und selbige ziemlich bloss stehen lassen, sonsten es schwerlich geschehen sein würde. Ille: Es habe der König ihm vor itzo ein Schreiben herausgeschicket mit expressem Befehl, solches mit der Post schleunigst an den Churfürsten zu befördern, er habe es bei sich, woraus des Königs Intention und Erklärung zu vernehmen sein würde. Hingegen sei man auf Schwedischer Seiten der Meinung, dass die letztlich geschlossene Alliance, weil man Brandenburgischer Seiten selbige negligiret hätte, verloschen, doch glaubte er nicht, dass man deswegen eben wider Ch. D. etwas feindliches vornehmen werde. Die Armée würde den 1. December zu Pasewalk 22000 Mann stark zusammenkommen, die Artillerie bestünde in 60 Stücken. Nach dem Rendezvous würden sie sich in etwas eslargiren. Man hätte Schwedischer Seiten wol gewusst, dass die Armée dem Churfürsten schwer zu unterhalten fallen würde, er auch selbiger bei itziger Conjuncturen nicht wol sich begeben könnte. Zu dem Ende hätte man dem Churfürsten gerathen, er möchte nur stille sitzen und die Neutralität conserviren, sie wollten dem Churfürsten Subsidiengelder schaffen, und damit nicht etwa einiger Soupcon dem Churfürsten zuwachse, als ob er mit Frankreich wider das Reich in Intelligenz stünde, so wollte Schweden die Gelder bezahlen, und dieses würde ja hoffentlich Monsieur Brandts seiner zu Stockholm gethaner Proposition Satisfaction geben.

Herr Land-Commissarius Ramin sagte mir, er habe Befehl und Ordre, die um Stettin stehenden Völker und Artillerie, wozu über die vor 10000 Thaler angeschafften Pferde vom Lande noch etliche 100 bewilligt wären, den 29. dieses bei Löcknitz vorbei zu führen, den 1. December würde das Rendezvous bei Pasewalk sein, bei der Artillerie wären über 1000 Munitions-Wagen, die Wege sind aller Orten deswegen repariret und gebessert, welches ich selbst gesehen.

Herr Obrister Freiherr von Lieven, des Feldherrn Befreundter, welcher etliche Mal in Anclam bei mir gewesen, gab zu vermerken, dass der Marche nach Schlesien gehen möchte, war sehr passionirt wider den Kaiser. Er ist in vormaligen Deutschen Kriegen mit vor Brünn und in Oestreich zu Kornneuburg und vor der Wiener Brücken gewesen. Sagte unter andern, der Kaiser wäre damals gar zu gnädig davonkommen, von rechtswegen hätte er uns Schlesien noch hergeben sollen. Der König in Frankreich müsste einen reputirlichen Frieden haben, der Kaiser machte es ein wenig zu viel, er hätte gut Krieg führen, er kriegte nicht in seinen Landen, sondern im Reich, es kostete ihn nichts. Ego: Was denn der König in Frankreich bisher gethan hätte, denn man noch keinen Fuss breit ins Land gekommen wäre? der Kaiser hätte ja wol hoffentlich eher Macht, mit einer Armée im Reich zu stehen, als ein ausländischer fremder König, der Kaiser habe bisher fast nichts vor sich, sondern alles mit des Reichs einmüthigen Bewilligung gethan und zu Beschützung derer, die ihn um Hülfe imploriret haben. Warum soll denn eben mehr Frankreich einen reputirlichen Frieden haben als der Kaiser und das Reich etc.? Ille: Schwieg still und warf den Kopf in die Höhe, endlich sagte er: ‚Ja wir sind mit Frankreich mehr interessiret.‘ Er vermeinete, der Marche werde so gar bald noch nicht vor sich gehen, das Rendezvous imgleichen.

Ein gewisser königlicher Bedienter, welcher von dem Feldherrn sehr werth gehalten, von allen Generales und Officiers auch viel veneriret wird und ein grosses bei I. E. vermag, hat bei seiner etlich Mal mir gegebenen Visite sich viel herausgelassen, weil er vermeinet, ich habe noch sonderbare Inclination zu Schwedischen Diensten, indem ich selbige allzeit sehr gegen ihm gerühmet, wie ich nämlich vormals und zwar Ao. 59 dem Feldherrn, damaligem Reichs-Admiral gedienet und grosse Gnaden empfangen, auch dergleichen fernere Intention zu verstehen gab. Er sagte unter andern, die Krone Schweden suchte eiferigst einen reputirlichen General-Frieden und würde durchaus nicht geschehen lassen oder zugeben, dass die Krone Frankreich supprimiret oder vom Kaiser zu ein mehres, als der Westphälische Friede vermöchte, astringiret werden sollte, sie suchten ged. Frieden punctuellement in allen Stücken restauriret, würden auch davon nicht abweichen, sollten sie auch alles daran hasardiren und Pommern und Bremen darüber verlieren. Er vermass sich dessen sehr, dass solches geschehen, und Schweden sein äusserstes daran setzen würde. Der König habe gewiss aufrichtige Friedensgedanken, und man sollte sicher glauben, dass Schweden Frankreich eine kleine Züchtig- und Demüthigung gegönnet, denn sie selbst nicht geschehen lassen könnten, dass Frankreich zu mächtig werde. Es wäre nun genugsam gedemüthiget, indem es ihre Intention nicht erreichen können und hätte bei dem Kriege soviel verloren, dass es eine Zeit lang wol daran denken könnte. Der Churfürstliche Marche hindere den Frieden sehr, es sei der Obrist Arenten, Resident zu Frankfurt, an den Churfürsten anstatt des zuvor wieder dahin destinirten Obristen Wangelins geschicket, um I. Ch. D. inständigst nochmals zu disponiren, dass Sie ihre Armée von denen Herren Alliirten wieder zurückziehen. Es hätte der König auch anitzo letzlich noch dieserwegen an den Churfürsten ein lateinisch von zweien Bogen bestehendes Schreiben abgeschicket, woraus des Königs Erklärung zu ersehen sein würde, sollte aber der Churfürst in seiner Intention fortfahren und nicht Via amicitiae, sondern Via armorum den Frieden suchen, würde es gewiss eine Aenderung geben, auf des Churfürsten daraufige Resolution würde alles beruhen, man sehe, wie sincèrement der König den Frieden poussirte Ungeachtet Chur-Brandenburg die Alliance nicht offeriret und die Kron wüsste, dass die Brandenburgischen Lande ganz offen stehen, und sie leicht darin thun könnten, was sie wollten, so hätten sie dennoch nichts tentiren mögen, in Hoffnung, der Churfürst solle noch andere Mesures nehmen. Sollte aber das nicht erfolgen, so besorgte er gewiss, dass es zur Ruptur ausbrechen werde. Derfflinger, als ein Oestreicher, wäre an allem Schuld, der hätte am meisten dem Churfürsten zu dem Marche gerathen, und man würde sehen, dass I. Ch. D. von dem Kaiser gewiss auch noch ihren Dank bekommen, und ihnen eins angehänget werden würde. Und man wüsste auch gar zu wol, dass der Fürst von Anhalt gut kaiserlich sei. Ego: Versicherte, dass er in diesem Fall gewiss unparteiisch wäre, es würde solches auch das Schreiben, so ich Ihrer E. überbracht, ausweisen. Ille: lachte sagend: ‚Monsieur, vous le savez mieux que je puisse dire, ce sont des compliments politiques. Wir wissen auch gar wol, dass Chur-Brandenburg mit Dänemark heimliche Alliance gemacht, wir sagen aber noch nichts dazu, aber es ist nicht allerdings treu mit der Krone Schweden gemeinet‘ etc., und viele dergleichen Reden mehr. Der Feldherr wartete auf Königliche Ordre, sobald dieselbe anlangete, würde der Marche vor sich gehen, wohin? wüsste er nicht. Dass M. Brandt nichts anderes in seinem Memorial wegen des Churfürstlichen Marches pro fundamento vorgebracht, als dass S. Ch. D. ihre Völker in ihren Landen nicht länger unterhalten könnten, schwur er bei Teufel holen, er habe die Abschrift noch dato nicht finden können. Der Feldherr assurirte mich dessen auch nochmals, ingleichen, dass sie wünschen mögen, ein Paar Monate eher in Deutschland gewesen zu sein. Sie wären versichert, dass der Churfürst den Marche nicht würde gethan haben. Dass der König aufrichtige Freund- und Nachbarschaft mit dem Churfürsten suche, würde man daher abnehmen: es hätten die Bremischen Trouppes Ordre, den nächsten Weg nach Pommern zu marchiren, nun hätten sie keinen näheren March haben können, als bei Bütow etliche Meilen das Churfürstliche Land zu berühren, und wäre aus einer Nonchalance geschehen, dass man eher solches nicht remarquiret und den Churfürsten darum begrüsset hätte, zu dem Ende habe man aufs schleunigste den General-Adjutanten Holm denen Trouppes, welche der Bischof von Eutin als General von der Cavalerie führete, entgegen geschicket, um ihnen anzudeuten, dass sie einen Umschweif durchs Mecklenburgische nehmen und das Churfürstliche Territorium im geringsten nicht berühren sollten. Die Subsidien, welche sie von Frankreich anitzo erhoben, hätten sie zu anders nichts als allein zu Wiederbringung des Westphälischen Friedens angenommen, zu etwas weiteres wollte man vor Frankreich sich nicht verbinden noch einlassen. Letztlich sagte er zu mir bei seinem genommenen Abschied: „J'espère, Monsieur, que Vous ménagerez tout ce que je Vous ai parlé en confidence, car je me fie à Vous, comme à un Cavalier, vous savez bien qu'autrement cela coûterait ma tête.“

Übrigens habe vor mich remarquiret, dass zu einem Marche und Feldzug alle Anstalt eifrigst fortgesetzt wird, massen denn der Feldherr im Schlosshofe zu Wolgast 30 schöne, mit blauem Tuch überzogene Rüstwagen stehen gehabt. Heraussen vor dem Schlosse stunden über 60 Kasten-Wagen zu denen Stückkugeln, alle weiss angestrichen. Die Herren Landräthe gedachten gegen mir, dass über 1200 Munition-Wagen mit der Artillerie gehen würden, dannenhero wegen Anschaff- und Zusammenbringung derer noch abgehenden Pferde auf gegenwärtigem Landtage zu Wolgast deliberiret würde.

Die Armee schätze ich zum höchsten nebenst denen Bremischen auf 16000 Mann, so zu Felde gehen können. Am Tage meiner Abreise kam ein Courier aus Schweden zum Feldherrn, dessen Mitbringen aber Niemand erfahren. Die Gesandschaft etlicher Stände aus Schlesien an den Feldherrn ward mir von etlichen Officiers in Stettin nochmals jurando confirmiret, ingleichen, dass man daselbst, Zeit meiner Anwesenheit zu Wolgast, allerhand Bomben und Granaten geworfen und probiret, woraus man vorhabende Belagerung muthmassen wollen.

„Und dieses alles ist, was ich obgedachter Massen selbsten angehöret und in tiefster Unterth. meiner gehorsamsten Schuldigkeit nach Ewrer Fürstlichen D. treulichst hiermit referiren können."

Christoph Dubislaf von Hagen an den Fürsten von Anhalt. Dat. Eiligst Wolgast 16. December 1674.

[Empfang und Audienz bei Wrangel. Schwedisches Rendezvous. Militärisches.]

26. Dec. „Vermöge Ew. F. D. gn. Befehl habe ich meine Reise anhero nacher Wolgast möglichst beschleuniget, bin auch, nachdem ich den 10ten frühe von Berlin abgegangen, am 12ten dieses alhier angelanget, wegen vorstehenden Sonntags aber und Seiner Exc. des Reichsfeldherrn vielfältiger Affairen nicht eher als den 15ten früh 10 Uhr Gehör haben können. Da ich denn meiner Instruction gemäss überall meine unterth. Gebühr sowol gegen I. Ch. D. als auch Ew. F. D. nach Möglichkeit beobachtet, und auf meinen gethanen Vortrag folgende Antwort erhalten."

I. Exc. der Reichsfeldherr bedanketen sich, dass Ew. F. D. ihm das Absterben Seiner Churprinzlichen D. kund machen wollen. Er müsste gestehen, dass, gleichwie solcher Trauerfall S. Ch. D. nahe ans Herze gehen würde, er imgleichen sich darüber hoch betrübt befünde, und wünschete dabei göttlichen Trost. Wegen der bisher gepflogenen Correspondence wäre ihm lieb, dass solche Seiner Ch. D. zu gn. Gefallen gereichet, wollte auch ganz gerne, soweit es das Interesse von Ihrer Königlichen M. zuliesse, ferner an Ew. F. D. damit continuiren. Dass S. Ch. D. aber durch Ew. Hochf. D. versichern liessen, dass Dero beständige Meinung sei die mit der Kron Schweden vor einiger Zeit getroffene Alliance unverrückt beizubehalten, könnten S. Exc. der Reichsfeldherr nicht absehen, wie S. Ch. D. solches behaupten wollten, gestalt ja Selbige Dero Armada ohne Vorwissen seines Königes ins Feld geführet und dadurch das Kriegesfeuer mehr fortsetzen als dämpfen helfen, dass man also der Sachen guten Ausgang nicht wol abzusehen vermöchte. Als ich nun hierauf das rühmliche Vorhaben Ewrer Churfürstlichen D. zusammt Dero Versicherung einer beständigen Freundschaft, und wie S. Ch. D. sowol als Ew. F. D. dem gemeinen Ruf entgegen Sich zu der Kron Schweden ein gleiches versehen, wiederholete, auch, soweit die gemessene Instruction es vergönnte, die Einwürfe nach der gelindesten Art zu widerlegen suchete, in Meinung, es würde S. Exc. der Reichsfeldherr des vorseinden Übels oder Gutes halber sich etwas näher herauslassen, erhielt ich doch nichts mehr zur Antwort, als dass der Reichsfeldherr alles von sich ablehnete mit Vorgabe, er hätte dieses nur discursive angeführet sonder einige Commissionen von I. M. Er wollte noch das beste hoffen und Ewrer F. D. überreichtes Schreiben hinwider beantworten. Worauf ich ganz freundlich erlassen, zur Tafel genöthiget und mit vielen Höflichkeiten enthalten ward.

Sonsten melde ich Ewrer Hochf. D., dass nachdem in 6 Tagen 6 Mal Ordre und Contreordre wegen des Schwedischen Marches gestellet, nunmehro dem Vorgeben nach festgesetzet, dass den 22ten dieses das Rendezvous bei Pasewalk sein und allda die ganze Armée mit versammeln solle. Die Artillerie stehet noch theils in Stralsund, ein Theil ist aber bereits nach Stettin gebracht, und vermeinen die Herren Schweden sich damit, wie auch mit Ammunition, deren ein jeder Wagen 12 Centner führen soll, wol zu versehen. Dass auch deren Gemüth gar zu gut Brandenburgisch gesinnet sein solle, ist nicht zu merken, wie denn auch die Grössen dieses Orts nunmehro fast ohne Scheu sich herauslassen, dass es der Chur-Mark gelten möchte, andere aber urtheilen, dass das Werk gegen die Mark, das innerliche Vorhaben aber gegen Dänemark gerichtet sei.

„Des Feldmarschall Horn Regiment zu Fuss kommt aus Bremen auch anhero, und bleibt alda zur ganzen Besatzung nicht mehr als ein Regiment und eine Escadron Schwedischer Völker zu Fuss. Des Herzogs von Hannover halten sie sich dieses Orts auch wider das Römische Reich ganz versichert. Die Holländische Erklärung und Dänische Macht apprehendirt man zwar, aber noch zur Zeit ohne Veränderung der hiesigen Rathschläge. Ich führete an, dass I. Kais. M. 8000 Mann unter dem Commando des Grafen Sparr nach Schlesien marchiren liesse. Allein der Reichsfeldherr sagte entgegen, dass Leute von selbigem Orte alhier vorhanden, so vor gewiss berichteten, dass es nur 2 Regimenter wären. Ich werde heute wol meine Abfertigung bekommen, werde demnach von des Reichsfeldherrn Ex. Nachmittags Abschied nehmen und Morgens frühe mich wieder zurück zu Ew. F. D. verfügen, um auss allem näheren Bericht unterth. abzustatten."

Christoph Dubislaf von Hagen an den Fürsten von Anhalt. Datum Berlin 20. December 1674.

[Wrangels letzte Erklärung, von Hagen unter Protest entgegengenommen.]

30. Dec. Ich berichte ferner, dass nunmehro I. Ex. der Reichsfeldherr auf mein inständiges Anhalten mir klaren Wein eingeschenket und vermeldet, wie Sie von I. Kön. M. Ordre empfangen, nunmehro mit der ganzen Armée aufzubrechen und in die Chur-Mark die Quartiere zu nehmen, und solches folgender drei Ursache halber:

1. dass Sie Dero eigene Lande, so nunmehro unter der Last fast erliegen wollten, in höchster Zeit conservirten;

2. Ihre Armada in einen Ort brächten, da sie zu leben hätte;

3. und I. Ch. D. von Dero Alliirten zurückzögen. Davon der Reichsfeldherr im Namen Ihrer K. M. versichern wollte, dass sobald S. Ch. D. den Fuss gegen Frankreich zurück setzten, nicht ein Mann Schwedischer Völker in Dero Churlanden bleiben sollte. Inmittelst aber wollte auch dieses, was anitzo zur Erweiterung der Quartiere geschähe, I. Kön. M. zu keiner Ruptur gedeutet wissen, wollte auch nicht hoffen, dass es S. Ch. D. noch zur Zeit also nähmen, sondern gedenken würden, dass dieselbige höchsterm. S. Ch. D. es im Fall der Noth mit anderen Dero benachbarten im Röm. Reich auch also es gemachet. Ich setzete dagegen, dass S. Ch. D. sowol als Ew. Hochf. D. solches um so viel übeler empfinden würden, als deshalb keine Ankündigung vorher gegangen, und hielte ich davor, dass, wenn es Ihrer Königlichen M. ein Ernst wäre, gegen S. Ch. D. zum wenigsten einen Schein des Guten blicken zu lassen, Sie gar leicht noch anitzo einen Cavalier an Ew. F. D. abfertigen und Dero Explication eröffnen könnten. Solches aber war nicht zu erhalten. Mich wollte man auf solche Ankündigung wol specialiter instruiren. Ich trug aber ein Bedenken deshalb etwas anzunehmen, gestalt ich besorgete, dass die Kron Schweden dadurch Anlass gewinnen möchte, bei den Alliirten Seiner Ch. D. dadurch eine Entschuldigung, dass diese Belegung der Mark als vorher angekündiget aus keiner bösen Meinung geschehe, machen und unsere Hülfe dadurch verzögern möchte, liess also solches fahren, protestirte im Namen Ewrer Hochf. D. solennissime, dass S. Ch. D. Sich dieserwegen, was anitzo geschähe,

vor Gott und der Welt entschuldiget wissen wollten, und überliessen höchstged. S. Ch. D. das daraus zu vermuthende Unglück allen denen, die dazu ihren Rath ertheilet, und nahm darauf meinen Abschied.

v. Krummensee an den Fürsten von Anhalt. Dat. Prenzlau 27. December 1674.

[Beim Reichsfeldherren. Wrangel motivirt sein Verhalten. Schwedische Proceduren. Richtung des Marsches der Schweden. Schwedische Regimenter.]

1675 6. Jan.

Ewrer Hochf. D. berichte unterth., wie ich gestern nach der Predigt bei S. Hochgräflichen Exc. dem Reichsfeldherrn bin gefordert worden und, nach Ew. Hochfürstlichen D. mir gegebenem gn. Befehl, soviel immer möglich vorgebracht. So habe I. Ex. der Feldherr sich gar freundlich bedanket vor die Versicherung Dero hohen Fürstlichen Affection und könnte mit Wahrheit sagen, dass Ihnen leid wäre, dass Sie auf solche Weise müssten agiren; allein die unumgängliche Noth, dann den Frieden zu befördern, imgleichen Ihre Armée zu erhalten, weil Sie Sich allbereit in dem kleinen Pommerischen Lande selbst verzehret, erfordert. Diesem allem aber könnte leicht abgeholfen werden, wenn I. Ch. D. Sich mit Dero Armée abziehen würden und bei der Alliance, so Sie mit der Kron Schweden hätten, bleiben würden. Denn unmöglich könnten Sie nicht zugeben, dass der König von Frankreich gänzlich vom Römischen Reich getrieben. Denn wenn man ihn erst davon hätte, würde man es der Kron Schweden nicht besser machen. I. Ch. D. würden ja das so übel nicht nehmen, da Ihre Völker in Dero Landen stünden und nichts praetendirten als nothdürftigen Unterhalt, weil Sie Sich dessen auch zum öftern gebrauchet hätten. Sie wollten allezeit gute Ordre halten und keine Anfänger der Feindseligkeit sein. Es ist aber leider Gottes! zu Erbarmen hier gar schlecht bestellet, dass man auch von Neustadt an bis Prenzlau nicht ein Stück Brot haben kann. Insonderheit das ganze um Gramzow ist im Grunde verdorben, und hat der Obrist Lieutenant Brummer daselbst so hausgehalten, dass barbarische Völker nicht schlimmer hätten hausen können. Alle dasjenige, was ich gelassen, finde ich nicht soviel, als ich im Auge leiden kann, Kisten und Kasten aufgeschlagen, Kupfer, Zinn, alles mitgenommen, dazu das Churfürstliche Haus bei einem Haar in Brand gestecket. Ich habe zugleich solches bei I. Ex. dem Feldherrn anhängig gemachet, welche es zum höchsten geeifert, also fort vorbenannten Obrist Lieutenant in Arrest nehmen lassen, und wie man glaubet, ihm scharfe Strafe auflegen möchte. Derselbe Obristlieutenant hat allein aus 3 bis 4 Amtsdörfern über 50 Pferde mitgenommen. Ob ich noch etliche wieder erhalten werde, giebt die Zeit. Einige schriftliche Salvaguardes habe ich bekommen auf Örtern, davor ich angehalten. Ob für uns etwas helfen werden, weiss Gott. Dem meinem wenigen Urtheil nach halte ich dafür, dass sie das ganze Land ruiniren werden mit ihrer guten Ordre, und als Freunde, und sehe, was I. Ch. D. resolviren werden. Nach allem Vermuthen ist es noch zur Zeit auf Berlin nicht angesehen, nur dass sie das Land verderben und auffressen. Sie wollten gern, dass jetzo von unserer Seiten was feindseliges möchte angefangen werden, wie ich von den meisten Officierern verstanden.

Dem General-Quartiermeister-Lieutenant, welchen ich zu Angermünde gesprochen und ihm meine wenigen Güter, welche nicht gar weit von Neustadt liegen, habe ich recommendiren wollen, wann ja der Marche unterdessen, dass ich hier wäre, möchte seinen Fortgang gewinnen, hat er vermeinet, dass sie so bald sich über die Finow nicht ziehen würden. Von ihrem Marche habe ich nichts gewisses erfahren können, man vermeinet aber, dass sie übermorgen von hinnen aufbrechen würden. Ob sie nun über Zehdenick oder Angermünde gehen werden[1]), kann man nicht gleich erfahren. Nach Angermünde ist es wol nicht möglich, denn daselbst alles verzehret, dass sie keine Lebensmittel mehr haben könnten. S. Ex. der Herr Feldherr versicherten mich mit Wahrheit, dass bei die 20000 Mann anjetzo marchirten. Es gingen aber 2 Compagnien wol mundirte Reuter bei I. Ex. Logement vorbei, alle gewaffnet. Die waren von des Grafen Wittenbergs Regiment, als Schwiegersohn von I. Ex., welches ein überaus schön Regiment sein soll. Ihre Artillerie wird sehr gerühmet und soll 2 Meilen von hier stehen.

[1]) Während der Reichsfeldherr zu Stettin krank lag, marschirte schliesslich die schwedische Cavallerie unter Wollmar Wrangel über Zehdenick und Rheinsberg nach Neu-Ruppin, woselbst die Dragoner am 17. Mai anlangten. Einige Tage später traf das Gros der Armee (Infanterie und Artillerie) um Neu-Ruppin ein. Dort war das Hauptquartier in den entscheidenden Tagen vom 17. Mai bis zum 11. Juni.

Jagdjunker v. Weissenfeld. Relation an den Fürsten von Anhalt. Dat. Berlin 26. Januar 1675.

[Erneuter Bescheid des Kronfeldherren.]

Als auf Ew. Fürstl. D. gnädigstem Befehl ich den 17. Jan. von hier abgereiset, bin ich den 18. Jan. zu Prenzlau angelanget und sofort Ew. Fürstl. D. Gruss überbracht und Deroselben hohes Schreiben Ihrer Excell. überreichet. Und waren anfangs I. Exc. erfreut, als sie vernommen, dass die falsche ausgesprengte Zeitung von der Niederlage der Churfürstl. Armeen in der That sich also nicht verhielten, wünschten auch nichts mehr als Sr. Ch. D. hohes Wolergehen, hätten auch, sobald sie erfahren, dass hochgedachte S. Ch. D. sich mit dero Armeen zurückgezogen, einen Expressen an Ihre Maj. in Schweden, seinen König, abgeschicket, der solches berichten würde; verhoffen auch, weil er Sr. Maj. dem König den grossen Schaden Sr. Ch. D. Lande schon allbereit beweglich remonstriret, dass S. Maj. ihre Armeen in kurzem wiederum zurückziehen werden, und das, was bereits geschehen, verglichen werden könnte, deshalb denn Ihre Exc. an ihrem Orte ihr Äusserstes dazu contribuiren wollten. 5. Febr.

Zwar könnte Ihre Excell. leicht ermessen, dass S. Ch. D. es freilich würde übel empfunden haben, als sie in ihrer Abwesenheit vernehmen mussten, dass man in ihrem Lande eine fremde Armee einquartiret, dadurch die Unterthanen sehr graviret würden. Allein es hätte vor dieses Mal nicht anders sein können. Es wollte aber S. Exc. nimmer hoffen, dass diesfalls S. Ch. D. durch einige sollte bewogen werden, die Waffen wider Schweden zu ergreifen. Sondern Se. Excell. als ein Freund und Diener des Hauses Brandenburg wollten vielmehr getreulich geraten haben, dass S. Ch. D. zur Verhütung grossen Unheils und Vergiessung vieles Blutes einen gelinderen Weg gehen möchten. Er vor seine Person obligirte sich höchst gegen S. Ch. D., seinen möglichsten Fleiss anzuwenden, alle Mittel und Wege einzuschlagen, damit beiderseits hohe Potentaten in guten Vernehmen wiederum kommen möchten, dadurch zugleich alle Misshelligkeiten aufgehoben werden könnten.

Wie denn auch der Herr Regierungsrat Wolfraht, so eben da zugegen gewesen, S. Ch. D. hohen Gnaden erinnernd sich verpflichtet hielt, in diesem Werke auch nur Sr. Ch. D. geringster Diener zu sein.

Letzlich hätte auch Se. Excellenz ein Schreiben von dem Herrn General-Major Wulffen aus der Neumark bekommen, darinnen enthalten, dass die Stände desselben dasjenige, so sie den allda stehenden Truppen monatlich zu geben bewilligt, widerrufen, durch Expresse den Unterthanen befohlen hätten, ihnen nichts zu reichen. Weil dann S. Exc. besorgten, dass daraus ein grosses Unheil erwachsen könnte, so ersuchten S. Exc. S. Fürstl. D. gehorsamst, Sie möchten durch Ihre hohe Autorität es dahin vermitteln helfen, dass dasjenige, was einmal bewilligt, ihnen dargereicht würde, damit es nicht zu andern Extremitäten gelangen möchte, in Consideration, dass es jetzt nicht anders sein könnte.

Feldzeugmeister Graf Dona an den Feldmarschall Grafen Wrangel. Dat. Cüstrin 2. März 1675.

[Klage über die schwedischen Proceduren.]

12. März Was vor unersetzlichen Schaden der unvermutete Einzug des Schwedischen Kriegsheeres diesen Märkischen Landen zugefüget, wird Ew. Exc. bekannt, in diesem Schreiben aber übergangen und den hohen Prinzipalen zu entscheiden billig gelassen sein; allein was dieser mir anbefohlenen Festung Interesse angehet, kann ich nicht umhin, Ew. Exc. dienstlich vorzustellen, wie man derselben gegen Ew. Exc. deutlich Erklärungen feindlich zusetzet, die im Angesicht liegenden Dörfer beleget, die armen Unterthanen, so zur Bezahlung der unbarmherzigen Exactiones, etwas in diese Festung zu verkaufen bringen wollen, übel tractiret, des Ihrigen beraubet, und von Oberen und Unteren öffentlich ausgesaget wird, dass man der Festung keine Zufuhr gestatten wolle, sich auch aller erdenklichen Bedrohung und Beschimpfungen gegen die Kreiscommissarien vernehmen lässet, wie nachdem man so kitzlich in der Festung sage, und die nahe angelegenen Dörfer frei haben will, sie doppelt sollen beleget werden. Wann ich dann versichert bin, dass Ew. Exc. Generosität nicht geruhen wird, unterm Schein der Freundschaft solche hässliche Proceduren zu dulden, habe ich Ihr dieselbe, wie gesagt, bekannt machen und zu Verhütung alles daraus ohnfehlbar erfolgenden Unheils ersuchen sollen, Sie wollen befehlen, dass die Zufuhr nicht weiter ge-

hemmet, auf zwei Meilen um diese Festung keine Völker verleget, noch denselben mausen zu reiten vergönnet werde, „damit alle daraus entstehende Weitläufigkeit verhütet, und ich nicht allein bei meinem gnädigsten Herrn, aber auch der übrigen ehrbaren Welt, als hätte ich solch schimpflich Beginnen durch Unachtsamkeit geduldet, ausser Verantwortung möge sein und behalten bleiben, zu welchem Ende dann auf unverhofften Weigerungsfall mir nicht wird können verdacht werden, dass ich zu meiner Exculpation und Handhabung der Billigkeit und Ansehung dieses Orts die Mittel gebrauche, die bei der Hand sein werden, und göttliche und weltliche Rechte zur abgenötigten Gegenwehr billigen und gutheissen“. — Complimente. Lieutenant von Below überbringt den Brief.

C. G. Wrangel an Gr. Dona. [März 1675.]

[Wrangels letzter Bescheid.]

„Hochgeehrten Herrn Grafen und Statthalters Schreiben vom 2. huius ist mir durch den abgeschickten Lieutenant v. Below wol überreichet worden, unvermuthet aber darob vernommen, die gar harte Expressiones, durch welche hochgeehrter Herr Statthalter vorstellen wollen die Conduite, so Ihrer Königl. Maj. jetzt in die Churbrandenburgischen Lande einlogirte Truppen gegen die dortigen Landeseinwohner führen. So viel ich noch nach Kriegsraison davon urteilen kann, deucht mir, dass man über die hierunter bezeugete Methode sich gar nicht zu beklagen Ursache habe, massen selbige weit gelinder und erträglicher als diejenige, deren sich Ihre Ch. D. droben im Reiche und zwar in der eigenen Mitglieder Lande bedienen. Hochgeehrter Herr Statthalter weiss wol, was eine Armee von der Force, als Ihrer K. Maj. jetzt Gottlob ist, zu Dero Subsistence erfordert, hingegen kann ihm auch nicht unbekannt sein, wie unsere Truppen dorten in den meisten Orten wenig, in den übrigen schier keine Lebensmittel, besondern nur die ledigen Häuser gefunden, dass aber die Offiziere den wenigen noch übrigen Rest conserviren, und dahero davon nichts aus dero Quartieren weder nach Cüstrin oder an andere Orte zu verführen gestatten können. Solches wird hochgeehrter Herr Statthalter ja sogar ungleich nicht ausdeuten, und dahero etwas Contraires schärfen können, weniger noch, dass man dadurch sollte Ursach bekommen haben, dergleichen Bedrohung zu führen, dass sie nemlich, falls die Zufuhr nicht frei gelassen und dahero auf 2 Meilen einige Völker um die Festung geleget, sothane Mittel gebrauchen müssen, welche die gött- und weltlichen Rechte an die Hand geben würden. Man hätte dieses Orts wohl grössere Ursache, für einen Anfang der Hostilität auszudeuten, dass man erfahren müssen, wie von Berlin aus den Landeseinwohnern nachdenklich untersaget, unseren Truppen in der Güte nichts mehr zu reichen, sondern es lieber mit Gewalt nehmen zu lassen, woraus, was für Unheil leichtlich entstehen könnte, ich hochgeehrten Herrn Statthalter selbst judiciren lasse. Ich will aber hoffen, dass hochgeehrter H. Statthalter noch bedenklich halten werde, an Ihrer Seiten zu dergleichen Extremität zu greifen, und dadurch uns zu zwingen, sothane Zudringung durch göttlichen Beistand mit ebenmässigen Mitteln zu hintertreiben. Ich glaube vielmehr, dass es besser sein würde, nach allem Vermögen dahin zu trachten, wie diese jetzige entstandene Missverständniss zwischen Ihrer Königl. Maj. und Ihrer Ch. D. beigeleget werde!"

b) Berichte der Pommerischen Regierung.

Der Kurfürst an Statthalter und Geheime Räthe zu Berlin. Dat. Schweinfurt 6./16. September 1674.

Hat sich vortragen lassen, was die Hinterpommerische Regierung „wegen Zusammenziehung der in Vorpommern liegenden Schwedischen Völker, und was desfalls für Spargamente gehen, berichtet“, wie ihm denn auch die Specification der Knechte und Pferde, die aus der Neumark von den Städten und Lehnschulzen zu dem jetzigen March hergegeben, zugekommen ist. 1674 16. Sept.

„Soviel nun das erste betrifft, da halten Wir dergleichen Spargamente nicht fundiret, und wird man zu Stargard noch sonsten von den Schweden noch zur Zeit nichts zu befürchten haben, welches Ew. Ld. und Ihr der Regierung in Antwort wissen lassen können. Sonsten haben Wir vorlängst verordnet, dass von Unser Amtskammer daselbst dergleichen Specification der Pferde und Knechte, wie aus der Neumark anitzo eingesandt, eingeschicket werden sollen.“ Das ist bisher nicht geschehen. Es soll eine gleichmässige Specification der Knechte und Pferde, die aus der Kurmark zum March geliefert werden, einkommen und „wider die Säumigen, so die Ihrigen bis dato nicht gesandt, per fiscum procediret, und dieselbe in Strafe geschlagen werden mögen, gestalt dann von solchen Strafen die Pferde, so einige Beamte in Mangelung der anderen hergeben müssen, bezahlet werden können.“

---

d. d. Stargard 25. Septbr. 1674. [Matth. Krockow. Ernst v. Krockow. D. Moenchow.] Pommerische Regierung an den Kurfürsten.

Weil sie dafür halten, dass solche Specification von den Knechten und Pferden, so zu der Artillerie gefordert werden, verstanden werde, so berichten sie: dass hiesiges Land und Kammer alle die Pferde und Knechte (als 120 Pferde und 60 Knechte, auf so hoch S. Ch. D. es gelassen[1]), vollenkommen geliefert

[1]) Laut beigegebenen Extracts, der aber fehlt.

und der deswegen anhero geschickte Oberstallmeister mit einem Schreiben vom 18. Juli d. J an den H. Stückobristen weggereiset, sie auch solches den 17. Septbr. an S. Ch. D. unterth. referirt haben.

Die Hinterpommerische Regierung [Ernst von Crockow. D Moenchow. Seb. Brunnemann]. Dat. Stargard 16. October 1674.

[Sicherheitsmassregeln bei dem drohenden Einbruch der Schweden.]

26. Oct. Sie haben zwar bereits die Antwort empfangen, dass man sich noch zur Zeit von den Schweden nichts Böses zu versehen habe, „es [hat] aber nach dem die Gefahr dermassen zugenommen, dass fast Jedermann sich dieser Orten eines feindlichen Ein- und Überfalls befürchtet, gestalt das gemeine Gerüchte giebt, sonst sollte der Aufbruch inner 14 Tagen gewiss geschehen, und zu dem Ende die Artillerie von Stralsund nach Allen-Stettin gebracht sein.“

Sie fragen an, was bei solcher Beschaffenheit die hiesige kf.liche Regierung zu thun haben würde, ob man nicht mit den vornehmsten Acten des Archivs sich nach Colberg verfügen sollte, weil bei es mit der Stadt so beschaffen ist, „dass sie in ganz keiner Desfension sich befindet und wegen Mangel der Mittel so schleunig nicht darin zu bringen; dahin gegen wenn dieser Ort, welches Gott in Gnaden verhüten wolle! sollte vom Feinde überfallen und die Regierung weggenommen werden, so würde dadurch grosse Unordnung im Lande entstehen, und möchte auf solchen unvermutheten Fall gleichwol zu Conservation des Landes dienlicher sein“, dass die Regierung zu Colberg in Sicherheit wäre und von dort aus des Landes Conservation .... respiciirte.

---

29. Oct. d. d. Coelln a. Sp. 19. October 1674 rescribiren Statthalter und Geheime Räte: sie hofften nicht, „dass die Schweden Sr. Ch. D. Lande feindlich tractiren werden, indem Sie ihnen keine rechtmässige Ursach dazu gegeben.“ Sollten sie dort etwas gewisses erfahren, so würde es freilich besser sein, dass sie bei Zeiten sich und das Archiv in Sicherheit brächten. Jedenfalls wäre vom Kf. schon der Generalmajor Schwerin beordert, in welcher Art er die Defension des Landes auf alle Fälle beobachten solle.

Die Pommerische Regierung [unterz. Matth. Crockow. Ernst v. Crockow. G. v. Flemingk. D. Moenchow] an den Statthalter und Geheime Räte. Dat. Stargard 30. October 1674.

„Sie haben die Angelegenheit dem Generalmajor v. Schwerin communicirt, 9. Nov.
von ihm aber ratione defensionis dieses Landes nichts anderes erhalten, als dass er der Städte Musterung für dienlich hält.“ Sie sind zwar dem nicht ganz abgeneigt, wie sich ja auch die hiesige Bürgerschaft in vergangener Woche gemustert hat; ebenso könnte es auch zu Colberg und Treptow wol geschehen. Wegen der anderen Städte Musterung aber tragen sie Bedenken, „dass es eine grosse Furcht im Lande erwecken möchte, wenn man dieselbe veranlassen sollte.“ Bitten um Ordre und zugleich um Mittheilung, wie die Gesandschaft des Obristen Micrander ausgefallen ist.

---

d. d. Coelln a. Sp. 2. November 1674 rescribiren Statthalter und Ge- 12. Nov.
heime Räte: sie haben sich in Sachen der Landesverteidigung an den Generalmajor v. Schwerin zu halten. Den Obrist Micrander hat der Statthalter „wegen der alten mit ihm vor diesem gehabten Kundschaft zum Reichsfeldherrn geschickt und wegen seiner Ankunft gratuliren lassen“. „In publicis aber, und was etwa Sr. Ch. D. Lande betrifft, ist ganz nichts passiret.“

[Extract Relat. ad Serenissimum d. d. 8. Novemb. 1674: Nächst dem berichten wir gehorsamlich, dass der Obrister Wangelin gestern auf der Post alhier angelanget und nacher Stettin gehet. Daselbst wird eingelangter gewisser Kundschaft nach zu einem förderlichsten Marche alle Anstalt gemachet, dazu eine starke Artillerie fertig stehen soll. Empfehlen Ew. Ch. D. wir Gottes Schutz . . . .].

Die Pommerische Regierung an den Statthalter. [Matth. Krockow. A. v. Podewils. Ernst v. Krockow. D. Moenchow.] Dat. Stargard 13. Novemb. 1674.

Sie haben von der Intention der Nachbarn nichts gründliches oder gewisses 23. Nov.
erfahren können, wohin dieselbe eigentlich gerichtet sei, und wessen man sich zu versehen habe, ohne dass im allgemeinen berichtet wird, „dass die Officiere Ordre haben, sich gegen den 24. hujus zum Aufbruch fertig zu halten“.

Sie recurriren nun auf den Statthalter und bitten, dass er communicire, was er der Orten gewisses habe, insonderheit da die Rede gehet, „ob sollte der Marquis de Vitry anitzo bei dem Reichsfeldherren zugegen sein und vermuthlich wol etwas vorfallen dürfte, so zu Sr. Ch. D. und seiner Lande Nachtheil gereichen könnte, massen dann fürgegeben wird, dass er um Überlassung einiger Schwedischen Völker unter eines französischen Officierers Commando soll anhalten, und wie man sich auf allen Fall, da ein March fürgenommen und von uns was begehret werden sollte, zu verhalten haben möge."

---

26. Nov. Rescript des Statthalters d. d. Coelln a. Sp. 16. Novemb. 1674 Es ist ihm gleichfalls Nachricht zugekommen, dass das Rendezvous in Pommern den 24. angesetzt sein soll. Von Hamburg wird geschrieben, dass die Schwedischen Völker, die im Bremischen gestanden haben, den 15. dieses aufbrechen und der March auch nach Pommern gehen soll. Sollte etwas an die Pommerische Regierung begehrt werden, so ist das an den Statthalter zu remittiren. Statthalter will indes hoffen, weil S. Ch. D. niemand zur Offensive Anlass gegeben, man werde nichts Feindliches zu befürchten haben. Der Obrist Micrander gestern an den Feldherren geschickt. Versichern, auf Befehl des Kf. mit ihm gute Correspondenz zu unterhalten.

Die Hinterpommerische Regierung [Matth. Crockow. A. v. Podewils. Ernst v. Crockow. G. v. Flemingk. D. Moenchow] an den Statthalter. Dat. Stargard 23. November 1674.

3. Dec. Die Schwedischen Völker halten Rendezvous bei Pasewalk und wollen bei Löckenitz übergehen. Sie bitten um Mitteilung, ob die durchmarchirenden Truppen auf ihre eigene Gage leben oder vom Landmann wollen unterhalten sein.

Rescript des Statthalters: Das Rendezvous soll allerdings bei Pasewalk gehalten werden. Indes „ist weder wegen des Marches noch sonst etwas an uns gebracht."

Die Bürgerschaft von Stargard an den Statthalter. Dat. Stargard in grosser Eil 28. December 1674.

[Erheben dringende Vorstellungen gegen die Verlegung der Regierung nach Colberg.]

„Ew. F. D. werden zweifelsfrei von Sr. Ch. D. Regierung in Hinterpommern 1675
Nachricht erhalten haben, dass die Herren Schweden dennoch aufgebrochen und 7. Jan.
ihren March zum teil dieser Orten vorbei uff Pyritz zu genommen, uns aber in Stargard das geringste von Einquartierung und dergleichen nicht angemuthet, sondern uff die Dörffer nach Pyritz und die Landstrassen sich einquartieret, nichts mit Gewalt exigiret, besondern was ihnen an Butter, Käse und Schwachbier, auch dergleichen offeriret, mit Dank angenommen. Es sind auch von hier Herr Kammerrath Carnitz nebst des Rats Deputirten an den Feldherren Herrn Wrangel abgeschickt worden, um feindlichen Einfall und Einquartierung dieser Orten zu verbitten, welche bis dato nicht zurückgelanget, aber gleichwol zurückgeschrieben, dass Stargard eximiret, und der March hierbei weg genommen werden sollte, massen dann auch niemand Ordre erhalten sollte, sich dahin einzulegen. Es hätte aber bei dem H. Generalmajor Wulffen und anderen hohen Officianten übel uffgenommen werden wollen, dass die H. Räthe von diesem Ort albereit weggeflogen und die Acta nach Colberg gebracht, uff welchen Fall wol andere Ordre ertheilet werden möchte. Ob nun wol wir dennoch gesichert worden, dass uns keine Molestie noch Einquartierung treffen werden, so haben dennoch die Herren Räthe meistentheils, wie erwähnt, sich davon gemacht, und der Archivarius Hoelzner und der Hofrath v. Rabener haben gestrigen Tages die Wagen von Colberg anhero gesandt und wollen ohne Sr. Ch. D. wie auch Ew. F. D. expresse Befehl die Acta einpacken und abholen lassen, denen wir aber contradiciret aus folgenden Ursachen:

1. dass umliegende Herrn Landstände, Stadt Stargard und ganze Bürgerschaft ihnen ein grosses und zwar die Stadt Stargardt allein über 2000 Rthlr. kosten lassen, die sie noch jährlich mit harten Dukaten und Reichsthalern verzinsen müssen, ehe sie die Regierung anhero bringen können.

2. Der Regierung und allen anderen Collegiis zu gut noch vor einem halben Jahr neue Audienzstuben in dem Rathhause angeleget und weiss ganz verfertiget, mit dieser Condition, dass Bürgermeister, Rath und ganze Stadt keinen Heller noch Pfenning Erstattung an Baukosten thun sollten, wann die Regierung inner 15 Jahren von hie weggenommen würde.

3. Haben die Herren Schweden causam exemptionis selbsten vorgeschüttet das hiesige Justizwesen, welches alhie administriret würde, dergleichen Orten sie keinerlei Wege berühren wollten, doch ingegen zu befürchten, dass wann die Regierung so plötzlich weggenommen werden sollte, wir des bisherigen Schutzes und verhofften Nutzens gänzlich beraubet, und die Stadt, so kaum in etwas respiriret, von neuem mit Völkern beleget und gänzlich ruiniret werden dürfte, von welchem wir auch verhoffet, dass selbige in alten Flor und Uffnehmen gebracht werden sollte.

4. So sind die meisten Herrn Räthe auch nicht eins. Sie flüchten nicht nach Colberg sondern in Polen und andere Örter, und weil sie ihrer Person nicht einmal in Colberg trauen, so haben wir ja nicht unbillig Bedenken getragen, ihnen die Acten dahin abfolgen zu lassen, an einen Ort, der ihnen selbsten unsicher genug zu sein deuchte.

5. So sind ja die Völker auch albereit im March begriffen und hat sich leicht können zutragen, dass eine Partei uff die Wagen getroffen, Pferde weggenommen, die Fässer aufgehauen, darinnen Geld und andere Waaren gesucht, darüber die Acten zerrissen und ins freie Feld geworfen haben möchten, woraus dem ganzen Lande ein unwiederbringlicher Schade entstanden sein möchte.

6. So sinds auch nur diejenigen, so die Abfolgung der Acten so sehr treiben, welche ihren privaten Nutzen hierunter suchen und eigene Häuser zu Colberg nnd in der Nachbarschaft haben und gedenken, wenn sie auf solche Art die Acten einmal werden nach Colberg gebracht, solche uns zu Schaden daselbst wol ewig zu behalten.

7. So ist ja bis diese Stunde H. Cammerrath Carnitz nicht wiederkommen, dass man Ursach hat, die Acten wegzuflüchten und dass die Herren Räthe die arme Stadt und Land also zu verlassen, Ursach haben können, zumal in beigefügtem Schreiben H. Kammerrath Carnitz s. d. 25. December, item H. Generalmajor Wulffen Notificationsschreiben sub eodem dato in Stettin des Besten uns vertrösten, und wir albereit in facto wahr befunden, indem oberzähltermassen die Völker schon meistentheils mit guter Ordre vorbeimarschiret.

Wann dann, gnädigster Herr, noch Gott Lob und Dank keine Noth vorhanden, deswegen wir also gar von den Herren Räthen verlassen und das Archivum, hinwiederum uff Colberg retrotransferiret werden dürfte, auch unter dem Schutz der Regierung und Administration des Justizwesens, da es, da Gott vor sei, Noth haben sollte, diese Stadt vor völligem Ruin conserviret werden könnte, massen dann Niemand sich an den Privatacten der Parteien leichtlich vergreifen und dieselbte wegnehmen wird, zumal die Privilegien, und was zum Archivo gehört, albereits nach Colberg verschicket worden: als gelanget an Ew. F. D. unser unterth. Bitten, selbten geruhen gn., uns der vorhin zugesagten Gnade, dass die Regierung und andere Collegia alhie verbleiben sollten, ferner beständigst geniessen zu lassen (und zumalen da wegen der Herren Schweden keine Gefahr derer Parteien-Acten zu besorgen noch auch einige Einquartierung zu vermuthen, solang also das Justizwesen administriret wird) gn. zu rescribiren und ernstlichen anzubefehlen, dass die Acta alhie verbleiben und die Herren Räthe sich zu Administration der Justiz ungesäumt einfinden sollen.[1])

[1]) Anliegend die Mitteilung des Generalmajors J. J. von Wulffen an Statthalter und Churfürstl. Regierung, dass er auf Befehl seiner hochgräfl. Excellenz sich in die nächstliegenden Örter einlogiere, zuvor aber dies der Regierung anzeige; und da er den 27. aufzubrechen vorhabens, so stellt er anheim, ob sie einige her schicken wollen, die wegen bequemer Delogirung, Repartition etc. . . . mit ihm Unterredung halten möchten und zu guter Ordre Anstalt machten.

Der Churfürstliche Hofprediger M. Fr. Siefert an Fürsten von Anhalt. Dat. Stargard 28. December 1674.

[Vorbeimarsch der schwedischen Völker.]

Meldet ebenfalls, dass die Schwedischen Völker vorbeigezogen sind in das Hauptquartier Pyritz, wie denn noch vor einer Stunden 2 Compagnien Dragoner hier vorbei nach dem Pass auf Pyritz zogen. Aus Respect der churfürstlichen Regierung solle, so wird berichtet, diese Stadt verschonet bleiben. „Wenn dann nun aber einige Wagen sind von Colberg anhero geschicket, die Acta hinweg zu holen und über sothanige Hinwegnehmung den Respect, den die Generalität annoch sich vorgestellet, aufgeben und also diese Stadt und übrige Churfürstl. Diener in äusserste Gefahr setzen würde, als bitten nicht alleine die getreuen Bürger und Untersassen dieser Stadt, sondern auch ich vor meine Wenigkeit Ew. Hochf. D. ganz unterth., Sie geruhen“ .... Verordnung zu treffen, dass die Acten hier gelassen werden. 7. Jan.

Der Statthalter an den Obristen Otto von Uckermann. Dat. Coelln a. Sp. 28. December 1674.

Auf sein Schreiben d. d. Stargard 25. Dezemb. 1674. Man muss der Schweden „eigenthätigen March und Einquartierung“ dahin gestellt sein lassen. Statthalter hält sich aber versichert, es werden alle getreuen Diener und Unterthanen des Kf. auch bei diesem Einbruch ihre Pflicht bestermassen beobachten und, soviel an ihnen, sich zu keinen praejudicirlichen Dingen verleiten lassen. 7. Jan.

---

d. d. Coelln a. Sp. 28. Dezemb. 1674. Rescript des Kf. an den Amtskammerrath Friedrich Creutz in Stargard, mit seinen Relationen zu continuiren.

Amtskammerrath Friedrich Creutz an den Statthalter. Relation. Dat. Stargard 25. December 1674.[1]

Übersendet sub sigillo volante, was er von S. Ch. D. wegen hiesigen Zustandes zu referiren für nöthig erachtet.

Die Regierungsräthe sind alle gestern von hinnen nach Colberg geflüchtet. — Er gedenkt hier zu bleiben. Ob er bei allen Posten Relation abschicken soll?

[1]) Weitere Relationen Dat. Stargard 28. Dezemb. 1674 und 1. Januar 1675.

Derselbe. Relation. Dat. Stargard 4. Januar 1675.

14. Jan. Hatte in der letzten Relation vom 1. berichtet, dass die in und um Pyritz einquartierten Völker an jener Seite des Brakenbrodischen Passes bleiben und nicht verlegt werden sollten. Das ist jedoch geändert. Sie haben jetzt die Quartiere diesseit des Passes in den Dörfern bis ¼ Meile von hiesiger Stadt genommen und sich so nach Belieben ausgebreitet. Beifolgend Abschriften von den Ordonnancen und Assignationen, die ohne der Regierung und Amtskammer Vorwissen gemacht und ertheilt werden, „welches denn auf diese Art nicht über vierzehn Tage dauern kann". Da nun der hiesige Commandant Obrist Uckermann mit seinen 100 Musquetieren auf empfangene Ordre heute von hier nach Colberg zur Verstärkung der dortigen Garnison hat marchiren müssen, so ist der Ort entblösst und gleichsam Anlass gegeben, „dass die Schweden alhier wol ihr Hauptquartier (wie sich theils derselben schon sollen haben vernehmen lassen) nehmen möchten und also diese Stadt zu Ew. Ch. D. und des ganzen Landes höchsten Schaden schwer beleget werden dürfte. Es werden auch die übrigen Archival- und Cammer-Acta von hinnen nach Colberg gebracht, und flüchtet sonsten ein Jeder vollends von hinnen was er kann." Er selber denkt zwar hier zu bleiben, seine Kinder aber, „und was sonsten von seiner Armut fortzubringen möglich", will er nach Rügenwalde oder Bütow, oder wenn es dort Gefahr haben sollte, gar nach Danzig schicken. Kf. wolle ihm die Gnade thun und die Beamten zu Rügenwalde und Bütow anweisen, dass sie die bei jüngster Reduction d. 28. Dec. 1673 ihm von seiner Besoldung abgezogenen 98 Reichsthlr. am benötigten Korn und Victualien seinen Kindern zu ihrem Unterhalt liefern und abfolgen lassen. „Ausser welcher Hülfe ich sie, wegen meines Unvermögens, wahrhaftig dorten nicht zu unterhalten wüsste.[1])

Die Landstände des Herzogtums Hinterpommern. Dat. Stargard 4. Januar 1675.

[Sie haben sich zur Darreichung des Unterhalts an die schwedische Einquartierung entschliessen müssen. Wünschen die Rückkehr der Regierung nach Stargard.]

14. Jan. Neujahrswünsche. Meldung, dass einige Schwedische Truppen zu Ross und Fuss „sich gar unvermutlich alhie in Pommern logiret und nebst der Einquartierung notdürftigen Unterhalt an Futter und Trinken von dem Ort, da sie stehen, praetendiret". Der Gen.-Major v. Wulffen hat sich nebst seinen

[1]) Einliegend Abschrift der Ordonnance, nach welcher der H. Major Beerfels nebenst seiner Compagnie in dem jetzigen Quartier ad interim verpfleget wird, wie solche zwischen den Herren Obristen und den H. Commissarien als H. Landrath Wedel und H. Landrath Schack den 30. December in Pyritz verabredet und beliebet worden.

Leuten zu Ross und Fuss, die auf 2000 M. gerechnet werden, in und um Pyritz nebst dem General Straube, der Obrist Wangelin auch mit 600 gemeine Dragoner Ober- und Unterofficiere, nebst dem Grothusischen Regiment, auf den Dörfern daherum, wie auch zwei Compagnieen zu Fusse vom Königl. Leibregiment mit einer starken Compagnie zu Pferde vom Plantin'schen Regiment sich im Pyritzischen District verlegt.

Wegen der Unglückseligkeit der Zeiten und der Entfernung des Kf. haben sie keine Verhaltungsordre gehabt. Wenn man nur hätte mit der Chfl. Regierung Communication pflegen können. Aber wie ein Unglück gemeiniglich dem anderen die Hand bietet, so sind „die Churfürstlichen Herren Räthe der eine hie, der andere an andere Orte vor der Zeit mehrentheils fortgangen, darüber die Regierungs- und andere Collegia dissolviret und distrahiret, und wir also hilf- und ratlos gelassen worden.“ Von Colberg her sind sie keiner Antwort gewürdigt worden. Sie haben sich daher nicht anders zu rathen gewusst, als den Landrath Ernst Levin von Wedell und den Kammerrath Creutz an obged. Gen.-Major Wulffen abgeschickt, bei ihm entweder die Einquartierung zu verbitten oder wegen des Unterhalts der Einquartierten bestermassen zu tractiren. Die Neumärkische Regierung nebst den Landescommissarien ist darin voran gegangen; auch hat sich Wulffen ausdrücklich vernehmen lassen, dass, wenn man ihm keinen Unterhalt vom Lande reichte, er ihn suchen müsste und nehmen, wo er ihn fände, „und wann daselbst um Pyritz nichts mehr übrig sei, sie weiter rücken und ins ganze Land sich ausbreiten wollten, doch wollten Sueci von allem daraus entstehenden Schaden entschuldiget sein.“ So hätten sie, die Stände, von zwei Übeln das kleinste gewählt: lieber mit guter Ordnung etwas zu reichen, als alles in Confusion zu setzen etc. . . . Kf. möchte das durch die unumgängliche Noth entschuldigt sein lassen.

„Ob nun wol zu Anfanges von denen Deputatis ansehnliche grosse Parcelen[1]) zu Verpflegung des Generalstabes und Verpflegung dazu gehörigen Personen und der dabei befindlichen Artilleriebedienten, item zu Unterhaltung vorged. Grothusischen Regiments und der übrigen Compagnien vom Gen.-Major Plantins und Obristen Wangelins Regiment auf jeden Tag gefordert: so ist doch endlich auf den Generalstab in Tag und Nacht 38 Rthlr., auf den Regimentsstab aber auf Tag und Nacht 39 Rthlr. pro ultimo begehret; denen aber in der Stadt Pyritz einquartierten Gemeinen, 750 stark, täglich an Brot 1500 Pfd., vor die Unterofficiere und Artilleriebedienten, Wachen und so sie extraordinaria nehmen 200 Pfd., an Bier 11 Tonnen, 30 Hammel, 180 Pfd. Speck, 15 Scheffel Erbsen oder an obiger Statt 16 Ochsen, 2 Tonnen Butter, und solches alles mit der ausdrücklichen Condition, dass alle zehen Tage voraus gegeben, oder was in natura nicht zu liefern, mit Geld fort erstattet werde, ernstlich postuliret worden. Zu dem Ende dann Wir uns resolviren müssen, in dieser höchsten Bedrückung, damit die Einquartierten zu des Landes völligem Untergange sich nicht wieder ausbreiten, einige Gelder und Parcelen aufzubringen, jedoch der-

[1]) Origin. = Parcellen.

gestalt, dass die Colbergische Guarnison für allen Dingen ihren vollen Unterhalt, solange man es immer wird halten können, monatlich gereichet werde."

Bitte um Verhaltungsmassregeln. Bitte, die Regierung anzuweisen, „dass die einmal anhero transferirte Collegia nebst denen abgeforderten Regierungs- und Kammeracten sich wieder allhie einfinden mögen, damit die communicatio Consiliorum zwischen beider Churfrüstl. Märkischer und Pommerischer Regierung, da beide Länder zugleich bequartieret, desto besser und sicherer gepfleget, die Conservation der Stadt und daherum liegenden Districte befördert und zu allem Nothwendigen Anstalt gemacht werde." — Wünsche für des Kf. Waffen und baldige Rückkunft.

---

14. Jan. d. d. Stargard 4. Januar 1675 berichten die Landstände das Gleiche, mit Neujahrswünschen, an den Fürsten-Statthalter, nämlich dass der Gen.-Major Wulffen nebst seinem Regiment und Generalstabe wie auch das Grothusensche Regiment nebst einigen Compagnieen von des Gen.-Major Plantins und Obrist Wangelins Regiment zu Ross leider das Churfürstliche Antheil Hinterpommern, absonderlich den „Pyritzischen District und die umliegenden Örter auch mit überzogen und bequartiret. Für die Schwedischen Völker wird Unterhalt an Futter, Mehl und Trank inständigst urgiret, in Nachbleibung dessen aber heftig gedreuet".

Der Statthalter möge der Kfl. Regierung zuschreiben, dass sie sich nach Stargard wieder einfinde.

Rescript des Statthalters d. d. Coelln a. Sp. 7. Januar 1674.

[Wünscht die Rückkehr der Regierung.]

17. Jan. Beklagt aufrichtig die Beschwerung des Landes. „Wie man nun dieses Gott dem höchsten und gerechten Richter anheimgeben und befehlen muss, also haben auch Wir dieses Ortes nötig erachtet, dem H. Reichsfeldherren solches zu Gemüte zu führen und nach Inhalt beigelegter Copie schriftlich fürzustellen, worauf Wir die Resolution erwarten." An die kfliche Regierung ist bereits geschrieben, dass sie besser thäte, wenn sie zu Stargard bliebe. Es soll auch mit dieser Post, laut Anlage, wiederum an sie geschrieben werden. Statthalter hofft, sie werde sich doch zu einem Teile wenigstens dort wieder einfinden und der Landschaft dort mit Rath und That zur Hand gehen. Für die Erhaltung des Landes haben sich die Stände vom Statthalter aller guten Assistenz zu versehen.

Rescript des Statthalters an die Hinterpommerische Regierung. Dat. Coelln a. Sp. 7. Januar 1675.

Sieht sich nochmals veranlasst ihnen zur Erwägung anheimzugeben, „ob es nicht Sr. Ch. D. Dienst, die Wohlfahrt des Landes und absonderlich der Stadt Stargard Conservation erfordern", dass sie sich wieder nach Stargard begebe .... zumal man sich schon beklagt, dass die Regierung mit dem Flüchten den Anfang gemacht und die Unterthanen ohne Hülfe, Rath und Trost verlassen. Sie würden also „wol an sich selbst begreifen, dass ihnen Amts- und Pflichten halber obliegen wolle, nicht sogar alle Sorge vor ihr Vaterland fahren zu lassen", sondern vielmehr des Landes Wohlfahrt zu beobachten und ..... alle Gefahr verhüten zu helfen. 17. Jan.

Der Kf. an die Hinterpommerische Regierung. Dat. Mühlacker $\frac{10.}{20.}$ Januar 1675.

[Ist mit dem Weggang der Regierung nicht einverstanden.]

Auf die Relation vom 25. December. Sie hätten nicht nöthig gehabt, sich so geschwinde wegzubegeben. Kf. hofft indes, sie werden solche Anstalt gemacht haben, dass bei dieser Veränderung gleichwol sein Interesse und des Landes Angelegenheit beobachtet werden möge. Auch wird nicht nöthig sein, die Acta, die beim Hofgerichte vorhanden, von Stargard wegzubringen, sondern nur die meist importirenden. Welches Ihr dann verhoffentlich also werdet beobachtet haben. 20. Jan.

P. S. „Nachdem die Schweden nunmehro Unsere Lande so ungerechter Weise invadiret, so befehlen Wir Euch hiemit in Gn., das Gut, so Wir Franz Hornen auf gewisse Masse concediret gehabt, ingleichen alle andern Güter, so die Schwedischen Ministri, Bedienten und Untersassen im Lande haben und besitzen, sofort einzuziehen."

Unter demselb. Dat. Rescript an Statthalter und Geheime Räte, die Verfügung zu thun, dass alle Güter, die die Schwedischen Bedienten der Untersassen in der Chur- und Mark Brandenburg haben, sofort eingezogen werden mögen.

Die Hinterpommerische Regierung an den Statthalter. Dat. Colberg 7. Januar 1675.

17. Jan. Bei dieser „stehenden Einquartierung und Gefährlichkeit“ befinden sie nicht anders, als dass sie nach hier subsistiren müssen, „bis rerum facies sich ändert“. Sie bitten um Benachrichtigung, ob die Verpflegung der in der Ucker-, Mittel- und Neumark stehenden Schwedischen Völker durch geordnete Commissarien von Statthalter und Räthen geschieht, „oder ob die Schweden selbst zugreifen und sich verpflegen, und dergestalt alles in total Ruin gesetzt wird“.

Rescript des Statthalters d. d. Coelln a. Sp. 11. Januar 1675.

Lässt ihren Entschluss „an seinen Ort gestellt“. Was die Verpflegung der Schwedischen Völker betrifft, „so sind keine Commissarii denselben zugeordnet, werden auch keine geordnet werden, sondern lassen dieselbe nach ihrem Gefallen hausiren und einquartieren, wie sie wollen“.

Die anwesende Verschriebene des Herzogtums Pommern und Fürstentums Cammin von Praelaten, Ritterschaft und Städten. Dat. Colberg 16. Januar 1675.

26. Jan. Beschweren sich, dass die Vertreter der Stände aus dem Stargarder und Pyritzer Kreise, die sich als Gesamtheit des Standes gegeben, das Archiv und die Landacta zurück nach Stargard haben wollen. Der Statthalter werde des ganzen Landes Wohlfahrt und Aufnehmen in höhere Consideration ziehen, als es dem selbstsüchtigen Wunsch zweier Kreise entspreche. Er möge es bei Sr. Ch. D. befördern, dass „das heilige Justizwerk alhie in Colberg und also mitten im Lande, dahin sowol der Arme als der Reiche zu reisen vermag, auch im Fall der Noth an keinem Ort besser versichert sein könne, alhie verbleiben möge.“

Die Hinterpommerische Regierung [M. Crockow. G. v. Podewils. Ernst v. Crockow. Seb. Brunnemann] an den Fürsten-Statthalter. Dat. Colberg 14. Januar 1675.

[Rechtfertigt ihren Weggang nach Colberg.]

24. Jan. Sie rechtfertigen ihren Weggang, mit Beziehung auf ihre Schreiben vom 22. August und 16. October an den Kf. über die Schwedische Armatur, auf

das kf.liche Rescript vom 22. Novemb. und des Statthalters Rescript vom 19. October, und hätten nicht vermuthet, dass einige von den Ständen dies hätten für ein „unzeitiges Flüchten“ halten können, zumal es wenige Tage vorher den in conventu versammelten Landräthen angezeigt worden. Selbst wenn sie dort geblieben wären, hätten sie sich über die Einquartierung mit den Schwedischen Officieren in keine Handlung einlassen können, sondern es würden, wie es in der Ucker- und Neumark geschehen, die Districtsdirectoren sich mit den schwedischen Officieren verglichen haben. Gleichwol haben sie auch hier bei der Sache das gethan, was zu Conservation des bequartierten Ortes geschehen können, und obgleich von einzelnen Ständen vorgegeben wird, es hätten die Schweden keine Völker nach Stargard legen wollen, wann die Regierung darin geblieben wäre, „so ist doch das Contrarium aus des Feldherrn dem von Carnitz dieses Puncts halber gegebenen Resolution, und dass Sie nimmer gemeinet gewesen, Stargard unbesetzt zu lasen, zu ersehen“, und hat der Ausgang gegeben, „dass sie die für wenig Tagen gegebene Salvaguardi nunmehr wieder aufgehoben und etzliche Compagnien darin geleget.“

Die unter dem Namen der Stände beim Statthalter eingekommen sind, denen ist es, wie es scheint, nur um ihren privaten Nutzen zu thun gewesen und darum, „dass sie nur die Churfürstliche Collegia, auch mit Hindansetzung Sr. Ch. D. Dienstes und Interesse daselbst behalten möchten, und nicht geachtet, dass die sämtliche Churfürstliche Räthe und Bediente, wann sie dort geblieben, nicht allein bei so gestalten Sachen mehr nicht, was hier geschehen, zu Conservation des Ortes thun können, sondern auf der Schwedischen Officierer Discretion und freien Arbitrio, wie sie mit ihnen und dem Ihrigen nach Gefallen verfahren wollen, ohne alle Noth wären exponirt und dahin gegeben worden u. s. f. — Solchen Leuten hätte es besser angestanden, dass sie sich, so oft von Defension des Landes und der Stadt Stargard auf Landtagen, und insonderheit wie neulich mit den Landräthen am 3. Decemb. verhandelt worden, eifriger dabei hätten finden lassen und bei Zeiten auf Mittel bedacht gewesen wären, wie man die Stadt Stargard nur einigermassen „mit Pallisaden und Verwahrung der Lücken in der Stadtmauer, Anfertigung der Thore in einige Defension bringen“ möge. „Aber da hat man alles aufs Disputiren und Contradiciren geleget, und ist mit ihnen nirgends hin zu gelangen gewesen.“

Alles in allem ist nichts mehr geschehen, als was die unumgängliche Noth erfordert und S. Ch. D. auf solchen Fall gn. zugelassen. Der Statthalter möge daher diejenigen, die mit unbegründeten Querelen einkommen, abweisen.

Der Praelat Thun hat von Sr. Ch. D. in cassa vorhandenen Geldern 500 Rthlr. angegriffen, was ihm nicht gebürt.

Rescript des Fürst-Statthalters an die Hinterpommerische Regierung. Dat. Coelln a. Sp. 16. Januar 1675.

26. Jan. Hat ihre Gründe vernommen und lässt „solches alles an seinen Ort gestellet sein“. — Der Praelat Thun, der „500 Rthlr. aus der Contribution-Cassa eigenthäthlicher Weise genommen“, ist anzuhalten, dass er solche sofort restituirt.

Der Kurfürst an die Hinterpommerische Regierung. Dat. Schwäbisch-Gmünd 20. Januar 1675.

[Verhaltungsbefehle.]

30. Jan. Kf. könne nicht geschehen lassen, dass mit den Schweden wegen ihres Unterhalts durch Landescommissarien und dergleichen autorisirte Personen verhandelt werde. Die Städte, darin sie noch nicht sind, sollen ihre Thore zuhalten. Dafern sie aber da Gewalt gebrauchen würden, muss man geschehen lassen, was eben zur Zeit noch nicht abzuwehren steht. Die Licent-Einnehmer sollen alle einkommenden Gelder bis auf weiteren Bescheid beisammen halten und davon ohne kfl. Befehl nichts verabfolgen lassen. Wenn die wichtigsten Archiv-Acten nach Colberg gebracht sind, so können die anderen alle zu Stargard verbleiben. Schiffe brandenburgischer Unterthanen sollen innehalten, bis die holländische Flotte in See sei. Erklärung der Generalstaaten und der Minister der Alliirten im Haag auf Grund der letzten Relation Romswinckels, die schriftlich beifolgt.[1])

Anwesende Hinterpommerische Stände an den Fürsten-Statthalter. Dat. Stargard 29. Januar 1675.

Anstatt der erhofften Befreiung hat der Reichsfeldherr, aus Prenzlau und der Uckermark mit der ganzen Armee und dem Generalstabe nach Hinterpommern und der Neumark, davon in die 13 Regimenter mit dem Generalstab und Artillerie, jedes Regiment zu acht Compagnien stark, aldie auf Hinterpommern bestimmt sind, einzurücken beschlossen und deswegen seinen Ober-Kriegscommissarius zu Beförderung einer richtigen und gleichen Einteilung der Quartiere und Verpflegung dieser Tage zu ihnen abgefertigt. Sie stehen in tausend Ängsten, wie der Unterhalt solcher Haufen Leute „vom hiesigen er-

---

[1]) Relation Romswinckels aus dem Haag.

schöpften und depauperirten Lande, bei dieses Jahres grossem Misswachs und vorhandenen geringen Vorrath des Korns, da den Einwohnern kaum das Saat-, zu geschweigen Brot-Korn — Gott bessere es! — nur blos die Hand Gottes bescheeret und gelassen, und bei ganz niedergelegten und gesperreten Commercien", beizubringen sei. Es steht der gänzliche Ruin des Landes zu befürchten. — Sie bitten den Statthalter, hier Remedur zu schaffen und auch bei Kf. dahin zu wirken, dass sie „aus dieser Drangsalshitze sonderlichst hie wieder entfernet und des von Grund der Seelen desiderirenden .... friedlichen Zustandes .... habhaftig sein mögen."

Die Hinterpommerische Regierung [M. Crockow. F. v. Podewils. E. v. Crockow. G. v. Flemingk. D. Moenchow. Sebastian Brunnemann] an den Fürsten Statthalter. Dat. Colberg 28. Januar 1675.[1])

Übersenden verschiedene Briefe, die im Vertrauen melden, dass es auf gewaltsame Occupirung dieses Orts angesehen sei.

Anlagen.

Die Bürgerschaft der Stadt Coeslin an den Kurfürsten. Dat. Coeslin o. D. [Juni 1675.]

[Bewegliche Schilderung ihrer Not. Bitten um Mittel zur Abstellung der schwedischen Proceduren.]

Sieder dem Eure Ch. Durchl. in hochstrühmlicher Kriegs-Expedition wider den allgemeinen Feind des heiligen Römischen Reichs, den König von Frankreich, begriffen, und aus hiesigen Landen mit dero Armee zu Felde gewesen, hat der höchste Gott uns und dero getreue Märkische und Pommersche Lande durch des Teufels und seiner Helfershelfer Neid und Zorn in grosses Elend und Ruin geraten lassen und uns voll

---

[1]) Der Statthalter antwortet den Ständen d. d. Coelln a. Sp. 1. Februar 1675, dass sie sich noch in etwas gedulden und auf eine Änderung verlassen möchten; seine Meinung wäre, sie hätten in Güte nichts zu thun, auch zu keiner Eintheilung sich zu verstehen, sondern die Schweden verfahren zu lassen, wie sie wollten. — Derselbe Bescheid dient auch der Regierung als Antwort.

Jammers gemacht an dem Tage seines grimmigen Zorns! Was für Drangsal wir Eurer Churfürstl. Durchl. arme Stadt Cöslin insonderheit bei der Königl. Schwedischen, gleich einer Wolkenbrust uns überfallenen Invasion ausgestanden, kann dieses Papier unmöglich begreifen. Eurer Ch. Durchl. Hochpreisliche Regierung ist mit unsern Klagen überhäufig angefüllet, Selbte aber hat weder ihr selbst, noch uns helfen können. Dieses müssen wir gleichwohl melden, das wir förder den 1. Februar den Schwedischen einquartierten Völkern monatlich über 1500 Thlr. an barem Gelde und Preisung contribuiren müssen; den Servis in natura, wie auch Wein, Zucker, Gewürze, Branntwein, Holz, Lichte und Victualien ohngerechnet, welches alles, wenn es beschrieben und taxiret werden sollte, gar wohl den halben Theil, wo nicht mehr, der obgemeldeten Summa ausgetragen würde. Bei dem Abzuge, so am 25. April geschahe, musste die arme Stadt auf den Monat. Majum bis zum 10 dito das Contingent gleichfals aufbringen, und ihre Reitschaft an Kupfer, Zinn, Betten, Federn, Vieh und was mehr erdacht werden kann, zu Gelde machen und die ungerechten Invasores, wollten wir nicht geplündert werden, damit abkaufen, Den 23 April gerade am Sonnabende vor dem Aufbruch liess Graf Wittenberg einigen im Staate und der Bürgerschaft eine ziemliche Quantität an Hafer von den Boden, wie auch 36 Pferde aus den Ställen abnehmen und zu seiner höchst verkleinerlichen Revange und Rache, darum, dass Ew. Ch. D. hochpreisliche Hinterpommersche Regierung uns und dem ganzen Lande die Stücken Pferde zu repartiren verboten, auf öffentlichen Markt reiten, einundzwanzig die besten zu den Stücken auslesen und die andern alle mit einander unter die unberittene Milice austheilen, also das die ganze Stadt nicht über 20 Pferde, welche man zum Theil in den Kellern, zum Theil auf die höchsten Boden verborgen, übrig behalten hat. Dieses alles ward so geheim gehalten, dass man von der Schweden Intention eher nichts, als bei Ausübung derselben das Geringste erfahren; beim Marsche wurden unsern Dörfern gleichfalls über 150 Pferde mitgenommen und welche noch übrig blieben waren, nahmen die Bülowschen Schweden und andere Völker, so zu Stolpe und Schlawe gelegen hatten, davon wenig wieder zurück kommen sein; von unseren Stadtpferden ist keines wieder gekehret; daher geschehen, dass unsere Bürgerschaft und Stadtunterthanen die Saat nicht bestellen können, sondern theils mit fremden Leuten zur Hälfte säen, theils den Acker unbesäet liegen lassen und bis diese Stunde wegen Mangel Brot, Korns Hunger leiden und davon fast sterben müssen. Bei währender Einquartierung haben uns über das die Marche und Remarche den Mark aus den Beinen gesogen; und ist fast kein Tag dahingegangen, dass nicht Officiers und gemeine Soldaten von Schwedischen mit Pässen anhero gekommen, welche allhier etliche Tage und Nächte gelegen und mit freiem Futter und Mehl versehen werden müssen und unsern, des Raths, fidem interponiren. Jetzo fordern die Wirthe das Ihrige und wollen von uns bezahlt sein. Sollte die Landschaft und Aemter, welche von dergleichen Marche nichts erlitten, nicht mit antreten, wissen wir bei dem lebendigen wahren Gotte nicht, woher die Zahlung genommen werden soll. Hierbei ist es nicht geblieben, sondern es nahm mehrbesagtes Wittenbergisches Regiment am 12. Februar ein eigenes Ordonnanzhaus per force ein, darinnen täglich 36 Pferde und Knechte mit einem Officier, so uns alle 5 Tage aus den andern Quartieren alterniren und anhero kommen, gelegen, und mit allerlei Servis von der Stadt über ihre eigene Einquartierungslast und unerträgliches Contingent versehen werden müssen; auch von diesem Onere haben die Aemter und die Ritterschaft nichts erlitten. Was noch mehr! Hat diese Eurer Churfürstl. Durchl. arme und devote Stadt Cöslin wider ihren Willen und durch militärischen Zwang vier Pferde und Knechte den Schweden zum Weg weisen halten müssen, die anfangs mit den Ordonnanzreitern allenthalben mitreiten, und ihnen den Weg weisen; nachmals alle Zeit mit Briefen alleine ausreiten und die Ordonanz-Pferde der Reise und mehr überheben müssen; von welchen Angariis bellicis die Aemter und Ritterschaft nichts erfahren haben. Was dieses sonsten uns für ein Onus gewesen, können Ew. Churfürstl. Durchl. von selbst leicht ermessen; uns ist darüber manch schönes Pferd zu Schanden und Tode geritten worden.

Nachdem die Stadt-Pferde zu Schanden geritten, haben wir solche angarias bellicas mit unsern Stadtbauern und Kossäten, nicht ohne geringen Abgang des Contingents, welches auf die Bürgerschaft dadurch devoliret worden, verrichten lassen müssen. Wir geschweigen der tagtäglichen Abfuhren, welche der armen Stadt allein aufgebürdet sein, ohngeachtet wir unser Unvermögen beweglich fürgestellet und auch Mandata an den hiesigen Rentmeister ausgebracht haben.

Ew. Ch. D. werden nicht ungeduldig, dass wir unser Elend und Querelen in dero Churfürstl. und Landesväterlichen Schoss legen, denn hierdurch meinen Ew. Churfürstl. Durchl. wir zum gnädigsten Mitleiden zu bewegen und deroselben Hülfe zur erhalten.

Ew. Ch. D. gedenken gnädigst zurück, in was Ruin dero arme Stadt Cöslin schon vor der schwedischen Invasion und vor der Zeit gestecket hat. Ew. Ch. D. erinnern sich unserer vielfältigen Klagen, die wir wider die Ritterschaft des Fürstenthums Cammin in po. praegravationis geführet, und dabei den schon damaligen Ruin und Untergang derselben vor Augen gestellet haben; ist es damalen also gewesen, wie es denn wahrhaftig gewesen ist, so ermessen Ew. Ch. D. in hohen Gnaden, wie es jetzt mit uns armen Leuten bewandt sein müsse. Mit einem Worte auszudrücken, ist es mit uns auf die todte Neige gekommen, und die ganze Bürgerschaft von aller Substanz, Gelde, Kupfer, Zinn und allem Hausgerathe entblösset, und machen wir itzo versuras Namen Gelder zinsbar auf, nur das wir Ew. Ch. Durchl. Colbergischen Garnison etc. das Ihrige beibringen, welche der Schwedischen Collectirung und Ungemachs ohngeachtet nichts missen wollen, sondern wir derselben ihr Contingent gleichfalls reichen müssen. Darüber gerathen der Stadt Äcker, Häuser, Wiesen, Dörfer und Regalien in fernere unerträgliche Schuldenlast, und erwarten wir nunmehro nichts anders, als das wir alles verlassen und unsere Creditores das ‚veteres migrate Coloni!' mit uns spielen werden. Summatim, es ist unmöglich, dass wir unser Elend genugsam fürstellen können.

In solchem Zustande können wir gleichwohl nicht weniger als ad Deum et proximo Deo zu Ew. Ch. D. unsere unterthänigste Zuflucht nehmen und deroselben zwene Mittel (die wir copuliren) in Unterthänigkeit, jedoch ohnmassgeblich fürstellen.

Das Erste wäre dieses, wann das Land uns die abgenommenen Pferde, die beim Ordonnanzhause gehaltenen Pferde, den aufgegangenen Servis, Unterhaltung der durchmarschirenden Officiers und Knechte, nebst dero Dienern und Pferden und was wir sonst künftig specificiren worden, pro rata gut thun möchte;

fürs ander, wann Ew. Ch. D. nunmehro an uns gedenken und dero hohe Gerichte anhero nach Cöslin gnädigst verlegen wollten.

Wir und unsere Bürgerschaft haben darum bei Ew. Ch. D. schon vor 6 Jahren unterthänigst sollicitiret, seind auch mit dem gnädigsten Bescheide erfreut worden, dass zwar damals Ew. Ch. D. in keine Translation einwilligen könnten, ins Künftige aber dero unterthänigsten Stadt Cöslin in Gnaden gedenken und geruhen wollten.

Nunmehro hat sich solcher Casus ereignet, dass wohlgemeldete Dicasteria von Stargardt nachher Colberg geflüchtet und aus allen Orten angeführt wird, dieselbe in der Nähe zu behalten. Haben demnach zum Aufnehmen unserer und der armen Bürgerschaft hiermit unterthänigst einkommen und Ew. Churfürstl. Durchl. in allerunterthänigsten Gehorsam ersuchen wollen, Sie geruhen nunmehro unserer im besten Eindruck zu sein und dero hohe Gerichte an diesem Orte zu verlegen, damit die Stadt nicht gar zur Einöde und Wüstenei, sondern als ein unterthäniges Mitglied erhalten werden möge. Wollen in grosser Geduld wegen dieses Letztern Ew. Ch. D. gnädigste Resolution, wegen des erstern desiderii aber an dero hochpreissliche Regierung zulängliche Verordnung erwarten; massen wir uns beide unterthänigstes Fleisses bitten und flehen.

Der Herr Zebaoth nehme Ew. Churfürstl. Durchl. nebst dero hochfürstl. Familie und ganzen Armee in seinen gnädigsten Schutz, verleihe derselben des Fürsten Josua und Gideons Heldenmuth und befehlige dero gerechtermassen wider ihre Feinde mit völligem Siege und darauf mit einem allgemeinen Frieden! Amen! Wir wollen indessen wie Moses die Hände gegen Himmel aufheben, beten und fasten und nicht ablassen bis das Gott darin sehe und den Sieg auf Eurer Churfürstl. Durchl. Seite gnädigst verleihe. Mit welchem Wunsche wir schliessen, und unter Gottes getreuer Obhut zu allen hochfürstl. Wohlergehen, Leben und Sterben.

Euer Churfürstl. Durchl. unterthänigst getreueste Bürgermeister und Rath wie auch Gemeine Bürgerschaft der Stadt Cöslin.[1])

Der Kurfürst an die Hinterpommerische Regierung. Dat. Schweinfurt 12. Februar 1675.

[Verbietet Convente mit den Schweden.]

Erfährt, dass man dort mit den Schweden gleichsam Landesconvente halte. 22. Febr.
Es ist bereits rescribirt worden, dass publico nomine oder auch als Commissarius Niemand mit ihnen tractiren solle; „könnte ein Privatus als Privatus was Böses abwenden und dem Lande zum Besten was thun, das stünde dahin.“ Sie haben demnach zu berichten, was für Praelaten, Ritterschaft und Städte zu Stargard beisammen und wessen sie sich daselbst unterfangen.

„Wir sind Tag und Nacht darauf bedacht, wie Unseren Landen zu helfen, ehe Wir aber zu den rechten Mitteln, solches mit Nachdruck zu thun, kommen können, müssen Wir zwar viel über Uns und Unsere treue Unterthanen mit Leidewesen gehen lassen, doch können wir nicht gestatten, dass man Unsert-

[1]) Das Schreiben wäre am Schluss des Abschnitts auf S. 486 einzureichen.

wegen oder im Namen der Stände über dieser weltkundigen grossen Gewalt, und wie sie selbige im Lande zu verüben, Handelung pflege." — Die Lehnpferde sollen aufgebracht und nach Colberg gezogen, die Contributionen für die dortige Garnison beigetrieben werden. „Ihr habt die Edicta wider die Schwedische Werbung zu publiciren und darüber durch scharfe Inquisitiones des Fiscals und wirkliche Einziehung derer Güter, so bei den Schweden sind, zu halten."[1])

---

22. Febr. d. d. Coelln a. Sp. 12. Februar 1675 erinnert der Fürst-Statthalter mit Bezug auf das Kf.liche Schreiben vom 20 Januar[2]) die Hinterpommerische Regierung noch einmal daran, dass den Schweden nichts in Güte verabreicht, auch die Repartition von den Ständen nicht gemacht werde, „darunter doch die Particulier-Wirte nicht zu verstehen, welchen frei bleibt, so gut sie können, sich zu vergleichen."

P. S. Wie es mit der Schweden Gewaltthat in Stargard steht.

Die Hinterpommerische Regierung [Matthias Crockow. A. v. Podewils. E. v. Crockow. D. Moenchow. Seb. Brunnemann] an den Fürsten-Statthalter. Dat. Colberg 18. Februar 1675.

28. Febr. Relationiren, dass die hiesige Regierung den Ständen nicht vergönnt hat, einige Repartition zu machen. Vielmehr hat der Schwedische Obercommissarius Oerenstedt die Repartition selbst nach dem Hufenstande eingerichtet, „und als er von den Districts-Verwandten den Hufenstand nicht bekommen können, hat er dieselbe nach der zu Alten-Stettin bei Tradition des Landes von einander gesetzten Hufen eingerichtet". Sie haben auch bisher keiner Stadt noch Commissarien das verwilligt u. s. f. P. S. Von einer Ausplünderung Naugards durch die Schweden wissen sie nichts.

---

d. d. Coelln a. Sp. 2. März 1675. Pass für acht Artilleriebediente, die mit nötiger Fuhre von Ort zu Ort bei Tag und Nacht bis Colberg schleunigst fortzuschaffen. Der Oberlicenteinnehmer Happe wird angewiesen, ihnen dreissig Thaler zu Behuf der Reise ex cassa zu zahlen.

Weitere Correspondenzen in dieser Thun'schen Angelegenheit.

---

[1]) In Copie und Original an den Fürsten-Statthalter mit der Weisung, dies per expressum nach Colberg zu schicken.

[2]) Oben S. 478.

d. d. Coelln a. Sp. 25. März 1675 bestätigt der Fürst-Statthalter den Empfang der Relation des Amtskammerrath Creutz vom 22. März, mit der Weisung, über das was ihm sonsten zu Wissenschaft kommt, bei allen Posten zu continuiren.

Rescript des Fürst-Statthalters an den Amtskammerrath v. Carnitz. Dat. Coelln a. Sp. 28. März 1675.

Dem Schwedischen Feldherren wäre von einigen Officieren berichtet worden, 7. April
dass ein jedweder Bürger oder Bauer seine bei ihnen liegende Soldaten umbringen sollte, und dass man daher ein jedwedes Dorf mit einer ganzen Compagnie belegen würde. Das ist erdichtetes Gerücht, und der Feldherr wird wohlthun, wenn er das den Schweden benimmt und zusieht, ob er nicht erfahren kann, von wem es ausgeprengt sei.

Friedrich von Creutz. Relation. Dat. Stargard 12. April 1675.

„Auf die eingelaufene Nachrichten, dass Holländische Capers auf Churfürst- 22. April
liche Commissiones schon in die 20 Schwedische Kauffardeischiffe, welche sie über 2 mal hundert tausend Reichsthaler aestimiren, weggenommen, und zu Colberg das Königliche Antheil der Licenten arrestiret worden, scheints, will die Verbitterung grösser werden, und hat der H. Reichsfeldherr befohlen, dass nun die schwedischen Stücke von Stettin übermorgen auch anhero gebracht werden sollen. und dürfte, wofern bei morgender Post nicht etwas vom Frieden einkommt, die Hostilität leider! nunmehr angehen. Sie haben 506 Artilleriepferde in Pommern und der Neumark ausgeschrieben und fordern das Magazin-Korn nunmehr auch schärfer als vorhin. Es wird aber eines so wenig als das andere in Güte erfolgen, sondern die Contribuenten werden, weil sie doch schon so gut als ruiniret sein, es auf die Execution ankommen lassen.“

Der Generalmajor Plantin hat, in des Kammerraths Carnitz Abwesenheit (er ist nach Rügenwalde gereist, allda Hochzeit zu machen) Creutz ersucht, beim Statthalter ihm einen Pass für seinen Befreundeten und Gevollmächtigten, den Rittmeister Johann Sigmund von Maxen, zu erwirken, den er in einer ihm angelegenen Rechtssache (laut mitkommender Copie) zur Sächsischen Oberamtsregierung nach Lübben schicken muss; „und weil er ein Cavalier, der bisher auf die Conservation der ihm zu seinem Unterhalt assignirten Unterthanen sehr reflectiret“, so möge der Statthalter den Pass bewilligen.

Friedrich Creutz. Relation d. d. Stargard 5. Mai 1675.

15. Mai Intercedirt für den Stargarder Kaufmann Wilhelm Engelke, der mit einer Ladung von sechs Fässern Bernauschen Bieres in Freienwalde den kf.lichen Zoll hat verfahren lassen. Es möge ihm die Ladung gegen Entrichtung des gewöhnlichen Zolls wieder freigegeben werden.

b. Schriftwechsel mit Wien und Kopenhagen während der schwedischen Invasion.

α. Schriftwechsel mit dem kaiserlichen Hofe.

1675

d. d. Schweinfurt 12./22. Februar erwartet Kf. Nachricht, was aus der Conferenz mit Waldeck[1]) geworden sei. Die Resolution der Provinzen Holland und Westfriesland ist am 21. Januar jüngsthin geschehen, die der anderen am 13. dieses. Desgleichen ist der König von Dänemark zur Assistenz bereit. — Mit den letzten Posten ist nichts angekommen. Berichte dringend nötig. 22. Febr.

Crockow Relation d. d. Wien 3. März 1675. Ausbleiben seines Gehaltes. Ist in der allergröfsten Verlegenheit. Bittet, ihm dasselbe aus den holländischen Subsidien zu assigniren. „Gott im Himmel weiss, dass ich kein Mittel sehe, mich vor einem grossen Spott und Beschimpfung nur so lange zu präservieren, bis ich auf dieses eine gnädigste Antwort erhalten". 3. März

---

Kaiser Leopold an den Kurfürsten. Dat. Wien 7. März 1675.

[Bescheid in Bezug auf die Städte Hamburg und Strassburg.]

Ich habe sowol aus Ew. Ld. P. S. vom 26. Januar als dero Schreiben vom 22. Februar nächsthin mit mehrerem ersehen, was Sie wegen beider Städte Hamburg und Strassburg Wolmeinens advertiren und erinnern wollen. Allermassen nun Deroselben von Mir billig daher Dank gebühret, dass Sie Ihro dasjenige mit solchem Eifer und Sorgfalt angelegen sein lassen, was Sie zu Beförderung des allgemeinen Wesens Dienstes erspriesslich erachten: also ist zwar nicht ohne, dass man gegen erm. Stadt Hamburg ihrer fast schlechter Bezeugungen halber mit der Schärfe zu 7. März

---

[1]) Graf Georg Friedrich von Waldeck befand sich damals am kaiserlichen Hofe.

verfahren und etwa die von Ew. Ld. vorgeschlagene Mittel zu ergreifen genugsame Ursach hätte. Aldieweilen jedoch nit unzeitig zu befahren, es dürfte selbige hierdurch bei ohnedem (Ew. Ld. Vermelden nach) mit der Kron Schweden getroffenen präjudicirlichen Tractat zu Fassung widriger Consilien veranlasset oder erstermeldeter Kron wol gar in die Hände gespielet werden:

Als hab ich damit zu verfahren noch in etwas, bis man sothanen Tractat zur Hand bringen, und so ich daraus der Notdurft nach ersehen möge, anstehen müssen. Unterdessen aber nit allein besagter Stadt die daselbst sich befindende Französische Bediente auszuschaffen, auch sonsten demjenigen, was Meine ins Reich publicirte Mandata avocatoria sowol in diesem als an jenen Fällen mit sich bringen, gehorsamst nachzuleben, und was des gemeinen Wesens Dienste schädlich sein könnte, gänzlichen abzustellen, gemessen und ernstlich anbefohlen, sondern auch Meinen der Orts anwesenden Reichshofrath dem von Rondeck gn. mitgegeben, neben diesem der Stadt zn remonstriren, dass in Unterbleibung dessen die Kron Dänemark und nit weniger die Generalstaaten der vereinigten Provinzen in Niederland nit unbillig bewegt werden dürften, sich der Repressalien gegen der Stadt zu gebrauchen, wodurch nun ihre Commercien mehrers als von Frankreich oder anderswoher incommodirt und gehemmet werden könnten.

Dasselbe inbezug auf Strassburg.

Lorenz Georg v. Crockow. Relation. Wien 7. März 1675.

[Briefbeförderung. Resolution nach Regensburg in der schwedischen Angelegenheit. Graf Waldeck.]

7. März Hat das Schreiben vom 12. Febr. st. v. am 4. März st. n. erhalten und das Handschreiben, betreffend die Stadt Strassburg und die Erhaltung der Rheinbrücke, gebürend insinuiren lassen. Resolution des Kaisers deswegen an den Herzog von Holstein-Ploen und an den Reichsfeldmarschall. Ksr. habe deswegen auch an Kfn. schreiben wollen; das ist jedoch nicht geschehen. „Der Lüneburgisch-Cellische Envoyé vermeint auch, dass der Herzog von Ploen ohne vorher empfangene Ordre von S. D. dem Herzoge von Celle sich zu demjenigen nicht verstehen werde, was S. Kais. M. von ihm begehren, und wird auf solche Manier an selbigem Orte eine schlichte Anstalt zu vermuthen sein.“

Bedauert, dass die Relationen nicht zurechtgekommen. Da er sie alle numerirt hat, so wird in der Kanzlei leicht zu sehen sein, ob einige ausgeblieben; die Schwierigkeit kann nur zwischen Regensburg und Schwiebus liegen, denn am ersteren Ort, wie Jena meldet, sind sie stets alle richtig eingelaufen. — Die kf.lichen Relationen sind jederzeit sehr spät eingekommen. Er hat jede Woche eine, wenn nicht zwei Relationen abgehen lassen, freilich nicht mit jeder Post geschrieben.

In der Reichsconferenz ist gutgefunden worden, eine andere Resolution nach Regensburg abgehen zu lassen. Heute ist die Sache im Geh. Rath vollends adjustiret; mit heutiger Post geht die kaiserliche Resolution nach Regensburg. Aber was der Gesandte „mit grosser Raison gesuchet, ist auch nicht attendiret". Von seiten des Reichsvicekanzlers „unnöthige Dilationes und ungegründete Praetexte"; z. B. Kf. sei pars principalis und habe noch keine Clarigation gethan, worauf Crockow geltend macht, was Kf. unter dem 6. Dcmbr. aus Colmar an Mainz, Sachsen und Baiern geschrieben und schon communicirt sei, bleibe bestehen. Man kann sich nicht entschliessen, „Schweden pro hoste zu erklären; es ist an dem, dass dieser Hof secrètes menées mit Schweden hat", dass Graf Oxenstierna hier grosse Versicherungen gethan, wovon man dem Gesandten nichts gesagt hat. Auch geht es aus den Berathungen zwischen den kaiserlichen Commissarien und den holländischen Gesandten hier hervor.

Der Meinung ist auch Graf Waldeck, hofft jedoch, den hiesigen Hof durch Requisition des Königs von Dänemark „anzuschüren; der hiesige Hof müsse durch ein principium externum et violentum bewogen werden, nicht allein wider Schweden sich zu declariren, sondern auch darin zu verharren, da er von sich selbsten portiret ist mit den Schweden nicht zu brechen, sondern sie durch Consilia und Pacificirung Ewrer Ch. D. von den Erblanden abzuhalten, welches aus allen seinen Demarchen genugsam erhellet."

Bestürzung über den Einbruch der Schweden ins Crossenische. Eine Wirkung bleibt abzuwarten.

v. Crockow. Relation. Dat. Wien 11. März 1675.

[Audienz beim Kaiser. Dessen allgemeine Versicherungen.]

Der vom Kf. abgesendete Officier von Kussow ist vorgestern am 9. hier eingetroffen. Nach Lesung des kf.lichen Rescripts nebst Beilagen hat Cr. sogleich Audienz gesucht, dieselbe am Abend um 8 erhalten. Crockow bringt die bekannten Dinge zur Sprache: Zurückziehung der dem Kf. gemachten Imputationen — Beschwerde über Continuatiou der Schwedischen Mediation und darüber, dass man von den Schweden noch jetzt eine Neutralitätserklärung begehrt — über Langsamkeit und Kaltsinnigkeit der nach Regensburg ergangenen Resolutionen — über die „in Schlesien publicirte nachdrückliche Patenta, jedoch mit gebürendem Glimpf"; worauf der Kaiser mit den bekannten allgemeinen Versicherungen antwortet. Aber man müsse, heisst es weiter, „dabei consideriren, dass es dem Gemeinen nicht zuträglich sein würde, wann einer der Alliirten sich, ehe und bevor man wüsste, was die anderen thun wollten, mit dem Feind impegnirte und sich des Feindes Macht allein auf den Hals zöge, auf welchen Fall man wol einen Einfall in die Schlesien, welcher sonst nicht zu befürchten wäre, veranlassen könnte." Im übrigen wird schleunige Resolution verheissen. (Sie folgt anbei.) Desgleichen geben die Minister gute Vertröstung. Was in den mit voriger Post übersendeten Memorialien erbeten worden, hat nicht können erlangt werden. Aus allem erhellt, „dass man die Sache noch gar kaltsinnig tractiret, und dass I. Kais. Maj. noch nicht resolviret, das Werk wider Schweden bei dem Reich mit Ernst zu poussiren. Ich sage solches den Ministris Teutsch heraus und repraesentire ihnen täglich die Inconvenientien, die daraus entstehen werden. Sie verweisen auch, wie gedacht, auf des H. Grafen von Waldeck Negociation, daraus aber dieses folgt, dass wenn dieselbe zu keinem guten Schluss kommen sollte, welches zwar nicht zu befürchten, Ew. Ch. D. würden abandonniret werden."

Wegen Repartition der Armeen aber giebt es mehr Difficultäten. — Mit dem Generalcommissario Baron de Capliers ist man hier nicht wohl zufrieden, dass er den Münsterischen Völkern die Quartiere im Westphälischen Kreise eingeräumt, ehe der Tractat mit dem Bischof geschlossen worden.

Graf Georg Friedrich von Waldeck an den Kurfürsten. Dat. Wien $\frac{2.}{12.}$ März 1675.

12. März Antwort auf des Kfn. Schreiben d. d. Schweinfurt $\frac{20.\ \text{Februar}}{3.\ \text{März}}$ 1675 mit eigenhändigem Postscript.

„Mit Ewrer Ch. D. gndst. Erlaubnis recommandire ich Deroselben die Grafschaft Erbach, welche allzu schwer beleget ist. Ich verschulde solche Gnade etc.

---

v. Crockow. Relation. Dat. Wien 15. März 1675.

15. März Hat die letzte Resolution durch einen von dem Grafen v. Waldeck an den Prinzen depeschirten Cavalier v. Brockhorst nach dem Haag [zum Kfn.] gesendet. Dieses Schreiben bringt der Gesandte Heemskerk, der morgen par posta von hier abgeht und sich zum Prinzen begiebt.

v. Kussow soll morgen oder übermorgen expedirt werden. — Anliegend ein Memorial Crockows an den Kaiser praesent. 15. März 1675.

Kaiser Leopold an den Kurfürsten. Dat. Wien 18. März 1675.

Auf eigenhändiges Schreiben d. d. Schweinfurt 18. Februar 1675 mit der Bitte um Assistenz, seine Lande „von der Schweden schweren Bedrückung zu entledigen", folgen die hergebrachten Verheissungen. 18. März

---

Credentialen für Marchese di Grana[1]), welcher dem Kfn. von den Entschlüssen in Wien Part geben und der Unterredung mit dem Prinzen von Oranien beiwohnen soll.

---

v. Crockow. Relation. Dat. Wien $\frac{18.}{28.}$ März 1675.

[Auslassungen Hochers. Bescheid des Hzgs. von Celle. Spanischer Ambassadeur. Kaiserliche und Sächsische Völker in Schlesien. Avocatorien. Hannover. Gesandtschaft nach Moskau.]

„Seit meiner letzten Relation, welche gewesen von dem $\frac{14.}{24.}$ Martii hat der 28. März Churfürst von Mainz und Hessen-Darmstadt an Ihre Kais. Maj. berichtet, was der König in Schweden an dieselbe sowol als an den Herzog von Württemberg wegen der Mediation gelangen lassen, daneben auch Ihrer Kais. Maj. gn. Willensmeinung, wie sie sich dabei zu verhalten, zu wissen begehret. Die Antwort wird wol dergestalt ausfallen, wie ich in meinem letzten gemutmasset. Der Herr Hofkanzler Hocher hat dem Herrn Baron von Stein, als er ihm die Proposition gethan, mit ebendenselben Worten beschieden, mit welchen Ew. Ch. D. in eigner hoher Person, seinem (Herrn Hochers) Bericht nach, einen Chursächsischen mit gleichmässigem Vortrag an Dieselbe abgeschickten Cavalier beantwortet haben. Zu mir hat er gesaget, Ihre Kais. Maj. würden obbesagete Chur- und Fürsten ersuchen, sich nicht zu präcipitiren noch sich zu engagiren, sondern die Sache mit Ihrer Kais. Maj. weiter zu überlegen. Ich habe erinnert, dass hac occasione Ihre Kais. Maj. mehrgem. Chur- und Fürsten nachdrücklich erinnern und ersuchen könnten, auf dem Reichstag gute Vota führen zu lassen. Den Erfolg werde ich mit Nächstem berichten können."

Der Braunschweig-Cellische Envoyé hat auf Befehl seines gn. Herrn declariret, dass Ihre Durchl. wegen Situation dero Lande und dem Interesse ihres Hauses nicht umhin könnten, dero Armee von dem Rhein wieder zurückzuziehen und damit wider Schweden zu agiren. Solches hat denn allhier grosse Perplexität verursachet und dem Herrn General-

---

[1]) Ueber ihn s. UA. XIII, 97. 196. Sein voller Titel unten S. 511.

Lieutenant alle seine Concepte und Desseins verrücket, dahero Ihre Kais. Maj. resolviret, also bald einen Courier nach Celle zu senden; welcher heute abgehet, um wo möglich Ihre Durchl. dahin zu bewegen, dass sie mit Dero Armee gegen Frankreich, es sei am Rhein oder an der Mosel, agiren. So viel ich aber vernehmen können, werden desfalls keine Advantages offeriret, ausser das Commando über die Truppen, welche damit sollen conjungiret werden.

Der Spanische Ambassadeur, sowie auch der neulich hier angelangte Envoyé Borgemenero sein der Meinung gewesen, man müsse auch Ew. Ch. D. ersuchen, dass Sie von der Armee etwa 3 à 4 Tausend Mann gegen Frankreich agiren liessen. Es ist ihnen aber schon bedeutet, dass solches nicht practicabel sein würde. Bedachter Marquis de Borgemenero ist anhero geschicket, um zu notificiren, dass das Gouvernement der Niederlande dem Duc de Villa Hermosa conferiret ist.

Mit nächster Post hoffe ich Ew. Ch. D. eine richtige Designation der Regimenter und Schwadronen, aus welchen die Armee in Schlesien bestehen wird, unterth. zu überschicken, nachdem der Herr General-Lieutenant mir dieselbe in authentica forma versprochen. Inmittelst rechnet man die Chursächsische Völker mit darunter, alldieweil nicht allein der hier anwesende Chursächs. Kriegszahlmeister versichert, dass sie parat seien, sondern auch I. Ch. D. zu Sachsen solches an Ihre Kais. Maj. eigenhändig geschrieben haben. Damit man aber desto gewisser gehe, haben Ihre Kais. Maj. abermals ein Schreiben an höchstged. Ihre Ch. D. abgehen lassen. Inmittelst hält man allhier, bis die Antwort darauf erfolget, mit der Zahlung zurück.

Man erwartet jetzt mit Verlangen, was der Kaiserliche Commissarius von Regensburg berichten, und ob er sich getrauen wird, ein gutes Conclusum zu erheben. Sobald solches geschehen, oder man gar daran desperiret, werden die Avocatoria, wie ich nunmehr hoffe, ohne weitere Zeitverlierung publiciret werden. Ob nun wol die Avocatoria eine Declarationem belli in sich halten und Schweden eo ipso pro hoste Imperii declariret wird, so halten doch die Ministri davor, es werde dienlich sein, dass sothane Declaration a toto Imperio geschehe; sie befürchteten aber daneben, dass solches bei jetziger Disposition der Gemüter schwerlich werde zu erhalten sein. Dafern es möglich sein sollte, den Herzog von Hannover zu gewinnen, dazu der hier anwesende Habbaeus einige Hoffnung machet, haben Ihre Kais. Maj. bereits vor einiger Zeit resolviret, nebst Spanien und Holland ein Stück Geldes daran zu wenden. Der nach Moskau destinirte Regimentsrat Bottoni hat seine Instruction bekommen und wird ehestens von hier abreisen. Der Herr H'ocher hat mir gesaget, er habe Ordre, eine Alliance wider Schweden, wann Dänemark, Holland und Ew. Ch. D. mit eintreten wollen, zu proponiren.

P. S. Beigehend ein Schreiben von dem Könige von Spanien.

---

v. Crockow. Relation. Dat. Wien 4. April 1675.

[Dissens der hannoverischen Brüder. Celle. Hannover. Kaiserliche Armee. Montecuccoli marschbereit. Sein Verhalten. Execution der Oldenburgischen Sache.]

Seit seiner letzten Relation haben sich die Sachen, vermutlich bei der 4. April
Unterredung der drei Herrn Brüder, merklich verändert; „zu dem gedachter [Cellischer] Envoyé jetzo angezeiget, dass man in dem Niedersächsischen Kreise einen Kreistag halten und in demselben deliberiren wolle, welchergestalt das Stift Bremen vor einer holländischen Invasion zu garantiren sei. Er befürchtet, Schweden werde darin per maiora durchdringen, und dass es sein gnädigster Herr nicht werde hindern können. Ob nun Ihre Ch. D. D. der Herzog von Cell und Bischof von Osnabrück sich in effectu dawider opponiret, oder ob sie mit Hannover dergleichen Intelligenz haben, dass der sedes belli von ihren Grenzen entfernet und die Collision der Herrn Brüder omni modo evitiret werde, wie ich solches in meinen unterthänigsten Relationen vom 31. Jan. und 25. Martii befürchtet, stehet an seinem Ort.“

Ich habe nicht manquiret, zu repräsentiren, dass die Langsamkeit dieses Hofes, das Werk zu Regensburg zu poussiren, dieses alles verursachet, und dass, wann das ganze Reich contra Schweden dergleichen Conclusa gemachet hätte, wie sie anfangs wären zu erhalten gewesen, so hätten jetzo die Kreise nichts schliessen können, welches denselben zuwider; dafern aber in einem oder anderem Kreise etwas Widriges sollte resolviret werden, würden dieselben Stände suchen, ihre Conclusa zu mainteniren und verhindern, dass nicht zu Regensburg etwas, so denselben contrár, geschlossen werde! Ich habe auch zu verstehen gegeben, man möchte sich nur nicht flattiren, dass durch dergleichen Kreisschluss der Herzog von Celle freie Hände bekäme, gegen Frankreich zu agiren, Ihre Kais. Maj. und Spanien würden dadurch nichts gewinnen, denn im Fall die Partei gegen Schweden sowol durch den Abgang des Herzogs von Celle als durch einen so gefährlichen Kreisschluss so sehr zurückgesetzet würde, so möchten nur die Herrn Aliirten, Ihre Kais. Maj.,

Spanien und Holland auf Mittel bedacht sein, solches wiederum durch anderwärtige Hülfe zu repariren, oder sie würden sich leicht können die Rechnung machen, was daraus erfolgen müsse. Der Herr Hofkanzler und der Herr Reichs-Vice-Kanzler haben solches, dem Ansehn nach, genugsam apprehendiret und mich versichert, sie wollten Ihre Kais. Maj. (welche heute wiedererwartet werden) einraten, dass sie alsofort einen Ministrum auf den Kreistag schicken, um womöglich alles Widriges abzuwenden; sie vermeinen auch, man müsse Schweden von voto et sessione auf dem Kreistag excludiren. Was nun deshalben wird concludiret werden, stehet mit nächstem zu berichten.

Der Herr Hofkanzler hat mir in höchstem Vertrauen eröffnet, welcher gestalt er von vielen Orten advertiret worden, dass der Herzog von Hannover Ew. Ch. D. angränzende Lande und zwar in ganz kurzem wirklich invadiren würde, er der Herr Hofkanzler könnte es zwar vor ganz gewiss nicht ausgeben, er müsste aber bekennen, das er deshalb in grossen Sorgen stünde. Es ist mir solches um desto scheinbarer vorgekommen, weil der Fürstl. Cellische Envoyé mir gestern gesaget, sein Herr Vater der Herr Kanzler Schütz hätte ihm geschrieben, dass die Hannoverschen Völker ehester Tage aus den Quartiren rücken würden. Er der Envoyé will zwar nicht sagen, dass es auf Ew. Ch. D. Lande angesehen, er giebt aber doch zu verstehen, dass ers besorge. Dem Herrn Hofkanzler Hocher habe ich vor die Apertur gebührend gedanket, und ihn gebeten, auf Mittel bedacht zu sein, dass Hannover von dergleichen widrigen Vorhaben zurückgehalten, oder ihm begegnet werden könnte. Er hat mich versichert, dass, sobald Ihre Kais. Maj. wiederkämen, er eine Schickung nach Hannover vorschlagen wollte, um den Herzog ernstlich davon abzumahnen. Als ich ihm aber remonstirte, dass solches, wo die Sache schon resolviret, gar gewiss nicht zulangen würde, man müsse auf reelle und schleunige Assistenz bedacht sein, ward er fast perplex und sagte, es wäre eine gefährliche Sache, man müsste jedoch nicht desperiren, Ihre Kais. Maj. würden ihr Äusserstes bei Ihrer Ch. D. thun.

Wegen der Armee in Schlesien ist mir endlich beiliegende Designation aus dem Consilio bellico erteilet. Ich habe sofort dabei erinnert, dass die sächsischen Völker vor 2000 Mann angegeben, da man doch nicht einmal die Hoffnung hätte, mehr als 16 oder 18 Hundert zu bekommen. Nun versichert zwar der Chursächsische hier anwesende

Kriegs-Zahlmeister, dass Ihre Ch. D. 1800 Pferde zu Ihrer Kais. Maj. gänzlicher Disposition, um an Ort und Stelle, da es Ihre Kais. Maj. verordnen, zu agiren darstellen werden. Es bekräftigen auch solches die Briefe der Chursächsischen Minister. Man will aber doch nicht allerdings trauen, sondern hält mit der Zahlung noch solange zurück, bis dass Ihre Kais. Maj. Antwort auf dero letzteres an Chursachsen abgelassenes Schreiben und völlige Gewissheit haben, welches täglich erwartet wird. Die übrigen Regimenter werden wol so stark sein, als sie angegeben, ausser dass man wegen der Recruten die Gewissheit nicht haben kann. Ich habe sowol bei dem Herrn General-Lieutenant als auch sonsten erinnert, dass vor desselben Abreise die Armee möchte in solchen Stand gesetzet werden, dass sie marschiren und operiren könnte; daneben auch remonstrirt, wie hoch es ihre Kais. Maj. importirete, dass Ew. Ch. D. sowol als die andere Alliirte, welche auf diese Armee vertröstet worden, in sothaner Hoffnung nicht verfehlen. Man versichert mich darauf, dass daran kein Mangel sein, sondern die Armee alsofort auf Ew. Ch. D. Requisition sich mit derselben conjungiren werde.

Der Herr General-Lieutenant ist jetzo ganz reisefertig und will noch diese Woche von hier aufbrechen. Ew. Ch. D. habe ich vorher berichtet, dass er nicht allein das absolute Commando über die Armeen, besondern auch den Character und die Vollmacht eines formellen Kais. Botschafters haben wird. Nachgehends ist mir im Vertrauen von gewisser Hand berichtet worden, dass er auch die Gewalt hat, den Frieden zu schliessen, und dass er Ordre hat, in der Campagne nichts zu harzardiren, sondern nur des Königs in Frankreich weitere Progresse zu hemmen, die Armee in gutem Stande zu erhalten und einen Frieden sub clypeo zu menagiren. Ob dem also, kann ich vor ganz sicher und gewiss nicht ausgeben. Ew. Ch. D. werden dero höchst erleuchtetem Verstande nach aus andern Umständen und den Effecten selbst gnädigst ermessen, ob es der Wahrheit ähnlich. Daferne aber dem also, dürfte er es wol ebenso machen, als er vor 10 Jahren mit den Türken gethan, da er den Frieden sechs ganze Wochen vorher geschlossen, ehe die Französische Generale oder sonst Jemand es inne wurden und inmittelst continuirlich gegen den Feind campiret, eben als wann der Krieg noch verharrete, jedoch sonder sich in eine Action einzulassen. Zu Regensburg, hoffe ich, werden Ihre Kais. Maj. nunmehr alle Möglichkeit anwenden, um die Sache auf einen guten Fuss zu setzen und, es gehe daselbst wie es wolle, die Avocatorien dennoch publiciren lassen.

„Ich habe allhier an die Hand gegeben, man möchte dem Könige in Dänemark die Execution der in Causa Oldenburgensi gefälleten Sentenz auftragen. Solches würde der König in Dänemark, nachdem die Requisition geschehen, gern auf sich nehmen, Schweden würde sich dagegen opponiren und also eine abermalige Infractionem Pacis begehen und Hannover dadurch Ursache bekommen, sich von Schweden zu separiren, oder es würde sich gänzlich in das Tort setzen. Ich vermute, sothaner Vorschlag werde Ew. Ch. D. gnädigsten Sentimenten gemäss sein; man hat es zwar approbiret, aber bis dato ist nichts darin resolviret."

---

v. Crockow. Relation. Dat. Wien 7. April 1675.

[Falsches Friedensgerücht. Beabsichtigte Gesandtschaft an Hannover. Cellische Declararation. Bairischer Vicekanzler. Armee. Montecuccoli. Beschwerde des dänischen Gesandten.]

7. April „Ew. Ch. D. Rescript d. d. Cleve $\frac{12.}{22.}$ Martii habe ich den 5. April st. n. wol erhalten und den Inhalt den vornehmsten Ministris bekannt gemacht, welche alsofort Ihrer Kais. Maj. zu Dero grossem Contentement Rapport davon gethan, und ist solches uns desto besser zu statten kommen, weil man allhier aus der Correspondenz des zu Paris sich befindenden Florentinischen Abgesandten Nachricht bekommen, als wann der Herr Straetmann zu Paris einen Tractat zwischen Ew. Ch. D. und den beiden Kronen völlig adjustiret, und zwar auf sothane Conditionen, dass man es allda vor eine geschehene Sache hielte, gestalt dann Mr. de Verjus nebst ged. Herrn Vice-Kanzler Straetmann von Paris abgereiset wäre, um sich an Ew. Ch. D. Hof zu verfügen und daselbst alles zu adjustiren. Selbiges Schreiben hat der hiesige Florentinische Minister dem Spanischen Botschafter, und derselbe Ihrer Kais. Maj. vorgezeiget, wodurch der Hof ziemlich allarmiret worden. Es ist der Ungrund sothanen Vorgebens sowol durch Ew. Ch. D. gn. Rescript als auch durch die nachgehends eingelaufene Zeitungen genugsam an den Tag kommen; und wird jetzo dergestalt davon judiciret, dass es ein Artificium des Französischen Hofes gewesen, und dass die beiden Florentinischen Minister sich, wie sie wol eher gethan, demselben zu Dienst hierunter gebrauchen lassen."

„Gestern haben Ihre Kais. Maj. resolviret, dem Herrn Grafen von Windischgrätz (welcher aber solches zu decliniren sich bemüht) an den Herzog von Hannover und folgends auf den Niedersächsischen Kreistag zu schicken, um an beiden Orten alles Widriges zu versuchen. Es haben die Ministri seiner Instruction halber Conferenz gehalten, und wird allbereits daran gearbeitet, davon mit Nächstem ein Mehreres wird berichtet werden können. Der hiesige Holländische Resident ist der Meinung, man müsse den Herzog von Hannover zu einer Neutralität bringen und ihm die Versicherung geben, dass, wann der König in Frankreich ein Mehreres von ihm begehrete und widrigenfalls ihm die Subsidia zu entziehen dräuete, die Alliirten alsdann zur Unterhaltung seiner Völker ein erkleckliches Subsidium beitragen wollten; man müsse auch dem Herzog von genugsamer Sicherheit deshalben zeigen und auf Beibringung der Gelder in effectu bedacht sein. Er vermeinet, er wolle die Spanischen Minister auch disponiren, sich damit zu vereinigen. Weil nun die Kais. Ministri mich zu unterschiedenen Malen vergewissert, dass Ihre Kais. Maj, wann der Herzog von Hannover zu gewinnen wäre, ein Stück Geldes nicht ansehen würden, als dürfte dieser Vorschlag, wann nur bei Hannover einige Disposition dazu vorhanden, können zum Effekt gebracht werden. Der Herr Hofkanzler stehet annoch in Sorgen, dass gedachter Herzog sich zu weit engagiret und bereits einige widrige Resolution wider Ew. Ch. D. gefasst habe."

Der Cellische Minister declarirt, dass sein gn. Herr an dem Rhein, Maas oder Mosel, wo es die Alliirten begehren würden, agiren wolle, jedoch mit der Condition, dass ihm vor seine Lande genugsame Sicherheit gezeiget werde. „Alldieweil aber er begehret, dass man Kaiserlicher Seiten die Vorschläge wegen sothaner Sicherheit thun solle, und, wie die hiesigen Ministri vermeinen, nicht genugsam instruiret ist, als erwartet man mit Verlangen, was der nach Cell abgefertigte Courier vor Resolution mitbringen werde, und scheinet, als wann der H. General-Lieutenant seine Abreise deshalben aufschiebe, massen er seine Bagage schon längst vorangeschicket. Der Cellische Minister declariret sonst, dass, wann gleich das Stift Bremen in die Neutralität gesetzet würde, sein gn. Herr dennoch nicht genugsame Sicherheit habe. So haben mir auch die Kais. Ministri gesaget, dass Ihre Kais. Maj. die Neutralität des Stiftes Bremen nicht practicabel noch zuträglich hielten, auch dieselbe zu hindern trachten würden. Dies vermute ich aber, dass, wann hingegen Hannover auch die Neutralität versprechen wollte, man alhier dazu geneigt sein würde; wann nur I. Kön. Maj. in Dänemark damit content sein und an einem andern Ort agiren wollten; der Herr Crampricht bekommt mit heutiger Post Ordre, der Generalstaaten Gedanken hierüber zu vernehmen. So ist auch vorgeschlagen, dass der Marquis de Grana schleunigst wiederum zu Ew. Ch. D. gehen (wo er nicht sich bereits allda befindet) und mit deroselben wegen dieser Sachen Abrede nehmen solle."

„Der Churf. Bayrische Vice-Canzler Schmitt hat dem zu München sich befindenden Kaiserlichen Residenten Kasseler auf Befehl seines gn. Herrn bekannt gemacht, dass Ihre Ch. D. mit der Krone Schweden eine Defensiv-Allianz geschlossen, daneben aber versichert, dass dieselbe nicht wider Ihre Kais. Maj. noch das Reich angesehen, und dass Churbayern sich in den jetzigen schwedischen Krieg nicht mischen würde, wie seine Formalia gelautet. Der Herr Hof-Kanzler hat mir gesagt, dass Ihre Kais. Maj. sich mit dieser wörtlichen Versicherung nicht contentiren, sondern ein Mehres exclusivement und andere Sicherheit begehren und deshalb dem Residenten mit heutiger Post Ordre erteilen würden; man sagt mir, dass Ihre Kais. Maj. von den Artikeln an sich selbst noch keine Copie haben."

Wegen der Armee in Schlesien thue ich stets Anregung, dass man doch ja dieselbe bei Zeiten in solchen Stand setze, darauf sie gegen den Feind agiren können, und Ew. Ch. D. wie auch die andern Alliirten in der Hoffnung, welche ihnen deshalben gegeben, nicht verfehlen mögen. Ich remonstrire daneben, was für ein Unheil daraus entstehen müsse, wann Ew. Ch. D. die Conjunction begehreten (welches ehester Tage geschehen würde) und alsdann anstatt der versprochenen Hülfe mit Excusen und Prätexten vorlieb nehmen müssten. Ich wünsche nur, dass ich bald Ordre bekommen möge, die Conjunction zu begehren, damit man sehen könne, was dazu gesagt wird. Bis dato versichert man mich noch stets, dass die versprochenen 8 bis 10 Tausend Mann sich wirklich mit Ew. Ch. D. conjungiren und wider den gemeinen Feind agiren werden. Man will nicht, dass daran nur gezweifelt werde.

Der Herr General-Lieutenant hat abermals einen Anstoss von seinem alten Zustand. Er schonet sich aber deshalben nicht, sondern fähret täglich aus, wiewol er recht schwach ist. Gleichwie er sonst ungern an diese Expedition kömmt und schwer dazu zu bringen gewesen, also finde ich auch noch bei weitem die Freudigkeit und Assürance nicht bei ihm, welche er bezeigte, als er vor anderthalb Jahren zu Felde ging. Er temoignirete vielmehr, dass es eine schwere und harte Campagne geben werde. So ist er auch insgemein so chagrin, dass fast übel mit ihm zurechte zu kommen. — Der Königl. Dänemarkische Envoyé hat sich sehr hoch beschwert, dass der Baron de Capliers einige Völker in die Grafschaften Oldenburg und Delmenhorst logiren wollen. Der Herr General-Lieutnant hat ihm darauf geantwortet, es wären dieselben Reichslehen und könnten sich der gemeinen Onerum nicht entziehen, hat auch davon nicht weichen wollen. Ihre Kais. Maj. aber haben resolviret, dass solches eingestellt und dem Baron de Capliers sollte rescribiret werden, davon abzustehen. Gegen mich wollte er behaupten, man hätte gegen Schweden nicht mehr nötig als die Dänische Armee und Ew. Ch. D. Völker nebst den Kaiserlichen in Schlesien stehenden Truppen, und würde es also nicht bedürfen, dass die Cellisch-Osnabrückische oder einige Holländische Völker mit dazu stiessen. Ich lebe aber der Hoffnung, Ihre Hoheit der Prinz von Oranien werden gegen Ew. Ch. D. sich anders erkläret haben, dabei es wohl sein Verbleiben haben wird.

Die allhier anwesenden Königlichen, Chur- und Fürstlichen Evangelischen Gesandten, Residenten und Agenten haben endlich auf das siebente in puncto

Exercitii Religionis eingereichte Memorial die Resolution erhalten, dass die beiden aus Oedenburg nach Eisenstadt geschafften Lutherischen Prediger sich wieder nach Oedenburg verfügen und daselbst „nicht in dem von den Evangelischen dazu erkauften und adaptirten Hause, sondern in der Fürstin von Eggenberg Wohnung, welche gar nicht bequem dazu ist (inmassen fast alle Zuhörer unter blauem Himmel stehen müssen) ihre Sacra verrichten sollen."

Der Kurfürst an von Crockow. Dat. Cleve $\frac{5.}{15.}$ April 1675.[1])

[Kaiserliches Schreiben bezüglich der Assistenz gegen Schweden.]

Es haben uns des Fürsten von Anhalt Ld. ein Schreiben, welches 15. April Ihre Kais. M. unterm dato 22. Martii an dieselbe abgelassen, zugeschicket, worin höchstged. I. K. M. erklären, dass, wann Wir wider Schweden in Action treten würden, sie dero Waffen mit den unseren vi foederis conjungiren und zur Rettung unserer Lande assistiren lassen wollten, wie solches beigehende Abschrift mit mehrerem besaget. Nun ist Euch bekannt, wasmassen Ihre Kais. Maj. sich sonst jeder Zeit gn. erkläret, dass, nachdem die Schweden in unsere Lande ohne einzige Ursache eingebrochen, sie selber mit Schweden brechen wollten; daher uns dann um so viel befremdter vorkommt, dass man in besagetem Schreiben die erwartete Conjunction und Assistenz nur ex vi foederis zu thun, sich herausgelassen. Ihr habt Euch demnach desfalls behörigen Ortes zu beschweren und dabei zu erkennen zu geben, dass eine solche Erklärung nicht allein bei allen Alliirten, sondern auch fürnehmlich bei dem Reich sehr anstössig sein würde. Denn wenn Ihre Kais. Maj. Bedenken trügen, mit Schweden als Turbatoribus pacis publicae, die einen getreuen Churfürsten und Stand des Reichs ohne einzige Ursache angefallen, öffentlich zu brechen, so würde solches das Reich vielmehr thun, und Wir von demselben mehr Widerwillens als Assistenz zu gewarten haben; zu geschweigen, dass Dänemark dadurch auch in seinem guten Vorhaben gehindert würde: und habet Ihr also gebührend anzusuchen, dass Ihre Kais. Maj. ins Künftige wider Schweden als einen Feind des Reiches mit mehrem Nachdruck und Eifer zu sprechen und zu schreiben geruhen wollten. Wodurch dann das gemeine Beste insonderheit gefördert, und viele, die anjetzo noch wanken, herfür gezogen werden würden.

[1]) Auf das falsche Friedensgerücht rescribirt Kf. wie unten (S. 550) d. d. 2./12. April 1675.

Anlage.

Kaiser Leopold an den Fürsten von Anhalt. Dat. Wien 22. März 1675.

Antwort auf das Schreiben vom 26. Febr., worin verlangt worden war, von dem Kaiserl. Kriegscorps im Herzogtum Schlesien etliche Hundert Mann zur Besatzung Frankfurts und Crossens zu übersenden und zugleich das Tractament aus ihren Quartieren nachschicken zu lassen.

„Nun consideriren Wir hierauf, dass der Feldzug an der Hand, gedachte beide Plätze nicht wol befestigt, und nur durch die Menge der Besatzung defendiret werden müssen, also wider eine Feindsgewalt die begehrten etlichen hundert Mann nicht bastant sein würden; befinden auch nit für ratsam, nach der Zeit unsere Völker in Schlesien zu separiren."

„Als haben Wirs Ew. Ld. nicht verhalten und uns übrigens auf die des Churfürsten zu Brandenburg Ld. gegebene Erklärung referiren wollen, dass wir nämlich deroselben, wann sie mit ihrem Corps dahin anziehen und operiren werden, unsere Waffen vi foederis conjungiren und zur Rettung dero Lande assistiren lassen wollen."

---

von Crockow. Relation. Dat. Wien $\frac{8.}{18.}$ April 1675.

[Clausel: Si Suecia hostis fuerit. Unterredungen mit dem Hofkanzler. Allgemeine politische Lage.]

18. April Ew. Ch. D. gn. Rescripte de datis Cleve den 22. und $\frac{17.}{27.}$ März habe ich nebst den Postscriptis und Beilagen nicht ehender als den 5./15. April erhalten, und deraus ersehen, was Ew. Ch. D. wegen des zu Strassburg annoch habenden Vorrats an Getreide und Munition, wie auch wegen Ihrer D. zu Baden-Durlach Desideriis, betreffend die Conservation der Reichsarmee, sodann wegen Werbung einiger Völker auf die dem Bischof von Münster versprochenen Conditiones, item wegen der Clausul: **Si Suecia hostis fuerit**, auch sonsten mir gn. anbefohlen.

Ich habe darauf dem Herrn Hofkanzler wegen obgedachter Clausul dergestalt, als es Ew. Ch. D. gn. befohlen, zugesprochen, darauf er antwortete: die Schrift, welche den Holländischen Ministris geben, wäre nicht vollzogen noch unterschrieben; die Holländer hätten damalen die bekannte lateinische Articula dem schwedischen Ambassadeur extradiret, und hätte man also auch gegen sie behutsam gehen müssen. Die beste Excuse, welche er allegirte, wann sie nur den Effect erreichet, war diese, dass an den Worten nicht viel gelegen, wann Ew. Ch. D. nur die wirkliche Hülfe erlangeten, und damit Ernst zur Sache gethan würde, daran es, seiner Versicherung nach, jetzt nicht fehlen würde. — Dass Ew. Ch. D. Dero in Strassburg vorhandenes Getreide mit Ihrer Kaiserl. Maj. gegen eine gleichmässige Quantität, welche aus Schlesien nach der Mark Brandenburg soll geliefert werden, vertauschen wollen, solches ist gar angenehm gewesen, und werden die desfalls nötigen Verordnungen leicht können erhalten werden, sobald ich nur weiss, wie hoch sich die Quantität des Getreides beläuft, und wie das Strassburger Mass gegen das Schlesische oder Märkische zu rechnen. Wann ich auch eine Designation hätte von der daselbst vorhandenen Munition, würde auch dieses leicht zu richten sein.

Auch hat der Herr Hofkanzler gar gern gehöret, dass Ew. Ch. D. in die mit dem Bischof von Münster gemachten Conditiones wegen Anwerbung einiger Völker treten wollten. Er sagte, mit morgender Post würde I. Kais. M. Nachricht bekommen, ob der Tractat mit dem Bischof geschlossen, oder ob er zurückginge. Wäre er geschlossen, so hätte es dabei sein Verbleiben; wo aber nicht, wollte er es Ihrer Kais. Maj. vortragen. Ob man nun auf solchen Fall Ew. Ch. D. Erbieten acceptiren, oder sich dessen bedienen werde, um den Bischof zu stimuliren, dass er schliessen möge, wird sich alsdann äussern. Wo es vor sich gehet, wird man müssen sehen diejenigen Conditiones zu ändern, welche aus der mit grossem Fug in den Bischof gesetzten Diffidenz herrühren, als nämlich, dass die Völker Ihrer Kais. Maj. schwören, unter Dero Generalen stehen etc. Ich werde darauf dringen, dass Ew. Ch. D. dieser Sache halber mit ehistem Gewissheit haben mögen.

„Ihrer Durchl. des Markgrafen von Baden-Durlach Desideria betreffendend die Conservation der Reichsarmee werde ich gehöriger Orten vorstellen und Namens Ew. Ch. D. bestermaassen recommandiren."

Folgt Extract einer Conferenz mit dem Lüneburgischen Gesandten.

Sonst hat auch der Herr Crampricht mit letzter Post berichtet, dass die General-Staaten nicht resolviren wollten, die Commercia mit Schweden aufzuheben, und dass sie ohne Consens der Alliirten, ja seiner, des Herrn Cramprichts Contradiction ohngeachtet, dem Englischen Ambassadeur ein Friedensproject zugestellet, in welchem unter andern enthalten, dass ratione Spanien alles auf den Fuss der Pyrenäischen

Tractate gestellet, im Römischen Reich aber sowol respectu Frankreich als Schweden es bei dem Münsterschen Frieden bleiben solle; über welche der Herrn General-Staaten Conduite man allhier, wie Ew. Ch. D. gn. ermessen werden, überaus sehr doliret. Und ist deshalb dem Herrn Crampricht bei diesem Courier Ordre gegeben, sich darüber zu beschweren und, womöglich, zu verhindern, dass die General-Staaten sich desfalls weiter engagiren.

Das Rescript vom $\frac{\text{23. März}}{\text{2. April}}$ „betreffend die zwischen Ihrer Durchl. zu Pfalz-Neuburg und Dero Unterthanen obschwebenden Differentien", ist ihm gestern insinuirt worden. Beifolgendes Memorial hat er gestern dem Hofkanzler zugestellt; wird die Resolution mit allem Fleiss befördern.

Gestern ist der Kaiserliche ·Courier, welcher mit der dem Herrn Grafen von Waldeck gegebenen Resolution nach Kopenhagen abgefertiget gewesen, wieder zurückkommen, welcher dieses mitgebracht, dass Ihre Königl. Maj. resolviret sein, mit der Krone Schweden zu brechen, wann die Alliirten dasjenige, was die Allianz vermag, prästiren und die Ruptur zugleich mit antreten. Solches beides finden die Ministri hier raisonnabel und versichern mich, dass, wann die Krone Dänemark und die General-Staaten mit der Krone Schweden brechen, Ihre Kais. Maj. zugleich mit ihnen gegen gedachte Krone in öffentliche Ruptur treten wollen. Welches, wann es geschiehet, wird dieser Hof die Avocatoria, und was denen anhängig, zu expediren schon von sich selber geflissen sein. Es wird auch ohnedem nicht daran ermangeln, sobald man nur einige Nachricht von Regensburg hat, dass die Gesandten die erwartete Instructiones erhalten, und daraus abnehmen kann, ob nicht noch ein näheres Conclusum wider Schweden auf dem Reichstag erhalten, und erfolglich obgedachte Mandata mit mehrem Nachdruck können expediret werden.

18. April P. S.

Auch der Courier, welchen Ihre Kais. Maj. nach Cell abgeschicket, ist gestern wieder zurückkommen. Er hat aber, so viel ich bis jetzt erfahren können, über das Vorige nichts Neues mitgebracht, als nur allein dieses, dass Ihre Durchl. der Herzog von Cell declariren, dass, im Fall Sie nicht wegen der Neutralität des gesamten Hauses die begehrete Declaration erhalten, Dero Armee den 25. dieses aus den Quartieren aufbrechen und von dem Rheinstrom ab gegen Dero Lande marschiren solle. Als der Envoyé solches angebracht, hat der Herr Hocher ihm beständig geantwortet, dass Ihre Kais. Maj. sich zu der Neutralität nicht verstehen könnten oder wollten. Es besorget aber gedachter Herr Hofkanzler, es werde der Herzog auch nicht gegen Schweden mit gehöriger vigor operiren, sondern dass das gesamte Haus sich zusammensetzen und den Alliirten Leges vorschreiben werde. Dannenhero der Herr Graf von Windischgrätz schleunigst depeschiret wird und morgen von hier abreisen soll, um, wo möglich, die Herzöge auf andere Gedanken zu bringen.

Der von Kopenhagen zurückgekommene Courier bringet auch unter andern dieses mit, dass Ihre Königl. Maj. die gedachte Neutralität improbiren und begehren, dass Cell gegen Schweden agiren solle, um so mehr, weil Ihre Königl. Maj. mit der grössten Force in Schonen zu operiren willens, und also die Alliirte im Reich gegen Schweden zu schwach sein würden. Weshalben es dann wol dabei bleiben wird, dass der Herzog von Cell gegen Schweden agire. Man ist allhier deshalben nicht wenig perplex, dann man das Facit gemachet, dass gemeldete Lünneburgische Armee nebst noch einigen Truppen an der Mosel agiren solle, welches anjetzo schwer wird zu erhalten sein. Zwar hat der Herr Graf von Windischgrätz Ordre, deshalben nochmalen zu insistiren; der Lüneburgische Envoyé aber versichert, dass er nichts erhalten werde. Dass die Franzosen sich der Citadelle zu Lüttich bemächtiget, verursachet ebenmässig an diesem Hofe nicht geringe Perplexität. Und wird hierunter dem Herrn General-Lieutenant Schuld gegeben, welcher nicht glauben wollen, dass es geschehen würde, da doch unterschiedene Nachrichten eingelaufen, dass der gewesene Commandant damit umginge, und der Cardinal von Baden durch einen anhero geschickten Cavalier Ihre Kais Maj. davon advertiret, dannenhero es wol hätte können praeveniret werden, wann man bei Zeiten dazu gethan. Dat. ut in litteris.

L. G. von Crockow. Relation. Dat. Wien 11. Mai 1675.

[Neue Vorstellungen Crockows an den Kaiser. Beschaffenheit der Armee. Haltung Celles, Dänemarks. Commercien mit Schweden. Ruptur mit Schweden. Aufbruch Montecuccolis. Klagen des Fränkischen Kreises. Abmarsch des Kf. aus Franken.]

Neue Vorstellungen Crockows an den Kaiser. 21 Mai

Wann dann Ew. Ch. D. auf die versprochenen 10 Tausend Mann Kaiserlicher Völker gänzlichen Staat macheten, auch ohne dieselben nicht stark genug wären, dem Feind zu begegnen, als hätten Ew. Ch. D. durch zwei unterschiedene gn. Rescripta mir gn. anbefohlen, namens deroselben bei Ihrer Kais. Maj. allerunterthänigst zu suchen, dass Ihre Kais. Maj. allergn. geruhen wollten, dem Herrn Graf Coop gemessene Ordre zu ertheilen, dass derselbe auf beschehene Requisition von Ew. Ch. oder dero Herrn Statthalters Fürstl. D. sich mit Ew. Ch. D. Armee oder dero in der Mark Brandenburg sich befindenden Truppen conjungire und wider den gemeinen Feind agire, und dass er inmittelst in die Städte Frankfurt und Crossen einige Völker werfe, um einen feindlichen Überfall und Surprise zu verhüten. Ich konnte nicht umhin, Ihrer Kais. Maj. allerunterthänigst vorzustellen, wie sehr ich bekümmert wäre, wann ich considerirte, dass dieselbe Armee annoch nicht in dem Stande wäre, dass man von derselben eine prompte und vigoureuse Operation zu vermuthen hätte. Sie solle teils aus Chursächsischen Völkern, teils aus Recruten, ausser etzliche Kaiserliche regulierte Truppen bestehen. Was jene anbetreffe, so wäre man noch diese Stunde nicht gänzlich versichert, dass sie sich einfinden würden. So wäre auch Ihrer Kais. Maj. allergn. bekannt, wie genaue Intelligenz allezeit zwischen der Kron Schweden und dem Churfürsten von Sachsen gewesen, und wie grosse Behutsamkeit S. Churf. D. auf dem letzten Obersächsischen Kreistage gebrauchet, Schweden nicht zu chocquiren, zu nicht geringem Präjudiz der allgemeinen Sache. Schweden hätte die Adresse gehabt, selbigem Hof diese Opinion zu geben, als wann sie vor das Interesse des Evangelischen Wesens agireten. Jedermann wüsste, was der Gräfenthal bei seiner letzten Anwesenheit deshalben zu Dresden spargiret, und wie grosse Vertraulichkeit und Sincerationes zwischen ihm und dem Sächsischen Hofe zu spüren gewesen. Und wäre dannenhero nicht unbillig zu besorgen, dass, ob schon selbige Völker sich in Schlesien mit Ihrer Kais. Maj. Armee conjungireten, dass man doch auf die Länge sich derselben nicht versichern könnte, zumalen, wie gemeldet, man nicht verspüren könnte, dass Ihre Ch. D. zu Sachsen intentioniret wären, den Schweden wehe zu thun. Was die Recruten betreffe, wären dieselben noch bis dato weder in Regimenter noch Compagnien verteilet, auch weder mit Officirern noch mit Fahnen oder Standarten versehen, und also nicht in dem Stand, dass sie marschiren, weniger dass sie wider den Feind operiren könnten. Nun würden Ihre Kais. Maj. dero höchsterleuchtetem Verstande nach consideriren, wie ein grosses Praejudiz der allgemeinen Sache daraus entstehen, und wie solches alle gefassete Concepte und

Desseine verrücken, ja den ganzen Statum rerum verändern würde, wann an dieser Armee, als welche nicht allein Ew. Ch. D. sondern allen den Alliirten versprochen, entweder bei der Conjunction oder nachgehends bei der Operation selbst, sich einiger Verzug oder unvermuteter Zufall eräugen, und die sämtlichen Alliirten der ihnen hierunter gegebenen Hoffnung sollten frustriret werden, deshalben ich dann Namens Ew. Ch. D. allerunterthänigst bat, Ihre Kais. Maj. wollten doch allergn. geruhen, einem so grossen Unheil vorzukommen und zu solchem Ende entweder anstatt der Sächsischen Völker eine gleiche Anzahl von Dero alten Regimentern dahin zu employiren, oder sich des Churfürsten von Sachsen dergestalt zu versichern, dass man sowol der Conjunction dessen Völker, als auch von demselben einer beständigen vigoureusen Operation sich zu vergewissern habe, den Schweden auch alle Mittel benommen werden, bei Ihrer Ch. D. zu Sachsen etwas Widriges einzustreuen und dieselbe von guten Consiliis zu divertiren. — Ich bat ferner, dass Ihre Kais. Maj. auch Dero eigne Völker in den Stand, damit sie fordersamst anmarschiren könnten, setzen, auch dem General Coop Ordre erteilen möchten, sich mit Ew. Ch. D. Völkern auf Dero oder Dero Herrn Statthaltern Requisition zu conjungiren und wider den Feind in Operation zu treten. Ihre Kais. Maj. antworteten darauf, was wegen Ew. Ch. D. ich angebracht, hätten sie wol eingenommen; es wäre an dem, dass die Campagne vor der Thür und man allerseits dahin zu trachten hätte, wie man dem Feind zuvorkäme und sich nicht von ihm praeveniren liesse, wie dann Ihrer Kais. Maj. Völker guten Teils schon im Anzuge wären. Was die Armee in Schlesien betreffe, hätten Ihre Kaiserl. Maj. bereits Ordre ergehen lassen und wollten ferner darüber halten, dass dieselbe in dem Stand zu marschiren und wider den Feind zu agiren sich befinden sollte. An Conjunction der Chursächsischen Völker zweifelten Ihre Kais. Maj. nicht und wollten sich derselben, so viel es möglich, dergestalt versichern, dass man sich darauf zu verlassen hätte, auch bei Dero eignen Völkern, so viel zu der Campagne erfordert würde, machen lassen. Was die Conjunction der Armeen und Besetzung einiger Plätze betreffe, darüber wollten Ihre Kais. Maj. weitere Deliberation halten und alles das vornehmen, was nur immer möglich, um Ew. Ch. D. Land und Leute vor der feindlichen Invasion zu besorgen, blieben auch Ew. Ch. D. mit freund-oheimlicher Affection wol beigethan. Was ich weiteres in der Audienz angebracht, werde ich nachgehends unterthänigst vermelden; muss anjetzo hierbei anführen, dass die Kaiserl. Ministri an

Conjunction der sächsischen Völker nicht mehr zweifeln wollen. Sie bekennen zwar, dass die von mir angeführten Considerationes erheblich seien, meinen aber dennoch, Chursachsen würde Ihrer Kais. Maj. nicht aus Händen gehen. Dem Chursächsischen Zahlmeister ist angedeutet, dass, sobald die sächsischen Völker in der Lausitz sein werden, Ihre Kais. Maj. das begehrte Geld, welches, wie mir gesaget, sich auf 20 Tausend Thaler beläuft, auszahlen lassen wollen. Ich werde auch nicht unterlassen, diesen Punct durch alle ersinnliche Mittel ferner zu urgieren. —

Sonsten haben die Kaiserlichen Ministri, insonderheit der Herr Hofkanzler mir eröffnet, dass der Cellische Envoyé jetzo von der Neutralität des Herzogtums Bremen nicht mehr gedächte (derselbe aber giebt vor, dass er niemals etwas desfalls angebracht), seine Negotiation aber ginge dahin (welches ich auch an ihm selbst verspüret), dass der Herzog mit seiner Armee am Ober-Rheinstrom agiren wollte, wann man ihm die Sicherheit seiner Lande bei den jetzigen in der Nachbarschaft sich ereignenden Troublen zeigen könnte; wann er nun gefraget wird, was vor Sicherheit er begehre, antwortet er, er wisse keine andre Sicherheit als diese, dass die Cellische Armee wieder zurückkehre. Auch giebt er zu verstehen, dass er weder die Garantie der Alliirten noch die Neutralität des Herzogtums vor sufficiente Mittel der begehrten Sicherheit halte. Die Kaiserlichen Ministri halten davor, dass die Consilia des Hauses Lüneburg gehen dahin (ich weiss aber nicht, aus vor Indiciis oder Nachrichten sie solches haben), dass Cell-Osnabrück und Wolffenbüttel den Alliirten, Hannover aber Frankreich und Schweden Hülfe leisten solle, und dass das sämmtliche Haus von beiden kriegenden Teilen die Neutralität begehren werde, dergestalt, dass beides gleichsam gegen einander aufgehen, und weder die Alliirten Hannover wegen der an Frankreich und Schweden leistenden Assistenz, noch hingegen die beiden Kronen Cell-Osnabrück und Wolffenbüttel, wegen der Hülfeleistung, welche sie den Alliirten thun, angreifen sollen, worüber das gesamte Haus von allen kriegenden Teilen eine Declaration begehren würde. Die Ministri aber improbiren solches aufs Höchste und sehen gar wol vorher, was vor Consequenzen daraus folgen würden. Der Cellische Envoyé hat gestern seinen Courier wieder zurückbekommen, die an Ihre Kais. Maj. haltende Schreiben gebührend einreichen lassen, auch eine Conferenz begehret, wie ich mit mehrem vermelden werde. Weil ich nun gewiss davor halte, dass dieses Werk Ew. Ch. D. nicht angenehm noch zuträglich sein werde, inmassen Ew. Ch. D. dadurch nicht allein die Assistenz des Herzogen von Cell verlören, sondern auch Hannover zum Feinde bekämen, und zwar auf solche Manier, dass Sie sich gegen denselben nicht defendiren könnten, als habe ich bei obgedachter Audienz angeführet, Ihrer Kais. Maj. wäre allbereits allergn. wissend, was von den Consiliis des Hauses Braunschweig-Lüneburg verlauten wollte, welches ich obgedachter Massen mit mehrem expliciret. Nun hätten Ihre Kais. Maj. ausser allem Zweifel die Unbilligkeit und böse Consequenzen eines solchen Werks Dero höchsterleuchtetem Verstande nach genugsam considerirt und allergn. ermessen, wie es aller Raggion zuwider sein würde, dass Hannover Ihrer Kais. Maj. Alliirte und per consequens Ihre Kais. Maj. selbsten angreifen, und dieselbe nicht die Freiheit haben sollten, die in natürlichem Recht einem Jeden erlaubten Defensionsmittel, welche insgemein in Gegen-Offension beständen, vor die Hand zu nehmen. Es würde auch der Allerschwächste so kühn sein, den grössten Potentaten anzugreifen, wann er wüsste, dass man ihm nichts thun müsste. — Ihre Kais. Maj. würden allergn. judiciren, dass weder der König in Dänemark in solchen Krieg und so übel formirete Partei sich einlassen, noch Ew. Ch. D. darin würden verharren können. Ich hätte aber nicht Ursache, solches alles weitläufiger vorzustellen, sondern vielmehr Ihrer Kais. Maj. allerunterthänigst zu danken, dass sie aus väterlicher Vorsorge vor das gemeine Wesen allergn. resolviret, den Graf von Windischgrätz an das ganze Haus Braunschweig und auf den Niedersächsischen Kreistag abzuschicken, um dieses und alles, was daselbst dem gemeinen Wesen zum Präjudiz könnte vorgenommen werden, zu praecaviren und abzuwenden, und bäte nochmals allerunterthänigst: Ihre Kais. Maj. geruhen in hohen Gnaden, alle die kräftigsten Persuasiones und nachdrücklichsten Mittel anzuwenden, damit die Sachen im Nieder-Sächsischen Kreis in gutem Stand erhalten und daselbst gegen Schweden gute Mesures mögen genommen werden. Ihre Kais. Maj. antworteten darauf, es schiene aus vielen Sachen, dass dergleichen Consilia, wie ich erwähnet, bei dem Hause Braunschweig-Lüneburg obhanden sein möchten; so wäre auch dem gemeinen Wesen höchst daran gelegen, dass dieselben bei Zeiten gehindert würden und dass sie zu keinem Effect kämen. Ihre Kais. Maj. hätten auch zu dem Ende den Grafen Windischgrätz dahin destiniret und wären im Werk begriffen, denselben zu expediren; es wäre selbigen Tag (vorgestern) der Courier des Cellischen Abgeordneten wieder zurückkommen und hätte derselbe die an Kais. Maj. haltenden Schreiben selbige Stunde einliefern lassen und daneben eine Conferenz begehret. In dem Schreiben hätte der Herzog von Cell nicht gesagt, dass er an diesem oder an jenem Orte agiren wollte, sondern er wollte agiren, wo es die Alliirten gut finden würden, jedoch mit der Condition, wann er wider Frankreich operiren sollte, ihm genugsame Sicherheit vor seine Lande gezeiget werden müsste. Weil nun der Herzog wegen der Mittel, die dazu dienen könnten, keine Particularia anführete, sondern sich auf den Vortrag des hiesigen Abgeordneten bezöge, derselbe aber eine Conferenz begehrete, als wollten Ihre Kais. Maj. die Verordnung thun, dass dieselbe ehestens gehalten würde. Man würde daraus ersehen können, wie weit die Consilia gingen und welchergestalt alles Widriges könnte präcaviret werden, welches Ihre Kais. Maj. sich angelegen sein lassen und den Grafen von Windischgrätz alsobald depeschiren würden.

„Was Ew. Ch. D. wegen der Stadt Lübeck und der Verbietung der Commercien mit Schweden de dato den $\frac{16.}{26.}$ Mart. an Ihre Kais. Maj. gelangen lassen, davon habe ich bei der Audienz auch mit Wenigem Erwähnung gethan; darauf Ihre Kais. Maj. geantwortet, Sie wollten sich auch dieses anbefohlen sein lassen. Mit den Ministris habe ich auch bereits geredet, welche sehr dazu incliniren. Ich fürchte nur allein, man werde so lange damit verziehen, bis die Avocatorien publiciret werden, welches jedoch gewiss versprochen wird, dass es geschehen solle, sobald die Armeen im Anzuge seien. Es ist sonst gewiss, dass man Schweden sonst nicht besser zwingen und zur Raison bringen könne, als wann man ihnen den Salzhandel sperret, da sie desselben eine grössere Quantität als andere Nationes bedürfen und ganz keinen Vorrat davon haben, welches augenscheinlich könnte erwiesen werden, wenn es nicht ohnedem bekannt wäre."

Ich habe kein gewisses Indicium der bevorstehenden Ruptur mit Schweden gefunden, als da sie vergangenen Herbst den Salzhandel, welcher sonst allen Fremden verboten, frei liessen; dann ich davor gehalten, es geschehe aus zweierlei Gründen, erstlich, damit eine so grosse Quantität Salz von Fremden eingeführt würde, dass sie auf etliche Jahre Vorrat hätten, und dann, damit die Matrosen, welche auf ihren Salzschiffen, deren bei die Vierzig alle Jahre nach Portugal gehen, sein müssen, auf der Flotte könnten employiret werden. Ich habe solches allhier genugsam remonstriret; die meisten haben es begriffen; der Spanische Botschafter und der Herr General-Lieutenant haben es auch raisonnabel gefunden, und dennoch sein diese zwei diejenigen, welche die Gefahr nicht sehen wollen, sondern diesen Hof gänzlich in den Schlaf gewieget. Gott gebe, dass nur die Stadt Amsterdam ihr particúlier Interesse auf eine kurze Zeit bei Seite setzen wollte, so würde hierdurch die gedachte Krone sehr können geängstigt werden. Und zweifle ich gar nicht, es würde ein Aufstand im Königreich entstehen, massen es nicht viel fehlete, dass, bei meinem Anwesen, da nur die Salzschiffe etliche Wochen über die Zeit ausblieben, solches geschehen wäre. Dass aber vor diesem die Schweden niemalen Not davon gehabt, kömmt daher, weil damalen die Holländer und andre fremde Nationes ihnen das Salz zugeführet, und in Schweden selbst Magazine davon gehabt, welches die Schweden seit dem letzten Dänischen Krieg allen Fremden gänzlich verboten und den Salzhandel vor sich allein behalten wollen. Weil ich auch allemal wol gewusst, dass in Schweden kein Vorrat an Segeln, Tauen und anderen auf die Flotte gehörigen Materialien sei, ja dass es an den Victualien selbst ermangeln werde; und die letzten Stockholmer Briefe vermelden, dass zur Einkaufung obbenannter Notwendigkeiten considerable Remisen nach Lübeck und England gemachet seien: als werde ich anhalten, dass auch dieses Commercium der Stadt Lübeck inhibiret werde. Es wird auch solches, wann die Inhibitoriales abgehen, wol zu erhalten sein.

Der Herr General-Lieutenant ist den 8. dieses nebst seiner Gemahlin von hier abgereiset, nimmt seinen Weg diesseits der Donau gegen Regensburg und wird dem Verlaut nach auf Ulm gehen; er hat von dem Churfürsten von Bayern einen Pass und gehet durch desselben Land. Und ob wol einige Bedenken getragen, des Herrn General-Lieutenants Person und die grossen Summen Geldes, welche er bei sich hat, dergestalt zu exponiren: so haben doch Ihre Kais. Maj. nicht gewollt, dass man ein solches Misstrauen in den Churfürsten von Bayern setzen sollte. Bei Hofe gehet die Rede, dass er sich mit gedachtem Churfürsten abbouchiren werde. Es mag auch solches wol vorgewesen sein, die Ministri aber wollten es nicht gestehen. Und wird es wol die Zeit geben müssen; wohin er anfangs gehen und was er vornehmen werde, davon kann ich nichts vermelden. Vermutlich wird er Ihrer Kais. Maj. seine Intention und Vorhaben eröffnet haben. Ausser Ihrer K. M. ist wol gewiss, dass kein Mensch Wissenschaft davon hat. Zweitausend Mann Recruten, alle zu Fuss, sein diese Tage aus Böhmen, Schlesien und Mähren nach der Bournonvillischen Armee gegangen. Allhier verlautet, dass der Duc de Bournonville seinen Abschied selbst begehren und wieder nach den Niederlanden gehen werde.

„Sonst hat mir der Herr Hocher gesaget, Ihre Kais. Maj. hätten Dero Residenten zu München Ordre gegeben, die Copie des mit Schweden aufgerichteten Tractats zu begehren. Auch hat er mich zu zweien Malen versichert, dass mit dem Bischof von Münster nichts geschlossen, inmassen derselbe tergiversirete und sich beklagte, dass seine Truppen in der Campagne übel gehalten und ihnen nachgehends keine Quartiere gegeben worden, sogar, dass er, Herr Hocher, in Sorgen stünde, dass der Bischof eine böse Intention haben möchte. Er sagete zwar, dass, wo der Bischof abermal eine Thorheit beginge, möchte er sich nur vorsehen, Ihre Kais. Maj. würden sich seiner nicht mehr annehmen, auch nicht zugeben, dass er armirete, ehe und bevor sie seiner Intentionen gesichert wären. Es ist aber an dem, dass der Bischof der katholischen Partei gleichsam ans Herz gewachsen ist, dass dieselbe jedes Mal trachten wird, ihn zu salviren und dass, wo man ihm etwas will, bloss allein mit Holland und anderen Evangelischen die Mesures müssen genommen werden."

„Was den Fränkischen Kreis und desselben Klagen anlanget, haben Ihre Kais. Maj. meines wenigen Erachtens an einer Seiten Ew. Ch. D. durch die auf das Reichsgutachten ergangene Kaiserl. Resolution, an der andern aber den Fränkischen Kreis durch die an Ew. Ch. D. abgegangene Schreiben contentiren wollen; und wird es wol hoffentlich dabei sein Verbleiben haben, zumal der hier anwesende Würzburgische Marschall der von Görz keine Klagen mehr führet. Wann nun der Abmarsch mit dergleichen guten Ordre geschiehet, dass der Kreis sich nicht darüber beschweret, wird dieselbe Sache gänzlich gehoben sein."

P. S. „Auch habe ich bei den Kaiserlichen Ministris wegen Conjunction der Kaiserlichen Armee in Schlesien mit Ew. Ch. D. in der Churmark stehenden Truppen inständige Anregung gethan und werde desfalls ferner Instanz thun. Ich befürchte aber gar sehr, dass solches schwer werde zu erhalten sein, inmassen die Ministri bezeigen, dass gedachte Kaiserl. Armee sicht nicht moviren werde, ehe und bevor Ew. Ch. D. mit Dero in Franken stehenden Armee auf den Feind anmarschiren. Sie beschweren sich sogar, dass die Quartiere in Franken bis auf den $\frac{13.}{23.}$ Mai währen sollen, da doch ihrem Vorgeben nach die Kaiserlichen Völker viel ehender aufbrächen." Ich antwortete darauf, dass Ew. Ch. D. nicht ehender gegen den Feind anziehen könnten, ehe Sie von der Operation des Königs in Dänemark und der Assistenz der andern Alliirten gänzlich versichert seien. Inmittelst würde es zuträglich sein, dass ich anzeigen könnte, wie bald Ew. Ch. D. aus Franken aufbrechen und gegen den Feind marschiren werde, damit ich gegen selbige Zeit so wol die Publication der Avocatorien als den Anmarsch der (kaiserlichen) in Schlesien stehenden Armee befördern könnte.

Kaiser Leopold an den Kurfürsten.[1]) Dat. Laxenburg 17. Mai 1675.

[Der Gefahr von Schweden durch Angriff zuvorzukommen.]

Ew. Ld. würde vorhin schon bewusst sein, was gestalten sich nun die Schwedischen Völker aus denen bishero gehabten Quartieren moviren, zusammenziehen und ehestens zu operiren vorhabens seind. Und obwolen nicht wissend, ob ihre Operationen auf meine oder Ew. Ld. Lande angesehen sind, so erfordert doch zu Conservirung sowol meiner des ganzen Römischen Reichs, als Dero selbsteigenen Lande die höchste Notwendigkeit, dass diesen vorhabenden gefährlichen Dissegnen derselben ohne Versäumung einiger Zeit, als an der alles gelegen, entgegen gegangen und vorgekommen, mithin auch solches entzündete Feuer in allweg desto besser gedämpfet werde. 17. Mai

Dahero ich Ew. Ld. diese vor Augen stehende so gewisse Gefahr aufs beweglichste zu Gemüt führen und hiemit Dieselbe freundoheimlich und gnädiglich ersuchen wollen, dass sie doch dero in dem Reich annoch einquartirte Völker ganz unverzüglichen aufbrechen, abmarschiren und nach Laut des gemachten oder noch endlich abredenden Concerts, wo es die Kriegsnot und ratio belli erfordert, vigorose operiren lassen wollen, welches sie sonders Zweifel inmittels selbst schon gethan haben werden, ich mich auch darauf allerdings verlasse und zugleich dessen wirklichen Vorgang beschehen zu sein von Deroselben ehestens zu vernehmen verhoffe.

Kaiser Leopold an den Kurfürsten. Dat. Laxenburg 1. Juni 1675.

[Dank für des Kfn. rühmliche Massregeln.]

Mir hat der Hoch- und wolgeborene mein Kammerobrister Feldwachtmeister und bestellter Obrister auch lieber Getreuer Heinrich Otto Marchese von Savona-Caretto und Grana, Graf von Millesimo, diejenige tapfere und grossmütige Ratschläge, die Ew. Ld. in dero jüngsten Anwesenheit im Haag geführet und diejenige grosse Treu und Lieb, mit welcher sie mir und dem ganzen Römischen Reich zugethan 1. Juni

[1]) Die Schreiben des Kf. an Kaiser gedr. UA. XIV, 2, 825—828.

seind, wie auch den genommenen Schluss bei mir und den andren Alliirten beständig zu verbleiben und dann die entschlossene vorhabende wichtige Operationen nicht genugsam loben und rühmen können und bin damit also vergnüget worden, dass ich deswegen billig Ew. Ld. gebührenden Dank hiermit erstatte und zugleich freundoheimlich und gnädiglich ersuche, dass Sie bei denen mit nächstem angehenden Actionen sonderlich dero hohe Person dergestalt in gebührende Obacht nehmen wollten, auf dass ich und das Römische Reich, auch das gesamte gemeine Wesen von Deroselben wie bishero also auch inskünftige noch ferners grosse Dienste empfangen und geniessen mögen. Ich wünsche Deroselben zu gemelten vorhabenden heroischen Anschlägen allen verlangenden glücklichen Ausgang und erwarte solchen von Ew. Ld. ehest mit Freuden zu vernehmen.

β. Schriftwechsel mit dem dänischen Hofe.

Christoph von Brandt.[1]) Relation. Dat. Hamburg 16. April 1675.

[Überfahrt nach Hamburg. Verhandlung mit den Deputirten des Magistrats daselbst. Letzte Unterredung mit dem dänischen RKanzler. Frage, ob Bruch der Commercien mit Schweden.]

1675 26. April

Ich habe noch endlich die Königliche Yacht, so mir zu Copenhagen angeboten ward, angenommen und bin damit so schleunig übergefahren, dass ich nur drei Tage unterwegs gewesen. Sobald ich allhier angelanget, habe ich mich vermittelst Ew. Ch. D. Creditivschreibens bei dem Magistrat angeben lassen, bin auch darauf ungesäumet mit Ihren Deputirten, dem Syndico Schreiningen und dem Rathsherrn von Kampen in meinem Losement in Conferenz getreten, bei welcher ich Ihnen dieses in copia beikommende Memorial überreichet und um schriftliche Antwort angehalten habe. Sie halten die Sache der Wichtigkeit zu sein, dass sie ohne die Ältesten der Bürgerschaft keinen Schluss deswegen machen können; die Convocation derselben wird vielleicht heute noch geschehen und dann die Antwort bald erfolgen, wiewol der Kaiserliche Resident mir gesaget, dass sie ihn in den Dingen, so Ihre Kais. Maj. wegen der gegenwärtigen Conjuncturen an diese Stadt gesinnen lassen, fast 6 Wochen damit aufgehalten hätten, dass sie vorgeben, sie müssten mit der Bürgerschaft darüber rathschlagen. Ich finde sonst, dass der Magistrat nicht recht weiss, wohin er sich wenden solle, denn an einer Seite scheinet es, als wann sie Frankreich und Schweden schon einige Versicherung gegeben, und an der andern sehen sie, dass Ihre Kais. Maj., die Krone Spanien und Dänemark, Ew. Ch. D. und die Holländer sie zu Lande und zu Wasser nach Gefallen zwingen können;

[1]) Bisher Gesandter in Stockholm. Hatte im Februar den schwedischen Hof verlassen und sich nach Kopenhagen zu seinem Bruder, dem Residenten Friedrich von Brandt, begeben. Vgl. oben S. 380.

wobei sie diese Ombrage geschöpfet, dass der Kaiser und die hohen Alliirten der Krone Dänemark, weil an selbiger Krone Assistenz ihnen viel gelegen, zu dieser Stadt Nachteil und Schaden ein und anderes einwilligen möchten. Welche Jalousie sehr bei ihnen dadurch vermehret worden, dass die Königin von Spanien das scharfe Schreiben, so sie an diese Stadt abgehen lassen und worin sie dräuet, die Commercien mit ihr zu brechen und sie feindlich zu tractiren, wofern sie den Kaiserlichen Mandatis, und was das Reich und die Alliirten von ihr desideriren, nicht nachkommen, eben ihrem Extraordinar-Envoyé am Dänischen Hofe zugesandt, der es hernach durch seinen Secretarium, welcher zugleich mit mir allhier angelanget ist, dem Magistrat insinuiren und auf eine cathegorische Antwort dringen lassen. Auch hat es ihnen sonderliche Bedenken gemachet, dass ich mit Ew. Ch. D. Creditiv von Coppenhagen anhero kommen bin. Ich bin auch mit dem Kaiserlichen Residenten und Herrn Guericke, welchen ich mit zu der Sache ziehe, wie auch mit dem Spanischen Secretario eins geworden, dass wir sie in der Jalousie lassen wollen. — Dieser Secretarius hat nun des Magistrats Antwort auf der Königin von Hispanien Schreiben in originali bekommen, aber ohne Copie, die man ihm durchaus nicht geben wollen, sonder Zweifel, damit der Envoyé den Inhalt der abschläglichen Antwort in Dänemark nicht zeigen könnte. Der Secretarius saget aber, der Envoyé werde das Original erbrechen und nicht ermangeln, meinem Bruder davon Abschrift zugehen zu lassen, der dann auch nicht verabsäumen wird, Ew. Ch. D. dieselbe zuzusenden.

Als ich meinen letzten Kopenhagischen Bericht[1]) an Ew. Ch. D. in Unterthänigkeit abgehen liess, vermeinte ich, dass man alsda weiter nichts mit mir zu reden oder zu handeln hätte. Der Herr Reichskanzler aber hielt mich noch etliche Tage auf, um zur bequemen Stunde noch eins ausführlich mit mir zu conferiren, so auch den Tag, da ich zu Schiffe ging, geschehen. Er wiederholete alles, was der König selber oder vielmehr er in desselben Gegenwart wegen des Nutzens, so die Krone Dänemark und Ew. Ch. D. zur Satisfaction aus diesem Kriege ziehen könnten, mir vorhin ausführlich vorgestellet hatte; setzete aber auch hinzu, dass Ihre Königl. Maj. auch die Stadt Wismar Ew. Ch. D. gern gönnen würden, zumalen da Sie wol wüssten, dass Schweden trachtete, Mecklenburg an sich zu bringen, und in casum vacantiae Ew. Ch. D.

---

[1]) Oben S. 379.

selbiger Succession zu berauben, und betheuerte, dass, wann es des Höchsten Wille wäre, dass Ew. Ch. D. Wismar occupiren könnte, Ihre Königl. Maj. bei den Friedenstractaten und sonst Ihr bestes thun würden, damit Ew. Ch. D. es behielte. Als ich wegen dieser guten Intention gedanket hatte, fragte ich, ob Ihre Königl. Maj. wol geneigt wäre, Wismar zu Wasser zu blocquiren, wann Ew. Ch. D. vermöchten und die Gelegenheit des Krieges zuliesse, es zu Lande zu belagern; worauf er antwortete: „warum nicht?“ Er verhoffete, Ihre Königl. Maj. würden die Ostsee behaupten und also Schiffe zu solchem Dessin missen können. Nächstdem führete er weitläufig an, was es ihm vor Mühe kosten würde, den Königlichen Kriegsgeneralen darinne zu widerstehen, dass sie wo nicht alle, so doch die meisten, nach Deutschland sich sehneten und nicht nach Schonen wollten. Nun vermeinete er gleichwol, dass das ganze Werk darauf beruhete, dass man Schweden in Schweden angriffe und dadurch, welches doch nur das Geringste wäre, verhinderte, dass kein Schwedisches Volk nach Deutschland geschicket werden könne. Der König hätte sieben Örter, da er Schweden und Schonen angreifen könnte, und es fehlete Ihrer Königl. Maj. auch nicht an Intelligenz in selbigem Lande. Hergegen wären in Deutschland doch Truppen genug, und die Quartiere und Lebensmittel würden ohne das im Niedersächsischen Kreise sehr enge und knapp fallen, welchem jedoch ungeachtet Ihre Königl. Maj. resolviret wären, ein fliehend Corpus von sieben bis acht Tausend Mann in Holstein zu lassen, dessen man sich, nachdem es die Not erforderte, bedienen könnte; bäte deshalben, Ew. Ch. D. möchte doch in Ihrer Correspondenz mit Ihrer Königl. Maj. wegen der bevorstehenden Kriegs-Actionen Ihre Consilia auch dahin einrichten und ihn darunter appuyiren. Worauf ich ihm antwortete, dass, wie Ew. Ch. D. alles, was er ratsam fünde, viel bei Ihr gelten liessen, ich also auch nicht zweifelte, dass Sie seinem Rat hierin folgen würden, zumalen da er sich zu erinnern wüsste, dass Ew. Ch. D. Ebenmässiges durch den Herzog von Ploen bei Ihrer Königl. Maj. suchen und raten lassen. Ferner sagte er, dass er vernommen, dass der Bischof von Münster gerne mit Ew. Ch. D. Correspondenz pflegen, Sie ihm aber darunter nicht wieder begegnen wollten. Nun zweifelte er zwar nicht, Ew. Ch. D. würden dessen erhebliche Ursachen haben. Weil man aber bei dieser Conjunctur auf selbigen Bischof grosse Reflexion zu machen hätte, so wünschten Ihre Königl. Maj., dass Ew. Ch. D. dem gemeinen Interesse zum besten darunter überwinden möchten. Weiteres begehrete er meine Gedanken zu wissen, ob es rathsam wäre, dass die Holländer mit Schweden die Commercien brächen oder nicht. Ich sagte darauf, es wäre überaus viel daran gelegen, dass man die Zufuhren nach Schweden hinderte, und dass Holland die Schwedischen Kaufschiffe wegnähme und dadurch die Schwedischen Commercien ganz ruinirete. Wann aber die Engländer häufig nach Schweden handeln sollten, vor deren Schiffe man den Hut würde abziehen müssen, um selbige Nation nicht zu irritiren, oder die Schwedischen Schiffe sollten sich angewöhnen, mit englischen Pässen und Flaggen zu fahren, so möchte man den Handel den Holländern, damit sie den Krieg desto besser continuiren und den Handel in der Ostsee beibehalten und den Schweden und Engländern entziehen könnten, so deuchte mich, es wäre eben so gut, die Commercien zwischen Schweden und Holland im Schwange zu lassen, zumal da die Krone Dänemark, Spanien und Ew. Ch. D. die Schwedischen Kaufschiffe doch genug wegnehmen und dadurch selbige Commercien zu Grunde richten könnten. Er vermeinete aber doch, dass es besser sein würde, die Commercien zu brechen, damit Holland desto tiefer gegen Schweden engagiret würde; und liesse sich verlauten, als wann Klingenberg[1]) Ordre hätte, so dahin strebete. Das Vornehmste in diesem Werke ist wol, dass man Holland, weil darauf das meiste beruhet, hierunter considerire; und ich halte, dass die Krone Dänemark sich darinnen durch Remonstrationes würde weisen lassen, wie nur Zeit zum Remonstriren übrig wäre.

„Letzlich bestand er gar fest darauf, ich möchte Ew. Ch. D. von allem mündlichen unterthänigsten Rapport thun und dann wieder nach Coppenhagen kommen, gab mir auch einen Ziffer mit, um mit ihm in währender Abwesenheit zu correspondiren. Er begehrete gar, ich sollte es ihm in der Hand zusagen. Als ich ihm aber antwortete, dass es bei mir nicht stünde, dass ich schon andere Ordre von Ew. Ch. D. hätte, und dass Ew. Ch. D. ohne das einen Andern, der Ihrer Königl. Maj. von den Conferenzen mit dem Herrn Prinzen von Oranien Rapport thun sollte, abschicken würde, welcher dann auch sofort den Tractat wegen obberegter Satisfaction und Ruin schliessen könnte, wollte er aber doch nicht ablassen und sagte, er hätte vom Könige Befehl, auf meine Wiederkunft bei mir zu dringen, und wann ich nichts dazu thun könnte oder wollte, so würde der König deswegen an Ew. Ch. D. schreiben; worauf ich antwortete, solches wäre nicht nötig, ich wollte das meinige dabei thun; wann mich aber Ew. Ch. D. anderswo employireten, so wollte ich doch vor das Interesse communi treufleissigst arbeiten. . .“ Erwartet von Kf. entsprechende Befehle.

[1]) Der dänische Gesandte im Haag.

Christoph von Brandt. Relation. Dat. Hamburg 23. Aprilis 1675. In Chiffern.

[Treiben der französischen Residenten. Sorge um ihre persönliche Sicherheit. Anschlag auf Verjus. Schwedische Negotiation an Münster und Hannover. Neue Conferenz mit den Hamburger Deputirten.]

Hat die kf.lichen Rescripte vom $\frac{13.}{23.}$ und vom $\frac{14.}{24.}$ dieses Monats bei vor- 3. Mai
gestriger Post empfangen.

„Was Sie mir in dem ersten wegen Zuziehung des Herrn Residenten Guericken zu meiner hiesigen Negociation gn. anbefohlen, solches war vorhin schon geschehen, und ich werde demselben noch ferner gehors. nachkommen."

Anreichend den Inhalt des zweiten habe ich bereits dem Herzog von Holstein, Ew. Ch. D. Gouverneur zu Magdeburg, einen Ziffer zugesandt, damit ich im geheimen und ohne Gefahr der Entdeckung des Desseins mit ihm correspondiren könne. Ich habe auch schon solche Anstalt gemachet, dass ich täglich wissen kann, was in des Französischen Residenten du Prez Hause vorgehet. Sonst zweifle ich zwar nicht, Ew. Ch. D. werden genugsam Nachricht haben, dass er gesonnen sei und Ordre habe, auf dem Niedersächsischen Kreistage sich einzufinden. Aus seinem hiesigen Thun, Wesen und Contenance aber will solches nicht erhellen. Ew. Ch. D. ist vorhin schon wissend, dass er, die Gefahr zu Lande zu evitiren, zu Wasser aus Engelland anher kommen sei. Und jetzt fürchtet er sich sehr, wie auch Bidal und andere, so des Königs in Frankreich Affairen allhier verrichten, enlevirt zu werden, dass ihrer keiner vor viel Geld nur einen Büchsenschuss vor das Thor gehen würde. Zudem lässet es sich ansehen, als wenn er hergeschicket wäre, teils diese Stadt zu encouragiren, damit sie den Französischen Residenten maintenire, teils mit dem Herzog von Hannover und Bischof von Münster zu colludiren und den Schweden in ihrer Negociation an selbigen Höfen zu assistiren, denn nachdem er mit dem Hannoverschen Ministro Groten sich allhier abbouchiret und mit dem Münsterischen, der sich noch allhier aufhält, viel Unterredungen gepflogen hat, gehen seine meisten Depeschen nach selbigen Örtern, und verursachet bei mir einige Jalousie, dass der Münsterische, so allhier sich befindet, ebenderselbe ist, welcher die vorigen Tractate zwischen Frankreich und dem Bischof zu Paris gemachet hat. Wiewol er hin und wieder vorgeben soll, der Bischof werbe zehn Tausend Mann vor den Kaiser, dass sie aber vor dem Julio nicht würden marschiren können. Ueber dieses ist nicht leicht zu vermuten, dass er sich, nachdem auf dem Reichstage geschlossen, dass kein Französischer Minister auf Reichs- oder Kreistagen solle gelitten werden, in eine Stadt wagen wolle, die einem so getreuen Stande des Reichs und Alliirten des Kaisers, wie der Herzog von Celle, zuständig ist. Solchem aber ungeachtet werde ich nicht alleine meinem schuldigen unterthänigsten Gehorsam ein Genüge thun und dafür halten, dass Ew. Ch. D. ohne Grund nicht glauben würden, dass Verjus auf dem Kreistage, sondern ich considerire auch, dass der Kreistag auf der Schweden Antrieb ausgeschrieben worden, und dass sich Verjus um die Zeit ungefähr allhier eingefunden. Das Schlimmste wegen Execution dieses Desseins ist nur erstlich, dass der Tag vor der Thüre, und also fast keine Zeit, mit dem Herzog von Ploen zu correspondiren, übrig ist; zum andern dass der Weg zwischen Hamburg und Tollspiker, da ihm nur aufgepasset werden kann, weil man auch jenseit der Elbe stracks in das Lüneburgische kommt, sehr kurz ist; und drittens, dass das Vorhaben mit wenig Leuten nicht zu Werke gerichtet werden kann, weil Verjus unterschiedene Edelleute, einen Secretarium, einen Kammerdiener und viel andere Leute bei sich hat. Wir wollen uns doch aufs Wenigste so gouverniren, damit entweder die Entreprise nicht fehl schlage oder doch nicht auskomme, dass ein solches Dessein formiret gewesen. — So viel ich sonst von der Schwedischen Negociation an obberegten beiden Höfen erfahren können, so bestehet die bei Hannover darinnen, dass er sich von seinen Herrn Brüdern nicht wolle wendig machen und das Herzogthum Bremen und die Krone Schweden im Stiche lassen, wobei mir gesaget wird, dass Verjus mit dazu instruiret ist, weil der König in Frankreich seinem Residenten bei Hannover, welcher der reformirten Religion zugethan sein soll, nicht allerdings trauet, und bei Münster in dem Ansuchen, dass, wann er ja des Kaisers Partei nicht verlassen wollte oder könnte, wohin doch Frankreich sehr arbeitet, der Bischof doch aufs Wenigste die holländische Armee, so Schweden vermeinet auf Ew. Ch. D. Antrieb nach dem Herzogtum Bremen gehen werde, nicht durch sein Land lassen wolle, worauf der Bischof geantwortet, er wollte den Durchzug wol verhindern, wann er nur stark genug dazu wäre. Der schwedische Justitien-Rath, Namens Bessert, so nach Hannover, Münster und Osnabrück geschicket gewesen, hat dem von seinen Verrichtungen mündlichen Rapport thun müssen. Und als er von Stettin zurückkommen, hat er allhier zu einem seiner sehr vertrauten Freunde, einem Gräflich-Lippischen Rathe gesaget, Schweden hätte von dem Bischof nichts zu hoffen, und mit Hannover käme es ihm auch sehr suspect vor, denn ob er gleich gesaget hatte, er wolle Bremen die Garantie leisten und es defendiren, so hätte er doch immer dabei gesaget, wann nur seine Brüder und des Herzogs von Wolfenbüttel Lande von Schweden nicht angegriffen würden. Und was ich von des Bischofs Resolution gemeldet, hat er auch referiret, und dabei gesaget, Schweden hätte sich auch auf Sachsen und Hessen nicht zu verlassen, dass man also nicht recht weiss, was man zu fürchten oder zu hoffen. Ich habe mit dem Kaiserlichen Residenten [ ], dass man zu Wien dem Bischof nicht zu viel trauen möchte.

Ich habe zwar von dem hiesigen Magistrat eine schriftliche Antwort bekommen, habe aber heute mit ihrem Deputirten eine Conferenz gehalten und ihm gezeiget, worin dieselbe zu ändern, werde also mit Nächstem von meiner hiesigen Verrichtung unterthänigsten Bericht abstatten können.

Indessen hat man heute allhier die fremden Werbungen wieder verboten, so aber wenig fruchtet.

Christoph von Brandt. Relation. Dat. Hamburg 27. April 1675.

[Antwort des Magistrats. Uneinigkeit hinsichtlich des Vergleichs mit Dänemark. Niedersächsischer Kreistag zu Lüneburg. Raisonnements über die politische Lage. Resident Reuter. Schwedische Kaper. Verjus. Angst der französischen Residenten. Plünderung der Brandt'schen Güter.]

Ich habe zwar von dem hiesigen Magistrat eine schriftliche Antwort 7. Mai. auf mein Memorial erhalten. Sie war aber nicht so eingerichtet, dass ich damit zufrieden sein konnte, habe also ihre Deputirte zu mir fordern lassen und ihnen vorgestellet, in welchen Passibus Ew. Ch. D. damit nicht vergnüget sein würden. Erwarte nun, ob sie dieselbe anders einrichten werden oder nicht. Die Schwedische Werbungen nicht zuzulassen, haben sie pure versprochen, auch schon auf Herrn Guerickes und mein Anfordern vor wenigen Tagen nochmals bei öffentlichem Trommelschlage alle Werbungen, ausgenommen die vor den Kaiser und das Reich geschehen, bei harter Strafe verbieten lassen. Ob sie aber über dieses Verbot so stricte, als es sich gebührete, halten werden, wird man sehen. Wegen des Vergleichs mit der Krone Dänemark versiren wir in Praeliminaribus; der König will haben, sie sollen an ihn schicken, und er will nur allein und ohne Gottorp mit ihnen handeln. Über diese beide Praeliminar-conditiones deliberiren sie jetzt zu Rathhause mit den Oberalten. Ihnen dünket zwar, dass sie ohne Gottorp sich nicht einlassen können. Ich stelle ihnen aber vor, dass Ihre Königl. Maj. mit dem Herzoge von Gottorp jetzt nicht wol stehe, und dass sie eine Conjunctur vor Augen sehen, da ihnen der König von Dänemark nach eigenem Gefallen schaden könne. Sollte sich das ganze Werk hieran stossen, so halte ich dafür, dass bei gegenwärtiger Conjunctur Ew. Churf. D. Interesse mit bringe, dass man um der Stadt Hamburg willen Dänemark und Gottorp in Verständnis setze. Denn solange diese Uneinigkeit währet, wird Dänemark sich den Krieg mit Schweden mit desto grösserem Ernst angelegen sein lassen. Und so diese Stadt sich hierinnen selber im Lichte stehet, wird sie es sich hernach auch selber beizumessen haben, so sie darüber zu Schaden kömmet. Mit diesen Leuten wäre sonst wol übereinzukommen, wann nur einer ihres Mittels, nämlich der Syndicus Garmers, welcher mit in Schweden gewesen, die Ältesten der Bürgerschaft nicht verleitete und wider den Magistrat aufreizete.

Die beiden Königlich Dänischen zu dem Niedersächsischen Kreistage verordneten Minister, der Holsteinische Regierungsrath zu Glückstadt Wasmar und der dänische Resident zu Lübeck Lenthe sind heute von hier nach Lüneburg abgereiset, um morgen allda der Proposition beizuwohnen. Der erste ist von Universitäten her ein alter Bekannter, und hatte mir dannenhero, wiewol er auch Specialordre hatte, mit mir zu conferiren, im Vertrauen ihre Instruction gewiesen; worinnen ihnen vornehmlich mitgegeben worden war, mit Ew. Ch. D. und den Lüneburgischen Ministris alles zu überlegen und dero Sentimenten zu folgen. Und weil man am Dänischen Hofe nicht gewusst, wo die meisten Puncte hinzieleten, waren sie nur wegen der Garantie des Herzogtums Bremen und Ihrer hochfürstl. D. der Frau Landgräfin zu Hessen Desiderii, bei jetziger Conjuctur sich zu dem Niedersächsischen Kreise zu schlagen, hauptsächlich instruiret und zwar dahin, dass man der Frau Landgräfin fügen, die obberegte Garantie aber, weil es nur ein solch Gerüchte wäre, dass eine Holländische Armee das Herzogtum Bremen attaquiren würde, abschlagen und widerraten solle. Allem Ansehn nach wird auf diesem Kreistag die Pluralitas Votorum bei den Meklenburgischen Häusern stehen. Weil mir nun aus der Correspondenz mit dem Residenten Reuter bekannt ist, woran man zu Güstrow so krank lieget, und ich daher befürchte, dass man sich alldar, wann das Herzogtum Bremen garantiret werden sollte, einiger Durchzüge, Einquartirungen und andere Ungelegenheiten vermuten möchte, gab ich obberegtem Dänischen Ministro an die Hand, wie man den Mecklenburgischen Deputirten das Contrarium beibringen und ihnen vorstellen müsste, dass, wann Bremen und Vorpommern zugleich angegriffen würde, ein jedes Herzogtum Truppen würde behalten und damit sich defendiren müssen; also dass alsdann durch das Herzogtum Mecklenburg keine Marchès und Remarches, auch keine Einquartirungen von den Schweden vorgenommen werden könnten; und die Aliirten würden sich wol hüten, einen so Getreuen des Reichs ohne die höchste Notwendigkeit z molestiren. Wogegen aber nichts Gewisseres wäre, als dass auf den Fall, da das Herzogtum Bremen garantiret werden und unangetastet bleiben sollte, die Schweden ihre Bremische Truppen und Recruiterie continuirlich durch Mecklenburg nach Pommern, der Chur-Brandenburg, Schlesien und wo sonst sedes belli sein möchte, gehen lassen und dagegen ihre abgemattete und geschwächte Regimenter und Truppen eben den Weg zurück nach Bremen zur Recruiterirung schicken würden; und stünde leicht zu ermessen, dass Ratio belli alsdann die Aliirten zwingen würde, auf allerhand Mittel zu gedenken, ihnen diese Communication zu hindern. Es wäre meines Ermessens wol gut gewesen, wann man gegen diesen Kreistag obberegter beider Fürstlichen Häuser sich hätte versichern können. Vielleicht wäre es auch noch zu raten, dass die Alliirten, insonderheit aber der Kaiser und Ew. Ch. D., sich bemüheten, dieselben auf Ihre Seite zu bringen, und von ihnen erhalten, dass sie Garnison in Rostock nehmen gegen Versicherung, bei den Friedens-Tractaten ihnen darin zu assistiren, dass sie die Schweden aus Warnemünde loswerden mögen. Das Uebelste hierbei ist nur, dass der Herzog von Schwerin in Frankreich gleichsam vor gefangen ist und dass der Andere [1]) ohne ihn nichts führnehmen will. Was sonst den Letzteren betrifft, so halte ich vor ein gut Zeichen, dass er den Resident Reuter von Stockholm jetzt gefordert. Er berichtet mir solches von dar und meldet dabei, dass er seine Abreise so sehr beschleunigen würde, dass er an Ew. Ch. D. keine Briefe mehr könnte abgehen lassen und erinnert dabei, wiewol mit grosser Bescheidenheit, dass bei Ew. Ch. D. ich es unterthänigst dahin richte, dass Sie sich seiner wegen der geführeten Correspondenz gn. erinnern möchten. Weil ich nun von Ew. Ch. D. selbst verstanden, dass Sie mit besagter Correspondenz sehr wol vergnügt gewesen, und dass Sie ihn deswegen recompensiren wollten, so zweifele ich nicht, es

[1]) Mecklenburg-Güstrow.

werde annoch Ew. Ch. D. gn. Wille sein, dass es geschehe. Wann man die Zeit der Correspondenz zusammenrechnet, wird es anderthalb Jahr austragen und die Briefe kosten zu Stockholm ein Grosses. Er berichtet mir daneben (der Brief ist vom siebzehnten hujus), dass man alldar an der Flotte stark arbeite, die eigentliche Zahl der Schiffe aber wisse man noch nicht, dass aber ehistes vier starke Kriegsschiffe ausgehen und sich den Capers widersetzen sollen. Auf die, so mit Ew. Ch. D. Commission fahren, sei man sehr erbittert und wolle sie henken, die Holländische aber gelinder tractiren lassen. Man gebe auch vor, dass schon 50 Capers in Schottland Schwedische Commissiones bekommen hätten. Ob ich nun solches wol nicht glaube, zumalen da der König in England allen seinen Unterthanen verboten, keine französische Commissiones anzunehmen, so würde doch um mehrer Sicherheit willen nicht undienlich sein, wann Ew. Ch. D. und die Generalstaaten durch ihre in England habende Ministros deshalb vorbauen liessen, zumalen da es doch anfangs, wenn die Schotten Commissiones von Schweden annähmen, Ungelegenheit geben würde, wann es gleich der König in England bald wieder verböte.

Was Ew. Ch. D. mir wegen des Verjus in Gnaden befohlen, solches gehet nun nicht an, dann eher ich von dem Herzog zu Holstein von Magdeburg Antwort, vielweniger Leute bekommen können, hat er sich mit Zuschliessung des Thors, nur selbander und mit Hinterlassung seines Trains, heimlich davon gemacht, und weiss keiner wohin. Weil Ew. Ch. D. vermeinen, dass er Ordre gehabt, nach dem Kreistage zu gehen und selbiger nun eben seinen Anfang nimmt, so muss ich glauben, dass er dahin sei. Allhier aber ist der allgemeine Glaube, dass, als der hiesige Kaiserliche Resident dem hiesigen Magistrat sehr ernstlich zugeredet und endlich das Kaiserliche Mandat übergeben und selbiger dadurch nicht unbillig bewogen worden, den Französischen Ministris per Deputatos anzudeuten, dass sie mit keiner Sicherheit länger verharren und subsistiren könnten, er sich aus Furcht, angehalten zu werden, aus dem Staube gemachet und entweder nach Stade oder nach Hannover begeben habe. Diesem sei nun, wie ihm wolle, so kann doch der bewusste Dessein nun nicht vollbracht werden, und werde ich solches bei nächster Post nach Magdeburg gelangen lassen. Sollte er sich sonst haben gelüsten lassen, nach Lüneburg zu gehen, so zweifele ich nicht, des Kaisers Minister daselbst werde wider ihn zu verfahren wissen. Aufs wenigste ist zu hoffen, wann er daselbst wider Verhoffen Schutz finden sollte, dass solches dem Kreistag zu wissen werde. Weil ich nicht weiss, wer von Ew. Ch. D. wegen alldar sein wird, schreibe ich hierüber meine Gedanken an die obberegte Dänische Ministros. Bidal und Du Prez sind hier in grossen Ängsten, und wird man sehen, was der Magistrat hierinnen ferner vor einen Nachdruck geben werde.

Bei heutiger Berlinischen Post kriege ich die unangenehme Zeitung, dass die in Friedeberg[1]) gelegenen Schweden von meinen und meiner Brüder drei Dörfern alle unsere und der Unterthanen Ackerpferde, Ochsen, Kühe, Hammel, auch meine sechs Kutschpferde mit grosser Gewalt weg getrieben, auch alles auf dem Boden befindliche Saat- und andere Korn auf unsere eigenen Wagen mitgenommen und dabei gedreuet, dass, wann wir unser Contingent vom Februario, Martio und April nicht entrichteten, sie die Schafe und die Schweine nachholen wollten. Ich weiss nicht, ob es andern auch so geht, oder ob mir der Reichskanzler in Schweden, weil er in dem Gedanken sein soll, dass ich Deutschlands wahrhaftes Interesse aufgesetzet habe, bei dem Feldherrn einen Dienst gethan. Meine Brüder und ich gehen dadurch zu Grunde, wir wollen uns aber gerne damit trösten, wann nur das Werk gegen Schweden erst recht im Schwange wäre, und lebe ich der unterth. Hoffnung, Ew. Ch. D. werden meinen vier Brüdern, so in der Armee dienen, gn. vergönnen, dass, wann es die Gelegenheit giebet, sie sich in des Feldherrn Gütern wieder erholen mögen, denn dieser Raub wird ihm doch wol zu teil werden, weil der Generalstab auf den Friedbergischen Kreis assigniret gewesen.

Wird sich zu den Friedenstractaten, soviel immer möglich, gefasst halten.

Der Kurfürst an den Kanzler Christoph von Brandt.

Dat. Haag $\frac{\text{26. April}}{\text{6. Mai}}$ 1675.

[Glückliche Ankunft im Haag. Weitere Bestimmungen. Einwirkung auf den König von Dänemark.]

Wir geben Euch hiemit in Gn. zu erkennen, wasmassen Wir Gott 6. Mai
sei Dank, glücklich alhier angelanget, und wegen desjenigen, was zu Beförderung der gemeinen Sache dienet, mit allem Eifer zu handeln angefangen. Es seind aber noch so viele Schwierigkeiten, fürnämlich wegen Equipirung der Flotte im Wege, dass Wir nicht wol absehen,

[1]) an der Netze, im Reg.-Bez. Frankfurt.

wie alhier daraus zu kommen, und demnach diensam befunden, Euch hiemit in Gn. anzubefehlen, dass Ihr Euch stracks nach Empfahung dieses wieder nacher Copenhagen verfüget und daselbst Ihrer Kön. M. nächst Überreichung beigehenden Creditifs folgendes vorstellet. Es wäre aus dem beigefügten 4. und 5. artic. des zwischen I. Kön. M. an einer und Spanien an anderer Seiten jüngst geschlossenen Tractats bekannt, wasmassen der König verbunden, nach vorhergegangener Requisition von denen Alliirten und nach Erlegung der Anrittsgelder in wirklicher Ruptur ohne einzig ander Absehen zu treten. Nun wäre die Requisition gebührender Massen beschehen, es wäre auch selbige von I. Kön. M. acceptiret worden, die Anrittsgelder wären, auch bereits an Spanischer Seiten vollkommlich und an Staatischer Seiten mehrentheils erleget, und würde der Rest ehester Tagen erfolgen, womit Ihrer Kön. M. Ministri auch wol zufrieden sein, also dass alles, was erfordert würde, an Seiten der Kron Spanien und der Staats adimpliret. Anstatt aber, dass man die gesicherte Hoffnung geschöpfet, es würden I. M. nunmehr darauf ohne ferneres Absehen die wirkliche Ruptur mit Schweden nebst denen übrigen Alliirten vornehmen, wie denn sowol I. Kais. M. als die Kron Spanien und dieser Staat Uns davon, dass sie nicht allein brechen, sondern auch auf einem gewissen Tag, darüber man sich alhier vergleichen wird, den Krieg gegen Schweden declariren würden, solche Versicherung gethan, dass daran im geringsten nicht zu zweifeln ist: so hätten Wir nicht sonder Befremdung von Unseren hiesigen Ministris vernommen, dass man an Dänischer Seite zuförderst wegen Ausrüstung der Flotte Richtigkeit haben wollte, wodurch denn, fürnämlich, da sich der Spanische Minister mit Ermangelung genugsamer Macht und specialen Mandats entschuldiget, das ganze Hauptwerk zurückgesetzet, die Zeit zu agiren verabsäumet, und alles in höchster Confusion gebracht würde. Es wäre zwar an dem, dass in dem 17. artic., welcher gleichfals hiebei folgt, als wegen der Operationen ihre Ministros näher zu instruiren, wobei Ihr dann zu erkennen zu geben, dass die Saison zu operiren vorhanden wäre, dass Wir bereits Unserer Armée sich zum Marche parat zu halten Ordre ertheilet, und dass es ein unwiderbringlicher Schaden sein würde, wenn die Zeit unnützlich verlaufen, und dem Feind dadurch Gelegenheit gegeben würde, sich in bessere Postur zu setzen. I. M. hätten Uns jederzeit mit sonderlichen Bewegreden zur Standhaftigkeit animiret und ermahnet, jetzo stünde es bei Ihr fürnämlich, dem Werk einen Nachdruck zu geben und Unsere unter den feindlichen Pressuren seufzende Lande retten zu helfen. Es würde ja Ihrer M. auch endlich nicht um eine geringe Summe Geldes, welche, wie wol schwerlich aus vorberührter Handlung zu hoffen sein möchte, zu thun sein, dass Sie diese herrliche Gelegenheit, welche Sie und Wir nimmermehr wieder bekommen würden, solchen schädlichen Feind zur Raison zu bringen, und dawider Sich und Ihre Königreiche zu versichern, aus Handen lassen sollten. Es wäre auch keiner der Aliirten, der bei diesem Krieg so viel gewinnen würde als eben Sie, aber Eilfertigkeit wäre von Nöthen, daran haftete das ganze Werk. Wir könnten Unsere Armée nicht eher marchiren lassen, bis Wir Ihrer M. Resolution vernommen, denn danach müssten Wir allerdings Unsere Mesures nehmen. Dieses und was Ihr sonst zu Erreichung Unserer Intention diensam erachtet, habet Ihr der Euch beiwohnenden Dexterität nach vorzustellen und Uns mit dem allerförderlichsten die Antwort und Resolution zu überschreiben. Was weiter in der Sache vorgehet, soll Euch mit nächster Post auf Copenhagen bekannt gemachet, auch da nöthig, Unser Geheimer Rath und Ober-Hofmeister der von Knesebeeck[1]) widerum hingeschicket werden.

Der Kurfürst an Christoph v. Brandt. Dat. 's Gravenhage $\frac{1.}{11.}$ Mai 1675.

Der Ch. hofft, Brandt werde nunmehr in Kopenhagen angelangt sein. Obschon die spanischen Gesandten darauf gedrungen, dass nur 12 Capital-Kriegsschiffe für den Staat und Spanien in der Ostsee gehalten werden möchten: so läuft doch Bericht ein, dass die Sache wegen der 18 Schiffe soweit gebracht ist, dass an der Richtigkeit nicht mehr zu zweifeln. Kf. hofft auf 18 bis 24 Schiffe. 11. Mai

---

Derselbe an Denselben. Dat. 's Gravenhage $\frac{4.}{14.}$ Mai 1675.

[Resolution der Generalstaaten und Spaniens, die der König von Dänemark gutheissen mag.]

Noch immer die 18 bis 24 Kriegschiffe. 14. Mai

Nachdem aber die Königl. Dänische Ministri damit alhie gar nicht zufrieden sein wollen, ist endlich auf Unser inständiges Ansuchen, um in der Sache noch vor Unser Abreise, welche morgen, geliebt es Gott,

---

[1]) Dessen Rückkehr oben S. 139.

geschehen soll, einen beständigen Schluss zu machen und damit das Hauptwerk nicht länger verzögert werden möchte, von gedachtem Spanischen Ministris und dem Staat resolviret worden, dass der Staat 9 Capital-Orlogschiffe und I. K. M. in Dänemark 16 dergleichen Gattung ausrüsten und deroselben von Spanien und dem Staat dazu 600 000 Gulden gezahlt werden sollten, wie Ihr aus beigefügter Abschrift der desfalls abgefassten Declaration zu ersehen.[1]) Ob nun zwar I. M. Ministri dieses allein sub spe rati angenommen, so zweifeln Wir jedoch nicht, gestalt auch sie selber nicht thun, I. M. werden solches placidiren und genehm halten, wie Ihr Euch dann, damit solches geschehe, und desfalls keine fernere Weitläuftigkeiten gemachet werden, mit höchstem Fleiss zu bearbeiten. Weil Wir aber vermerket, dass Spanien und der Staat fürnehmlich aus der Ursachen zu dieser Resolution, welche sie sonst nimmer würden gefasset haben, geschritten, damit sie die Lüneburgische Truppen bei sich behalten und wider Frankreich gebrauchen möchten, so habt Ihr bei I. M. inständigst anzusuchen, dass dieselbe mit allem Ernste darauf bedacht sein möchten, wie Wir vor Hannover gesichert sein könnten. Dann auf den Fall selbiger Herzog still sitzen und neutral verbleiben würde, könnten Wir, wann es Ihr. Maj. auch also gefällig wäre, wol geschehen lassen, dass vorgedachte Lüneburgische Truppen in den Niederlanden verblieben, um wider Frankreich gebrauchet zu werden, weil Wir solchen Falles nebst denen 8000 Mann von Ihrer Maj. und den Kaiserlichen Trouppen den Schweden genug gewachsen und überlegen wären.

Die nächsten Relationen Friedrichs von Brandt aus Kopenhagen enthalten meist Kapernachrichten. Inzwischen war Christoph von Brandt in Kopenhagen eingetroffen.

---

14. Mai v. Brandt. Relation d. d. Copenhagen $\frac{4.}{14.}$ Mai 1675. Nach des Königs Versicherung hat sich die Stadt Hamburg in einen Particulartractat mit Schweden eingelassen, der sehr geheim gehalten werde und ein sehr intimes Verhältnis mit Schweden (im Bedrängungsfalle Aufnahme einer schwedischen Besatzung) involvire. Der König fände wol rathsam, dass der Kf. am Kaiserlichen Hofe remonstriren liesse, dass man dieser Stadt nicht allzu lange flattiren, sondern mit Ernst gegen sie verfahren möchte; „auch wäre nötig, dass Spanien ihre Effecten arrestirte, und dass die nahebei gelegene Fürsten sie zu intimidiren

[1]) Zur Sache s. UA. XIII, 806 ff.

und durch Furcht zur Oboedienz zu bringen ihnen angelegen sein liessen". — Betrachtungen Brandts darüber. — Wegen des von Celle unterschriebenen Kreistagsausschreibens soll mit dem Envoyé Wittorf geredet werden.

Heute wieder Conferenz mit dem Grafen Fries, Baron Juel, Kanzleirath Schroeder. Dieselben Versicherungen dänischerseits nebst der Bedrohung, dass dafern die Alliirten „Ew. Ch. D. ihrer Schuldigkeit nach nicht getreulich beistehen und nur einen Krieg à moitié anfangen würden, dadurch Schweden nicht recht geschwächet werden könnte: dass auf solchen Fall Ihre Maj. Dero Consilia darnach einzurichten und sich auf Ihrer Hut zu halten wissen würden, versichernde die Herren Staaten, dass Ew. Ch. D. und Sie die Mittel in Händen hätten, sich ohne den Staat mit Ehren aus der Sache zu helfen und Ihre Sicherheit zu finden; welches er aber bat nur dahin auszudeuten, dass den Staaten die Hölle heissgemachet, und selbige zu vigoureusen Gedanken gebracht werden möchten. Erinnerten dabei, dass obschon I. M. in Schoonen oder Schweden agiren würden, sie doch ein Corpus von etlichen tausend Mann in Holstein würden stehen lassen, mit dem sie alsdann Ew. Ch. D. pro re nata würden zu Hilfe kommen, und wenn im Bremischen nicht agiret werden sollte, sich zwischen die Ostsee und Elbe setzen könnten, die Communication zwischen Pommern und Bremen zu verhindern."

„Gleich itzo kam der Herr Baron Juel, der in Schweden gewesen, zu mir und sagte mir, Herr Fagel hätte zwar wegen der Commercien nur persuasive gegen Herrn Klingenberg erwähnet, dass nämlich J. M. mehr Zoll aus dem Sunde würden ziehen, und die Holländer, insonderheit Amsterdam die Subsidien besser erlegen könnten, wann die Commercien zwischen Holland und Schweden nicht gebrochen würden; I. M. aber hätten dem ungeachtet dem von Klingenberg befohlen, auf die Ruptur der Commercien zu treiben, aus Ursache, weil Schweden bei währenden Commercien dreimal mehr Geld aus dem Zolle zu Stockholm und anderswo machen würde, als sie im Sunde, ausserdem dass selbige Kron dadurch nur in haleino würde gehalten werden, den Krieg lange zu führen und auszuhalten, da sie hingegen bei Sperrung der Commercien nicht allein die äusserste Not leiden, sondern auch Dissidia im Reiche und zwischen den Senatoren entstehen würden."

Der Kf. an den Kanzler v. Brandt. Dat. 's Gravenhage $\frac{6.}{16.}$ Mai 1675.

[Erwartet die Ratification des Königs von Dänemark.]

Erwartet mit Verlangen, „dass I. M. dasjenige placidiret und ratificiret 16. Mai
habe, was jüngsthin im Haag wegen Ausrüstung der Flotte von seiten der Krone Spanien und des Staats offerirt und von I. Maj. Ministris sub spe rati angenommen". Bei des Kfn. Anwesenheit im Haag ist auch von sämtlichen Alliirten placidiret worden: „I. M. möchten ersuchet werden, mit denen ex

foedere versprochenen 16 000 Mann im Bremischen zu agiren, damit der Staat sich der Lüneburgischen Truppen im Fall der Noth zu gebrauchen hätte."

Dieses Inhalts beiliegend eigenhändiges Schreiben des Kfn. an den König. Brandt soll es gebürend abgeben und alles aufs beste recommandiren.

Kf. an Friedrich v. Brandt. Dat. Amsterdam $\frac{8.}{18.}$ Mai 1675.

18. Mai Antwort auf die Relation vom 26. April. Wegen der Kaper soll mit dem Seeländer geredet werden. In Sachen Gottorp soll Br. für des Königs Confidenz danken. Der König möge, „weil er der bösen Desseins des Herzogen und der mit Schweden getroffenen so schädlichen Alliance versichert wäre, derselben Effect nicht erwarten, sondern demselben vorkommen und den Übelintentionirten die Kräfte, Schaden zu thun, benehmen: zumal die Obligation, so einem jeden Potentaten obliege, seines Estats Sicherheit und Schaden zu verhüten, auch Ihrer M. Vornehmen hierunter justificiren würde."

Wegen Hamburgs bei voriger Post an seinen Bruder geschrieben.

Kf. an den Kanzler v. Brandt. Dat. Amsterdam $\frac{8.}{18.}$ Mai 1875.

[Tag der Ruptur festgesetzt. Kf. erfreut über die dänischen Entschlüsse. Abmarsch seiner Armee.]

18. Mai Antwort auf die Relation vom 30. April. Kf. bemerkt recapitulirend, dass die beregten Punkte in Richtigkeit sind, indem man wegen Ausrüstung der Flotte bis auf I. M. Ratification völlig geschlossen, auch ein gewisser Tag der Ruptur von allerseits Alliirten festgestellet worden, „und hoffen Wir danach, dass S. M. desfalls satisfait sein werden. Wobei Uns dann sonderlich erfreuet, dass Ihr versichert, dass, wenn gleich Holland die Commercien nicht brechen wollte, I. M. sich dennoch daran nicht kehren, noch in ihrer gefasseten Resolution hindern lassen würden; denn ob Wir gleich die grösseste Mühe angewandt, auch diesen Punkt zu heben, ist es Uns doch allerdings unmöglich gewesen, und hat man Uns so viele Rationes desfalls vorgestellet, dass ob man zwar in Regard Unser dasjenige nicht praestiret, wozu man vermöge der Allianz und aus vielen anderen Ursachen gehalten, Wir dennoch über diesen Punkt passiren müssen. Gleichwol ist der Staat gehalten, ebenmässig die Ruptur auf den bestimmten Tag zu thun und zu declariren und dabeneben 9 Orlogschiffe bei Ihrer M. Flotte in die Ostsee zu schicken."

„Was den March Unserer Armee betrifft, haben Wir desfalls bereits vor 6 Tagen mit Abfertigung Unseres Generaladjutanten des von Küssow an

Unseren Generalfeldmarschall nöthige Ordre ergehen lassen, also dass die Armee, wenn Ihr dieses erhalten werdet, bereits in vollem Marsche wird begriffen sein, dessen Ihr. Ihre K. Maj. zu versichern, und gehen Wir gleich jetzo selber dahin, um alles zu beschleunigen, sodass auch in diesem Stücke I. M. nichts mehr zu desideriren haben werden."

Ueber Gottorp nimmt er Bezug auf das an seinen Bruder Mitgeteilte. — „Die Zusammenkunft zu Nymwegen wird allem Ansehen nach so schleunig noch nicht vor sich gehen, so dass Ihr noch eine Zeit lang zu Kopenhagen werdet subsistiren können."

Christoph von Brandt. Relation. Dat. Kopenhagen 7. Mai 1675.

[Memorial an den König.]

Memorial an den König. Dessen und des Reichskanzlers Versicherungen. 17. Mai
— „Ich sehe kein ander Expediens, als dass Ew. Ch. D. nur bei den anderen Alliirten es dahin richten, dass mit Schweden zu Wasser und Lande gebrochen und Dänemark dadurch ans Spiel gebracht werde. Es ist sonst nichts zu thun, zumalen itzt da der Schwedischen Armee Aufbruch und Marsch grosse Ombrage giebt." „Mir ists von Herzen leid, dass man Ew. Ch. D. mit der Hoffnung, dass die Dänische Ministri im Haag mit über die Kriegsoperationen conferiren würden, aufgehalten hat. Ich weiss in Wahrheit nicht, woher diese Opinion müsste entstanden sein. Wann Ew. Ch. D. gn. gefiele, I. D. des Herzogs von Ploen, und des von Knesebecken und meines Bruders und meine Relationes von etlichen Monaten her nachlesen zu lassen, so würde Sie finden, dass alles allhier darauf beruhet, dass man tout de bon und mit Vigueur brechen wolle, sobald die Alliirte gebrochen, eher aber nicht, und dass man omni conatu zu verhüten suche, den Schweden keine zu frühe Ombrage zu geben."

Verweist auf eine bald abzusendende Resolution.[1])

Der Kurfürst an den Kanzler von Brandt. Dat. Lippstadt $\frac{16.}{26.}$ Mai 1675.

[Erstürmung des Hauses Löcknitz. Im Haag wider Willen aufgehalten. Abmarsch der Armee in die Mark.]

Antwort auf die Relation vom 7. Billigt das Memorial. 26. Mai

An der Ruptur zwischen Schweden und Uns ist ja wol nicht mehr zu zweifeln. Wir haben jederzeit die gewaltsame Einquartierung in

[1]) In der Anlage das Memorial (Hand Friedrichs v. Brandt).

Unseren Landen darauf genommen, und haben die Schweden nunmehr selber den Praetext, wider Uns keine Feindseligkeit verübet zu haben, dessen Sie Sich bisher festiglich gebrauchet, durch gewaltsame Bestürmung und Occupirung[1]) des Hauses Löckenitz und abermalige gänzliche Verheerung der Chur- und Mark Brandenburg aufgehoben.

Wir hätten auch so lange nicht anstehen würden, Unsere Armee marschiren und mit Schweden in Action treten zu lassen, wann nicht zuvörderst wegen Ausmachung einiger zu Beförderung des gemeinen Wesens höchst nöthiger Puncte ein wichtiger Schluss hätte müssen getroffen werden, und würden I. M. zweifelsfrei schon berichtet sein, woher es gekommen, dass das Werk im Haag solange trainiret und Wir daselbst an die vierzehn Tage, da Wir nur zwei zu verbleiben gemeinet, aufgehalten worden.

Nachdem nun aber solches guten Theils ajustiret, und Wir keineswegs zweifeln, es werde ein jeder der Alliirten Demjenigen, was im Haag beschlossen worden, getreulich nachkommen, so haben Wir bereits vor 10 Tagen zum Aufbruch und Marche Unserer Armee Ordre ertheilet, selbige auch öfters nachdrücklich wiederholet, sodass Wir gänzlich davor halten, es werde dieselbe gleich itzo schon im Marche begriffen sein; wie Wir dann selbigen zu beschleunigen, in eigener Person dahin eilen und ehister Tagen bei denselben anzulangen, auch sofort darauf Unsere Operationes wider den allgemeinen Feind, an welchem Orte es sich am besten schicken wird, vorzunehmen und mit demselben nächst göttlichem Beistande in Action zu treten entschlossen sein.

Im Übrigen zweifeln Wir nicht, Ihr werdet bereits Nachricht erlanget haben von dem, was bei der Löckenitz vorgangen. Wir sind darauf berichtet worden, dass sich die feindliche Armee wieder aus der Mark und nach der Elbe wärts, oder wie etzliche wollen, nach Holstein ziehe, welches Uns dann um so viel mehr antreibet, den March Unserer Armee zu beschleunigen, damit man in Zeiten allen ihren Desseinen begegnen könne. Welches Ihr Ihrer Majestät zu hinterbringen und dieselbe festiglich zu versichern habet, dass gleich wie Wir Uns zu Ihro aller Hülfe und Beistandes versehen thäten, als Wir auch Dieselbe, daferne Sie zuerst angegriffen werden sollten, durch keinerlei Zufälle verlassen, sondern bei und vor Ihro alles aufsetzen wollten. Nur wäre höchstnöthig, dass I. M. nunmehro auch die Masque abzögen und zu-

[1]) Am 16. Mai.

gleich nebst Uns und den übrigen Alliirten die Attacque und den Angriff thäten, dadurch dann balde anfangs des Feindes Forces distrahiret und er irre und perplex gemachet werden würde; dahergegen, wenn man separatim und einzeln gegen ihn agiren wollte, er einen nach dem andern übern Haufen werfen könnte. Wir hätten schon vor einiger Zeit I. M. ersuchet, Uns einen Ihrer Krieges-Officirer entgegen zu schicken, um mit demselben der Operationen halber zu concertiren. Wollten solches nochmalen wiederholet und I. M. ersuchet haben, in der mit Schweden vorhabenden Ruptur keine Zeit, als deren Verlust irreparable ist, zu verlieren.[1])

Friedrich von Brandt. Relation. Dat. Copenhagen $\frac{11.}{21.}$ Mai 1675.

[Dänische Rüstungen.]

Drei Schiffer von Colberg, welche mit Roggen und Weizen nach Gothenburg gewollt — einem mit einem Kieler Kaufmann abgeschlossenen Contract zufolge — sind auf der Gesandten Abrathen nach Kiel gesegelt. Brandt empfiehlt einen Erlass an die Preussische und Pommerische Regierung, die „Ausfahrt der Kauffahrteischiffe zu verhindern, weil solche in Schwedische Hand gerathen möchten, oder da der Schade schon nicht so gross wäre, dennoch bei den Feinden ein Frohlocken verursachen möchte.“ Kaperbriefe. 21. Mai

„Die von Holland versprochene neue Kriegsschiffe wünschet man hier, dass sie bereits im Sunde sein möchten, und sorgte heute der Herr Reichskanzler, dass Herr Klingenberg Ordre hätte, die in Holland für hiesige Flotte eingekaufte Materialien mit selbigen Schiffen anhero zu schicken.“

„Die Kriegspraeparatorien und die Werbungen gehen hier nun stark fort und wird an der Flotte sehr fleissig gearbeitet, wie dann im Ausgang dieser Woche zehn Kriegsschiffe, klein und gross zusammengerechnet, fertig sein werden. Auch haben die Truppen in Jütland Ordre, nacher Holstein zu defiliren und sich mit denen, so schon in Holstein stehen, zusammenzuziehen.“

Der Kurfürst an den König Christian von Dänemark. Dat. Cassel $\frac{20.}{30.}$ Mai 1675.

[Rückmarsch in die Mark.]

Wird noch einmal dringend gebeten, die Truppen im Bremischen agiren zu lassen. Einliegend Schreiben an den dänischen Reichskanzler desselben Inhalts. 30. Mai

[1]) Ganz ähnliches Schreiben an den Kaiser v. dems. D. UA. XIV, 2, 826.

„Unsere Armee moviret sich bereits und hoffen Wir innerhalb 2 oder 3 Tagen bei derselben zu sein, um alles zu beschleunigen."

Christoph von Brandt. Dat. Kopenhagen 29. Mai 1675.

[Verbindlichkeit des RKanzlers Griffenfeld.]

8. Juni Antwort auf die Rescripte d. d. Lippstadt $\frac{16.}{26.}$ Mai, Cassel $\frac{20.}{30.}$ Mai. Hat das Kf.liche Schreiben an den Reichskanzler abgeliefert. „Er war überaus wol vergnüget, dass Ew. Ch. D. ihn Ihres Schreibens in Gn. gewürdigt und sagte unter anderen Bezeigungen seiner sonderbaren Vergnügung: dass er nebst meinem Bruder und mir Ew. Ch. D. dritter Minister alhier sein und Deroselben hohes Interesse nicht weniger als seines Königs beobachten wollte, und weil die Zeit vor Abeilung der Post nicht alleine zu kurz, sondern der Reichskanzler auch sehr mit unaussetzlichen Geschäften überhäufet war, sagte er, wir möchten ihn bei Ew. Ch. D. unterth. entschuldigen", dass er die schriftliche Antwort bis zur nächsten Post aufschieben möchte.[1])

Friedrich von Brandt. Dat. Kopenhagen 29. Mai 1675.

[Auslassungen Griffenfelds. Kriegseifer Celles, Dänemarks.]

8 Juni Antwort auf des Kfn. Rescripte d. d. Lippstadt $\frac{16.}{26.}$, Cassel $\frac{20.}{30.}$ Mai.

Brandt hat das Schreiben des Kfn. an den Reichskanzler abgeliefert. Dieser bezeugte darüber seine lebhafte Freude, sagte, „dass er nebst meinem Bruder und mir Ew. Ch. D. dritter Minister alhier sein und Deroselben hohes Interesse nicht weniger als seines Königs beobachten wollte. Den Aufschub seiner Antwort bittet er beim Kfn. zu entschuldigen. Versichert auf Befehl des Königs: dass wenn gleich die Lüneburgischen Truppen über den Rhein gehen müssten, sie deswegen nicht den geringsten Tritt zurückgehen, sondern vielmehr in Kriegspraeparatorien und dem Vorhaben, das Herzogtum Bremen zu attaquiren, desto eifriger fortfahren würden, weil solchenfalls destoweniger Zeit zu verlieren sein würde, damit so wenig Schweden sich noch mehr auf dem Teutschen Boden verstärken, als Hannover mit selbiger Kron sich fester verbinden könnte; erwähnte aber dabei, dass der König Ew. Ch. D. ersuchen liesse, Sie möchten deswegen nicht ab-

---

[1]) Vom 3. bis 5. Juni war Kf. wieder in Schweinfurt. Seine Schreiben von dorther an den Statthalter s. v. Orlich 3, 238. 239.

lassen und aufhören ihr Bestes zu thun, damit die obberegte Truppen nach Bremen kämen, zumal da gute Hoffnung dazu wäre, weil nicht allein der Herzog von Cell grosse Lust dazu hätte und deswegen überall alle dienliche Remonstrationes thun liesse, sondern man auch im Haag zu begreifen anfinge, dass Ratio belli und aller Alliirten Interesse erforderte, Schweden zu dämpfen, ehe es mächtiger und so mächtig würde, dass es sich mit Frankreich conjungiren könnte, welches gewiss eine viel grössere Desavantage und Hinderung der Alliirten Desseinen sein würde, als wann der König in Frankreich etwa in Flandern eine Festung wegnähme, welche gar leicht, wenn Schweden zur Raison gebracht, entweder durch den Degen oder durch Tractate recuperiret werden könnte.

Der Cellische Envoyé sagt, seine Principalen würden ihre Truppen nicht leicht nach der Mosel oder nach Flandern führen, wie er dann solches nicht allein hier solenniter notificiret, sondern auch dabei ut conditionem sine qua non zu wissen begehret: ob I. K. M., sobald Ihre Armee im Herzogtum angelanget, aufs wenigste acht oder zehn tausend Mann mit derselben so lange conjungiren wollten, bis die ganze Dänische Hauptarmee im stande wäre, ein Corps allein zu machen, welches ihm auch sancte versprochen und daneben Versicherung gethan worden, dass I. K. M. keine Stunde versäumen wollten, Ihre Armee in solchen Stand zu bringen, dass sie capable wäre, dem Herzog von Hannover und den Schweden in Bremen alleine den Kopf zu bieten und daneben das Herzogtum Holstein in Sicherheit zu halten und die Dänische Insulen zu mainteniren.

Nach Brandts Meinung würde sich hier alles wol schicken, wenn nur Kf. und die Alliirten sich gegen die Schwedische Force engagiren würden. Ebenso versichern alle Minister, „dass sobald Ew. Ch. D. mit der kaiserlichen Armee conjungiret und die zeeländische allhier arriviret, I. K. M. weiter nicht marchandiren werde, sondern die grosse Kriegszurüstung und die fast unsägliche Unkosten, so in höchster Eile zu Wasser und zu Lande darauf gewendet werden, geben in höchster Eile an Tag, dass es dem Könige ein rechter Ernst sei.“

Anhang.

(Verschiedene auf die schwedische Invasion bezügliche Schriftstücke.)

Meinders' Gutachten beim Einbruch der Schweden.

1675 Januar

„Auf dasjenige, was des Herrn Kanzlers von Somnitz Exc. mir wegen der Schwedischen Invasion in die Chur und Mark Brandenburg geschrieben, ist meine unvorgreifliche Meinung und geringes Gutachten, dass die von der Schwedischen Armee in die Churbrandenburg gethane Irruption ausser allem Zweifel nichts anderes sei, auch für nichts anderes gehalten werden könne, als für einen Actum hostilem und eine Ankündigung des Kriegs, dass auch S. Ch. D. genugsam befugt sein, dieser Invasion sich nicht allein mit allen Kräften und Mitteln zu widersetzen, dieselbe auch äusserster Möglichkeit zu verhindern und abzuwenden, sondern auch wegen dieses zugefügten Schimpfs und Schadens gebürende Reparation und Satisfaction zu suchen und sowol selbst durch Ihre eigenen Truppen als mit Hülfe des Reiches und der Alliirten der Krone Schweden Lande und Unterthanen tanquam hostes zu tractiren und alles wider dieselbe zu thun und vorzunehmen, was man wider einen offenbaren Feind nach Anweisung des göttlichen, natürlichen und alles Völkerrechts, wie auch nach Einhalt der Reichsconstitutionen und Instrumenti pacis vorzunehmen, zu thun und zu handeln befugt ist, anerwogen Seine Ch. D. der Krone Schweden zu dergleichen Feindseligkeiten niemals einige redliche und rechtmässige Ursache gegeben, sondern sich vielmehr auf die mit demselben habenden verschiedenen Bündnisse verlassen, und sich nicht vermuten können, dass man dieselbe solcher Gestalt violiren und brechen sollte, zumal bei diesen Conjuncturen, da S. Ch. D. den Reichsschlüssen zufolge auf die hundert Meilen von Ihrem Churlande sich entfernt und bei der Kriegsexpedition keinen andern Zweck führen, als den bedrängten Ständen des Reiches in ihrer unverschuldeten Bedrückung, welche die Krone Schweden selbst improbiret und den Interessireten desfalls zu billigmässiger Satisfaction und Reparation Hoffnung gemacht, auf derselben bewegliche Bitte und vielseitige Instanz Rettung und Hülfe zu leisten.

Es ist diese Invasion desto schändlicher, weil die Krone Schweden bis dato Sr. Ch. D. immerhin Versicherung von Ihrer beständigen Freundschaft, und dass man mit demselben in nachbarlichem Verständnis zu continuiren gemeinet, thun lassen; und ob man zwar in Schweden einige Beschwerde geführet, dass man Sr. Ch. D. Resolution, mit einer Armee ins Reich zur Rettung der bedrängten Stände zu gehen, nicht zeitig genug eröffnet, so ist doch darauf alle Zeit mit genugsamen Gründen, wie es die Acta ausweisen, geantwortet und das Contrarium genügsam erledigt.

Wann auch auf alle gesetzte, doch nicht gestandene Fälle hierunter etwas verabsäumet wäre, so hat doch solches im allergeringsten den Schweden keine justam belli causam wider S. Ch. D. geben können, zumal sich Dieselbe in allen Dingen zu gebührender und billigmässiger Satisfaction, welche doch nie von derselben begehret worden, anerboten, und keineswegs vermuten können, dass man auf diese Weise nulla clarigatione vel indicatione Ihre Lande und Unterthanen feindlich tractiren würde. Solchem nach bin ich der unmassgeblichen Meinung, dass S. Ch. D. quoad causas justificatorias genugsam Befugniss hätte, alle im Kriege erlaubte Extrema wider die Krone Schweden vor die Hand zu nehmen.

Soviel die causas suasorias betrifft, ob nämlich Sr. Ch. D. zu raten sei, Sich sofort in einen offenbaren Krieg wider Schweden Ihrer Befugniss nach zu impliciren, da wird nötig sein, ein und andere Umstände bei den jetzigen Conjuncturen in Deliberation zu ziehen und nach derselben Beschaffenheit behörige Mesures zu nehmen."

Bis dato hat man meines Wissens keine andere Nachricht, als dass der Feldherr selbst fürgegeben, dass dasjenige, was fürgienge, nicht mit der Intention geschieht, als ob man in einige Ruptur mit Sr. Ch. D. träte, sondern nur in dem Lande Quartire nehmen und Sie aus dem Elsass zurück über den Rhein wieder ziehen wollte.

Dieses ist zwar eine protestatio facto contraria, und hätte man sich nicht daran zu kehren, wo man sogleich imstande wäre, ihm das Haupt zu bieten und Gleiches mit Gleichem zu vergelten. Dieweil aber I. Ch. D. in solchem Stande anitzo nicht sein, auch noch nicht wissen, was Dero Alliirte bei Ihr thun werden, so wäre mein Gutachten, dass noch zur Zeit alles zu dissimuliren und dasjenige zu beobachten, was der Poet sagt: Manet alta menta repositum; jedoch auf nachgesetzte Weise, indem dass

1. S. Ch. D. auf alle mögliche Art und Manier suchte, Dero Armee zu conserviren.

2. Dero in Polen vorhandene 2 Regimenter alsofort wieder in Preussen kommen liessen.

3. Die Kriegsverfassung in Preussen poussirten und zu solchem End einen ersehenen Offizier dahin ungesäumt abfertigten, wozu ich Niemand Bequemeren als den Herrn Generalmajor Görtzke oder den Herrn General Goltz vorzuschlagen wüsste.

4. Die neu angeordnete Werbung in allen Landen bester Massen zu poussiren und zu befördern.

5. Alle Gouverneurs oder zum wenigsten die wenige, welche in den Churbrandenb.-Hinterpommerschen und Magdeburgischen Orten sein, abermal zu fleissiger Beobachtung der ihnen anvertrauten Festungen zu ermahnen und zu ermuntern.

6. In specie, sobald immer möglich, mehr Volk nach Dero Residenz Berlin gehen zu lassen, auch gar anfänglich die Holsteinische Squadron aus Magdeburg, weil selbiger Ort dem Ansehen nach so bald nicht angegriffen werden kann.

7. Auch eine Generalsperson nach Berlin zu schicken, weil es an Officieren daselbst mangelt und nur ein Obrist-Lieutenant darin commandiret.

8. Würden nun die Schweden mit den Hostilitäten continuiren, solchenfalls müsste man billig nichts unterlassen, was zu ihrem Schaden und Abbruch dienete; insonderheit aber auf die Festungen gut Acht geben und solche gegen alle Attaques, welche ohnedem wegen dieser Winterszeit schwer halten, aufs äusserste defendiren.

9. Blieben aber die Schweden in den jetzigen terminis, wozu vielleicht einige Apparenz, weil S. Ch. D. das Elsass quittiret und wiederum auf die andere Seite des Rheins gangen, so könnte S. Ch. D. anfänglich an den König in Schweden selbst schreiben, sich über seiner Armee Procedur beschweren und Satisfaction des erlittenen Schadens und Bestrafung derjenigen, so ihn verursachet, begehren, zumal S. Ch. D. genugsam versichert wäre, dass der König dergleichen nicht befohlen, weil es 1. wider das natürliche, göttliche und Völkerrecht, 2. wider die Constitutio Imperii et Instrumentum Pacis und 3. wider so viele Alliancen und Bündnisse liefe, welche zwischen Ihrer Königl. Maj. und Sr. Ch. D. wären, auch 4. wider die klare Conclusa Imperii, worauf S. Ch. D. Ihre Conduite fondirete, 5. wider das officium mediatorium, welches Ihre Königl. Maj. bis dato so rühmlich und mit solcher Unparteilichkeit geführet.

10. An den Feldherrn selbsten könnte in fast gleichmässigen terminis geschrieben,

11. zugleich aber den Alliirten im Haage, zu Brüssel und zu Wien alles fürgestellet und berichtet werden communicando, was S. Ch. D. an den König geschrieben, et requirendo auxilia ex foedere debita, im Fall die Hostilitäten continuiren oder billigmässige Satisfaction verweigert

werden sollte; und müsste solche dem Foederi gemäss entweder sofort marschiren oder in solche Positur gestellet werden, dass sie augenblicklich es ad requisitionem Serenissimi oder Dero Ministrorum könnten.

12. Durch die Ministros zu begehren in Dänemark und im Haag, dass jene in Schweden, diese im Bremischen Diversion machen möchten.

13. Zu Regensburg wäre des ganzen Reichs Assistenz in publico conventu zu suchen, oder zum mindesten Mandata sine clausula vom Kaiser und Reich an Schweden, die Völker aus den Churlanden zu ziehen und den zugefügten Schaden zu erstatten, auch die Thäter zu bestrafen.

14. Zugleich wären die Alliirten ex foedere Brunswicensi, als Hessen, der Kaiser et alii, auf gleiche Weise eventualiter zu requiriren, item Engelland,

15. und endlich alle Churfürsten auf diese Masse ex Unione Electorali;

16. die Avocatoria zu renoviren, auch mit Confiscirung der Güter von denjenigen, welche in Schwedischen Diensten begriffen, wirklich zu verfahren.

Vor allen Dingen habe ich meines unterthänigsten Orts Sr. Ch. D. hohe Präsenz in Ihren eigenen Landen zum höchsten nötig gehalten und halte sie noch höchstnötig, und zwar wenn die Hostilitäten continuiren sollten, anfänglich zu Cleve, um sich mit dem Prinz von Oranien zu besprechen, wann aber die Schweden keine weiteren Thätlichkeiten fernerhin, zu Berlin. Wollte Gott, dass Sie, von Blessenheim mit einigen Corps oder mit den nach Burgund vergeblich geschicketen Völkern nach Dero Churlande gegangen, die Schweden würden sich wohl bedacht haben.

Ob S. Ch. D. ratsam finden, der Schweden Progresse (wann kein ander Mittel übrig) durch ein Armistitium, so sie selbsten vorgeschlagen, zu stillen, oder was Sie desfalls für gnädigste Intentionen führen, das kann ich nicht wissen und stehet es in Dero höchsterleuchtetem Urteil.

Zugleich was bei und mit Hannover zu machen, ob Se. Ch. D. warten wollen, bis Sie von demselben auf das Schreiben, so Herr Ledebur insinuiren sollen, Antwort bekommen.

Könnte die Sache in solchen terminis gehalten werden, dass keine gänzliche Ruptur erfolgte, so hätte S. Ch. D. Mittel und Zeit, sich in Gegenverfassung zu stellen und Dero Alliirten Contenance und Bezeigungen zu observiren, auch darnach Ihre ferneren Mesures zu nehmen. Solches würde auch das Friedens-Negotium besser befördern.

Von allen Dingen, welche in der Sache ausgefertiget werden, könnte den Räthen zu Berlin Nachricht gegeben werden, um sich danach zu achten. Und werden I. Ch. D. auch mehr Leute bei sich zur Arbeit vonnöten haben.

Dieses ist das Wenige, so ich in Eile und zwischen vielen andern Geschäften entwerfen können, bitte alles aufs Beste zu deuten und es Sr. Ch. D. nach Gutfinden zu hinterbringen.

Der Prinz von Oranien an den Grafen Sporck. Dat. A la Haye le 10. Janvier 1675.

[Unterstützung des Kf. notwendig. Truppenquantum.]

Monsieur. Comme nous avons nouvelles certaines que la Suède a fait 10. Jan prendre à ses troupes des quartiers dans l'Oucker-Mark, ayant assez déclaré la guerre par là à S. A. E. de Brandenbourg, et que Mss. les Estats de ces Provinces avec moy jugent absolument que dans la conjoncture présente l'on ne peut se dispenser aucunement d'avoir soin de ses interests et de satisfaire chacun de sa part aux Traittés qu'il y a entre Sa Majté. Imp., la couronne d'Espaigne, cet estat et Sa dte Altsse Electorale, estant d'intention pour cette raison de l'assister le plus puissamment qu'on le jugera faisable, soit en attaquer directement ses ennemies ou bien par le moyen d'une diversion considerable, jay creu nécessaire de Vous faire part de cette résolution; et comme je ne fais une doubte que du costé de Sa Majté Imp. l'on n'aye les mesmes pensées et qu'on ne veuille concourir à assister un allié de cette considération, j'ay bien voulu Vous prier de me foire sçavoir au plutost, quel nombre de cavallerie de Vos Trouppes Vous croyez de pouvoir joindre à un corps que l'on pourra envoyer d'icy pour la fin susdite.

Vous jugez bien, Monsieur, que je parle de Cavallerie, par ce quil est hors d'apparence que Vostre Infanterie ayant esté fatiguée, comme nous sçavons, la campagne passée et ayant à servir dans celle qui approche, puisse estre envoyée dans des lieux si éloignés, sans la perdre et la mettre hors d'estat de servir, quand on en aura le plus besoin. Je vous prie de me faire sçavoir au plustost Vos intentions et Vos sentiments sur cette affaire.[1])

---

[1]) General Graf von Sporck an den Prinzen von Oranien. Dat. Bonn 15. Januar 1675. Enthält Allgemeine Redensarten. Auf die Frage nach den Truppen keine Antwort.

Der Prinz von Oranien an den Kurfürsten. Dat. Haag 21. Januar 1675.

[Sagt Assistenz zu. Resolution der Generalstaaten.]

21. Jan. Je viens de recevoir les lettres que V. A. E. m'a fait l'honneur de m'escrire par un de Ses Gentilshommes de la chambre et de depuis le duplicat par la poste, par lesquelles j'ai appris avec beaucoup de joie que, non obstant tous les inconviens survenus, V. A. E. est résolu de ne point abandonner les affaires de là haut, mais de demeurer ferme et attendre les derniers extrémités. En quoi je prie le bon Dieu de La bénir. Elle peut être assurée, comme je Lui ai fait savoir par mes précédentes, que de mon côté je ferai tout ce qui sera en mon pouvoir pour Son service, et à tacher de faire quelque diversion encore pendant cet hiver dans l'Evesché de Brême, pour quel effect je fais assembler des trouppes. Messieurs les Estats ont aussi résolu aujourd'hui de requérir le Danemarck à rompre contre la Suède en conformité du Traitté, d'envoyer une ambassade en Moscovie, pour inciter aussi à faire la guerre aux Suédois, et m'ont ordonné de faire assembler les Ammirantes[1]) pour équiper une flotte vers le printemps, pour agir dans la Mer Baltique, n'ayant pas moyen de mettre des vaissaux en mer avant ce temps là. De plus ils ont écrit à tous leurs Alliés, pour les prier d'assister V. A. E. aussi vigoureusement qu'ils fairont et à la Maj. Imp. de vouloir interposer son crédit et autorité à la Diète de Ratisbonne, afin d'obliger l'Empire de déclarer de mesme la guerre aux Suédois, comme ils ont aux François. Enfin V. A. E. peut être assurée que Messieurs les Estats ne manqueront en rien à quoi ils sont obligés, et moi à Lui faire cognoistre par les effects avec quelle passion je suis ....

Graf Georg Friedrich von Waldeck an den Kurfürsten. Dat. Haag 24. December 1674.

[Erneuerte Communication mit dem Kfn. Kriegsbereitschaft des Prinzen von Oranien. Anstalten in den Niederlanden. Bevorstehende Reise nach Wien. Ableben des Kurprinzen.]

1675
3. Jan. „Gestern ist mir Ew. Ch. D. gn. Schreiben[2]) zu Handen kommen, und erfreue ich mich, dass ich in Dero gn. Andenken annoch stehe, und I. Ch. D. ein gn. Vertrauen in mich setzen.“ —

---

[1]) Origin.

[2]) d. d. Colmar 9. December 1674 spricht Kf. dem Grafen Waldeck seine Freude über das durch Resolution der Generalstaaten ihm (Waldeck) anvertraute Commando nach Friesland aus. d. d. Frankenhausen 18./28. August 1674 hatte er dem Grafen gewünscht, dass er von seiner bei Mariemont (Senneff) empfangenen Wunde genesen möge.

Es ist nicht ohne, dass I. H.[1]) auf den empfangenen Bericht von der Schweden Marsch eine gute Anzahl Dero Völker, um auf erforderten Fall zu können marschiren, in Bereitschaft zu halten beordret, der Meinung selbst von mir begleitet, mit selbigen, wo es diensam gefunden würde, zu marschiren, welche auch noch parat stehen. Ich kann aber nicht glauben, dass I. K. Maj. in Schweden gegen das Römische Reich und diesen Staat und ihre Alliirte brechen werden, oder selbige Kron müsste Künste können, so Menschen nicht begreifen können. Doch muss man sich auf alles parat halten.

Hier wird alle gute Anstalt gemachet. Nicht nur auf Papier wie anno 72. Wenn man dergleichen thut, will ich an einem guten Ausgang des Krieges nicht zweifeln.

Ich thue eine Reise nach Wien.[2]) Bei meiner Zurückkunft, auch währender solcher Reise werde ich Ew. Ch. D. Befehl zu Gemüt sehen.

P. S. „Der Tod des redlichen Churprinzen meines gnädigen Herrn betrübt mich sehr. Was nicht zu ändern steht, muss mit Geduld getragen werden. Gott gebe im übrigen alles Glück. Mit Verlaub befehle ich mich in Ihro F. Gn. der Fürstin von Anhalt Gnade als ein alter treuer Diener.“

Graf Waldeck an den Kurfürsten. Dat. Nürnberg $\frac{\text{25. Januar}}{\text{4. Februar}}$ 1675.

[Bedauert, Kf. nicht sprechen zu können.]

Aus Mangel Nachricht, wo Ew. Ch. D. anzutreffen, muss ich des mir so hoch gewünschten Glücks, Deroselben gn. Befehl in Person zu empfangen, mich beraubet sehen, und sonderlich, weil meine Indisposition erfordert, dass mich des offenen Wassers nach Wien bediene. Geduld, Beständigkeit, Fleiss und gutes Concert wird einen guten und gewünscheten Ausgang der Sachen geben; bis wir zehn Bataillen verloren und keine Hände mehr finden, so schlagen können, kann ich bei so gerechter und des Röm. Reichs Ehre und Wohlfahrt betreffender Sache keine Sorge von üblem Ausgang haben. Gott gebe, dass Ew. Ch. D. nun 4. Febr.

1) Prinz Wilhelm von Oranien.

2) Vgl. oben S. 487.

so gedienet und geassistiret werden, wie bei solchem Zustande es erfordert wird, so werden Dero tapfere Intentionen einen glorieusen und zu ewigem Ruhm dienenden Ausschlag gewiss gewinnen.

Herzog Johann Adolf von Holstein, Feldmarschall der Braunschweigischen Truppen, an den Kurfürsten. Dat. Geisslingen 7. Februar 1675.

[Hilfegesuch des Kurfürsten von der Pfalz.]

17. Febr. „Ewrer Gn. mögen Wir hiemit nicht verhalten, was gestalt des Herrn Churfürsten zu Pfalz Ld. an den Durchlauchtigen Fürsten Herrn Georg Wilhelm Herzogen zu Braunschweig und Lüneburg, Unsern freundlich geliebten Herrn Vettern, copeilich angeschlossenes Schreiben[1]) abgehen lassen, welches gestrigen Tages durch einen Expressen alhier geliefert und von Uns erbrochen worden. Als Wir nun daraus ersehen, wie dass des Herrn Churfürsten Ld. sich eines abermaligen feindlichen Einbruchs in Dero Landen besorgen und deswegen schleunige Assistenz verlangen, Wir aber desfalls etwas einseitig zu resolviren nicht vermögen, so haben Seine Ld. Wir dahin beantwortet, dass es zwar sowol Unsere Herren Vettern und Vettern beider Herren Herzogen zu Braunschweig und Lüneburg Ld. Ld., als auch Wir für Unsere Person ganz willig und geneigt wären, alles nach Möglichkeit mit herbeizutragen, was zu S. Ld. Satisfaction gereichen möge, so befünden Wir Uns dennoch gemüssiget mit Ew. Gn. wie auch des Herrn Reichsfeldmarschalls Ld. und der Kaiserlichen Generalität, zuförderst bei dem jetzigen schlechten Zustand der Braunschweig-Lüneburgischen Armée, aus dieser Sache zu communiciren, und ersuchen demnach Ew. Gn. hiemit dienstlich, wohin Dero hochvernünftige Gedanken bei diesem Werke zielen, Uns ohnbeschwer zu eröffnen, damit hierunter auf benöthigten Fall ein einmüthiger Schluss gefasset werden möge. Wir müssen hiebei aber beklagen, dass nachdem die unter Unserm Commando stehende Armée sowol in der vorigen Campagne als auch nachgehend in denen Elsässischen Winterquartieren bekannter Massen sehr fatiguiret und dadurch nicht wenig abgemattet worden, nunmehr die Krankheiten dabei also stark einreissen, dass nicht allein ein gut Theil der gemeinen, sondern auch über den Drittheil der Officierer erkranket sein, und Wir dahero nicht in dem Vermögen stehen, jetzo vor der Hand mit einem Erklecklichen zu concurriren. In Erwartung Ewrer Gn. beliebigen Antwort, verbleiben Deroselben Wir zu allen angenehmen Diensterweisungen stets willig und geflissen."

[1]) Die Schreiben des Kf. beziehen sich auf den Anmarsch der Truppen Vaubruns in die Pfalz.

Der Kurfürst an den Herzog Johann Adolf von Holstein.

Dat. Schweinfurt $\frac{10.}{20.}$ Feburar 1675.

[KPfalz zu assistiren.]

Aus dem Schreiben vom 7ten dieses haben Wir mit mehrem er- 20.
sehen, was an Uns Dieselbe wegen eines abermaligen besorgenden feindlichen Einfalls in Churpfalz Ld. Lande, und dass Wir Ewrer Ld. desfalls Unsere Gedanken, wie Churpfalz Ld. auf den benöthigten Fall zu assistiren, eröffnen wollten, freundvetterlich gelangen lassen. Nun können Wir Ewrer Ld. nicht leugnen, wasgestalt Uns Chur Pfalz Ld. ebenmässig dieserwegen albereits ersuchet, Wir auch darauf sowol an des Markgrafen von Baden-Durchlach Ld. als auch an den Kaiserlichen General Feldmarschall den Duc de Bournonville Unsere unvorgreifliche Gedanken gelangen lassen, wie Wir Ewrer Ld. aus denen hiebeigefügten Abschriften mit mehrerem zu vernehmen geben. Und wie Wir nichts lieber sehen wollen, als dass hochgem. Ihre Ld. mit dem benöthigten Succurs versehen werden: also wollen Wir nicht zweifeln, man werde Unserm gethanen Vorschlage gemäss der Sachen Zustand wol erwägen und hochged. Chur Pfalz nicht lassen, sondern dieselbe aufs beste secondiren. Habens Ewrer Ld. in freundvetterlicher Antwort melden wollen.

Markgraf Friedrich von Baden-Durlach an den Kurfürsten.

Dat. Esslingen 17. Februar 1675.

[Beschwerde über das Verhalten von K.Pfalz.]

„Welcher Gestalt Ewrer Ld. beliebet Uns vertraulich zu communiciren, 27.
wie Sie vermeinen, dass des Herrn Churfürsten zu Pfalz Ld. von dem Französischen General-Lieutenant Marquis de Vaubrun besorgende Attaque von einigen Reichsvölkern, als welche in der Nähe stünden und bishero nicht abgemattet sein sollen, und zwar mit so viel, als Wir zu dem verlangten Succurs nöthig erachten würden, welches, um dem Feind bei Strassburg zu observiren oblieget, von den Kaiserlichen allernächst an solchen Reichsvölkern stehende Trouppen widersetzet werden könnte, möchte zu secundiren sein: solches haben Wir aus Ew. Ld. an Uns unterm 3ten dieses abgelassenen Schreiben, welches Wir vorgestern hier erhalten, mit mehrerem vernommen. Gleichwie Wir nun jederzeit und noch nichts liebers gesehen, als dass Wir hochged. Ihrer des Herrn

Churfürsten zu Pfalz Ld. in allen Dero Desideriis hätten können Satisfaction geben, wie Wir denn auch hierinnen mit allem, so in Unserm Vermögen stehet, ganz willig und gern an die Hand gehen wollen, ob Wir zwar nicht hoffen, dass es eine solche eilfertige Noth haben werde, indem Wir noch berichtet, dass sich gedachter Marquis de Vaubrun annoch zu Breisach befinde; allein geben Ewrer Ld. Wir hochvernünftig zu ermessen, ob von solchen unter Unserm Commando noch so wenig stehenden Reichsvölkern der gesonnene Succurs allein und ohne Formirung eines dazu erklärlichen Corps werde können praestiret werden, indem die Schwäbische dergestalten durch die Krankheiten abgemattet und zu Schanden gangen, dass sie vor anderen der Refraichir-Quartier von Nöthen haben, dabenebens Uns vermöge verschiedener von der Römischen Kais. Maj. Unserm allergn. Herrn an Uns ergangener Ordres, als denen Wir allergehorsamlichst zu insistiren haben, obliegen thut, nicht nur mit den übrigen, von welchen Chur-Pfalz ohnedem einen guten Theil an sich gezogen, den Pass zu Strassburg, sondern auch mehr andere Grenzörter, als Offenburg, Heilbronn, Wimpfen und dergleichen, auf welche der Feind, um einen Fuss diesseits Rheins zu setzen, ein nicht geringes Absehen träget, zu bewahren: der Zuversicht gelebend, was bei Uns die Ohnmöglichkeit untersaget, solches werde Uns nicht misgedüttet[1]), die Wir sonsten alles thun werden, was Uns möglich sein wird. Und weilen Ihro des Herrn Churfürsten zu Pfalz Ld. eben darum, da Wir Ihro in denen Uns zugemutheten puren Ohnmöglichkeiten nicht haben können zu Willen werden, sondern vielmehr die Kriegsraison und Unsere Pflichten sammt der Kaiserlichen allergn. Intention als die einige Norm Unserer Action beobachten müssen und sollen, so sinistre wider Uns fast allerorten und Enden verfahret, sonderlich aber so hoch ausnützet, dass Ewrer Ld. Zuschreiben Wir pariret und damit zugleich Deroselben improbiret, dass damals die Blockade Philippsburgs nicht hat ihren Fortgang gewinnen können (es considerire aber ein vernünftiger Mensch, wie sie wäre abgelofen, wann man damit bei solcher schneller Veränderung der Conjuncturen wäre unbehutsam verfahren und dabei gleichsam mit dem Kopf an die Wand ohnbesonnener Weise gelofen): so communiciren Ewrer Ld. Wir durch die Beilagen, welchergestalten von I. Ld. Wir tractiret und verschreiet, auch dabei andere nicht verschonet werden, Sie dabei freundvetterlich ersuchend, Uns Dero guten und hochwerthen Rath, weilen Sie gleichwol darinnen auch angezäpfet werden, was dabei zu thun sein möchte mitzutheilen, die Wir Ewrer Ld. alle angenehme freundvetterliche Dienste zu erweisen stets willig und beflissen verbleiben."

[1]) missdeutet.

Herzog Johann Adolf von Holstein an den Generallieutenant v. Görtzke. Dat. Geisslingen $\frac{5.}{15.}$ März 1675.

[Ausfall der Garnison zu Philippsburg.]

„Wir haben die Nachricht erhalten, dass die Garnison zu Philippsburg ausgangen und in dem Speyrischen etliche Örter besetzet. Nachdem nun daraus Unsere Quartiere zu beiden Seiten incommodiret werden könnten, so zweifeln Wir nicht, der Herr General-Lieutenant werde dagegen solche Anstalt machen, dass allen bösen Machinationen vorgebeuget werden möge, ersuchen ihn daneben, er wolle uns von der Contenance des Feindes, und was der Orten passiret, von Zeit zu Zeit Nachricht geben. Wir hingegen werden, was zu Hinterbrechung des Feindes Desseins dienen kann, gerne mit ausrichten helfen und Wir verbleiben demselben mit günstigem und geneigtem Willen wol beigethan.“ 15. M

Herzog Johann Adolf von Holstein an den Generallieutenant v. Görtzke. Dat. Geisslingen $\frac{7.}{17.}$ März 1675.

[Hilfegesuch des Kfn. von der Pfalz.]

„Wir mögen ihm nicht verhalten, welchergestalt des Churfürsten zu Pfalz Ld. wider des Feindes einbrechende Macht allerseitigen Secours verlanget, wie aus beiliegender Copia mit mehrerem zu ersehen. Weil nun dem gemeinen Wesen daran gelegen, dass solchen schädlichen Entreprisen des Feindes entgegengegangen werde, so haben Wir resolviret, von denen Uns untergebenen Braunschweig-Lüneburgischen Trouppen 500 Pferde parat zu halten, um, wenn von den übrigen hohen Alliirten gleiche Resolution genommen werden sollte, solche mit ihren Völkern conjungiren und zu begehrten Desseins gebrauchen zu lassen. Wir zweifeln nicht, der Herr General-Lieutenant werde um so viel eher dazu eine namhafte Mannschaft destiniren, weil bei zunehmenden Progressen Dero Quartiere zum meisten würden incommodiret werden.“ 17. M

Der Generallieutenant von Görtzke an den Kurfürsten. Dat. Schweinfurt 16. März 1675.

[Nochmaliges Hilfegesuch von Kurpfalz.]

26. März „Ich zweifle nicht, Ew. Ch. D. werden dasjenige Schreiben, so von Chur-Pfalz die vergangene Woche alhier eingekommen und welches derselben ich unterm 9ten hujus von hieraus unterth. zugesandt, zurecht empfangen, und was Chur Pfalz wegen einer Assistenz von ein Paar Tausend Pferden darinnen begehren, Ihro mit mehrem daraus haben vortragen lassen. Weil nun des Herrn Markgrafen Friedrichen von Baden-Durlach F. D. deswegen von neuem Instanz bei mir gethan, der Herzog von Bournonville auch dieserhalben an mich geschrieben (Beischluss), also habe ich der Nothdurft erachtet, Ewrer Ch. D. selbige vermittelst dieses hinüber zu schicken, in Dero gn. Belieben stellende, was Sie mir darauf für Ordre zukommen lassen wollen, welcher ich unterth. Parition zu leisten nicht ermangeln werde."

P. S. d. d. Schweinfurt 16. März 1675 übersendet er die Briefe des Feldmarschalls Herzogs von Holstein-Lüneburg[1]), welche bei Schliessung des Packets angekommen. Aus ihnen als auch anderswoher hat er über die Garnison in Philippsburg vernommen, dass sie im Speyrischen einige Orte besetzt hat. Er hat die Posten nach Philippsburg und anderen Orten so eingerichtet, dass er auf jeden Fall von des Feindes Vorhaben hören muss. Weil sich die Officiere über den ausbleibenden Vorschuss — ohne welchen die Correspondenz nicht unterhalten werden kann — beklagen, möge der Kurfürst gn. verordnen, dass selbiger gesandt werde.

Der Kurfürst an den Pfalzgrafen von Neuburg. Dat. Feuchtwangen in Franken 25. Januar 1675.

[Einbruch der Schweden in die Kurmark. Kf. motivirt die von ihm gefassten Entschlüsse.]

4. Febr. Ew. Ld. ist vorhin ohne Zweifel bekannt, welchergestalt der Schwedische Feldherr Graf Wrangel mit seiner unterhabenden Armee nunmehro vor 4 Wochen in Unsere Churmärkische, auch Pommerische Lande eingefallen, und ob zwar derselbe fürgeben will, dass sein König Unsere Lande nicht feindlich tractiren wolle, so geschieht in der That das Widerspiel, indem den Unterthanen das Ihre genommen, theils verzehret, theils weggeraubet und nach Stettin geschicket wird, dahero sie denn Haus und Hof verlassen und allenthalben, wo die Schweden kommen,

[1]) Soll heissen: Feldmarschall der lüneburgischen Truppen.

eine Einöde und Wüstenei gemacht wird. In Prenzlow, da besagter Feldherr sein Quartier genommen, hat man Unsere Salz-Cassa mit Gewalt aufgeschlagen, allerorten aber werden Unsere Soldaten, so den Unterhalt für Unsere Soldatesque beitreiben sollen, schimpflich abgewiesen und verjagt, auch ist eine grosse Artillerie mit ins Land geführet, daraus genugsam am Tage, wie man Unseren Landen den Garaus machen wolle. So hat auch der bemelte Feldherr in einer Erklärung, so er Unser Uckermärkischen und Stolpischen Ritterschaft, so sich ohne Unsers Statthalters und hinterlassenen Geheimen Räthe Vorwissen bei ihm angegeben, genugsam ausgedrückt, was man mit Uns vorhätte, dass man Uns nämlich dahin bringen wolle, dass man Uns von der widrigen Partei abziehen möchte.

Nun haben Wir keine Partei, als welcher I. Kais. Maj. und das Reich beipflichten. Wir stören auch nicht den Frieden, sondern haben zu Erwerbung und Restabilirung desselben keine andere Mittel ergriffen, als die das Reich durch verschiedene Conclusa ernstlich erfordert, und wozu Wir durch die Reichs-Constitutiones, das Instrumentum Pacis, die Churfürstliche Verein und andere dergleichen Partes, und zwar zum Theil eidlich, verbunden. Diese Partei nennet nun der Graf Wrangel die widrige, und diese Friedensmittel, so das ganze Röm. Reich erfordert, werden von ihm als Dinge, so den Frieden störten, aufgenommen. Unsere Intention und einiger Zweck ist hiebei kein anderer, als dass solchen Verbindungen und Pflichten ein Genügen geschehen, den Französischen Irruptionen und Gewaltthätigkeiten gesteuert und die im Reich zum höchsten bedrängte Churfürsten und Stände aus ihrem Drangsal gerissen und ein allgemeiner endlicher Friede erhalten werde. Gleichwie nun das Römische Reich Uns hierbei zu vertreten schuldig, als versehen Wir Uns auch heftiglich, dass weil Schweden mit Frankreich, davon es längst Gold genommen und täglich nimmt, umtritt und eben solche Gewalt im Reich verübet, wie Frankreich bishero gethan, es werde Uns auch das Römische Reich die im Instrum. Pacis versprochene Guarantie wider Schweden kräftiglich leisten und Unsere Lande von solcher öffentlichen Gewalt, als anjetzo darin verübet wird, retten, gestalt Wir dann Ew. Ld. freundvetterlich ersuchen, Sie wolle hierunter Unser Anbringen aufm Reichstage secundiren, auch für Ihre Person mit den wirklichen Hilfsmitteln Uns zu statten zu kommen Belieben tragen. Zwar gedenket Graf Wrangel eines Armistitii und Friedenshandlung. Solch Werk gehört aber für die allgemeinen Friedenstractaten, dahin es auch verwiesen, und können Wir nicht gleichsam mit gepfändeter Hand und bei der Bedrängnis, so Unsere Lande leiden, zu keiner Handlung Uns verstehen, am allerwenigsten aber ist Uns möglich, von dem Reiche zu der widrigen Partei, wie die Schweden dieselbe nennen, zu treten und also wider Gott, Ehr, Gewissen, Unser Vaterland und mannichfaltige Pflicht zu handeln.

Der Pfalzgraf wird ersucht, „da nun der Casus derselben entstanden, und Schweden die allgemeine Alliance, so unter Uns gewesen, gebrochen“, die Hülfe gemäss den Erbverträgen zu senden, und die versprochenen Truppen förderlichst in die Clevischen und Märkischen Lande marschiren zu lassen.

P. S. Kf. bittet, in Angelegenheiten, die ihn angehen, des Pfalzgrafen Vota nicht durch den Kurbairischen Gesandten, wie er vernommen, sondern durch einen seiner Räthe führen zu lassen.

---

20. Febr. d. d. Düsseldorf 20. Februar 1675 lehnt Pfalzneuburg die Hülfe vorläufig ab. Seine beiden Fürstentümer sind selbst durch „March und Remarche, Contributiones, Executiones, doppelte Winterquartiere in einen solchen Stand gesetzt“, dass es ihm kaum möglich, die eigenen Garnisonen und den eigenen Hof zu erhalten.

Der bairische Gesandte ist nur in genere instruirt und wird nicht in die Lage kommen, gegen den Kurfürsten etwas Widriges zu votiren.

Der Pfalzgraf Philipp Wilhelm von Neuburg an den Kurfürsten. Dat. Düsseldorf 19. März 1675.

[Creditif für den Grafen Schellhardt zu Oppendorf.]

19. März Schickt auf die Nachricht, dass Kf. in Cleve angekommen, seinen Geheimen Rath, Obristkämmerer, Generallieutenant, Gubernator der Stadt Düsseldorf, Amtmann u. s. w. Franz Caspar Grafen Schellhardt zu Oppendorf, Freiherrn zu Müggenhausen und Grempten.

Recreditif des Kurfürsten d. d. Cleve $\frac{13.}{23.}$ März 1675.

Desgleichen Wunsch, den Pfalzgrafen zu sehen. Er selbst ist übel disponirt, bittet daher, ob Pfalzgraf ihm die Ehre thun wolle, sich gegen Ende der bevorstehenden Woche in Cleve einzufinden. 23. Mä

---

d. d. Düsseldorf 26. März 1675 sendet der Pfalzgraf noch einmal seinen Kammerherrn Freiherrn von Spee, seine Ankunft betreffend. Kf. möge sich in keiner Weise „discommodiren, weil Sie gewiss sein, dass derjenige, der Ihro aufzuwarten in Bereitschaft stehet, sich nicht nur als aufrichtiger Vetter und Bruder, sondern vielmehr als ergebenster Diener di casa darstellen werde." 26. Mä

---

d. d. Cleve $\frac{18.}{28.}$ März 1675 meldet Kf., dass er über des Pfalzgrafen Besuch höchst erfreut sei, um so mehr, als er seine Gemalin mitzubringen versprochen. Pfalzgraf wird gebeten, „mit der geringen Aufwartung, so Ihro Unser Freiherr von Canitz zu thun befehligt ist, vor gut und Willen zu nehmen."[1]) 28. Mä

Der Kurfürst an den Pfalzgrafen. Dat. Cleve $\frac{28.\ \text{März}}{7.\ \text{April}}$ 1675.

Kf. hofft, der Pfalzgraf werde bei der geschehenen Bewirtung den guten Willen für die That nehmen. 7. April

Die Citadelle zu Lüttich ist übergeben worden. Der Kurfürst von Cöln möge „den meineidigen Gubernator per Edict citiren und dem Kapitel anbefehlen, auf Recuperirung des Platzes in alle Wege bedacht zu sein."

---

[1]) Dankbriefe des Pfalzgrafen (eigenhändig). Dat. Xanten 2. April 1675 und Dat. Düsseldorf 5. April 1675.

Der Kurfürst an den Vicekanzler Stratmann in Paris. Dat. Cleve $\frac{2.}{12.}$ April 1675.

[Was es mit dem von dem florentinischen Gesandten zu Paris verbreiteten Gerücht eines Friedenstractates auf sich hat.]

12. Apr. Wir haben mit nicht geringer Befremdung vernommen, wasgestalt der Florentinische sich zu Paris befindende Minister nacher Wien referiret, ob solltet Ihr in Paris einen Tractat zwischen Frankreich und Schweden an einer — und Uns an der anderen Seite völlig adjustiret haben, und dass zugleich Verjus an Uns geschicket sei, dass man auch in Paris den Tractat vor geschlossen halte.[1])

Nun könnet Ihr leicht ermessen, wie Uns diese unerfindliche Dinge zu Gemüthe gehen müssen, und können Wir demnach nicht umhin, von Euch zu begehren, den Florentinischen Minister dahin zu obligiren, dass er mit nächster Post die Wahrheit nacher Wien schreibe, wie dass nämlich nichts daran sei und obiges Gerüchte falsch und erdichtet. Dafern aber solches nicht geschehen sollte, müssen Wir davor halten, dass Ihr zu dergleichen Dingen Anlass gegeben, und sind auf solchen Fall entschlossen, Uns über Euch bei des Pfalzgrafen zu Neuburg Ld. desfalls zu beschweren.

Erwartet des Gesandten Bescheid.

---

30. Apr. d. d. Paris 30. April 1675 weist Stratmann solche Insinuation von sich. Er hat den Florentinischen Gesandten kaum gesehen, geschweige gesprochen, und hofft, Kf. werde ihn einer Rechtfertigung überheben. Die Amsterdamischen und Brüsselischen Gazetten haben schon vor vielen Wochen ähnliches wie der Florent. Minister verbreitet. Dagegen ist nicht ohne, dass sowol der König selbst wie Turenne ihm oftmals bezeugt haben, dass sie verhofft hätten, „es würde die mit Ew. Ch. D. restabilirte Freundschaft beständiger und fruchtbarer gewesen sein, mit Begierde Ew. Ch. D. lieber Effecten Dero Freundschaft als, Dero Vengeance zu beweisen“. Was Stratmann jedesmal mit dem Hinweis abgelehnt hat, „dass die ausgegangene Motive Ew. Ch. D. Verfahren justificirten“.

---

[1]) Vgl. oben S. 496.

Der Kurfürst an den Pfalzgrafen Philipp Wilhelm von Neuburg.

Dat. Cassel $\frac{20.}{30.}$ Mai 1675.

[Einbruch der Schweden. Assistenz des Pfalzgrafen beim Reichstage erbeten.]

Einbruch der Schweden. Beschiessung des Hauses Löcknitz, welches sie neulich mit Sturm genommen. Kf. hätte sich in einer so gerechten Sache contra hostes et turbatores pacis publicae des erforderlichen Beistandes versehen. Indes muss er doch „bei jetziger Versamlung zu Regensburg schmerzlich erfahren, dass Viele seine Angelegenheiten ihrer Wichtigkeit nach nicht beherzigen, andere wol gar dergleichen Französische und Schwedische Proceduren billigen, die meisten aber wenig oder nichts zur Sache thun und ihn stecken lassen.“ Da er aber mit Niemandem unter seinen Mitständen „sowol des gemeinen Interesse als vieler anderer Respecten halber dergestalt eng verbunden ist“, so wird der Pfalzgraf um Unterstützung beim Reichstage dringend ersucht. 30. Mai

---

d. d. Grimmlinghausen 18. Juni 1675 zustimmende Antwort des Pfalzgrafen. 18. Jun

---

Der Kurfürst an den Pfalzgrafen Philipp Wilhelm.

Dat. Rathenow 16. Juni 1675.

[Glücklicher Beginn des Feldzuges gegen Schweden.]

Dass er für das allgemeine Beste sich die „Restabilirung der Ruhestandes“ habe angelegen sein lassen, dafür werde ihm wol selbst der Herzog von Hannover[1]) ein gutes Zeugnis ausstellen. 26. Jun

Klagen über die Massregeln der Schweden, „deren sich die Türken und Barbaren selbst schämen und dafür erschrecken möchten“. Kf. hat gegen die Bedränger die Waffen ergriffen und mit dem Feldzuge Gottseidank! einen glücklichen Anfang gemacht. — Wie sehr er aber auch Ruhe für sich und seine Lande verlangt, Particulartractate einzugehen, ist ihm zur Zeit unmöglich.

---

[1]) Bezieht sich auf ein Schreiben des Herzogs Johann Friedrich an den Pfalzgrafen d. d. Hannover 25. Mai 1675.

Der Kurfürst an den Grafen Montecuccoli. Dat. Ehrenstein 2 Meilen von Strassburg $\frac{31.\ \text{Dezember}\ 1674.}{10.\ \text{Januar}\ 1675.}$ Conc. v. Somnitz.

[Meldet das gewaltsame Vorgehen der Schweden.]

10. Jan. Wie übel es gerathen, dass man der Ends auf die Schwedische Sincerationes einige Reflexion gemacht und nicht vielmehr die hochnöthige Gegenverfassung aufs eifrigste ins Werk gerichtet, wird der H. Graf von v. Crockow vernehmen. Wir versehen uns zu Demselben, er werde nunmehro in Ansehung, dass man von Schwedischer Seiten so schändlich betrogen und mesprisiret, zugeschweigen des unersetzlichen Schadens, so Wir leiden, desto eifriger befördern, dass solchem ungerechten Frevel und ungerechtem gewaltsamen Fürnehmen der Schweden, so sie wider Uns eben der Zeit, da Wir in einer so gerechten Expedition begriffen, fürnehmen, schleunig gesteuret und Uns billige Satisfaction verschafft werde. In welchem Vertrauen Wir Denselben göttlicher Bewahrung empfehlen.

---

31. Jan. d. d. Wien 31. Januar 1675 versichert Montecuccoli, dass er seines Orts nicht ermangeln werde „einzurathen, was der Sachen Wichtigkeit erfordert“.

---

4. April d. d. Wien 4. April 1675 meldet M., dass er morgen oder übermorgen zur Armee an den Oberrhein abreisen werde.[1])

Der Kurfürst an Montecuccoli. Dat. Cleve $\frac{13.}{23.}$ April 1675.

[Bevorstehende Conferenz im Haag.]

23. April Wünscht ihm Glück zur Reise. „Wir hätten Uns auch schon wieder bei Unser Armee einfinden würden, wenn Uns nicht eine Uns zugestossene Unpässlichkeit bisher zurückgehalten. Wir wollen jedoch, sobald es sich in etwas gebessert, so viel möglich eilen, damit Wir zuerst die so nöthige Conferenz in dem Haag fortsetzen und Uns sodann zur Armee erheben können.“ Communication unter den Alliirten nöthig.

---

[1]) Vgl. oben 498. 509.

Der Kurfürst an den Ratspensionarius Fagel. Dat. Cleve 11./21. Mai 1675.

[Empfiehlt ihm seine Unternehmung gegen Schweden.]

Es sollte Uns sonderlich lieb gewesen sein, wann Wir Denselben noch vor Unser Abreise aus dem Haag hätten sprechen mögen. Nachdem Wir aber vermerket, dass Derselbe dazumalen mit vielen und wichtigen Geschäften beladen gewesen, Wir auch Unsere Reise aus bekannten Ursachen schleunig fortgesetzet, haben Wir zwar damalen solches unterlassen müssen. Gleichwol können Wir jetzo aus sonderbarer zu Demselben tragenden Aestime nicht umhin, ihn Unserer beständigen Gunst zu versichern und an Denselben dabeneben wolmeinend zu gesinnen, in der guten Affection, so Er allzeit gegen Uns in so vielen Begebenheiten spüren lassen, ferner fortzufahren. Es ist Niemand besser als Demselben bewusst, dass Wir aus keinem anderen Absehen, als dem Staat zu helfen, Uns in diese Unruhe gestürzet. Nachdem nun durch Gottes Gnade der Staat gerettet, so ist ja höchst billig, dass auch Wir aus der Ungelegenheit, worinnen Wir deshalb geraten, durch des Staats Hilfe gerissen werden. Es kann Derselbe seiner Wolvermögenheit nach viel dabei thun, weshalben Wir ihm dann nochmalen Unsere Desideria bestermassen recommandiret haben wollen. 21. Mai

Aufbruch seiner Armee und bevorstehende Operationen.

Personenverzeichnis.

FSC
www.fsc.org
MIX
Papier | Fördert
gute Waldnutzung
FSC® C083411

Kolibri 360 GmbH
Ferdinand-Jühlke-Straße 7
99095 Erfurt, Deutschland
produktsicherheit@kolibri360.de